Hans Marthaler, Benno Jakob, Reto Reuter

Algebra und Datenanalyse

Hans Marthaler, Benno Jakob, Reto Reuter
Unter Mitarbeit von Matthias P. Burkhardt

Algebra und Datenanalyse

Operationen, Gleichungen, Funktionen

hep der bildungsverlag

der bildungsverlag
www.hep-verlag.ch

FAIR KOPIEREN! URHEBERRECHT ACHTEN.
www.fair-kopieren.ch

Hans Marthaler, Benno Jakob, Reto Reuter
unter Mitarbeit von Matthias P. Burkhardt

Algebra und Datenanalyse
Operationen, Gleichungen, Funktionen

ISBN Print: 978-3-0355-0749-2
ISBN eLehrmittel: 978-3-0355-0745-4
ISBN Print inkl. eLehrmittel: 978-3-0355-0744-7

Gestaltung und Satz: tiff.any GmbH, Berlin

Bibliografische Information der Deutschen Nationalbibliothek:
Die Deutsche Nationalbibliothek verzeichnet diese Publikation in der Deutschen Nationalbibliografie; detaillierte bibliografische Daten sind im Internet über http://dnb.dnb.de abrufbar.

1. Auflage 2016

www.hep-verlag.ch

Zusatzmaterialien und -angebote zu diesem Buch:
http://mehr.hep-verlag.ch/algebra

Mathematik ist ein wichtiges Hilfsmittel und Werkzeug, um naturwissenschaftliche und technische Fragestellungen zu verstehen. Mit den beiden Bänden Algebra und Geometrie lassen sich jene fachlichen Kompetenzen erwerben, die für verschiedene berufliche Tätigkeiten, insbesondere im technischen und naturwissenschaftlichen Bereich, gefordert werden.

Im vorliegenden Band wird das Grundwissen der Algebra anschaulich und praxisnah vermittelt. Das Lehrmittel eignet sich als Lehr- und Arbeitsbuch im Unterricht oder für das Selbststudium. Mit zahlreichen Abbildungen und vielen gelösten Beispielen werden mathematische Zusammenhänge verdeutlicht und vertieft. Dieser theoretische Lehrinhalt kann anhand der Übungen gefestigt und auf unterschiedliche Fragestellungen angewendet werden. Die Lösungen der Übungsaufgaben stehen kostenlos zur Verfügung unter www.hep-verlag.ch/algebra. Neben den Grundlagen der Algebra behandelt das Buch auch die Datenanalyse.

Das Buch macht die Lernenden mit spezifischen Methoden der Mathematik vertraut. Die heutigen technischen Hilfsmittel ermöglichen die Veranschaulichung der Mathematik und unterstützen die Erforschung von mathematischen Sachverhalten. Für viele Aufgaben ist der Einsatz von Taschenrechner und Computer sinnvoll, andere können problemlos ohne Hilfsmittel gelöst werden.

Juli 2016
Hans Marthaler, Benno Jakob, Reto Reuter

Dr. Hans Marthaler unterrichtete Mathematik an verschiedenen Berufsmaturitätsschulen in den Kantonen Bern, Luzern und Aargau. Heute ist er Rektor am Berufsbildungszentrum Fricktal in Rheinfelden.

Benno Jakob, **Reto Reuter** und **Matthias Burkhardt** sind langjährige Mathematiklehrer an der Berufsmaturitätsschule der GIBB in Bern und haben grosse Erfahrung in unterschiedlichen Berufsmaturitätsausrichtungen.

Rechnen mit Potenzen 57

Grundlagen und Grundoperationen

1 Zahlenmengen und Terme

Im Zentrum dieses Kapitels stehen die elementaren **Zahlenmengen** $\mathbb{N}$, $\mathbb{Z}$, $\mathbb{Q}$ und $\mathbb{R}$. Weiter werden die Grundlagen für den Umgang mit Termen gelegt.

1.1 Zahlenmengen

Um Gegenstände wie Steine, Computer oder Flugzeuge zu zählen, braucht man die natürlichen Zahlen.

Definition **Menge der natürlichen Zahlen**

$$\mathbb{N} \doteq \{0; 1; 2; 3; \dots\} \quad (1)$$

Kommentar

- $\doteq$ bedeutet «definierte Gleichheit» und wird ausschliesslich für Definitionen verwendet.
- Zur Beschreibung von Zahlenmengen werden geschweifte Klammern verwendet.

Die Menge der natürlichen Zahlen ohne Null sind:

$$\mathbb{N}^* \doteq \mathbb{N} \setminus \{0\} = \{1; 2; 3; \dots\} \quad (2)$$

Eine **Primzahl** $p \in \mathbb{N}$ ist eine natürliche Zahl mit genau zwei natürlichen Teilern:

$$\mathbb{P} \doteq \{2; 3; 5; 7; 11; 13; 17; 19; 23; 29; 31; \dots\} \quad (3)$$

Das Ergebnis einer **Addition** von zwei natürlichen Zahlen ist stets wieder eine natürliche Zahl. Die Operation ist somit innerhalb von $\mathbb{N}$ **uneingeschränkt** durchführbar. Dies ist bei der **Subtraktion**, der Umkehroperation der Addition, nicht immer der Fall:

$$12 - 20 = -8$$

Damit uneingeschränkt subtrahiert werden kann, muss der Zahlenraum erweitert werden.

Definition **Menge der ganzen Zahlen**

$$\mathbb{Z} \doteq \{\dots; -3; -2; -1; 0; +1; +2; +3; \dots\} \quad (4)$$

Während die **Addition**, die **Subtraktion** und die **Multiplikation** in $\mathbb{Z}$ **uneingeschränkt** durchführbar sind, ist dies bei der **Division**, der Umkehroperation der Multiplikation, nicht immer der Fall:

$$8 : 20 = \frac{8}{20} = 0.4$$

Damit uneingeschränkt dividiert werden kann, muss der Zahlenraum erweitert werden.

Definition **Menge der rationalen Zahlen**

$$\mathbb{Q} \doteq \left\{ x \,\middle|\, x = \frac{a}{b} \quad \text{mit} \quad a \in \mathbb{Z} \quad \text{und} \quad b \in \mathbb{N}^* \right\} \quad (5)$$

Kommentar

- Jede Zahl der Menge $\mathbb{Q}$ lässt sich als Bruch (Quotient) aus zwei ganzen Zahlen darstellen und ist als endlicher oder unendlicher periodischer Dezimalbruch darstellbar.

In $\mathbb{Q}$ sind die **Addition**, die **Subtraktion**, die **Multiplikation** und die **Division uneingeschränkt** durchführbar.

Damit weitere Operationen wie das **Radizieren** (Wurzelziehen) uneingeschränkt durchführbar sind, müssen die rationalen um die **irrationalen** Zahlen erweitert werden. Diese können als unendliche, nicht periodische Dezimalbrüche dargestellt werden:

$$\sqrt{2} = 1.414213562\ldots$$

Weitere Beispiele für irrationale Zahlen sind $-\sqrt{5}$, $\ln 4$, π, e, $\sin 7°$.

Definition	**Menge der reellen Zahlen** Die Menge $\mathbb{R}$ der *reellen Zahlen* enthält alle *endlichen* und alle *unendlichen* Dezimalbrüche. **Menge der irrationalen Zahlen** Die Menge $\mathbb{R} \setminus \mathbb{Q}$ der *irrationalen Zahlen* enthält alle Zahlen, die sich als *unendliche, nicht periodische* Dezimalbrüche darstellen lassen.

Zwischen den oben definierten Mengen bestehen **diverse Teilmengenbeziehungen**. So gilt zum Beispiel für die natürlichen Zahlen: $\mathbb{N} \subset \mathbb{Z} \subset \mathbb{Q} \subset \mathbb{R}$ und somit auch $\mathbb{N} \subset \mathbb{Q}$, $\mathbb{N} \subset \mathbb{R}$ und $\mathbb{Z} \subset \mathbb{R}$. Weiter sind die folgenden Teilmengen gebräuchlich:

Definition	**Teilmengen** $\mathbb{Z}^+$ Menge der positiven ganzen Zahlen (= $\mathbb{N}^*$). $\mathbb{Z}_0^+$ Menge der positiven ganzen Zahlen, inklusive Null (= $\mathbb{N}$). $\mathbb{Z}^-$ Menge der negativen ganzen Zahlen. $\mathbb{Z}_0^-$ Menge der negativen ganzen Zahlen, inklusive Null.

Kommentar

- Analog können Teilmengen von $\mathbb{Q}$ und $\mathbb{R}$ gebildet werden. So ist zum Beispiel $\mathbb{Q}^+$ die Menge der positiven rationalen Zahlen, $\mathbb{R}^-$ die Menge der negativen reellen Zahlen.

■ **Beispiele**

(1) $\frac{19}{8} = 2.375$ endlicher Dezimalbruch: *rational.*

(2) $\frac{4}{33} = 0.\overline{12} = 0.121212\ldots$ unendlicher, periodischer Dezimalbruch: *rational.*

(3) $\sqrt{5} = 2.2360679775\ldots.$ unendlicher, nicht periodischer Dezimalbruch: *irrational*

(4) Drücken Sie $0.24\overline{68}$ als Bruch aus.

Lösung:

Durch zweimaliges Multiplizieren und anschliessendes Subtrahieren fällt die Periode weg:

$$x = 0.24\overline{68} \quad \Rightarrow \quad \begin{array}{rcr} 10000x & = & 2468.\overline{68} \\ 100x & = & 24.\overline{68} \\ \hline 9900x & = & 2444 \end{array} \quad \Rightarrow \quad x = \frac{2444}{9900} = \frac{611}{2475}$$

◆ Übungen 1 → S. 21

1.2 Zahlenstrahl

Die anschauliche Darstellung einer Zahl erfolgt durch einen **Punkt auf dem Zahlenstrahl**. Positive Zahlen werden rechts vom Nullpunkt, negative Zahlen links davon abgetragen.

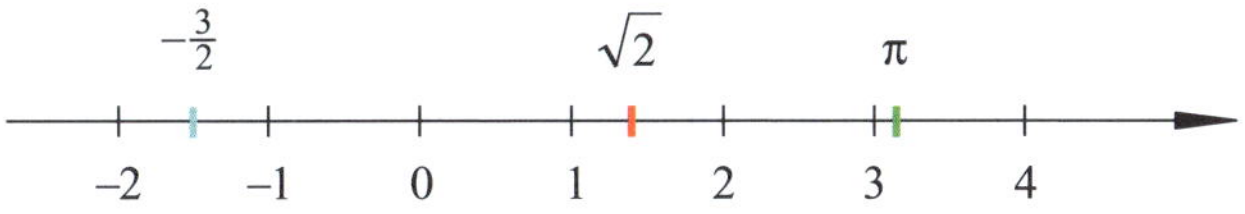

Die Zahlen -2 und $+2$ haben dabei den gleichen Abstand vom Nullpunkt, nämlich zwei Einheiten. Allgemein lässt sich der **Abstand vom Nullpunkt** auf dem Zahlenstrahl als **Betrag** der Zahl notieren, denn $|-2| = |+2| = 2$.

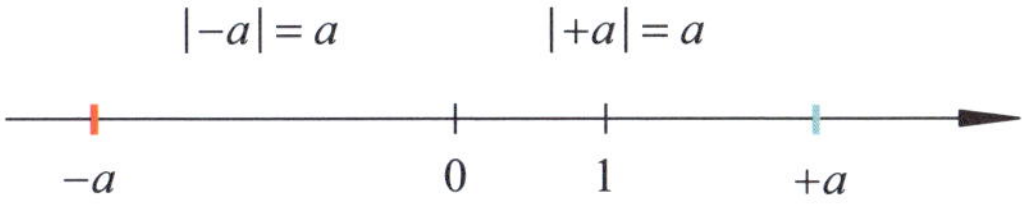

Definition **Betrag einer Zahl**

Der *Betrag* $|a|$ einer Zahl a ist der *Abstand* des Punktes vom Nullpunkt auf dem Zahlenstrahl:

$$|a| \doteq \begin{cases} a & \text{für} \quad a > 0 \\ 0 & \text{für} \quad a = 0 \\ -a & \text{für} \quad a < 0 \end{cases} \qquad (6)$$

Es gilt: $|a| \geq 0$

Kommentar

- Der Zahlenstrahl ist durch die Positionen **null** und **eins** eindeutig festgelegt.
- Auf dem Zahlenstrahl können alle Zahlen der Mengen $\mathbb{N}$, $\mathbb{Z}$, $\mathbb{Q}$ und $\mathbb{R}$ dargestellt werden.

Beispiele

(1) $|7-3|=|4|=4$ und $|3-7|=|-4|=4$

(2) Welche Zahlen $x \in \mathbb{Z}$ erfüllen die Gleichung $|x-1|=3$?

Lösung:
Aus der Definition von Gleichung (5) müssen zwei Fälle unterschieden werden:

$$x-1=3 \quad \Rightarrow \quad x=4 \quad \text{oder} \quad x-1=-3 \quad \Rightarrow \quad x=-2$$

Die Zahlen -2 und 4 erfüllen die Gleichung $|x-1|=3$.

Auf dem Zahlenstrahl gelten die folgenden Ordnungsbeziehungen:

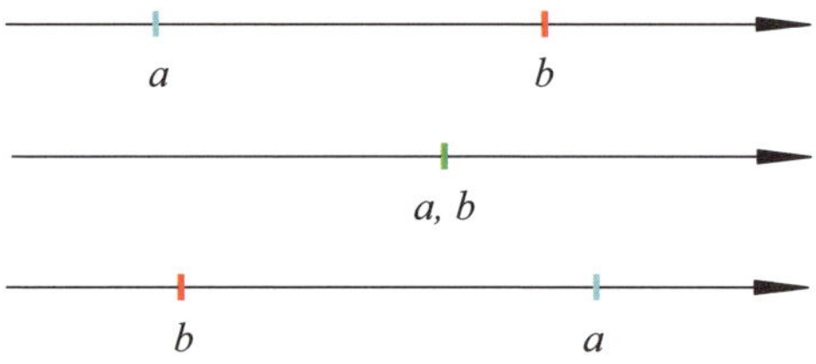

$a<b$ — *a* **kleiner** *b*

$a=b$ — *a* **gleich** *b*

$a>b$ — *a* **grösser** *b*

Ebenfalls gebräuchlich sind:

$a \leq b$ — a **kleiner** oder **gleich** b
$a \neq b$ — a **ungleich** b
$a \geq b$ — a **grösser** oder **gleich** b

Kommentar
- Die kleinere von zwei Zahlen liegt auf dem Zahlenstrahl immer links von der grösseren.
- Die Zeichen <, >, $\leq$ und $\geq$ lassen sich vorwärts und rückwärts lesen. So bedeutet $a<b$ rückwärts gelesen «b grösser a».

Mit den Zeichen <, >, $\leq$ und $\geq$ können **Intervalle** auf dem Zahlenstrahl bezeichnet werden.

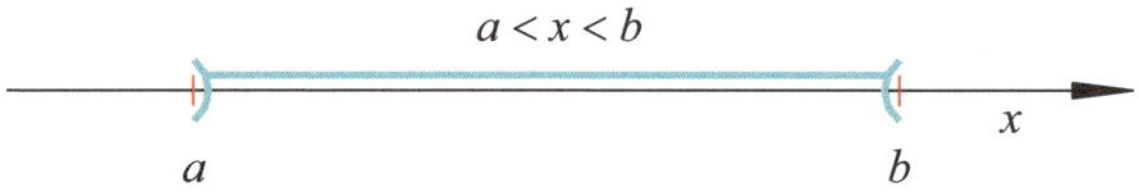

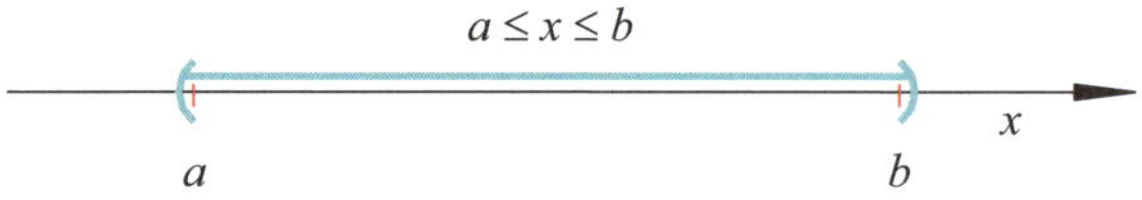

Kommentar
- Das Intervall $a<x<b$, beziehungsweise $x \in \,]a; b[$ enthält die Randwerte *a* und *b* nicht.
- Das Intervall $a \leq x \leq b$, beziehungsweise $x \in [a; b]$ enthält die Randwerte *a* und *b*.
- Mischformen wie $a<x \leq b$, beziehungsweise $x \in \,]a; b]$ sind auch möglich.
- Das Intervall $x>a$, beziehungsweise $x \in \,]a; \infty[$ ist nur linksseitig begrenzt.
- Das Intervall $x \leq a$, beziehungsweise $x \in \,]-\infty; a]$ ist nur rechtsseitig begrenzt.

Beispiel

Notieren Sie die Zahlen $a \in \mathbb{R}$, die die Ungleichung $|a| \leq 3$ erfüllen.

Lösung:

$|a| \leq 3 \quad \Rightarrow \quad a \in [-3; 3]$ oder $-3 \leq a \leq 3$ oder $\mathbb{L} = \{a \in \mathbb{R} | -3 \leq a \leq 3\}$.

◆ Übungen 2 → S. 22

1.3 Terme

Werden Zahlen oder Variablen anhand von Operatoren und Klammern sinnvoll verknüpft, entsteht ein **algebraischer Term** oder ein **algebraischer Ausdruck**.

Definition **Term**

Eine Zahl ist ein Term und eine Variable ist ein Term.
Jede sinnvolle Zusammensetzung von Zahlen und Variablen (= Terme) mit Operationszeichen und Klammern ergibt einen Term.

Kommentar

- Enthält ein algebraischer Term T die Variable a, schreibt man:
  $3a + 4 \quad \Rightarrow \quad T(a) = 3a + 4$
  Wertet man den Term für $a = 5$ aus, so notiert man:
  $T(5) = 3 \cdot 5 + 4 = 19$
- Alle Zahlen, die man auf diese Weise im Term T einsetzen kann und die zu einem sinnvollen Ergebnis führen, bilden die **Definitionsmenge** $\mathbb{D}$ des Terms.

Terme werden immer nach der **zuletzt ausgeführten Operation** benannt. Dabei gilt: **Hoch vor Punkt vor Strich**. Mit **Klammern** kann diese Reihenfolge durchbrochen werden.

Beispiele

(1) Die folgenden Terme unterscheiden sich nur durch die Klammern:

(a) $2 + 3 \cdot 4^5 = 2 + 3 \cdot 1024 = 2 + 3072 = 3074$

(b) $(2 + 3) \cdot 4^5 = 5 \cdot 1024 = 5120$

(c) $(2 + 3 \cdot 4)^5 = (2 + 12)^5 = 14^5 = 537824$

(d) $2 + (3 \cdot (4^5)) = 2 + (3 \cdot 1024) = 2 + 3072 = 3074$

(e) $((2 + 3) \cdot 4)^5 = (5 \cdot 4)^5 = 20^5 = 3200000$

(2) Gegeben sei der Term $T(a) = a^2 - 3a + 2$. Bestimmen Sie $T(-5)$ und $T(0)$.

Lösung:

Wir setzen für die Variable a die vorgegebenen Werte ein:

$a = -5$: $T(-5) = (-5)^2 - 3 \cdot (-5) + 2 = 42 \quad \Rightarrow \quad T(-5) = 42$

$a = 0$: $T(0) = 0^2 - 3 \cdot 0 + 2 = 2 \quad \Rightarrow \quad T(0) = 2$

(3) Bestimmen Sie $T(3; 2)$, $T(-1; -1)$ und $T(2; 1)$, wenn $T(a; b) = \dfrac{3 \cdot |a|}{b - 1}$.

Lösung:

$T(3;2) \quad = \frac{3 \cdot |3|}{2-1} = \frac{3 \cdot 3}{1} = \frac{9}{1} = 9 \quad \Rightarrow \quad T(3;2) = 9$

$T(-1;-1) \quad = \frac{3 \cdot |-1|}{-1-1} = \frac{3 \cdot 1}{-2} = \frac{3}{-2} = -\frac{3}{2} \quad \Rightarrow \quad T(-1;-1) = -\frac{3}{2}$

$T(2;1) \quad = \frac{3 \cdot |2|}{1-1} = \frac{3 \cdot 2}{0} = \frac{6}{0}$ $\quad \Rightarrow$ Der Ausdruck ist *nicht definiert.*

(4) Der Ausdruck …

(a)	$2 + 5 \cdot (x-1)$	ist eine *Summe*, denn zuletzt wird addiert.
(b)	$\frac{x+y}{x-y}$	ist ein *Quotient*, denn zuletzt wird dividiert.
(c)	$2x^3$	ist ein *Produkt*, denn zuletzt wird multipliziert.
(d)	$(3x-y)^2$	ist eine *Potenz*, denn zuletzt wird potenziert.
(e)	$\frac{2x}{y} - \frac{3}{x}$	ist eine *Differenz*, denn zuletzt wird subtrahiert.

◆ Übungen 3 ⟶ S. 23

1.4 Polynome

In der Mathematik tauchen oft Ausdrücke auf wie

$$3x-1;\ 5x^4 - x^2 + 7x + 2;\ x^2 + 4x + 4;\ \ldots \tag{7}$$

Diese Ausdrücke lassen sich in eine allgemeine Form bringen:

Definition **Polynom**

Ein Ausdruck der Form

$$P(x) \doteq a_0 + a_1x + a_2x^2 + \ \ldots\ + a_{n-1}x^{n-1} + a_nx^n = \sum_{k=0}^{n} a_kx^k \tag{8}$$

mit der Variablen x heisst Grundform eines *Polynoms.*

$n \in \mathbb{N}$: *Grad* des Polynoms

$a_k \in \mathbb{R}$: *Koeffizienten*, mit $k = 0; 1; 2; \ldots; n$ und $a_n \neq 0$

Kommentar

- Polynome n-ten Grades werden oft mit dem **Summenzeichen** Σ geschrieben.
- Der Parameter k durchläuft die ganzzahligen Werte von 0 bis n und kommt als Index beim Koeffizienten a_k und im Exponenten der Potenz x^k vor. Jeder Wert des Parameters k ergibt einen der $n+1$ Summanden.

■ **Beispiele**

(1) $3x-1$ ist ein *Polynom ersten Grades* oder ein *lineares* Polynom: $n=1$. Die Koeffizienten sind $a_1=3$ und $a_0=-1$.

(2) x^2+4x+4 ist ein *Polynom zweiten Grades* oder ein *quadratisches* Polynom: $n=2$. Die Koeffizienten sind $a_2=1$, $a_1=4$ und $a_0=4$.

(3) $5x^3-\sqrt{7}x+\pi$ ist ein *Polynom dritten Grades* oder ein *kubisches* Polynom: $n=3$. Die Koeffizienten sind $a_3=5$, $a_2=0$, $a_1=-\sqrt{7}$ und $a_0=\pi$.

(4) $5x^4-x^2+7x+2$ ist ein *Polynom vierten Grades*: $n=4$. Die Koeffizienten sind $a_4=5$, $a_3=0$, $a_2=-1$, $a_1=7$ und $a_0=2$.

(5) Der Ausdruck $x-\frac{5}{x^2}$ ist kein Polynom, da er sich nicht in die Grundform (8) verwandeln lässt. Steht die Variable x im Nenner eines Bruchs oder unter einer Wurzel, kann es sich *nicht* um ein Polynom handeln.

(6) $2x(3-x)$ ist ein quadratisches Polynom. Durch Ausmultiplizieren erhält man die Grundform $2x(3-x)=6x-2x^2=-2x^2+6x$.

(7) Berechnen Sie die Summe $s=\sum_{k=1}^{4}(2k-1)$.

Lösung:

Wir schreiben die Summe aus und erhalten:

$$s=\sum_{k=1}^{4}(2k-1)=(2\cdot\underbrace{1}_{k=1}-1)+(2\cdot\underbrace{2}_{k=2}-1)+(2\cdot\underbrace{3}_{k=3}-1)+(2\cdot\underbrace{4}_{k=4}-1)$$
$$=1+3+5+7=16$$

◆ Übungen 4 → S. 25

1.5 Zahlenfolgen

Bei den Zahlenmengen aus Kapitel 1.1 spielte die Reihenfolge der Elemente keine Rolle. Spezielle Mengen, bei denen die **Anordnung wesentlich** ist, heissen **Zahlenfolgen**.

Definition **Zahlenfolge**

Eine reelle *Zahlenfolge* $\{a_n\}$ ist eine Menge reeller Zahlen, deren Elemente in einer bestimmten *Reihenfolge* angeordnet sind:

$$\{a_n\}=a_1;a_2;a_3;\ldots;a_n;\ldots \quad n\in\mathbb{N}^*, a_k\in\mathbb{R} \qquad (9)$$

Kommentar

- Die Elemente $a_1;a_2;a_3;\ldots$ heissen Glieder und das n-te Glied a_n steht für ein beliebiges Glied der Zahlenfolge.
- Eine Zahlenfolge kann aus endlich oder unendlich vielen Gliedern bestehen.

Zahlenfolgen können auf **zwei Arten** beschrieben werden:
Eine **rekursiv definierte** Zahlenfolge $\{a_n\}$ wird durch Angabe des **ersten Gliedes** a_1 und dem **Bildungsgesetz** beschrieben. Ein Term beschreibt, wie aus einem beliebigen Glied der Folge a_n das nachfolgende Glied a_{n+1} berechnet werden kann.

■ **Beispiel**

Geben Sie die ersten 5 Elemente der Zahlenfolge $\{a_n\}$ an:

$a_1 = 1; a_{n+1} = a_n + 2$

Lösung:

$a_2 = a_1 + 2 = 1 + 2 = 3; a_3 = a_2 + 2 = 3 + 2 = 5; a_4 = a_3 + 2 = 5 + 2 = 7;$
$a_5 = a_4 + 2 = 7 + 2 = 9$

Die Zahlenfolge besteht aus den ungeraden Zahlen: $1; 3; 5; 7; 9; 11; 13; \ldots$

Bei einer **explizit definierten** Zahlenfolge $\{a_n\}$ kann das **n-te Glied** a_n durch Angabe eines Terms **direkt** berechnet werden.

■ **Beispiele**

(1) Geben Sie die Glieder $a_1; a_2; a_3; a_{300}$ und a_{5000} der Zahlenfolge an:

$\{a_n\} = 2n - 1$

Lösung:

$a_1 = 2 \cdot 1 - 1 = 1; a_2 = 2 \cdot 2 - 1 = 3; a_3 = 2 \cdot 3 - 1 = 5; a_{300} = 2 \cdot 300 - 1 = 599;$
$a_{5000} = 2 \cdot 5000 - 1 = 9999$

Die Zahlenfolge besteht aus den ungeraden Zahlen: $1; 3; 5; \ldots; 599; \ldots; 9999; \ldots$

(2) Gegeben sind die ersten Glieder einer Zahlenfolge: $5; 10; 15; 20; \ldots$

(a) Geben Sie die rekursive Definition der Folge $\{a_n\}$ an.

(b) Leiten Sie die explizite Definition her.

Lösung:

Eine Tabelle hilft die Gesetzmässigkeiten zu erkennen:

n		a_n	
1	$\cdot 5$ →	5	
			$\downarrow + 5$
2	$\cdot 5$ →	10	
			$\downarrow + 5$
3	$\cdot 5$ →	15	
			$\downarrow + 5$
4	$\cdot 5$ →	20	
			$\downarrow + 5$
…		…	

(a) Wir untersuchen, wie man in der obigen Tabelle von *einem Folgenglied* zum *nächstunteren* (grüne Pfeile) kommt: Das erste Glied ist $a_1 = 5$. Das $(n+1)$-te Glied folgt durch die Addition von fünf aus dem Glied a_n.
Die rekursive Beschreibung lautet also:

$$a_1 = 5; a_{n+1} = a_n + 5$$

(b) Wir untersuchen, wie man in der obigen Tabelle von der Folgengliednummer n links direkt zum Folgenglied a_n kommt (rote Pfeile). Dies ist der Fall, wenn man n mit 5 multipliziert.
Die explizite Definition lautet also:

$$\{a_n\} = 5n$$

◆ Übungen 5 → S. 25

Terminologie

Betrag
Definitionsmenge $\mathbb{D}$
Dezimalbruch
explizite Definition
ganze Zahlen $\mathbb{Z}$
Grad eines Polynoms
grösser >
grösser oder gleich $\geq$
irrationale Zahlen
kleiner <
kleiner oder gleich $\leq$
Koeffizient
natürliche Zahlen $\mathbb{N}$
Parameter
periodisch unendlich
Polynom
Primzahl
rationale Zahlen $\mathbb{Q}$
reelle Zahlen $\mathbb{R}$
rekursive Definition
Summenzeichen
Term
Variable
Zahlenfolge
Zahlenstrahl

1.6 Übungen

Übungen 1

1. Geben Sie in Worten an, welche Mengen die Abkürzungen $\mathbb{N}$, $\mathbb{Z}$, $\mathbb{Q}$, $\mathbb{R}$, $\mathbb{Z}^-$, $\mathbb{Q}_0^+$, $\mathbb{R} \setminus \mathbb{Q}$ bezeichnen. Zählen Sie je drei Elemente dieser Mengen auf.

2. Vervollständigen Sie das unten gezeichnete Mengendiagramm der reellen Zahlen. Tragen Sie typische Elemente der angegebenen Teilmengen von $\mathbb{R}$ ein.

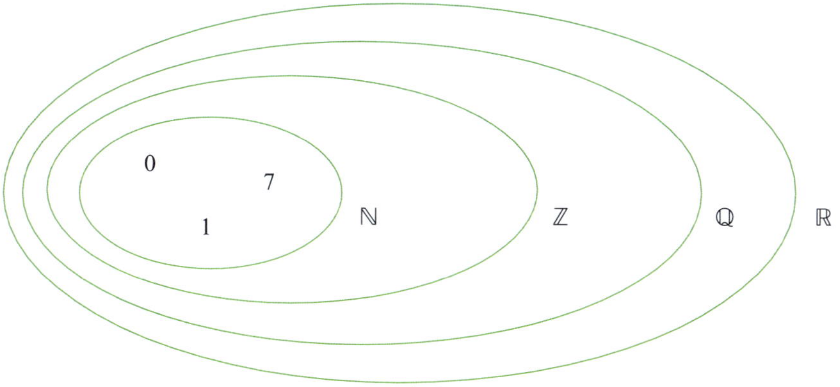

3. Wann ist der Ausdruck $\sqrt{n}$ $(n \in \mathbb{N})$ rational?

4. Woran erkennen wir, ob ein Dezimalbruch rational oder irrational ist?

5. Schreiben Sie auf, zu welchen der Mengen $\mathbb{N}$, $\mathbb{Z}^-$, $\mathbb{Q}^+$, $\mathbb{R}$ die folgenden Zahlen gehören:

a) -3 b) $\sqrt[3]{3}$ c) 3.33 d) $0.\overline{3}$

e) $\frac{16}{4}$ f) 3π g) $1-\sqrt{2}$ h) $0.2020020002\ldots$

6. Folgende Dezimalbrüche sind rational. Zeigen Sie dies, indem Sie die Dezimalbrüche in gekürzte, gewöhnliche Brüche verwandeln:

a) 0.9 b) -1.04 c) 1.25
d) 12.125 e) $2.\overline{3}$ f) $0.\overline{4}$

7. Schreiben Sie als gekürzten, gewöhnlichen Bruch.

a) $0.\overline{27}$ b) $2.\overline{15}$ c) $0.\overline{285714}$
d) $10.20\overline{36}$ e) $3.1\overline{629}$ f) $0.\overline{538461}$

8. Schreiben Sie die folgenden Zahlenmengen in aufzählender Form auf:

a) $A=\{x|x=2n \wedge n \in \mathbb{N}^*\}$ b) $B=\{x|x=2n+1 \wedge n \in \mathbb{N}\}$

c) $C=\left\{x\middle|\frac{x}{5} \in \mathbb{N}^*\right\}$ d) $D=\{n \in \mathbb{N}|n^2 \leq 60\}$

Übungen 2

9. Welche der Aussagen zum Zahlenstrahl sind richtig?

(1) Eine Zahl a ist grösser als b, wenn a rechts von b liegt.
(2) Aus $a>b$ und $b>c$ folgt: a liegt rechts von c.
(3) Aus $a \leq b$ und $b=c$ folgt: a liegt links von c.
(4) Bei einem links begrenzten Intervall verwendet man das Symbol $-\infty$.

10. Ordnen Sie die Zahlen a, b, c, d und e nach aufsteigender Grösse:

a) $a=2.5$ $b=-2.1\overline{6}$ $c=2.1\overline{6}$ $d=-2.16$ $e=2.16$
b) $a=1.4$ $b=\sqrt{2}$ $c=\sqrt{3}$ $d=1.5$ $e=1.415$

11. Welche der folgenden Aussagen sind falsch?

a) $\pi<3.14$ b) $\frac{1}{11}=0.09$ c) $\frac{1}{6}=0.1\overline{6}$ d) $-\sqrt{3}>-\sqrt{2}$

e) $-\sqrt{2} \geq 2$ f) $\pi<\frac{22}{7}$ g) $\sqrt{5}<2.237$ h) $\sqrt{30}>5.4$

12. Was bedeutet $|a|$ geometrisch auf dem Zahlenstrahl?
Wie lautet die Definition von $|a|$?

13. Geben Sie die Lösungen der folgenden Ungleichungen in Intervall- und Mengenschreibweise an für $x \in \mathbb{Z}$:

a) $-4<x \leq -1$ b) $|x| \leq 2$ c) $|x|<2$ d) $x>3.5$

14. Berechnen Sie die folgenden Ausdrücke:

a) $|12-8|$ b) $|8-12|$ c) $|-8|-|12|$ d) $|-8|+|-12|$
e) $|8|-|-12|$ f) $(-5)\cdot|-0.2|$ g) $|-5|\cdot|-0.2|$ h) $|5|\cdot|-0.2|$

15. Schreiben Sie die folgenden Zahlenterme ohne Betragsstriche und berechnen Sie:

a) $||-4|-|-10||$ b) $|4-|1-13|+|20-23||$

16. Für welche $a, b \in \mathbb{R}$ gelten die folgenden Gleichungen?

a) $|a+b|=|a|+|b|$ b) $-|a+b|=a+b$
c) $|a\cdot b|=|a|\cdot|b|$ d) $-|a\cdot b|=a\cdot b$

17. Lösen Sie die folgenden Gleichungen mithilfe des Zahlenstrahls oder algebraisch:

a) $|x|=4$ b) $|x|=-3$ c) $|x-4|=0$
d) $|y+1|=0$ e) $|y-4|=5$ f) $|4-z|=3$

18. Lösen Sie mithilfe des Zahlenstrahls oder algebraisch.

a) $|z|+4=-3$ b) $|a|-4=3$ c) $|a|=a$
d) $|a|=-a$ e) $2\cdot|a|=2a+10$ f) $|\delta|-\delta=2$

19. Für den Motor eines älteren Suzuki-Motorrades vom Typ GS 400 gelten folgende Sollwerte: Durchmesser Zylinderbohrung $d_z = 65.0075$ mm; Kolbendurchmesser $d_k = 64.9525$ mm. Die Herstellung ist mit einer gewissen Ungenauigkeit verbunden. Die tatsächlichen Istwerte dürfen nicht mehr als 0.0075 mm vom Sollwert abweichen:

a) Welche minimalen und maximalen Werte müssen für die Teile gelten, damit sie für die Motorenherstellung gerade noch verwendet werden können?
b) Damit sich der Kolben im Zylinder hin und her bewegen kann, ist der Kolbendurchmesser etwas kleiner als der Zylinderdurchmesser. Diese Differenz $d_z - d_k$ heisst Spiel. Bestimmen Sie das grösstmögliche Spiel der unter den geltenden Bedingungen hergestellten Motoren.

Übungen 3

20. Welche der drei Aussagen sind richtig?

(1) Terme sind sinnvolle Zusammensetzungen von Zahlen, Operationszeichen und Klammern.
(2) Terme werden immer nach der zuerst ausgeführten Operation benannt.
(3) Operationen mit Termen sind in der folgenden Reihenfolge durchzuführen:
1. Klammern; 2. Potenzen; 3. Punktoperationen; 4. Strichoperationen.

21. Geben Sie an, ob die Terme Summen, Differenzen, Produkte, Quotienten oder Potenzen sind:

a) $(x+2)(x-3)$ b) $(2a-b)^3$ c) $\frac{p^2}{q}+1$
d) $u-2(v+1)$ e) $\frac{y^3}{x^2}$ f) $(2r-s)^3-2$
g) $\left(\frac{\phi}{\mu}\right)^2$ h) $(2g-h):(2gh)$ i) $2g-h:(2gh)$

22. Geben Sie für jeden Term an, ob es sich um eine Summe, eine Differenz, ein Produkt oder einen Quotienten handelt, und berechnen Sie:

a) $22-2\cdot5$ b) $(22-2)\cdot5$ c) $100:4\cdot5$
d) $(100:4)\cdot5$ e) $100:(4\cdot5)$ f) $7-3\cdot4^2+1$
g) $(7-3)\cdot4^2+1$ h) $(7-3)\cdot(4^2+1)$ i) $7-3\cdot4^{2+1}$

23. Durch Zahlenterme mit genau 4 gleichen Ziffern, Rechenoperationen und Klammern können natürliche Zahlen ausgedrückt werden, wie zum Beispiel:

$0=44-44$ $18=3^3-3\cdot3$ $7=(4+4)-\frac{4}{4}$ $4=\frac{3\cdot3+3}{3}$

a) Drücken Sie mit 4 Dreien die natürlichen Zahlen 1 bis 10 aus.
b) Drücken Sie mit 4 Vieren die natürlichen Zahlen 1 bis 10 aus.
c) Drücken Sie mit 4 Vieren die natürlichen Zahlen 11 bis 20 aus.

24. Vervollständigen Sie die Tabelle, indem Sie für x die angegebenen Werte einsetzen:

x	x^2	x^3	$-2x^2$	$(-2x)^2$	$3x-x^3$
2					
-1					

25. Vervollständigen Sie die Tabelle, indem Sie für a und b einsetzen:

a	b	a^2-b	$(a-b)^2$	$\frac{a^2}{-b}$	$\left(-\frac{a}{b}\right)^2$
6	4				
3	-2				
-2	-3				

26. Berechnen Sie die Werte der folgenden Terme:

a) $T(x)=2x^2-5x-3$ für $T(3)$ und $T(-2)$
b) $T(x)=(-3x)^2-3x+4$ für $T(2)$ und $T(-1)$
c) $T(c;d;e)=-2c^3de^2$ für $T(1;-1;2)$
d) $T(c;d;e)=(-2cd)^3e^2$ für $T(1;-1;-2)$

27. Werten Sie die folgenden Terme aus:

a) $T(a;b)=\frac{a^2-2b}{(a-b)^2}$ für $T(2;1)$ und $T(1;2)$

b) $T(a;b)=\frac{a\cdot|b|}{|a-2b|}$ für $T(-2;1)$ und $T(6;3)$

28. Drücken Sie das Volumen V und die Oberfläche S des Körpers als Term aus. Berechnen Sie $V(x)$ und $S(x)$ für $x = 2$ und $x = 0.5$.

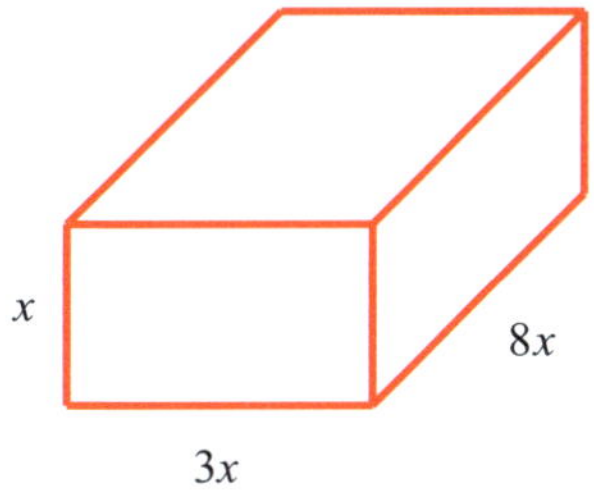

29. Drücken Sie das Volumen V und die Oberfläche S des Körpers als Term aus. Berechnen Sie $V(a, b)$ und $S(a, b)$ für $a = 1; b = 2$ und $a = 0.5; b = 1$.

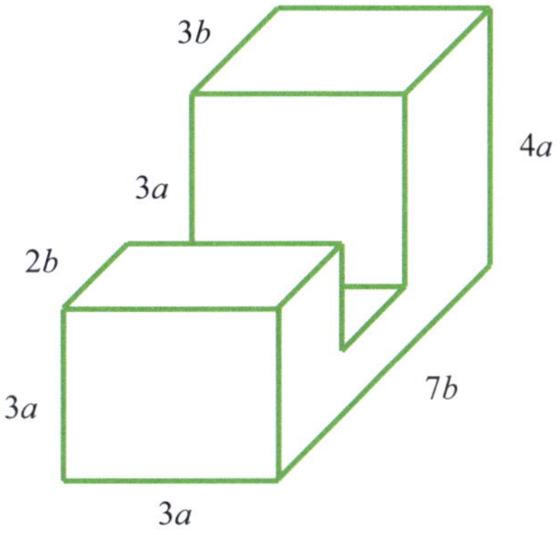

Übungen 4

30. Verwandeln Sie die Polynome unter den Termen in die Grundform und geben Sie jeweils den Grad und die Koeffizienten a_k an:

a) $x^2 \cdot (x^2 - 1)$ b) $\frac{x^4 \cdot (x+2)}{x^3}$ c) $\frac{1}{2}x(x^4 - x^2)$

d) $(x-1) \cdot (x^2 + 2)$ e) $-\sqrt{5}x^2 - \sqrt{3}x - \sqrt{2}$ f) $\frac{1}{x^4} + \frac{1}{x^3} - \frac{10}{x^2} + \frac{3}{x} - 1$

31. Berechnen Sie die folgenden Summen:

a) $\sum_{k=1}^{2} k$ b) $\sum_{k=1}^{3} k^2$ c) $\sum_{k=3}^{7} 2 \cdot k$

d) $\sum_{k=1}^{5} 2^k$ e) $\sum_{k=0}^{7} 5^k - 1$ f) $\sum_{k=0}^{7} (5^k - 1)$

32. Verwandeln Sie die Polynome in die Grundform. Beachten Sie, dass $x^0 = 1$.

a) $\sum_{k=0}^{5} x^k$ b) $\sum_{k=0}^{2} k \cdot x^k$ c) $\sum_{k=0}^{3} \frac{1}{k+1} \cdot x^k$ d) $\sum_{k=0}^{4} (k+1) \cdot x^k$

Übungen 5

33. Geben Sie von der Zahlenfolge $\{a_n\}$ mit $n \in \mathbb{N}^*$ die Glieder $a_1; a_2; a_3; a_4; a_{100}$ und a_{1000} an:

a) $a_n = \frac{1}{2n-1}$ b) $a_n = (n-1) \cdot 3$ c) $a_n = 2^{n-1}$

34. Geben Sie die ersten 5 Glieder der Zahlenfolgen $\{a_n\}$ mit $n \in \mathbb{N}^*$ an:

a) $a_1 = 1; a_{n+1} = 2 \cdot a_n + 1$

b) $a_1 = 0; a_{n+1} = 2 \cdot a_n - 3$

c) $a_1 = -1; a_n = (-1) \cdot a_{n-1} + 1$

35. Unten sehen Sie die ersten acht Glieder der Folge $\{d_n\}$ der sogenannten Dreieckszahlen:

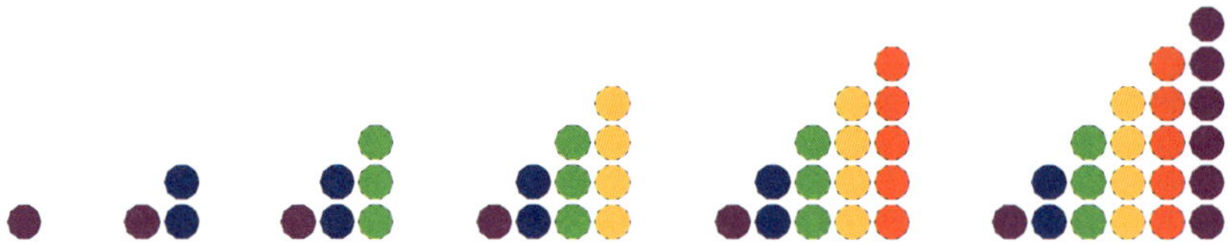

$n = 1$ $n = 2$ $n = 3$ $n = 4$ $n = 5$ $n = 6$

a) Geben Sie die ersten zehn Folgenglieder an und suchen Sie anschliessend die rekursive Definition der Folge $\{d_n\}$.

b) Weshalb entspricht die n-te Dreieckszahl der Summe der natürlichen Zahlen von 1 bis n? Begründen Sie visuell anhand der obigen grafischen Darstellung.

36. Setzen Sie je zwei benachbarte Dreiecke der obigen Zeichnung sinnvoll zu einem Viereck zusammen.

a) Welche Form haben die so zusammengesetzten Vierecke? Zeichnen Sie die neue Figur, die sich aus den Dreiecken von $n = 5$ und $n = 6$ zusammensetzt.

b) Das Zusammensetzen von zwei benachbarten Dreiecken entspricht der Addition zweier Dreieckszahlen. Betrachten Sie die Reihe $d_1 + d_2; d_2 + d_3; d_3 + d_4; \ldots$. Geben Sie die ersten 10 Glieder dieser neuen Zahlenfolge und ihre explizite Definition an.

37. Kopieren Sie die Dreiecke aus Aufgabe 35 im Geiste, klappen Sie die Kopien um und fügen Sie sie als fehlende Hälften an die Ursprungsdreiecke an.

a) Welche Form hat die neu aus zwei gleichen Dreiecken zusammengesetzte Figur? Zeichnen Sie die neue Figur für $n = 4$ und $n = 5$.

b) Geben Sie an, wie sich die Anzahl Punkte beider Figuren direkt aus $n + 1$ und n explizit berechnen lässt.

c) Geben Sie nun die explizite Definition der Folge der Dreieckszahlen $\{d_n\}$ an. Damit haben Sie auch die Formel für die Summe der natürlichen Zahlen von 1 bis n gefunden.

38. Führen Sie mit unterschiedlichen Dreieckszahlen die folgenden Rechenvorschriften aus und suchen Sie nach Gesetzmässigkeiten. Geben Sie die Gesetzmässigkeiten wenn möglich auch algebraisch an.

a) Addieren Sie zum Dreifachen einer Dreieckszahl die *nächstkleinere* Dreieckszahl.

b) Addieren Sie zum Dreifachen einer Dreieckszahl die *nächstgrössere* Dreieckszahl.

c) Nehmen Sie das Achtfache einer Dreieckszahl und zählen Sie eins dazu.

39. Setzen Sie die unten stehenden Zahlenfolgen fort und geben Sie wenn möglich für jede Folge eine rekursive und eine explizite Beschreibung an:

a) $1; 3; 5; 7; 9; \ldots$

b) $2; 4; 6; 8; 10; \ldots$

c) $1; -1; 1; -1; 1; \ldots$

d) $1; -1; 2; -2; 3; -3; \ldots$

e) $1; 3; 9; 27; 81; \ldots$

f) $1; 3; 7; 15; \ldots$

40. + 41. leicht abgeändert aus: Walser, Hans: **Fibonacci. Zahlen und Figuren.** Edition am Gutenbergplatz Leipzig 2012.

40. Die Fibonaccifolge $\{f_n\}$ kann mit einer Folge von Quadraten dargestellt werden, indem an ein Quadrat mit Seitenlänge eins schrittweise weitere Quadrate angehängt werden:

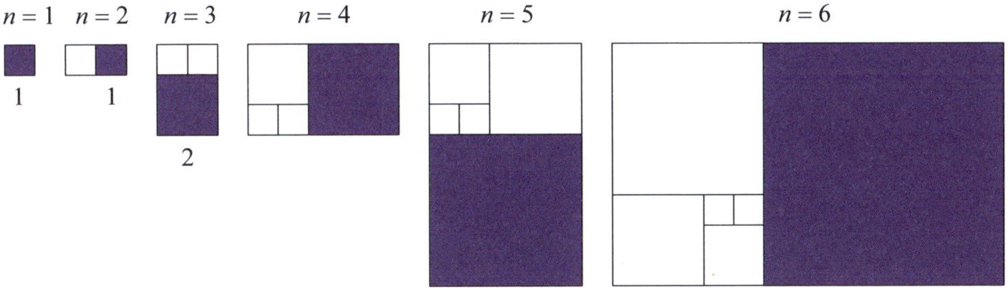

a) Geben Sie die *Seitenlänge* des Quadrats sowie die Länge des ganzen Rechtecks für $n = 1$ bis $n = 10$ an (Tabelle). Was fällt Ihnen auf?

n	Quadratseite = Breite Rechteck	Länge Rechteck
1	1	1
2	1	2
3	2	3
4	…	…

b) Die Seitenlängen der Quadrate entsprechen den Gliedern der Fibonaccifolge $\{f_n\}$. Suchen Sie eine rekursive Beschreibung der Folge $\{f_n\}$. Tipp: Sie brauchen jeweils *zwei* vorangehende Glieder, um das nächste Glied zu berechnen.

41. Zwischen den Gliedern der Fibonaccifolge $\{f_n\}$ gelten vielfältige Beziehungen. Welche der folgenden Identitäten gelten und welche nicht? Überprüfen Sie durch mehrmaliges Einsetzen von passenden Folgengliedern:

a) $f_{2n+1} = f_{n+1}^2 + f_n^2$

b) $2 \cdot (f_{n+1} - f_{n-1}) = f_n^2$

c) $f_{n+1} \cdot f_{n-1} - f_n^2 = (-1)^n$

d) $f_{m+n} = f_{n+1} \cdot f_m + f_n \cdot f_{m-1}$

2 Grundoperationen

2.1 Addition und Subtraktion

Zur Addition und Subtraktion von algebraischen Termen werden an dieser Stelle nur kurz die drei wichtigsten Punkte wiederholt.

Addition algebraischer Terme

(1) Es können nur *gleichartige Summanden* addiert werden. Das heisst, zur Variablen a kann nur a addiert werden, und nicht b, a^2, α oder 3.

(2) Ein *negatives Vorzeichen vor einer Klammer* kann eliminiert werden, indem die Vorzeichen sämtlicher Summanden in der Klammer *gewechselt* werden.

(3) *Mehrfachklammern* werden systematisch *von innen nach aussen oder von aussen nach innen* aufgelöst.

Kommentar

- Diese Regeln gelten analog für die Subtraktion.
- Die Reihenfolge der Summanden spielt bei der Addition keine Rolle. Es gilt das **Kommutativgesetz**: $2+3=3+2$ oder $a+2b=2b+a$.

Beispiele

(1) $3a+3b-2a-4b \quad = \quad a-b$

(2) $16r-14s+3r^2-4r-7r^2-4s-3r^2+4r^2 \quad = \quad 12r-3r^2-18s$

(3) $6mnx+3nx+4mx-6mnx+3nx-10mx \quad = \quad 6nx-6mx$

(4) $16h+3i-2k-(3h-3i+(i+k)-(i+h))$
$=16h+3i-2k-(3h-3i+i+k-i-h)=16h+3i-2k-(2h-3i+k)$
$=16h+3i-2k-2h+3i-k=14h+6i-3k$

(5) $103u^2-(43u^2+13v-(19w+(16u^2-13v)-(17u^2+28w)))$
$=103u^2-(43u^2+13v-(19w+16u^2-13v-17u^2-28w))$
$=103u^2-(43u^2+13v-(-9w-u^2-13v))$
$=103u^2-(43u^2+13v+9w+u^2+13v)=103u^2-(44u^2+26v+9w)$
$=103u^2-44u^2-26v-9w=59u^2-26v-9w$

◆ Übungen 6 ⟶ S. 34

2.2 Multiplikation

Eine wichtige algebraische Umformung ist das Umwandeln von Produkten in Summen, indem Klammern durch **Ausmultiplizieren** aufgelöst werden. Die Umkehrung davon, das Umwandeln von Summen durch **Faktorisieren** in Produkte, ist ebenfalls von Bedeutung.

2.2.1 Rechengesetze

Für die Addition und die Multiplikation gelten folgende Rechengesetze:

Rechengesetze der Addition und der Multiplikation

Assoziativgesetz:

$$a+(b+c)=(a+b)+c \qquad a\cdot(b\cdot c)=(a\cdot b)\cdot c \tag{1}$$

Kommutativgesetz:

$$a+b=b+a \qquad a\cdot b=b\cdot a \tag{2}$$

Distributivgesetz:

$$a\cdot(b+c)=a\cdot b+a\cdot c \tag{3}$$

Kommentar

- Das Multiplikationszeichen · wird oft weggelassen: $a\cdot b=a\,b$.
- Beim Distributivgesetz (3) wird die Variable a mit der Summe $b+c$ multipliziert. Es können auch zwei oder mehrere Summen miteinander multipliziert werden:

  $$(a+b)\cdot(c+d)=a\cdot c+a\cdot d+b\cdot c+b\cdot d \tag{4}$$

  Jeder Summand der ersten Klammer wird **mit jedem** Summanden der zweiten Klammer multiplizieren.

Aus Gleichung (4) folgen die drei **binomischen Formeln**:

Binomische Formeln

Erste binomische Formel:

$$(a+b)^2=(a+b)\cdot(a+b)=a^2+2ab+b^2 \tag{5}$$

Zweite binomische Formel:

$$(a-b)^2=(a-b)\cdot(a-b)=a^2-2ab+b^2 \tag{6}$$

Dritte binomische Formel:

$$(a+b)\cdot(a-b)=a^2-b^2 \tag{7}$$

Beispiele

(1) Multiplizieren Sie $(6a-5b)(4c+5d)-(a-3b)(2c-4d)-b(c+2d)$ aus.

Lösung:

$$
\begin{aligned}
&(6a-5b)(4c+5d)-(a-3b)(2c-4d)-b(c+2d)\\
&\quad=24ac+30ad-20bc-25bd-(2ac-4ad-6bc+12bd)-bc-2bd\\
&\quad=24ac+30ad-20bc-25bd-2ac+4ad+6bc-12bd-bc-2bd\\
&\quad=22ac+34ad-15bc-39bd
\end{aligned}
$$

(2) Berechnen Sie $(3p-7)^2$ mit der zweiten binomischen Formel.

Lösung:

$$(3p-7)^2=(3p)^2-2\cdot(3p)\cdot 7+7^2=9p^2-42p+49$$

(3) Vereinfachen Sie den Ausdruck $(2x-1)(2x+1)+(1-2x)^2-(1+2x)(2x+1)$.

Lösung:

$$
\begin{aligned}
&(2x-1)(2x+1)+(1-2x)^2-(1+2x)(2x+1)\\
&\quad=(2x)^2-1^2+1^2-2\cdot 1\cdot 2x+(2x)^2-(2x+1+(2x)^2+2x)\\
&\quad=4x^2-4x+4x^2-4x-1-4x^2=4x^2-8x-1
\end{aligned}
$$

(4) Multiplizieren Sie $(a-2b+1)(a+2b+1)$ aus.

Lösung:

$$
\begin{aligned}
&(a-2b+1)(a+2b+1)\\
&\quad=a^2+2ab+a-2ab-4b^2-2b+a+2b+1=a^2+2a-4b^2+1
\end{aligned}
$$

(5) Notieren Sie das Polynom $x(x-3)(1+x)$ in seiner Grundform.

Lösung:

$$
\begin{aligned}
P(x)&=x(x-3)(1+x)\\
&=x(x+x^2-3-3x)=x(x^2-2x-3)=x^3-2x^2-3x
\end{aligned}
$$

Das ist ein Polynom 3. Grades mit den Koeffizienten
$a_3=1, a_2=-2, a_1=-3$ und $a_0=0$.

◆ Übungen 7 → S. 34

2.2.2 Das Pascalsche Dreieck

In der mathematischen Praxis treten oft Binome der Form $(a+b)^n$ mit $n\in\mathbb{N}$ auf. Die binomischen Formeln gelten nur für $n=2$. Wir wollen nun eine allgemeine Gesetzmässigkeit für $n>2$ suchen. Zu diesem Zweck berechnen wir die ersten fünf Potenzen der Summe $(a+b)$, also die Binome $(a+b)^0$ bis $(a+b)^4$:

$$
\begin{aligned}
(a+b)^0&=1\\
(a+b)^1&=a+b\\
(a+b)^2&=a^2+2ab+b^2\\
(a+b)^3&=a^3+3a^2b+3ab^2+b^3\\
(a+b)^4&=a^4+4a^3b+6a^2b^2+4ab^3+b^4
\end{aligned}
\tag{8}
$$

Betrachten wir zunächst nur die Variable a: Innerhalb einer einzelnen Zeile nimmt der Exponent von a mit jedem Summand ab und zwar von n bis 0:

$$a^n, a^{n-1}, \dots, a^2, a^1, a^0. \quad \text{Dabei ist } a^1 = a \text{ und } a^0 = 1.$$

Bei der Variablen b hingegen steigt der Exponent in einer einzelnen Zeile von 0 bis n:

$$b^0, b^1, b^2, \dots, b^n. \quad \text{Dabei ist } b^1 = b \text{ und } b^0 = 1.$$

Betrachten wir nun nur die Koeffizienten, ergibt sich das **Pascalsche Dreieck**:

$$\begin{array}{ccccccccc} & & & & 1 & & & & \\ & & & 1 & & 1 & & & \\ & & 1 & & 2 & & 1 & & \\ & 1 & & 3 & & 3 & & 1 & \\ 1 & & 4 & & 6 & & 4 & & 1 \end{array} \qquad (9)$$

Das Pascalsche Dreieck hat eine **vertikale Symmetrieachse**. Zur Berechnung der nächsten Zeile muss am Rand je eine Eins hinzugefügt werden. Die mittleren Elemente ergeben sich durch **Addition der beiden schräg versetzten Elemente** aus der nächsthöheren Zeile.

Wenn wir die nächsten drei Zeilen aufschreiben, ergibt sich das folgende Bild:

$$\begin{array}{ccccccccccccccc} & & & & & & & 1 & & & & & & & \\ & & & & & & 1 & & 1 & & & & & & \\ & & & & & 1 & & 2 & & 1 & & & & & \\ & & & & 1 & & 3 & & 3 & & 1 & & & & \\ & & & 1 & & 4 & & 6 & & 4 & & 1 & & & \\ & & 1 & & 5 & & 10 & & 10 & & 5 & & 1 & & \\ & 1 & & 6 & & 15 & & 20 & & 15 & & 6 & & 1 & \\ 1 & & 7 & & 21 & & 35 & & 35 & & 21 & & 7 & & 1 \end{array} \qquad (10)$$

Kommentar

- Mit dem Pascalschen Dreieck können wir die **Koeffizienten der Binome bestimmen**.
- Da wir auch die Entwicklung der Exponenten der Variablen kennen, können wir die Binome mit höheren Exponenten direkt ausmultipliziert notieren.

■ Beispiel

Berechnen Sie $(a+b)^6$ mithilfe des Pascalschen Dreiecks.

Lösung:

Das Pascalsche Dreieck liefert für die 6. Potenz die Koeffizienten:

1 6 15 20 15 6 1

Wir setzen ein und finden:

$$(a+b)^6 = 1 \cdot a^6 \cdot b^0 + 6 \cdot a^5 \cdot b + 15 \cdot a^4 \cdot b^2 + 20 \cdot a^3 \cdot b^3 + 15 \cdot a^2 \cdot b^4 + 6 \cdot a \cdot b^5 + 1 \cdot a^0 \cdot b^6$$
$$(a+b)^6 = a^6 + 6a^5b + 15a^4b^2 + 20a^3b^3 + 15a^2b^4 + 6ab^5 + b^6$$

◆ Übungen 8 → S. 37

2.2.3 Faktorisieren

Bei vielen Aufgabenstellungen ist aus einer Summe ein Produkt zu bilden. Diesen Schritt nennt man **Faktorisieren**. Folgende Verfahren führen meist zum Ziel:

Faktorisieren

(1) In allen Summanden vorkommende, *gemeinsame* Faktoren ausklammern.

(2) Ganze *Klammerausdrücke* (Teilsummen) ausklammern.

(3) *Binomische Formeln* anwenden.

(4) *Zweiklammeransatz*: die Summe in ein Produkt zerlegen, das aus zwei Klammern besteht.

Kommentar

- Je nach Aufgabenstellung müssen für vollständiges Faktorisieren **mehrere Verfahren nacheinander** angewendet werden.

■ **Beispiele**

(1) Klammern Sie beim Term $-x^2+2y-3$ den Faktor -1 aus.

Lösung:

$$-x^2+2y-3=(-1)\cdot(x^2-2y+3)=-(x^2-2y+3)$$

Die nachfolgenden Summen sind vollständig zu faktorisieren:

(2) $4pq^3-2p^2q^2+10p^5q^4$

Lösung:

Der gemeinsame Faktor aller Summanden lautet $2pq^2$ und wird ausgeklammert:

$$4pq^3-2p^2q^2+10p^5q^4=2pq^2(2q-p+5p^4q^2)$$

(3) $3mk+6nk-5m-10n$

Lösung:

Zunächst werden je zwei Summanden faktorisiert:

$$3mk+6nk-5m-10n=3k(m+2n)-5(m+2n)$$

Der Term $(m+2n)$ kommt doppelt vor, deshalb klammern wir ihn aus:

$$3k(m+2n)-5(m+2n)=(m+2n)(3k-5)$$

(4) $8ac+9bd-6cd+15d-20a-12ab$

Lösung:

Wir ordnen zunächst die Summanden neu an und klammern dann aus:

$$\begin{aligned}&8ac-6cd-12ab+9bd-20a+15d\\&=2c(4a-3d)-3b(4a-3d)-5(4a-3d)=(4a-3d)(2c-3b-5)\end{aligned}$$

(5) $9z^2-6z+1$

Lösung:
Die zweite binomische Formel (6) anwenden:

$$9z^2-6z+1=(3z-1)^2$$

(6) $50x^3-18x$

Lösung:
Ausklammern und dann die dritte binomische Formel (7) anwenden:

$$50x^3-18x=2x(25x^2-9)=2x(5x-3)(5x+3)$$

(7) a^2-4a-5

Lösung:
Mit Zweiklammeransatz:

$$a^2-4a-5=(a+1)(a-5)$$

(8) u^2-3v+5

Lösung:
Der Term u^2-3v+5 lässt sich nicht faktorisieren.

(9) $4k^2-4k+1-25w^2$

Lösung:
Die ersten drei Summanden mit der zweiten binomischen Formel (6) faktorisieren.
Dann die dritte binomische Formel (7) anwenden:

$$4k^2-4k+1-25w^2=(2k-1)^2-25w^2$$
$$=((2k-1)+(5w))((2k-1)-(5w))=(2k+5w-1)(2k-5w-1)$$

◆ Übungen 9 → S. 38

Terminologie

Addition
Assoziativgesetz
ausklammern
ausmultiplizieren
binomische Formel
Dezimalbruch
Differenz
Distributivgesetz
Faktor
faktorisieren
Klammer
Koeffizient
Kommutativgesetz
Multiplikation
Pascalsches Dreieck
Produkt
Subtraktion
Summand
Summe
Zweiklammeransatz

2.3 Übungen

Übungen 6

1. Fassen Sie so weit wie möglich zusammen:

a) $x+y+y+x+x+y+x$
b) $3a+32-2a+18$
c) $6x-12y+8y-2y-4x$
d) $e^3+e^3+e^2+e^2+e^2+e$
e) $y^2z+xy+y^2z-xy+y^2z-yz^2-yz^2$
f) $-x^2+15x-12-3x^2+9x-23x+2x^2$
g) $\frac{5}{8}a^2+\frac{1}{10}b^2+\frac{1}{4}a^2+\frac{2}{5}b^2+ab$
h) $-0.3x^2y+0.7xy^2+xy+1.3x^2y-0.9xy^2$

Aufgaben 2–5:
Schreiben Sie ohne Klammern und fassen Sie so weit wie möglich zusammen:

2. a) $-2a+(-8a)$ b) $3a^2+(-9a^2)$ c) $-11b-(+9b)$
d) $b^3-(+11b^3)$ e) $-30c-(-11c)$ f) $-\lambda a+(-5\lambda a)$

3. a) $-(m+n)$ b) $-(-k+2k^2-3k^3)$ c) $x-(y+z)$
d) $x-(y-z)$ e) $x-(-y+z)$ f) $x-(-y-z)$

4. a) $4m+(2m+5)$ b) $5m+(1-6m)$
c) $-6r-(4r-8)$ d) $4p^2-(-5p^2+3p)$
e) $e^3-4e-(2e^3+e^2-4e)$ f) $5c^4+3c^2+5-(c^4-c^3+c^2-c+5)$

5. a) $v-(w-(x-y))$ b) $v^2+(w^2-(x^2+y^2))$
c) $20u-(10u-(5u-v))$ d) $20\delta-(10\delta+(5\delta-\varphi))$
e) $12a^3-(6a-(10a^3-3a+2)-10a)$ f) $-(2x-(3x+1)+2x)-(b+11)$

6. Vereinfachen Sie:

a) $v-(w-(x-(y-z)))$
b) $v^3+(w^3-(x^3+(y^3-z^3)))$
c) $2-(4-(8-(16+a)))$
d) $-(p+(-2p-(3p-1)))-(4p-(5p))$
e) $((y^2-1)+(y+2))-((y^2-1)+(y+2))$
f) $-(2\delta+8)+\delta+(2-3\delta-(10\delta-(1-\delta)-5)+\delta)$
g) $-(-(-a^2-3a+12)-2a-6)+3a^2-a-(-2a-3+(1-5a^2))$
h) $3z^2+(2z-1+(4z+1-((3z)^2-1)+z^2)+1-z)+1$

7. Berechnen Sie T_1+T_2 und T_1-T_2:

a) $T_1=-10a^4+6a^2b+3a-11b-15; T_2=10a^4+6a^2b-3a-11b+9$
b) $T_1=3x^2-2xy+4x-7; T_2=-3x^2+5xy-2y-11$

Übungen 7

8. Multiplizieren Sie aus:

a) $4(a+b)$ b) $3(2c+1)$ c) $f(3f-4g)$ d) $3h^2(2h^2-h)$
e) $-5(2x+y)$ f) $-z(-z^2+4)$ g) $-1(1-w^2)$ h) $-1(\alpha\mu+1)$

9. Verwandeln Sie in eine Summe:

a) $5(2p+q+r)$
b) $-5(2p-q-r)$
c) $-x^2y(-2x+y-z)$
d) $-1(2x-y+z)$
e) $3ab^2(4a^2-3a^2b^2-2b^2+1)$
f) $-2c(-c^5+c^3-c-1)$

10. Multiplizieren Sie das Polynom a^2-3a-5 mit den folgenden Faktoren:

a) 6
b) -6
c) a^2
d) $-a^3$
e) $4a$
f) -1
g) 0
h) $-p$

11. Verwandeln Sie in eine möglichst einfache Summe:

a) $2(2a+a)+3(3a+b)$
b) $3(3a+b)-2(3a+b)$
c) $4c(c-7)-3c(c-8)$
d) $9d(d^2-2)-3(3d^3+6d-2)$
e) $x-5xz-5z^2-6z(x-z+3)$
f) $x(y-z)-y(x-z)-z(y-x)$

12. Multiplizieren Sie aus:

a) $(p+q)(r+s)$
b) $(a+b)(c-d)$
c) $(2v-2w)(10v-w)$
d) $(a-b)(c+d)$
e) $(-a-b)(c+d)$
f) $(a-b)(-c-d)$

13. Multiplizieren Sie aus und vereinfachen Sie:

a) $(3x-7)(x-12)$
b) $(6y-2z)(5y-3z)$
c) $(u-3)(-u-11)$
d) $(-p+2q)(-p+9q)$
e) $(m^4-m)(m^3-m)$
f) $(n^2-3)(2n^2-3)$

14. Schaffen Sie die Klammern weg und vereinfachen Sie so weit wie möglich:

a) $(6a^2+3b)(2a-4b^2)$
b) $(6e^2+3f)(2e-4f^2)$
c) $(a+b)(c+d+e)$
d) $(a+b)(c-d-e)$
e) $(2r-s)(s-t-1)$
f) $(u-v+w)(-3w+1)$
g) $(2x-y)(x+2y-z)$
h) $(x^3-y^2)(x-y^2-1)$

15. Lösen Sie die Klammern auf und vereinfachen Sie:

a) $(a+2b-c)(a-6b+c)$
b) $(-a^2+3a+1)(a^2-a+2)$
c) $(x-2y-3)(2x+3y-2)$
d) $(4x^3-3x^2+2x-1)(x^2+2x+3)$
e) $(c-d)(c^4+c^3d+c^2d^2+cd^3-d^4)$
f) $4(r+s)(t-u)$

16. Multiplizieren Sie aus und vereinfachen Sie:

a) $-2(-r+5)(r-s)$
b) $-3y(y+1)(y-2)$
c) $2y^2(y+5)(y-4)$
d) $(a+b)(c+d)(e+f)$
e) $(f-1)(f-2)(f-3)$
f) $(-a+2)(-b+3)(c-4)$

17. Verwandeln Sie in eine Summe und fassen Sie so weit wie möglich zusammen:

a) $(a-3)(a+2)(a-1)$
b) $(x+1)(1-y)(x-1)$
c) $(z^2+3)(z^4+9)(z^2-3)$
d) $(f+6)(f+4)-2f(f+5)$
e) $-2h(h+0.5)+(h+2)(2h-3)$
f) $5q(q-3)-(2q+1)(q-8)$
g) $k^2(k^3-k)-(k^3+1)(k^2+1)$
h) $(s-10)(t-10)+(s-9)(t-9)$

18. Vereinfachen Sie:

a) $-10x^2(2x-1)(7x-2)+(4x-3)(6x+5)$
b) $(y+3)(4y-2)-(y-6)(y+1)-3y^2$
c) $(u+v)((u+v)(u-2v)-(u+2v)(u-v))$
d) $((((a^2+a+1)a-a^2)a-a^4)a-a^3)+1$
e) $5-e(4-e(3-e(2-e(1-e))))$

19. Schreiben Sie mithilfe der binomischen Formeln ohne Klammern und fassen Sie zusammen:

a) $(a+b)^2$
b) $(c+4)^2$
c) $(2d+3e)^2$
d) $(f-g)^2$
e) $(z-3)^2$
f) $(3v-4w)^2$
g) $(x+y)(x-y)$
h) $(u+2)(u-2)$
i) $(g^2+h)(g^2-h)$

20. Schreiben Sie mithilfe der binomischen Formeln ohne Klammern und fassen Sie zusammen:

a) $(4m+5n)(4m-5n)$
b) $(p^3+q^3)^2$
c) $(y^2+1)(y^2-1)$
d) $(h-(-k))^2$
e) $(-r^2-r)^2$
f) $\left(2\mu+\frac{1}{2}\right)^2$
g) $(x^3-0.1w^3)^2$
h) $\left(\frac{y^2}{4}+\frac{1}{2}\right)\left(\frac{y^2}{4}-\frac{1}{2}\right)$
i) $(-3z^2-1)(3z^2-1)$

21. Verwandeln Sie mithilfe der binomischen Formeln in eine möglichst einfache Summe:

a) $4x(x+3)^2$
b) $a(a-5)^2$
c) $-2c(c-5)^2$
d) $-10x^2(x^2+1)^2$
e) $(g+2h)^2(g-h)$
f) $(\vartheta+1)^2(\vartheta+3)$
g) $(q-1)(-q+3)^2$
h) $(p^2+1)(p^2-2p)^2$
i) $(k+1)(k-1)(k^2+2)$

22. Verwandeln Sie in eine möglichst einfache Summe:

a) $(2x+3)(x+1)(2x-3)$
b) $(4a^2+25b^2)(2a+5b)(2a-5b)$
c) $(a+1)(b^2+2)(a-1)(b^2-2)$
d) $(3u^4-1)^2(3u^4+1)^2$

23. Multiplizieren Sie mithilfe der angegebenen binomischen Formel aus:
$(a+b+c)(a+b-c)=((a+b)+c)((a+b)-c)=(a+b)^2-c^2=a^2+2ab+b^2-c^2$

a) $(x+y+1)(x+y-1)$
b) $(2-\lambda-\delta)(2-\lambda+\delta)$
c) $(k^2-k-1)(k^2-k+1)$
d) $(a-b-c^2)(b-a-c^2)$

24. Multiplizieren Sie mithilfe der binomischen Formeln aus:

a) $10a+(a-9)^2$
b) $4x-(2x+1)^2$
c) $12y^2+y-4(3y+1)^2$
d) $(c^2-d)^2+(c+d^2)^2$
e) $(2f+5)^2-(2f-5)^2$
f) $(h^2+3)(h^2-3)-(h+2)^2$
g) $(n+5)^2+(2n-3)(2n+3)$
h) $(\psi^2-2)^2-3\psi(2\psi+1)^2$

25. Verwandeln Sie in eine Summe:

a) $(c+d)^3$ b) $(e-1)^3$ c) $(2f+4g)^3$ d) $\left(10k-\frac{1}{10}\right)^3$

e) $(r+s+t)^2$ f) $(p+2q+3r)^2$ g) $(\alpha-\beta-\gamma)^2$ h) $(4x-5y+z)^2$

26. Vereinfachen Sie:

a) $(r-1)(r+4)^2-(r-3)^2(r-2)$
b) $-4s(s+1)-(s-3)(2s+1)-(s-1)^2+7s^2$
c) $(2x+y)^2-(x-3y)^2-4(x-y)(x+y)$

27. Verwandeln Sie in eine Summe und vereinfachen Sie so weit wie möglich:

a) $(a+9)(a+7)-(a+4)^2-(a+1)(a-1)+(a-2)^2$
b) $2b^2-53b-5(b-3)(b-4)-(6(b-5)-3(b+4)^2)$
c) $3e^2((d-e)^2-(d(e-e)-e(d+e)))$
d) $((2c-(c+3)(c-1))^2-c^4)(c^2+2)+6c^4$

Übungen 8

28. Vervollständigen Sie das Pascalsche Dreieck auf der Basis des Bildungsgesetzes bis zur achten Zeile.

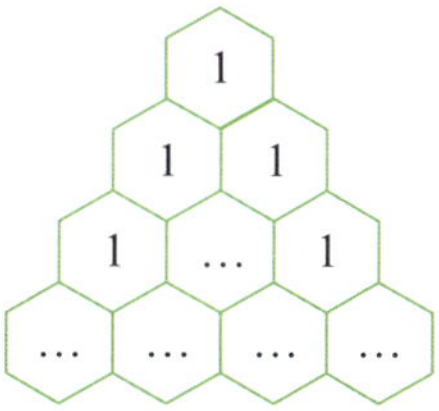

29. Zeichnen Sie ein Pascalsches Dreieck auf der Basis des Bildungsgesetzes bis zur 20. Zeile mithilfe eines geeigneten Computerprogrammes.

30. Schreiben Sie die folgenden Binome mithilfe des Pascalschen Dreiecks als algebraische Summe:

a) $(a+2)^4$ b) $(x-3)^5$ c) $(2x+y)^6$ d) $(x+y)^8$

31. Färben Sie in einem Pascalschen Dreieck bis zur 15. Zeile die Zahlen an, …

a) die durch 2 teilbar sind.
b) die durch 3 teilbar sind.
c) die durch 5 teilbar sind.
d) Welche Muster erkennen Sie in a), b) und c)?

32. Im Pascalschen Dreieck lassen sich viele Zahlenfolgen entdecken. Notieren Sie die unten beschriebenen Zahlenfolgen und geben Sie wenn möglich das Bildungsgesetz in rekursiver und expliziter Form an.

a) Folge 1: das erste Element jeder Zeile.
b) Folge 2: das zweite Element jeder Zeile.
c) Folge 3: das dritte Element jeder Zeile.

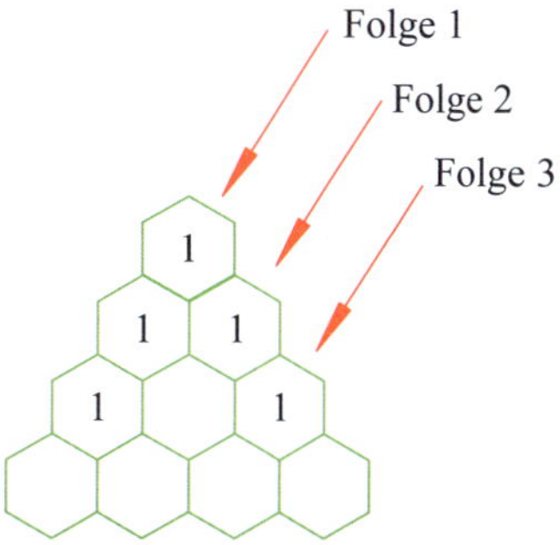

33. Die Tetraederzahlen $\{t_n\}$ bestehen aus einer Folge von Kugeln, die tetraederförmig angeordnet werden. Ein Tetraeder hat vier dreieckige Seitenflächen.

$n = 1$ $n = 2$ $n = 3$ $n = 4$ $n = 5$

a) Geben Sie die Glieder t_1 bis t_8 der Tetraederzahlen an
b) Wo finden Sie die Folge der Tetraederzahlen im Pascalschen Dreieck?
c) Wie ist das Verhältnis zwischen geraden und ungeraden Gliedern?
d) Geben Sie für die Tetraederzahlen t_1 bis t_8 an, wie sich die Gesamtzahl an Kugeln aus der Kugelzahl der einzelnen Schichten zusammensetzt.
e) Finden Sie eine rekursive Beschreibung der Folge der Tetraederzahlen $\{t_n\}$. Tipp: Vergleichen Sie mit den Dreieckszahlen $\{d_n\} = 1; 3; 6; 10; 15; 21; \ldots$ von Aufgabe 35, Seite 26.

34. Bilden Sie jeweils das Produkt von drei aufeinanderfolgenden natürlichen Zahlen n; $n + 1$ und $n + 2$ und teilen Sie das Produkt anschliessend durch 6. Was fällt Ihnen auf? Schreiben Sie die Rechenvorschrift allgemein auf und verwandeln Sie in eine Summe.

35. Am Pascalschen Dreieck führen auch Summen zu interessanten Erkenntnissen.

a) Bilden Sie die Zeilensummen. Was stellen Sie fest?
b) Betrachten Sie jede Zeile als alternierende Folge, bei der von links nach rechts von Zahl zu Zahl das Vorzeichen wechselt. Die erste Zahl in einer Zeile ist positiv. Bilden Sie die Zeilensummen. Was entdecken Sie?
c) Auf Seite 27 haben Sie die Fibonaccizahlen kennengelernt. Durch Summenbildung können Sie diese im Pascalschen Dreieck entdecken.

36. Schreiben Sie mithilfe des Pascalschen Dreiecks die algebraische Summe von $(a + b)^n$ für $n = 0$ bis $n = 6$ untereinander. Setzen Sie dann die folgenden Werte ein und bilden Sie für jede einzelne Zeile die Summe. Was fällt Ihnen auf?

a) $a = b = 1$ b) $a = 1; b = -1$ c) $a = -1; b = 1$ d) $a = -1; b = -1$

Übungen 9

37. Klammern Sie aus:

a) $4x + 4y$ b) $a^3 - a^2$ c) $25z^{10} + 5z^9$ d) $45abc + 18ac$

38. Verwandeln Sie in ein Produkt:

a) $16ax - 12ay - 8az$
b) $49s + 35t - 28u$
c) $v^5 - v^3 + vw$
d) $2\lambda^5 - 4\lambda^3 + 8\lambda$
e) $-p^3q^2 + p^5q^2 - p^3q^2r + 2p^3q^2$
f) $33x^2y^2z + 66x^2yz^2 + 99xy^2z^2$

39. Klammern Sie – 1 aus:

a) $a-5$ b) $-4x-y$ c) $2b+1$
d) $-2g+1$ e) $-7h-i-10k$ f) $3\mu^3-2\mu^2-\mu$
g) $-a_1+a_2-a_3$ h) $-w-x+y-z$ i) $2p-q-(u+1)$

40. Klammern Sie so aus, dass in den Klammern keine Brüche mehr stehen:

a) $\frac{1}{3}a+\frac{2}{3}b$ b) $\frac{1}{4}c-\frac{2}{8}d+e-1$ c) $0.1g-1.12h+2$

41. Klammern Sie Teilsummen aus:

a) $2(g-h)+k(g-h)$ b) $(2m^2-n)+5a(2m^2-n)$
c) $a^2(ab+a)-b^2(ab+a)$ d) $v^2(x-y-z)+(x-y-z)$
e) $d(ab-c)+3(c-ab)$ f) $x(m-n)+3y(m-n)$

42. Klammern Sie Teilsummen aus:

a) $c(p+q)-11\,c(p+q)$
b) $2x(a-b)-4x(a-b)+(a-b)+3(a-b)$
c) $(a-5b)(b^2+2c)+4a(b^2+2c)$
d) $(4x+y^2)(x^5-y)-(4x+y^2)(x^5-z)$
e) $(e-f)(4g+1)-(2e-2f)(g+3)$

43. Verwandeln Sie durch Ausklammern von Teilsummen in ein Produkt:

a) $a(c+d)+3c+3d$ b) $ax+bx-(a+b)y$
c) $x^3-x^2+(x-1)y^2$ d) $rt+ru+st+su$
e) $-3xy+3xz+6y-6z$ f) $-k^5-k^4+k^3+k^2$

44. Klammern Sie aus:

a) $10abx+10aby+10acx+10acy$ b) $10ef+5e-20f-10$
c) $p^2x-q^3x+rx-p^2y+q^3y-ry$ d) $2ae+2af-2ag-10e-10f+10g$
e) $ax+a+bx+b+cx+c$ f) $\delta^2-\delta\varphi-\delta\rho-\delta+\varphi+\rho$

45. Verwandeln Sie mithilfe der dritten binomischen Formel in ein Produkt:

a) c^2-d^2 b) $4x^2-36y^2$ c) $25a^2-1$ d) $1-e^{10}$
e) $-9s^2+49t^2$ f) $6x^4y^2-6z^4$ g) $5b^4-3$ h) $27\phi^4-3$

46. Verwandeln Sie mithilfe der ersten und zweiten binomischen Formel in ein Produkt:

a) $p^2+2pq+q^2$ b) $x^2-3xy+y^2$
c) $4e^2-4e+1$ d) $\lambda^4\gamma^2+2\lambda^2\gamma+1$
e) $25a^6-20a^3b+4b^2$ f) $2m^4-16m^2+32$
g) $-24x^2-24x-6$ h) $-r^4+2r^3s-r^2s^2$

47. Verwandeln Sie mithilfe der dritten binomischen Formel in ein Produkt:

a) $16a^2 - (3a-5)^2$
b) $(e+f)^2 - (e+f+g)^2$
c) $1 - v^2 - 2vw - w^2$
d) $c^2 - 4a^2 - 8ab - 4b^2$
e) $p^2 + 2p + 1 - 100q^2$
f) $4m^4 - 4n^2 + 40n - 100$

48. Verwandeln Sie mithilfe des Zweiklammeransatzes in ein Produkt:

a) $a^2 + 12a + 20$
b) $a^2 + 9a + 20$
c) $a^2 + 21a + 20$
d) $a^2 - 12a + 20$
e) $a^2 - 9a + 20$
f) $a^2 - 21a + 20$
g) $a^2 - a - 20$
h) $a^2 + a - 20$
i) $e^2 - e - 2$

49. Verwandeln Sie mithilfe des Zweiklammeransatzes in ein Produkt:

a) $e^2 + 3e + 2$
b) $b^2 - 2b - 48$
c) $y^2 + y - 72$
d) $a^2 - 11ab + 10b^2$
e) $\alpha^4 + 45\alpha^2 + 450$
f) $m^4 - 16m^2u^2 - 36u^4$
g) $6z^2 - z - 1$
h) $4k^2 - 5k + 1$
i) $2h^2 + 11h + 5$

50. Zerlegen Sie in möglichst viele Faktoren:

a) $x^6 - x^2$
b) $3a^3 - 9a^2 - 30a$
c) $80eg^2 - 40egh + 5eh^2$
d) $18x^2y^2 + 12x^2yz + 2x^2z^2$
e) $c^2 - 3c - 11cd + 33d$
f) $6\gamma(\gamma+1) - 3\lambda(\gamma+1) + 6(\gamma+1)$

51. Zerlegen Sie in möglichst viele Faktoren:

a) $m + x - mh^2 - h^2x$
b) $r^2 + s^2 + 4st - 4t^2$
c) $48b^7 - 243b^3$
d) $y^2(2z-1) - 2y(2z-1) + (1-2z)$
e) $8b^2cd - 4b^2c + 4b^2d^2 - 2b^2d$
f) $12(4-p^2) + q(p^2-4) + q^2(p^2-4)$

3 Dividieren

3.1 Schreibweise von Brüchen

Dieses Kapitel behandelt das **Rechnen mit Bruchtermen**, denn jeder Bruch ist eine **Division** und umgekehrt. Der **Zähler** des Bruchs entspricht dem Dividenden, der die Anzahl Bruchteile angibt, und der **Nenner** dem Divisor, der den Bruch benennt:

$$\frac{5}{7}=5:7 \qquad (1)$$

Brüche sind nur dann definiert, wenn der Nenner nicht null ist.
Bei **unechten Brüchen** ist der Zähler grösser als der Nenner und der Betrag des Bruchs deshalb grösser als eins:

$$\frac{33}{7}=4+\frac{5}{7} \qquad (2)$$

In Gleichung (2) beträgt der ganzzahlige Anteil 4, wobei das Pluszeichen rechts vom ganzzahligen Anteil meist weggelassen wird. Aus dem vorherigen Kapitel wissen wir, dass **multipliziert** werden muss, wenn zwischen **zwei Termen kein Zeichen** steht.
Dies führt zur folgenden uneinheitlichen Schreibweise:

$$4\frac{5}{7}\triangleq 4+\frac{5}{7}=\frac{33}{7} \quad \neq \quad 4\cdot\frac{5}{7}=\frac{20}{7} \qquad (3)$$

In diesem Buch wird diese unklare Schreibweise vermieden, indem unechte Brüche verwendet werden.

Negative Vorzeichen können im Zähler, im Nenner oder vor dem Bruch stehen. In all diesen Fällen ist der Wert des Bruchs negativ:

$$(-2):11=\frac{-2}{11}=-\frac{2}{11} \quad \text{oder} \quad 2:(-11)=\frac{2}{-11}=-\frac{2}{11} \qquad (4)$$

Vorzeichen bei Brüchen

Ungerade Anzahl negativer Vorzeichen:

$$-\frac{a}{b}=\frac{-a}{b}=\frac{a}{-b}=-\frac{-a}{-b} \qquad (5)$$

Gerade Anzahl negativer Vorzeichen:

$$\frac{a}{b}=\frac{-a}{-b}=-\frac{-a}{b}=-\frac{a}{-b} \qquad (6)$$

für $a>0$ und $b>0$

3.2 Brüche erweitern und kürzen

Werden bei einem Bruch Zähler und Nenner mit **demselben Term multipliziert,** so ändert sich der Wert des Bruchs nicht. Diese Operation heisst **Erweitern**.

$$\frac{5}{13} = \frac{5 \cdot 2}{13 \cdot 2} = \frac{10}{26} \qquad (7)$$

Der Wert des Bruchs ändert sich auch nicht, wenn man Zähler und Nenner durch **denselben Term dividiert**. Häufig müssen Zähler und Nenner zuerst faktorisiert werden.
Diese Operation heisst **Kürzen**.

$$\frac{10a}{26a} = \frac{10a : 2a}{26a : 2a} = \frac{5}{13} \qquad (8)$$

Erweitern und Kürzen von Brüchen

Ein Bruch wird *erweitert*, indem Zähler und Nenner mit demselben Term *multipliziert* werden.

Ein Bruch wird *gekürzt*, indem Zähler und Nenner durch denselben Term *dividiert* werden.

Kommentar

- Kürzen Sie **nie** aus Summen und Differenzen. Vor dem Kürzen müssen Summen und Differenzen faktorisiert werden:
  $$\frac{5x^2 + 5px + 5q}{13x^2 + 13px + 13q} = \frac{5 \cdot (x^2 + px + q)}{13 \cdot (x^2 + px + q)} = \frac{5}{13}$$
- Oft muss ein **negatives Vorzeichen ausgeklammert** werden, um kürzen oder gleichnamig machen zu können: $a - b = (-1) \cdot (-a + b) = -(-a + b) = -(b - a)$.

Beim Kürzen in einem Schritt müssen Zähler und Nenner durch den **grössten gemeinsamen Teiler (ggT)** geteilt werden. Den ggT findet man durch vollständige Faktorzerlegung. Dies ist der Fall, wenn sämtliche Faktoren **Primzahlen** sind.

Der ggT von zwei Zahlen ist dann **das Produkt der höchsten Potenzen** aller Primfaktoren, die beiden **Zahlen gemeinsam** sind:

$$\text{ggT}(120; 144) = \text{ggT}(2^3 \cdot 3 \cdot 5; 2^4 \cdot 3^2) = 2^3 \cdot 3 = 8 \cdot 3 = 24$$

Analog kann das ggT von Polynomen bestimmt werden:

$$\text{ggT}(4a^2 - 100b^2; 6a + 30b) = \text{ggT}(2^2 \cdot (a + 5b) \cdot (a - 5b); 2 \cdot 3 \cdot (a + 5b) = 2 \cdot (a + 5b)$$

■ Beispiele

(1) $$\frac{720x^2 - 180x}{90x^2} = \frac{180x \cdot (4x - 1)}{90x^2} = \frac{2 \cdot (4x - 1)}{x} = \frac{8x - 2}{x}$$

(2) $$\frac{c^2 - 13c + 42}{14 - 2c} = \frac{(c - 6)(c - 7)}{2(7 - c)} = \frac{(c - 6)(-1)(7 - c)}{2(7 - c)} = \frac{6 - c}{2}$$

(3) $$\frac{ab - a - b + 1}{ab + a - b - 1} = \frac{a(b - 1) - (b - 1)}{a(b + 1) - (b + 1)} = \frac{(a - 1)(b - 1)}{(a - 1)(b + 1)} = \frac{b - 1}{b + 1}$$

◆ Übungen 10 → S. 48

3.3 Brüche addieren und subtrahieren

Brüche können nur dann addiert werden, wenn sie denselben **Nenner** haben, also **gleichnamig** sind:

$$\frac{5}{7} \quad \frac{33}{7} \quad -\frac{1}{7} \tag{9}$$

Gleichnamige Brüche werden addiert, indem man die Zähler, die ja die Anzahl der Bruchteile bei jedem Einzelbruch angeben, zusammenzählt:

$$\frac{9}{17}+\frac{13}{17}=\frac{9+13}{17}=\frac{22}{17} \tag{10}$$

Ungleichnamige Brüche müssen vor dem Addieren gleichnamig gemacht werden:

$$\frac{3}{4}+\frac{1}{2}=\frac{3}{4}+\frac{1\cdot 2}{2\cdot 2}=\frac{3}{4}+\frac{2}{4}=\frac{5}{4} \tag{11}$$

Das **kleinste gemeinsame Vielfache (kgV)** der beiden Nenner 4 und 2 ist 4. Deshalb wurde in Gleichung (11) der zweite Bruch mit 2 multipliziert und somit auf das kgV der beiden Nenner erweitert.

Bei grösseren Zahlen findet man das kgV wie beim ggT über die **Zerlegung in Primarfaktoren**:

Das kgV von zwei Zahlen ist das **Produkt der höchsten Potenzen** aller Primfaktoren, die in **mindestens einer** der beiden Zahlen vorkommt:

$$\text{kgV}(40;48) \quad = \quad \text{kgV}(2^3\cdot 5; 2^4\cdot 3)=2^4\cdot 3\cdot 5=240$$

Analog kann das kgV von Polynomen bestimmt werden:

$$\text{kgV}(4a;6a^2+30a) \quad = \quad \text{kgV}(2^2\cdot a; 2\cdot 3\cdot a\cdot(a+5))=2^2\cdot 3\cdot a\cdot(a+5)=12a\cdot(a+5)$$

Addieren und Subtrahieren von Brüchen

(1) Alle Zähler und Nenner faktorisieren.

(2) Einzelbrüche kürzen.

(3) kgV der Nenner bestimmen (= *Hauptnenner*) und Einzelbrüche auf den Hauptnenner erweitern.

(4) Brüche mit einem Bruchstrich schreiben.

(5) Im Zähler Klammern auflösen, addieren und vereinfachen.

(6) Zähler und Nenner faktorisieren.

(7) Bruch kürzen.

Kommentar

- Diese Regeln gelten analog für die Subtraktion.
- Das beschriebene Vorgehen kann variiert werden. Verschiedene Wege führen meist zum selben Ziel.

Beispiele

(1) $\frac{c+d}{c}+\frac{c-d}{d} = \frac{(c+d)\cdot d}{c\cdot d}+\frac{(c-d)\cdot c}{d\cdot c}=\frac{cd+d^2+c^2-cd}{cd}=\frac{c^2+d^2}{cd}$

(2) $\frac{x^2-9x}{2x^2+3x-20}-\frac{x}{5-2x} = \frac{x(x-9)}{(x+4)(2x-5)}+\frac{x}{2x-5}$

$=\frac{x(x-9)}{(x+4)(2x-5)}+\frac{x\cdot(x+4)}{(2x-5)\cdot(x+4)}=\frac{x^2-9x+x^2+4x}{(2x-5)(x+4)}$

$=\frac{2x^2-5x}{(2x-5)(x+4)}=\frac{x\cdot(2x-5)}{(2x-5)(x+4)}=\frac{x}{x+4}$

(3) $\frac{2e}{2e+2}-\frac{2e+1}{e-1}+\frac{3e^2+15e}{3e^2-3} = \frac{2e}{2(e+1)}-\frac{2e+1}{e-1}+\frac{3e(e+5)}{3(e-1)(e+1)}$

$=\frac{e}{e+1}-\frac{2e+1}{e-1}+\frac{e(e+5)}{(e-1)(e+1)}=\frac{e\cdot(e-1)}{(e+1)\cdot(e-1)}-\frac{(2e+1)\cdot(e+1)}{(e-1)\cdot(e+1)}+\frac{e(e+5)}{(e-1)(e+1)}$

$=\frac{e\cdot(e-1)-(2e+1)\cdot(e+1)+e(e+5)}{(e+1)\cdot(e-1)}=\frac{e^2-e-2e^2-3e-1+e^2+5e}{(e+1)\cdot(e-1)}$

$=\frac{e-1}{(e+1)\cdot(e-1)}=\frac{1}{e+1}$

◆ Übungen 11 → S. 50

3.4 Brüche multiplizieren und dividieren

Das **Multiplizieren** und **Dividieren** von Brüchen ist einfacher als das Addieren oder Subtrahieren, da die Nenner **nicht gleichnamig** sein müssen.

Multiplizieren und Dividieren von Brüchen

Zwei Brüche werden multipliziert, indem *Zähler mit Zähler* und *Nenner mit Nenner* multipliziert werden:

$$\frac{a}{b}\cdot\frac{c}{d}=\frac{a\cdot c}{b\cdot d}=\frac{ac}{bd} \qquad (12)$$

Zwei Brüche werden dividiert, indem der erste Bruch (Dividend) mit dem *Kehrwert* des zweiten Bruches (Divisor) multipliziert wird:

$$\frac{a}{b}:\frac{c}{d}=\frac{a}{b}\cdot\frac{d}{c}=\frac{a\cdot d}{b\cdot c}=\frac{ad}{bc} \qquad (13)$$

Kommentar

- Vertauscht man Zähler und Nenner, erhält man den **Kehrwert** oder die Inverse.

Bewährt hat sich das folgende Vorgehen:

Division von Brüchen

(1) Division: Kehrwert des zweiten Bruchs (Divisor) bilden.

(2) Zähler und Nenner der Einzelbrüche faktorisieren.

(3) Zähler mal Zähler, Nenner mal Nenner auf einen Bruchstrich schreiben.

(4) Kürzen.

Kommentar

- Meist erfolgt die Vereinfachung durch Kürzen. Das Ausmultiplizieren ist häufig nicht zielführend: Es entstehen monströse Summen, die nicht gekürzt werden können.
- Abgesehen von (1) ist das Vorgehen bei der Multiplikation mit dem der Division identisch.

■ Beispiele

(1) $\frac{1}{2} \cdot \frac{4}{7} \quad = \quad \frac{1 \cdot 4}{2 \cdot 7} = \frac{4}{14} = \frac{2}{7}$

(2) $\frac{4}{7} : 2 \quad = \quad \frac{4}{7} : \frac{2}{1} = \frac{4}{7} \cdot \frac{1}{2} = \frac{4}{14} = \frac{2}{7}$

(3) $(40g - 40h) \cdot \frac{2f + 2h}{45h - 45g} \quad = \quad \frac{-40(h-g) \cdot 2(f+h)}{45(h-g)} = -\frac{16(f+h)}{9}$

(4) $\frac{-1}{64a^2b^4} : \frac{1}{-48a^2b^2} \quad = \quad \frac{1}{64a^2b^4} \cdot \frac{48a^2b^2}{1} = \frac{48a^2b^2}{64a^2b^4} = \frac{3}{4b^2}$

(5) $\frac{x^2 + 6x + 9}{9y - 9} \cdot \frac{36 - 36y}{4x^2 + 4x - 24} \quad = \quad \frac{(x+3)^2 \cdot 36(1-y)}{-9(1-y) \cdot 4(x-2)(x+3)} = -\frac{x+3}{x-2} = \frac{3+x}{2-x}$

(6) Vereinfachen Sie den Doppelbruch:

$$\frac{\frac{b+3a}{ab}}{\frac{4x-a}{ax}}$$

Lösung:

Methode 1: Wir ersetzen den Hauptbruchstrich durch ein **Divisionszeichen** und vereinfachen mit den bekannten Rechenregeln.

$$\frac{\frac{b+3a}{ab}}{\frac{4x-a}{ax}} = \frac{b+3a}{ab} : \frac{4x-a}{ax} = \frac{b+3a}{ab} \cdot \frac{ax}{4x-a} = \frac{(b+3a)ax}{ab(4x-a)} = \frac{3ax+bx}{4bx-ab}$$

Methode 2: Durch **Erweitern** mit dem kgV ($= abx$) der Nebennenner fallen die Nebenbruchstriche weg.

$$\frac{\frac{b+3a}{ab}}{\frac{4x-a}{ax}} = \frac{\left(\frac{1}{a} + \frac{3}{b}\right) \cdot abx}{\left(\frac{4}{a} - \frac{1}{x}\right) \cdot abx} = \frac{bx+3ax}{4bx-ab} = \frac{3ax+bx}{4bx-ab}$$

(7) Schreiben Sie ohne Klammern und vereinfachen Sie: $\frac{x}{1+x}\left(\frac{1}{x}-x\right)$

Lösung:
Bevor mit der Multiplikation begonnen werden kann, muss zuerst die Subtraktion in der Klammer durchgeführt werden:

$$\frac{x}{1+x}\left(\frac{1}{x}-x\right)=\frac{x}{1+x}\left(\frac{1}{x}-x\cdot\frac{x}{x}\right)=\frac{x}{1+x}\cdot\left(\frac{1}{x}-\frac{x^2}{x}\right)=\frac{x}{1+x}\cdot\frac{1-x^2}{x}$$

$$=\frac{x(1-x^2)}{(1+x)x}=\frac{(1+x)(1-x)}{(1+x)}=1-x$$

(8) Zwei elektrische Widerstände R_1 und R_2 werden parallel geschaltet. Der Gesamtwiderstand ist $R=\frac{1}{\frac{1}{R_1}+\frac{1}{R_2}}$. Vereinfachen Sie.

Lösung:

$$R=\frac{1}{\frac{1}{R_1}+\frac{1}{R_2}}=\frac{1}{\frac{R_2}{R_1R_2}+\frac{R_1}{R_1R_2}}=\frac{1}{\frac{R_2+R_1}{R_1R_2}}=1:\frac{R_2+R_1}{R_1R_2}=1\cdot\frac{R_1R_2}{R_2+R_1}=\frac{R_1R_2}{R_1+R_2}$$

◆ Übungen 12 → S. 51

3.5 Polynomdivision

Brüche können nur dann gekürzt werden, wenn im Zähler und im Nenner **dieselben Faktoren** vorhanden sind. Brüche mit Termen sind in den meisten Fällen schwierig zu faktorisieren. In vielen Fällen ist es schwierig, die Terme in Zähler und Nenner zu faktorisieren. Eine zuverlässige Methode, auch in diesem Fall die Faktoren zu finden, bietet die **Polynomdivision**. Sie erinnert an das schriftliche Dividieren.

■ Einführendes Beispiel

Kürzen Sie:

$$\begin{array}{l}
\left(10a^2-13ab+31ac-3b^2+13bc-14c^2\right):(5a+b-2c)=2a-3b+7c\\
\mp 10a^2\mp 2ab\pm 4ac\\
\quad /\qquad -15ab+35ac-3b^2+13bc-14c^2\\
\qquad\quad\ \pm 15ab\qquad\quad \pm 3b^2\mp 6bc\\
\qquad\quad\ /\qquad +35ac\qquad +7bc-14c^2\\
\qquad\qquad\qquad \mp 35ac\qquad \mp 7bc\pm 14c^2\\
\qquad\qquad\qquad\quad /\qquad\qquad /\qquad /
\end{array}$$

Kommentar

- Damit die Polynomdivision durchführbar ist, müssen die Summanden der Polynome alphabetisch und nach absteigenden Exponenten geordnet sein.

Mit der Polynomdivision können auch Divisionen durchgeführt werden, die nicht aufgehen – also Divisionen mit einem gebrochenen Rest. Dazu das nachfolgende Beispiel (2).

■ **Beispiele**

Führen Sie die Polynomdivision durch:

(1) $\dfrac{x^3-2x^2-22x+35}{x-5}$

Lösung:

$$\begin{array}{l}
(x^3-2x^2-22x+35):(x-5)=x^2+3x-7 \\
\mp x^3 \pm 5x^2 \\
\quad / \quad +3x^2-22x+35 \\
\qquad\quad \mp\ 3x^2 \pm 15x \\
\qquad\qquad / \qquad -7x\ +35 \\
\qquad\qquad\qquad\ \pm 7x\ \mp 35
\end{array}$$

(2) $\dfrac{x^3-2x^2-22x+36}{x-5}$

Lösung:

$$\begin{array}{l}
(x^3-2x^2-22x+36):(x-5)=x^2+3x-7+\dfrac{1}{x-5} \\
\mp x^3 \pm 5x^2 \\
\quad / \quad +3x^2-22x+36 \\
\quad \mp\ 3x^2+15x \\
\qquad / \qquad -\ 7x+36 \\
\qquad\qquad \pm\ 7x \mp 35 \\
\qquad\qquad\quad / \quad +\ 1
\end{array}$$

Diese Division geht nicht auf. Der gebrochene Rest beträgt $\dfrac{1}{x-5}$.

◆ Übungen 13 → S. 55

Terminologie

Bruch (Term)
Dividend
Division
Divisor
Doppelbruch
erweitern
Erweiterungsmethode
gleichnamig
grösster gemeinsamer Teiler – ggT
Inverse
Kehrwert
kleinstes gemeinsames Vielfaches – kgV
kürzen
Nenner
Polynomdivision
Primfaktor
Rest
unechter Bruch
Zähler

3.6 Übungen

Übungen 10

1. Welche der Aussagen sind richtig?

   (1) Ein Bruch ist negativ, wenn eine ungerade Anzahl negativer Vorzeichen vorliegt.
   (2) Ein Bruch ist positiv, wenn Zähler und Nenner das gleiche Vorzeichen haben.
   (3) Beim Kürzen und Erweitern müssen Zähler und Nenner mit dem gleichen Faktor multipliziert oder dividiert werden.
   (4) Das Kürzen aus Summen und Differenzen vereinfacht den Lösungsweg zum richtigen Resultat.

2. Werten Sie die folgenden Bruchterme aus:

   a) $T_1(x) = \frac{1}{2x}$ für $T_1(2)$, $T_1\left(-\frac{1}{2}\right)$ und $T_1(0)$

   b) $T_2(x) = \frac{2x-3}{x-4}$ für $T_2(0)$, $T_2\left(\frac{3}{2}\right)$ und $T_2(4)$

   c) $T_3(x) = \frac{x}{3x+5}$ für $T_3(-2)$, $T_3(0)$ und $T_3\left(-\frac{5}{3}\right)$

   d) $T_4(x) = \frac{x-1}{-x^2+2x+1}$ für $T_4(0)$, $T_4(1)$ und $T_4(-1)$

3. Bestimmen Sie die Definitionsmenge D der folgenden Bruchterme:

   a) $\frac{2a-1}{2a}$ b) $\frac{3b}{c-3}$ c) $\frac{2p-1}{5p+1}$ d) $\frac{1}{q^2-1}$

4. Für welche $x \in \mathbb{R}$ sind die folgenden Bruchterme nicht definiert?

   a) $\frac{2}{25x^3-10x^2+x}$ b) $\frac{x}{x^3+2x^2-x-2}$

5. Kürzen Sie so weit wie möglich:

   a) $\frac{18}{12g}$ b) $\frac{-15abc}{35bcd}$ c) $-\frac{-48x^5y^4}{-36x^2y}$ d) $\frac{-42m^6n^2}{-35m^5n^3}$

6. Kürzen Sie mithilfe von Ausklammern:

   a) $\frac{4c-24}{4}$ b) $\frac{15d^2+25d}{5d}$ c) $\frac{-81x^4y^2}{9x^3y^2-45x^3y^2}$

   d) $\frac{8k-16}{8k+36}$ e) $\frac{ax+bx}{ay+by}$ f) $\frac{2v^4-2v^3}{v^3-v^2}$

7. Kürzen Sie mithilfe der binomischen Formeln:

   a) $\frac{5x-5y}{x^2-y^2}$ b) $\frac{c^4-c^2}{c^2+c}$ c) $\frac{m^2+2mn+n^2}{5m+5n}$

   d) $\frac{12e^2-12e+3}{8e-4}$ e) $\frac{p^3-2p^2+p}{pq-q}$ f) $\frac{4z^2-25}{8z^2+40z+50}$

8. Kürzen Sie durch Ausklammern von Teilsummen:

   a) $\frac{ax-ay+bx-by}{3x-3y}$ b) $\frac{rs+r+s+1}{rt+t+r+1}$ c) $\frac{4\lambda+4}{6\lambda^2-\omega-\lambda\omega+6\lambda}$

   d) $\frac{ef+2e-f-2}{ef-e-f+1}$ e) $\frac{c^2-d^2}{c^2-d^2+10c+10d}$ f) $\frac{5a^2-5ac-ab+bc}{25a^2-10ab+b^2}$

9. Kürzen Sie durch Faktorisieren mithilfe des Zweiklammeransatzes:

a) $\frac{a^2+5a-24}{a^2-5a+6}$ b) $\frac{k^2+k-6}{k^2-k-12}$ c) $\frac{x^2+3xy-10y^2}{x^2+xy-6y^2}$

d) $\frac{w^2-10w+25}{w^2-w-20}$ e) $\frac{ac-3c}{5a^2-10a-15}$ f) $\frac{p^2-q^2+p+q}{2p-2q+2}$

g) $\frac{b^4-1}{b^4-11b^2+10}$ h) $\frac{y^4-5y^3}{y^3-y^2-20y}$ i) $\frac{10\phi^2-130\phi+220}{10\phi^2-40\phi+40}$

10. Kürzen Sie, indem Sie – 1 ausklammern:

a) $\frac{2x-y}{y-2x}$ b) $\frac{uw-uv}{v-w}$ c) $\frac{a^3-a^2}{1-a^2}$

d) $\frac{32-4k}{k^2-3k-40}$ e) $\frac{g^2-g-20}{-g^2-g+30}$ f) $\frac{-4\delta^2+4\delta\epsilon-\epsilon^2}{8\delta^2-2\epsilon^2}$

11. Vereinfachen Sie durch Kürzen:

a) $\frac{2k+lm}{2klm}$ b) $\frac{5n^2-3n-2}{25n^2+20n+4}$ c) $\frac{c^2+4cd+4d^2-4e^2}{c^2-4ce+4e^2-4d^2}$

d) $\frac{3x^2+3y^2+6xy-3z^2}{4x+4y-4z}$ e) $\frac{(p+4)^2-(q-1)^2}{p+11-(q+6)}$ f) $\frac{49\gamma^2-4(\gamma+2)^2}{45\gamma^2-16\gamma-16}$

12. Kürzen Sie:

a) $\frac{20cx-15dx+8cy-6dy}{24cx+60cy-18dx-45dy}$ b) $\frac{-x^2+x^3+2xy-2x^2y-y^2+xy^2}{x^2-xy-x+y}$

13. Erweitern Sie mit – 1:

a) $\frac{1-k}{-k-2}$ b) $\frac{-a}{2c+d}$ c) $\frac{-x-y+8}{-8xy}$

d) $\frac{-4\cdot(m-7)}{-n}$ e) $\frac{(r-s)\cdot(-r-2s)}{t}$ f) $\frac{e^2-5ef+f^2}{f^2-3ef+e^2}$

14. Erweitern Sie den Bruch $\frac{1}{x}$ auf die folgenden Nenner:

a) x^3 b) $4x^2z$ c) $2ax+bx$

15. Erweitern Sie den Bruch $\frac{2}{c-d}$ auf die folgenden Nenner:

a) $3c-3d$ b) $c^2-2cd+d^2$ c) $d-c$

16. Erweitern Sie den Bruch $\frac{a+b}{a-b}$ auf die folgenden Nenner:

a) $4a^2-4b^2$ b) b^2-a^2 c) $a^2+2ab-3b^2$

17. Bestimmen Sie das kgV der folgenden Terme:

a) $4x^2; 12xy^3; 9x^3y^2z$ b) $a; a-b; a-c$

c) $a^2; 2a; a^2-a$ d) $4a-4; 2a+2; 1-a^2$

Übungen 11

18. Welche der Aussagen sind falsch?

(1) Beim Addieren und Subtrahieren von Bruchtermen müssen die Nenner zuerst gleichnamig gemacht werden.
(2) Der gemeinsame Nenner wird durch das kgV aller Nenner bestimmt.
(3) Bruchterme werden addiert, indem man die beiden Zähler und die beiden Nenner addiert.
(4) Gleichnamige Bruchterme werden addiert, in dem man die Zähler addiert und den gemeinsamen Nenner übernimmt.

19. Machen Sie die Brüche gleichnamig:

a) $\frac{1}{2x}; \frac{2}{y}; \frac{3}{z}$ b) $\frac{c}{3cd^2}; \frac{d}{12c^3d}$

c) $\frac{1}{(e+2)}; \frac{(e+1)}{(e-2)}$ d) $\frac{g}{3-\mu}; \frac{3}{\mu-3}$

e) $\frac{1}{x^4-4y^2}; \frac{x}{2y-x^2}$ f) $\frac{10}{2a+2b}; \frac{20}{3a+3b}; \frac{30}{5a+5b}$

20. Schreiben Sie auf einen Bruchstrich und vereinfachen Sie falls möglich:

a) $\frac{10x}{5}+\frac{11x}{5}$ b) $\frac{12}{4y}-\frac{7}{4y}$ c) $\frac{13z}{8}-\frac{-z}{8}$

d) $\frac{5}{2a}-\frac{3}{2a}+\frac{-7}{2a}$ e) $\frac{b+2c}{b}+\frac{b-2c}{b}$ f) $\frac{\lambda}{\lambda-3}-\frac{3}{\lambda-3}$

g) $\frac{4m-3}{2}-\frac{7m-9}{2}$ h) $\frac{r-t}{r^2}+\frac{t-2r}{r^2}$ i) $-\frac{p^2+p}{gh}-\frac{-p^2-p}{gh}$

21. Schreiben Sie auf einen Bruchstrich und vereinfachen Sie:

a) $\frac{10x}{2}+\frac{11x}{12}$ b) $\frac{4y}{5}+\frac{9y}{11}$ c) $\frac{-z}{24}+\frac{21z}{64}$

d) $\frac{6a}{5c}+\frac{11a}{15c}$ e) $\frac{12}{4ef}-\frac{7}{4fg}$ f) $\frac{13p}{q^2}-\frac{-p}{2q}$

22. Schreiben Sie auf einen Bruchstrich und vereinfachen Sie:

a) $3+\frac{k}{4}$ b) $6\vartheta-\frac{5}{3\beta}$ c) $\frac{4}{w}-2+3w$

d) $11+\frac{2b-3}{7}$ e) $6c-\frac{3c+d}{8}$ f) $m+2-\frac{3m-m^2}{m}$

23. Addieren und subtrahieren Sie die folgenden Brüche:

a) $\frac{v^2}{v-1}+\frac{2v}{4}$ b) $\frac{1}{x}-\frac{1}{y-z}$

c) $\frac{5}{r-s}-\frac{4}{r+s}$ d) $\frac{a}{a+2}+\frac{a+1}{a-3}$

e) $\frac{b-4}{b^2+1}-\frac{b+10}{b^2-5}$ f) $\frac{d-2}{24d-12e}+\frac{5-3d}{36d-18e}$

g) $\frac{2e-f}{12e^2+16ef}-\frac{1.5}{9e+12f}$ h) $u-\frac{u^3-6}{u^2-6}$

24. Vereinfachen Sie durch Addieren und Subtrahieren:

a) $\frac{m+n}{m^2+4mn+4n^2}-\frac{3}{3m+6n}$

b) $\frac{1}{4a^2-20ab+25b^2}-\frac{2}{8a^2-50b^2}$

c) $\frac{6y-2z}{18y^2-2z^2}-\frac{2y-z}{6y^2+2yz}$

d) $\frac{e}{e-f}+\frac{-f^2}{e^2-f^2}-\frac{f}{e+f}$

e) $\frac{2}{k-5}-\frac{8}{k^2-k-20}$

f) $\frac{h+1.5}{h^2-11h-26}-\frac{2h-1}{2h^2-26h}$

25. Vereinfachen Sie durch Addieren und Subtrahieren:

a) $\frac{u+6}{u^2+5u-14}+\frac{3-u}{u^2-4u+4}$

b) $\frac{10}{5q-5}+\frac{11}{4-4q}$

c) $\frac{2u}{u^2-9}+\frac{3}{6-2u}$

d) $\frac{\mu}{2\mu-3\phi}+\frac{\phi}{3\phi-2\mu}-\frac{\mu\phi}{4\mu^2-9\phi^2}$

e) $\frac{v^2-8v}{2v^2+v-15}-\frac{v}{5-2v}$

f) $\frac{a}{a-b}+\frac{b}{b-a}-\frac{a+b-1}{a+b}$

26. Vereinfachen Sie:

a) $\frac{-a^2b}{a^2+4a-ab-4b}+\frac{4a^4b}{4a^4+16a^3}$

b) $\frac{2h}{h^3+3h^2-4h-12}-\frac{3h}{h^3-3h^2-4h+12}$

c) $\frac{1}{5d^2-5e^2}+\frac{1}{10d+10e}-\frac{1}{2e-2d}$

d) $\frac{1}{(x-1)\cdot(y-1)}+\frac{1}{(y-1)\cdot(z-1)}-\frac{1}{(x-1)\cdot(z-1)}$

Übungen 12

27. Welche der Aussagen sind richtig?

(1) Beim Dividieren von Bruchtermen wird der Kehrwert des ersten Bruchs mit dem zweiten Bruch multipliziert.

(2) Beim Multiplizieren von Brüchen muss man zuerst immer durch Ausmultiplizieren die Klammern auflösen.

(3) Die Vereinfachung bei der Multiplikation und Division von Bruchtermen findet meistens durch Kürzen statt, deshalb sollte man Summen in Produkte mit möglichst vielen Faktoren verwandeln.

(4) Vor dem Multiplizieren und Dividieren müssen Bruchterme zuerst gleichnamig gemacht werden.

28. Schreiben Sie mit einem Bruchstrich und vereinfachen Sie:

a) $x\cdot\frac{y}{-z}$

b) $-x\cdot\frac{-y}{z}$

c) $x\cdot\frac{x}{y}$

d) $x\cdot\frac{y}{x^2}$

e) $5ef\cdot\frac{y}{10ef-5fg}$

f) $\frac{a-3}{6a^3-18a^2}\cdot(-3a^2)$

29. Vereinfachen Sie:

a) $\frac{5a-b}{a+b}\cdot(2a+2b)$

b) $(4p-4q)\cdot\frac{1}{p-q}$

c) $\frac{3x^2-3z^2}{y^3}:(x^3y^2z-xy^2z^3)$

d) $\frac{2u}{11-u}\cdot(u-11)$

e) $\frac{ef}{3f-3e}\cdot(12e-12f)$

f) $(33d-33d^2)\cdot\frac{-1}{11d^2-11d}$

30. Schreiben Sie mit einem Bruchstrich und vereinfachen Sie:

a) $\frac{y}{-z}:x$

b) $\left(-\frac{x}{y}\right):-z$

c) $-y:\frac{-z}{x}$

d) $a^2:\frac{2}{a}$

e) $\frac{64e^8}{5f^3g}:80e^6g^3$

f) $-51\varphi^2\delta^2:\frac{-34\varphi^2}{3\delta}$

g) $\frac{21v-14}{w}:(-7)$

h) $\frac{36xy^2-48xy}{-11}:24x^3y$

i) $\frac{3b^2-3bc}{c}:(6b-6c)$

31. Vereinfachen Sie:

a) $\frac{2ux^2-x^2w}{y}:(4uv-2vw)$

b) $(-10r-10s):\frac{r+s}{-3}$

c) $(4p-12):\frac{9-3p}{q-1}$

d) $(cde-2):\frac{4c^3d^2e-8c^2d}{-8}$

32. Vereinfachen Sie so weit wie möglich:

a) $\frac{v-16}{v^2-16}\cdot(3v^2-12v)$

b) $\frac{(p+q)^2}{(p-q)^2}\cdot(p^2-q^2)$

c) $\frac{2d}{d^2-2d-24}\cdot(d-6)$

d) $\frac{1}{4\mu^2+4\mu\omega+\omega^2}\cdot(2\mu^2-3\mu\omega-2\omega^2)$

e) $\frac{u^2-16}{u}:(3u^2-12u)$

f) $\frac{2a^2+5ab-3b^2}{3ab}:(2a+6b)$

g) $(9x^4+12x^2y^2+4y^4):\frac{18x^4-8y^4}{-5}$

h) $(g^2-h^2):\frac{g^2-2g+gh-2h}{g}$

33. Vereinfachen Sie so weit wie möglich:

a) $\frac{-a}{b}\cdot\frac{b}{-a}$

b) $\frac{-4k}{3m}\cdot\frac{-9m}{-2k}$

c) $\frac{-65c^3}{20d^2}\cdot\frac{4d^4}{13c^2}$

d) $\frac{-64x^2y}{7z}\cdot\frac{49z^2}{-72xy^3}$

e) $\frac{mno}{p^2q}\cdot\frac{mno}{p^2q}$

f) $\frac{\delta^5}{-4}\cdot\frac{\delta^5}{-4}$

34. Vereinfachen Sie:

a) $\frac{-g}{h}:\frac{-h}{-g}$

b) $\frac{-8c}{27d}:\frac{9d}{-16c}$

c) $\frac{112v^2w}{-17xy}:\frac{8vw}{17xy^2}$

d) $\frac{-1}{81\epsilon^4\phi^3}:\frac{1}{-56\epsilon^2\phi^2}$

35. Berechnen Sie die folgenden Produkte und vereinfachen Sie so weit wie möglich:

a) $\frac{p+q}{11p} \cdot \frac{3p}{7p+7q}$

b) $\frac{3a-3b}{2c} \cdot \frac{4c^2+2c}{2a^2-2b^2}$

c) $\frac{6y^2}{1-x} \cdot \frac{x-1}{-18y}$

d) $\frac{u^2+7u+12}{8-8u} \cdot \frac{2u-2}{u^2-u-12}$

e) $\frac{ac-3ad+2bc-6bd}{4a+2b} \cdot \frac{2a^2+ab}{-10a-20b}$

f) $\frac{x-1}{x^4-x^2+x^2y-y} \cdot \frac{1-x^4}{1-x}$

36. Berechnen Sie die folgenden Quotienten und vereinfachen Sie so weit wie möglich:

a) $\frac{a+b}{2a} : \frac{4a^2+4ab}{3b}$

b) $\frac{e+1}{e^2-16e+60} : \frac{2e+2}{e^2-36}$

c) $\frac{m^2-n^2}{2-m} : \frac{m-n}{m-2}$

d) $\frac{x^2+2xy}{4x^2-4xy+y^2} : \frac{3xy+6y^2}{2x^2-2x-xy+y}$

e) $\frac{\left(\frac{k-2}{3k}\right)^2}{\frac{k^2-3k+2}{18k^2}}$

f) $\frac{\frac{\delta^2-1}{\delta\sigma-\sigma^2}}{\frac{5\delta+5}{\delta^2-\delta-\delta\sigma+\sigma}}$

37. Vereinfachen Sie:

a) $2ab \cdot \left(\frac{a}{2b} - \frac{b}{2a}\right)$

b) $(6c-3d) \cdot \left(\frac{1}{2c-d} - \frac{d}{4c^2-d^2}\right)$

c) $\left(f - \frac{f}{g}\right) \cdot \left(f + \frac{f}{g}\right)$

d) $\left(\frac{e}{f} - \frac{g}{h}\right)^2$

e) $\left(\frac{p}{4} + \frac{2}{p}\right)^2$

f) $\left(\frac{x}{x+y} + 1\right) \cdot \left(\frac{x}{x+y} - 1\right)$

38. Vereinfachen Sie:

a) $\left(\frac{a}{2} - b\right)^2 - \left(\frac{a}{2} + b\right)^2$

b) $\left(\frac{e}{2} - \frac{f}{3}\right) \cdot \left(\frac{e}{4} + f\right) - \left(\frac{e}{2} + f\right) \cdot \left(\frac{e}{4} - \frac{f}{3}\right)$

c) $\left(\frac{h^4}{k^2} - h^3\right) : \frac{-h^2}{k^2}$

d) $\left(\frac{r}{s} - \frac{1}{t}\right) : \left(\frac{r}{s} + \frac{1}{t}\right)$

e) $\left(4 - \frac{1}{c^2}\right) : \left(2 + \frac{1}{c}\right)$

f) $\frac{2}{12c} + \frac{6c^2d+2cd^2}{8c+8d} : \frac{3c^2d^2}{c+d}$

39. Vereinfachen Sie:

a) $\left(\frac{\varphi}{\varphi+\lambda} + 1\right) : \left(\frac{2\varphi\lambda-\varphi^2}{\varphi^3-\varphi^2\lambda} : \frac{\varphi^2-\lambda^2}{\varphi^2-4\lambda^2}\right)$

b) $\frac{c^2-d^2}{abc-a^2d} \cdot \left(\left(\frac{a}{c} - \frac{b}{d}\right) : \left(\frac{1}{ad} + \frac{1}{ac}\right)\right)$

c) $\left(\frac{3y+2z}{3y-2z} - \frac{12yz-3z^2}{9y^2-4z^2}\right) : \frac{3y+2z}{16z^2+48yz+36y^2}$

d) $\frac{\frac{1}{e-f} - \frac{1}{e+f}}{e^2+f^2} \cdot (e^2-f^2) - \frac{(e+f)^2-e^2-f^2}{e^3+ef^2}$

40. Schaffen Sie die Doppelbrüche weg und vereinfachen Sie so weit wie möglich:

a) $\dfrac{\frac{v}{w}}{\frac{x}{y}}$ b) $\dfrac{-v}{\frac{x}{y}}$ c) $\dfrac{\frac{v}{w}}{-x}$ d) $\dfrac{-\frac{v}{w}}{-\frac{x}{y}}$

e) $\dfrac{\frac{4n}{3m}}{\frac{2n}{12m}}$ f) $\dfrac{\frac{-5x^3}{-6y^2}}{-\frac{4x^2}{3y^4}}$ g) $\dfrac{\frac{a^3b^2c}{c^2d}}{\frac{ab^2c^3}{2d}}$ h) $\dfrac{35\alpha^2\beta^2}{-\frac{1}{28\beta\gamma^2}}$

41. Vereinfachen Sie die Doppelbrüche so weit wie möglich:

a) $\dfrac{p+\frac{1}{2}}{p-\frac{1}{2}}$ b) $\dfrac{3+\frac{3}{q}}{3-\frac{3}{q^2}}$ c) $\dfrac{1}{\frac{1}{f}+\frac{1}{g}}$ d) $\dfrac{\frac{1}{z}-z^3}{z-\frac{1}{z^3}}$

42. Vereinfachen Sie:

a) $\dfrac{\frac{10p+20q}{p}}{4p+8q}$ b) $\dfrac{\frac{y-x}{5}}{1-\frac{x}{y}}$ c) $\dfrac{\frac{r^2s-rs^2}{3rs-12s}}{\frac{s^2-rs}{6r-24}}$

d) $\dfrac{b+\frac{2}{b^2-1}}{b-\frac{1}{b^2-1}}$ e) $\dfrac{\frac{2m}{m-2}-\frac{m}{m+3}}{\frac{m+8}{m^2+m-6}}$ f) $\dfrac{\frac{x^2+14xy+49y^2}{10}}{\frac{x^2-49y^2}{35y-5x}}$

43. Vereinfachen Sie die folgenden Mehrfachbrüche:

a) $\dfrac{\frac{(c+2)^2}{c^2-4}}{\frac{1}{c-2}-\frac{4-c^2}{(c-2)^2}}$ b) $\dfrac{1}{1-\frac{1}{1+\frac{1}{x}}}$ c) $\dfrac{1+\frac{1}{1-\frac{2}{y+1}}}{y-\frac{3y}{3-\frac{3}{y}}}$

44. Ein endlicher Kettenbruch beschreibt eine rationale Zahl und umgekehrt. Welche Brüche sind hier durch die folgenden Kettenbrüche dargestellt? Arbeiten Sie sich schrittweise von unten nach oben durch,

a) $\dfrac{p}{q}=\dfrac{1}{1+\frac{1}{2+\frac{1}{2}}}$ b) $\dfrac{p}{q}=\dfrac{1}{1+\frac{1}{1+\frac{1}{1+\frac{1}{5}}}}$

45. Das *harmonische Dreieck* ist mit dem Pascalschen Dreieck von Kapitel 2 verwandt. Die Zahlen bestehen aber nicht aus natürlichen, sondern aus *rationalen* Zahlen.

a) Leiten Sie das harmonische Dreieck aus dem Pascalschen Dreieck her. Machen Sie dies für die *ersten sechs Zeilen* nach folgender Anleitung:
   (1) Bilden Sie von jeder Zahl n des Pascalschen Dreiecks den *Kehrwert* $\frac{1}{n}$.
   (2) Dividieren Sie nun jeden *Kehrwert* durch die jeweilige *Zeilennummer*: die Zahl der obersten, ersten Zeile durch eins, die Zahlen der zweiten Zeile durch zwei, die Zahlen der dritten Zeile durch drei usw.

b) Im Pascalschen Dreieck konnte man durch Addieren von zwei benachbarten Zahlen einer Zeile ein Element der nächstunteren berechnen. Gibt es beim harmonischen Dreieck eine ähnliche Gesetzmässigkeit?

c) Welche Zahlenfolgen können Sie im harmonischen Dreieck entdecken? Von welchen Folgen können Sie die explizite oder rekursive Beschreibung angeben?

d) Versuchen Sie weitere Eigenschaften herauszufinden, indem Sie zum Beispiel Summen bilden.

Übungen 13

46. Führen Sie die folgenden Polynomdivisionen ohne Rest durch:

a) $(6x^3 + 8x^2 + 2x) : (3x + 1)$
b) $(2x^4 + 2x^3 + x + 1) : (x + 1)$
c) $(x^2 + 2xy - x - 3y^2 - 3y) : (x + 3y)$
d) $(b^5 - 1) : (b - 1)$
e) $(2a^4 - a^3b - 2ab^2 + b^3) : (2a - b)$
f) $(z^5 + 2z^2 + 3z^3 + 3z^4) : (z^2 + 2z)$
g) $(1 - 4z^7 + z + 2z^5 - 2z^3 + 2z^4) : (2z^4 + 1)$
h) $(-2p^7 - p^6 + 2p^5 + 4p^4 + 2p^3 + p^2 + 2p) : (2p^4 + p^3 + p)$

47. Führen Sie die folgenden Polynomdivisionen mit Rest durch:

a) $(4x^2 + 8x + 4) : (2x + 3)$
b) $(7z^2 + 2z^4 + 1 - 3z - z^3) : (z^2 + 3)$
c) $(4a^6 + 2a^5 + 8a^3 + 4a^2 + 4a) : (2a^3 + 4)$
d) $(-5b^6 - 10b^5 + b^4 + b^2 + 8b - 1) : (-5b^4 + b^2 - 2b + 4)$

48. Welche Zahl muss man für a einsetzen, damit die Division jeweils aufgeht?

a) $(x^3 + x^2 + ax + 1) : (x - 1)$
b) $(x^4 + 2x^3 + 2x + a) : (x + 2)$

49. Kürzen Sie mithilfe der Polynomdivision:

a) $\dfrac{4x^4 + 2x^3 + 6x^2 + 4x - 4}{2x^2 + x - 1}$
b) $\dfrac{p^2 + 2q + 2}{p^3 + p^2 + 2pq + 2p + 2q + 2}$
c) $\dfrac{x^2 + 2xy + x - 3y^2 - 5y - 2}{x + 3y + 2}$
d) $\dfrac{2f + g - h}{10f^2 + 3fg - fh - g^2 + 3gh - 2h^2}$

Rechnen mit Potenzen

4 Potenzieren

4.1 Potenzen mit natürlichen Exponenten

Das Produkt $5a$ ist die Kurzschreibweise von $a+a+a+a+a$. Allgemein lässt sich eine Summe von gleichen Summanden als Produkt schreiben:

$$\underbrace{a+a+a+\ldots+a}_{n \text{ Summanden}} = n \cdot a\,.$$

Analog dazu ist der Term a^5 die **Kurzschreibweise** für das **Produkt** $a \cdot a \cdot a \cdot a \cdot a$.

Definition **Potenzen mit natürlichen Exponenten**

Die *Potenz* a^n mit natürlichem Exponent n grösser null ist ein *Produkt* aus n *gleichen* Faktoren a:

$$a^n \doteq \underbrace{a \cdot a \cdot a \cdot \ldots \cdot a}_{n \text{ Faktoren}} \qquad (1)$$

a: Basis oder Grundzahl, $a \in \mathbb{R}$

n: Exponent oder Hochzahl, $n \in \mathbb{N}^*$

Kommentar

- Bei Operationen mit Potenzen gilt **Hoch vor Punkt vor Strich**!
- Der Exponent $n = 1$ wird nicht geschrieben, $a^1 = a$.
- Durch Einsetzen von null oder eins als Basis a in Definition (1) folgt $0^n = 0$ und $1^n = 1$.

Wegen der Vorzeichenregel der Multiplikation wird eine Potenz mit negativer Basis bei **geradem Exponent positiv**, bei **ungeradem Exponent negativ:**

$$(-2)^4 = (-2)\cdot(-2)\cdot(-2)\cdot(-2) = 4 \cdot 4 = 16 = 2^4$$

$$(-2)^5 = (-2)\cdot(-2)\cdot(-2)\cdot(-2)\cdot(-2) = 4 \cdot 4 \cdot (-2) = 16 \cdot (-2) = -32 = -2^5$$

Allgemein geschrieben:

Potenzen mit einer negativen Basis

$$(-a)^{2n} = a^{2n} > 0 \qquad \text{Exponent } gerade \qquad (2)$$

$$(-a)^{2n-1} = -a^{2n-1} < 0 \qquad \text{Exponent } ungerade \qquad (3)$$

für $n \in \mathbb{N}^*$ und $a > 0$.

Kommentar

- Der Exponent $2n$ generiert alle geraden Exponenten, $2n-1$ alle ungeraden, wenn $n \in \mathbb{N}^*$.
- Es gilt $(-1)^{2n} = +1$ und $(-1)^{2n-1} = -1$.

■ **Beispiele**

(1) $(-10)^4 = (-10)\cdot(-10)\cdot(-10)\cdot(-10) = 10^4 = 10\,000$

(2) $(-5)^3 = (-5)\cdot(-5)\cdot(-5) = -5^3 = -125$

(3) $(-1)^{4n} + (-1)^{4n-1} - 1^{2n} = 1 - 1 - 1 = -1$

◆ Übungen 14 → S. 65

4.2 Potenzen mit ganzzahligen Exponenten

Die Exponenten von Potenzen können ebenfalls negativ sein. Wir definieren:

Definition **Potenzen mit ganzzahligen Exponenten**

Für *Potenzen* a^n mit ganzzahligen Exponenten gilt:

$$a^{-n} \doteq \frac{1}{a^n} \qquad n \in \mathbb{Z}\backslash\{0\} \tag{4}$$

$$a^0 \doteq 1 \tag{5}$$

a: *Basis* oder Grundzahl, $a \in \mathbb{R}\backslash\{0\}$
n: *Exponent* oder Hochzahl, $n \in \mathbb{Z}$

Kommentar

- Wenden wir (4) auf $\left(\frac{a}{b}\right)^{-n}$ an, erhalten wir:

$$\left(\frac{a}{b}\right)^{-n} = \frac{1}{\left(\frac{a}{b}\right)^n} = \frac{1}{\frac{a^n}{b^n}} = 1 : \frac{a^n}{b^n} = 1 \cdot \frac{b^n}{a^n} = \left(\frac{b}{a}\right)^n$$

$$\Rightarrow \left(\frac{a}{b}\right)^{-n} = \left(\frac{b}{a}\right)^n \tag{6}$$

■ **Beispiele**

(1) $\frac{1}{10^{-4}} = 10^4$

(2) $-2^{-3} + (-3)^{-2} = -\frac{1}{2^3} + \frac{1}{(-3)^2} = -\frac{1}{8} + \frac{1}{9} = -\frac{9}{72} + \frac{8}{72} = -\frac{1}{72}$

(3) Schreiben Sie den Term $\frac{a}{3c^5d^8}$ ohne Bruchstrich.
Lösung:

$$\frac{a}{3c^5d^8} = 3^{-1}ac^{-5}d^{-8}$$

(4) Schreiben Sie den Term $\frac{-5\cdot(-a)^{-3}}{(-b)^{-6}}$ mit positiven Exponenten und ohne Klammern.
Lösung:

$$\frac{-5\cdot(-a)^{-3}}{(-b)^{-6}} = \frac{-5\cdot(-b)^6}{(-a)^3} = \frac{-5\cdot b^6}{-a^3} = \frac{5b^6}{a^3}$$

◆ Übungen 15 → S. 67

4.3 Potenzen addieren und subtrahieren

In der Algebra lassen sich nur **gleichartige** Glieder durch Addition respektive Subtraktion zusammenfassen. Für die Addition und Subtraktion von Potenzen bedeutet dies, dass sowohl **Basis** als auch **Exponent identisch** sein müssen. Ausdrücke wie $a^m \pm a^n$ oder $a^n \pm b^n$ lassen sich nicht weiter vereinfachen.

■ **Beispiele**

Fassen Sie die Terme so weit wie möglich zusammen:

(1) $ax^m + bx^m - cx^m \quad = \quad (a + b - c)x^m$

(2) $0.71 \cdot 10^5 + 4.0 \cdot 10^4 - 33 \cdot 10^3$ (Zehnerpotenzen werden nicht ausgerechnet)

Lösung:

$$\begin{aligned} 0.71 \cdot 10^5 + 4.0 \cdot 10^4 - 33 \cdot 10^3 &= 0.71 \cdot 10^2 \cdot 10^3 + 4.0 \cdot 10^1 \cdot 10^3 - 33 \cdot 10^3 \\ &= 71 \cdot 10^3 + 40 \cdot 10^3 - 33 \cdot 10^3 = (71 + 40 - 33) \cdot 10^3 = 78 \cdot 10^3 = 7.8 \cdot 10^4 \end{aligned}$$

◆ **Übungen 16 → S. 68**

4.4 Potenzgesetze

Für die Multiplikation und die Division von Potenzen mit natürlichen Exponenten $n \in \mathbb{N}^*$ können Rechengesetze hergeleitet werden. Bei den folgenden Gesetzen bleibt die **Basis unverändert.**

(1) Für das **Produkt** zweier Potenzen mit **gleicher Basis** gilt:

$$a^m \cdot a^n \quad = \quad \underbrace{a \cdot a \cdot \ldots \cdot a}_{m \text{ Faktoren}} \cdot \underbrace{a \cdot a \cdot \ldots \cdot a}_{n \text{ Faktoren}} = \underbrace{a \cdot a \cdot \ldots \cdot a}_{m+n \text{ Faktoren}} = a^{m+n} \tag{7}$$

(2) Für den **Quotienten** zweier Potenzen mit **gleicher Basis** gilt:

$$\frac{a^m}{a^n} \quad = \quad \frac{\overbrace{a \cdot a \cdot \ldots \cdot a}^{m \text{ Faktoren}}}{\underbrace{a \cdot a \cdot \ldots \cdot a}_{n \text{ Faktoren}}} \quad = \quad \frac{a^{m-n}}{1} = \frac{1}{a^{n-m}} \tag{8}$$

Wenn $m > n$, bleiben nach dem Kürzen $m - n$ Faktoren im Zähler; wenn $m < n$, bleiben $n - m$ Faktoren im Nenner übrig.

(3) Für das **Potenzieren** einer Potenz gilt:

$$(a^m)^n \quad = \quad \overbrace{\underbrace{(a \cdot a \cdot \ldots \cdot a)}_{m \text{ Faktoren}} \cdot \underbrace{(a \cdot a \cdot \ldots \cdot a)}_{m \text{ Faktoren}} \cdot \ldots \cdot \underbrace{(a \cdot a \cdot \ldots \cdot a)}_{m \text{ Faktoren}}}^{n \text{ Klammern}} = a^{m \cdot n} \tag{9}$$

Die ersten drei Potenzgesetze haben wir für Potenzen mit natürlichen Exponenten hergeleitet. Sie gelten aber auch für solche mit **negativen Exponenten,** da diese Potenzen auch mit natürlichen Exponenten geschrieben werden können. So gilt zum Beispiel:

$$\frac{a^m}{a^{-n}} \quad = \quad a^m \cdot a^n = a^{m+n} \tag{10}$$

Das gleiche gilt, wenn wir das Potenzgesetz von Gleichung (8) anwenden:

$$\frac{a^m}{a^{-n}} \quad = \quad a^{m-(-n)} = a^{m+n} \tag{11}$$

Rechenregeln für Potenzen, bei denen die Basis unverändert bleibt

Für $m, n \in \mathbb{Z}$ und $a \in \mathbb{R}$ gilt:

$$a^m \cdot a^n = a^{m+n} \qquad (12)$$

$$\frac{a^m}{a^n} = a^{m-n} = \frac{1}{a^{n-m}} \quad \text{für } a \neq 0 \qquad (13)$$

$$(a^m)^n = a^{m \cdot n} = (a^n)^m \qquad (14)$$

■ **Beispiele**

(1) $10^6 \cdot 10^{104} = 10^{6+104} = 10^{110}$

(2) $\dfrac{10^{-11}}{10^{-15}} = 10^{-11-(-15)} = 10^{-11+15} = 10^4$

(3) $(10^{-7})^{n-2} = 10^{-7 \cdot (n-2)} = 10^{-7n+14}$

◆ Übungen 17 → S. 69

Bei den zwei folgenden Gesetzen bleiben die **Exponenten unverändert.**

(4) Für das **Produkt** zweier Potenzen mit **gleichem Exponenten** ergibt sich:

$$a^n \cdot b^n = \underbrace{a \cdot a \cdot \ldots \cdot a}_{n \text{ Faktoren}} \cdot \underbrace{b \cdot b \cdot \ldots \cdot b}_{n \text{ Faktoren}} = \underbrace{(a \cdot b) \cdot (a \cdot b) \cdot \ldots \cdot (a \cdot b)}_{n \text{ Klammern}} = (a \cdot b)^n \qquad (15)$$

Da bei der Multiplikation von reellen Zahlen das **Kommutativgesetz** $(a \cdot b = b \cdot a)$ gilt, darf die Reihenfolge der Faktoren in Gleichung (15) geändert werden.

(5) Für den **Quotienten** von Potenzen mit **gleichem Exponenten** gilt:

$$\frac{a^n}{b^n} = \frac{\overbrace{a \cdot a \cdot \ldots \cdot a}^{n \text{ Faktoren}}}{\underbrace{b \cdot b \cdot \ldots \cdot b}_{n \text{ Faktoren}}} = \underbrace{\frac{a}{b} \cdot \frac{a}{b} \cdot \ldots \cdot \frac{a}{b}}_{n \text{ Brüche}} = \left(\frac{a}{b}\right)^n \qquad (16)$$

Rechenregeln für Potenzen, bei denen der Exponent unverändert bleibt

Für $n \in \mathbb{Z}$ und $a, b \in \mathbb{R}$ gilt:

$$a^n \cdot b^n = (a \cdot b)^n \qquad (17)$$

$$\frac{a^n}{b^n} = \left(\frac{a}{b}\right)^n \text{ für } b \neq 0 \qquad (18)$$

■ **Beispiel**

(1) Wenden Sie die Gesetze (17) und (18) auf Potenzen mit beliebiger Basis an:

(a) $2^7 \cdot m^7 = (2m)^7$

(b) $\dfrac{7^3}{0.7^3} = \left(\dfrac{7}{0.7}\right)^3 = 10^3$

◆ Übungen 18 → S. 70

Zum Schluss noch drei Beispiele, bei denen alle Potenzgesetze angewandt werden.

■ **Beispiele**

(1) $\left(\frac{7u^2v^{-2}}{10u^3v^{-5}}\right)^{-3} : \left(\frac{5v^{-3}}{7uv^{-5}}\right)^2 = \left(\frac{7u^2v^5}{10u^3v^2}\right)^{-3} : \left(\frac{5v^5}{7uv^3}\right)^2 = \left(\frac{7v^3}{10u}\right)^{-3} : \left(\frac{5v^2}{7u}\right)^2$

$= \left(\frac{10u}{7v^3}\right)^3 : \left(\frac{5v^2}{7u}\right)^2 = \frac{(10u)^3}{(7v^3)^3} : \frac{(5v^2)^2}{(7u)^2} = \frac{10^3u^3}{7^3(v^3)^3} : \frac{5^2(v^2)^2}{7^2u^2} = \frac{(2\cdot 5)^3u^3}{7^3v^9} : \frac{5^2v^4}{7^2u^2}$

$= \frac{2^35^3u^3}{7^3v^9} \cdot \frac{7^2u^2}{5^2v^4} = \frac{2^35^3u^3 \cdot 7^2u^2}{7^3v^9 \cdot 5^2v^4} = \frac{2^3 \cdot 5u^5}{7v^{13}} = \frac{40u^5}{7v^{13}}$

(2) $(a^{-1}-a)^2 - (a^{-1}+a)^2 = a^{-2} - 2a^{-1}a^1 + a^2 - (a^{-2} + 2a^{-1}a^1 + a^2)$

$= a^{-2} - 2a^{-1}a^1 + a^2 - a^{-2} - 2a^{-1}a^1 - a^2 = -2a^0 - 2a^0 = -2 - 2 = -4$

(3) Lösen Sie die Exponentialgleichungen nach x auf, indem Sie den Exponentenvergleich $a^x = a^b \Rightarrow x = b$ verwenden:

$8^x = \frac{4^x}{2^5} \Rightarrow (2^3)^x = \frac{(2^2)^x}{2^5} \Rightarrow 2^{3x} = \frac{2^{2x}}{2^5} \Rightarrow 2^{3x} = 2^{2x-5}$

$\Rightarrow 3x = 2x - 5 \quad x = -5$

◆ Übungen 19 → S. 71

4.5 Stellenwertsysteme

Stunden korrekt in Sekunden umzurechnen ist mühsamer als Meter in Millimeter. Der Grund ist, dass die Zeiteinheiten, abgesehen von den Sekundenbruchteilen, nicht im **dezimalen Stellenwertsystem** angegeben sind. Die Zeiteinheiten folgen dem sexagesimalen System mit Basis 60, das bereits in der babylonischen Mathematik (um 200 v. Chr.) verwendet wurde, uns aber viel weniger geläufig ist.

4.5.1 Das Zehnersystem

Im indisch-arabischen, **dezimalen Stellenwertsystem** können alle Zahlen mit **zehn Ziffern** ausgedrückt werden. Diese Ziffern haben die **Symbolwerte** von null bis neun. Eine Zahl verknüpft den Symbolwert einer Ziffer mit ihrer Position. **Abhängig von der Stelle**, an der die Ziffer steht, ergeben sich so unterschiedliche Werte. Die Grundlage dieses Systems bilden die Potenzen mit **Basis 10**.

Betrachten wir die Zahlen 1250 und 0.023 in einer Stellenwerttabelle:

	10^3	10^2	10^1	10^0	10^{-1}	10^{-2}	10^{-3}	10^{-4}
1250	1	2	5	0.	0	0	0	0
0.023	0	0	0	0.	0	2	3	0

Hier zeigt sich der Zusammenhang zwischen den **Stellen** und dem **Exponenten**: Die 4. Stelle links vom Komma bedeutet $10^{4-1} = 10^3$, die 3. Stelle rechts vom Komma 10^{-3}.

1250 bedeutet also:

1 Tausender + 2 Hunderter + 5 Zehner + 0 Einer, oder

$1 \cdot 10^3 + 2 \cdot 10^2 + 5 \cdot 10^1 + 0 \cdot 10^0$

0.023 bedeutet also:

0 Einer + 0 Zehntel + 2 Hundertstel + 3 Tausendstel oder

$0 \cdot 10^0 + 0 \cdot 10^{-1} + 2 \cdot 10^{-2} + 3 \cdot 10^{-3}$

4.5.2 Exponentenschreibweise im Zehnersystem

In Naturwissenschaft und Technik kommen oft extrem grosse oder kleine Zahlen vor. So ist die Sonne ungefähr 150 000 000 000 m (Meter) von der Erde entfernt und ein Elektron trägt die elektrische Ladung von etwa 0.00000000000000000016 C (Coulomb). Das sind sehr unhandliche Zahlen. Deshalb notiert man diese Werte üblicherweise in der **wissenschaftlichen Schreibweise** oder **Exponentenschreibweise**. Die Distanz zwischen Erde und Sonne beträgt $1.5 \cdot 10^{11}$ m, die Elektronenladung $1.6 \cdot 10^{-19}$ C. 1.5 und 1.6 nennt man **Mantisse**, 11 und – 19 **Exponent**.

Weiter ist es bei nicht allzu grossen Exponenten üblich, die Zehnerpotenz mit einer **Vorsilbe** anzugeben. So ist die Distanz zur Sonne $150 \cdot 10^9$ m = 150 Gm (= Gigameter) oder die Wellenlänge von rotem Licht $630 \cdot 10^{-9}$ m = 630 nm (= Nanometer).

Vorsilben grosse Zahlen:

Faktor	Vorsilbe	Zeichen
10^1	Deka	da
10^2	Hekto	h
10^3	Kilo	k
10^6	Mega	M
10^9	Giga	G
10^{12}	Tera	T
10^{15}	Peta	P
10^{18}	Exa	E

Vorsilben kleine Zahlen:

Faktor	Vorsilbe	Zeichen
10^{-1}	Dezi	d
10^{-2}	Zenti	c
10^{-3}	Milli	m
10^{-6}	Mikro	µ
10^{-9}	Nano	n
10^{-12}	Piko	p
10^{-15}	Femto	f
10^{-18}	Atto	a

Kommentar

- Teilweise wird zwischen der wissenschaftlichen und der **technischen Schreibweise** unterschieden. Bei der technischen Notation sind die Exponenten der Zehnerpotenz immer durch drei teilbar. So wird beispielsweise die Zahl $6.3 \cdot 10^{-7}$ in der technischen Schreibweise als $0.63 \cdot 10^{-6}$ oder $630 \cdot 10^{-9}$ notiert. Dadurch ergibt sich eine Übereinstimmung mit den Vorsilben.
- In der Informatik werden die Vorsilben etwas strapaziert:
  So ist 1 kB (= Kilobyte) = 1024 B = 2^{10} B oder
  1 GB (= Gigabyte) = 1024 MB (= Megabyte) = 1 073 741 824 B = 2^{30} B.

■ **Beispiele**

(1) Schreiben Sie 0.000000000125 in der Exponentenschreibweise.

Lösung:

$$0.000000000125 = 1.25 \cdot 10^{-10}$$

(2) Schreiben Sie $5.42 \cdot 10^6$ als gewöhnliche Zahl.

Lösung:

$$5.42 \cdot 10^6 = 5\,420\,000$$

(3) Geben Sie $2^{3^4} = 2^{(3^4)}$ und $(2^3)^4$ in der wissenschaftlichen Form an.

Lösung:

$$2^{3^4} = 2^{(3^4)} = 2^{81} = 2\,417\,851\,639\,229\,258\,349\,412\,352 \approx 2.418 \cdot 10^{24}$$
$$(2^3)^4 = 8^4 = 4096 = 4.096 \cdot 10^3$$

◆ **Übungen 20 → S. 74**

4.5.3 Andere Stellenwertsysteme

Andere Stellenwertsysteme als das Dezimalsystem wurden früher häufig verwendet und gewinnen im Computerzeitalter wieder an Bedeutung.

Einführendes Beispiel: Eierexpress

Die Firma Eierexpress beliefert sowohl Gastrobetriebe wie auch Privathaushalte mit Freilandeiern. Die Eier werden in spezielle Eierkartons verpackt, diese wiederum in passende Boxen und die Boxen in passende Kisten. Unterschiedliche Liefermengen erfordern unterschiedliche Verpackungsserien:

Verpackungsserie gross	Verpackungsserie mittel	Verpackungsserie klein
1 Kiste ≙ 10 Boxen ≙ 10 Eierkartons ≙ 10 Eier	1 Kiste ≙ 6 Boxen ≙ 6 Eierkartons ≙ 6 Eier	1 Kiste ≙ 4 Boxen ≙ 4 Eierkartons ≙ 4 Eier

Ein Lernender muss die Anzahl Eier von drei bereitgestellten Lieferungen kontrollieren:

Verpackungsserie gross: 2 volle Kisten, 5 vollen Boxen, 6 volle Eierkartons und 3 Eier.
Anzahl Eier:

$$2 \cdot 10^3 + 5 \cdot 10^2 + 6 \cdot 10^1 + 3 \cdot 10^0 = 2 \cdot 1000 + 5 \cdot 100 + 6 \cdot 10 + 3 \cdot 1$$
$$= 2000 + 500 + 60 + 3 = 2563 \text{ Eier}$$

Verpackungsserie mittel: 1 volle Kiste, 4 volle Boxen, 5 volle Eierkartons und 2 Eier.
Anzahl Eier:

$$1 \cdot 6^3 + 4 \cdot 6^2 + 5 \cdot 6^1 + 2 \cdot 6^0 = 1 \cdot 216 + 4 \cdot 36 + 5 \cdot 6 + 2 \cdot 1$$
$$= 216 + 144 + 30 + 2 = 392 \text{ Eier}$$

Verpackungsserie klein: 3 volle Kisten, 2 volle Boxen, 1 voller Eierkarton und 1 Ei:
Anzahl Eier:

$$3 \cdot 4^3 + 2 \cdot 4^2 + 1 \cdot 4^1 + 1 \cdot 4^0 = 3 \cdot 64 + 2 \cdot 16 + 1 \cdot 4 + 1 \cdot 1$$
$$= 192 + 32 + 4 + 1 = 265 \text{ Eier}$$

Die drei Verpackungsserien im Einführungsbeispiel entsprechen **drei unterschiedlichen Stellenwertsystemen**. Allgemein schreiben wir:

Definition **Stellenwertsysteme mit Basis** $b \in \{2;3;4;\ldots\}$

Jede ganze Zahl g kann durch die *Ziffernfolge* $[z_{n-1};\ldots;z_2;z_1;z_0]_b$ dargestellt werden.

Für $[z_{n-1};\ldots;z_2;z_1;z_0]_b$ stehen b verschiedene Ziffern von 0 bis $b-1$ zur Auswahl.

Der Wert von g im Stellenwertsystem zur Basis b ist bestimmt durch:

$$g=\sum_{i=0}^{n-1} z_i \cdot b^i = z_{n-1} \cdot b^{n-1} + \ldots + z_2 \cdot b^2 + z_1 \cdot b^1 + z_0 \cdot b^0 \quad (19)$$

Kommentar

- Im Zehnersystem mit Basis $b = 10$ verwendet man die zehn Ziffern 0 bis 9, im Sechsersystem mit Basis $b = 6$ die sechs Ziffern 0 bis 5 und im Vierersystem mit Basis $b = 4$ die vier Ziffern 0 bis 3.
- Im Einführungsbeispiel kommen neben dem Dezimalsystem das Sechser- und das Vierersystem vor:
  $[1452]_6$ wird als «eins-vier-fünf-zwei zur Basis 6» gelesen und entspricht dem Wert «dreihundertzweiundneunzig» im Zehnersystem: $[392]_{10}$.
  $[3211]_4$ entspricht im Zehnersystem $[265]_{10}$.

Computer verwenden intern das **Binärsystem** mit Basis 2. Programmierer verwenden häufig das **Oktalsystem** mit Basis 8 und das **Hexadezimalsystem** mit Basis 16, da diese sich leicht ins Binärsystem überführen lassen.

Beispiele

(1) Verwandeln Sie die Binärzahl $[11\,001]_2$ ins Dezimalsystem.

Lösung:

Das Binärsystem hat die Basis $b = 2$, es wird zu Zweien gebündelt und die vorkommenden Ziffern sind 0 und 1:

	Sechzehner 2^4	Achter 2^3	Vierer 2^2	Zweier 2^1	Einer 2^0
$[11\,001]_2$	1	1	0	0	1

$$\begin{aligned}[11\,001]_2 &= 1 \cdot 2^4 + 1 \cdot 2^3 + 0 \cdot 2^2 + 0 \cdot 2^1 + 1 \cdot 2^0 \\ &= 16 + 8 + 0 + 0 + 1 = [25]_{10}\end{aligned}$$

Die Zahl $[11\,001]_2$ lautet im Dezimalsystem $[25]_{10}$.

(2) Verwandeln Sie die Dezimalzahl $[19]_{10}$ ins Binärsystem.

Lösung:
Wir teilen fortlaufend durch Zweierpotenzen mit Rest. Der Rest entspricht dann der Ziffer z_i:

$19:2=9+\underline{\underline{1}}$	Rest; $z_0=1$	durch 2^1 geteilt: Rest = Einer
$9:2=4+\underline{\underline{1}}$	Rest; $z_1=1$	insgesamt durch 2^2 geteilt: Rest = Zweier
$4:2=2+\underline{\underline{0}}$	Rest; $z_2=0$	insgesamt durch 2^3 geteilt: Rest = Vierer
$2:2=1+\underline{\underline{0}}$	Rest; $z_3=0$	insgesamt durch 2^4 geteilt, Rest = Achter
$1:2=0+\underline{\underline{1}}$	Rest; $z_4=1$	insgesamt durch 2^5 geteilt, Rest = Sechzehner

Die Zahl $[19]_{10}$ lautet im Binärsystem $[10011]_2$.

◆ Übungen 21 → S. 76

Terminologie

Basis
Binärsystem
Dezi
Dezimalsystem
Exponent
  ganzzahlig
  natürlich
Exponentenschreibweise
Faktor
Giga
Hekto
Hexadezimalsystem
Kilo
Mantisse
Mega
Mikro
Milli
Nano
Oktalsystem
Piko
Potenz
potenzieren
Potenzgesetze
Stellenwertsystem
Tera
wissenschaftliche/technische
  Schreibweise
Zehnerpotenz
Zenti

4.6 Übungen

Übungen 14

1. Welche Aussagen sind richtig?

(1) Wird eine negative Basis mit einem ungeraden Exponenten potenziert, wird das Ergebnis positiv.
(2) Potenzen lassen sich addieren, wenn sowohl ihre Basen als auch ihre Exponenten gleich sind.
(3) $-b^n$ ist immer eine negative Zahl, wenn $b>0$.
(4) 2^5 ist eine Summe, wobei der Summand 2 fünfmal vorkommt.

2. Schreiben Sie als Zehnerpotenzen:

a) 100 b) 10 000 c) 10 d) 1 000 000

3. Berechnen Sie die Zehnerpotenzen und vergleichen Sie:

a) 10^4 b) $(-10)^4$ c) -10^4 d) 10^3
e) $(-10)^3$ f) -10^3 g) $(-10)^2$ h) $(10^2)^3$

4. Berechnen Sie:

a) $2^1; 2^2; 2^3; 2^4$

b) $(-1)^1; (-1)^2; (-1)^3; (-1)^4$

c) $0.1^1; 0.1^2; 0.1^3; 0.1^4$

d) $\left(\frac{1}{3}\right)^1; \left(\frac{1}{3}\right)^2; \left(\frac{1}{3}\right)^3; \left(\frac{1}{3}\right)^4$

5. Schreiben Sie als Potenz. Wählen Sie als Basis die kleinstmögliche natürliche Zahl:

a) 16 b) 27 c) 81 d) 625

6. Berechnen und vergleichen Sie:

a) $(-1)^{13}$ b) $(-1)^{10}$ c) 1^{2n} d) $(-1)^{2n}$

e) -1^{2n} f) 1^{2n-1} g) $(-1)^{2n-1}$ h) -1^{2n-1}

7. Berechnen Sie:

a) 5^4 b) $(-5)^4$ c) -4^3 d) $(-4)^3$

e) $\left(\frac{2}{3}\right)^2$ f) $\left(-\frac{2}{3}\right)^2$ g) $\left(\frac{1}{2}\right)^5$ h) $(-0.5)^5$

8. Berechnen Sie:

a) $(-1)^{10}$ b) $(-1)^{13}$ c) $(-1)^{4n-1}$ d) $(-1)^{4n}$

9. Werten Sie die folgenden Terme aus:

a) $T(x) = 2 \cdot 3^x - 3x^2$ für $T(2)$, $T(3)$ und $T(4)$

b) $T(y) = y^4 - y^3$ für $T(2)$, $T(10)$, $T(-0.5)$ und $T(-1)$

c) $T(a) = -2a^3 + 3a^2 - 10a$ für $T(-1)$, $T\left(\frac{1}{3}\right)$, $T(-10)$ und $T(0.1)$

d) $T(b) = 3b^3 - b^2 + (-2)^{1-2b}$ für $T(-1)$, $T(-2)$ und $T(-3)$

10. Unten sind die ersten fünf Glieder der Zahlenfolge $\{a_n\}$ visuell dargestellt. Jedes Glied der Folge setzt sich aus Winkeln mit farbigen Punkten zusammen, die ineinanderpassen (den violetten Punkt von a_1 bezeichnen wir auch als Winkel).

a_1 a_2 a_3 a_4 a_5

a) Geben Sie die Glieder a_1 bis a_{10} der Folge $\{a_n\}$ an. Welche Eigenschaften haben die Folgenglieder?

b) Geben Sie die explizite Definition der Folge $\{a_n\}$ an.

c) Welche Eigenschaften haben die farbigen Winkel bezogen auf ihre Anzahl Punkte?

d) Wie viele solcher Winkel bilden das n-te Glied?

e) Geben Sie die rekursive Definition der Folge $\{a_n\}$ an.

f) Begründen Sie visuell, weshalb Sie in b) eine Summenformel für die ersten n ungeraden Zahlen gefunden haben.

11. Die *ungeraden* Zahlen werden zeilenweise von oben nach unten dreiecksförmig angeordnet. Mit jeder Zeile kommt eine Zahl dazu:

1. Zeile: $b_1 = 1$
2. Zeile: $b_2 = 3 + 5 =$
3. Zeile: $b_3 = 7 + 9 + 11 = \ldots$

....

n-te Zeile: $b_n = \ldots$

a) Ordnen Sie die ungeraden Zahlen bis und mit der achten Zeile wie vorgegeben an und berechnen Sie die Zeilensummen, welche von oben nach unten eine *Zahlenfolge* $\{b_n\}$ bilden.
b) Geben Sie die Folgenglieder b_1 bis b_8 an. Welche Eigenschaften haben diese Folgenglieder?
c) Geben Sie die explizite Definition der Zahlenfolge von $\{b_n\}$ an.
d) Wenn wir die Glieder der Folge $\{b_n\}$ zeilenweise von oben nach unten aufaddieren, erhalten wir die Summenfolge $\{s_n\}$ mit $s_1 = b_1,\ s_2 = b_1 + b_2;\ s_3 = b_1 + b_2 + b_3;\ \ldots$
Was fällt Ihnen auf?
e) Ziehen Sie aus den Folgengliedern von $\{s_n\}$ die Quadratwurzel. So entstehen die Dreieckszahlen, die Sie in Kapitel 1 kennengelernt haben.
f) Geben Sie mithilfe der Dreieckszahlen die explizite Definition von $\{s_n\}$ an.

Übungen 15

12. Wir betrachten Potenzen mit der Basis 10. Wenn wir den Wert des Exponenten um 1 verkleinern, müssen wir den Potenzwert durch die Basis 10 dividieren. Dieses Verfahren führt uns zu einer vernünftigen Definition für Potenzen mit negativem Exponenten.
Füllen Sie die folgende Tabelle aus und interpretieren Sie das Ergebnis:

Exponent	3	2	1	0	−1	−2	−3
Potenz	10^3	10^2					
Potenzwert	1000	100					

13. Welche der Aussagen sind richtig?

(1) Verschiebt man eine Potenz vom Zähler in den Nenner eines Bruchs oder umgekehrt, dann muss im Exponenten ein Vorzeichenwechsel vorgenommen werden.
(2) Mithilfe von negativen Exponenten kann man Brüche wegschaffen.
(3) b^{-n} ist immer eine negative Zahl, auch wenn $b > 0$.
(4) $(-10)^{-5} = -\frac{1}{100\,000}$.

14. Berechnen Sie die Zehnerpotenzen:

a) $-10^2 + 10^{-1} + (-10)^{-2}$
b) $0.1^3; 0.1^2; \ldots; 0.1^{-2}; 0.1^{-3}$
c) $(-10)^1 + (-10)^0 + (-10)^{-1} + (-10)^{-2}$
d) $0.1^0 - 0.1^{-2} + 10^{-2}$

15. Schreiben Sie die Zehnerpotenzen mit positivem Exponenten und ohne Klammern:

a) 10^{-4}
b) $(-10)^{-3}$
c) 0.01^{-2}
d) $(-0.1)^{-2}$

16. Schreiben Sie die Zehnerpotenzen ohne Bruchstrich und ohne Klammern:

a) $\frac{1}{10\,000}$ b) $\frac{1}{10}$ c) $\frac{1}{10^{-3}}$ d) $\frac{1}{(-10)^4}$

17. Berechnen Sie die Potenzen:

a) $(-1)^3; (-1)^2; \ldots; (-1)^{-2}; (-1)^{-3}$ b) $\left(\frac{1}{4}\right)^3; \left(\frac{1}{4}\right)^2; \ldots; \left(\frac{1}{4}\right)^{-2}; \left(\frac{1}{4}\right)^{-3}$

c) $(4^0 + 4^{-1}) \cdot (4^0 - 4^{-1})$ d) $\left(\frac{1}{5}\right)^1 + \left(\frac{1}{5}\right)^0 + \left(\frac{1}{5}\right)^{-1} + \left(\frac{1}{5}\right)^{-2}$

18. Berechnen Sie die Potenzen:

a) $\left(\frac{3}{10}\right)^3$ b) $\left(\frac{3}{10}\right)^{-3}$ c) $\left(-\frac{3}{10}\right)^3$ d) $\left(-\frac{3}{10}\right)^{-3}$

e) $\left(\frac{3}{2}\right)^4$ f) $\left(\frac{3}{2}\right)^{-4}$ g) $-\left(\frac{3}{2}\right)^4$ h) $\left(-\frac{3}{2}\right)^{-4}$

19. Berechnen Sie die Potenzen:

a) $(-1)^{-2n}$ b) $(-1)^{-(2n+1)}$ c) $(\sqrt{3})^0$ d) $(-\sqrt{2})^{-4}$

20. Schreiben Sie mit positivem Exponenten und vereinfachen Sie:

a) a^{-4} b) $(3b)^{-3}$ c) $3b^{-3}$ d) $(c+d)^{-3}$

e) $c + d^{-3}$ f) $c^{-3} - d^{-3}$ g) $\frac{1}{x^{-1}}$ h) $\frac{3}{-y^{-4}}$

21. Schreiben Sie mit positivem Exponenten und vereinfachen Sie:

a) $\frac{5}{(-y)^{-4}}$ b) $\left(-\frac{2v}{w}\right)^{-4}$ c) $\frac{\varphi^{-6}}{\sigma^{-6}}$ d) $\left(\frac{m+n}{m-n}\right)^{-3}$

22. Schreiben Sie ohne Bruchstrich und vereinfachen Sie:

a) $\frac{1}{a}$ b) $\frac{1}{b^2c^5}$ c) $\frac{4}{b^2c^{-5}}$ d) $\frac{x}{y^k}$

e) $\frac{1}{y^{-k}}$ f) $\frac{1}{u^{m+5}}$ g) $\frac{2}{z} - \frac{3}{z^3}$ h) $\frac{4}{v^{-3}} + \frac{1}{v^3}$

23. Schreiben Sie ohne Bruchstrich und vereinfachen Sie:

a) $\frac{e}{g^{n-2}} - \frac{f}{g^{2-2n}}$ b) $\frac{3x}{x^2(y-z)^3}$ c) $\frac{r^{-2k}}{(s+t)^{2m-1}}$ d) $\frac{1}{\alpha + \delta + \mu}$

Übungen 16

24. Fassen Sie die Zehnerpotenzen zusammen:

a) $y \cdot 10^4 - 10^4$ b) $7 \cdot 10^{-8} - 3 \cdot 10^{-8} + 6 \cdot 10^{-8}$

c) $9 \cdot 10^4 + 5.1 \cdot 10^3$ d) $7 \cdot 10^{-5} + \frac{43}{10} \cdot 10^{-4}$

e) $\frac{1}{2} \cdot 10^8 - 3.5 \cdot 10^7 - 10^6$ f) $2 \cdot 10^{-9} + 2.7 \cdot 10^{-8} - 0.41 \cdot 10^{-7}$

25. Fassen Sie zusammen:

a) $2x^4 + 5x^4$
b) $az^n - bz^n$
c) $0.25k^4 + 0.1k^3 + 0.5k^4 + 0.2k^2 + k^4$
d) $\frac{4}{3}b^4 + \frac{4}{5}b^6 - b^4 - \frac{1}{4}b^6$
e) $7 \cdot 3^n - 4 \cdot 3^n + 2 \cdot 3^n$
f) $p^2 \cdot (p-q)^k - q^2(p-q)^k$

26. Vereinfachen Sie:

a) $6 \cdot 3^{m+1} - 12 \cdot 3^m - 18 \cdot 3^{m-1}$
b) $5 \cdot 2^{2n} + 4^n$
c) $8^{n+1} - 3 \cdot 2^{3n+1}$
d) $2^n + 2^{n+1} - 2^{n+2}$

Übungen 17

27. Welche Aussagen sind falsch?

(1) Potenzen mit gleicher Basis werden multipliziert, indem man die Basen addiert.
(2) Potenzen mit gleicher Basis werden dividiert, indem man die Exponenten subtrahiert.
(3) Potenzen mit gleichen Exponenten werden multipliziert, indem man die Basen multipliziert.
(4) Potenzen mit gleichen Exponenten werden dividiert, indem man die Basen subtrahiert.

28. Multiplizieren Sie die Zehnerpotenzen mit gleichen Basen:

a) $10^5 \cdot 10^{13}$
b) $(-10)^3 \cdot (-10)$
c) $-0.1^5 \cdot 0.1^6$
d) $\left(\frac{1}{10}\right)^{-9} \cdot \left(\frac{1}{10}\right)^7$
e) $(-10)^{-5} \cdot 10^{11}$
f) $10^{-2} \cdot 10^0 \cdot 10^{-1}$
g) $10^{2n-1} \cdot 10^{-3n}$
h) $10^{2a-8} \cdot 10^{7-a}$

29. Multiplizieren Sie die Potenzen mit gleichen Basen:

a) $2^7 \cdot 2^{11}$
b) $(-2)^5 \cdot (-2)$
c) $-0.2^3 \cdot 0.2^8$
d) $\left(\frac{1}{2}\right)^4 \cdot \left(\frac{1}{2}\right)^{13}$
e) $a^{15} \cdot a^{21}$
f) $b^{n+1} \cdot b^7$

30. Multiplizieren Sie die Potenzen mit gleichen Basen:

a) $u^{n+1} \cdot 2u^{4n}$
b) $d^{2n+5} \cdot d^{n+3}$
c) $(-p)^{15} \cdot p^3$
d) $(-q)^{12} \cdot q^5$
e) $(-r)^{11} \cdot (-r^6)$
f) $-\alpha^{11} \cdot (-\beta^5)$

31. Multiplizieren Sie die Potenzen mit gleichen Basen:

a) $3^{-5} \cdot 3^7$
b) $5^3 \cdot 5^0 \cdot 5^{-5} \cdot 5$
c) $(-2)^2 \cdot (-2)^{-5}$
d) $(-2)^{-3} \cdot (-2^{-7})$
e) $x^7 \cdot x^{-3}$
f) $y^{-1} \cdot y^{-n}$

32. Multiplizieren Sie die Potenzen mit gleichen Basen:

a) $z^{1-2n} \cdot z^{-3}$
b) $a^{n-2} \cdot a^{2-n}$
c) $(-b)^{1-2n} \cdot b^{2n}$
d) $-h^{-k} \cdot h^{-k-2}$
e) $(2k-1)^4 \cdot (2k-1)^{-5}$
f) $(v-w)^{-2} \cdot (w-v)^7$

33. Dividieren Sie die Potenzen mit gleichen Basen:

a) $3^{22} : 3^9$
b) $(-3)^{17} : (-3)^{16}$
c) $0.1^{25} : 0.5^{13}$
d) $2^6 : (-2)$
e) $-w^{100} : w^{80}$
f) $x^{5n+10} : x^{10}$
g) $7y^{5n+10} : y^{5n}$
h) $\lambda^{6n+1} : \lambda^{4n+5}$

34. Dividieren Sie die Zehnerpotenzen mit gleichen Basen:

a) $\frac{10^{-3}}{10^3}$ b) $\frac{10^{-3}}{10^{-11}}$ c) $\frac{(-10)^2}{10^{-4}}$ d) $\frac{10^{-5}}{(-10)^{-3}}$

e) $\frac{10^m}{10^{-1}}$ f) $\frac{10^{-k}}{10^{-n}}$ g) $\frac{10^k}{10^{-3+k}}$ h) $\frac{10^{m-1}}{10^{m+1}}$

35. Dividieren Sie die Potenzen mit gleichen Basen:

a) $\frac{10^{-3}}{10^3}$ b) $\frac{2^{-4}}{2^{-10}}$ c) $\frac{(-3)^2}{(-3)^{-4}}$ d) $\frac{3^{-3}}{(-3)^3}$

e) $\frac{b^2}{b^7}$ f) $\frac{c}{c^4}$ g) $\frac{x^2}{x^{-4}}$ h) $\frac{y^{-5}}{y^{-2}}$

36. Dividieren Sie die Potenzen mit gleichen Basen:

a) $\frac{z^m}{z^{-1}}$ b) $\frac{v^{-k}}{v^{-n}}$ c) $\frac{w^k}{w^{-3k}}$ d) $\frac{r^{m-1}}{r^{m+1}}$

e) $\frac{u^{4-n}}{u^{n-4}}$ f) $\frac{p^0}{p^{-m-5}}$ g) $\frac{(\delta-\varepsilon)^{m-3}}{(\delta-\varepsilon)^{-2m}}$ h) $\frac{r^2 \cdot (s-2)^{-5}}{(-r)^8(2-s)^2}$

37. Potenzieren Sie die Zehnerpotenzen:

a) $(10^{-2})^3$ b) $(10^2)^{-3}$ c) $(10^{-2})^{-3}$

d) $(10^{10})^0$ e) $((-10)^3)^4$ f) $(0.01)^3$

g) $\left(\left(-\frac{1}{10}\right)^3\right)^2$ h) $(10^n)^3$ i) $(10^{a+2})^{4a}$

38. Potenzieren Sie die Potenzen:

a) $(3^{-2})^3$ b) $(3^2)^{-3}$ c) $(3^{-2})^{-3}$

d) $(5^{-3})^0$ e) $(a^{-1})^{-1}$ f) $(a^{-2})^{-3}$

g) $(-2b^{-3})^2$ h) $\left(\frac{1}{2}e^{-1}f^2g^{-3}\right)^{-4}$ i) $(5xy)^{-2} \cdot (0.2x^{-1}y^{-2})^{-3}$

39. Potenzieren Sie die Potenzen:

a) $(2^3)^4$ b) $\left(\left(-\frac{1}{2}\right)^3\right)^4$ c) $\left((\sqrt{5})^{10}\right)^m$

d) $(n^n)^n$ e) $(m^3)^{n-1}$ f) $((p-1)^{k+1})^{k+m-1}$

Übungen 18

40. Multiplizieren Sie die Potenzen mit gleichen Exponenten:

a) $3^7 \cdot 5^7$ b) $1.2^3 \cdot 5^3$ c) $2x^6 \cdot y^6$

d) $-2^a \cdot 3^a \cdot k^a$ e) $\left(\frac{2}{3}\right)^{10} \cdot 3^{10}$ f) $1.25^{2n} \cdot 16^{2n}$

g) $(2a)^{n+3} \cdot 2a^{n+3}$ h) $(\alpha\beta\theta)^5 \cdot \alpha(\beta\theta)^5$ i) $(-xy^2)^3 \cdot (-x(yz)^3)$

41. Multiplizieren Sie die Potenzen mit gleichen Exponenten:

a) $2^{-3} \cdot 3^{-3}$
b) $0.1^{-4} \cdot 5^{-4}$
c) $(8u)^{-3} \cdot (0.25v)^{-3}$
d) $8u^{-3} \cdot v^{-\frac{3}{4}}$
e) $(ab)^{-n} \cdot \left(\frac{a}{b}\right)^{-n}$
f) $\delta^{1-k} \cdot (-5\lambda)^{1-k}$
g) $(f+g)^{-m} \cdot (f-g)^{-m}$
h) $(3x+4y)^{3-4n} \cdot (4y-3x)^{3-4n}$

42. Dividieren Sie die Potenzen mit gleichen Exponenten:

a) $6^5 : 3^5$
b) $2^{10} : 0.1^{10}$
c) $\left(\frac{1}{4}\right)^4 : 5^4$
d) $\left(\frac{9}{2}\right)^{n+2} : \left(\frac{3}{2}\right)^{n+2}$
e) $\left(\frac{3}{5}\right)^4 : \left(\frac{6}{25}\right)^4$
f) $\left(\frac{2}{5}\right)^n : \left(\frac{1}{5}\right)^n$
g) $16x^3 : (2y)^3$
h) $(-2m^3)^2 : (2n)^2$
i) $(-2p)^3 : (-2q)^3$

43. Dividieren Sie die Potenzen mit gleichen Exponenten:

a) $\dfrac{6^{-3}}{2^{-3}}$
b) $\dfrac{(3u)^{-3}}{(0.6u)^{-3}}$
c) $(vw)^{-k} : \left(\frac{v}{w}\right)^{-k}$
d) $\dfrac{(2x^2y)^{1-4m}}{(-3xy^2)^{1-4m}}$
e) $\dfrac{(15z^2-6z)^{-3n}}{(2-5z)^{-3n}}$
f) $\dfrac{(\beta-\delta)^{-2k}}{(\delta^2-\beta^2)^{-2k}}$

Übungen 19

44. Lösen Sie die Exponentialgleichungen nach x auf, indem Sie den Exponentenvergleich $a^x = a^b \quad \Rightarrow \quad x = b$ verwenden:

a) $5^{12} \cdot 5^{14} = 5^x$
b) $(b^{10})^x = b^{20}$
c) $(c^x)^4 \cdot c^3 = c^{36}$
d) $(d^3)^x = \dfrac{d^{2x}}{d^{-2}}$
e) $2^x = 16 \cdot 2^7$
f) $2^x = 8^{-4}$
g) $2^{-x} = 8^5$
h) $(3^x)^6 = \dfrac{1}{81}$
i) $x^3 = 125^{-1}$

45. Schreiben Sie als Summe und vereinfachen Sie:

a) $4a^6(a-3a^2+3a^3-5a^4)$
b) $x^7y(6y^5+6xy^6) - xy^7(6y^4-4x^5y)$
c) $(c^2-d^2) \cdot (c^6+c^4d^2+c^2d^4+d^6)$
d) $(u^{m+2}-u^{n+2}) \cdot (u^m+u^n)$
e) $(a^{10}+b^5)^2$
f) $(x^5+y^{-5}) \cdot (x^{-5}-y^5)$

46. Schreiben Sie als Summe und vereinfachen Sie:

a) $(m^{-1}-n^{-2})^2$
b) $(k+k^{-1})^2-(k-k^{-1})^2$
c) $(z^3+z^{-3}) \cdot (z^3-z^{-3}) - (z^3-z^{-3})^2$
d) $(1+\theta^{-1})^{-1}+(1-\theta^{-1})^{-1}$

47. Verwandeln Sie in ein Produkt:

a) a^6+a^7
b) $b^5+2b^4c+b^3c^2$
c) $d^{n+1}-d^n$
d) $9e^{n+2}-6e^{n+1}+e^n$
e) $k^{12}-k^8$
f) $x^5-2x^4+x^3$
g) $y^{n+2}-y^n$
h) $f^{2n}-g^{2m}$
i) $\delta^n+2\delta^{m+1}+\delta^{m+2}$

48. Kürzen Sie:

a) $\dfrac{a^{15}-a^{10}}{a^5}$ b) $\dfrac{b^{28}+b^{21}}{b^{21}+b^{14}}$ c) $\dfrac{f^{13}+f^8}{f^5+1}$

d) $\dfrac{k^{1000}-k^{250}}{k^{250}}$ e) $\dfrac{p^{n+2}+2p^{n+1}+p^n}{p^{n+1}+p^n}$ f) $\dfrac{20^4\cdot 16^3\cdot 5^6}{60^{10}}$

49. Vereinfachen Sie:

a) $\left(\dfrac{8c^{-5}}{9a^{-3}b^9}\right)^{-3}\cdot\left(\dfrac{3a^{-2}c^3}{4b^{-5}}\right)^{-5}$ b) $\left(\dfrac{3\delta^{-2}\mu^4}{4\delta\mu^{-2}}\right)^2:\left(\dfrac{2\mu^{-4}}{3\delta^{-2}}\right)^{-3}$

c) $\left(\dfrac{6^3}{xy^2c^{-1}}\right)^2:\dfrac{x^4y^{-7}z^2}{(9x^{-2}y)^{-3}}$ d) $\left(\dfrac{6x^2y^{-2}}{a^{n+1}b^{2n}}\right)^3:\left(\dfrac{2(ab)^n}{(xy)^{-1}}\cdot\dfrac{a^nb^{2n}}{3xy^{-2}}\right)^{-2}$

50. Vereinfachen Sie:

a) $\left(1+\frac{2}{p}\right)^2\cdot\left(\frac{1}{p}-\left(\frac{p}{2}-1\right)^{-1}\right)^{-2}$ b) $(-5)^{-3}\cdot(-x^5)^2\cdot\left(\dfrac{c^{-3}\cdot d^{3n}}{d^{6-3n}}\right)^2:\left(\dfrac{5d^4}{c^{-2}x^3}\right)^{-3}$

c) $(-3\lambda^{-4})^{-3}\cdot\left(\dfrac{2}{3\lambda^4}\right)^{-2}+\dfrac{4}{3}\cdot\left(\dfrac{2}{(-\lambda)^4}\right)^{-5}$ d) $\left(\frac{1}{4}\right)^2\cdot\left(2\cdot\left(\dfrac{1}{(-a)^5}\right)^{-4}+\frac{2}{5}\cdot(-a^4)^5\right)$

51. Die Kochkurve entsteht aus einer Einheitsstrecke (Stadium $n=0$; $l_0=1$). Die rekursive Vorschrift heisst für jedes Stadium $n+1$:

(1) *Drittle* alle Strecken der Kurve von Stadium n.
(2) *Verdopple* die *mittlere* Strecke.
(3) Bilde aus den beiden mittleren Strecken eine Spitze, die Teil eines fiktiven gleichseitigen Dreiecks ist.

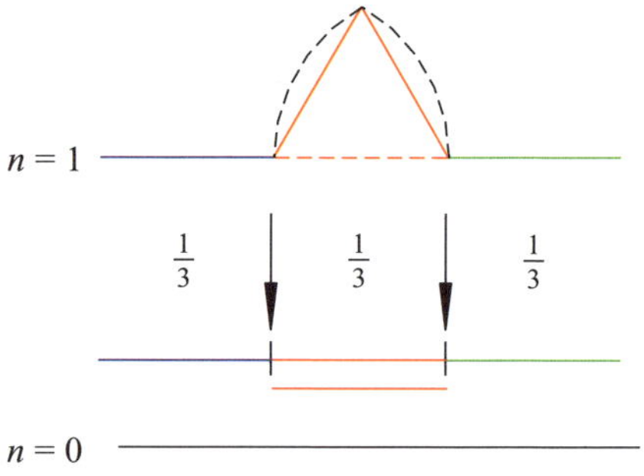

Die ersten vier Stadien der Kochkurve:

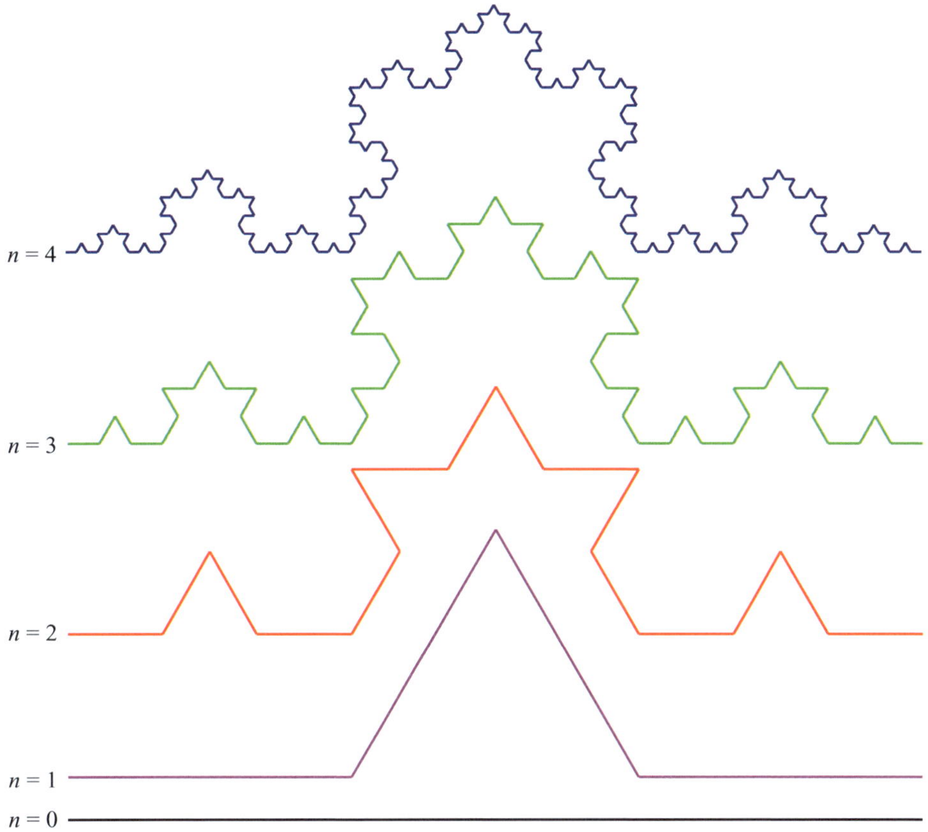

a) Analysieren Sie die Kochkurve für die Stadien $n = 0$ bis $n = 7$. Geben Sie an, wie sich die Folge der Streckenlängen $\{l_n\}$, der Anzahl Strecken $\{s_n\}$ und die Gesamtlänge der Kurve $\{g_n\}$ mit zunehmendem n verändern. Geben Sie die ersten acht Glieder der drei Folgen an:

Stadium n	0	1	2	3	4	5	6	7
l_n	1							
s_n	1							
g_n	1							

b) Geben Sie die expliziten Definitionen der Folgen $\{l_n\}$, $\{s_n\}$ und $\{g_n\}$ an.

c) Berechnen Sie von $\{l_n\}$, $\{s_n\}$ und $\{g_n\}$ die Glieder für $n = 8$; $n = 9$; $n = 10$; $n = 20$; $n = 30$ und $n = 50$.

d) Was passiert mit l_n, s_n und g_n, wenn n immer grösser wird?

Übungen 20

52. Schreiben Sie ohne Zehnerpotenzen:

a) $1.53 \cdot 10^{6}$ b) $1.53 \cdot 10^{3}$ c) $1.53 \cdot 10^{0}$ d) $1.53 \cdot 10^{-2}$
e) $1.53 \cdot 10^{-6}$ f) $-4.5 \cdot 10^{5}$ g) $-4.5 \cdot 10^{-5}$ h) $0.0023 \cdot 10^{4}$

53. Schreiben Sie in wissenschaftlicher Form:

a) 50 000 b) 123 456 c) 271 828 000 000
d) 0.007 e) 0.12345 f) 0.0000271828
g) 1 Million h) 13.3 Billionen i) 17 Tausendstel

54. Berechnen Sie:

a) $5 \cdot 10^{-9} - 2 \cdot 10^{-9} + 7 \cdot 10^{-9}$ b) $3.4 \cdot 10^{-7} - 3.5 \cdot 10^{-7}$
c) $(2.5 \cdot 10^{-7}) \cdot (4 \cdot 10^{5})$ d) $(10^{-4} - 10^{-5}) : (3 \cdot 10^{-3})^{2}$

55. Runden Sie auf Tausender, auf Millionen und auf 2 signifikante Ziffern:

a) 3 517 428.906 b) 203 467 502

56. Notieren Sie die auf 4 signifikante Ziffern gerundete Zahl in wissenschaftlicher Schreibweise:

a) 0.07878... b) 3.141592653589
c) $2.4545\ldots \cdot 10^{7}$ d) $0.505505\ldots \cdot 10^{-4}$

57. Geben Sie folgende Grössen in wissenschaftlicher Form und in Metern an:

a) Mittlerer Durchmesser eines menschlichen Haares: 0.07 mm
b) Länge des Tollwuterregers: 0.000125 mm
c) Länge eines Rohrzuckermoleküls: 0.0000007 mm
d) Atomkernradius: ungefähr 0.00000000001 mm
e) Wellenlänge von Röntgenstrahlen: 250 nm

58. Die absolute Masse eines Protons beträgt $1.67 \cdot 10^{-27}$ kg, die eines Elektrons $9.11 \cdot 10^{-31}$ kg. Wie viel Mal ist das Proton schwerer als das Elektron?

59. 2013 waren in der Schweiz 10er-Noten im Wert von 709 365 930 Franken im Umlauf. Geben Sie in wissenschaftlicher Schreibweise an, wie viele Zehnernoten das sind. Welche Fläche in Quadratkilometern könnte mit allen Zehnernoten ausgelegt werden, wenn eine Note 126 mm lang und 74 mm breit ist?

60. Ein rotes Blutkörperchen hat einen Durchmesser von 0.0075 mm und ein Gewicht von $3 \cdot 10^{-11}$ g. Die Konzentration beträgt $4000 - 5900$ Stück pro Nanoliter Blut.

a) Geben Sie die Anzahl der roten Blutkörperchen pro Liter Blut in Zehnerpotenzen an.
b) Wie viele rote Blutkörper hat ein Mensch ungefähr, wenn wir annehmen, dass die gesamte Blutmenge 6 Liter beträgt?
c) Wenn man alle roten Blutkörperchen des Menschen in einer Reihe aufreihen würde: Wie lange würde diese Reihe in m?
d) Wie viele Gramm schwer sind alle roten Blutkörperchen eines Menschen zusammen?
e) Die Konzentration der weissen Blutkörperchen beträgt 4 bis 10 Stück pro Nanoliter Blut. Wie viele weisse Blutkörperchen hat ein Mensch ungefähr?
f) Berechnen Sie das Verhältnis zwischen weissen und roten Blutkörperchen.

61. Eine Astronomische Einheit (AE) hat eine Länge von 149 597 870 700 Metern und entspricht ungefähr dem mittleren Abstand zwischen der Erde und der Sonne, also dem mittleren Erdbahnradius.

a) Geben Sie in Zehnerpotenzen an, wie viele km einer Astronomischen Einheit entsprechen.
b) Aus wie vielen Astronomischen Einheiten und Kilometern besteht ein Lichtjahr (= Weg des Lichts in einem Jahr)? Die Lichtgeschwindigkeit beträgt ca. 300 000 km/s.
c) Berechnen Sie, wie lange das Licht braucht, um von der Sonne zur Erde zu gelangen. Wie lange bräuchte theoretisch ein Airbus A 380 mit einer Geschwindigkeit von 900 km/h?

62. Die Raumsonde Voyager 1 ist seit dem 5. September 1977 im All unterwegs. Im Oktober 2014 betrug ihr Abstand zur Sonne ungefähr 130 Astronomische Einheiten. Ihre Geschwindigkeit beträgt 17 km/s.

a) Geben Sie den Abstand von der Erde im Jahr 2014 in km an. Welche Entfernung hat die Sonde im Jahr 2020?
b) Wie lange braucht das Licht, um von der Sonde auf die Erde zu gelangen?
c) Wie viele Kilometer pro Tag entfernt sich die Sonde von der Erde, wie viele Kilometer sind dies pro Jahr?

63. Benjamin Franklin, amerikanischer Politiker und Naturwissenschaftler, berichtete 1774 von einem Versuch, bei dem er Öl in einen See nahe Londons träufelte.
«Das Öl, obschon nicht mehr als ein Teelöffel, bewirkte über einige Yards hinweg eine rasche Beruhigung des Wassers, die sich verwunderlich schnell fortsetzte (...) und bald einen Viertel des Sees, einen halben Morgen [$\approx 1000\ \text{m}^2$] vielleicht, aussehen liess wie flaches Glas.»

a) Berechnen Sie die Dicke der Ölschicht in Millimetern, unter der Annahme, dass der Teelöffel vier Milliliter Öl enthielt. Geben Sie die Dicke auch in Nanometern an.
b) Berechnen Sie die Fläche der Ölschicht in Quadratmetern, wenn Franklin einen Liter in den See geschüttet hätte.

64. Im April 2010 sank im Golf von Mexiko die Ölbohrplattform Deepwater Horizon. Nach kurzer Zeit wurde ein Ölteppich von 9900 Quadratkilometern beobachtet. Wie vielen Litern Öl entspricht dies bei einer Dicke des Erdölteppichs von 2 mm?

65. In der Mathematik spricht man von einem Potenzturm, wenn der Exponent einer Potenz noch weitere Male potenziert wird und sich die Exponenten zu einem Turm aufbauen. Potenztürme werden von *oben nach unten* abgearbeitet und sind keine Anwendung des Potenzgesetzes $(a^m)^n = a^{m \cdot n}$!

a) Gegeben sind die beiden folgenden Zehnerpotenzen:

$$10^{10^{10}}; \left(10^{10}\right)^{10}$$

Wie viele Nullen haben die beiden 10er-Potenzen? Wie viel Mal ist die eine in der anderen enthalten?

b) Bauen Sie die folgenden Potenztürme Schritt für Schritt ab:

$$2^{2^2} \quad 3^{3^2} \; 4^{4^2} \ldots 10^{10^2}$$

c) Bauen Sie die Potenztürme so weit wie möglich ab:

$$4^{4^{4^4}}; 3^{3^{3^3}}; 2^{2^{2^{2^2}}}$$

66. Der Begriff «Googol» wurde von Milton Sirotta im Alter von 9 Jahren erfunden für die Potenz 10^{100}, also eine Eins mit hundert Nullen. Ein «Googolplex» ist 10^{Googol}. Von Googol leitet die Suchmaschine Google ihren Namen ab, angelehnt an das Bestreben, möglichst viele Internetseiten zu indizieren.

a) Wie viele Nullen hat ein Googolplex?

b) Wenn Sie 24 Stunden am Tag ununterbrochen zählen würden, beginnend mit Eins und einer Zahl pro Sekunde: Wie viele Jahre müssten Sie zählen, um ein Googol zu erreichen?

c) Zerlegen Sie ein Googol mithilfe der Potenzgesetze in die Primfaktoren. Wie viele Stellen haben die beiden Faktoren?

Übungen 21

67. Berechnen Sie den Wert der in eckigen Klammern notierten Ziffernfolge $[z_{n-1}; \ldots; z_2; z_1; z_0]_b$ im jeweiligen Stellenwertsystem mit Potenzen der Basis b, die rechts von der Klammer steht:

a) $[503]_6$ b) $[10\,203]_4$ c) $[11\,001]_2$ d) $[100101]_2$

68. Geben Sie die Zahlen im Dezimal- und im Binärsystem an:

a) $[1001]_2$ b) $[10\,000]_2$ c) $[11]_{10}$ d) $[36]_{10}$

69. Im System der hexadezimalen Farbdefinition wird eine Farbe durch drei aneinandergereihte, *zweistellige Hexadezimalzahlen* dargestellt, die jeweils für den Anteil einer Grundfarbe des *RGB-Farbraums* stehen: Das Ziffernpaar links steht für Rot, das in der Mitte für Grün und das rechts für Blau. Im Hexadezimalsystem sind die Ziffern 0 bis 9 identisch mit dem Dezimalsystem und werden durch folgende Buchstaben ergänzt: $A = 10, B = 11, C = 12, D = 13, E = 14, F = 15$.
Verwandeln Sie die folgenden Farbcodes vom Hexadezimal- ins Dezimalsystem, indem Sie die RGB-Anteile im Dezimalsystem angeben:

a) 00 00 FF R G B	b) 88 00 FF R G B	c) FF 64 00 R G B	d) 56 C8 9B R G B

70. Schreiben Sie die Dezimalzahlen 64; 128; 256; 255; 1023; 189; 567; 123

a) im Binärsystem mit Basis 2.
b) im Oktalsystem mit Basis 8.
c) im Hexadezimalsystem mit Basis 16.
d) Fällt Ihnen bei den Aufgaben a), b) und c) etwas auf? Entwickeln Sie ein Verfahren, mit dem man einfach zwischen dem Binär-, Oktal- und Hexadezimalsystem wechseln kann.

71. Die Simpsons, die Ducks und die Schlümpfe haben nur vier Finger pro Hand und rechnen deshalb am liebsten im Oktalsystem.

a) Stellen Sie eine Tabelle auf, in der Sie alle einstelligen Zahlen $[z_i]_8$ miteinander addieren.
b) Stellen Sie eine Tabelle auf, in der Sie alle einstelligen Zahlen $[z_i]_8$ miteinander multiplizieren.
c) Untersuchen Sie die schriftliche Addition.
d) Untersuchen Sie die schriftliche Multiplikation.

5 Radizieren

5.1 Quadratwurzel

Viele Fragestellungen der Mathematik führen auf quadratische Gleichungen. Ein sicherer Umgang mit Quadratwurzeltermen erleichtert das Lösen solcher Gleichungen.

Definition **Quadratwurzel**

Die *Quadratwurzel aus* a ist jene *nicht negative* reelle Zahl, deren Quadrat a ergibt:

$$(\sqrt{a})^2 \doteq a \qquad (1)$$

$\sqrt{a}$: Quadratwurzel aus a

a: Radikand, $a \in \mathbb{R}_0^+$

■ **Beispiele**

Ziehen Sie die Quadratwurzel ohne Taschenrechner:

(1) $\sqrt{81} = 9$, da $9 \cdot 9 = 81$

(2) $\sqrt{b^{14}} = b^7$, da $b^7 \cdot b^7 = b^{14}$

(3) $\sqrt{-25}$ ist nicht definiert.

(4) $\sqrt{(-5)^2} = \sqrt{25} = 5$, da $5 \cdot 5 = 25$

Zum Vereinfachen von Wurzeltermen gelten die folgenden Regeln:

Wurzelgesetze

Für alle $a, b \in \mathbb{R}_0^+$ gilt:

$$\sqrt{a} \cdot \sqrt{b} = \sqrt{ab} \qquad (2)$$

$$\frac{\sqrt{a}}{\sqrt{b}} = \sqrt{\frac{a}{b}} \quad (b > 0) \qquad (3)$$

$$a = (\sqrt{a})^2 = \sqrt{a^2} \qquad (4)$$

Kommentar

- Für $a, b \in \mathbb{R}$ gilt: $|a| = \sqrt{a^2}$ (5)

■ **Beispiele**

Wenden Sie die Wurzelgesetze an:

(1) $\sqrt{3} \cdot \sqrt{27} = \sqrt{81} = 9$

(2) $\frac{\sqrt{50x^3}}{\sqrt{2x}} = \sqrt{\frac{50x^3}{2x}} = \sqrt{25x^2} = 5x$

(3) Schreiben Sie $3k \cdot \sqrt{\frac{5}{6k}}$ als Wurzel und vereinfachen Sie wenn möglich.

Lösung:

$$3k \cdot \sqrt{\frac{5}{6k}} = \sqrt{(3k)^2} \cdot \sqrt{\frac{5}{6k}} = \sqrt{\frac{9 \cdot 5k^2}{6k}} = \sqrt{\frac{3 \cdot 5k}{2}} = \sqrt{\frac{15k}{2}}$$

(4) Vereinfachen Sie $\sqrt{98b^5}$, indem Sie partiell radizieren.

Lösung:

$$\sqrt{98b^5} = \sqrt{49 \cdot 2 \cdot b^4 \cdot b} = \sqrt{49b^4 \cdot 2b} = \sqrt{49b^4} \cdot \sqrt{2b} = 7b^2\sqrt{2b}$$

(5) Fassen Sie $\sqrt{u} + 5 - (4\sqrt{u} - 3) + 9\sqrt{u}$ zusammen.

Lösung:

$$\begin{aligned}&\sqrt{u} + 5 - (4\sqrt{u} - 3) + 9\sqrt{u}\\&= \sqrt{u} + 5 - 4\sqrt{u} + 3 + 9\sqrt{u} = \sqrt{u} - 4\sqrt{u} + 9\sqrt{u} + 5 + 3\\&= (1 - 4 + 9)\sqrt{u} + 8 = 6\sqrt{u} + 8\end{aligned}$$

Machen Sie die Nenner der beiden Terme wurzelfrei:

(6) $$\frac{10a}{\sqrt{2a}} = \frac{10a \cdot \sqrt{2a}}{\sqrt{2a} \cdot \sqrt{2a}} = \frac{10a\sqrt{2a}}{\sqrt{(2a)^2}} = \frac{10a\sqrt{2a}}{2a} = 5\sqrt{2a}$$

(7) $$\frac{\sqrt{3}}{2 - \sqrt{3}} = \frac{\sqrt{3} \cdot (2 + \sqrt{3})}{(2 - \sqrt{3}) \cdot (2 + \sqrt{3})} = \frac{2\sqrt{3} + \sqrt{3}\sqrt{3}}{4 - (\sqrt{3})^2} = \frac{2\sqrt{3} + 3}{4 - 3} = 2\sqrt{3} + 3$$

(8) Schreiben Sie $\left(\sqrt{v} + \frac{1}{\sqrt{v}}\right) \cdot \left(\sqrt{v} - \frac{1}{\sqrt{v}}\right)$ als Summe.

Lösung:

$$\left(\sqrt{v} + \frac{1}{\sqrt{v}}\right) \cdot \left(\sqrt{v} - \frac{1}{\sqrt{v}}\right) = (\sqrt{v})^2 - \left(\frac{1}{\sqrt{v}}\right)^2 = v - \frac{1}{v}$$

◆ **Übungen 22 → S. 84**

5.2 Allgemeine Wurzeln

Betrachten wir die folgende Gleichung einer Potenz:

$$c^n = a \qquad (6)$$

Das **Radizieren** oder **Wurzelziehen** ist die **erste Umkehroperation** des **Potenzierens.** Dabei sucht man bei gegebenem a und n die Basis c.

Definition **n-te Wurzel**

Die *n-te Wurzel aus a* ist jene *nicht negative* reelle Zahl, die mit n potenziert a ergibt:

$$(\sqrt[n]{a})^n \doteq a \qquad (7)$$

$\sqrt[n]{a}$: *n-te Wurzel* aus a

a: *Radikand*, $a \in \mathbb{R}_0^+$

n: *Wurzelexponent*, $n \in \mathbb{N}^*$

Kommentar

- Bei der Quadratwurzel wird der Wurzelexponent meist nicht geschrieben:

$$\sqrt{a} = \sqrt[2]{a} \qquad (8)$$

- Falls der Wurzelexponent n ungerade ist, könnte die n-te Wurzel auch für negative Radikanden definiert werden:

$$\sqrt[3]{-8} = -2$$

Die oben verwendete Wurzeldefinition lässt aber **keine negativen Radikanden** zu.

Beispiele

(1) $\sqrt[3]{64} = 4$, denn $4^3 = 64$

(2) $\sqrt[4]{0.0625} = 0.5$, denn $0.5^4 = 0.0625$

Im vorherigen Kapitel haben wir Potenzen mit ganzzahligen Exponenten kennengelernt. In diesem Kapitel befassen wir uns mit **Potenzen mit rationalen Exponenten**.

Definition **Potenzen mit rationalen Exponenten**

Für Potenzen der Form $a^{\frac{1}{n}}$ ($a \in \mathbb{R}_0^+, n \in \mathbb{N}^*$) gilt:

$$a^{\frac{1}{n}} \doteq \sqrt[n]{a} \qquad (9)$$

Potenzen der Form $a^{\frac{m}{n}}$ ($a \in \mathbb{R}_0^+, n \in \mathbb{N}^*, m \in \mathbb{Z}$) sind wie folgt definiert:

$$a^{\frac{m}{n}} \doteq \sqrt[n]{a^m} = (\sqrt[n]{a})^m \qquad (10)$$

Kommentar

- $a^{\frac{1}{n}}$ ist die **Potenzdarstellung** des Wurzelterms $\sqrt[n]{a}$.

■ **Beispiele**

Berechnen Sie ohne Taschenrechner:

(1) $125^{\frac{2}{3}} = 125^{\frac{1}{3}\cdot 2} = \left(\sqrt[3]{125}\right)^2 = 5^2 = 25$

(2) $\sqrt[6]{(2^4)^3} = \sqrt[6]{2^{12}} = 2^{\frac{12}{6}} = 2^2 = 4$

(3) Notieren Sie den Wurzelterm $\sqrt[5]{(\varphi - 1)^3}$ als Potenz.

Lösung:

$$\sqrt[5]{(\varphi - 1)^3} = ((\varphi - 1)^3)^{\frac{1}{5}} = (\varphi - 1)^{\frac{3}{5}}$$

(4) Schreiben Sie als Wurzelterm und ohne negativen Exponenten: $\left(\frac{b}{cd}\right)^{-\frac{2}{5}}$

Lösung:

$$\left(\frac{b}{cd}\right)^{-\frac{2}{5}} = \left(\frac{b}{cd}\right)^{-2\cdot\frac{1}{5}} = \left(\left(\frac{b}{cd}\right)^{-2}\right)^{\frac{1}{5}} = \left(\left(\frac{cd}{b}\right)^{2}\right)^{\frac{1}{5}} = \sqrt[5]{\frac{c^2d^2}{b^2}}$$

◆ Übungen 23 ⟶ S. 85

5.3 Potenz- und Wurzelgesetze

Für das Umformen und Vereinfachen von Potenzen **mit rationalen Exponenten gelten die gleichen Gesetze**, die im vorherigen Kapitel für ganzzahlige Exponenten hergeleitet wurden.

Rechenregeln für Potenzen mit rationalen Exponenten

Für $m, n \in \mathbb{Q}$ und $(a, b \in \mathbb{R}^+)$, gilt:

$$a^m \cdot a^n = a^{m+n} \quad (11)$$

$$\frac{a^m}{a^n} = a^{m-n} = \frac{1}{a^{n-m}} \quad (12)$$

$$(a^m)^n = a^{m\cdot n} = (a^n)^m \quad (13)$$

$$a^n \cdot b^n = (ab)^n \quad (14)$$

$$\frac{a^n}{b^n} = \left(\frac{a}{b}\right)^n \quad (15)$$

■ **Beispiele**

(1) Wenden Sie die Potenzgesetze (11), (12) und (13) an:

a) $x^{\frac{n+1}{2}} \cdot x^4 = x^{\frac{n+2}{2}+4} = x^{\frac{n+2}{2}+\frac{8}{2}} = x^{\frac{n+10}{2}}$

b) $x^{\frac{n+1}{2}} : x^4 = x^{\frac{n+2}{2}-4} = x^{\frac{n+2}{2}-\frac{8}{2}} = x^{\frac{n-6}{2}}$

c) $\left(x^{\frac{n+1}{2}}\right)^{-4} = x^{\frac{n+1}{2}\cdot(-4)} = x^{-2n-2}$

(2) Wenden Sie die Potenzgesetze (14) und (15) an:

a) $(x+1)^{\frac{4}{3}} \cdot (x-1)^{\frac{4}{3}} \;=\; ((x+1)\cdot(x-1))^{\frac{4}{3}} = (x^2-1)^{\frac{4}{3}}$

b) $(y^2+y)^{\frac{4}{3}} : (y+1)^{\frac{4}{3}} \;=\; \left(\frac{y^2+y}{y+1}\right)^{\frac{4}{3}} = \left(\frac{y(y+1)}{y+1}\right)^{\frac{4}{3}} = y^{\frac{4}{3}}$

◆ **Übungen 24 → S. 86**

Da sich jede Wurzel als Potenz mit rationalem Exponenten schreiben lässt, lassen sich aus den Potenzgesetzen entsprechende Wurzelgesetze herleiten. Aus den Gleichungen (9) und (14) folgt:

$$\sqrt[n]{a}\cdot\sqrt[n]{b} \;=\; a^{\frac{1}{n}}\cdot b^{\frac{1}{n}} = (ab)^{\frac{1}{n}} = \sqrt[n]{a\cdot b} \;\Rightarrow\; \sqrt[n]{a}\cdot\sqrt[n]{b} = \sqrt[n]{a\cdot b} \qquad (16)$$

Aus den Gleichungen (9) und (15) folgt:

$$\frac{\sqrt[n]{a}}{\sqrt[n]{b}} \;=\; \frac{a^{\frac{1}{n}}}{b^{\frac{1}{n}}} = \left(\frac{a}{b}\right)^{\frac{1}{n}} = \sqrt[n]{\frac{a}{b}} \;\Rightarrow\; \frac{\sqrt[n]{a}}{\sqrt[n]{b}} = \sqrt[n]{\frac{a}{b}} \qquad (17)$$

Aus den Gleichungen (9) und (13) folgt:

$$\sqrt[m]{\sqrt[n]{a}} = \left(a^{\frac{1}{n}}\right)^{\frac{1}{m}} = a^{\frac{1}{n}\cdot\frac{1}{m}} = a^{\frac{1}{mn}} = \sqrt[m\cdot n]{a} \qquad (18)$$

$$\sqrt[m]{\sqrt[n]{a}} \;=\; \left(a^{\frac{1}{n}}\right)^{\frac{1}{m}} = a^{\frac{1}{n}\cdot\frac{1}{m}} = a^{\frac{1}{m}\cdot\frac{1}{n}} = \left(a^{\frac{1}{m}}\right)^{\frac{1}{n}} = \sqrt[n]{\sqrt[m]{a}} \qquad (19)$$

Wir fassen zusammen:

Rechenregeln für Wurzeln

Für alle $a, b \in \mathbb{R}_0^+$ und $m, n \in \mathbb{N}^*$ gilt:

$$\sqrt[n]{a}\cdot\sqrt[n]{b} = \sqrt[n]{a\cdot b} \qquad (20)$$

$$\frac{\sqrt[n]{a}}{\sqrt[n]{b}} = \sqrt[n]{\frac{a}{b}} \quad \text{für } b > 0 \qquad (21)$$

$$\sqrt[m]{\sqrt[n]{a}} = \sqrt[mn]{a} = \sqrt[n]{\sqrt[m]{a}} \qquad (22)$$

Kommentar

- Zusätzliche Wurzelgesetze lassen sich aus Gleichung (11) und (12) ableiten. Da sich alle Wurzelausdrücke als Potenzen schreiben lassen und so über die **Potenzgesetze vereinfachen** lassen, verzichten wir auf weitere Herleitungen.
- **Summen oder Differenzen** unter Wurzeltermen lassen sich **nicht zerlegen**:

$$\sqrt[n]{a \pm b} \neq \sqrt[n]{a} \pm \sqrt[n]{b} \qquad (23)$$

- Wenn Basis und Exponent gleich sind, lassen sich Wurzelterme gemäss dem Distributivgesetz zusammenfassen:

$$b\sqrt[n]{a} \pm c\sqrt[n]{a} = (b \pm c)\sqrt[n]{a} \qquad (24)$$

■ **Beispiele**

(1) Vereinfachen Sie den Ausdruck $4 \cdot \sqrt[5]{m} - \sqrt[3]{m} + 6 \cdot \sqrt[5]{m} - 8 \cdot \sqrt[5]{m}$.

Lösung:

$$4 \cdot \sqrt[5]{m} - \sqrt[3]{m} + 6 \cdot \sqrt[5]{m} - 8 \cdot \sqrt[5]{m} = 4 \cdot \sqrt[5]{m} + 6 \cdot \sqrt[5]{m} - 8 \cdot \sqrt[5]{m} - \sqrt[3]{m}$$
$$= (4 + 6 - 8)\sqrt[5]{m} - \sqrt[3]{m} = 2\sqrt[5]{m} - \sqrt[3]{m}$$

(2) Schreiben Sie den Faktor $3k$ von $3k \cdot \sqrt[4]{\frac{5}{6k}}$ unter die Wurzel.

Lösung:

$$3k \cdot \sqrt[4]{\frac{5}{6k}} = \sqrt[4]{(3k)^4} \cdot \sqrt[4]{\frac{5}{6k}} = \sqrt[4]{81k^4 \cdot \frac{5}{6k}} = \sqrt[4]{\frac{135k^3}{2}}$$

(3) Radizieren Sie den Wurzelausdruck teilweise: $\sqrt[5]{64u^7}$

Lösung:

$$\sqrt[5]{64u^7} = \sqrt[5]{2^5 \cdot 2 \cdot u^5 \cdot u^2} = \sqrt[5]{2^5u^5 \cdot 2u^2} = \sqrt[5]{2^5u^5} \cdot \sqrt[5]{2u^2} = 2u\sqrt[5]{2u^2}$$

(4) Vereinfachen Sie: $\dfrac{\sqrt[4]{a^0b^2c} \cdot \sqrt[3]{ac^{-2}}}{\sqrt[3]{ab^2} \cdot \sqrt[4]{a^3b}}$

Lösung:

$$\frac{\sqrt[4]{a^0b^2c} \cdot \sqrt[3]{ac^{-2}}}{\sqrt[3]{ab^2} \cdot \sqrt[4]{a^3b}} = \frac{(b^2c)^{\frac{1}{4}} \cdot (ac^{-2})^{\frac{1}{3}}}{(a^3b)^{\frac{1}{4}} \cdot (ab^2)^{\frac{1}{3}}} = \frac{b^{\frac{2}{4}} \cdot c^{\frac{1}{4}} \cdot a^{\frac{1}{3}} \cdot c^{-\frac{2}{3}}}{a^{\frac{3}{4}} \cdot b^{\frac{1}{4}} \cdot a^{\frac{1}{3}} \cdot b^{\frac{2}{3}}} = a^{\frac{1}{3}-\frac{3}{4}-\frac{1}{3}} \cdot b^{\frac{2}{4}-\frac{1}{4}-\frac{2}{3}} \cdot c^{\frac{1}{4}-\frac{2}{3}}$$
$$= a^{-\frac{3}{4}} \cdot b^{-\frac{5}{12}} \cdot c^{-\frac{5}{12}} = a^{-\frac{9}{12}} \cdot b^{-\frac{5}{12}} \cdot c^{-\frac{5}{12}} = \sqrt[12]{a^{-9}b^{-5}c^{-5}} = \frac{1}{\sqrt[12]{a^9b^5c^5}}$$

(5) Machen Sie den Nenner von $\dfrac{p-q}{\sqrt[3]{p+q}}$ wurzelfrei.

Lösung:

$$\frac{p-q}{\sqrt[3]{p+q}} = \frac{p-q}{\sqrt[3]{p+q}} \cdot \frac{\sqrt[3]{(p+q)^2}}{\sqrt[3]{(p+q)^2}} = \frac{(p-q) \cdot \sqrt[3]{(p+q)^2}}{\sqrt[3]{(p+q)^3}} = \frac{p-q}{p+q} \cdot \sqrt[3]{(p+q)^2}$$

(6) Vereinfachen Sie $\sqrt[3]{\sqrt[4]{a \cdot \sqrt[2]{b^{-4}}}}$ mithilfe der Potenzgesetze.

Lösung:

$$\sqrt[3]{\sqrt[4]{a \cdot \sqrt[2]{b^{-4}}}} = a^{\frac{1}{4}\cdot\frac{1}{3}} \cdot b^{-4\cdot\frac{1}{2}\cdot\frac{1}{4}\cdot\frac{1}{3}} = a^{\frac{1}{12}} \cdot b^{-\frac{1}{6}} = \frac{a^{\frac{1}{12}}}{b^{\frac{1}{6}}} = \frac{a^{\frac{1}{12}}}{b^{\frac{2}{12}}} = \sqrt[12]{\frac{a}{b^2}}$$

(7) Bestimmen Sie x, indem Sie $a^x = a^b \Rightarrow x = b$ verwenden: $u^x \cdot \sqrt[n]{u} \cdot \sqrt{u} = 1$

Lösung:

$$u^x \cdot \sqrt[n]{u} \cdot \sqrt{u} = 1 \quad \Leftrightarrow \quad u^x \cdot u^{\frac{1}{n}} \cdot u^{\frac{1}{2}} = 1 \quad \Leftrightarrow \quad u^{x+\frac{1}{n}+\frac{1}{2}} = 1 \quad \Leftrightarrow \quad u^{\frac{2nx+2+n}{2n}} = u^0$$
$$\Rightarrow \quad \frac{2nx+2+n}{2n} = 0 \quad \Leftrightarrow \quad 2nx + 2 + n = 0 \quad \Leftrightarrow \quad 2nx = -(n+2) \quad \Leftrightarrow \quad x = -\frac{n+2}{2n}$$

◆ Übungen 25 → S. 88

5.4 Weiterführende Aufgaben

Im Zusammenhang mit den Wurzelausdrücken gibt es viel Spannendes zu entdecken. Zahlenfolgen, Annäherung von Wurzelausdrücken durch Kettenbrüche, DIN-Formate und Spiralen sind Gegenstand der letzten Übungen.

◆ Übungen 26 → S. 91

Terminologie

ganzzahlig
Potenzdarstellung eines Wurzelterms
Potenzgesetz
Radikand
radizieren
rationaler Exponent
Umkehroperation
Wurzel
Wurzelexponent
Wurzelgesetz
Wurzelterm

5.5 Übungen

Übungen 22

1. Berechnen Sie ohne Taschenrechner:

a) $\sqrt{121}$ b) $\sqrt{10000}$ c) $\sqrt{64}$ d) $\sqrt{0.01}$

e) $\sqrt{\frac{36}{81}}$ f) $\sqrt{c^{12}}$ g) $\sqrt{x^2y^4z^6}$ h) $\sqrt{\frac{16}{b^{10}}}$

2. Vereinfachen Sie:

a) $\sqrt{a}+3\sqrt{a}-4\sqrt{a}$ b) $\sqrt{n}-10\sqrt{n}-(-9\sqrt{n}-2\sqrt{n})$

c) $0.2\sqrt{a}+2\sqrt{b}-\sqrt{b}+1.2\sqrt{a}$ d) $\frac{1}{2}\sqrt{x}-\left(-\frac{1}{4}\sqrt{y}+\frac{1}{8}\sqrt{x}\right)+\frac{3}{8}\sqrt{y}$

3. Bringen Sie unter eine Wurzel und vereinfachen Sie wenn möglich:

a) $\sqrt{2}\cdot\sqrt{8}$ b) $10\cdot\sqrt{0.3}$ c) $2\cdot\sqrt{a}$

d) $\frac{\sqrt{27}}{\sqrt{3}}$ e) $\frac{\sqrt{b}}{3}$ f) $\frac{\sqrt{a^3b}}{\sqrt{ab^5}}$

g) $\sqrt{2ac}\cdot\sqrt{\frac{8a}{c}}$ h) $\sqrt{\frac{9m^3}{5n}}:\sqrt{\frac{49m}{20n^5}}$ i) $\frac{\alpha\beta}{4\gamma}\cdot\sqrt{\frac{16\gamma^3}{\alpha^2\beta}}$

4. Vereinfachen Sie durch partielles Radizieren:

a) $\sqrt{27}$ b) $\sqrt{8y^3}$ c) $\sqrt{16x}$

d) $\sqrt{48a^3b^2c^5}$ e) $\sqrt{\frac{u^3v}{w^2}}$ f) $\sqrt{\frac{0.0001y^5}{81z^9}}$

g) $\sqrt{f^3+f^2}$ h) $\sqrt{m^2+n^2}$ i) $\sqrt{5u^2-20u+20}$

5. Machen Sie die Nenner rational und vereinfachen Sie so weit wie möglich:

a) $\frac{1}{\sqrt{3}}$ b) $\frac{1}{3\sqrt{11}}$ c) $\sqrt{5}-\frac{1}{\sqrt{5}}$

d) $\frac{3}{7}\cdot\sqrt{\frac{7}{3}}$ e) $\frac{\sqrt{3y}-1}{x\sqrt{2y}}$ f) $\frac{r\sqrt{s}-s\sqrt{r}}{\sqrt{rs}}$

6. Machen Sie die Nenner mithilfe der binomischen Formeln rational und vereinfachen Sie falls möglich:

a) $\frac{5}{\sqrt{3}+1}$ b) $\frac{a-1}{\sqrt{a}+1}$ c) $\frac{1}{\sqrt{5}-\sqrt{3}}$

d) $\frac{u-v}{\sqrt{u}+\sqrt{v}}$ e) $\frac{\sqrt{5}-\sqrt{2}}{\sqrt{5}+\sqrt{2}}$ f) $\frac{3-2\sqrt{x}}{3+2\sqrt{x}}$

g) $\frac{1}{\sqrt{q+3}}$ h) $\frac{a-b}{\sqrt{a-b}}$ i) $\frac{a+2\sqrt{ab}+b}{\sqrt{a}+\sqrt{b}}$

Übungen 23

7. Welche Aussagen sind richtig?

(1) Die n-te Wurzel einer positiven Ausgangszahl a ist diejenige positive Zahl c, die n-mal mit sich selber multipliziert wieder die Ausgangszahl a ergibt.

(2) Im Ausdruck $c=\sqrt[n]{a}$ ist n der Radikand und a der Wurzelexponent.

(3) $\sqrt[n]{3}$ ist für alle $n\in\mathbb{N}$ irrational und als periodischer Dezimalbruch darstellbar.

(4) $\sqrt[n]{a^m}\neq(\sqrt[n]{a})^m$

8. Schreiben Sie als Potenz und berechnen Sie ohne Taschenrechner:

a) $\sqrt{121}$ b) $\sqrt[3]{27}$ c) $\sqrt[5]{32}$ d) $\sqrt[3]{1000}$

e) $\sqrt[4]{100\,000\,000}$ f) $\sqrt[6]{0.000001}$ g) $\sqrt{\frac{36}{81}}$ h) $\sqrt[5]{\frac{243}{32}}$

9. Schreiben Sie als Wurzel und berechnen Sie ohne Taschenrechner:

a) $144^{\frac{1}{2}}$ b) $125^{\frac{1}{3}}$ c) $256^{\frac{1}{4}}$ d) $625^{\frac{1}{4}}$

e) $0.000001^{\frac{1}{3}}$ f) $0.00032^{\frac{1}{5}}$ g) $\left(\frac{8}{64}\right)^{\frac{1}{3}}$ h) $\left(\frac{100\,000}{32}\right)^{\frac{1}{5}}$

10. Berechnen Sie mit dem Taschenrechner und geben Sie das Ergebnis auf vier signifikante Stellen an:

a) $2^{\frac{1}{2}}$ b) $100^{\frac{1}{5}}$ c) $\sqrt[10]{10}$ d) $\sqrt[7]{49}$

e) $\sqrt[10]{3+\sqrt[10]{3}}$ f) $\sqrt[3]{5}\cdot\sqrt{5-\sqrt[4]{5}}$ g) $\sqrt{\sqrt[3]{10}\cdot\sqrt[4]{10}}$ h) $\sqrt[4]{\sqrt[3]{\sqrt{2}}}$

11. Schreiben Sie als Wurzelterm:

a) $a^{\frac{1}{3}}$ b) $b^{\frac{3}{4}}$ c) $c^{\frac{r}{s}}$

d) $m^{0.4}$ e) $4xy^{\frac{3}{2}}$ f) $(4xy)^{\frac{3}{2}}$

g) $f^{\frac{1}{4}}+g^{\frac{1}{4}}$ h) $\left(\lambda^{\frac{1}{3}}+\mu^{\frac{2}{3}}+1\right)^{\frac{1}{2}}$ i) $op\,q^{\frac{a+b}{a-1}}$

12. Schreiben Sie als Wurzelterm und ohne negativen Exponenten:

a) $x^{-\frac{4}{3}}$ b) $3y^{-0.8}$ c) $2z^{-2.5}$

d) $\left(\frac{1}{a}\right)^{-\frac{3}{4}}$ e) $\left(\frac{b}{c}\right)^{-\frac{p}{q}}$ f) $\left(e^{\frac{1}{4}}\right)^{-\frac{4}{5}}$

g) $\frac{1}{k^{-\frac{4}{5}}}$ h) $\left(xy^{-\frac{1}{2}} - (xy)^{-\frac{1}{2}} + y\right)^{\frac{1}{3}}$ i) $\left((\alpha - \beta)^{-\frac{3}{2}} + \phi\right)^{\frac{1}{6}}$

13. Schreiben Sie als Potenz:

a) $\sqrt[3]{x}$ b) $\sqrt[5]{y^4}$ c) $\sqrt{z^{-3}}$

d) $\sqrt[4]{\frac{2a}{b}}$ e) $\sqrt[3]{cd^2e^4}$ f) $\sqrt[3]{m^2} \cdot \sqrt{n}$

g) $\sqrt{p^2 - q^2}$ h) $\sqrt[3]{(\psi - 2)^{-2}}$ i) $\sqrt{\sqrt[3]{v^3} - \sqrt[4]{\frac{1}{w^{-3}}}}$

14. Berechnen Sie ohne Taschenrechner, indem Sie $a^{\frac{m}{n}} = (\sqrt[n]{a})^m$ verwenden:

a) $27^{\frac{2}{3}}$ b) $25^{\frac{3}{2}}$ c) $64^{\frac{7}{6}}$

d) $625^{\frac{3}{4}}$ e) $1000^{-\frac{1}{3}}$ f) $32^{-\frac{1}{5}}$

g) $\left(\frac{1}{625}\right)^{-\frac{1}{4}}$ h) $\frac{1}{8^{-\frac{1}{3}}}$ i) $100^{-\frac{3}{2}}$

15. Berechnen Sie ohne Taschenrechner, indem Sie $a^{\frac{m}{n}} = (\sqrt[n]{a})^m$ verwenden:

a) $125^{-\frac{2}{3}}$ b) $\left(\frac{1}{16}\right)^{-\frac{3}{4}}$ c) $0.001^{-\frac{2}{3}}$

d) $25^{0.5}$ e) $25^{-0.5}$ f) $32^{0.2}$

g) $32^{-0.2}$ h) $\left(\frac{1}{10\,000}\right)^{-\frac{1}{4}}$ i) $\frac{1}{36^{\frac{3}{2}}}$

Übungen 24

16. Multiplizieren Sie die folgenden Potenzen mit gleicher Basis:

a) $a^{\frac{1}{2}} \cdot a^{\frac{3}{2}}$ b) $b^{-\frac{4}{5}} \cdot b^{\frac{5}{6}}$ c) $c^{-\frac{2}{3}} \cdot c^{\frac{1}{6}} \cdot c^{\frac{1}{2}}$

d) $x^{\frac{r}{s}} \cdot x^{\frac{t}{u}}$ e) $y^{-\frac{3m}{2n}} \cdot y$ f) $z^{-p} \cdot z^{-\frac{2}{p}}$

17. Dividieren Sie die folgenden Potenzen mit gleicher Basis:

a) $\frac{c^{\frac{3}{4}}}{c^{\frac{1}{2}}}$ b) $d^{\frac{3}{4}} : d^{-\frac{5}{6}}$ c) $\frac{e}{e^{\frac{5}{7}}}$

d) $\frac{x^{\frac{u}{v}}}{x^{\frac{t}{w}}}$ e) $\frac{y^{\frac{3m}{n}}}{y}$ f) $\mu^{\frac{2}{p}} : \mu^{-\frac{1}{q}}$

18. Vereinfachen Sie:

a) $a^{-\frac{3}{4}} : (a^{-1} : a^{\frac{3}{2}})$ b) $b^{-0.25} : (b^{-\frac{1}{4}} \cdot b^{-\frac{1}{8}})$ c) $c^{\frac{m}{n}} \cdot (c^{\frac{n}{m}} : c^{\frac{m}{n}})$

19. Multiplizieren Sie die Potenzen mit gleichen Exponenten:

a) $72^{\frac{1}{2}} \cdot 0.5^{\frac{1}{2}}$ b) $4^{-\frac{1}{6}} \cdot 16^{-\frac{1}{6}}$ c) $2^{-\frac{2}{3}} \cdot 4^{-\frac{2}{3}}$

d) $a^{\frac{3}{2}} \cdot \left(\frac{1}{a}\right)^{\frac{3}{2}}$ e) $(b^4)^{\frac{1}{5}} \cdot b^{\frac{1}{5}}$ f) $(cd^3)^{\frac{1}{4}} \cdot (c^3d)^{\frac{1}{4}}$

g) $\left(\frac{4p^3}{q}\right)^{\frac{r}{s}} \cdot \left(\frac{q^2}{8p^2}\right)^{\frac{r}{s}}$ h) $\left(\frac{\lambda^2}{\varphi^5}\right)^{-\frac{2}{3}} \cdot \left(\frac{\lambda}{\varphi}\right)^{-\frac{2}{3}}$ i) $\left(\frac{4v}{3w}\right)^{-\frac{1}{3}} \cdot \left(\frac{3w}{4n}\right)^{-\frac{1}{3}}$

20. Dividieren Sie die Potenzen mit gleichen Exponenten:

a) $48^{\frac{1}{4}} : 4^{\frac{1}{4}}$ b) $300^{-\frac{5}{2}} : 12^{-\frac{5}{2}}$ c) $8^{-\frac{2}{3}} : 0.125^{-\frac{2}{3}}$

d) $(75x)^{\frac{1}{2}} : (3x)^{\frac{1}{2}}$ e) $(54y^2)^{\frac{1}{3}} : (2y^{-1})^{\frac{1}{3}}$ f) $\left(\frac{1}{z^2}\right)^{-\frac{3}{2}} : z^{-\frac{3}{2}}$

g) $(m^4m^{-1})^{\frac{1}{3}} : (m^{-1}n^4)^{\frac{1}{3}}$ h) $\dfrac{(r-s)^{-\frac{p}{q}}}{(r^2-s^2)^{-\frac{p}{q}}}$ i) $\dfrac{(\delta^2\psi-\delta\psi^2)^{-\frac{1}{2}}}{(\delta^3-\delta^2\psi)^{-\frac{1}{2}}}$

21. Vereinfachen Sie:

a) $\left(81^{\frac{3}{2}}\right)^{\frac{1}{3}}$ b) $\left(4^{\frac{5}{3}}\right)^{-\frac{3}{2}}$ c) $\left(27^{-\frac{4}{5}}\right)^{-\frac{5}{6}}$

d) $(625^{0.625})^{1.2}$ e) $\left(w^{\frac{1}{4}}\right)^4$ f) $\left(x^{\frac{r}{s}}\right)^{\frac{r}{s}}$

22. Vereinfachen Sie:

a) $\left(y^{-\frac{5}{6}}\right)^{-\frac{2}{5}}$ b) $(8z^9)^{\frac{1}{3}}$ c) $(49a^2)^{-\frac{1}{2}}$

d) $\left(\frac{1}{625}b^2\right)^{-\frac{1}{4}}$ e) $\left(\frac{16\lambda^4}{25\varepsilon^{10}}\right)^{-\frac{1}{2}}$ f) $\left(\dfrac{125u^{-\frac{1}{3}}}{8u^{\frac{1}{6}}}\right)^{-\frac{2}{3}}$

23. Lösen Sie mithilfe der binomischen Formeln die Klammern auf. Die Summen sind so weit wie möglich zu vereinfachen:

a) $\left(3^{\frac{1}{2}} - 3^{-\frac{1}{2}}\right)^2$ b) $\left(x^{\frac{2}{3}} + y^{-\frac{2}{3}}\right)^2$

c) $\left(z^{\frac{3}{5}} - z^{\frac{2}{5}}\right)^2$ d) $(m^{\frac{1}{2}} + n^{-\frac{1}{2}}) \cdot (m^{\frac{1}{2}} - n^{-\frac{1}{2}})$

e) $(p^{-\frac{1}{4}}q^{\frac{3}{4}} + p^{\frac{3}{4}}q^{-\frac{1}{4}}) \cdot (p^{\frac{1}{4}}q^{-\frac{3}{4}} + p^{-\frac{3}{4}}q^{\frac{1}{4}})$ f) $(a^{\frac{1}{4}} + a^{\frac{1}{2}} + 1) \cdot (a^{\frac{1}{4}} - a^{\frac{1}{2}} - 1)$

g) $(b^{1.5} + b^{0.5})^{-2}$ h) $\left(\varepsilon^{-\frac{2}{3}} - \varepsilon^{-\frac{1}{3}}\right)^{-2}$

24. Vereinfachen Sie:

a) $\dfrac{(d-1)^{\frac{2}{3}}}{(d-1)^{\frac{1}{3}}}$

b) $\dfrac{(e-f)^{\frac{1}{3}}}{(e-f)^{\frac{1}{6}}}$

c) $\dfrac{c-d}{c^{\frac{1}{2}}+d^{\frac{1}{2}}}$

d) $\dfrac{x^{\frac{2}{5}}-y^{\frac{2}{5}}}{x^{\frac{1}{5}}-y^{\frac{1}{5}}}$

e) $\dfrac{x\varphi^{\frac{2}{3}}-x\lambda^{\frac{2}{3}}}{x^{\frac{1}{2}}\varphi^{\frac{1}{3}}-x^{\frac{1}{2}}\lambda^{\frac{1}{3}}}$

f) $\dfrac{c^{\frac{1}{2}}a-c^{\frac{1}{2}}b-d^{\frac{1}{2}}a+d^{\frac{1}{2}}b}{c^{\frac{1}{4}}a^{\frac{1}{2}}-c^{\frac{1}{4}}b^{\frac{1}{2}}-d^{\frac{1}{4}}a^{\frac{1}{2}}+d^{\frac{1}{4}}b^{\frac{1}{2}}}$

Übungen 25

25. Vereinfachen Sie:

a) $\sqrt[4]{a}-2\cdot\sqrt[4]{a}+3\cdot\sqrt[4]{a}-4\cdot\sqrt[4]{a}$

b) $3.2\cdot\sqrt[5]{a}\cdot\sqrt{b}+0.8\cdot\sqrt[5]{a}\cdot\sqrt{b}-\sqrt[5]{a}\cdot\sqrt{b}$

c) $\sqrt[6]{z}+\sqrt[5]{z}-\sqrt[3]{z}+\sqrt{z}$

d) $a\cdot\sqrt[10]{x}+b\cdot\sqrt[10]{x}-c\cdot\sqrt[4]{x}-d\cdot\sqrt[4]{x}$

e) $3\cdot\sqrt[3]{b}-\sqrt{b}+5\cdot\sqrt[3]{b}+2\cdot\sqrt{b}-7\cdot\sqrt[3]{b}$

f) $\frac{1}{2}\cdot\sqrt[3]{x-y}-\frac{3}{8}\cdot\sqrt[3]{x-y}+\frac{3}{4}\cdot\sqrt[3]{x-y}$

26. Schreiben Sie unter einer Wurzel. Der Radikand ist falls möglich zu vereinfachen:

a) $\sqrt{2}\cdot\sqrt{8}$

b) $\dfrac{\sqrt[4]{128}}{\sqrt[4]{2}}$

c) $\sqrt[3]{ab^2}\cdot\sqrt[3]{a^5b}$

d) $\sqrt[5]{y^{3p+7}}:\sqrt[5]{y^{2-7p}}$

e) $\sqrt{2ac}\cdot\sqrt{\frac{8a}{c}}$

f) $\dfrac{\sqrt[3]{fg}}{\sqrt[3]{3h}}\cdot\dfrac{\sqrt[3]{81f^2}}{\sqrt[3]{g^7h^5}}$

27. Schreiben Sie unter einer Wurzel. Der Radikand ist falls möglich zu vereinfachen:

a) $\sqrt{\dfrac{9m^3}{5n}}:\sqrt{\dfrac{49m}{20n^5}}$

b) $\sqrt[5]{a^6b^{11}c^{18}}:\sqrt[5]{abc^3}$

c) $\sqrt[3]{\dfrac{96\mu^4}{14\omega^7}}\cdot\sqrt[3]{\dfrac{28\mu^2\omega}{3}}$

d) $\sqrt[4]{\frac{r^5}{s}}\cdot\sqrt[4]{\frac{s^9}{t^{13}}}\cdot\sqrt[4]{\frac{t}{r}}$

e) $\sqrt[3]{\sqrt{2}+1}\cdot\sqrt[3]{\sqrt{2}-1}$

f) $\sqrt[5]{(p-q)^2}:\sqrt[5]{q-p}$

28. Schreiben Sie unter einer Wurzel. Der Radikand ist falls möglich zu vereinfachen:

a) $2\cdot\sqrt{a}$

b) $2\cdot\sqrt[5]{1}$

c) $\frac{1}{3}\cdot\sqrt[4]{9}$

d) $0.3\cdot\sqrt[3]{8}$

e) $3c\cdot\sqrt[4]{c}$

f) $\frac{1}{5}\cdot\sqrt[3]{b}$

29. Schreiben Sie unter einer Wurzel. Der Radikand ist falls möglich zu vereinfachen:

a) $2x\cdot\sqrt[3]{4x^2}$

b) $3c\cdot\sqrt[4]{c}$

c) $pq\cdot\sqrt[m]{\dfrac{p^{3-m}}{q}}$

d) $3k\cdot\sqrt[3]{\dfrac{3k+1}{81k^4+27k^3}}$

e) $v^3w^2\cdot\sqrt[4]{\left(\frac{v}{w}\right)^3}$

f) $\varphi^3\cdot\sqrt[n]{\varphi-\varphi^{-1}}$

30. Vereinfachen Sie, indem Sie partiell radizieren:

a) $\sqrt{27}$ b) $\sqrt[3]{24}$ c) $\sqrt[4]{50\,000}$

d) $\sqrt[3]{250}$ e) $\sqrt[7]{2^{10}}$ f) $\sqrt[3]{3^{-4}}$

g) $\sqrt{16x}$ h) $\sqrt[3]{2y^6}$ i) $\sqrt[4]{81p^5q^4r^3}$

31. Vereinfachen Sie, indem Sie partiell radizieren:

a) $\sqrt[3]{54a^3b^{11}c^5}$ b) $\sqrt{\frac{u^9}{v^3w^{16}}}$ c) $\sqrt{\frac{0.0001y^5}{81z^9}}$

d) $\sqrt[m]{a^{3m-1}}$ e) $\sqrt[a]{b^{2a}\cdot b^{a+1}}$ f) $\sqrt[n]{\frac{c^{n+4}}{c^{2n-1}}}$

32. Vereinfachen Sie, indem Sie partiell radizieren:

a) $\sqrt[5]{g^{15}+g^{10}}$ b) $\sqrt[k]{k^{3k}-k^k}$ c) $\sqrt[3]{\frac{\tau^7+\tau^6}{27\psi^4}}$

d) $\sqrt[3]{a^{12}-b^{11}}$ e) $\sqrt{5u^2-20u+20}$ f) $\sqrt[3]{\alpha^6\lambda^6+\alpha^5\lambda^7}$

33. Berechnen Sie ohne Taschenrechner:

a) $\sqrt{2}\cdot\sqrt[3]{2}\cdot\sqrt[6]{2}$ b) $\sqrt{6}\cdot\sqrt[3]{12}\cdot\sqrt[6]{96}$

c) $\sqrt{10}\cdot\sqrt[3]{5}\cdot\sqrt[4]{2}\cdot\sqrt[12]{200}$ d) $\sqrt{2}\cdot\sqrt[6]{2}-\sqrt[3]{4}$

e) $(\sqrt[3]{54}-\sqrt[3]{16})\cdot\sqrt[6]{16}$ f) $(\sqrt[4]{512}-\sqrt[4]{32}-\sqrt[4]{2})\cdot\sqrt[4]{8}$

34. Machen Sie die Nenner rational und vereinfachen Sie so weit wie möglich:

a) $\frac{2}{\sqrt[5]{2}}$ b) $\frac{1}{2\sqrt[3]{7}}$ c) $\frac{1}{\sqrt[4]{y}}$

d) $\frac{1}{\sqrt[m]{a}}$ e) $\frac{1}{\sqrt[m]{b^n}}$ f) $\frac{1}{\sqrt[m+1]{c^m}}$

35. Machen Sie die Nenner mithilfe der binomischen Formeln rational und vereinfachen Sie falls möglich:

a) $\frac{a-1}{\sqrt{a}+1}$ b) $\frac{\sqrt{7}+\sqrt{3}}{\sqrt{7}-\sqrt{3}}$ c) $\frac{3-2\sqrt{x}}{3+2\sqrt{x}}$

d) $\frac{u+2\sqrt{uv}+v}{\sqrt{u}+\sqrt{v}}$ e) $\frac{x-2\sqrt{xy}+y}{\sqrt{x}-\sqrt{y}}$ f) $\frac{1}{\sqrt[4]{5}-\sqrt{3}}$

g) $\frac{1}{\sqrt[3]{p-2}}$ h) $\frac{1}{\sqrt[3]{2a+b}}$ i) $\frac{\mu-\theta}{\sqrt[4]{\mu-\theta}}$

36. Verwandeln Sie unter Verwendung der binomischen Formeln in eine möglichst einfache Summe:

a) $\left(\sqrt[3]{3}-\sqrt[3]{2}\right)^2$ b) $\left(\sqrt[4]{5}+1\right)^2$

c) $\left(\sqrt[4]{2}-\sqrt{2}\right)\cdot\left(\sqrt[4]{2}+\sqrt{2}\right)$ d) $\left(\sqrt[5]{5}-\sqrt[10]{2}\right)^2$

e) $(x^k-y^k)^2$ f) $\left(\sqrt[2m]{a}+\sqrt[n]{b}\right)^2$

g) $\left(\sqrt[3]{\mu}+\sqrt[3]{\vartheta}\right)^2$ h) $\left(\sqrt[4]{c}+\sqrt[4]{c^{-1}}\right)^2$

37. Lösen Sie die Exponentialgleichungen nach x auf, indem Sie den Exponentenvergleich $a^x = a^b \quad \Rightarrow \quad x = b$ verwenden:

a) $3^x = \sqrt[6]{3}$

b) $9^x = 27$

c) $4^{-x} = 128$

d) $6 \cdot \sqrt[a]{2} = 2^x - 2 \cdot \sqrt[a]{2}$

e) $\sqrt[5]{16} : \sqrt[6]{8} = 4^x$

f) $a^x \cdot \sqrt[n]{a^2} \cdot \sqrt[m]{a} = 1$

g) $\sqrt[x]{10} = \sqrt[5]{100}$

h) $\sqrt[x+10]{9} = \sqrt[8]{27}$

i) $\sqrt[x-1]{b} = \sqrt[15]{b} \cdot \sqrt[x+1]{b}$

38. Schreiben Sie mit einem einzigen Wurzelzeichen und so einfach wie möglich:

a) $\sqrt[4]{\sqrt{x}}$

b) $\sqrt[2a]{\sqrt[b]{y}}$

c) $\sqrt[5]{\sqrt[4]{z^{10}}}$

d) $\sqrt[3]{\dfrac{e}{\sqrt{e}}}$

e) $\sqrt[4]{\sqrt[m]{\alpha^{12}\phi^8\mu^4}}$

f) $\sqrt[6]{\sqrt[a]{\sqrt[5]{k^{15a}}}}$

g) $\sqrt{h \cdot \sqrt{h}}$

h) $\sqrt{p \cdot \sqrt[3]{\dfrac{1}{p}}}$

i) $\sqrt[3]{\mu \cdot \sqrt[4]{\dfrac{1}{\mu}}}$

39. Vereinfachen Sie so weit wie möglich:

a) $\sqrt{y \cdot \sqrt{y \cdot \sqrt{y}}}$

b) $\sqrt[3]{z^2 \cdot \sqrt{z \cdot \sqrt[5]{z^8 \cdot \sqrt[4]{z^4}}}}$

c) $\sqrt[3]{\dfrac{u}{v} \cdot \sqrt{\dfrac{v^2}{u} \cdot \sqrt{\dfrac{1}{u^2}}}}$

d) $\dfrac{\sqrt{\sqrt[5]{f}}}{\sqrt[5]{f} \cdot \sqrt{f^3}}$

e) $\dfrac{\sqrt{\sqrt[5]{\sqrt[4]{\theta^{-5}}}}}{\sqrt[5]{\theta^2} \cdot \sqrt[4]{\theta} \cdot \sqrt{\theta}}$

f) $\sqrt[3]{\dfrac{\sqrt{\sqrt[3]{k}}}{\sqrt[4]{\sqrt{k}}}}$

g) $\sqrt[4]{\dfrac{\sqrt[3]{p^2}}{\sqrt{p^3}}} \cdot \sqrt[5]{\dfrac{\sqrt[4]{p^5}}{\sqrt[3]{p^{10}}}}$

h) $\dfrac{\sqrt[3]{\sqrt{\mu^{-1}}} \cdot \sqrt[4]{\mu}}{\mu \cdot \sqrt{\mu^{-1} \cdot \sqrt[3]{\mu^{-1} \cdot \mu^{-1}}}}$

i) $\sqrt{\dfrac{a}{b} \cdot \sqrt{\dfrac{a}{b} \cdot \sqrt{\dfrac{b}{a} \cdot \sqrt[4]{\dfrac{a^4}{b^8}}}}}$

40. Vereinfachen Sie:

a) $\dfrac{\left(\sqrt[5]{\sqrt{x}}\right)^{-2}}{\left(\sqrt{x} \cdot \sqrt[5]{x}\right)^{-4}}$

b) $\dfrac{\left(\sqrt[4]{\sqrt[3]{\sqrt{a}}}\right)^{12}}{\left(\sqrt{a} \cdot \sqrt[3]{a} \cdot \sqrt[4]{a}\right)^{6}}$

c) $\sqrt[3]{125b \cdot \sqrt[4]{b}} - \dfrac{\sqrt[3]{b^2}}{\sqrt[4]{b}}$

d) $\dfrac{\sqrt{4\gamma \cdot \sqrt[3]{\gamma}} - \sqrt[3]{27\gamma^2}}{\sqrt[6]{\gamma}}$

e) $\left(\dfrac{\sqrt[12]{c^5}}{\sqrt[3]{c}} + \dfrac{\sqrt[4]{c}}{\sqrt[6]{c}}\right) \cdot \sqrt[12]{\dfrac{1}{c}}$

f) $\left(\dfrac{d}{\sqrt[3]{d^2} \cdot \sqrt[4]{d}} - \sqrt[3]{8 \cdot \sqrt[4]{d}}\right) \cdot \sqrt[12]{\dfrac{1}{d^7}}$

41. Vereinfachen Sie:

a) $\sqrt[3]{\sqrt[5]{p^3-3p^2q+3pq^2-q^3}}$

b) $\dfrac{\sqrt[3]{v^2}+\sqrt[3]{8v}+1}{v-v^{\frac{1}{3}}}\cdot\sqrt[3]{v}$

c) $\dfrac{a^{\frac{5}{2}}\cdot c^8-\left(\sqrt{2d^3}\cdot\sqrt[4]{a^5}\cdot c^2\right)^2+\sqrt[4]{a^{10}\cdot d^{24}}}{c^4+(-d)^3}\cdot(a^{-1})^2$

d) $\sqrt[m]{x^{\frac{3}{4}}\cdot y\cdot\sqrt{y^2-x^2}\cdot(y-x)^{-\frac{3}{2}}}\cdot\sqrt[2m]{\dfrac{1}{(y-x)^{1-3m}\cdot x^{\frac{3}{2}}}}$

e) $\left(\dfrac{\sqrt{(x+y)^2-4xy}+y}{(x-y)^{-1}}+\dfrac{\sqrt{(x-y)^2+4xy}-x}{(y-x)^{-1}}+4xy\right)^{\frac{1}{2}}$

Übungen 26

42. Die Zahlenfolge $\{f_n\}$ ist explizit gegeben durch den folgenden Term:

$$f_n=\frac{1}{\sqrt{5}}\left(\left(\frac{1+\sqrt{5}}{2}\right)^n-\left(\frac{1-\sqrt{5}}{2}\right)^n\right)$$

a) Bestimmen Sie die Folgenglieder f_1; f_{50}; f_{100} und f_{400}.
b) Können Sie auch f_{1000} oder $f_{10\,000}$ berechnen?
c) Bestimmen Sie die Folgenglieder f_1 bis f_7.
d) Welche Gesetzmässigkeiten erkennen Sie?
e) Geben Sie die rekursive Definition der Folge $\{f_n\}$ an und bestimmen Sie die Folgenglieder f_8 bis f_{10}.

43. Ausgehend von zwei benachbarten Folgengliedern f_{n+1} und f_n der Folge $\{f_n\}$ aus Aufgabe 42 kann die Quotientenfolge $\{b_n\}$ gebildet werden:

$$\{b_n\}=\frac{f_{n+1}}{f_n}$$

Die ersten beiden Glieder sind:

$$b_1=\frac{f_{1+1}}{f_1}=\frac{f_2}{f_1}=\frac{1}{1}=1;\quad b_2=\frac{f_{2+1}}{f_2}=\frac{f_3}{f_2}=\frac{2}{1}=2$$

a) Bestimmen Sie die Glieder b_3 bis b_{10} von $\{b_n\}$.

b) Berechnen Sie anschliessend den *linken* Klammerausdruck ohne Exponenten n der expliziten Definition $\{f_n\}$ aus Aufgabe 42 und vergleichen Sie mit den Gliedern der Quotientenfolge $\{b_n\}$ von a).

c) Was passiert mit den Gliedern der Quotientenfolge, wenn n immer grösser wird? Berechnen Sie b_{20}; b_{50} und b_{100} mithilfe der expliziten Definition aus Aufgabe 42.

44. Ausgehend von zwei benachbarten Folgengliedern f_{n+1} und f_n der Folge $\{f_n\}$ kann auch die Quotientenfolge $\{c_n\}$ gebildet werden:

$$\{c_n\} = \frac{f_n}{f_{n+1}}$$

a) Bestimmen Sie die Glieder c_1 bis c_{10} von $\{c_n\}$.

b) Berechnen Sie anschliessend den *rechten* Klammerausdruck ohne Exponenten n der expliziten Definition $\{f_n\}$ aus Aufgabe 42 und vergleichen Sie mit den Gliedern der Quotientenfolge $\{c_n\}$ aus a).

c) Was passiert mit den Gliedern der Quotientenfolge, wenn n immer grösser wird? Berechnen Sie c_{20}; c_{50} und c_{100} mithilfe der expliziten Definition aus Aufgabe 42.

45. Gegeben ist eine Kettenwurzel der Form $v = \sqrt{k + \sqrt{k + \sqrt{k + \sqrt{k + \ldots}}}}$ und wir betrachten die Zahlenfolge $\{v_n\}$:

$$v_1 = \sqrt{k}; \quad v_2 = \sqrt{k + \sqrt{k}}; \quad v_3 = \sqrt{k + \sqrt{k + \sqrt{k}}}; \ldots$$

a) Berechnen Sie die Glieder v_1 bis v_{10} von $\{v_n\}$ für $k = 1$.

b) Was passiert, wenn für n immer grössere Werte eingesetzt werden?

c) Berechnen Sie die Glieder v_1 bis v_{10} von $\{v_n\}$ für $k = \frac{1}{2}$.

d) Was passiert, wenn für n immer grössere Werte eingesetzt werden?

46. Für $n \rightarrow \infty$ strebt $\{v_n\}$ gegen den folgenden Wert

$$v_{n \rightarrow \infty} = \sqrt{k + \sqrt{k + \sqrt{k + \sqrt{k + \ldots}}}} = \frac{1 + \sqrt{1 + 4k}}{2}$$

Zeigen Sie dies für die Folgen aus den Aufgaben 45 a) und c).

47. Wurzeln lassen sich als *unendlich periodische* Kettenbrüche schreiben. Ein regulärer Kettenbruch hat die Form:

$$a_1 + \cfrac{1}{a_2 + \cfrac{1}{a_3 + \cfrac{1}{a_4 + \ldots}}}$$

Um Kettenbrüche einfacher schreiben zu können, verwendet man oft die Kurzschreibweise mit eckigen Klammern:

$$a_1 + \cfrac{1}{a_2 + \cfrac{1}{a_3 + \cfrac{1}{a_4 + \ldots}}} = [a_1; a_2; a_3; a_4; \ldots]$$

Kettenbrüche liefern gute Näherungswerte für Wurzeln. Bricht man den Kettenbruch an der n-ten Stelle ab, erhält man den n-ten Näherungsbruch.

a) $[a_1; a_2; a_3; a_4; \ldots] = [1; 2; 2; 2; \ldots]$ beschreibt die Kettenbruchentwicklung von $\sqrt{2}$. Berechnen Sie nacheinander die Näherungsbrüche $[a_1; a_2] = [1; 2]$; $[a_1; a_2; a_3] = [1; 2; 2]$; $[a_1; a_2; a_3; a_4] = [1; 2; 2; 2]$

b) Wie gut sind die Näherungswerte der drei Brüche in a) für $\sqrt{2}$?

c) Bestimmen Sie einen Näherungswert, der sich $\sqrt{2}$ bis auf sechs Stellen (Millionstel) genau annähert.

48. Ein einfacher periodischer Kettenbruch ist $[a_1; a_2; a_3; a_4; \ldots] = [1; 1; 1; 1; \ldots]$.

a) Berechnen Sie nacheinander die ersten Näherungsbrüche $[a_1; a_2] = [1; 1]$; $[a_1; a_2; a_3] = [1; 1; 1]$; $[a_1; a_2; a_3; a_4] = [1; 1; 1; 1]$.

b) Gegen welche irrationale Zahl konvergiert der Kettenbruch?

49. Im Jahr 1619 publizierte Johannes Kepler (1571–1630) sein drittes Gesetz, welches die Beziehung zwischen der Umlaufzeit eines Planeten um die Sonne und dem Radius der Planetenbahn beschreibt. Statt von einer elliptischen Planetenbahn gehen wir vereinfachend von einer Kreisbahn aus.
Das Quadrat der Umlaufzeit T eines Planeten um die Sonne ist proportional zur dritten Potenz des Bahnradius a. Zwischen zwei Planeten unseres Sonnensystems besteht folgende Beziehung:

$$T_1^2 : T_2^2 = a_1^3 : a_2^3$$

Vervollständigen Sie die folgende Tabelle:

	Bahnradius a in AE	Umlaufzeit T in Jahren
Merkur	0.3871	
Venus		0.615
Erde	1	1
Mars	1.5237	
Jupiter		11.862
Saturn	9.5371	
Uranus		84.01
Neptun	30.07	
Pluto		247.67

Eine Astronomische Einheit AE entspricht dem mittleren Abstand zwischen Sonne und Erde.

50.–52. leicht abgeändert aus: Walser, Hans: **DIN A4 in Raum und Zeit.** Edition am Gutenbergplatz Leipzig 2012.

50. Ein DIN-A0-Rechteck ist genau $1\ \text{m}^2$ gross. Das Rechteck von DIN A1 gewinnt man durch Halbierung der Fläche A0 (vgl. Abbildung auf S. 94). Durch fortlaufendes Halbieren erhalten wir ausgehend vom Rechteck A0 eine Folge von immer kleineren Rechtecken $\{a_n\}$. Das Verhältnis zwischen Länge und Breite ist stets gleich:

$$l_n : b_n = \sqrt{2} : 1.$$

a) Geben Sie für die Folge $\{a_n\}$ der Rechtecksflächen die Glieder a_1 bis a_8 an.

b) Geben Sie die rekursive und explizite Definition der Folge $\{a_n\}$ an.

c) Geben Sie die rekursive und explizite Definition der Folge an, wenn die Folgenglieder nur Hochformate sind.

d) Geben Sie für die Folge $\{l_n\}$ der Rechteckslängen die Glieder l_1 bis l_8 an.

e) Geben Sie die rekursive und explizite Definition der Folge $\{l_n\}$ an.

f) Geben Sie die rekursive und explizite Definition der Folge an, wenn die Folgenglieder nur Hochformate sind.

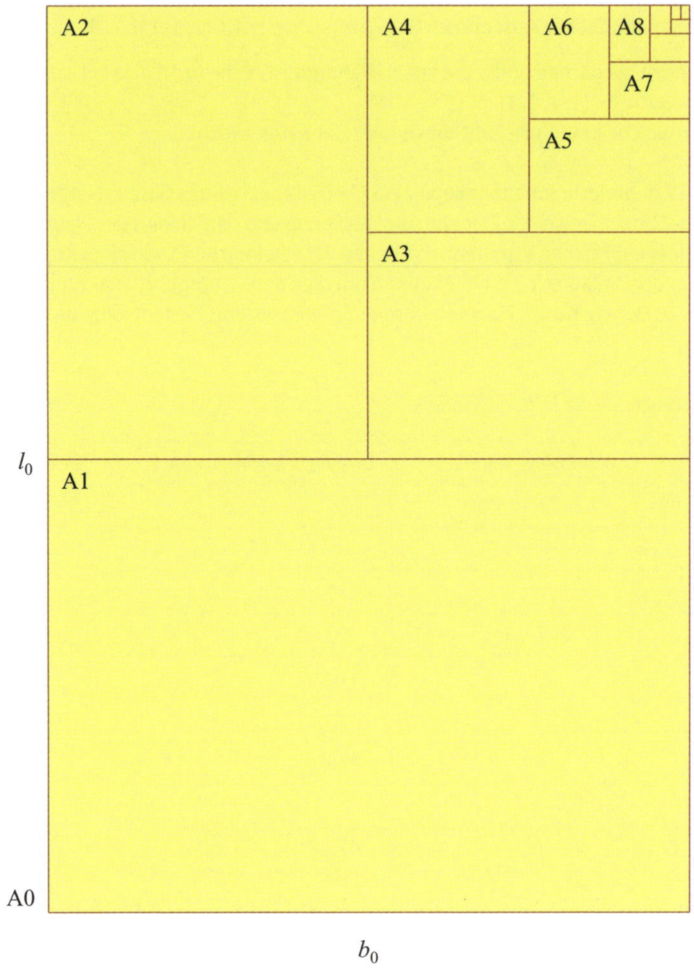

51. Nehmen Sie ein Blatt Papier im DIN-Format und zeichnen Sie die Rechtecksfolge wie oben abgebildet ein. Geschicktes Falten kann Ihnen dabei helfen.

a) Zeichnen Sie die Strecken d_n zwischen den Rechtecksmitten (Diagonalenschnittpunkten) ein: d_1 verbindet die Rechtecksmitten von A1 und A2, d_2 die von A2 und A3, d_3 die von A3 und A4 und so weiter.

b) Welche Figur bildet der Streckenzug $d_1 + d_2 + \ldots$ und auf welchen Punkt steuert er zu? Wird dieser Punkt jemals erreicht?

c) Geben Sie die explizite Definition der Streckenfolge $\{d_n\}$ an.

d) Wie lang ist die Gesamtstrecke $d_1 + d_2 + \ldots + d_7$ zwischen der Seitenmitte von A1 und der von A8? $(\mathrm{A0} = 1\ \mathrm{m}^2)$

52. Die Rechtecke der DIN-Folge können auch anders angeordnet werden. Verbindet man die Rechtecksmitten, entsteht eine Spirale.

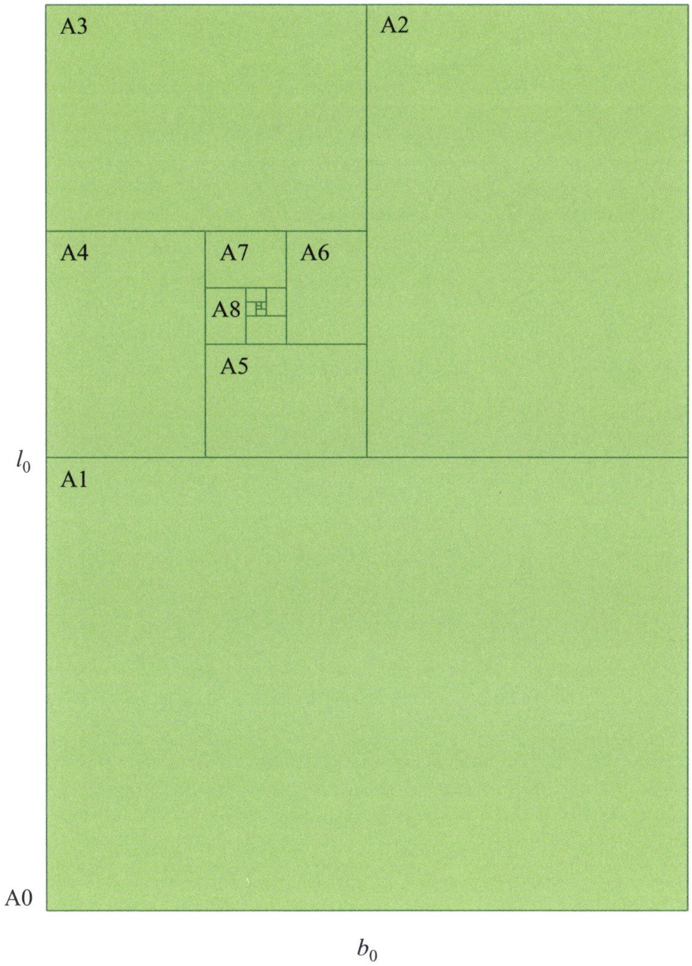

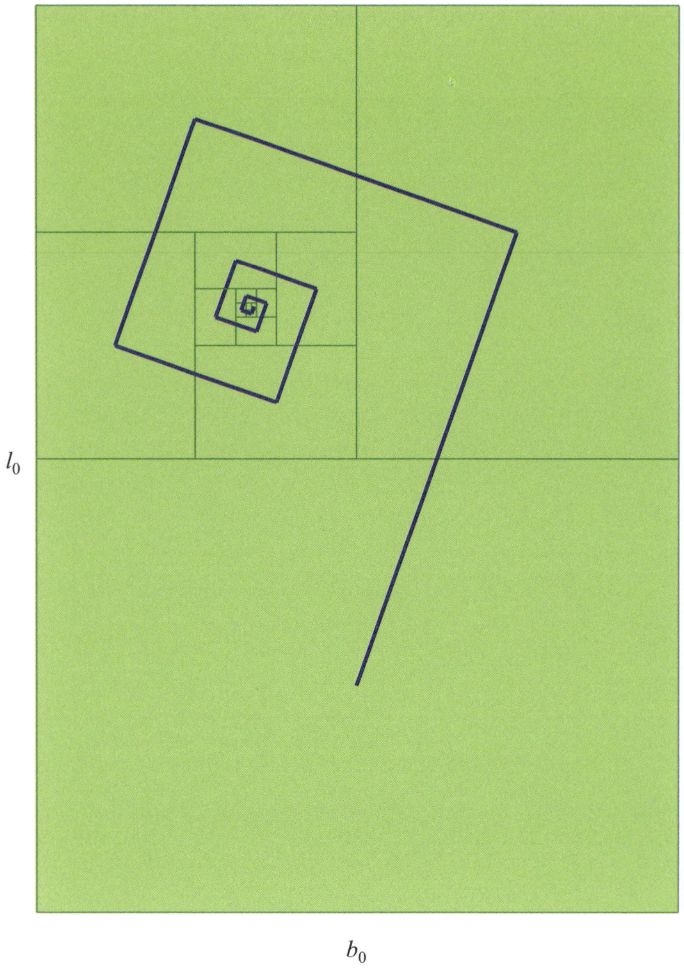

a) Zeichnen Sie in dieselbe Anordnung weitere Spiralen ein, indem Sie andere einander entsprechende Punkte der DIN-Rechtecke miteinander verbinden.
b) Berechnen Sie die Länge der ersten sieben Teilstrecken der eingezeichneten und entdeckten Spiralen ($A0 = 1\ m^2$).

6 Logarithmieren

6.1 Einführung

Betrachten wir die folgende Gleichung einer Potenz:

$$a^b = c \qquad (1)$$

Sucht man bei gegebenem a und c den Exponenten b, stösst man auf die **zweite Umkehroperation des Potenzierens**, das **Logarithmieren**:

Definition **Logarithmus**

Der *Logarithmus von* c *zur* Basis a ist jene reelle Zahl b, mit der man die Basis a potenzieren muss, um c zu erhalten:

$$b \doteq \log_a c \quad \Leftrightarrow \quad a^b = c \qquad (2)$$

a: *Basis*, mit $a \in \mathbb{R}^+ \setminus \{1\}$
b: *Logarithmus*
c: *Numerus*, mit $c \in \mathbb{R}^+$

Kommentar

- Logarithmen sind nur definiert, wenn Basis und Numerus **positive reelle** Zahlen sind.
- Der Logarithmus $\log_a c$ ist ein **Exponent**, der die Frage «a hoch was gibt c?» beantwortet.

Der Logarithmus kann mit jeder positiven reellen Zahl ausser Eins als Basis gebildet werden. Für folgende häufig verwendete Logarithmen gibt es eine abgekürzte Schreibweise:

Definition **Logarithmen mit spezieller Basis**

Natürlicher Logarithmus
Basis $\mathrm{e} = 2.7182818\ldots$ $\qquad \log_{\mathrm{e}} z = \ln z \qquad (3)$

Zehnerlogarithmus
Basis 10 $\qquad \log_{10} z = \lg z \qquad (4)$

Zweierlogarithmus
Basis 2 $\qquad \log_2 z = \mathrm{lb}\, z \qquad (5)$

Kommentar

- Der natürliche Logarithmus hat als Basis die **irrationale Zahl** $\mathrm{e} = 2{,}71828182845904523536\ldots$, er heisst auch **Logarithmus naturalis**. Die Euler'sche Zahl ist nach dem Schweizer Mathematiker Leonard Euler (1707–1783) benannt.
- Der Zweierlogarithmus, auch binärer Logarithmus, ist vor allem in der Informatik von Bedeutung.

Mit Gleichung (2) können folgende Herleitungen gemacht werden:

In $b = \log_a c$ wird c durch a^b ersetzt: $b = \log_a a^b$

In $a^b = c$ wird b durch $\log_a c$ ersetzt: $a^{\log_a c} = c$

Wir halten fest:

Für alle $x \in \mathbb{R}$, $y \in \mathbb{R}^+$ und $a \in \mathbb{R}^+ \setminus \{1\}$ gilt:

$$x = \log_a a^x \tag{6}$$

$$y = a^{\log_a y} \tag{7}$$

Kommentar

- Spezialfälle von (6) erhalten wir für $x = 1$ und $x = 0$:

$$1 = \log_a a \tag{8}$$

$$0 = \log_a 1 \tag{9}$$

■ Beispiele

Schreiben Sie die Terme mithilfe von Gleichung (2) als Potenzen und bestimmen Sie den Logarithmus:

(1) $x = \lg 10\,000 \quad \Rightarrow \quad x = \log_{10} 10^4 \quad \Rightarrow \quad 10^x = 10^4 \quad \Rightarrow x = 4$

(2) $x = \ln e^{1-a} \quad \Rightarrow \quad x = \log_e e^{1-a} \quad \Rightarrow \quad e^x = e^{1-a} \quad \Rightarrow \quad x = 1 - a$

(3) $x = \log_2 0.125 \quad \Rightarrow \quad x = \log_2 \frac{1}{8} = \log_2 2^{-3} \quad \Rightarrow \quad 2^x = 2^{-3} \quad \Rightarrow \quad x = -3$

(4) Schreiben Sie den Term mithilfe von Gleichung (2) als Logarithmus und bestimmen Sie den Logarithmus:

$$27^x = 3 \quad \Rightarrow \quad x = \log_{27} 3 \quad \Rightarrow \quad x = \log_{27} 27^{\frac{1}{3}} = \frac{1}{3}$$

Bestimmen Sie jeweils x:

(5) $x = \log_3 \frac{1}{81}$

Lösung:

$$x = \log_3 \frac{1}{81} \quad \Rightarrow \quad 3^x = \frac{1}{81} \quad \Rightarrow \quad 3^x = \frac{1}{3^4} \quad \Rightarrow \quad 3^x = 3^{-4} \quad \Rightarrow \quad x = -4$$

(6) $\lg x = \frac{2}{5}$

Lösung:

$$\lg x = \frac{2}{5} \quad \Rightarrow \quad \log_{10} x = \frac{2}{5} \quad \Rightarrow \quad x = 10^{\frac{2}{5}} \quad \Rightarrow \quad x = \sqrt[5]{100}$$

(7) $\log_x \frac{1}{256} = 8$

Lösung:

$$\log_x \frac{1}{256} = 8 \quad \Rightarrow \quad x^8 = \frac{1}{2^8} = \left(\frac{1}{2}\right)^8 \quad \Rightarrow \quad x = \frac{1}{2}$$

(8) Berechnen Sie den Wert von $\lg \sqrt[4]{1000}$.

Lösung:

Wir schreiben den Numerus als Zehnerpotenz mit rationalen Exponenten und erhalten mit Gleichung (6):

$$\lg \sqrt[4]{1000} = \log_{10} \sqrt[4]{10^3} = \log_{10} 10^{\frac{3}{4}} = \frac{3}{4}$$

(9) Vereinfachen Sie $10^{3-\lg 2}$ mithilfe von Gleichung (7).

Lösung:

$$10^{3-\lg 2} = 10^3 \cdot 10^{-\lg 2} = \frac{10^3}{10^{\lg 2}} = \frac{1000}{2} = 500$$

(10) Bei elektronischen Verstärkern wird das *Verstärkungsmass* $L = 20\text{ dB} \cdot \lg V$ in Dezibel (dB) angegeben, wobei $V = U_A / U_E$ der *Verstärkungsfaktor* ist. Auf welche Ausgangsspannung U_A wird eine Eingangsspannung $U_E = 100\text{ mV}$ verstärkt, wenn das Verstärkungsmass $L = 34\text{ dB}$ beträgt?

Lösung:

$$34\text{ dB} = 20\text{ dB} \cdot \lg V \quad \Rightarrow \quad \lg V = \frac{34\text{ dB}}{20\text{ dB}} \approx 1.7 \quad \Rightarrow \quad V \approx 10^{1.7} \approx 50.12$$

Die Ausgangsspannung beträgt: $U_A = V \cdot U_E \approx 50.12 \cdot 100\text{ mV} \approx 5.0\text{ V}$

◆ Übungen 27 ⟶ S. 102

6.2 Logarithmengesetze

Logarithmengesetze ermöglichen das Zerlegen und Zusammenfassen von Logarithmentermen.

Logarithmengesetze

Für $a, u, v \in \mathbb{R}^+$ und $k \in \mathbb{R}$ gelten die drei *Logarithmengesetze*:

$$\log_a (u \cdot v) = \log_a u + \log_a v \qquad (10)$$

$$\log_a \left(\frac{u}{v}\right) = \log_a u - \log_a v \qquad (11)$$

$$\log_a u^k = k \log_a u \qquad (12)$$

Kommentar

- Aus (12) folgt weiter:

$$\log_a \left(\frac{1}{v}\right) = \log_a v^{-1} = (-1) \cdot \log_a v = -\log_a v \qquad (13)$$

Zur Herleitung des ersten Logarithmengesetzes (10) starten wir mit den beiden folgenden Gleichungen:

$$x = \log_a u; \quad y = \log_a v \qquad (14)$$

Wegen Gleichung (2) gilt:

$$x = \log_a u \quad \Leftrightarrow \quad u = a^x \qquad (15)$$

$$y = \log_a v \quad \Leftrightarrow \quad v = a^y \qquad (16)$$

Wir bilden mit (15) und (16) das Produkt $(u \cdot v)$ und wenden das bekannte Potenzgesetz an:

$$u \cdot v = a^x \cdot a^y = a^{x+y} \qquad (17)$$

Wir wenden Gleichung (2) auf Gleichung (17) an und erhalten:

$$u \cdot v = a^{x+y} \quad \Leftrightarrow \quad x + y = \log_a (u \cdot v) \qquad (18)$$

Wir setzen die beiden Gleichungen von (14) in (18) ein und erhalten:

$$x + y = \log_a (u \cdot v) \quad \Leftrightarrow \quad \log_a u + \log_a v = \log_a (u \cdot v) \tag{19}$$

Die Herleitung von Logarithmengesetz (11) verläuft analog.

Für die Herleitung von Logarithmengesetz (12) beginnen wir mit:

$$k \cdot \log_a u \tag{20}$$

Weiter verwenden wir das bekannte Potenzgesetz:

$$(a^x)^y = a^{x \cdot y} = (a^y)^x \tag{21}$$

Wir setzen (20) in (6) ein:

$$k \cdot \log_a u = \log_a a^{k \cdot \log_a u} \tag{22}$$

Mit (21) folgt:

$$\log_a a^{k \cdot \log_a u} = \log_a (a^{\log_a u})^k \tag{23}$$

Mit Gleichung (7) folgt weiter aus (23):

$$\log_a \left(a^{\log_a u}\right)^k = \log_a u^k \tag{24}$$

Wir erhalten also wie gewünscht:

$$k \cdot \log_a u = \log_a u^k \tag{25}$$

■ **Beispiele**

Zerlegen Sie mithilfe der Logarithmengesetze so weit wie möglich:

(1) $\lg (3ab) \quad = \quad \lg 3 + \lg a + \lg b$

(2) $\ln \left(\frac{3}{ab}\right) \quad = \quad \ln 3 - \ln (ab) = \ln 3 - (\ln a + \ln b) = \ln 3 - \ln a - \ln b$

(3) $\log_6 \sqrt[3]{10^5} \quad = \quad \log_6 10^{\frac{5}{3}} = \frac{5}{3} \log_6 10$

(4) $\ln (pq(1 + z)) \quad = \quad \ln p + \ln q + \ln (1 + z)$

(5) $\ln (4a + 3b)$ kann nicht zerlegt werden, da der Numerus eine Summe ist.

(6) $\log_2 \left(\sqrt[v]{y^a} \cdot z^5\right) \quad = \quad \log_2 \left(y^{\frac{a}{v}} \cdot z^5\right) = \log_2 y^{\frac{a}{v}} + \log_2 z^5 = \frac{a}{v} \log_2 y + 5 \log_2 z$

Fassen Sie mithilfe der Logarithmengesetze zu einem einzigen Logarithmus zusammen:

(7) $\lg 2 + \lg x - \lg y \quad = \quad \lg \frac{2x}{y}$

(8) $\log_5 (a + b) + \log_5 (a - b) - \log_5 (cd) \quad = \quad \log_5 \frac{(a + b) \cdot (a - b)}{cd} = \log_5 \frac{(a^2 - b^2)}{cd}$

(9) $\ln a - 3 \ln b + \frac{1}{2} \ln (a - b)$

$= \ln a - \ln b^3 + \ln (a - b)^{\frac{1}{2}} = \ln \frac{a \cdot (a - b)^{\frac{1}{2}}}{b^3} = \ln \left(\frac{a}{b^3} \sqrt{a - b}\right)$

◆ Übungen 28 → S. 105

6.3 Basiswechsel

Auf manchen handelsüblichen Taschenrechnern sind nur der natürliche Logarithmus und der Zehnerlogarithmus integriert. Um mit diesen Rechnern Logarithmen mit anderer Basis bestimmen zu können, muss ein sogenannter Basiswechsel vorgenommen werden.

Basiswechsel

Für alle $x \in \mathbb{R}^+$ und $a, b \in \mathbb{R}^+\backslash\{1\}$ gelten die Basiswechsel:

$$\log_a x = \frac{\log_b x}{\log_b a} = \frac{\ln x}{\ln a} = \frac{\lg x}{\lg a} \qquad (26)$$

Kommentar

- Der Basiswechsel zeigt die Beziehung zwischen Logarithmen mit unterschiedlicher Basis: Gleichung (26) drückt somit einen Logarithmus mit der Basis a und dem Numerus x durch einen **Quotienten zweier Logarithmen** mit einer Basis b aus.

Bei der Herleitung ist zu zeigen, dass der Logarithmus $\log_a x$ mit beliebiger Basis a durch eine beliebige Basis b ausgedrückt werden kann. Wir verwenden die Potenzschreibweise von Definition (2):

$$z = \log_a x \quad \Leftrightarrow \qquad (27)$$

$$a^z = x \qquad (28)$$

Wir wenden in Gleichung (28) auf beiden Seiten Gleichung (7) an:

$$a^z = x \quad \Rightarrow \quad b^{\log_b a^z} = b^{\log_b x} \qquad (29)$$

Mit Logarithmengesetz (12) folgt aus (29):

$$b^{\log_b a^z} = b^{\log_b x} \quad \Rightarrow \quad b^{z \cdot \log_b a} = b^{\log_b x} \qquad (30)$$

Wenn die Basis in Gleichung (30) auf beiden Seiten b ist, müssen auch die Exponenten gleich sein:

$$b^{z \cdot \log_b a} = b^{\log_b x} \quad \Rightarrow \quad z \cdot \log_b a = \log_b x \quad \Rightarrow \quad z = \frac{\log_b x}{\log_b a} \qquad (31)$$

Durch Einsetzen mit Gleichung (27) folgt wie gewünscht:

$$\log_a x = \frac{\log_b x}{\log_b a} \qquad (32)$$

Beispiele

(1) Drücken Sie $\log_3 7.09$ mit dem natürlichen Logarithmus aus und berechnen Sie.

Lösung:

$$\log_3 7.09 = \frac{\ln 7.09}{\ln 3} \approx \frac{1.9587}{1.0986} \approx 1.783$$

(2) Drücken Sie $2 + \frac{1}{2}\log_5 c - \log_5 \sqrt{a}$ durch einen Logarithmus mit Basis 3 aus.

Lösung:

Wir fassen zuerst mit den Logarithmusgesetzen zu einem Logarithmusterm mit Basis 5 zusammen:

$$2 + \frac{1}{2}\log_5 c - \log_5 \sqrt{a} = \log_5 5^2 + \log_5 c^{\frac{1}{2}} - \log_5 a^{\frac{1}{2}} = \log_5 \frac{5^2 c^{\frac{1}{2}}}{a^{\frac{1}{2}}} = \log_5 25\sqrt{\frac{c}{a}}$$

Nun führen wir mit Gleichung (26) den Basiswechsel durch:

$$\log_5 25\sqrt{\frac{c}{a}} = \frac{\log_3 25\sqrt{\frac{c}{a}}}{\log_3 5}$$

◆ Übungen 29 → S. 106

6.4 Anwendungsaufgaben

Es gibt viele Anwendungen von Logarithmen, zum Beispiel beim Luftdruck, dem pH-Wert oder der Erdbebenstärke.

◆ Übungen 30 → S. 107

Terminologie

Basis (Pl. Basen)
binärer Logarithmus
Exponent
Logarithmus
natürlicher Logarithmus
Numerus (Pl. Numeri)
Potenz
Zehnerlogarithmus
Zweierlogarithmus

6.5 Übungen

Übungen 27

1. Welche Aussagen sind richtig?

   (1) Der Logarithmus ist ein Exponent.
   (2) $b = \log_a c$ bedeutet in Worten: «Der Logarithmus von c zur Basis a ist die reelle Zahl c, mit der ich b potenzieren muss, um a zu erhalten.»
   (3) Es gilt: $\log_{10}(-10) = -\log 10$.
   (4) Es gilt: $\log_a a^n = n$ und deshalb auch $\log_a a = 1$ und $\log_a 1 = 0$.

2. Schreiben Sie als Potenz und geben Sie den Wert des Logarithmus an:

   a) $x = \log_{10} 1000$　b) $x = \log_{10} 10$　c) $x = \lg 1$
   d) $x = \lg 0.00000001$　e) $x = \lg \frac{1}{100}$　f) $x = \lg \frac{1}{10}$
   g) $x = \lg \sqrt{10}$　h) $x = \lg \sqrt[5]{10^2}$　i) $x = \lg \frac{1}{\sqrt[4]{100\,000\,000}}$

3. Schreiben Sie als Zehnerlogarithmus und geben Sie den Wert des Logarithmus an:

   a) $10^x = 10\,000$　b) $10^x = 1\,000\,000$　c) $10^x = 1$
   d) $10^x = \frac{1}{1000}$　e) $10^x = \sqrt[4]{100}$　f) $10^x = \frac{1}{\sqrt[7]{1000}}$

4. Ordnen Sie die folgenden Zahlen durch Abschätzen aufsteigend der Grösse nach:

a) $\lg 50\,000; -1; -5; \lg 50; 3; \lg 500; 4; 2; 0$
b) $-8; -4; \lg 0.002; 0; -6; \lg 0.2; -2; \lg 0.0000002$

5. Bei einer logarithmischen Skala erfolgt die Einteilung auf dem Zahlenstrahl mithilfe von Zehnerlogarithmen, respektive Zehnerpotenzen. Der Abstand zwischen den Einheiten betrage genau 1 cm.

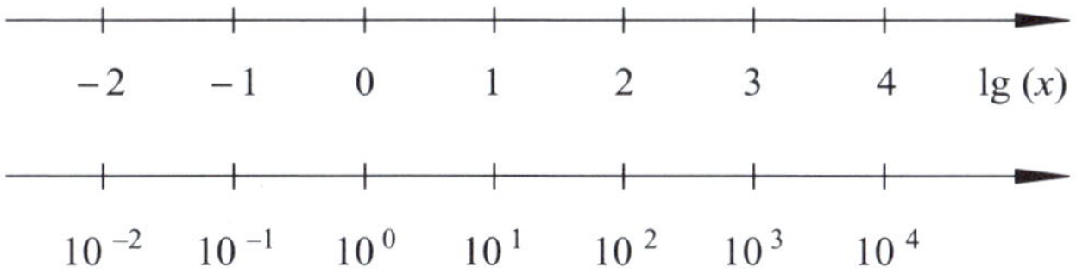

a) Tragen Sie die folgenden Zahlen – falls möglich – auf einem logarithmischen Zahlenstrahl ein und vergleichen Sie mit dem normalen Zahlenstrahl.
$x_1 = 0.01; x_2 = 1; x_3 = 1000; x_4 = 100\,000; x_5 = -10$
$x_6 = -315; x_7 = 0.0315; x_8 = 3.15; x_9 = 315; x_{10} = 31\,500$
b) Berechnen Sie den Abstand zwischen den Zahlen in cm:
x_1 und x_2; x_2 und x_3; x_2 und x_4; x_1 und x_4
c) Berechnen Sie den Abstand zwischen den Zahlen in cm:
x_7 und x_8; x_8 und x_9; x_8 und x_{10}; x_7 und x_{10}

6. Schreiben Sie als Potenz und geben Sie den Wert des Logarithmus an:

a) $y = \log_e e^5$ b) $y = \log_e \frac{1}{e^3}$ c) $y = \log_e \sqrt{e}$
d) $y = \ln e$ e) $y = \ln \sqrt{e^5}$ f) $y = \ln 1$

7. Schreiben Sie als natürlichen Logarithmus und geben Sie dessen Wert an:

a) $e^y = e^k$ b) $e^y = \frac{1}{e^{k+1}}$ c) $e^y = \sqrt[k]{e}$
d) $e^y = \sqrt[k]{e^4}$ e) $e^y = \frac{1}{\sqrt[k+1]{e^3}}$ f) $e^y = 0$

8. Schreiben Sie als Potenz und geben Sie den Wert des Logarithmus an:

a) $z = \log_2 8$ b) $z = \log_3 81$ c) $z = \log_2 \frac{1}{16}$
d) $z = \log_3 \frac{1}{27}$ e) $z = \log_5 \frac{1}{625}$ f) $z = \log_4 2$
g) $z = \log_{10\,000} 10$ h) $z = \log_{\sqrt{2}} \frac{1}{8}$ i) $z = \log_{\frac{1}{5}} \frac{1}{25}$

9. Schreiben Sie als Logarithmus und geben Sie den Wert der Unbekannten an:

a) $2^w = 16$ b) $2^x = \frac{1}{64}$ c) $2^y = 2$
d) $2^z = 1$ e) $2^v = 0.5$ f) $2^x = \sqrt{2^3}$

10. Schreiben Sie als Potenz und geben Sie den Wert der Unbekannten an:

a) $3^y = 9$ b) $3^x = \sqrt[4]{\frac{1}{3}}$ c) $3^y = \sqrt[5]{27}$

d) $10^p = \sqrt[3]{1000}$ e) $e^q = \frac{1}{\sqrt[4]{e^5}}$ f) $5^r = \frac{1}{125}$

11. Ordnen Sie die folgenden Zahlen durch Abschätzen aufsteigend:

a) $\log_2 5; 6; 4; \log_4 1234; 2; 3; \ln 10; 5$

b) $-2; -6; \log_2 \frac{1}{18}; -5; \log_3 \frac{1}{10}; 3; -4; \log_5 0.001$

12. Vereinfachen Sie:

a) $10^{\lg 7}$ b) $10^{1+\lg 3}$ c) $10^{2-\lg 5}$ d) $10^{3-\lg k}$

e) $10^{4+\lg 7}$ f) $e^{1-\ln 2}$ g) $2^{5+\log_2 3}$ h) $3^{2-\log_3 2}$

13. Bestimmen Sie den Wert des Logarithmus:

a) $\log_4 64$ b) $\ln e$ c) $\log_2 1$ d) $\log_3 \frac{1}{9}$

e) $\log_5 \frac{1}{125}$ f) $\log_2 8$ g) $\log_8 2$ h) $\log_3 81$

14. Bestimmen Sie den Wert des Logarithmus:

a) $\log_{81} 3$ b) $\log_9 27$ c) $\log_{27} 9$ d) $\log_3 \sqrt{3}$

e) $\log_3 \sqrt{27}$ f) $\log_3 (9 \cdot \sqrt{27})$ g) $\log_{25} \sqrt{5}$ h) $\log_8 0.25$

15. Bestimmen Sie die Basis:

a) $\log_x 9 = 2$ b) $\log_x 0.125 = -3$ c) $\log_x 8 = -3$

d) $\log_x 2 = 0.5$ e) $\log_x 0.2 = -1$ f) $\log_x \frac{1}{27} = 3$

16. Bestimmen Sie den Numerus:

a) $\log_2 x = 3$ b) $\log_{16} x = 2$ c) $\log_4 x = 0$

d) $\log_3 x = -2$ e) $\log_4 x = 0.5$ f) $\log_8 x = -\frac{2}{3}$

17. Bestimmen Sie x:

a) $x = \log_a a$ b) $x = \log_a 1$ c) $x = \ln e^2$

d) $x = \log_a a^{n-3}$ e) $x = \log_e \sqrt{e}$ f) $x = \log_a \frac{1}{a}$

g) $x = \log_a \frac{1}{\sqrt[4]{a}}$ h) $x = \log_e (e \cdot \sqrt[5]{e})$ i) $x = \log_b \frac{1}{b^{-3} \cdot \sqrt{b}}$

18. Geben Sie jeweils an, für welche x der Logarithmus nicht definiert ist. Bestimmen Sie anschliessend x:

a) $\lg (x+4) = 0$ b) $\lg (x-2) = 1$ c) $\lg (11x-1) = 2$

d) $\lg (x-1)^2 = 3$ e) $\lg \left(\frac{1}{2x-5}\right) = -1$ f) $\lg \sqrt[3]{2x-3} = \frac{1}{3}$

g) $\ln (x+1) = 2$ h) $\ln \sqrt{x} = 0.5$ i) $\ln (e \cdot x) = -1$

19. Berechnen Sie mit dem Taschenrechner auf vier signifikante Stellen:

a) $\lg 121$ b) $\lg \sqrt[11]{232\,323}$ c) $\ln 2.71828$ d) $\ln 10$

e) $\ln 22\,555$ f) $\ln 0.005$ g) $\ln \sqrt[3]{\frac{11}{3456}}$ h) $\ln(-50)$

Übungen 28

20. Welche Aussagen sind richtig?

(1) Wie bei den Potenzen gibt es bei den Logarithmen fünf Logarithmengesetze.
(2) Der Logarithmus eines Produkts ist gleich der Summe der Logarithmen der Faktoren des Produkts.
(3) Der Logarithmus eines Quotienten ist gleich der Summe der Logarithmen von Zähler und Nenner.

21. Zerlegen Sie mithilfe der Logarithmengesetze so weit wie möglich:

a) $\log_x(ab)$ b) $\log_x(3xy)$ c) $\ln(12u + 4uv)$

d) $\log_a(16p^8 - p^4)$ e) $\lg \frac{c}{5}$ f) $\lg \frac{1}{p \cdot q}$

g) $\ln\left(a \cdot \frac{bc}{vw}\right)$ h) $\log_a\left(\frac{y}{z^2 - 9z - 10}\right)$ i) $\log_a\left(\frac{a+1}{x^2 - 8xy + 16y^2}\right)$

22. Zerlegen Sie mithilfe der Logarithmengesetze so weit wie möglich:

a) $\log_a(m^2n^3)$ b) $\log_a(5b^2c^5)$ c) $\log_a(x^{y+3} \cdot \sqrt{z})$

d) $\ln \frac{f^4}{g^3}$ e) $\ln \frac{(a+1)^b}{a^{c-1}}$ f) $\log_k \frac{3k^2}{\sqrt{k}}$

23. Zerlegen Sie mithilfe der Logarithmengesetze so weit wie möglich:

a) $\log_p \frac{\sqrt{p^3}}{4 \cdot \sqrt[3]{p^2}}$ b) $\lg(a^3b)^{-4}$ c) $\lg\left(\frac{r^4}{s^3}\right)^{-10}$

d) $\lg \sqrt[4]{\frac{(\lambda+2)^2}{\sigma^3}}$ e) $\log_2\left(x \cdot \left(\frac{y-4}{8x}\right)^2\right)$ f) $\log_a \sqrt[3]{\frac{8a^4 \cdot \sqrt{p}}{b^5q^7}}$

24. Zerlegen Sie mithilfe der Logarithmengesetze so weit wie möglich:

a) $\log_a(a+b+c)$ b) $\log_a \sqrt[5]{(a+b+c)^2}$ c) $\log_a \sqrt[3]{c^2 - d^2}$

d) $\lg \sqrt[a]{m^3 + n^2}$ e) $\lg \sqrt[p-q]{x^2 - 2xy + y^2}$ f) $\log_b \sqrt[x-y]{h^2 - 6h + 8}$

g) $\log_b\left(1 + \frac{1}{u}\right)$ h) $\log_a \frac{1}{v \cdot \sqrt{1+v}}$ i) $\log_a \sqrt{\frac{a \cdot (1+\varphi)}{\varphi^2 - 1}}$

25. Fassen Sie mithilfe der Logarithmengesetze zu einem einzigen Logarithmus zusammen:

a) $\ln a + \ln 2$ b) $\lg b^2 - \lg b - \lg c$

c) $\ln y^6 + \ln z^4 - (\ln z^9 - \ln y)$ d) $\lg(v^2 - w^2) - \lg(v - w)$

e) $\lg(16 - 2n) - \lg(n^2 - 5n - 24)$ f) $\ln(\mathrm{e}^2 - 1) + \frac{1}{4} - \ln(\mathrm{e} - 1)$

26. Fassen Sie mithilfe der Logarithmengesetze zu einem einzigen Logarithmus zusammen:

a) $\log_a x^2 - \log_a x$ b) $-\ln a - \ln \sqrt[3]{a}$

c) $\ln a + \ln b - \ln (b - c)$ d) $\frac{1}{2} \ln p - \frac{2}{3} \ln q$

e) $\log_b k + \log_b (k+1) - \log_b (1-k)$ f) $m \ln x - (m-1) \ln y + (m+2) \ln z$

27. Fassen Sie mithilfe der Logarithmengesetze zu einem einzigen Logarithmus zusammen:

a) $1 + \lg \alpha + 2 \lg \tau$ b) $-\left(-\frac{1}{3} - 2 \lg u - \lg \frac{1}{u}\right)$

c) $\log_5 (xy) + \log_5 \frac{x}{y} - 3 \log_5 (x - y)$ d) $(m-1) \log_5 \delta - \frac{1}{m} \log_5 \delta^{8m}$

e) $a \lg p + \frac{1}{a} (\lg (p + 2q) + \lg (p - 2q))$ f) $\frac{b}{a} \cdot \log_d c + \frac{b}{c} \cdot \log_d a - \frac{c}{a} \cdot \log_d (b - 3)$

28. Vereinfachen Sie so weit wie möglich:

a) $\log_3 \frac{3}{5} - \log_3 \sqrt{2} + \log_3 \frac{1}{2} - \log_3 \frac{\sqrt{8}}{40}$

b) $\log_a 2^6 + \frac{1}{2} \log_a (3a) + \log_a (0.0625a^5) - \log_a 4 - \log_a \sqrt{3a}$

c) $2 \cdot \left(\log_x \frac{\phi}{3} + \log_x \frac{\alpha}{3}\right) + \frac{2}{3} \log_x \alpha - \left(\log_x \frac{\phi^2}{3^4} - \frac{1}{3} \log_x \alpha^7\right)$

Übungen 29

29. Berechnen Sie die Werte der folgenden Logarithmen auf vier signifikante Stellen:

a) $\log_2 5$ b) $\log_3 10.3$ c) $\log_5 10$ d) $\log_8 \frac{50}{19}$

e) $\log_2 \frac{1}{2500}$ f) $\log_6 0.0001$ g) $\log_{\frac{1}{3}} \frac{1}{234}$ h) $\log_{\sqrt[5]{2}} \frac{1}{50}$

30. Schreiben Sie als Logarithmus mit der vorgegebenen Basis:

a) $\log_2 7$ Basis e b) $\log_3 11$ Basis 2 c) $\log_5 \sqrt[3]{10}$ Basis 10

d) $\log_a 3$ Basis d e) $\log_a \sqrt{c}$ Basis e f) $\log_a 3c^5$ Basis 10

31. Geben Sie die folgenden Terme in wissenschaftlicher Schreibweise an:

a) 3^{4^5} b) $(3^4)^5$ c) $11^{11^{11}}$

d) $(11^{11})^{11}$ e) 333^{444} f) 123^{987}

32. Drücken Sie durch einen einzigen Logarithmus mit Basis 2 aus:

a) $\log_3 (x + y) - 3 \log_3 x + \log_3 (x - y)$

b) $3 \log_4 (\varphi\lambda) - 5 \log_4 \frac{\varphi}{\lambda} + 2 \log_4 \sqrt{\varphi - \lambda}$

c) $-2 \cdot (\log_5 (y - 4) - \log_5 (y^2 - 16) + 3 \log_5 z)$

33. Drücken Sie die folgenden Sachverhalte durch eine logarithmische Gleichung aus und lösen Sie sie auf:

a) Mit welcher Zahl muss man 5 potenzieren, um 3125 zu erhalten?

b) Mit welcher Zahl muss man 4 potenzieren, um $\frac{256}{625}$ zu erhalten?

34. Mersenne-Primzahlen lassen sich in der Form $2^p - 1$ darstellen.
Geben Sie die folgenden Mersenne-Primzahlen in wissenschaftlicher Schreibweise an:

a) $2^{6\,972\,593} - 1$
b) $2^{13\,466\,917} - 1$
c) $2^{20\,996\,011} - 1$
d) $2^{24\,036\,583} - 1$

Übungen 30

35. Der atmosphärische Luftdruck nimmt mit zunehmender Höhe h ab. Nimmt h um 5500 Meter zu, halbiert sich der Luftdruck p ungefähr. Mit der folgenden Formel kann deshalb die Höhe h in Abhängigkeit vom gemessenen Luftdruck bestimmt werden, wenn der Luftdruck p_0 des Ausgangspunktes der Messung bekannt ist:

$$h = 5500 \cdot \log_{\frac{1}{2}}\left(\frac{p}{p_0}\right) \quad \text{[m]}$$

a) Wie hoch fliegt ein Ballon, wenn im Korb $p = 710$ hPa und am Boden $p_0 = 1013$ hPa gemessen werden?

b) Auf Meereshöhe herrscht ein Druck von $p_0 = 1013$ hPa. Berechnen Sie den ungefähren Luftdruck in folgenden Höhen:

Matterhorn	4478 m	Mont Blanc	4810 m
Mount Everest	8848 m	Totes Meer	−400 m

36. Um die Helligkeit von Sternen zu berechnen, gilt die folgende Formel:

$$m - M = 5 \cdot \log_{10}\left(\frac{r}{10}\right)$$

m ist die scheinbare und M die absolute Helligkeit eines Sterns und r der Abstand des Sterns von der Erde in pc (Parsec).

a) Berechnen Sie die absolute Helligkeit der Sonne, wenn die scheinbare Helligkeit $m = -26.73$ und die Entfernung $4.851 \cdot 10^{-6}$ pc beträgt.

b) Berechnen Sie den Abstand eines Sterns, dessen scheinbare Helligkeit mit $m = +3$ und dessen absolute Helligkeit $M = +16.49$ angegeben wird.

37. Benfords Gesetz: Man sollte meinen, dass Börsenkurse, Einwohnerzahlen von Städten, Flusslängen, Resultate der amerikanischen Baseballliga, Atomgewichte und so weiter, genauso häufig mit einer 1 beginnen wie mit einer 2 oder mit irgendeiner andern Ziffer zwischen 1 und 9.
Frank Benford (1883–1948) zeigte, dass dies nicht der Fall ist. Die tatsächliche Häufigkeit f einer Ziffer d von 1 bis 9, am Anfang einer Zahl zu stehen, kann mit der folgenden Formel berechnet werden:

$$f = \log_{10}\left(1 + \frac{1}{d}\right)$$

a) Wie häufig kommt jede Ziffer zwischen 1 und 9 am Anfang von Zahlen vor, wenn vermutet wird, dass alle neun Ziffern gleich häufig vorkommen? Berechnen Sie den Anteil der einzelnen Ziffern in Prozent.

b) Zeigen Sie, dass $\sum_{d=1}^{9} \log_{10}\left(1 + \frac{1}{d}\right) = 1$.

c) Berechnen Sie mithilfe von Benfords Gesetz die tatsächlichen Häufigkeiten der Ziffern 1 bis 9, am Anfang einer Zahl zu stehen, in Prozent.

38. Der pH-Wert gibt an, wie sauer ($pH < 7$) oder basisch ($pH > 7$) eine Lösung ist. Der pH-Wert wird aus der H_3O^+-Ionen-Konzentration $c_{H_3O^+}$ berechnet:

$$pH = -\lg\left(c_{H_3O^+}\right)$$

Berechnen Sie die folgenden pH-Werte mit dem Taschenrechner:

Lösung	$c_{H_3O^+}$ in mol/dm^3	pH-Wert
Magensäure	0.01	
Coca-Cola	0.001	
hautneutrale Seife	0.000003162	
reines Wasser	$1 \cdot 10^{-7}$	
Meerwasser	$1 \cdot 10^{-8}$	
Bleichmittel	$3.162 \cdot 10^{-13}$	

39. Die Richterskala dient dem Vergleich der Stärke von Erdbeben in der Seismologie. Das Mass für die Erdbebenstärke ist die Magnitude M. Ein Seismograph zeichnet Erdbebenwellen in Abhängigkeit der Zeit auf. Ist a die Amplitude der vertikalen Erdbewegung, T die Periode der Erdbebenwelle und B der Faktor, der die Abschwächung der Erdbebenwelle mit der Distanz zum Epizentrum berücksichtigt, dann gilt für die Stärke auf der Richterskala die folgende Formel:

$$M = \lg \frac{a}{T} + B$$

a) Bestimmen Sie die Magnitude M für $a = 250\ \mu m$, $T = 2$ und $B = 4.250$.

b) Berechnen Sie allgemein die Differenz der Magnituden $M_1 - M_2$ zweier Erdbeben mit gleichem Epizentrum und gleicher Periode. Die Amplitude bei M_1 sei a, bei M_2 $10a$. Was fällt Ihnen auf?

40. Zwischen der Magnitude M und der während dem Erdbeben freigesetzten «äquivalenten (explosiven) Energie W (in Tonnen TNT)» lässt sich ein Zusammenhang näherungsweise zusammenfassen:

$$M = 2 + \frac{2}{3} \lg W$$

a) Am 25. Mai 2006 hat in Solothurn die Erde gebebt. Die Stärke entsprach einer freigesetzten Energie von 7.9 Tonnen TNT. Berechnen Sie die Magnitude auf der Richterskala.

b) Die Atombombe, die von den Vereinigten Staaten 1945 über Hiroshima abgeworfen wurde, hatte eine Sprengkraft von etwa $1.5 \cdot 10^4$ Tonnen TNT. Welcher Magnitude auf der Richterskala entspricht diese Sprengkraft?

c) Das Seebeben im Indischen Ozean am 26. Dezember 2004 forderte aufgrund der ausgelösten Flutwellen ca. 228 000 Menschenleben. Das Erdbeben vor Sumatra ist mit einer Energie von rund $8.9 \cdot 10^{10}$ Tonnen TNT das zweitstärkste aufgezeichnete Beben in der Geschichte. Welche Magnitude auf der Richterskala hatte das Beben?

Gleichungen

7 Allgemeine Einführung

Wir behandeln vorerst **Gleichungen mit einer unbekannten Grösse**. Folgende Gleichungstypen treten in technischen und naturwissenschaftlichen Anwendungen besonders häufig auf:

- **Lineare** Gleichungen
- **Quadratische** Gleichungen
- **Wurzelgleichungen**
- **Trigonometrische** oder **goniometrische** Gleichungen
- **Exponential-** und **logarithmische** Gleichungen

Dabei können Gleichungen neben der Lösungsvariablen noch weitere Variablen enthalten, sogenannte **Parameter**. Bei den **Lösungsverfahren** geht es darum, durch spezifische Termumformungen die Gleichungen zweckmässig umzuformen.

Im Mathematikunterricht wird meist die kleine Menge der **analytisch lösbaren Gleichungen** behandelt. Dies erweckt den falschen Eindruck, alle mathematisch formulierbaren Probleme könnten exakt gelöst werden. Das Gegenteil ist jedoch der Fall: Viele Gleichungen sind transzendent, das bedeutet, sie sind nicht exakt lösbar. Um solche Gleichungen zu lösen, ist man in der Praxis auf **Näherungsverfahren** (auch **Approximationen** genannt) angewiesen.

7.1 Aussagen und Aussageformen

Um eine solide Basis für die Gleichungslehre zu haben, beschäftigen wir uns zunächst mit Aussagen und Aussageformen:

Definition

Aussage

Ein mit Worten oder Zeichen formulierter Satz, der entweder wahr oder falsch ist.

Aussageform

Ein mit Worten oder Zeichen formulierter Satz, der mindestens eine Variable enthält und der in eine Aussage übergeht, wenn für die Variablen Elemente der Definitionsmenge eingesetzt werden.

Kommentar

- Alle Elemente, die beim Einsetzen die Aussageform zu einer Aussage werden lassen, bilden die Definitionsmenge.

Beispiele

(1) Beispiele für *Aussagen* sind:

(a) Die Aare fliesst durch die Stadt Burgdorf.

(b) Elisabeth Kopp wurde als erste Frau in den Bundesrat gewählt.

(c) $5 < 5.5$

(d) $5 = 6$

Die Aussagen (b) und (c) sind wahr, (a) und (d) sind falsch.

(2) *Keine Aussagen* sind:
  (a) Gehe nach Hause!
  (b) $(x-1)^2 = 16$

(3) *Aussageformen* sind:
  (a) Frau X trägt Turnschuhe.
  (b) $2x^2 = 288$
  (c) n ist ein Teiler von 12.

Für $x_1 = 12$ und $x_2 = -12$ geht die Aussageform (b) in eine wahre Aussage über, für alle andern $x \in \mathbb{R}$ in eine falsche Aussage.

Für $n_1 = 1, n_2 = 2, n_3 = 3, n_4 = 4, n_5 = 6$ und $n_6 = 12$ geht die Aussageform von (c) in eine wahre Aussage über, für alle andern $n \in \mathbb{N}$ in eine falsche Aussage.

◆ **Übungen 31 → S. 119**

7.2 Gleichungen

Gleichungen sind besondere Formen von Aussagen oder Aussageformen.

Definition **Gleichung**

Eine Gleichung ist eine Aussage oder Aussageform, die aus zwei Termen besteht, die durch das Gleichheitszeichen verbunden sind.

Um eine Gleichung zu lösen, braucht es zunächst eine Menge von Zahlen, die als Lösungselemente in Frage kommen. Diese Zahlen gehören zur **Grundmenge** $\mathbb{G}$. $\mathbb{G}$ erschliesst sich aus dem Aufgabenkontext oder ist in der Aufgabenstellung vorgegeben.
Betrachten wir nun die folgende Gleichung bei gegebener Grundmenge $\mathbb{G} = \mathbb{R}$:

$$\frac{1}{x-2} = 10 \qquad (1)$$

Es kann sein, dass Elemente aus $\mathbb{G} = \mathbb{R}$ beim Einsetzen in (1) zu **keiner Aussage** führen. Oben ist dies für $x = 2$ der Fall. Der Wahrheitsgehalt des Terms der linken Seite der Gleichung kann nicht beurteilt werden, da die Division durch null nicht definiert ist.
In diesem Fall bilden wir die Teilmenge $\mathbb{D} \subset \mathbb{G}$ so, dass für jedes $x \in \mathbb{D}$ eine **wahre** oder eine **falsche Aussage** entsteht. $\mathbb{D}$ ist die **Definitionsmenge** der Gleichung und lautet für (1):

$$\mathbb{D} = \mathbb{G}\backslash\{2\} = \mathbb{R}\backslash\{2\} \qquad (2)$$

Anschliessend sucht man jene Elemente aus $\mathbb{D}$, die beim Einsetzen in die Gleichung zu einer **wahren Aussage** führen. Alle diese Elemente zusammen bilden die **Lösungsmenge** $\mathbb{L}$:

$\mathbb{L} = \{2.1\}$, da für $x = 2.1$ eine wahre Aussage entsteht:

$$\frac{1}{2.1-2} = 10 \quad \Rightarrow \quad \frac{1}{0.1} = 10 \quad \Rightarrow \quad 10 = 10\,\checkmark \qquad (3)$$

Definition **Lösungsmenge** $\mathbb{L}$

Menge all jener Elemente der Definitionsmenge $\mathbb{D}$, welche eine Gleichung in eine wahre Aussage überführen.

Äquivalenz $\Leftrightarrow$

Zwei Gleichungen sind dann *äquivalent*, wenn beim Ersetzen der Variablen durch die gleichen Elemente der (gemeinsamen) Definitionsmenge entweder beide in eine wahre oder beide in eine falsche Aussage übergehen.

Bestimmte Umformungen helfen, die Lösungsmenge einer Gleichung zu bestimmen. Dabei darf nur so umgeformt werden, dass die Lösungsmenge unverändert bleibt und eine zur ursprünglichen Gleichung **äquivalente** Gleichung resultiert. Solche Operationen werden als **Äquivalenzumformungen** bezeichnet.

Äquivalenzumformungen

(1) *Termumformungen*

(2) *Beidseitige Addition* (Subtraktion) der gleichen *Zahl*

(3) *Beidseitige Multiplikation* (Division) mit der gleichen von null verschiedenen *Zahl*

(4) *Beidseitige Addition* (Subtraktion) des gleichen *Terms*

(5) *Beidseitige Multiplikation* (Division) mit dem gleichen von null verschiedenen *Term*

Bei Umformungen, die **keine** Äquivalenzumformungen sind, können Lösungen dazukommen oder verloren gehen.

■ **Beispiel**

$2x-3=5x+9$

Lösung:

$$
\begin{aligned}
2x-3 &= 5x+9 && \mid -5x \\
2x-3-5x &= 5x+9-5x && \text{Termumformung} \\
-3x-3 &= 9 && \mid +3 \\
-3x-3+3 &= 9+3 && \text{Termumformung} \\
-3x &= 12 && \mid :(-3) \\
x &= \frac{12}{-3} = -4 \\
\Rightarrow\quad \mathbb{L} &= \{-4\}
\end{aligned}
$$

7.3 Ungleichungen

Mit einer mathematischen **Ungleichung** können Grössenvergleiche formuliert und untersucht werden.

Definition **Ungleichung**

Aussage oder *Aussageform*, die aus zwei Termen besteht, die durch eines der Relationszeichen $<$, $\leq$, $\geq$, $>$ verbunden sind.

Jene Elemente aus der Definitionsmenge $\mathbb{D}$, für welche die Ungleichung in eine wahre Aussage übergeht, bilden auch hier die Lösungsmenge $\mathbb{L}$. Die **Äquivalenzumformungen gelten** auch für **Ungleichungen**. Bei der Multiplikation und der Division muss Folgendes beachtet werden:

Lösen von Ungleichungen

Bei der *Multiplikation* und der *Division* mit *negativen* Zahlen muss $<$ durch $>$ ersetzt werden und umgekehrt (analog $\leq$ durch $\geq$ und umgekehrt).

■ **Beispiel**

$-9x - 1 \geq 7x + 31$

Lösung:

$$\begin{aligned} -9x - 1 &\geq 7x + 31 && \mid -7x \\ -9x - 1 - 7x &\geq 7x + 31 - 7x && \text{Termumformung} \\ -16x - 1 &\geq 31 && \mid +1 \\ -16x - 1 + 1 &\geq 31 + 1 && \text{Termumformung} \\ -16x &\geq 32 && \mid :(-16) \\ x &\leq \frac{32}{-16} = -2 \\ \Rightarrow \quad \mathbb{L} &= \{x \in \mathbb{R} \mid x \leq -2\} \end{aligned}$$

◆ Übungen 32 → S. 113

Terminologie

äquivalent $\Leftrightarrow$
Äquivalenzumformung
Aussage
Aussageform
Definitionsmenge $\mathbb{D}$
Gleichung
grösser $>$
grösser oder gleich $\geq$
Grundmenge $\mathbb{G}$
kleiner $<$
kleiner oder gleich $\leq$
Lösungsmenge $\mathbb{L}$
Lösungsvariable
Teilmenge $\subset$
Term
Ungleichung
Variable

7.4 Übungen

Übungen 31

1. Welche Aussagen sind wahr?

   a) Vincent van Gogh war ein bekannter Maler.
   b) Sydney ist die Hauptstadt Australiens.
   c) Der Mont Blanc ist mit 4810 Metern der höchste Berg der Alpen.
   d) Gehen Sie nach Hause!
   e) Der Eiffelturm ist höher als das Berner Münster.

2. Welche der folgenden Aussagen sind wahr?

   a) $10 = 10$
   b) $2 = 8$
   c) $4x = -20$
   d) Die Zahl 4561 hat die Quersumme 16.
   e) Die Zahl 12 hat genau 4 Teiler.

3. Welche Elemente können Sie für die Variable in die Aussageform einsetzen, damit eine wahre Aussage entsteht?

   a) x ist die Hauptstadt von Frankreich.
   b) In der Schweiz gibt es y Nationalrätinnen und Nationalräte.
   c) Staat x hat eine demokratische Verfassung.
   d) Fluss z, der ins Meer mündet, entspringt den Schweizer Alpen.
   e) Astronaut x hat seinen Fuss auf den Mars gesetzt.

4. Welche Elemente können Sie für x in die Aussageform einsetzen, damit eine wahre Aussage entsteht?

   a) $4x = -20$
   b) $x^2 = 225$
   c) Die Quersumme einer zweistelligen natürlichen Zahl x ist kleiner oder gleich 4.
   d) x ist das Quadrat einer natürlichen Zahl und liegt zwischen 600 und 800.

Übungen 32

5. Welche Aussagen sind richtig?

   (1) Die Grundmenge $\mathbb{G}$ enthält alle Elemente, die anstelle der Lösungsvariablen in die Gleichung eingesetzt werden dürfen.
   (2) Die Lösungsmenge $\mathbb{L}$ enthält alle Elemente, die beim Einsetzen anstelle der Lösungsvariablen eine wahre Aussage ergeben.
   (3) Die Lösungsmengen von Ungleichungen können nur aufzählend angegeben werden, wenn die vorgegebene Grundmenge $\mathbb{G} = \mathbb{Q}$ oder $\mathbb{G} = \mathbb{R}$ ist.
   (4) Erfüllt kein Element aus der Grundmenge $\mathbb{G}$ die Gleichung, dann schreiben wir $\mathbb{L} = \{\ \}$.

6. Welche Aussagen sind falsch?

   (1) Addiert man zur rechten Seite einer Gleichung den Term $5x$, dann ist dies eine Äquivalenzumformung.
   (2) Löst man nur auf der linken Seite einer Gleichung die Klammern auf, dann verändert sich die Lösungsmenge der Gleichung.
   (3) Quadrieren beider Seiten einer Gleichung ist eine Äquivalenzumformung.
   (4) Zwei Gleichungen sind äquivalent, wenn sie die gleiche Lösungsmenge haben.
   (5) Für lineare Gleichungen und Ungleichungen gelten in jedem Fall die gleichen Äquivalenzgesetze.

7. Setzen Sie die Zahlen $x \in \{4; 2.5; 0; -2\}$ in die Gleichungen und Ungleichungen ein. Geben Sie an, für welche Werte wahre Aussagen entstehen:

   a) $2x+1=-3$ b) $5x=-30$ c) $-(x+2)+3=1-x$
   d) $x+2>3$ e) $2x>5$ f) $2x<1$

8. Bestimmen Sie die Lösungsmenge $\mathbb{L}$ für $\mathbb{G}=\mathbb{Q}$:

   a) $4x+3=-13$ b) $4x+3=13$ c) $3x \leq 5$ d) $-3x=-21$

9. Bestimmen Sie die Lösungsmenge $\mathbb{L}$ für $\mathbb{G}=\mathbb{R}$:

   a) $x-1.2<-2$ b) $9.5+x>-3$ c) $x^2 \geq 15$ d) $x^2 \leq 10x$

8 Lineare Gleichungen

Lineare Gleichungen kommen oft vor und sind meist einfach zu lösen.

8.1 Lineare Gleichungen ohne Parameter

Definition **Lineare Gleichung**

Eine Gleichung, die äquivalent ist zu folgender Gleichung:

$$ax + b = 0 \qquad (1)$$

x: Lösungsvariable

$a, b \in \mathbb{R}$

Kommentar

- «Lineare Gleichung» und «Gleichung ersten Grades» sind Synonyme.
- Die Lösungsvariable wird der Einfachheit halber oft als Unbekannte bezeichnet.
- Gleichung (1) ist die **Grundform** der linearen Gleichung.

Bei einer linearen Gleichung kommt die Lösungsvariable in der **ersten Potenz** x^1 vor.
Dabei darf x nicht unter einer Wurzel, nicht zwischen Betragsstrichen und nicht im Nenner eines Bruchs stehen.
Für die Lösung der linearen Gleichung (1) gilt:

Lösung der linearen Gleichung

Die lineare Gleichung $ax + b = 0$ mit $a, b \in \mathbb{R}$ und $a \neq 0$ hat *genau eine Lösung*:

$$x = -\frac{b}{a} \quad \Rightarrow \quad \mathbb{L} = \left\{-\frac{b}{a}\right\} \qquad (2)$$

■ Beispiele

(1) $(2x - 1)(3 + 2x) = 4x(x - 5)$

Lösung:

$$6x + 4x^2 - 3 - 2x = 4x^2 - 20x$$

$$4x^2 + 4x - 3 = 4x^2 - 20x \qquad | - 4x^2$$

$$4x - 3 = -20x \qquad | + 20x + 3$$

$$24x = 3 \qquad | : 24$$

$$x = \frac{3}{24} = \frac{1}{8} \quad \Rightarrow \quad \mathbb{L} = \left\{\frac{1}{8}\right\}$$

Beim Lösen dieser Gleichung sind temporär quadratische Glieder aufgetreten.
Da diese beim Umformen weggefallen sind, handelt es sich dabei trotzdem um eine lineare Gleichung.

(2) Suchen Sie vier aufeinanderfolgende natürliche Zahlen, bei denen das Produkt aus der grössten und der kleinsten Zahl dem Produkt der beiden anderen Zahlen entspricht.

Lösung:
Die vier Zahlen sind $n, n+1, n+2$ und $n+3$.

$$\begin{aligned} n(n+3) &= (n+1)(n+2) \\ n^2+3n &= n^2+3n+2 \\ 0\cdot n &= 2 \end{aligned}$$

Es gibt also keine natürliche Zahl $n \in \mathbb{N}$, die diese Gleichung erfüllt.
Das heisst: $\mathbb{L} = \{\ \}$
Die Lösungsmenge ist die leere Menge.

(3) Bestimmen Sie die Lösung der Gleichung $(x-2)(2x+3)+6 = 2x(x-4)+7x$ $(\mathbb{G} = \mathbb{N})$:

Lösung:

$$\begin{aligned} (x-2)(2x+3)+6 &= 2x(x-4)+7x \\ 2x^2-x-6+6 &= 2x^2-8x+7x \\ -x &= -x \\ x-x &= 0 \\ (1-1)\cdot x &= 0 \\ 0\cdot x &= 0 \\ 0 &= 0 \end{aligned}$$

Es gibt somit unendlich viele Lösungen, die diese Gleichung erfüllen, nämlich alle natürliche Zahlen $x \in \mathbb{N}$. Das heisst: $\mathbb{L} = \mathbb{G} = \mathbb{N}$

◆ Übungen 33 → S. 127

8.2 Lineare Gleichungen mit Parameter

In Physik und Technik löst man Gleichungen oft **allgemein**.

Betrachten wir die gleichförmige Bewegung eines Massenpunktes. Der Massenpunkt befindet sich zum Zeitpunkt $t = 0$ am Ort s_0 und bewegt sich mit der Geschwindigkeit v entlang einer Geraden. Diese Bewegung wird in der Physik folgendermassen beschrieben:

$$s = s_0 + v \cdot t \tag{3}$$

Dies ist eine lineare Gleichung für die Zeit t. Sie enthält die Parameter s, s_0 und v. Nun möchten wir wissen, zu welchem Zeitpunkt t sich der Massenpunkt an der Stelle s vorbeibewegt. Dazu lösen wir die Gleichung (3) nach der Zeit t auf und erhalten:

$$t = \frac{s - s_0}{v} \tag{4}$$

Mit der allgemeinen Lösung erhält man eine **Formel** für die gesuchte Grösse. Was oft gebraucht wird oder von fundamentaler Bedeutung ist, wird in Formelsammlungen notiert. Sobald wir in Gleichung (4) Werte für den Ort s, den Anfangsort s_0 und die Geschwindigkeit v einsetzen, können wir die entsprechende Zeit t berechnen.

Beispiele

(1) $(x-b)(x+a)-b=(b-x)(a-x)$

Lösung:

$$x^2+ax-bx-ab-b=ab-bx-ax+x^2$$
$$ax-bx+bx+ax=ab+ab+b$$
$$2ax=2ab+b$$
$$x=\frac{2ab+b}{2a}$$

Die Lösungsmenge ist: $\mathbb{L}=\left\{\frac{2ab+b}{2a}\right\}$

(2) $\frac{2(x-m)}{m}+n=2(x-1)$

Lösung:

$$2(x-m)+mn=2m(x-1)$$
$$2x-2m+mn=2mx-2m$$
$$2x-2mx=-2m+2m-mn$$
$$2mx-2x=mn$$
$$(2m-2)x=mn$$
$$x=\frac{mn}{2(m-1)}$$

Die Lösungsmenge ist: $\mathbb{L}=\left\{\frac{mn}{2(m-1)}\right\}$

(3) Lösen Sie die Gleichung für die angegebenen Parameterwerte λ:

$\lambda^2x+1=\lambda+x$ mit: $\lambda\in\{5;1;0;-1\}$

Lösung:

$$\lambda^2x-x=\lambda-1$$
$$(\lambda^2-1)x=\lambda-1$$
$$(\lambda-1)(\lambda+1)x=\lambda-1$$

Fallunterscheidungen:

$\lambda=5$:	$4\cdot 6\cdot x=4$	$\Rightarrow$	$x=\frac{1}{6}$
$\lambda=1$:	$0\cdot x=0$	$\Rightarrow$	$x\in\mathbb{R}$
$\lambda=0$:	$(-1)\cdot 1\cdot x=-1$	$\Rightarrow$	$x=1$
$\lambda=-1$:	$0\cdot x=-2$	$\Rightarrow$	$x\in\{\,\}$

(4) Lösen Sie die Gleichung mit Fallunterscheidung für alle Parameterwerte $\lambda \in \mathbb{R}$:

$$\lambda x = 2x$$

Lösung:

$$(\lambda - 2)x = 0$$

Fallunterscheidungen:

$\lambda = 2$: $\quad 0 \cdot x = 0 \quad \Rightarrow \quad x \in \mathbb{R}$

$\lambda \neq 2$: $\quad x = \frac{0}{\lambda - 2} \quad \Rightarrow \quad x = 0$

Die Gleichung aus Beispiel (1) könnte auch als Gleichung für die Variable a mit den Parametern b und x aufgefasst werden. Wenn nicht explizit erwähnt, lösen wir solche Parametergleichungen nach der Variablen x auf.

Bei Fallunterscheidungen muss die Gleichung in eine der folgenden drei Formen gebracht werden:

Fallunterscheidungen bei linearen Gleichungen mit Parametern

Fallunterscheidungen, mit $a, b \neq 0$:

$$0 \cdot x = 0 \quad \Rightarrow \quad x \in \mathbb{R} \quad \Rightarrow \quad \mathbb{L} = \mathbb{D} \tag{5}$$

$$0 \cdot x = b \quad \Rightarrow \quad x \in \{\,\} \quad \Rightarrow \quad \mathbb{L} = \{\,\} \tag{6}$$

$$a \cdot x = b \quad \Rightarrow \quad x = \frac{b}{a} \quad \Rightarrow \quad \mathbb{L} = \left\{\frac{b}{a}\right\} \tag{7}$$

◆ Übungen 34 → S. 128

8.3 Bruchgleichungen

Definition **Bruchgleichung**

Eine Gleichung, bei der die Lösungsvariable im *Nenner eines Bruchs* vorkommt.

Da bei Bruchgleichungen die **Unbekannte im Nenner** eines Bruchs vorkommt, kann beim Einsetzen von Elementen aus der **Grundmenge** $\mathbb{G}$ eine Division durch null auftreten. Wird durch null dividiert, so entsteht ein nicht definierter Ausdruck, wodurch der Aussagewert der Gleichung verloren geht. In diesem Fall ist die **Definitionsmenge** $\mathbb{D}$ so zu wählen, dass sie nur jene Elemente aus $\mathbb{G}$ enthält, für die die Nenner nicht null werden.

Bruchgleichungen löst man durch **Multiplikation** der Gleichung mit dem **Hauptnenner**. Dadurch können Scheinlösungen entstehen, die nicht in $\mathbb{D}$ enthalten sind und somit nicht zur Lösungsmenge $\mathbb{L}$ gehören.

Einführende Beispiele

(1) Lösen Sie die Bruchgleichung $\frac{x-4}{x-3}=\frac{x-4}{6-2x}$ in der Grundmenge $\mathbb{G}=\mathbb{R}$.

Lösung:

Der Nenner darf nicht null sein. Deshalb ist die *Definitionsmenge* $\mathbb{D}=\mathbb{R}\backslash\{3\}$.

Der *Hauptnenner* (das kgV aller vorkommenden Nenner) ist $2\cdot(x-3)$.

Wir eliminieren die Brüche, indem wir die Bruchgleichung mit dem Hauptnenner multiplizieren, und lösen die Gleichung anschliessend nach x auf:

$$
\begin{aligned}
\frac{x-4}{x-3}&=\frac{x-4}{6-2x}\\
\frac{x-4}{x-3}&=\frac{4-x}{2(x-3)} \qquad |\cdot 2(x-3)\\
2\cdot(x-4)&=4-x\\
2x-8&=4-x\\
3x&=12\\
x&=4
\end{aligned}
$$

Die Lösung ist ein Element der Definitionsmenge: $x=4\in\mathbb{D}$

Zur Kontrolle setzen wir die Lösung ein:

$$\frac{4-4}{4-3}=\frac{4-4}{6-2\cdot 4} \quad\Rightarrow\quad \frac{0}{1}=\frac{0}{-2} \quad\Rightarrow\quad 0=0\checkmark$$

Die Lösungsmenge ist: $\mathbb{L}=\{4\}$

(2) Lösen Sie die Bruchgleichung $\frac{x-4}{x-3}=\frac{2x-4}{6-2x}$ mit der Grundmenge $\mathbb{G}=\mathbb{R}$.

Lösung:

Der Nenner darf nicht null sein. Deshalb ist die Definitionsmenge $\mathbb{D}=\mathbb{R}\backslash\{3\}$.

Der Hauptnenner ist $2\cdot(x-3)$.

Wir eliminieren die Brüche, indem wir die Bruchgleichung mit dem Hauptnenner multiplizieren, und lösen anschliessend nach x auf:

$$
\begin{aligned}
\frac{x-4}{x-3}&=\frac{2x-4}{6-2x}\\
\frac{x-4}{x-3}&=\frac{4-2x}{2(x-3)} \qquad |\cdot 2(x-3)\\
2\cdot(x-4)&=4-2x\\
2x-8&=4-2x\\
4x&=12\\
x&=3
\end{aligned}
$$

Die gefundene Lösung ist *nicht* Element der Definitionsmenge: $x=3\notin\mathbb{D}$

Die Kontrolle bestätigt:

$$\frac{3-4}{3-3}=\frac{2\cdot 3-4}{6-2\cdot 3} \quad\Rightarrow\quad \frac{-1}{0}=\frac{2}{0} \quad \text{Division durch null!}$$

Die Lösungsmenge ist: $\mathbb{L}=\{\,\}$

Lösen von Bruchgleichungen

(1) Nenner *faktorisieren* und falls möglich kürzen.

(2) *Definitionsmenge* $\mathbb{D}$ festlegen: Divisionen durch null ausschliessen.

(3) *Brüche wegschaffen*: Die Nenner der Bruchgleichung erweitern auf den Hauptnenner, das kgV aller Nenner. Anschliessend beidseitig mit dem Hauptnenner multiplizieren, dann lassen sich die Nenner wegkürzen.

(4) *Lösungsmenge* $\mathbb{L}$ angeben: Durch Vergleich mit der Definitionsmenge oder Einsetzen in der Ausgangsgleichung müssen Scheinlösungen ausgeschlossen werden.

Kommentar

- Die Definitionsmenge $\mathbb{D}$ ist eine Teilmenge der Grundmenge $\mathbb{G}$, bei der sämtliche Werte, die auf nicht definierte Ausdrücke führen, ausgeschlossen werden. $\mathbb{D} \subset \mathbb{G}$.
- Wenn keine Grundmenge vorgegeben wird, so ist die Grundmenge immer $\mathbb{G} = \mathbb{R}$.

Beispiele

(1) $\frac{x+1}{x-3} = \frac{x-5}{x}$

Lösung:

Die Definitionsmenge ist $\mathbb{D} = \mathbb{R}\setminus\{0; 3\}$.

Der Hauptnenner ist $x \cdot (x-3)$.

$$\frac{x+1}{x-3} = \frac{x-5}{x} \quad | \cdot x(x-3)$$
$$x(x+1) = (x-5)(x-3)$$
$$x^2 + x = x^2 - 8x + 15$$
$$9x = 15$$
$$x = \frac{15}{9} = \frac{5}{3}$$

Da $x = \frac{5}{3} \in \mathbb{D}$, ist die Lösungsmenge: $\mathbb{L} = \left\{\frac{5}{3}\right\}$

(2) $\frac{6a-43}{5-a} + 124 = \frac{4a+6}{2a-10}$

Lösung:

Die Definitionsmenge ist $\mathbb{D} = \mathbb{R}\setminus\{5\}$.

Der Hauptnenner ist $(a-5)$.

$$\frac{(6a-43)\cdot(-1)}{(5-a)\cdot(-1)} + 124 = \frac{2(2a+3)}{2\cdot(a-5)}$$
$$\frac{43-6a}{a-5} + 124 = \frac{2a+3}{a-5} \quad | \cdot (a-5)$$
$$43 - 6a + 124\cdot(a-5) = 2a+3$$
$$43 - 6a + 124a - 620 = 2a+3$$
$$116a = 580$$
$$a = 5$$

$a = 5$ ist nicht in der Definitionsmenge: $5 \notin \mathbb{D}$. Für $a = 5$ wird der Nenner null.

Die Lösungsmenge ist somit: $\mathbb{L} = \{\,\}$

(3) Bestimmen Sie die Lösungsmenge $\mathbb{L}$ der Variablen u ohne Fallunterscheidungen für den Parameter v, wenn:

$$1+\frac{u+1}{u-1}=\frac{u-v}{v-uv}$$

Lösung:

Die Definitionsmenge ist $\mathbb{D}=\mathbb{R}\backslash\{1\}$.

Der Hauptnenner ist $v\cdot(u-1)$.

$$\begin{aligned} 1+\frac{u+1}{u-1}&=\frac{v-u}{v\cdot(u-1)} \quad \mid\cdot v\,(u-1)\\ v(u-1)+v(u+1)&=v-u\\ 2uv&=v-u\\ u(2v+1)&=v\\ u&=\frac{v}{2v+1} \end{aligned}$$

Da $u=\frac{v}{2v+1}\in\mathbb{D}$, ist die Lösungsmenge: $\mathbb{L}=\left\{\frac{v}{2v+1}\right\}$

◆ Übungen 35 → S. 129

8.4 Bruchungleichungen

Ungleichungen können mit algebraischen und grafischen Methoden gelöst werden. Algebraisch werden Ungleichungen meist so gelöst wie Gleichungen. Bei **Bruchungleichungen** ist der rein algebraische Weg kompliziert, da Fallunterscheidungen gemacht werden müssen.

Definition **Bruchungleichung**

Eine Ungleichung, bei der die Lösungsvariable im *Nenner eines Bruchs* vorkommt.

Bei Bruchungleichungen ist die **halbgrafische Methode** mit **Vorzeichenmuster** auf dem Zahlenstrahl vorteilhafter. Sie beruht auf den **Vorzeichenregeln** der Punktoperationen:

Vorzeichenregeln der Multiplikation und Division

Für alle $a; b\in\mathbb{R}^+$ gilt:

$(+a)\cdot(+b)$ und $(-a)\cdot(-b)$ >0 (8)

$(+a)\cdot(-b)$ und $(-a)\cdot(+b)$ <0 (9)

$\frac{+a}{+b}$ und $\frac{-a}{-b}$ >0 (10)

$\frac{+a}{-b}$ und $\frac{-a}{+b}$ <0 (11)

Einführendes Beispiel

Lösen Sie die folgende Bruchungleichung in der Grundmenge $\mathbb{G} = \mathbb{R}$:

$$\frac{x-3}{4x+5} \geq 0$$

Lösung:

Der Nenner darf nicht null sein. Deshalb ist die Definitionsmenge $\mathbb{D} = \mathbb{R} \setminus \left\{-\frac{5}{4}\right\}$.

Wir tragen auf dem Zahlenstrahl $x_1 = 3$ ein, weil der **Zähler** $x - 3$ an dieser Stelle den **Wert null** annimmt. Wird der Zähler für $x < 3$ ausgewertet, erhalten wir einen **negativen** Wert. Wird der Zähler für $x > 3$ ausgewertet, erhalten wir einen **positiven** Wert. Diese Erkenntnisse halten wir grafisch fest:

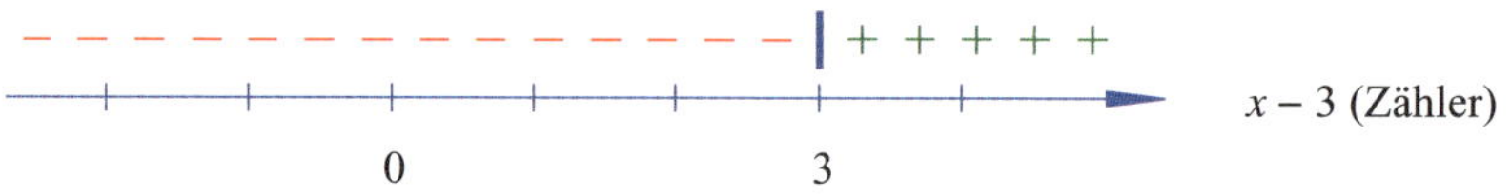

Wir tragen auf dem Zahlenstrahl $x_2 = -\frac{5}{4}$ ein, weil der **Nenner** $4x + 5$ an dieser Stelle den **Wert null** annimmt. Wird der Zähler an den Stellen $x < -\frac{5}{4}$ ausgewertet, erhalten wir einen **negativen** Wert. Wird der Zähler an den Stellen $x > -\frac{5}{4}$ ausgewertet, erhalten wir einen **positiven** Wert. Diese Erkenntnisse halten wir grafisch fest:

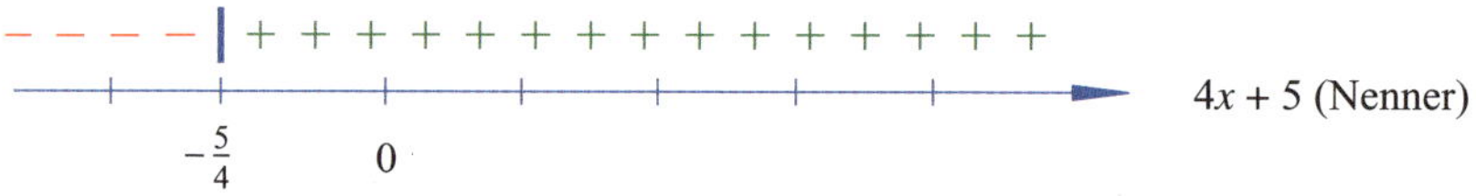

Wir wenden nun die Vorzeichenregeln von (10) und (11) an und erhalten auf dem untersten Zahlenstrahl das Vorzeichenmuster des ganzen Quotienten:

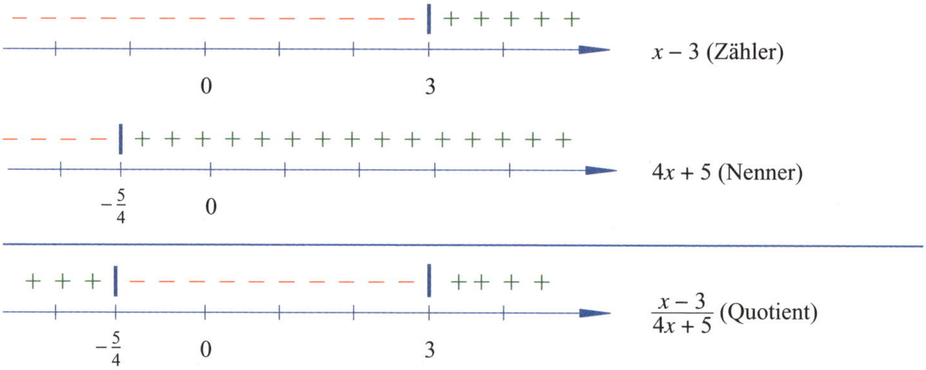

Anhand des Vorzeichenmusters auf dem untersten Zahlenstrahl kann die Lösungsmenge angegeben werden:

$$\mathbb{L} = \left]-\infty; -\frac{5}{4}\right] \quad \cup \quad [3; \infty[$$

Kommentar

- $-\frac{5}{4}$ ist nicht Teil der Lösungsmenge, da $4x + 5$ für diesen Wert nicht definiert ist (Division durch null).
- Die Lösungsmenge von $\frac{x-3}{4x+5} \leq 0$ kann mit dem gleichen Vorzeichenmuster bestimmt werden:
  $\mathbb{L} = \left]-\frac{5}{4}; 3\right]$

Kompliziertere Ungleichungen müssen je nach Aufgabenstellung zuerst in eine der folgenden Formen gebracht werden:

$$\frac{a}{b} > 0; \quad \frac{a}{b} \geq 0; \quad \frac{a}{b} \leq 0; \quad \frac{a}{b} < 0 \qquad (12)$$

Gegebenenfalls müssen Zähler und Nenner zusätzlich in **Linearfaktoren** zerlegt werden.

■ **Beispiel**

$$\frac{2x(x-2)}{x+2} < \frac{3x}{x+2}$$

Lösung:

Der Nenner darf nicht null sein. Deshalb ist die *Definitionsmenge* $\mathbb{D} = \mathbb{R}\backslash\{-2\}$.

Wir bringen die Ungleichung in die Form $\frac{a}{b} < 0$:

$$\frac{2x(x-2)}{x+2} < \frac{3x}{x+2} \quad \Leftrightarrow \quad \frac{2x(x-2)}{x+2} - \frac{3x}{x+2} < 0 \quad \Leftrightarrow \quad \frac{2x(x-2)-3x}{x+2} < 0$$

$$\Leftrightarrow \quad \frac{2x^2-4x-3x}{x+2} < 0 \quad \Leftrightarrow \quad \frac{2x^2-7x}{x+2} < 0 \quad \Leftrightarrow \quad \frac{x(2x-7)}{x+2} < 0$$

Wir zeichnen wiederum jene Zahlen auf dem Zahlenstrahl ein, bei denen die einzelnen Linearfaktoren **gleich null** respektive grösser oder kleiner null sind, und erstellen das Vorzeichenmuster mit den Regeln (8) bis (11):

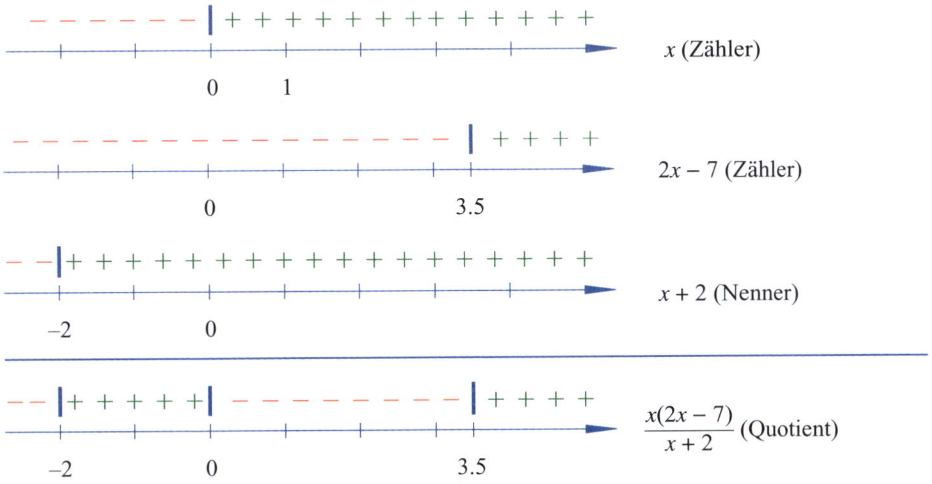

Anhand des Vorzeichenmusters auf dem untersten Zahlenstrahl kann die Lösungsmenge angegeben werden:

$$\mathbb{L} =]-\infty; -2[\quad \cup \quad]0; 3.5[$$

◆ Übungen 36 → S. 131

8.5 Textaufgaben

Mit Gleichungen können viele angewandte Fragestellungen gelöst werden, wie Mischungsaufgaben, Bewegungsaufgaben, Zahlenrätsel oder Zinsberechnungen und viele andere mehr.
Beim Lösen von Textaufgaben lohnt sich ein **systematisches Vorgehen**, häufig mithilfe von Tabellen und Hilfsskizzen. Nach mehrmaligem sorgfältigem Durchlesen der Aufgabe listen wir die **gegebenen** und **gesuchten** Grössen auf. Die **Fragestellung** zeigt, wofür die **Lösungsvariable** steht.

Dann bestimmen wir den Grundzusammenhang zwischen den verschiedenen Grössen. Diese **Grundgleichung** sagt aus, wie die Grössen verknüpft sind, und bildet die Basis zum Aufstellen der Gleichung.

Falls nur Proportionen (keine quadratischen Abhängigkeiten) vorkommen, kann der Sachverhalt meist in **Produktform** dargestellt werden:

Spalte 1	· Spalte 2	= Spalte 3
Kapital	· Zinssatz	= Jahreszins
Stückzahl	· Stückpreis	= Gesamtpreis
Volumen	· Dichte	= Masse
Volumen	· Volumenprozent	= reiner Stoff (z. B. Alkohol)
Zeit	· Geschwindigkeit	= Strecke
Zeit	· Leistung	= verrichtete Arbeit
Zeit	· Füllgeschwindigkeit (Volumen / Zeit)	= Volumen (voll = 1)

Bei **geometrischen Aufgaben** ist eine saubere, beschriftete, genügend grosse **Hilfsskizze** unerlässlich. In der Formelsammlung finden sich viele geometrische Sätze und Formeln, die das Aufstellen der Gleichung erleichtern. Häufig verdeutlichen eingezeichnete **Hilfslinien** den Grundzusammenhang.

Lösen von Textaufgaben

(1) *Ansatz*
Was ist gegeben? Was ist gesucht? Strukturierungshilfen wie Tabellen und Skizzen erstellen. Festlegen, welche Grösse *die Lösungsvariable* ist.

(2) *Gleichung aufstellen*
Den Grundzusammenhang erkennen und die Gleichung aufstellen.

(3) *Gleichung nach der Lösungsvariablen auflösen.*

(4) *Antwort*
Die Grundmenge, die durch die Aufgabenstellung gegeben ist, muss berücksichtigt werden. Kontrolle der Lösung.

Kommentar

- Die Masseinheiten müssen so gewählt werden, dass sie zusammenpassen.
- Prozentangaben werden als gewöhnlicher Dezimalbruch $\frac{p}{100}$ geschrieben.

■ Beispiele

(1) 10 Liter 80 %iger Alkohol sollen mit Wasser zu 50 %igem Alkohol verdünnt werden. Wie viel Wasser muss hinzugefügt werden?

Lösung:

	Gemisch in Liter	Alkoholgehalt in $\frac{p}{100}$	Reiner Alkohol in Liter
Alkohol 80 %ig	10	0.8	8
Wasser	x	0.0	0
Alkohol 50 %ig	$10+x$	0.5	$0.5\,(10+x)$

Die *Bilanz* in der vierten Spalte führt zur *Gleichung*. Die Menge an reinem Alkohol im Alkohol zu 80 % ist gleich der Menge im verdünnten Alkohol zu 50 %, da nur Wasser dazukommt:

$$8+0=0.5(10+x)$$
$$8=5+0.5x$$
$$3=0.5x$$
$$x=6$$

Es müssen 6 Liter Wasser hinzugefügt werden.

(2) Bei einem Rechteck ergeben die Breite b und die Diagonale d zusammen 41.4 cm. Die Länge l beträgt 27.6 cm. Berechnen Sie den Flächeninhalt A des Rechtecks.

Lösung:
Gesucht ist $A = l \cdot b$. Die Länge l ist gegeben. Also ist b die Lösungsvariable.

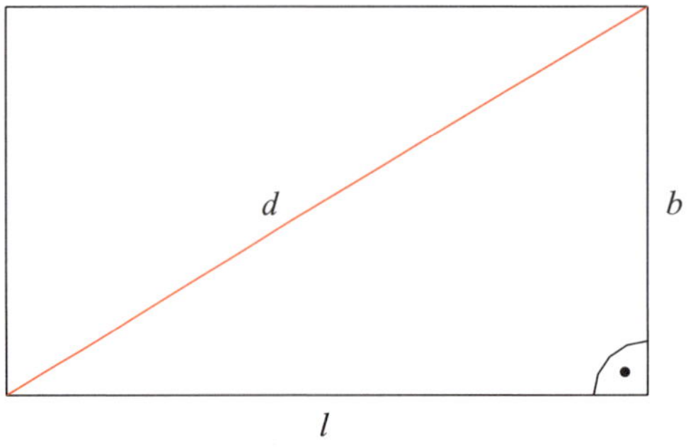

$$b + d = 41.4 \quad \Rightarrow \quad d = 41.4 - b$$

Mit dem Satz von Pythagoras folgt:

$$\begin{aligned} d^2 - b^2 &= l^2 \\ (41.4 - b)^2 - b^2 &= 27.6^2 \\ 1713.96 - 82.8b + b^2 - b^2 &= 761.76 \\ -82.8b &= -952.2 \\ b &= \frac{952.2}{82.8} = 11.5 \end{aligned}$$

Die Fläche ist: $A = 27.6 \cdot 11.5 \text{ cm}^2 = 317.4 \text{ cm}^2$

(3) Die Summe der ersten n natürlichen Zahlen, ist gleich gross wie die grösste dieser Zahlen mit 52 multipliziert.

Lösung:
Gesucht sind die n ersten natürlichen Zahlen, die addiert werden müssen.
Die Summe der ersten n natürlichen Zahlen ist:

$$s = 1 + 2 + 3 + \ldots + (n-2) + (n-1) + n = \sum_{k=1}^{n} k$$

Zählt man das erste und das letzte Glied zusammen, ergibt dies $n + 1$.
Zählt man das zweite und das zweitletzte Glied zusammen, ergibt dies ebenfalls $n + 1$. Ebenso die Summe aus drittem und drittletztem Glied.
Insgesamt gibt es also $\frac{n}{2}$ solche Paare, die alle den Wert $n + 1$ haben.
Die Summe der ersten n natürlichen Zahlen ist somit:

$$s = \frac{n}{2}(n+1)$$

$$\begin{aligned} \frac{n}{2}(n+1) &= 52 \cdot n && | \cdot 2 \\ n^2 + n &= 104n && | : n \quad \text{falls} \quad n \neq 0 \\ n + 1 &= 104 && | - 1 \\ n &= 103 \end{aligned}$$

Die Summe der ersten 103 natürlichen Zahlen ist $\frac{103}{2}(103+1) = 5356$, und das ist gleichviel wie $52 \cdot 103 = 5356$.

Bei Beispiel (3) musste die Summe der ersten n natürlichen Zahlen berechnet werden.

Summe der ersten n natürlichen Zahlen

$$\sum_{k=1}^{n} k = 1 + 2 + 3 + \ldots + (n-1) + n = \frac{n}{2}(n+1) \qquad (13)$$

◆ Übungen 37 → S. 131

Terminologie

äquivalent $\Leftrightarrow$	Grundmenge $\mathbb{G}$	Lösungsvariable
Äquivalenzumformung	halbgrafische Methode	Parameter
Bruchgleichung	Hauptnenner	Textaufgabe
Gleichung 1. Grades	kleiner $<$	Unbekannte
Definitionsmenge $\mathbb{D}$	kleiner oder gleich $\leq$	unendlich viele Lösungen
Fallunterscheidung	leere Menge $\{\,\}$	Ungleichung
grösser $>$	lineare Gleichung	Variable
grösser oder gleich $\geq$	Linearfaktoren	Vorzeichenmuster
Grundform der linearen Gleichung	Lösungsmenge $\mathbb{L}$	

8.6 Übungen

Übungen 33

1. Welche Aussagen sind falsch?
   (1) Der Grad einer Gleichung hängt vom Exponenten der Lösungsvariablen ab.
   (2) Fällt beim Umformen der Gleichung die Lösungsvariable weg, dann hat die Gleichung keine Lösung.
   (3) Eine lineare Gleichung hat immer eine Lösung.
   (4) $ax = b$ ist die Grundform der linearen Gleichung.

2. Lösen Sie die Gleichungen nach x auf:

   a) $5x - (2x+3) = 0$
   b) $3x + (1-2x) = 10 - (3x+5)$
   c) $0 = 2x - (3x-25) - 14$
   d) $-12(2x-5) - 33 = 117 - 10(4x+9)$
   e) $(x-2)(x-8) = (x-3)^2 + 7$
   f) $(x+1)(x+6) = (x+3)^2$
   g) $x(x+4) - 3 = (x+1)(x-3) + 6x$
   h) $(x+3)^2 - 3x = 2x + (x+2)(x-1)$

3. Berechnen Sie die Lösungsmenge $\mathbb{L}$ der folgenden Gleichungen:

   a) $x(x+1)(x-2) - (x+4)(x-5) = x^2(x-2)$
   b) $2y - (y+2)(y-2) = (y+3)^2 - 2y^2$
   c) $2(z + 4(3-2z)) = 2(5z - (z-1))$

d) $(2x-3)^2 - x(5x-2(x-6)) = x^2 + 12$
e) $(4y-1)^2 - (3y+1)(3y-1) - 1 = (2y+1)^2 + 3y^2$
f) $(z-1)(z-2)(z-3) - (z+1)(z+2)(z-4) = -5z^2 + 44$
g) $4(2(x-5) - 2(3-x)) + 2x = 5x - 2(x - 2(2-x)) + 4$
h) $(2x - ((x-1)(x-1) - x(x+1) - 1)) + x = 8 - (x - 2 - (2-x))$

4. Bestimmen Sie die Lösungsmenge $\mathbb{L}$ der folgenden Gleichungen:

a) $(x-6)(x+3) = (x-12)(x+9)$
b) $(w-12)(w+3) = (w-12)(w-3)$
c) $-76 = 12(x-2) - 4(3x+13)$
d) $4(3y+13) - 12(y-2) = -76$
e) $6(x-1)(x+9) = (2x+18)(3x-3)$
f) $(3z-2)^2 - z(z-3(z-4)) + 5 = 11z^2$

5. Bestimmen Sie die Lösungsmenge $\mathbb{L}$ zuerst für $\mathbb{G} = \mathbb{Z}$, dann für $\mathbb{G} = \mathbb{R}$:

a) $5x + 2 \leq -3x - 10$
b) $6(2u-5) \geq 7u + 5$
c) $x - (2x - (3x-3) - 2) - 1 < 1$
d) $(y+2)(y-4) > (y-5)^2$
e) $-3x - 1 \leq -2(1.5x - 11)$
f) $-4z - 10 > -5(z+2)$

6. Bestimmen Sie die Lösungsmenge $\mathbb{L}$ der folgenden Gleichungen:

a) $\frac{x}{3} = 2 + \frac{x}{5}$
b) $\frac{v}{3} + 1 = \frac{5}{2} - \frac{5v}{12}$
c) $\frac{2x+4}{3} - x = \frac{x-4}{6} - \frac{3x+1}{5}$
d) $\frac{3y+4}{16} + \frac{5y-4}{12} = \frac{2y-3}{8} + \frac{7}{24}$
e) $\frac{x+1}{3} - \frac{x-1}{2} = \frac{x+1}{6} - \frac{x-2}{3}$
f) $\frac{3}{10} + \frac{6z-9}{4} - \frac{3z-3}{2} = 0$

Übungen 34

7. Lösen Sie die Gleichungen ohne Fallunterscheidung nach x auf:

a) $a^2x + a^3 = a^2$
b) $4x + 2b = x + 14b$
c) $cx + 2d = dx + 3c$
d) $px - p^2 = 2x - 4$
e) $kx = -x - k + 1$
f) $(x - 2\lambda)^2 = (x - 2\mu)^2$

8. Bestimmen Sie die Lösungsmenge $\mathbb{L}$ ohne Fallunterscheidung, wenn x die Lösungsvariable ist:

a) $(x+2a)^2 = 2x(x+2a) - x(x-1)$
b) $a(b-x) + b(c-x) = cx + b(a-x)$
c) $2(\alpha^2 + \delta^2 + 5) - (\alpha(3\alpha - x) - \delta(x - \delta)) = 10$
d) $(x-h)(x+h) + (h+1)^2 = (x-h)^2 + 2(x+1)$
e) $(x-p-q)^2 + q^2 = (x+p)^2 - 2pq$
f) $(x+m-n)(m-x-n) + 2mn = (m-x)(n+x) + mn$

9. Formen Sie nach der in eckigen Klammern angegeben Variablen um:

a) $M = \pi \cdot r \cdot s \quad [r; s]$

b) $A = \frac{e \cdot f}{2} \quad [e; f]$

c) $S = 2(ab + ac + bc) \quad [b; c]$

d) $A = \frac{\pi \cdot r^2 \cdot \alpha}{360°} \quad [\alpha]$

e) $Z = K \cdot \frac{p}{100} \quad [K; p]$

f) $K_1 = K_0 + K_0 \cdot \frac{p}{100} \quad [p; K_0]$

g) $Z = K \cdot \frac{p \cdot t}{100 \cdot 360} \quad [K; t]$

h) $K_1 = K_0 + K_0 \cdot \frac{p \cdot t}{100 \cdot 360} \quad [K_0; t]$

10. Lösen Sie die Gleichungen für die angegebenen Parameterwerte:

a) $ax = 5a - 3 \qquad a \in \{-3; 0; 2\}$
b) $(b-4)x = b \qquad b \in \{0; 4; -5\}$
c) $cx + 5x = c \qquad c \in \{-5; 0; 8\}$
d) $(m+n)x = m \qquad m = n = 0; \qquad m = 10 \wedge n = -10; \qquad m = 4 \wedge n = -2$
e) $cx + 5d = dx + 5c \qquad c = d = 3; \qquad c = 2 \wedge d = -1$
f) $a^2x + a^2 = 4(x+1) \qquad a \in \{0; 2; -2\}$

11. Lösen Sie die Gleichungen nach x auf, indem Sie Fallunterscheidungen durchführen:

a) $-ax = 25$
b) $(b-4)x = 0$
c) $(a+1)x = 3$
d) $(d-2)x = d + 2$
e) $ux - 10x = u - 10$
f) $v^2x + 9vx = v^2 - 81$

12. Lösen Sie die Gleichungen nach x auf, indem Sie Fallunterscheidungen durchführen:

a) $(k^2 + k - 6)x = k - 2$
b) $wx + 4 = 3x - w$
c) $(a+b)x = a^2$
d) $rx + s^2 = r^2 - sx$
e) $m^2x - n = m + n^2x$
f) $\theta\lambda x - \theta = \lambda - 5\lambda x$

Übungen 35

13. Welche Aussagen sind richtig?

(1) Die Definitionsmenge $\mathbb{D}$ muss bei Bruchgleichungen angegeben werden, weil die Division durch null nicht definiert ist.
(2) Bei Bruchgleichungen mit der Lösungsvariablen im Nenner muss die Definitionsmenge $\mathbb{D}$ angegeben werden, da sie von der Grundmenge $\mathbb{G}$ abweichen kann.
(3) Brüche in Gleichungen schafft man weg, indem man die Nenner in Faktoren zerlegt und mit dem kgV der Nenner multipliziert.
(4) Ist die Definitionsmenge $\mathbb{D}$ nicht angegeben, dann ist die Multiplikation mit dem kgV der Nenner nicht in jedem Fall eine Äquivalenzumformung.

14. Bestimmen Sie die Definitionsmenge $\mathbb{D}$ und die Lösungsmengen $\mathbb{L}$ für $\mathbb{G} = \mathbb{R}$:

a) $\frac{10+x}{12x} - \frac{-5x+4}{6x} = 1 - \frac{x+3}{4x}$

b) $1 - \frac{2a}{2a+1} = \frac{1}{a}$

c) $\frac{x}{2x+3} = \frac{x-3}{2x-1}$

d) $\frac{2\varphi}{\varphi-3} + \frac{30-6\varphi}{4\varphi-12} = \frac{\varphi+3}{2\varphi}$

e) $1 - \frac{6}{x+3} + \frac{12x+3}{x^2-9} = \frac{2x-15}{2x-6}$

f) $\frac{1-3p}{2p-9} = \frac{3-6p}{4p+18} + \frac{9}{4p^2-81}$

g) $\frac{x+2}{x^2-8x+15} - \frac{1}{x-3} + \frac{x}{x-5} = 1$

h) $\frac{y-1}{y^2-y-2} - \frac{3-y}{y^2-4y+4} = \frac{2y}{y^2-2y}$

15. Bestimmen Sie die Definitionsmenge $\mathbb{D}$ und die Lösungsmengen $\mathbb{L}$ für $\mathbb{G} = \mathbb{R}$:

a) $1 + \frac{4}{2-x} = x \cdot \frac{x-4}{x-2} + 3 - x$

b) $\frac{1-7z}{2-z} + \frac{8z-5}{5z-10} + \frac{7-9z}{7z-14} = \frac{5z-3}{3z-6}$

c) $\frac{8}{x-6} - \frac{5}{x-7} = \frac{8}{x-1} - \frac{5}{x+1}$

d) $\frac{2}{\mu} - \frac{2}{\mu+1} = \frac{2}{\mu+2} - \frac{2}{\mu+3}$

e) $\frac{x - \frac{2}{3}}{\frac{2x}{3} - 1} = \frac{\frac{3x}{2} - \frac{1}{3}}{x - \frac{4}{3}}$

f) $\frac{\frac{m}{3} + \frac{1}{4}}{\frac{m}{3} - \frac{1}{4}} = \frac{\frac{5m}{3} + \frac{1}{3}}{\frac{5m}{3} - 4}$

16. Bestimmen Sie die Definitionsmenge $\mathbb{D}$ und die Lösungsmengen $\mathbb{L}$ für $\mathbb{G} = \mathbb{R}$:

a) $\frac{x}{x-4} + \frac{2(x-6)}{x-4} = 3$

b) $\frac{b+1}{b-4} + \frac{b-5}{b-4} = 12$

c) $\frac{x}{3(x-4)} + \frac{x-6}{x-4} = 1.5$

d) $\frac{1-4y}{y-3} = \frac{4-5y}{y-3}$

e) $\frac{x^2+4x}{x^2-5x} = \frac{x+4}{x-5}$

f) $\frac{\phi-2}{\phi+2} - \frac{\phi+2}{\phi+5} = \frac{2(\phi-4)}{(\phi+2)(\phi+5)}$

17. Bestimmen Sie die Definitionsmenge $\mathbb{D}$ und die Lösungsmengen $\mathbb{L}$ für $\mathbb{G} = \mathbb{R}$:

a) $\frac{1}{x} + \frac{1}{n} = \frac{1}{m}$

b) $\frac{3bx - 4b^2}{x-b} = b + \frac{2bx + 3b^2}{x}$

c) $\frac{p+q}{x} = a + b - \frac{p-q}{x}$

d) $\frac{c+x}{x} = 1 + \frac{c^2}{c+x}$

e) $\frac{\delta - 2x}{6x - \varepsilon} = \frac{\delta - x}{3x - \varepsilon}$

f) $\frac{x-c}{x+c} - \frac{x+3d}{x-c} = \frac{3cd - d^2}{c^2 - x^2}$

18. Lösen Sie die Gleichungen ohne Fallunterscheidung nach z auf:

a) $3p + \frac{3}{p + \frac{1}{z}} = 6p$

b) $\frac{m - \frac{1}{z}}{m + \frac{1}{z}} = \frac{z - \frac{1}{m}}{z + \frac{1}{m}} + \frac{1}{z} - \frac{1}{m}$

19. Lösen Sie die Gleichungen ohne Fallunterscheidung nach y auf:

a) $\frac{y-m}{m-n} - \frac{y}{m} + \frac{m+y}{m+n} = \frac{m^2 - ny}{mn}$

b) $\frac{a-y}{4y+4a} - \frac{y+a}{4(a-y)} = \frac{a^2+a}{y^2-a^2}$

c) $\frac{d}{cy - c^2} + \frac{c-y}{d} = \frac{dy - c^3 - cy^2}{cdy - c^2 d}$

d) $\frac{\beta}{\mu y - \mu^2} + \frac{\mu - y}{\beta} = \frac{\beta y - \mu y^2}{\mu\beta y - \mu^2\beta} - \frac{\mu^2}{\beta y - \mu\beta}$

20. Formen Sie nach der in eckigen Klammern angegeben Variablen um:

a) $E = \frac{1}{2} m \cdot v^2 \quad [m]$

b) $F_G = G \cdot \frac{m_1 \cdot m_2}{r^2} \quad [m_1; G]$

c) $s_n = a_1 \cdot n + \frac{n \cdot (n-1)}{2} \cdot d \quad [a_1; d]$

d) $\frac{1}{f} = \frac{1}{g} + \frac{1}{b} \quad [f; g]$

e) $\frac{1}{R} = \frac{1}{R_1} + \frac{1}{R_2} + \frac{1}{R_3} \quad [R_1; R_3]$

f) $m = \frac{M \cdot Q}{z \cdot F} \quad [z; F]$

21. Lösen Sie die Gleichungen nach x auf, indem Sie Fallunterscheidungen durchführen:

a) $\frac{x+2}{2-x} = m$

b) $\frac{x-1}{1-n} - n = 0$

c) $\frac{1}{x} = -\frac{c-10}{x-10}$

d) $\frac{\lambda}{x} + 2 = \frac{x}{x-\varphi} + 1$

e) $(k^2 + k - 20) = \frac{k-4}{x}$

f) $x - \frac{1}{b} = \frac{2x}{b} - \frac{c}{ab}$

Übungen 36

22. Bestimmen Sie die Lösungsmenge $\mathbb{L}$ der Bruchungleichungen mithilfe der halbgrafischen Methode am Zahlenstrahl. Geben Sie auch die Definitionsmenge $\mathbb{D}$ an:

a) $\frac{4x-6}{x-1} < 0$

b) $\frac{4x+6}{x-1} > 0$

c) $\frac{x-4}{2x+5} \leq 0$

d) $\frac{5}{6-3x} < -\frac{2}{3}$

e) $\frac{x+1}{3x} > \frac{6}{3x}$

f) $\frac{3}{2x+1} \leq \frac{4x-2}{2x+1}$

23. Bestimmen Sie die Lösungsmenge $\mathbb{L}$ der Bruchungleichungen mithilfe der halbgrafischen Methode am Zahlenstrahl. Geben Sie auch die Definitionsmenge $\mathbb{D}$ an:

a) $\frac{5}{1-5x} \geq \frac{2}{1-2x}$

b) $\frac{5x}{2-x} > \frac{5x}{2+x}$

c) $\frac{2x+7}{x+4} + 2 < -\frac{4x-3}{x-3}$

d) $\frac{4x+1}{11-x} \geq -\frac{7-4x}{11+x}$

Übungen 37

24. Zieht man von 45 das Dreifache einer gesuchten Zahl ab, so erhält man die um 10 verminderte Zahl.

25. Bildet man die Summe des Dreifachen und des Elffachen einer gesuchten Zahl, so erhält man das Vierfache der Summe von 95 und der gesuchten Zahl.

26. Die Summe von sechs aufeinanderfolgenden natürlichen Zahlen beträgt 5055.

27. Die Summe dreier Zahlen ist 125. Die erste ist um 10 grösser als die zweite. Multipliziert man die erste Zahl mit 6, die zweite mit 7 und die dritte mit 9, so beträgt die Summe der multiplizierten Zahlen 1000.

28. Die Summe zweier Zahlen beträgt 99. Dividiert man die grössere durch die kleinere, so erhält man 5, wobei ein Rest von 9 übrig bleibt.

29. Die Differenz zweier Zahlen beträgt 140. Dividiert man die grössere durch die kleinere, so erhält man 6, wobei ein Rest von 5 übrig bleibt.

30. An einer Party in Frankreich begrüssen sich die Gäste mit zwei Wangenküssen. Da drei Gäste unentschuldigt fernbleiben, wird 288-mal weniger geküsst. Wie viele Gäste nahmen an der Party teil?

31. An einer Party stösst jeder mit jedem an. Da fünf Gäste unangemeldet gekommen sind, hört man die Gläser 110-mal zusätzlich erklingen.
Wie viele Gäste nahmen an der Party teil?

32. In einem Kaffeegeschäft werden 80 kg Kaffeemischung, das Kilogramm zu CHF 24.–, bestellt. Die Sorte 1 kostet CHF 20.50, die Sorte 2 CHF 26.–.
Wie viel Kilogramm von jeder Sorte sind in der Mischung?

33. Von einer Teesorte sollen 20 kg zu CHF 32.– das Kilogramm mit einer zweiten Teesorte zu CHF 38.– gemischt werden.
Wie viel Kilogramm braucht es von Sorte 2, wenn 1 kg der Mischung CHF 35.60 kosten soll?

34. Der Drink Gummibärchen besteht aus Wodka und Energydrink. Der Alkoholgehalt des Wodkas beträgt 40 %, der Energiegehalt 22 Kilokalorien pro Zentiliter. 100 Milliliter Energydrink haben einen Energiegehalt von 46 Kilokalorien.

a) Wie viele Zentiliter Energydrink müssen Sie zu 4 Zentiliter Wodka mischen, damit der Alkoholgehalt des Drinks 8 % beträgt?
b) Wie viel Wodka dürfen Sie in 335 ml Energydrink maximal dazu mixen, damit der Kaloriengehalt des Drinks höchstens 300 Kilokalorien beträgt?

35. 22 l Spiritus zu 85 % werden mit 30 l Spiritus zu 55 % gemischt.
Wie viele Prozent Alkohol enthält die Mischung?

36. Aus Alkohol von 54 % und 88 % sollen 210 l mit 75 % Alkoholgehalt hergestellt werden. Wie viele Liter müssen von jeder Sorte verwendet werden?

37. 250 l einer Sole (Salzlösung) mit 5 % Salzgehalt sollen durch Verdampfen Wasser entzogen werden, sodass eine Sole von 12 % entsteht.
Wie viele Liter Wasser müssen der Sole entzogen werden?

38. 140 l Sole von 17 % Salzgehalt sollen durch Zugabe von Wasser so verdünnt werden, dass eine Sole von 3 % entsteht.
Wie viele Liter Wasser müssen der Sole zugegeben werden?

39. In einer Badewanne sind 50 l warmes Wasser mit einer Temperatur von $58\,°\text{C}$.
Wie viele Liter $10\,°\text{C}$ warmes Wasser müssen in die Badewanne einlaufen, damit die Badetemperatur $32\,°\text{C}$ beträgt?

40. Messing ist eine Legierung aus Kupfer und Zink, deren Kupfergehalt in Prozent angegeben wird.
Wie viele Kilogramm Zink muss man mit 44.4 kg reinem Kupfer zusammenschmelzen, um eine Messinglegierung von 60 % zu erhalten?

41. Eine Platte aus Messing hat eine Masse von 12 kg und eine Dichte von 8.2 kg/dm^3.
Wie viele Kilogramm Kupfer mit einer Dichte von 8.9 kg/dm^3 und wie viele Kilogramm Zink mit einer Dichte von 7.14 kg/dm^3 enthält die Legierung?

42. Welches Kapital steigt bei einem Zinssatz von 4 % in einem Jahr auf CHF 10 000.– an?

43. Ein Kapital steigt in einem Jahr von CHF 50 000.– auf CHF 51 750.– an.
Wie gross war der Zinssatz?

44. Welches Kapital gibt zu 10 % den gleichen Jahreszins wie CHF 10 000.– zu 7 %?

45. Ein Kapital von CHF 90 000.– bringt den gleichen Jahreszins wie ein Kapital von CHF 110 000.–, da der Zinssatz des grösseren Kapitals um 1 % kleiner ist als der des kleineren Kapitals. Wie gross ist der kleinere Zinssatz?

46. Ein Teil eines Kapitals von CHF 45 000.– wird zu 2 %, der andere zu 3 % angelegt. Der Jahreszins des Gesamtkapitals beträgt CHF 1035.–.
Wie wurde das Kapital aufgeteilt?

47. Die Summe der Hypotenuse und einer Kathete eines rechtwinkligen Dreiecks beträgt 16.9 cm. Berechnen Sie den Flächeninhalt des rechtwinkligen Dreiecks, wenn die Länge der anderen Kathete 9.1 cm beträgt.

48. Die Breite b eines Rechtecks beträgt ein Viertel seiner Länge l. Verlängert man b um 5 cm und verkürzt man l um 10 cm, so vergrössert sich die Fläche A um 200 cm^2. Wie gross sind die Seiten des ursprünglichen Rechtecks?

49. Der Umfang U eines Rechtecks beträgt 46 cm. Verkürzt man die Länge l um 8 cm und verlängert man zugleich die Breite b um 2 cm, so nimmt die Fläche A um 20 cm^2 ab.
Wie gross sind die Seiten des ursprünglichen Rechtecks?

50. Verkürzt man bei einem Quadrat zwei parallele Seiten um 4 cm und verlängert die beiden anderen parallelen Seiten um 5 cm, so entsteht ein Rechteck, das den gleichen Flächeninhalt hat wie das ursprüngliche Quadrat.
Berechnen Sie die ursprüngliche Quadratseite.

51. Bestimmen Sie die Eckenzahl n eines regelmässigen Vielecks, wenn die Innenwinkelsumme 2880° beträgt.

52. Bestimmen Sie die Eckenzahl n eines regelmässigen Vielecks, wenn der Innenwinkel $\varphi = 165°$ beträgt.

53. Ein regelmässiges Vieleck hat 100 Diagonalen und 5 Ecken mehr als ein anderes Vieleck. Wie viele Ecken hat das Vieleck mit der grösseren Eckenzahl?

54. Ein 4 m hoher Fahnenmast wird vom Sturm geknickt. Auf welcher Höhe befindet sich die Knickstelle, wenn die Mastspitze den Boden 1.25 m vom Mastfuss entfernt berührt?

55. Ein kreisförmiger Teich hat den Durchmesser $d = 3$ m. In seiner Mitte ragt ein Schilfrohr 45 cm aus dem Wasser. Wenn man die Spitze ans Ufer zieht, so berührt sie gerade die Wasseroberfläche. Wie tief ist der Teich in der Mitte?

56. Berechnen Sie den Radius r für $a = 10$ cm und allgemein:

a)

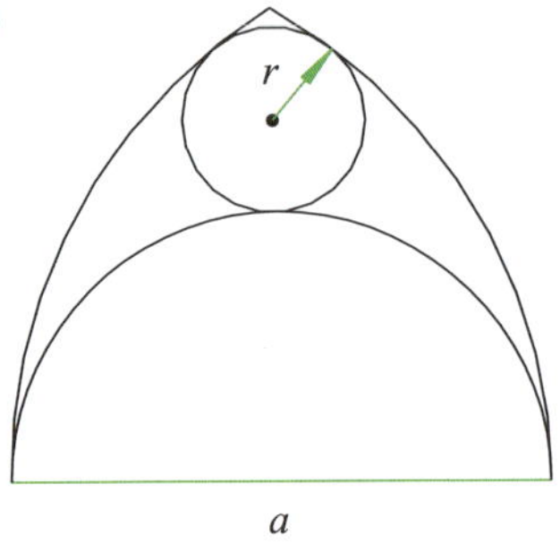

b)

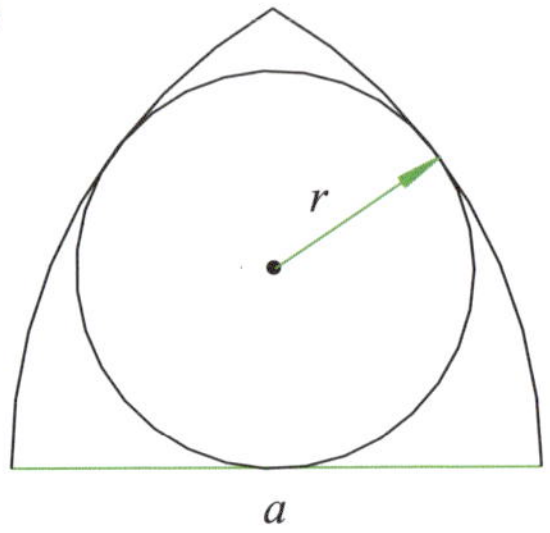

57. Um 18 Uhr bilden der Stunden- und Minutenzeiger einer Uhr einen gestreckten Winkel.

a) Wann bilden die Zeiger einen rechten Winkel?
b) Wann liegen die beiden Zeiger übereinander?
c) Wie oft liegen die Zeiger innerhalb von 12 Stunden übereinander? Erkennen Sie eine Gesetzmässigkeit?

58. Ein Intercityzug durchfuhr die alte Strecke zwischen Mattstetten und Rothrist mit 160 km/h. Mit dem neuen Zugsicherungssystem sind die Züge mit 200 km/h unterwegs und legen diese Strecke 3 Minuten 23 Sekunden schneller zurück als früher. Wie lange ist die Neubaustrecke?

59. In welcher Zeit wird der Lötschbergbasistunnel von einem Güterzug mit einer Geschwindigkeit von 110 km/h durchfahren, wenn die Tunnellänge 34.6 km beträgt?

60. Ein Personenzug durchfährt in 10 Minuten 22 Sekunden den 34.6 km langen Lötschbergbasistunnel. Wie gross ist seine Durchschnittsgeschwindigkeit im Tunnel?

61. Zwei Züge fahren gleichzeitig von beiden Seiten in den 57 km langen Gotthardbasistunnel ein. Einer der Züge hat eine Durchschnittsgeschwindigkeit von 150 km/h, der andere von 200 km/h. Wann und wo treffen sich die beiden Züge?

62. Zwei Züge fahren gleichzeitig in den neuen Gotthardbasistunnel, der 57 km lang ist, ein. Sie kreuzen sich nach 12 Minuten und 30 Sekunden, wobei einer der Züge mit einer Durchschnittsgeschwindigkeit von 160 km/h unterwegs ist.
Mit welcher durchschnittlichen Geschwindigkeit ist der zweite Zug unterwegs?

63. Ein IC-Zug, der Bern um 7.00 Uhr verlässt, kommt in Zürich um 8.15 Uhr an. Die Strecke Bern–Zürich beträgt 164 km. Ein Güterzug hat Bern bereits um 6.15 Uhr verlassen und fährt mit einer Durchschnittsgeschwindigkeit von 70 km/h. Um wie viel Uhr überholt der IC den Güterzug?

64. Eine Tagesetappe mit einem Hausboot dauert flussabwärts 4 Stunden 15 Minuten, flussaufwärts aber 5 Stunden und 40 Minuten. Die Fliessgeschwindigkeit des Flusses beträgt 3 Kilometer pro Stunde. Wie gross wäre die Reisegeschwindigkeit des Bootes in einem ruhenden Gewässer?

9 Gleichungssysteme

Auf **Gleichungssysteme** stösst man beispielsweise bei der Behandlung und Lösung der folgenden Probleme:

- Berechnung von Kräften und Drehmomenten bei Brücken, Kranauslegern, Dächern, Flugzeugstrukturen, …
- Berechnung der Stromstärke in elektrischen Netzwerken mit Widerständen, Kondensatoren und Spulen.

Definition

Gleichungssystem

Ein System, das aus einer Anzahl (≥ 2) *Gleichungen* über derselben Grundmenge mit der *Verknüpfung* $\wedge$ («und») besteht.

Lösungsmenge eines Gleichungssystems

Besteht aus jenen *Elementen* (Paaren, Tripeln, …), welche nach Einsetzen alle Gleichungen zugleich in eine *wahre Aussage* überführen.

Lineares Gleichungssystem

Ein Gleichungssystem, das aus lauter *linearen Gleichungen* besteht.

Kommentar

- Bei einem Gleichungssystem mit zwei, drei, vier, n Unbekannten sind die Elemente der Lösungsmenge **Zahlenpaare**, **Zahlentripel**, **Zahlenquadrupel**, **Zahlen-n-Tupel**, wobei die Zahlen eines Zahlentupels meist nach der alphabetischen Reihenfolge ihrer Variablen geordnet sind.

Beispiel

Gegeben sei das folgende Gleichungssystem mit den Lösungsvariablen x, y und z:

$$\left| \begin{array}{ccccc} x & + & y & = & 5 \\ y & - & z & = & 1 \\ x & - & z & = & 0 \end{array} \right| \qquad (1)$$

Das Gleichungssystem besteht aus *drei Gleichungen* mit den *Variablen* x, y und z. *Die Lösung* der Gleichung ist ein *Zahlentripel*. Wenn wir in allen drei Gleichungen $x = 2$, $y = 3$ und $z = 2$ einsetzen, dann gehen alle Gleichungen in eine *wahre Aussage* über.

$$\left| \begin{array}{ccccc} 2 & + & 3 & = & 5 \\ 3 & - & 2 & = & 1 \\ 2 & - & 2 & = & 0 \end{array} \right| \quad \Rightarrow \quad \left| \begin{array}{c} 5 = 5 \\ 1 = 1 \\ 0 = 0 \end{array} \right| \qquad (2)$$

Die Lösungsmenge besteht aus einem Element, dem Zahlentripel $(x; y; z) = (2; 3; 2)$:

$$\mathbb{L} = \{(2; 3; 2)\}$$

Kommentar

- Der gleiche Wert für x, der die obere Gleichung erfüllt, muss auch die unteren Gleichungen erfüllen. Dasselbe gilt für y und z. Man spricht deshalb von einem **System von Gleichungen**. Die «und»-Verknüpfung wird dabei häufig durch die beiden senkrechten Striche links und rechts symbolisiert.

9.1 Lineare Gleichungssysteme mit zwei Unbekannten

9.1.1 Grundform eines linearen Gleichungssystems mit zwei Unbekannten

In diesem Kapitel geht es vorwiegend um lineare Gleichungssysteme, die aus **zwei** Gleichungen und **zwei** Unbekannten bestehen.

■ Einführendes Beispiel

Gegeben sei das folgende lineare Gleichungssystem mit den Lösungsvariablen x und y.

$$\left| \begin{array}{rcrcr} 2x & - & y & = & -7 \\ x & + & y & = & 4 \end{array} \right| \qquad (3)$$

Das Gleichungssystem (3) ist **linear**, die Unbekannten kommen nur in der **ersten Potenz** vor: $x = x^1$ und $y = y^1$. Enthielte es Terme mit x^2, xy, $\ln y$ oder $\sin x$, so wäre das Gleichungssystem nicht linear. Setzen wir für $x = -1$ und $y = 5$ ein, dann wird sowohl die obere wie die untere Gleichung zu einer wahren Aussage. Das Gleichungssystem hat das **Zahlenpaar** $(x; y) = (-1; 5)$ als Lösung.

Das Gleichungssystem des Einführungsbeispiels ist in der sogenannten **Grundform** notiert:

Definition **Grundform eines linearen Gleichungssystems**

Jedes lineare Gleichungssystem mit zwei Unbekannten lässt sich in eine Form bringen, die *Grundform* heisst:

$$\left| \begin{array}{rcrcr} a_1x & + & b_1y & = & c_1 \\ a_2x & + & b_2y & = & c_2 \end{array} \right| \qquad (4)$$

Die Parameter $a_k, b_k \in \mathbb{R}$ heissen Koeffizienten, c_k Konstanten $(k = 1, 2)$.

■ Beispiele

(1) Das Gleichungssystem mit den Lösungsvariablen m und n

$$\left| \begin{array}{ccccc} \frac{2m}{3} & + & \sqrt{17} & = & \frac{n}{2} \\ 4 & - & n & = & m\pi \end{array} \right|$$

ist *linear*, weil es sich auf die Grundform bringen lässt:

$$\left| \begin{array}{rcrcr} 4 \cdot m & - & 3 \cdot n & = & -6\sqrt{17} \\ \pi \cdot m & + & 1 \cdot n & = & 4 \end{array} \right|$$

In dieser Form lassen sich die Koeffizienten a_k, b_k und die Konstanten c_k leicht ablesen.

(2) Das Gleichungssystem

$$\left| \begin{array}{ccccc} \frac{5}{u} & + & 3 & = & v \\ u & - & \sqrt{v} & = & 1 \end{array} \right|$$

ist *nicht linear*, weil in der ersten Gleichung die Unbekannte u im Nenner vorkommt. Die zweite Gleichung ist auch nicht linear, weil die Unbekannte v unter einer Wurzel steht.

◆ Übungen 38 → S. 150

9.1.2 Herkömmliche Lösungsverfahren

Die folgenden Standardmethoden können zur Bestimmung der beiden Unbekannten verwendet werden. Allen Verfahren ist gemeinsam, dass man versucht, eine Unbekannte zu eliminieren. Man reduziert **zwei Gleichungen** mit **zwei Unbekannten** zunächst auf **eine Gleichung** mit **einer Unbekannten**.

Das erste Verfahren ist die **Additionsmethode:**
Gegeben sei das folgende Gleichungssystem:

$$\begin{array}{r|rcrcr|} \text{(I)} & 2x & - & 3y & = & 14 \\ \text{(II)} & x & + & 6y & = & -8 \end{array}$$

Wenn die Gleichung (I) mit 2 multipliziert wird, ist dies eine Äquivalenzumformung:

$$\begin{array}{r|rcrcr|} 2\cdot\text{(I)} & 4x & - & 6y & = & 28 \\ \text{(II)} & x & + & 6y & = & -8 \end{array}$$

Wir haben Gleichung (I) mit 2 multipliziert, damit beim Addieren die Variable y wegfällt:

$$\begin{array}{r|rcrcr|} 2\cdot\text{(I)} & 4x & - & 6y & = & 28 \\ \text{(II)} & x & + & 6y & = & -8 \\ \hline \text{(III)} & 5x & + & 0y & = & 20 \end{array}$$

Damit haben wir *eine* Gleichung (III) mit *einer* Unbekannten erhalten. Die erste Variable x kann nun bestimmt werden:

$$5x = 20 \quad \Rightarrow \quad x = 4$$

Den Wert der zweiten Variablen finden wir analog: Wir multiplizieren Gleichung (II) mit -2, damit beim Addieren die Variable x wegfällt.

$$\begin{array}{r|rcrcr|} \text{(I)} & 2x & - & 3y & = & 14 \\ -2\cdot\text{(II)} & -2x & - & 12y & = & 16 \\ \hline \text{(IV)} & 0x & - & 15y & = & 30 \end{array}$$

Aus Gleichung (IV) bestimmen wir die zweite Unbekannte y:

$$-15y = 30 \quad \Rightarrow \quad y = -2$$

Die Lösung des Gleichungssystems ist das Zahlenpaar $x = 4$ und $y = -2$: $\mathbb{L} = \{(4; -2)\}$
Wenn wir $x = 4$ und $y = -2$ in das Ausgangsgleichungssystem einsetzen, so führt dies bei beiden Gleichungen zu einer wahren Aussage:

$$\begin{array}{r|rcrcr|} \text{(I)} & 2\cdot 4 & - & 3\cdot(-2) & = & 14 \\ \text{(II)} & 4 & + & 6\cdot(-2) & = & -8 \end{array} \Rightarrow \begin{array}{|rcrcr|} 8 & + & 6 & = & 14 \\ 4 & - & 12 & = & -8 \end{array} \Rightarrow \begin{array}{|r|} 14 = 14 \\ -8 = -8 \end{array}$$

Das zweite Verfahren ist die **Einsetzmethode:**
Gegeben sei das folgende Gleichungssystem:

$$\begin{array}{r|rcrcr|} \text{(I)} & 16x & - & 4y & = & 1 \\ \text{(II)} & 2x & + & y & = & 2 \end{array}$$

Wir lösen Gleichung (II) nach y auf:

$$\text{(II)} \quad y = 2 - 2x$$

Die Variable y muss in Gleichung (I) und (II) denselben Wert haben. Deshalb dürfen wir (II) in (I) einsetzen:

(II) in (I) = (III) $16x - 4(2 - 2x) = 1$

Mit Gleichung (III) folgt für x:

$$16x - 4(2 - 2x) = 1 \quad \Rightarrow \quad 16x - 8 + 8x = 1 \quad \Rightarrow \quad 24x = 9 \quad \Rightarrow \quad x = \frac{3}{8}$$

Die Lösung $x = \frac{3}{8}$ können wir in die nach y aufgelöste Gleichung (II) einsetzen:

(III) in (II) = (IV) $y = 2 - 2 \cdot \frac{3}{8}$

Mit Gleichung (IV) folgt für y:

$$y = 2 - 2 \cdot \frac{3}{8} = \frac{16}{8} - \frac{6}{8} = \frac{10}{8} = \frac{5}{4}$$

Die Lösung des Gleichungssystems ist das Zahlenpaar $x = \frac{3}{8}$ und $y = \frac{5}{4}$: $\mathbb{L} = \left\{ \left(\frac{3}{8}; \frac{5}{4} \right) \right\}$

Kommentar

- Häufig verwendet man eine **Mischform** der beiden Methoden. Die erste Variable wird durch Addieren bestimmt, die zweite durch Einsetzen.
- Es ist auch möglich, beide Gleichungen nach **derselben Variablen** aufzulösen und dann einzusetzen. Dieser Spezialfall der Einsetzmethode kann als eigenständige Methode betrachtet werden und heisst **Gleichsetzmethode**.
- In der Praxis wählt man immer die Methode, für die der **Aufwand minimal** ist.

■ **Beispiel**

Lösen Sie das lineare Gleichungssystem mit den Variablen x_1 und x_2 und dem Parameter p auf:

$$\begin{array}{l} \text{(I)} \\ \text{(II)} \end{array} \left| \begin{array}{ccccc} 2x_1 & + & x_2 & = & 5(p+1) \\ x_1 & - & 3x_2 & = & 6-p \end{array} \right|$$

Das Gleichungssystem befindet sich bereits in der Grundform. Wir lösen das Gleichungssystem mit der *Einsetzmethode*. Zu diesem Zweck lösen wir Gleichung (II) nach x_1 auf:

(II) $x_1 = 3x_2 + 6 - p$

Anschliessend setzen wir (II) in (I) ein:

(II) in (I) = (III) $2(3x_2 + 6 - p) + x_2 = 5(p + 1)$

$$\Rightarrow \quad 6x_2 + 12 - 2p + x_2 = 5p + 5 \quad \Rightarrow \quad 7x_2 = 7p - 7 \quad \Rightarrow \quad x_2 = p - 1$$

Dieses Ergebnis $x_2 = p - 1$ von (III) setzen wir in der nach x_1 aufgelösten Gleichung (II) ein:

(III) in (II) = (IV) $x_1 = 3(p - 1) + 6 - p = 2p + 3$

Die Lösung lautet somit:

$\Rightarrow \quad x_1 = 2p + 3$ und $x_2 = p - 1$

Die Lösung des Gleichungssystems ist das Zahlenpaar $x_1 = 2p + 3$ und $x_2 = p - 1$

$\mathbb{L} = \{(2p + 3; p - 1)\}$

◆ Übungen 39 → S. 150

9.1.3 Substitution von nicht linearen Gleichungssystemen

Die Additionsmethode und die Einsetzmethode führen auch bei **nicht linearen** Gleichungssystemen oft auf die Lösung. In solchen Fällen empfiehlt es sich immer, die gefundenen Lösungen durch Einsetzen zu prüfen.

Beispiel

Lösen Sie das *nicht lineare* Gleichungssystem durch *Substitution*:

$$\begin{array}{l} \text{(I)} \\ \text{(II)} \end{array} \left| \begin{array}{ccccc} \frac{3}{2u-v} & = & \frac{11}{5} & + & \frac{4}{u+v} \\ \frac{2}{u+v} & + & \frac{5}{2u-v} & = & \frac{27}{5} \end{array} \right|$$

Wir substituieren mit $x = \frac{1}{2u-v}$ und $y = \frac{1}{u+v}$.

Das Gleichungssystem lautet dann:

$$\begin{array}{l} \text{(I)} \\ \text{(II)} \end{array} \left| \begin{array}{ccccc} 3x & = & \frac{11}{5} & + & 4y \\ 2y & + & 5x & = & \frac{27}{5} \end{array} \right| \Rightarrow \begin{array}{l} \text{(I)} \\ \text{(II)} \end{array} \left| \begin{array}{ccccc} 15x & - & 20y & = & 11 \\ 25x & + & 10y & = & 27 \end{array} \right|$$

Gleichung (II) wird mit 2 multipliziert und zu Gleichung (I) addiert:

$$\begin{array}{r} \text{(I)} \\ 2 \cdot \text{(II)} \end{array} \left| \begin{array}{ccccc} 15x & - & 20y & = & 11 \\ 50x & + & 20y & = & 54 \end{array} \right|$$

$$\text{(III)} \quad 65x + 0y = 65$$

$$65x = 65$$

$$x = 1$$

Durch Einsetzen von $x = 1$ aus Gleichung (III) in Gleichung (II) ergibt sich y:

(III) in (II) = (IV) $25 \cdot 1 + 10y = 27 \quad \Rightarrow \quad 10y = 2 \quad \Rightarrow \quad y = \frac{2}{10} = \frac{1}{5}$

Die Rücksubstitution liefert ein Gleichungssystem für u und v:

$$x = \frac{1}{2u-v} \text{ und } y = \frac{1}{u+v} \quad \Rightarrow \quad \begin{array}{l} \text{(V)} \\ \text{(VI)} \end{array} \left| \begin{array}{l} 1 = \frac{1}{2u-v} \\ \frac{1}{5} = \frac{1}{u+v} \end{array} \right|$$

Nach dem Wegschaffen der Brüche wird die *Additionsmethode* angewandt:

$$\begin{array}{l} \text{(V)} \\ \text{(VI)} \end{array} \left| \begin{array}{ccccc} 2u & - & v & = & 1 \\ u & + & v & = & 5 \end{array} \right|$$

$$\text{(VII)} \quad 3u = 6$$

$$u = 2$$

Wir setzen $u = 2$ von (VII) in (VI) ein:

(VII) in (VI) = (VIII) $2 + v = 5 \quad \Rightarrow \quad v = 3$

Die Lösung lautet somit: $\mathbb{L} = \{(2; 3)\}$

Kommentar

- Durch **Substitution** wurde das nicht lineare Gleichungssystem in ein lineares überführt. Ohne Substitution wäre dieses Gleichungssystem nur mit grösserem Aufwand lösbar.

◆ Übungen 40 → S. 152

9.1.4 Cramersche Regel

Betrachten wir das folgende allgemeine lineare Gleichungssystem:

$$\begin{array}{l} \text{(I)} \\ \text{(II)} \end{array} \left| \begin{array}{ccccc} a_1x & + & b_1y & = & c_1 \\ a_2x & + & b_2y & = & c_2 \end{array} \right|$$

Wir versuchen dieses allgemeine lineare Gleichungssystem mithilfe der Additionsmethode zu lösen. Dabei führen wir die Parameter a_k, b_k und c_k $(k = 1, 2)$ mit, als ob sie konkrete Werte wären. Dazu multiplizieren wir Gleichung (I) mit b_2 und Gleichung (II) mit $-b_1$:

$$\begin{array}{r} b_2 \cdot \text{(I)} \\ -b_1 \cdot \text{(II)} \end{array} \left| \begin{array}{ccccc} a_1b_2x & + & b_1b_2y & = & b_2c_1 \\ -a_2b_1x & - & b_1b_2y & = & -b_1c_2 \end{array} \right|$$

Die Koeffizienten von y unterscheiden sich in den beiden Gleichungen nur durch das Vorzeichen; deshalb fallen die Terme mit y weg, wenn die Gleichungen addiert werden:

$$\begin{array}{r} b_2 \cdot \text{(I)} \\ -b_1 \cdot \text{(II)} \end{array} \left| \begin{array}{ccccc} a_1b_2x & + & b_1b_2y & = & b_2c_1 \\ -a_2b_1x & - & b_1b_2y & = & -b_1c_2 \end{array} \right|$$

$$\text{(III)} \quad a_1b_2x - a_2b_1x = b_2c_1 - b_1c_2$$

Aus Gleichung (III) folgt für die Unbekannte x:

$$x = \frac{b_2c_1 - b_1c_2}{a_1b_2 - a_2b_1}$$

Sobald die Koeffizienten a_k und b_k sowie die Konstanten c_k bekannt sind, kann x durch Einsetzen bestimmt werden.

Die Unbekannte y bestimmen wir analog:

$$\begin{array}{r} -a_2 \cdot \text{(I)} \\ a_1 \cdot \text{(II)} \end{array} \left| \begin{array}{ccccc} -a_1a_2x & - & a_2b_1y & = & -a_2c_1 \\ a_1a_2x & + & a_1b_2y & = & a_1c_2 \end{array} \right|$$

$$\text{(IV)} \quad -a_2b_1y + a_1b_2y = -a_2c_1 + a_1c_2$$

Aus Gleichung (IV) folgt für die Unbekannte y:

$$y = \frac{-a_2c_1 + a_1c_2}{-a_2b_1 + a_1b_2} = \frac{a_1c_2 - a_2c_1}{a_1b_2 - a_2b_1}$$

Sobald die Koeffizienten a_k und b_k sowie die Konstanten c_k bekannt sind, kann y durch Einsetzen bestimmt werden.

Lösung eines linearen Gleichungssystems mit zwei Unbekannten

Das lineare Gleichungssystem

$$\left| \begin{array}{ccccc} a_1x & + & b_1y & = & c_1 \\ a_2x & + & b_2y & = & c_2 \end{array} \right| \tag{5}$$

mit den Unbekannten x und y, den Koeffizienten a_1, b_1, a_2 und b_2 und den Konstanten c_1 und c_2 hat die Lösung $(x; y)$ mit:

$$x = \frac{b_2c_1 - b_1c_2}{a_1b_2 - a_2b_1} \quad \text{und} \quad y = \frac{a_1c_2 - a_2c_1}{a_1b_2 - a_2b_1} \tag{6}$$

Die vier **Koeffizienten** werden üblicherweise in einer quadratischen Anordnung notiert:

$$\begin{pmatrix} a_1 & b_1 \\ a_2 & b_2 \end{pmatrix} \tag{7}$$

Man zeichnet noch eine Klammer darum und spricht von einer Matrix – der sogenannten **Koeffizientenmatrix**. Die Koeffizientenmatrix (7) ist eine 2×2-Matrix, sie hat 2 Zeilen und 2 Spalten.
Einer quadratischen Matrize, mit gleich vielen Zeilen wie Spalten, kann eine Zahl, die **Determinante**, **eindeutig** zugeordnet werden. Mit den Determinanten können lineare Gleichungssysteme gelöst werden.
Nach der **Regel von Sarrus** kann die Determinante von 2×2-Matrizen berechnet werden, indem vom Produkt der **Hauptdiagonalelemente,** $a_1 \cdot b_2$, das Produkt der **Nebendiagonalelemente,** $a_2 \cdot b_1$, subtrahiert wird:

Definition **Determinante einer zweireihigen Matrix**

Die *zweireihige Matrix*

$$\begin{pmatrix} a_1 & b_1 \\ a_2 & b_2 \end{pmatrix} \tag{8}$$

hat die *Determinante*:

$$D = \det \begin{pmatrix} a_1 & b_1 \\ a_2 & b_2 \end{pmatrix} \doteq a_1 \cdot b_2 - a_2 \cdot b_1 \tag{9}$$

Kommentar

- Die Determinante ist eine Zahl, die jeder quadratischen Matrix **eindeutig** zugeordnet ist.
- Die **Determinante** von (9) entspricht dem **Nenner** der Lösungen für die Unbekannten x und y in Gleichung (6).

■ **Beispiele**

(1) Berechnen Sie die Determinante von $\begin{pmatrix} 3 & -1 \\ 5 & 2 \end{pmatrix}$.

$$D = \det\begin{pmatrix} 3 & -1 \\ 5 & 2 \end{pmatrix} = 3 \cdot 2 - 5 \cdot (-1) = 6 + 5 = 11$$

(2) Berechnen Sie die Determinante von $\begin{pmatrix} 3a & -b^2 \\ 3 & a-2b \end{pmatrix}$.

$$D = \det\begin{pmatrix} 3a & -b^2 \\ 3 & a-2b \end{pmatrix} = 3a(a-2b) - 3(-b^2) = 3a^2 - 6ab + 3b^2 = 3(a-b)^2$$

◆ Übungen 41 → S. 152

Rein formal können in der Koeffizientenmatrix die Elemente der ersten Spalte, a_1 und a_2, durch die Konstanten c_1 und c_2 ersetzt werden. Die Determinante dieser neuen Matrix ist:

$$D_x = \det\begin{pmatrix} c_1 & b_1 \\ c_2 & b_2 \end{pmatrix} = c_1 \cdot b_2 - c_2 \cdot b_1 \qquad (10)$$

Diese Determinante D_x ist die erste **Nebendeterminante** des Gleichungssystems. Analog dazu kann die zweite Nebendeterminante D_y berechnet werden:

$$D_y = \det\begin{pmatrix} a_1 & c_1 \\ a_2 & c_2 \end{pmatrix} = a_1 \cdot c_2 - a_2 \cdot c_1 \qquad (11)$$

Definition **Hauptdeterminante und Nebendeterminanten**

Jedem linearen Gleichungssystem

$$\left|\begin{matrix} a_1x & + & b_1y & = & c_1 \\ a_2x & + & b_2y & = & c_2 \end{matrix}\right| \qquad (12)$$

werden *eindeutig* die *Hauptdeterminante* D

$$D = \det\begin{pmatrix} a_1 & b_1 \\ a_2 & b_2 \end{pmatrix} = a_1 \cdot b_2 - a_2 \cdot b_1 \qquad (13)$$

und die beiden *Nebendeterminanten* D_x und D_y

$$D_x = \det\begin{pmatrix} c_1 & b_1 \\ c_2 & b_2 \end{pmatrix} = c_1 \cdot b_2 - c_2 \cdot b_1 \qquad (14)$$

$$D_y = \det\begin{pmatrix} a_1 & c_1 \\ a_2 & c_2 \end{pmatrix} = a_1 \cdot c_2 - a_2 \cdot c_1 \qquad (15)$$

zugeordnet.

Vergleichen wir nun die Definitionen der Hauptdeterminante (13) und der Nebendeterminanten (14) und (15) mit der Lösung des linearen Gleichungssystems (6). Die Lösungen sind gegeben durch die **Quotienten** der **Nebendeterminanten** über der **Hauptdeterminanten**:

Cramersche Regel

Das lineare Gleichungssystem

$$\left| \begin{array}{ccccc} a_1x & + & b_1y & = & c_1 \\ a_2x & + & b_2y & = & c_2 \end{array} \right| \tag{16}$$

hat die Lösung:

$$x = \frac{\det \begin{pmatrix} c_1 & b_1 \\ c_2 & b_2 \end{pmatrix}}{\det \begin{pmatrix} a_1 & b_1 \\ a_2 & b_2 \end{pmatrix}} = \frac{c_1 \cdot b_2 - c_2 \cdot b_1}{a_1 \cdot b_2 - a_2 \cdot b_1} = \frac{D_x}{D} \tag{17}$$

$$y = \frac{\det \begin{pmatrix} a_1 & c_1 \\ a_2 & c_2 \end{pmatrix}}{\det \begin{pmatrix} a_1 & b_1 \\ a_2 & b_2 \end{pmatrix}} = \frac{a_1 \cdot c_2 - a_2 \cdot c_1}{a_1 \cdot b_2 - a_2 \cdot b_1} = \frac{D_y}{D} \tag{18}$$

Die Lösungsmenge lautet:

$$\mathbb{L} = \{(x; y)\} = \left\{ \left(\frac{D_x}{D}; \frac{D_y}{D} \right) \right\} \tag{19}$$

Kommentar

- Mit der Cramerschen Regel lässt sich die Lösung eines linearen Gleichungssystems sehr kompakt und einfach schreiben: $x = \frac{D_x}{D}$ und $y = \frac{D_y}{D}$
- Die Hauptdeterminante muss **von null verschieden** sein, da die Division durch null nicht definiert ist. Ist $D = 0$, liegen Spezialfälle vor, die im *nächsten Abschnitt diskutiert werden*.

■ Beispiel

$$\left| \begin{array}{ccccc} 7x & - & 3y & = & 11 \\ 5x & + & 2y & = & 13 \end{array} \right|$$

Lösung:

Hauptdeterminante: $D = \det \begin{pmatrix} 7 & -3 \\ 5 & 2 \end{pmatrix} = 14 - (-15) = 29$

Nebendeterminanten: $D_x = \det \begin{pmatrix} 11 & -3 \\ 13 & 2 \end{pmatrix} = 22 - (-39) = 61$

$D_y = \det \begin{pmatrix} 7 & 11 \\ 5 & 13 \end{pmatrix} = 91 - 55 = 36$

$x = \frac{D_x}{D} = \frac{61}{29}$ und $y = \frac{D_y}{D} = \frac{36}{29}$

Lösungsmenge: $\mathbb{L} = \left\{ \left(\frac{61}{29}; \frac{36}{29} \right) \right\}$

◆ Übungen 42 → S. 153

9.1.5 Lösungsverhalten eines linearen Gleichungssystems

Wir betrachten nochmals die Gleichungen im vorherigen Abschnitt und formen (17) und (18) um:

$$(a_1b_2 - a_2b_1)x = c_1b_2 - c_2b_1 \quad \Rightarrow \quad D \cdot x = D_x \tag{20}$$

$$(a_1b_2 - a_2b_1)y = a_1c_2 - a_2c_1 \quad \Rightarrow \quad D \cdot y = D_y \tag{21}$$

Um die Lösung $(x; y)$ zu finden, müssen die Gleichungen (20) und (21) durch die Hauptdeterminante D dividiert werden. Dies ist dann und nur dann zulässig, wenn die Hauptdeterminante von null verschieden ist:

Fall (1): $D \neq 0$

Wir untersuchen, was passiert, wenn die **Hauptdeterminante null** ist:

Fall (2): $D = 0 \quad \Rightarrow \quad 0 \cdot x = D_x; \quad 0 \cdot y = D_y$

Hier muss unterschieden werden:

Fall (2a):
Ist **mindestens eine der Nebendeterminanten D_x oder D_y von null verschieden**, dann finden wir bei mindestens einer der Unbekannten keine reelle Zahl, die Gleichung (20) oder Gleichung (21) erfüllen kann. Denn null mal die gesuchte Unbekannte kann nie eine von null verschiedene Zahl ergeben. Dann ist die Lösungsmenge des Gleichungssystems die **leere Menge**.

Fall (2b):
Sind **beide Nebendeterminanten D_x und D_y null**, dann können wir für x oder y sämtliche reellen Zahlen einsetzen. Das Gleichungssystem ist dann **allgemein gültig** und hat unendlich viele Lösungen.

Wir fassen zusammen:

Lösungen eines linearen Gleichungssystems

Wir unterscheiden 3 Fälle:

Fall (1):

Hauptdeterminante $D \neq 0$:

$$x = \frac{D_x}{D} \quad \text{und} \quad y = \frac{D_y}{D} \quad \Rightarrow \quad \mathbb{L} = \{(x; y)\} \tag{22}$$

Fall (2a):
Hauptdeterminante $D = 0$ und *mindestens eine* der Nebendeterminanten $D_k \neq 0$:

$$\Rightarrow \quad \mathbb{L} = \{\} \tag{23}$$

Fall (2b):
Hauptdeterminante $D = 0$ und *beide* Nebendeterminanten $D_x = D_y = 0$:

$$\Rightarrow \quad \mathbb{L} = \{(x(\lambda); y(\lambda)) | \lambda \in \mathbb{R}\} \tag{24}$$

Kommentar

- Bei Fall (2b) sind die Lösungen abhängig von einem Parameter (beliebige reelle Zahl). Betrachten Sie dazu Beispiel (2). Die Cramersche Regel sagt im Fall (2b) nur aus, dass es unendlich viele Lösungen gibt, jedoch nicht, welche dies sind.
- Bei der Einsetz- und Additionsmethode liegen die Fälle (2a) und (2b) vor, wenn beim Auflösen beide **Lösungsvariablen wegfallen**. Bei (2a) entsteht eine **falsche**, bei (2b) eine **wahre** Aussage.

Beispiele

(1) Lösen Sie das Gleichungssystem
$$\begin{array}{l|rcrcr|} \text{(I)} & x & - & y & = & 3 \\ \text{(II)} & -2x & + & 2y & = & 1 \end{array}$$

(a) mit der Einsetzmethode

(b) mit der Cramerschen Regel

Lösung:

(a) Gleichung (I) nach x auflösen und einsetzen in (II):

(I) $x = y + 3$

(I) in (II) = (III) $-2 \cdot (y+3) + 2y = 1 \quad \Rightarrow \quad -2y - 6 + 2y = 1 \quad \Rightarrow \quad 0 \cdot y = 7$

Es gibt keine reelle Zahl in (III), die mit null multipliziert 7 ergibt.

$\Rightarrow \quad \mathbb{L} = \{\,\}$

(b) $D = \det\begin{pmatrix} 1 & -1 \\ -2 & 2 \end{pmatrix} = 2 - 2 = 0$

$D_x = \det\begin{pmatrix} 3 & -1 \\ 1 & 2 \end{pmatrix} = 6 - (-1) = 7$ und $D_y = \det\begin{pmatrix} 1 & 3 \\ -2 & 1 \end{pmatrix} = 1 - (-6) = 7$

Fall (2a): Hauptdeterminante $D = 0$ und mindestens eine der Nebendeterminanten $D_k \neq 0$.

$\Rightarrow \quad \mathbb{L} = \{\,\}$

(2) Lösen Sie das Gleichungssystem
$$\begin{array}{l|rcrcr|} \text{(I)} & x & - & y & = & -3 \\ \text{(II)} & -2x & + & 2y & = & 6 \end{array}$$

(a) mit der Additionsmethode

(b) mit der Cramerschen Regel

Lösung:

(a)
$$\begin{array}{r|rcrcr|} 2 \cdot \text{(I)} & 2x & - & 2y & = & -6 \\ \text{(II)} & -2x & + & 2y & = & 6 \\ \hline \text{(III)} & 0 \cdot x & + & 0 \cdot y & = & 0 \end{array}$$

Die Gleichungen (I) und (II) enthalten die gleiche Information. Somit dürfen wir für y irgendeine beliebige reelle Zahl wählen:

In Gleichung (I) sei $y \in \mathbb{R}$ beliebig, aber fest. Dann ist x abhängig vom gewählten y:

$2x - 2y = -6 \quad \Rightarrow \quad x - y = -3 \quad \Rightarrow \quad x = y - 3$

Die Lösung lautet somit: $y \in \mathbb{R}$ und $x = y - 3$

$\Rightarrow \quad \mathbb{L} = \{(x; y) \,|\, y \in \mathbb{R} \wedge x = y - 3\}$

(b) Da es sich bei (a) und (b) um das gleiche Gleichungssystem handelt, muss die Cramersche Regel dasselbe Ergebnis liefern wie die Additionsmethode von (a):

$$D=\det\begin{pmatrix}1 & -1\\ -2 & 2\end{pmatrix}=2-2=0$$

$$D_x=\det\begin{pmatrix}-3 & -1\\ 6 & 2\end{pmatrix}=-6-(-6)=0 \quad \text{und} \quad D_y=\det\begin{pmatrix}1 & -3\\ -2 & 6\end{pmatrix}=6-6=0$$

Fall (2b): Hauptdeterminante $D=0$ und alle Nebendeterminanten $D_k=0$.

$$\mathbb{L}=\{(x;y)\,|\,y\in\mathbb{R}\wedge x=y-3\}$$

◆ Übungen 43 → S. 153

9.2 Lineare Gleichungssysteme mit mehr als zwei Unbekannten

Viele Anwendungsprobleme aus Physik und Technik führen auf ein lineares Gleichungssystem mit drei oder mehr Unbekannten. So treten bei der Berechnung von elektrischen Netzwerken bald einmal 10 oder mehr Unbekannte auf.
Die Lösungsmethodik bei linearen Gleichungssystemen mit mehr als zwei Unbekannten bleibt die gleiche: Die Einsetzmethode und die Additionsmethode können ohne Einschränkungen übernommen werden.

9.2.1 Einsetzmethode

Gegeben sei das folgende Gleichungssystem:

$$\begin{array}{l} \text{(I)} \\ \text{(II)} \\ \text{(III)} \end{array} \left| \begin{array}{ccccccc} a & + & 2b & - & c & = & 0 \\ 2a & + & b & + & c & = & 9 \\ a & + & b & + & 3c & = & 6 \end{array} \right|$$

Wir lösen Gleichung (II) nach c auf:

(II) $c=9-2a-b$

Wir setzen (II) in den Gleichungen (I) und (III) ein:

(II) in (I) = (IV) $a+2b-(9-2a-b)=0 \quad\Rightarrow\quad a+b=3$

(II) in (III) = (V) $a+b+3(9-2a-b)=6 \quad\Rightarrow\quad 5a+2b=21$

Die Gleichungen (IV) und (V) ergeben nun ein neues Gleichungssystem mit 2 Gleichungen und 2 Unbekannten:

$$\begin{array}{l} \text{(IV)} \\ \text{(V)} \end{array} \left| \begin{array}{l} a+b=3 \\ 5a+2b=21 \end{array} \right|$$

Löst man Gleichung (IV) nach b auf und setzt in Gleichung (V) ein, erhält man die Unbekannte a:

(IV) in (V) = (VI) $5a+2(3-a)=21 \quad\Rightarrow\quad 3a=15 \quad\Rightarrow\quad a=5$

Durch Einsetzen von a in Gleichung (IV) erhält man b:

(VI) in (IV) = (VII) $5+b=3 \quad\Rightarrow\quad b=-2$

Durch Einsetzen von $a=5$ und $b=-2$ in Gleichung (II) findet man c:

(VI); (VII) in (II) = (VIII) $c=9-2\cdot 5-(-2)=9-10+2=1$

Das *Lösungstripel* lautet: $a=5, b=-2$ und $c=7 \quad \Rightarrow \quad \mathbb{L}=\{(5;-2;1)\}$

9.2.2 Additionsmethode

Betrachten wir das lineare Gleichungssystem:

$$\begin{array}{l} \text{(I)} \\ \text{(II)} \\ \text{(III)} \end{array} \left| \begin{array}{rcrcrcr} u & + & 2v & - & w & = & 7 \\ 2u & - & v & + & 2w & = & 1 \\ u & + & v & - & w & = & 6 \end{array} \right|$$

Wir eliminieren die Unbekannte v durch **Addition**, indem wir Gleichung (II) mit (I) und anschliessend mit (III) addieren:

$$\begin{array}{r} \text{(I)} \\ 2\cdot\text{(II)} \end{array} \left| \begin{array}{rcrcrcr} u & + & 2v & - & w & = & 7 \\ 4u & - & 2v & + & 4w & = & 2 \end{array} \right|$$

$$\text{(IV)} \quad 5u + 0 + 3w = 9$$

$$\begin{array}{l} \text{(II)} \\ \text{(III)} \end{array} \left| \begin{array}{rcrcrcr} 2u & - & v & + & 2w & = & 1 \\ u & + & v & - & w & = & 6 \end{array} \right|$$

$$\text{(V)} \quad 3u + 0 + w = 7$$

Dadurch haben wir die Anzahl Gleichungen und die Anzahl Unbekannte je um eins reduziert.

$$\begin{array}{l} \text{(IV)} \\ \text{(V)} \end{array} \left| \begin{array}{rcrcr} 5u & + & 3w & = & 9 \\ 3u & + & w & = & 7 \end{array} \right|$$

Als Nächstes wird die Unbekannte w eliminiert:

$$\begin{array}{r} -1\cdot\text{(IV)} \\ 3\cdot\text{(V)} \end{array} \left| \begin{array}{rcrcr} -5u & - & 3w & = & -9 \\ 9u & + & 3w & = & 21 \end{array} \right|$$

$$\text{(VI)} \quad 4u + 0 = 12$$

Gleichung (VI) liefert die Lösung für die Unbekannte u.

$$4u+0=12 \quad \Rightarrow \quad u=\frac{12}{4}=3$$

Durch Einsetzen von u in Gleichung (V) findet man w:

(VI) in (V) = (VII) $3u+w=7 \quad \Rightarrow \quad w=7-3u \quad \Rightarrow \quad w=7-3\cdot 3=-2$

Durch Einsetzen von u und w in Gleichung (III) findet man v:

(VI); (VII) in (III) = (VIII) $u+v-w=6 \quad \Rightarrow \quad v=6-u+w$

$\Rightarrow \quad v=6-3+(-2)=3-2=1$

Das Lösungstripel lautet: $u=3, v=1$ und $w=-2 \quad \Rightarrow \quad \mathbb{L}=\{(3;1;-2)\}$

◆ Übungen 44 → S. 154

9.3 Textaufgaben

Dass mit Gleichungen Fragestellungen aus vielen Bereichen gelöst werden können, haben wir bereits in Kapitel 8.5 gesehen. Die systematische Vorgehensweise ist bei Gleichungssystemen prinzipiell die gleiche. Die Tatsache, dass nun statt einer Unbekannten zwei oder mehrere bestimmt werden können, eröffnet weitere Anwendungsmöglichkeiten.

Beispiele

(1) Ein Radfahrer mit E-Bike und eine Fahrerin mit einem Countrybike wohnen 43.3 km voneinander entfernt. Fahren sie gleichzeitig ab und einander entgegen, dann treffen sie sich nach 40 Minuten. Wenn sie zur gleichen Zeit in die gleiche Richtung starten, so holt das E-Bike das Countrybike nach 2 Stunden und 40 Minuten ein.
Wie gross ist die mittlere Geschwindigkeit der Fahrräder?

Lösung:

Ansatz mit Tabelle:

	Zeit t in h	Geschw. v in km/h	= Weg s in km	
Fahrt in *entgegengesetzte* Richtung:				
E-Bike	$\frac{2}{3}$	x	$\frac{2}{3}x$	Weg (E-Bike) + Weg (Countrybike) = 43.3 km
Countrybike	$\frac{2}{3}$	y	$\frac{2}{3}y$	
Fahrt in *gleiche* Richtung:				
E-Bike	$\frac{8}{3}$	x	$\frac{8}{3}x$	Weg (E-Bike) – Weg (Countrybike) = 43.3 km
Countrybike	$\frac{8}{3}$	y	$\frac{8}{3}y$	

x ist die Geschwindigkeit des E-Bikes, y die des Countrybikes.

Die Gleichung entsteht in der Spalte rechts:

- Fahren die beiden aufeinander zu, also in entgegengesetzte Richtung, entsprechen die beiden Teilstrecken, die vom E-Bike und vom Countrybike zurückgelegt wurden, der Gesamtstrecke von 43.3 km.
- Bei der Fahrt in *gleicher Richtung* müssen die gefahrenen Teilstrecken subtrahiert werden. Das E-Bike hat das Countrybike dann eingeholt, wenn es 43.3 km mehr gefahren ist als das Countrybike.

$$\begin{array}{l} \text{(I)} \\ \text{(II)} \end{array} \left| \begin{array}{rcrcl} \frac{2}{3}x & + & \frac{2}{3}y & = & 43.3 \\ \frac{8}{3}x & - & \frac{8}{3}y & = & 43.3 \end{array} \right|$$

Mit einer der bekannten Methoden oder einem Gleichungslöser (Solver) erhalten wir

$x = 40.6$ km/h und $y = 24.4$ km/h

Die mittlere Geschwindigkeit des E-Bikes beträgt 40.6 km/h, die des Countrybikes 24.4 km/h.

(2) Eine Zahl im Sechsersystem besteht aus drei Ziffern: $[z_1; z_2; z_3]_6$. Die Quersumme der Zahl beträgt 10. Ihr Wert im Zehnersystem beträgt 125 und die Ziffer z_3 ist um 3 grösser als z_2.

Lösung:
Gesucht sind die drei Ziffern. Im Sechsersystem gelten die folgenden Stellenwerte:
z_3 sind die Einer, z_2 die Sechser und z_1 die Sechsunddreissiger.

$$\begin{array}{l|ccccccc|} \text{(I)} & z_1 \cdot 6^2 & + & z_2 \cdot 6 & + & z_3 & = & 125 \\ \text{(II)} & z_1 & + & z_2 & + & z_3 & = & 10 \\ \text{(III)} & & & z_3 & - & z_2 & = & 3 \end{array}$$

Eine bekannte Lösungsmethode oder ein Gleichungslöser (Solver) liefert das folgende Zahlentripel als Lösung: $(z_1; z_2; z_3) = (3; 2; 5)$

Die gesuchte Zahl im Sechsersystem lautet: $[325]_6$

◆ Übungen 45 → S. 155

Terminologie

Additionsmethode
allgemein gültig
Cramersche Regel
Determinante
Einsetzmethode
Fallunterscheidung
Gleichungssystem
Grundform eines linearen Gleichungssystems
Hauptdeterminante
Hauptdiagonale
Koeffizient
Koeffizientenmatrix
leere Menge { }
Matrix (Pl. Matrizen)
Nebendeterminante
Nebendiagonale
Parameter
Regel von Sarrus
Substitution
Unbekannte
Variable
Zahlenpaar

9.4 Übungen

Übungen 38

1. Welche Aussagen sind richtig?

(1) Ein Gleichungssystem mit zwei Unbekannten ist linear, wenn es sich in die Grundform bringen lässt.
(2) Ein Gleichungssystem ist linear, wenn der Exponent der Unbekannten im Nenner gleich eins ist.
(3) Ein lineares Gleichungssystem mit zwei Unbekannten hat zwei Lösungen.
(4) Eine Lösung eines linearen Gleichungssystems muss beim Einsetzen nur in einer der beiden Gleichungen zu einer wahren Aussage führen.

2. Welche der Gleichungssysteme sind linear? Schreiben Sie falls möglich in der Grundform:

a) $\begin{vmatrix} & 3 & = & \frac{1}{x} \\ 2x & - \ 10 & = & 4y \end{vmatrix}$

b) $\begin{vmatrix} 4a & + & \frac{3}{b} & = & \pi \\ -a & - & b & = & \sqrt{2} \end{vmatrix}$

c) $\begin{vmatrix} & x^2 & = & 2 + y \\ 3x & - \ 2y & = & -3 \end{vmatrix}$

d) $\begin{vmatrix} \sqrt{2}\,c & + & 4 & = & \sqrt{2}\,d \\ \sqrt{3} & + & \sqrt{5}\,d & = & \pi c \end{vmatrix}$

3. Bestimmen Sie alle Lösungen $(x; y)$, wobei x und y einstellige, natürliche Zahlen sind:

a) $3x + 4y = 7$

b) $4x - 5y = -20$

4. Bestimmen Sie alle Lösungen $(x; y)$, wobei x und y einstellige, ganze Zahlen sind:

a) $5x - y = 0$

b) $-x - 3y = 9$

5. Bestimmen Sie alle Lösungen $(x; y)$ für $x, y \in \mathbb{R}$:

a) $2x + 3y = -2$

b) $4x + y = 10$

Übungen 39

6. Welche Aussagen sind falsch?

(1) Jedes lineare Gleichungssystem kann immer nur mit einem der drei herkömmlichen Verfahren gelöst werden.
(2) Die Gleichsetzmethode ist nichts anderes als ein Spezialfall der Einsetzmethode.
(3) Ziel aller Lösungsverfahren ist es, die Anzahl der Gleichungen und der Lösungsvariablen um eins zu reduzieren.
(4) Eine lineare Gleichung mit zwei Unbekannten hat in der Regel unendlich viele Lösungen.

7. Lösen Sie mit der Additionsmethode:

a) $\begin{vmatrix} x & + & y & = & -2 \\ x & - & y & = & 10 \end{vmatrix}$

b) $\begin{vmatrix} x & + & y & = & -5 \\ x & - & y & = & 10 \end{vmatrix}$

c) $\begin{vmatrix} 2x & - & 5y & = & 6 \\ 3x & - & 5y & = & -1 \end{vmatrix}$

d) $\begin{vmatrix} 5x & - & 6y & = & 3 \\ 7x & - & 6y & = & 6 \end{vmatrix}$

e) $\begin{vmatrix} 4x & - & 9y & = & 11 \\ -x & + & 8y & = & 3 \end{vmatrix}$
f) $\begin{vmatrix} 7x & - & 24y & = & 11 \\ 5x & - & 4y & = & 2 \end{vmatrix}$

g) $\begin{vmatrix} 7x & - & 11y & = & -6 \\ 9x & + & 12y & = & 18 \end{vmatrix}$
h) $\begin{vmatrix} 10x & + & 11y & + & 5 & = & 0 \\ 12x & + & 13y & + & 7 & = & 0 \end{vmatrix}$

8. Lösen Sie mit der Einsetzmethode:

a) $\begin{vmatrix} 5x & - & 2y & = & -2 \\ & & y & = & 3x \end{vmatrix}$
b) $\begin{vmatrix} & & x & = & 5y & - & 12 \\ 2x & - & 3y & = & -10 & & \end{vmatrix}$

c) $\begin{vmatrix} 4x & - & y & = & 10 \\ 11x & + & 3y & = & 39 \end{vmatrix}$
d) $\begin{vmatrix} 2x & + & 11y & = & 57 \\ x & - & 3y & = & -14 \end{vmatrix}$

e) $\begin{vmatrix} 3x & + & 10y & = & 4 & & \\ & & y & = & \frac{y}{2} & + & \frac{2}{5} \end{vmatrix}$
f) $\begin{vmatrix} 2x & - & 25y & = & 3 & & \\ & & 25y & = & 3x & - & 2 \end{vmatrix}$

g) $\begin{vmatrix} 4x & + & 5y & = & -10 \\ 16x & - & 10y & = & -40 \end{vmatrix}$
h) $\begin{vmatrix} 3(2x+y) & & & = & 18 \\ 9(2x+y) & + & 10y & = & 14 \end{vmatrix}$

9. Lösen Sie das Gleichungssystem mit der am besten geeigneten Methode:

a) $\begin{vmatrix} 3+2(y-3) & = & -\frac{3(x+5)}{2} \\ 2x+7 & = & \frac{1}{5}(6(2y-1)+11) \end{vmatrix}$
b) $\begin{vmatrix} (x+4)(y-3) & = & (x+2)(y-1) \\ (x-3)(y-2) & = & (x-2)(y+2) \end{vmatrix}$

c) $\begin{vmatrix} \frac{x-3}{2} & = & y & - & 10 \\ \frac{x-2}{3} & = & y & + & 10 \end{vmatrix}$
d) $\begin{vmatrix} \frac{1}{2x+5} & = & \frac{2}{3y-1} \\ \frac{5}{4x-3} & = & \frac{1}{6y-1} \end{vmatrix}$

e) $\begin{vmatrix} \frac{a+5}{b-1} & = & \frac{a+9}{b} \\ \frac{b+3}{a-1} & = & \frac{b+6}{a} \end{vmatrix}$
f) $\begin{vmatrix} a-b & = & \sqrt{2} \\ \frac{a-5b}{3} & = & -\sqrt{2} \end{vmatrix}$

g) $\begin{vmatrix} x & + & 3y & = & 2\sqrt{2} \\ 2x & + & 3y & = & \sqrt{2} \end{vmatrix}$
h) $6x = x+y = \frac{41x+10}{6}$

10. Lösen Sie die Parametergleichungen ohne Fallunterscheidung nach x und y auf:

a) $\begin{vmatrix} x & + & y & = & -a \\ x & - & 4y & = & 2a \end{vmatrix}$
b) $\begin{vmatrix} 3x & - & 7b & = & -4y \\ 4x & + & 3y & = & 7c \end{vmatrix}$

c) $\begin{vmatrix} 7x - 5m & = & 2n - 3y \\ 7y + 2n & = & 5m - 3x \end{vmatrix}$
d) $\begin{vmatrix} y & = & u & + & x \\ x & = & 2y & - & v \end{vmatrix}$

e) $\begin{vmatrix} (2p+q)x & + & (2p-q)y & = & 4p \\ (2p+q)x & - & (2p-q)y & = & 2q \end{vmatrix}$
f) $\begin{vmatrix} \frac{a(x-a)}{b} & = & y + b \\ \frac{x+y}{ab} & = & \frac{2}{b} \end{vmatrix}$

11. Lösen Sie die Parametergleichungen ohne Fallunterscheidung nach x und y auf:

a) $\begin{vmatrix} (u+1)x & - & uy & = & u+1 \\ (u-1)x & + & y & = & u-1 \end{vmatrix}$

b) $\begin{vmatrix} (r+s)x & + & s^2y & = & rs \\ -x & + & (r-s)y & = & -r \end{vmatrix}$

c) $\begin{vmatrix} ax & + & by & = & a \\ ay & + & bx & = & -a \end{vmatrix}$

d) $\begin{vmatrix} \varphi x & - & \mu y & = & 2\varphi \\ x & + & \left(\frac{\mu}{\varphi}\right)^2 y & = & 1+\frac{\mu^2}{\varphi^2} \end{vmatrix}$

e) $\begin{vmatrix} \frac{m}{x-m} & + & \frac{n}{y-m} & = & 2 \\ \frac{m}{x-m} & - & \frac{n}{y-m} & = & 4 \end{vmatrix}$

f) $\begin{vmatrix} \frac{x+1}{y+1} & = & \frac{u+v+w}{u-v+w} \\ \frac{x-1}{y-1} & = & \frac{u+v-w}{u-v-w} \end{vmatrix}$

Übungen 40

12. Lösen Sie die nicht linearen Gleichungssysteme mit der Additionsmethode oder einer geeigneten Substitution:

a) $\begin{vmatrix} \frac{1}{a} & - & \frac{3}{b} & = & 10 \\ \frac{4}{a} & + & \frac{3}{b} & = & -15 \end{vmatrix}$

b) $\begin{vmatrix} \frac{2}{x} & + & \frac{5}{y} & = & 3 \\ \frac{10}{x} & + & \frac{6}{y} & = & -\frac{1}{5} \end{vmatrix}$

c) $\begin{vmatrix} \frac{3}{2m} & + & \frac{2}{3n} & = & 1 \\ \frac{2}{m} & + & \frac{5}{3n} & = & -1 \end{vmatrix}$

d) $\begin{vmatrix} \frac{8}{3v} & + & \frac{5}{3w} & = & \frac{7}{3} \\ \frac{4}{5v} & + & \frac{3}{5w} & = & \frac{1}{5} \end{vmatrix}$

13. Lösen Sie die nicht linearen Gleichungssysteme mit einer Substitution:

a) $\begin{vmatrix} \frac{5}{a+b} & - & 4 & = & \frac{2}{a-b} \\ \frac{3}{a+b} & - & \frac{1}{a-b} & = & 5 \end{vmatrix}$

b) $\begin{vmatrix} \frac{14}{x+y} & + & \frac{15}{x-y+2} & = & 10 \\ \frac{21}{x+y} & + & \frac{10}{x-y+2} & = & -65 \end{vmatrix}$

c) $\begin{vmatrix} \frac{7m}{m-n} & + & 3m+3n & = & 75 \\ \frac{9m}{m-n} & - & 4m-4n & = & 10 \end{vmatrix}$

d) $\begin{vmatrix} 4\sqrt{2p+3q} & + & 3q-3p & = & 7 \\ 5\sqrt{2p+3q} & + & 4q-4p & = & 8 \end{vmatrix}$

Übungen 41

14. Bestimmen Sie die Determinante:

a) $\det\begin{pmatrix} 4 & 2 \\ 3 & 5 \end{pmatrix}$

b) $\det\begin{pmatrix} -11 & 12 \\ 25 & -30 \end{pmatrix}$

c) $\det\begin{pmatrix} 10 & -2 \\ -15 & 3 \end{pmatrix}$

d) $\det\begin{pmatrix} -0.4 & 0.6 \\ -0.8 & -1.2 \end{pmatrix}$

e) $\det\begin{pmatrix} -375 & 0 \\ -321 & 0 \end{pmatrix}$

f) $\det\begin{pmatrix} -11 & 2 \\ -22 & 3 \end{pmatrix}$

g) $\det\begin{pmatrix} -\frac{1}{2} & \frac{1}{6} \\ 3 & \frac{2}{3} \end{pmatrix}$

h) $\det\begin{pmatrix} \frac{4}{5} & \frac{3}{4} \\ \frac{2}{5} & -\frac{1}{4} \end{pmatrix}$

i) $\det\begin{pmatrix} \frac{14}{3} & 11 \\ \frac{2}{11} & \frac{3}{7} \end{pmatrix}$

15. Bestimmen Sie den Wert des Parameters a:

a) $\det\begin{pmatrix} a-1 & -2 \\ -\frac{2}{5} & 4 \end{pmatrix} = \frac{6}{5}$ b) $\det\begin{pmatrix} a+2 & a \\ 2 & a-1 \end{pmatrix} = 0$ c) $\det\begin{pmatrix} a & 3a \\ -3 & a-1 \end{pmatrix} = 0$

Übungen 42

16. Bestimmen Sie die Lösungsmenge mit der Cramerschen Regel:

a) $\left| \begin{array}{rcrcr} x & - & y & = & 3 \\ 2x & - & 3y & = & 7 \end{array} \right|$ b) $\left| \begin{array}{rcrcr} 7x & + & 11y & = & -6 \\ 3x & + & 4y & = & 1 \end{array} \right|$

c) $\left| \begin{array}{ccccr} & & 2x & = & -3y \\ \frac{11}{6} & = & 3x & - & y \end{array} \right|$ d) $\left| \begin{array}{rcrcr} 4.5x & - & 14y & = & 2 \\ 1.5x & - & 4y & = & 1 \end{array} \right|$

17. Lösen Sie die Aufgaben 7. und 9. mit der Cramerschen Regel.

Übungen 43

18. Bestimmen Sie die Lösungsmenge der folgenden linearen Gleichungssysteme:

a) $\left| \begin{array}{rcrcr} 4x & - & 6y & = & 3 \\ -6x & + & 9y & = & -4 \end{array} \right|$ b) $\left| \begin{array}{rcrcr} 4x & - & 6y & = & 3 \\ -6x & + & 9y & = & -4.5 \end{array} \right|$

c) $\left| \begin{array}{rcrcr} 4x & - & 6y & = & 3 \\ -6x & + & 8y & = & -6 \end{array} \right|$ d) $\left| \begin{array}{rcr} 4(y-1) & = & 2(x+4) \\ 2\left(y-\frac{x}{2}\right)+10 & = & 16 \end{array} \right|$

e) $\left| \begin{array}{rcr} (x+2)(y+5) & = & (x+4)(y+3) \\ (x+3)(y+4) & = & (x+5)(y+2) \end{array} \right|$ f) $\left| \begin{array}{rcr} (x-10)(y-12) & = & (x+8)(y-6) \\ (x-2)(y+1) & = & (x-1)(y+2) \end{array} \right|$

19. Welche Werte muss man für die Parameter einsetzen, damit das Gleichungssystem keine oder unendlich viele Lösungen hat? Die Lösungsvariablen sind x und y.

a) $\left| \begin{array}{rcrcr} 4x & - & 3y & = & 5 \\ a & + & 2x & = & \frac{3y}{2} \end{array} \right|$ b) $\left| \begin{array}{rcrcr} 9x & - & 2y & = & 21 \\ kx & + & \frac{2y}{5} & = & m \end{array} \right|$

c) $\left| \begin{array}{rcrcr} x & + & 0.5py & = & 4 \\ 2px & + & 16y & = & 2p^2 \end{array} \right|$ d) $\left| \begin{array}{rcrcr} (4u+8)x & + & 4y & = & 4u \\ \frac{ux}{3} & + & y & = & \frac{1}{3} \end{array} \right|$

20. Lösen Sie die Parametergleichungen mit Fallunterscheidung nach x und y auf:

a) $\left| \begin{array}{rcrcr} ax & + & 2y & = & 2 \\ x & + & y & = & 2a \end{array} \right|$ b) $\left| \begin{array}{rcrcr} y & = & 4x & - & 5 \\ y & = & fx & + & g \end{array} \right|$

c) $\left| \begin{array}{rcrcr} -4x & + & 5y & = & 4 \\ 6x & - & 7.5y & = & \vartheta \end{array} \right|$ d) $\left| \begin{array}{rcrcr} (\delta-9)x & - & y & = & 2 \\ 2\delta x & + & y & = & 1 \end{array} \right|$

e) $\left| \begin{array}{rcrcr} mx & + & y & = & 0 \\ -x & - & my & = & 0 \end{array} \right|$ f) $\left| \begin{array}{rcrcr} nx & + & y & = & 0 \\ x & - & ny & = & 0 \end{array} \right|$

Übungen 44

21. Bestimmen Sie die Lösungsmenge der Gleichungssysteme:

a) $$\left|\begin{array}{rcrcr} 3x & - & 35y & = & -10 \\ -3x & + & 40y & = & 5 \\ & & z & = & 18 \end{array}\right|$$

b) $$\left|\begin{array}{rcrcr} 3x & - & 54 & = & 0 \\ -3x & - & 3y & = & -51 \\ 15y & + & 4z & = & 1 \end{array}\right|$$

c) $$\left|\begin{array}{rcrcr} 2x & - & y & = & 20 \\ x & + & z & = & 25 \\ 3y & + & z & = & 10 \end{array}\right|$$

d) $$\left|\begin{array}{rcrcr} 4x & + & 5y & = & 5 \\ 3x & - & 5z & = & 0 \\ 2y & + & 3z & = & 10 \end{array}\right|$$

e) $$\left|\begin{array}{rcrcr} a & + & b & = & 5 \\ b & - & c & = & 1 \\ a & - & c & = & 0 \end{array}\right|$$

f) $$\left|\begin{array}{rcrcrcr} 2x_1 & - & 3x_2 & + & 6x_3 & = & -20 \\ & & 4x_1 & - & x_2 & = & -10 \\ & & 3x_1 & - & 3x_3 & = & -1 \end{array}\right|$$

22. Bestimmen Sie die Lösungsmenge der folgenden nicht linearen Gleichungssysteme:

a) $$\left|\begin{array}{rcrcrcr} \frac{1}{x} & + & \frac{2}{y} & + & \frac{3}{z} & = & 1 \\ \frac{3}{x} & + & \frac{1}{y} & - & \frac{1}{z} & = & -2 \\ \frac{2}{x} & + & \frac{3}{y} & + & \frac{2}{z} & = & 2 \end{array}\right|$$

b) $$\left|\begin{array}{rcrcr} \frac{3}{a+b} & + & \frac{2}{a+c} & = & 6 \\ \frac{5}{a+b} & - & \frac{4}{2b-c} & = & -2 \\ \frac{1}{a+c} & + & \frac{1}{2b-c} & = & 4 \end{array}\right|$$

23. Lösen Sie die Parametergleichung ohne Fallunterscheidung nach x, y und z auf:

a) $$\left|\begin{array}{rcrcrcr} x & + & y & + & z & = & a+b \\ & & x & + & z & = & 2b \\ & & y & + & z & = & 2a \end{array}\right|$$

b) $$\left|\begin{array}{rcrcrcr} 4x & - & 2y & = & 2z & + & r-2s \\ 2x & + & 4y & = & 2z & + & s \\ & & z & = & \frac{r+s}{2} & & \end{array}\right|$$

24. Lösen Sie das Gleichungssystem. Im Fall von unendlich vielen Lösungen sind Formeln zur Berechnung der Lösungsvariablen x und y aus z anzugeben:

a) $$\left|\begin{array}{rcrcrcr} x & - & 2y & + & z & = & 5 \\ 2x & + & 3y & - & 2z & = & 2 \\ -x & - & 5y & + & 3z & = & 3 \end{array}\right|$$

b) $$\left|\begin{array}{rcrcrcr} x & - & 2y & + & z & = & 5 \\ 2x & + & 3y & - & 2z & = & 2 \\ 7x & - & 5y & + & 3z & = & 3 \end{array}\right|$$

c) $$\left|\begin{array}{rcrcrcr} 4x & + & 2y & + & z & = & 7 \\ -2x & + & 3y & - & z & = & 14 \\ 14x & + & 11y & + & 3z & = & 10 \end{array}\right|$$

d) $$\left|\begin{array}{rcrcrcr} 4x & + & 2y & + & z & = & 7 \\ -2x & + & 3y & - & z & = & 14 \\ 14x & + & 11y & + & 3z & = & 42 \end{array}\right|$$

25. Für welche Werte des Parameters m hat das Gleichungssystem genau eine Lösung? Geben Sie die Lösungen für diesen Fall an.

a) $$\left|\begin{array}{rcrcrcr} 2x & - & 2y & + & 3z & = & 3 \\ x & + & y & - & z & = & 5 \\ 3x & - & y & + & 2z & = & m \end{array}\right|$$

b) $$\left|\begin{array}{rcrcr} mx & + & z & = & y \\ x & - & my & = & -z \\ y & - & mz & = & x \end{array}\right|$$

26. Bestimmen Sie die Lösungsmenge der folgenden Gleichungssysteme:

a)
$$\left| \begin{array}{ccccccccc} x_1 & - & x_2 & - & x_3 & & & = & -9 \\ & & -2x_2 & - & 4x_3 & & & = & 0 \\ -x_1 & & & & & + & x_4 & = & 8 \\ x_1 & & & & & & & = & -20 \end{array} \right|$$

b)
$$\left| \begin{array}{ccccccccccc} -5x_1 & + & 20x_2 & = & 5x_4 & & & & & & \\ -16 & + & 2x_2 & = & x_1 & & & & & & \\ -x_1 & = & 20 & - & 4x_2 & & & & & & \\ 5x_1 & - & 20x_2 & - & 2x_3 & + & 5x_4 & = & -4 & & \end{array} \right|$$

c)
$$\left| \begin{array}{ccccccccc} 2x_1 & + & 3x_2 & + & 5x_3 & & & = & 21 \\ 3x_1 & + & 5x_2 & & & + & 2x_4 & = & 28 \\ 5x_1 & & & + & 2x_3 & + & 3x_4 & = & 24 \\ & & 2x_2 & + & 3x_3 & + & 5x_4 & = & 37 \end{array} \right|$$

d)
$$\left| \begin{array}{ccccccccc} 7x_1 & - & 4x_4 & + & 3x_2 & = & 4 & + & 5x_5 \\ 8 & + & 3x_2 & + & 4x_4 & = & -10x_5 & - & x_1 \\ 5x_1 & + & 3x_2 & = & -16 & & & & \\ 3x_1 & + & 2x_4 & + & 6 & = & -x_5 & - & 2x_2 \\ 18 & = & 4x_3 & + & x_1 & & & & \end{array} \right|$$

Übungen 45

27. Dividiert man die erste von zwei Zahlen durch 5 und die zweite durch 8, so sind diese Quotienten gleich gross. Multipliziert man die erste Zahl mit 5 und die zweite mit 2, beträgt die Differenz der Produkte 269.

28. Erhöht man Zähler und Nenner eines Bruchs je um 2, so beträgt der Wert des Bruches zwei Drittel. Addiert man zum Zähler den Nenner und subtrahiert man vom Nenner 6, ergibt der Wert des Bruchs 3.

29. Die Summe von drei natürlichen Zahlen beträgt 40. Addiert man zur ersten 11, zur zweiten 8 und zur dritten 1, so stehen diese Summen im Verhältnis 3 : 4 : 5.

30. Die Summe von drei natürlichen Zahlen beträgt 200. Dividiert man die zweite durch die erste, ist das Ergebnis 5 mit dem Rest 2. Dividiert man die dritte Zahl durch die zweite, so erhält man das gleiche Ergebnis.

31. Eine natürliche Zahl mit zwei Ziffern wird um 18 grösser, wenn man ihre Ziffern vertauscht. Dividiert man die ursprüngliche Zahl durch ihre Quersumme, so erhält man 4 mit Rest 6.

32. Die Quersumme einer natürlichen, zweistelligen Zahl beträgt 11. Vertauscht man ihre Ziffern, so beträgt die Differenz zwischen der neuen und der alten Zahl 63.

33. Aus einer dreistelligen, natürlichen Zahl entsteht eine zweite, indem man die erste Ziffer von links mit der dritten vertauscht. Das arithmetische Mittel der beiden Zahlen beträgt 666. Teilt man die beiden Zahlen durch ihre Quersummen, so erhält man 48 und 26.

34. Eine dreistellige Zahl im Fünfersystem hat die Quersumme 6 und ihr Wert im Zehnersystem ist gleich 38. Vertauscht man die erste Ziffer mit der dritten, beträgt der Wert 86.

35. Eine dreistellige Zahl im Vierersystem hat die Quersumme 7 und im Zehnersystem den Wert 61. Lässt man die mittlere Ziffer weg, entsteht eine zweiziffrige Zahl mit dem Wert 13 im Zehnersystem.

36. Eine dreistellige Zahl hat im Zehnersystem den Wert 63, wenn man als Basis des Stellenwertsystems vier wählt. Wählt man dagegen sechs, so ist der Wert im Zehnersystem 129. Die mittlere Ziffer der Zahl ist halb so gross wie die erste und dritte zusammen.

37. Zwei Pralinensorten, die pro 100 g CHF 8.20 und CHF 10.40 kosten, werden gemischt und im Säcklein zu 250 g für CHF 22.50 verkauft. Wie viel Gramm von jeder Sorte sind enthalten?

38. Zwei Kaffeesorten unterschiedlicher Qualität werden gemischt. Die Mischung A enthält 36 kg der besseren und 24 kg der schlechteren Sorte, was einen Kilopreis von CHF 20.40 ergibt. Die Mischung B enthält 24 kg der besseren und 36 kg der schlechteren Sorte, der Kilopreis beträgt CHF 18.60. Welchen Preis haben die beiden Sorten, die zum Mischen verwendet werden?

39. Es sollen 10 Liter 60 %iger Spiritus hergestellt werden, wobei eine 45 %ige und eine 85 %ige Sorte zur Verfügung stehen. Wie viele Liter muss man von jeder Sorte nehmen?

40. Werden zwei Liter einer Sorte Spiritus mit 16 l einer andern Sorte gemischt und zu der Mischung noch 7.4 l Wasser hinzugefügt, so erhält man 50 %igen Spiritus. Man erhält denselben 50 %igen Spiritus auch durch das Mischen von 6 l der ersten Sorte mit 10 l der zweiten Sorte und durch Zugabe von 4.6 l Wasser. Wie viel Prozent Spiritus enthalten die zum Mischen verwendeten Sorten?

41. Ein 56 %iger Spiritus wird mit einer zweiten Sorte so vermengt, dass eine Mischung von 102 l Spiritus von 43 % entsteht. Würden vom 56 %igen Spiritus 9 l weniger und von der zweiten Sorte 8 l weniger gewählt, so würde eine Mischung von 42 %igem Spiritus entstehen. Wie viele Prozent hat der Spiritus der zweiten Sorte und wie viele Liter davon werden für die erste Mischung verwendet?

42. Zwei Kapitalien werden zu unterschiedlichen Zinssätzen angelegt. Bei einem Zinssatz von 3 % und 4.5 % beträgt der Jahreszins zusammen CHF 2385.–. Würden beide Kapitalien zu 6.5 % angelegt, so wären die Zinsen in acht Monaten um CHF 85.– höher als der ursprüngliche Jahreszins. Berechnen Sie die beiden Kapitalien.

43. In einem halben Jahr müssen für eine Hypothek CHF 6900.– Zinsen bezahlt werden. Wäre die Hypothek um CHF 75 000.– grösser, so wären die Zinsen in vier Monaten um CHF 1550.– kleiner als der ursprüngliche Halbjahreszins. Berechnen Sie die Höhe der Hypothek und den Zinssatz.

44. Ein Kapital wird zu 4 % verzinst, ein anderes zu 5 %. Die Summe der beiden Jahreszinsen beträgt CHF 1410.–. Wird nach einem Jahr der Zins zu seinem Kapital geschlagen, so werden die beiden Kapitalien samt Zins gleich gross.
Wie gross waren die Kapitalien am Anfang?

45. Ein Kapital wird aufgeteilt und zu 2 % und 3 % angelegt. Zusammen bringen die beiden Teile CHF 712.– Jahreszins. Das sind aber CHF 29.– zu viel, da die Zinssätze vertauscht wurden. Wie gross sind die beiden Teile des Kapitals?

46. In einem halben Jahr müssen Sie für ein Darlehen CHF 360.– an Zinsen bezahlen. Wäre das Darlehen um CHF 1600.– grösser, so wären die Zinsen in drei Monaten um CHF 160.– kleiner als der ursprüngliche Halbjahreszins. Wie gross sind das Kapital und der Zinssatz?

47. Drei Geschwister haben ihr Vermögen zu 4 %, 5 % und 6 % ausgeliehen. A und B erhalten zusammen CHF 1592.–, B und C zusammen CHF 1766.–, A und C CHF 1638.– an Jahreszinsen. Wie gross sind die einzelnen Vermögen?

48. Drei Kapitalien von CHF 64 000.–, CHF 72 000.– und CHF 86 000.– werden ausgeliehen. Das erste und das zweite Kapital bringen zusammen CHF 4480.–, das zweite und das dritte CHF 6750.–, das erste und das dritte CHF 5470.– Jahreszinsen.
Zu welchen Zinssätzen sind die Kapitalien angelegt worden?

49. Bei einem Rechteck wird sowohl die Länge l wie auch die Breite b um 4 cm verlängert, was den Flächeninhalt A um $70\ \text{cm}^2$ vergrössert. Verlängert man dagegen nur b um 4 cm, so wächst A um $34\ \text{cm}^2$. Berechnen Sie Länge und Breite des ursprünglichen Rechtecks.

50. Bestimmen Sie bei dem folgenden Dreieck die Winkel α und β, wenn $\varepsilon = 75°$ ist:

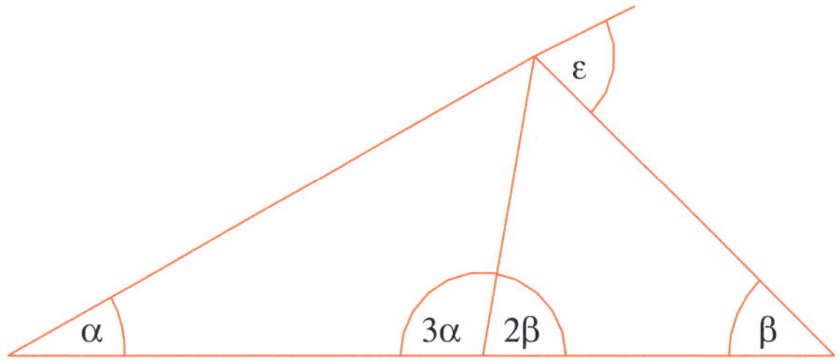

51. In einem rechtwinkligen Dreieck beträgt die Hypotenuse $c = 10.1$ cm und der Umfang $U = 22$ cm. Berechnen Sie die Länge der Katheten a und b.

52. Die drei Winkelhalbierenden eines Dreiecks bilden im gemeinsamen Schnittpunkt drei Winkel, deren Verhältnis 5 : 6 : 7 beträgt. Berechnen Sie die Innenwinkel des Dreiecks.

53. Der Umfang eines Dreiecks beträgt $U = 12$ cm. Die Länge von c beträgt 80 % der Länge von b. Die Seiten a und b sind zusammen doppelt so lang wie c.
Berechnen Sie a, b und c.

54. Das Dreieck ΔABC ist gleichschenklig. Die Schenkel a und b sind 82 cm, die Basis c ist 36 cm lang. Dem Dreieck wird nun ein Rechteck mit den Seitenlängen x und y einbeschrieben, dessen Umfang 138 cm betragen soll. Berechnen Sie die Seiten x und y des Rechtecks

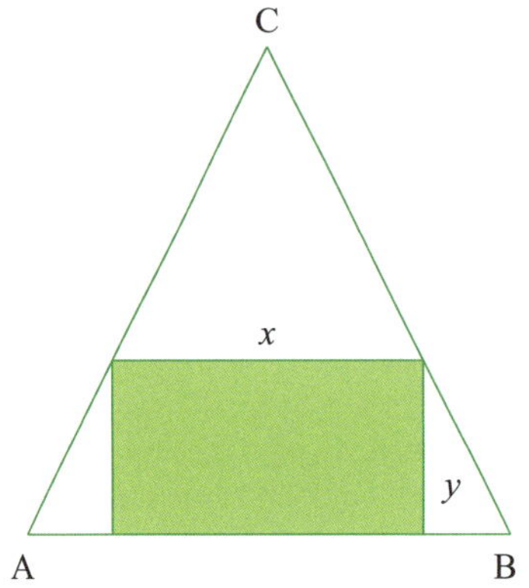

55. Die Körperdiagonale eines Quaders mit quadratischer Grundfläche ist $d = 9$ cm lang, die Oberfläche $S = 144\ \text{cm}^2$ gross. Wie lang sind die Kanten a, b, c des Quaders?

56. Wenn man den Durchmesser d einer zylindrischen Röhre um 1 cm verkürzt und die Höhe h der Röhre dafür um 2 cm verlängert, hat ein Stab mit Länge l gerade Platz in der Röhre, wenn man ihn schräg hineinstellt. Wenn man d um 1 cm verlängert und h dafür um 3 cm verkürzt, hat der Stab immer noch exakt Platz.
Wie lang sind der Durchmesser d, die Höhe h und die Stablänge l?

57. Berechnen Sie die Kanten und die Körperdiagonale eines Quaders, wenn die Länge seiner Flächendiagonalen mit 4 cm, 5 cm und 6 cm bekannt sind.

58. Von einem Quader sind die Körperdiagonale $d = \sqrt{77}$ cm, die Oberfläche $S = 148\ \text{cm}^2$ und das Volumen $V = 120\ \text{cm}^3$ bekannt. Berechnen Sie die Kantenlängen des Quaders.

59. Ein Autofahrer legt eine 120 km lange Strecke in einer Stunde und 45 Minuten zurück. Auf dem Autobahnteilstück beträgt die Durchschnittsgeschwindigkeit 105 km/h, auf dem Rest der Strecke 60 km/h. Wie lang ist das Autobahnteilstück und wie lang der Rest der Strecke?

60. Der Tross der Tour de France wird von einem Helikopter des Fernsehens zweimal überflogen, einmal in Fahrtrichtung und einmal entgegen der Fahrtrichtung. Der Helikopter braucht für das erste Überfliegen mit 150 km/h 4 Minuten 30 Sekunden, für das zweite genau 2 Minuten 30 Sekunden. Berechnen Sie die Länge und die mittlere Geschwindigkeit des Trosses.

61. Zwei Autos fahren die gleiche Strecke von Bern nach Chur. Auto A fährt mit einer durchschnittlichen Geschwindigkeit von 61 km/h, Auto B mit einer von 81 km/h. Nachdem Auto A 20 Minuten unterwegs ist, startet auch Auto B.
Wie lange ist Auto A unterwegs, bis es von Auto B überholt wird, und welche Strecke haben sie bis zum Überholpunkt von Bern aus zurückgelegt?

62. Zwei Züge fahren einander von zwei 80 km entfernten Stationen entgegen. Fahren beide gleichzeitig los, so kreuzen sie sich nach 32 Minuten. Fährt Zug A 15 Minuten früher ab als B, so kreuzen sie sich 40 Minuten nach der Abfahrt von A.
Berechnen Sie die durchschnittliche Geschwindigkeit der beiden Züge A und B.

63. Um 14.00 Uhr fahren zwei Züge von Zürich und Fribourg ab. Die Distanz beträgt 150 km. Sie kreuzen sich um 14.50 Uhr. Wäre ein Zug erst um 14.30 Uhr abgefahren, so würden sie sich um 15.04 Uhr kreuzen. Berechnen Sie die durchschnittliche Geschwindigkeit der beiden Züge.

64. Ein Flugzeug hat bei gleichbleibendem Gegenwind für die Strecke von 280 km eine Flugzeit von 24 Minuten. Bei gleich starkem Rückenwind braucht es für die gleiche Strecke 21 Minuten. Mit welcher Geschwindigkeit fliegt das Flugzeug und mit welcher Geschwindigkeit bläst der Wind?

65. Bei einem Verfolgungsrennen zweier Skilangläuferinnen darf die eine mit einem Vorsprung von 2 Minuten die $10\ \mathrm{km}$ lange Strecke in Angriff nehmen. Mit welcher durchschnittlichen Geschwindigkeit sind die beiden unterwegs, wenn die Einholung $1.5\ \mathrm{km}$ vor dem Ziel erfolgt und die Geschwindigkeitsdifferenz $2\ \mathrm{km/h}$ beträgt?

66. Zwei Radfahrer bewegen sich auf einer $400\ \mathrm{m}$ langen Rennbahn mit praktisch konstanten Geschwindigkeiten. Der zweite Radfahrer startet 10 Sekunden nach dem ersten und holt ihn nach 45 Sekunden ein erstes, nach 225 Sekunden ein zweites Mal ein. Berechnen Sie die Geschwindigkeit der beiden Radfahrer.

67. Eine Radfahrerin besucht ihre Eltern, die $100\ \mathrm{km}$ entfernt von ihr wohnen. Bergauf fährt sie durchschnittlich mit $15\ \mathrm{km/h}$, geradeaus mit $20\ \mathrm{km/h}$ und bergab mit $40\ \mathrm{km/h}$. Für die Hinfahrt benötigt sie 5 Stunden 10 Minuten, für die Rückfahrt nur 4 Stunden 30 Minuten. Bestimmen Sie die Länge der einzelnen Teilstrecken, auf denen sie bergauf, geradeaus oder bergab fährt.

68. Ein Teilnehmer legt die total $226\ \mathrm{km}$ des Ironman Switzerland Triathlons mit einer Durchschnittsgeschwindigkeit von $26.6\ \mathrm{km/h}$ zurück. Die Schwimmstrecke ist $3.8\ \mathrm{km}$ und die Laufstrecke $42.2\ \mathrm{km}$ lang. Die Geschwindigkeit auf der Radstrecke beträgt das 10-Fache, die Geschwindigkeit auf der Laufstrecke das 3.5-Fache von derjenigen der Schwimmstrecke. Berechnen Sie die Zeiten und die Geschwindigkeiten auf den drei Teilstrecken.

69. Ein Schwimmbassin wird durch zwei Zuflussröhren gefüllt. Wenn beide Röhren offen sind, dauert es 3 Stunden, bis das Bassin halb gefüllt ist. Wenn die erste Röhre 2 Stunden und die zweite 5 Stunden Wasser liefern, ist auch das halbe Bassin gefüllt.
Wie lange dauert es, bis jede Röhre allein das Bassin gefüllt hat?

70. Zwei Zuleitungen füllen zusammen ein Gefäss, wenn die erste 6 Stunden lang und die zweite 4 Stunden lang offen ist. Tauscht man die Öffnungszeiten, so läuft ein Sechstel des Gefässinhalts über. Wie lange dauert es, bis das Gefäss gefüllt ist, wenn beide Röhren gleich lang geöffnet sind?

71. Ein Wasserbehälter fasst $1000\ \mathrm{m}^3$ Wasser und kann durch zwei Röhren gefüllt werden. Laufen beide Röhren gleichzeitig, so wird der Behälter in 20 Minuten gefüllt. Läuft die eine Röhre nur 10 Minuten, so muss die andere 35 Minuten laufen, damit der Behälter vollständig gefüllt wird. Wie viele m^3 Wasser liefert jede Röhre pro Minute allein?

72. Einer Druckerei stehen für den Druck einer Zeitschrift zwei Rotationspressen zur Verfügung. Sind beide Maschinen gleichzeitig im Einsatz, so werden 24 Stunden für den Druck der Auflage benötigt. Nachdem beide Maschinen 3 Stunden gemeinsam gearbeitet haben, fällt die erste Maschine aus. Der Schaden kann erst nach 5 Ausfallstunden behoben werden. Nach erneutem zweistündigem Einsatz beider Maschinen ist ein Viertel des Druckauftrags erledigt. In wie vielen Stunden würde jede Maschine alleine die Zeitschrift drucken?

73. An einem zweiseitigen Hebel von $65\ \mathrm{cm}$ Länge im Gleichgewicht befinden sich an den Enden der Hebelarme zwei Massen, die sich wie 9 : 4 verhalten. Bestimmen Sie die Länge der Hebelarme.

74. Aus einer Baugrube sollen $570\ \mathrm{t}$ Erde abgeführt werden. Es stehen drei Fahrzeuge mit einer Ladekapazität von $5\ \mathrm{t}$, $6\ \mathrm{t}$ und $10\ \mathrm{t}$ zur Verfügung. Die beiden Fahrzeuge mit der kleineren Ladekapazität transportieren zusammen $320\ \mathrm{t}$ Sand. Alle drei Fahrzeuge zusammen legen insgesamt 83 Fahrten zurück.
Berechnen Sie mit einem Gleichungssystem, für wie viele Fahrten jedes der drei Fahrzeuge eingesetzt werden muss.

75. Ein PC und ein Drucker kosten im Set CHF 2449.–, ohne Drucker kostet der PC CHF 1799.–. Der Drucker ohne PC ist mit CHF 949.– angeschrieben. In einem Monat verkaufte der Computershop insgesamt 163 PCs und 91 Drucker.
Wie viele Sets, einzelne PCs und einzelne Drucker wurden verkauft, wenn der Umsatz CHF 362 553.– betrug?

76. Ein Sportgeschäft verkauft das Snowboard Rossignol Salto und die Softbindung Nidecker FF 760 im Set oder einzeln. Das Set kostet CHF 600.–, das Board allein CHF 520.–, die Bindung allein CHF 200.–.
Im Monat Dezember wurden insgesamt 28 Bindungen und doppelt so viele Boards im Set als einzeln verkauft. Der total erzielte Umsatz dieser Artikel betrug im Dezember CHF 20 120.–.
Wie viele Sets, einzelne Boards und einzelne Bindungen wurden verkauft?

77. Im Internet können folgende Packungen mit Computerchips der Typen C_1, C_2, C_3 zu einem unschlagbaren Preis bezogen werden:
Packung 1: 4 C_1-Chips und 6 C_2-Chips
Packung 2: 6 C_1-Chips, 7 C_2-Chips und 3 C_3-Chips
Packung 3: 4 C_1-Chips, 5 C_2-Chips und 5 C_3-Chips

a) Eine Studentin benötigt für ihre Diplomarbeit:
64 C_1-Chips, 81 C_2-Chips und 47 C_3-Chips.
Wie viele Stück von jeder Packung soll sie kaufen?

b) Ein Student braucht für seine Praktika folgende Teile:
10 C_1-Chips, 15 C_2-Chips und 10 C_3-Chips.
Wie viele Stück von jeder Packung soll er kaufen?

78. Eine Gleichspannungsquelle mit der Spannung $U = 70$ V betreibt einen kleinen Stromkreis, in dem der Widerstand $R_1 = 10\ \Omega$ in Serie zu den beiden parallel liegenden $R_2 = 20\ \Omega$ und $R_3 = 40\ \Omega$ geschaltet ist. Die Stromstärke I_1 beträgt 3 A.
Berechnen Sie die Teilströme I_2 und I_3:

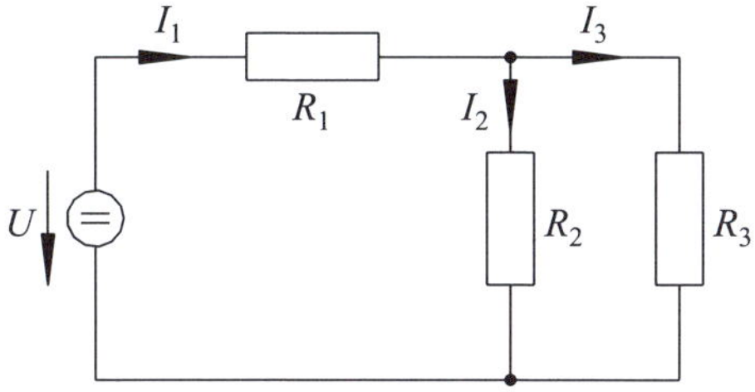

79. Eine Gleichspannungsquelle mit der Spannung $U = 9$ V betreibt einen kleinen Stromkreis mit folgenden Widerständen:
$R_1 = 3.9\ \text{k}\Omega$, $R_2 = 1.0\ \text{k}\Omega$, $R_3 = 2.2\ \text{k}\Omega$, $R_4 = 6.8\ \text{k}\Omega$, $R_5 = 1.0\ \text{k}\Omega$
Berechnen Sie die Teilströme I_0, I_1, I_2, I_3, I_4 und I_5:

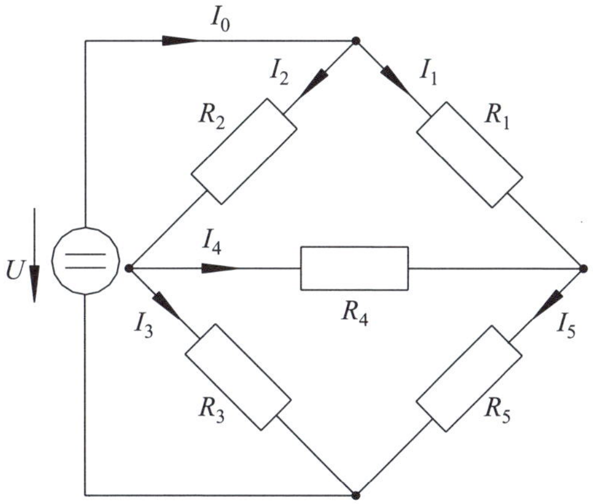

80. Eine Zahl im Achtersystem besteht aus drei Ziffern: $[z_1; z_2; z_3]_8$. Die Quersumme der Zahl beträgt 10. Ihr Wert im Zehnersystem beträgt 514 und die Ziffer z_1 beträgt das Vierfache von z_3.

81. Eine Zahl im Fünfersystem besteht aus drei Ziffern: $[z_1; z_2; z_3]_5$. Die Quersumme der Zahl beträgt 6. Ihr Wert im Zehnersystem beträgt 86 und die Ziffer z_1 ist um eins grösser als z_2.

82. Der Stern unten heisst «magisch», weil man durch Addition der vier Zahlen auf einer Geraden immer die gleiche Summe erhält.

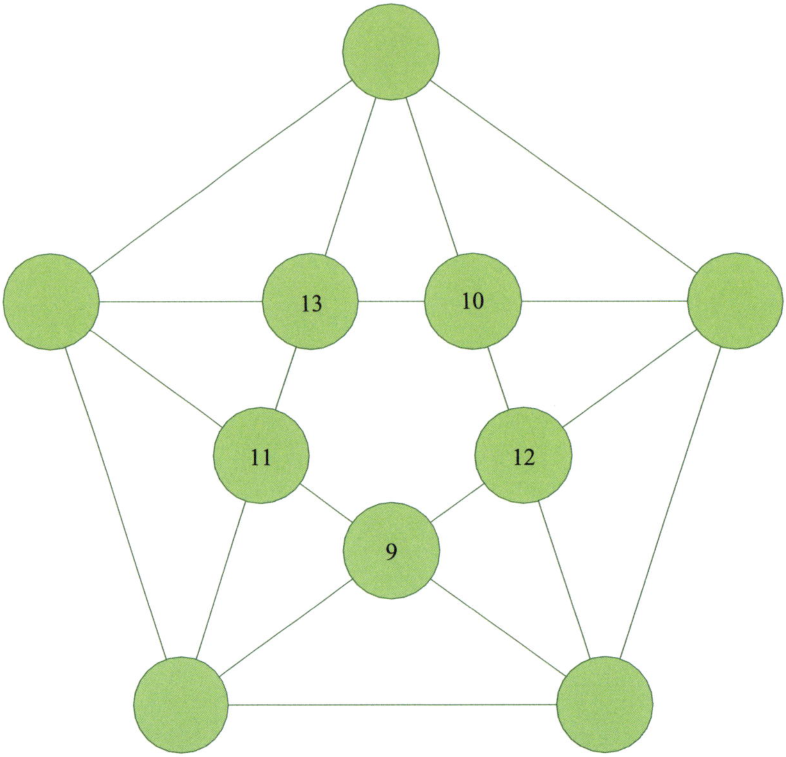

a) Bezeichnen Sie die gesuchten Zahlen mit den Variablen a, b, c, d und e. Setzen Sie in den leeren Kreis ganz links die Variable a. Fahren Sie dann im Gegenuhrzeigersinn weiter mit b, c, d und e.

b) Stellen Sie nun mit den gegebenen Zahlen und den gesuchten Variablen möglichst viele Gleichungen auf, die den Sachverhalt, dass der Stern «magisch» ist, berücksichtigen.

c) Wie viele unterschiedliche Gleichungen gibt es maximal?

d) Vereinfachen Sie die Gleichungen so weit wie möglich.

e) Bestimmen Sie a, b, c, d und e, wenn Sie zusätzlich wissen, dass die fehlenden Zahlen immer 1, 3, 4, 5 und 7 sind? Wie können Sie dies in einer zusätzlichen Gleichung ausdrücken?

83. Albrecht Dürer hat dieses magische Quadrat der Ordnung vier in seinem Kupferstich «Melancholia I» von 1514 platziert.
Geben Sie möglichst viele «magische» Eigenschaften an.

16	3	2	13
5	10	11	8
9	6	7	12
4	15	14	1

84. Das normale magische Quadrat rechts hat die Ordnung drei und besteht aus den Zahlen 1 bis 9, die nur einmal vorkommen dürfen. Die Summe der Zeilen, Spalten und Diagonalen beträgt 15.

a	b	c
d	e	f
g	h	i

a) Berechnen Sie die Summe $a + b + \ldots + i$ aller im Quadrat vorkommenden Zahlen.

b) Im magischen Quadrat werden pro Zeile, Spalte und Diagonale immer drei Zahlen addiert. Können Sie aus dieser Tatsache und dem Ergebnis von a) begründen, weshalb die magische Summe 15 sein muss?

c) Wie viele möglich Zahlentripel können Sie mit den Ziffern 1 bis 9 bilden, welche die magische Summe ergeben? Welche Zahlen kommen wie häufig vor und was folgt daraus für ihren Platz im magischen Quadrat und welche Eigenschaft hat die Zahl in der Mitte?

d) Stellen Sie ein Gleichungssystem mit den neun Variablen a bis i auf, welches die Eigenschaften des magischen Quadrats berücksichtigt.

e) Der Onlinesolver von http://arndt-bruenner.de/mathe/scripts/gleichungssysteme.htm liefert das folgende Ergebnis:

```
a                                          +   i  =    10
      b                            +   h          =    10
           c                       -   h  -   i  =  - 5
                d                  -   h  - 2·i  =  - 10
                     e                            =     5
                          f        +   h  + 2·i  =    20
                               g   +   h  +   i  =    15
                                              0  =     0
                             - g   -   h  -   i  =  - 15
```

Wie viele Lösungen hat das Gleichungssystem? Bilden Sie mithilfe der vom Solver gelieferten Lösung ein magisches Quadrat, indem Sie für h und i geeignete Werte einsetzen.

85. Das Bildungsgesetz eines magischen Quadrats der Ordnung drei kann mit den Variablen a, b und c beschrieben werden.

$a-b$	$a+b+c$	$a-c$
$a+b-c$	a	$a-b+c$
$a+c$	$a-b-c$	$a+b$

a) Zeigen Sie allgemein, dass die «magischen» Eigenschaften mit den Parametern a, b und c eingehalten werden.

b) Setzen Sie $a = 5, b = 1$ und $c = 3$ und zeichnen Sie das magische Quadrat.

c) Zeigen Sie allgemein mit dem Bildungsgesetz: Mit Addition oder Subtraktion einer beliebigen ganzen Zahl zu jeder Zelle des magischen Quadrats aus b) entsteht wieder ein magisches Quadrat.

d) Bilden Sie ein magisches Quadrat mit der Summe 12.

e) Bilden Sie ein magisches Quadrat mit der Summe null.

f) Bilden Sie ein magisches Quadrat mit der Summe 30.

g) Zeigen Sie mit Zahlenbeispielen und den Variablen des Bildungsgesetzes: Werden zwei magische Quadrate addiert, so entsteht wieder ein magisches Quadrat. Wie steht es mit den andern Grundoperationen?

h) Verwenden Sie die Zahlen des magischen Quadrats von b) als Exponenten der Basis 2 oder 3. Welche Eigenschaften hat dieses Quadrat?

i) Überprüfen Sie die vermuteten Eigenschaften von h) mit dem Bildungsgesetz.

10 Quadratische Gleichungen

10.1 Definition der quadratischen Gleichung

Viele Zusammenhänge, wie sie in der Forschung oder der Technik auftreten, lassen sich nicht mit einer einfachen linearen Gleichung beschreiben. Oft führen Anwendungen auf **quadratische Gleichungen**. Die Lösungsvariable oder Unbekannte kommt dabei in der **zweiten Potenz** vor. Eventuell enthält die Gleichung zusätzlich **lineare Terme** mit der Unbekannten in der ersten Potenz und **Konstanten**. Wir definieren:

Definition **Quadratische Gleichung**

Eine Gleichung, die äquivalent ist zu folgender Gleichung:

$$ax^2 + bx + c = 0 \qquad (1)$$

x: Lösungsvariable
$a, b, c \in \mathbb{R}, a \neq 0$

Kommentar

- Eine Gleichung in der Form von Gleichung (1) ist die **Grundform** einer quadratischen Gleichung.
- Wird die Grundform durch a dividiert, so entsteht die **Normalform**, bei der der Koeffizient des quadratischen Gliedes eins ist.
- «Quadratische Gleichung» und «Gleichung 2. Grades» sind Synonyme.
- Falls $a = 0$ und $b \neq 0$ ist Gleichung (1) eine lineare Gleichung.

■ Beispiele

(1) Ist die Gleichung $x(x-3) = -(x+1)x$ quadratisch?

Lösung:

$$x^2 - 3x = -x^2 - x \quad \Rightarrow \quad 2x^2 - 2x = 0$$

Die Gleichung ist quadratisch.

$2x^2 - 2x = 0$ ist die Grundform dieser quadratischen Gleichung.

Die Koeffizienten sind: $a = 2, b = -2$ und $c = 0$.

(2) Ist die Gleichung $\frac{1}{x+1} = x^2$ quadratisch?

Lösung:

$$1 = x^2(x+1) = x^3 + x^2 \quad \Rightarrow \quad x^3 + x^2 - 1 = 0$$

Die Gleichung ist nicht quadratisch, sondern kubisch.

$x^3 + x^2 - 1 = 0$ ist die Grundform dieser kubischen Gleichung.

(3) Für welchen Parameterwert von $\lambda \in \mathbb{R}$ ist die Gleichung $(\lambda x + 1)(x - 3)x - \lambda^2 x^2 = x^3 + 2x - 1$ quadratisch?

Lösung:

$$\lambda x^3 - 3\lambda x^2 + x^2 - 3x - \lambda^2 x^2 = x^3 + 2x - 1$$

$$(\lambda - 1)x^3 + (1 - 3\lambda - \lambda^2)x^2 - 5x + 1 = 0$$

Für $\lambda = 1$ verschwindet das kubische Glied. Die quadratische Gleichung lautet:

$$3x^2 + 5x - 1 = 0$$

10.2 Lösungsverfahren für quadratische Gleichungen

Nun wollen wir uns der Suche nach Lösungen von quadratischen Gleichungen zuwenden. Dabei sind dieselben Äquivalenzumformungen wie bei den linearen Gleichungen anzuwenden.

10.2.1 Reinquadratische Gleichungen

Setzt man $b = 0$ in der quadratischen Gleichung (1) ein, so verschwindet der lineare Term und es entsteht eine **reinquadratische** Gleichung.

$$ax^2 + c = 0 \tag{2}$$

Diese reinquadratische Gleichung lässt sich in die folgende Form bringen.

$$x^2 = -\frac{c}{a} = u \tag{3}$$

Je nachdem, ob die Konstante $u \in \mathbb{R}$ grösser null, gleich null oder kleiner als null ist, ergeben sich unterschiedliche Lösungen:

Reinquadratische Gleichung

Die reinquadratische Gleichung

$$ax^2 + c = 0 \quad \Leftrightarrow \quad x^2 = -\frac{c}{a} = u \tag{4}$$

hat die Lösungen:

$$\begin{aligned} u > 0: &\quad \mathbb{L} = \{+\sqrt{u}; -\sqrt{u}\} \\ u = 0: &\quad \mathbb{L} = \{0\} \\ u < 0: &\quad \mathbb{L} = \{\} \end{aligned} \tag{5}$$

■ **Beispiele**

(1) $2x^2 - 98 = 0$

Lösung:

$2x^2 = 98 \quad \Rightarrow \quad x^2 = 49 \quad \Rightarrow \quad \mathbb{L} = \{+\sqrt{49}; -\sqrt{49}\} = \{7; -7\}$

(2) $2x^2 + 98 = 0$

Lösung:

$2x^2 = -98 \quad \Rightarrow \quad x^2 = -49 \quad \Rightarrow \quad \mathbb{L} = \{\,\}$

◆ Übungen 46 → S. 181

10.2.2 Quadratische Ergänzung

Alle Typen von quadratischen Gleichungen können mit dem Verfahren der **quadratischen Ergänzung** gelöst werden.

Betrachten wir zunächst die folgende Gleichung:

$$(x-2)^2 = 9 \qquad (6)$$

Um die Lösung zu finden, ziehen wir auf beiden Seiten der Gleichung die Wurzel und lösen nach x auf:

$$(x-2)^2 = 9 \quad \Rightarrow \quad x - 2 = \pm\sqrt{9} \quad \Rightarrow \quad x = 2 \pm 3 \qquad (7)$$

Die beiden Lösungen der Gleichung lauten:

(I) $x_1 = 2 + 3 = 5$ (II) $x_2 = 2 - 3 = -1$ (8)

$\mathbb{L} = \{-1; 5\}$

Durch Anwenden der binomischen Formeln kann die quadratische Ausgangsgleichung in die Grundform gebracht werden.

$$(x-2)^2 = 9 \quad \Rightarrow \quad x^2 - 4x + 4 = 9 \quad \Rightarrow \quad x^2 - 4x - 5 = 0 \qquad (9)$$

Beim Lösen von quadratischen Gleichungen ist der **umgekehrte Weg** zu gehen. Mit den **binomischen Formeln** kann jede quadratische Gleichung in die Form von Gleichung (6) gebracht werden.

■ **Einführendes Beispiel**

Lösen Sie die quadratische Gleichung $x^2 + 10x + 21 = 0$.

Zunächst suchen wir nach einem *Binom*, welches das quadratische Glied x^2 und das lineare Glied $10x$ reproduziert. Das Binom lautet:

$$(x+5)^2 = \underline{x^2 + 10x} + 25$$

Nun *ergänzen* wir die Gleichung auf beiden Seiten mit der Quadratzahl $+25$, sodass auf der linken Seite die binomische Formel angewendet werden kann:

$$
\begin{aligned}
x^2 + 10x + 21 &= 0 \\
x^2 + 10x \quad &= -21 \qquad | + 25 \\
x^2 + 10x + 25 &= -21 + 25 \\
x^2 + 10x + 25 &= 4 \\
(x+5)^2 &= 4
\end{aligned}
$$

Die so erhaltene Gleichung, die zur gegebenen Gleichung äquivalent ist, lässt sich wie Gleichung (6) einfach lösen.

$$
\begin{aligned}
(x+5)^2 &= 4 \\
\sqrt{(x+5)^2} &= \pm\sqrt{4} \\
x+5 &= \pm 2 \\
x &= -5 \pm 2
\end{aligned}
$$

Es gibt somit die beiden Lösungen $x_1 = -5 + 2 = -3$ und $x_2 = -5 - 2 = -7$.

Dies führt auf die Lösungsmenge: $\mathbb{L} = \{-7; -3\}$

Dieses Verfahren heisst **quadratische Ergänzung**, weil wir auf ein Quadrat ergänzt haben.

Wie bei den reinquadratischen Gleichungen kann eine quadratische Gleichung auch **nur eine** oder sogar **gar keine Lösung** haben. Daran ändert auch das Verfahren der quadratischen Ergänzung nichts. Sehen Sie dazu Beispiel (2).
Ist der Koeffizient a des quadratischen Gliedes der Gleichung $ax^2 + bx + c = 0$ von eins verschieden, so muss die Gleichung zuerst **durch a dividiert** werden, also in die Normalform gebracht werden wie in Beispiel (3).

■ **Beispiele**

(1) $x^2 + 4x = 77$

Lösung:

$$x^2 + 4x - 77 = 0$$

Binom: $(x+2)^2 = x^2 + 4x + 4$

Ergänzung:

$$
\begin{aligned}
x^2 + 4x - 77 &= 0 \qquad | + 77 \\
x^2 + 4x &= 77 \qquad | + 4 \\
x^2 + 4x + 4 &= 81 \\
(x+2)^2 &= 81 \\
x + 2 &= \pm\sqrt{81} = \pm 9 \\
x &= -2 \pm 9
\end{aligned}
$$

$\Rightarrow \quad x_1 = -2 + 9 = 7$ und $x_2 = -2 - 9 = -11$

Lösungsmenge: $\mathbb{L} = \{-11; 7\}$

(2) $x^2 + 10 = 6x$

Lösung:

$x^2 - 6x + 10 = 0$

Binom: $(x-3)^2 = x^2 - 6x + 9$

Ergänzung: $x^2 - 6x + 10 = 0 \quad |-10$

$x^2 - 6x = -10 \quad |+9$

$x^2 - 6x + 9 = -10 + 9$

$(x-3)^2 = -1$

$x - 3 = \pm\sqrt{-1} \notin \mathbb{R}$

Lösungsmenge: $\mathbb{L} = \{\ \}$

(3) $4x^2 + 3 = 13x$

Lösung:

Grundform: $4x^2 - 13x + 3 = 0$ Division durch $a = 4$

Normalform: $x^2 - \frac{13}{4}x + \frac{3}{4} = 0$

Binom: $\left(x - \frac{13}{8}\right)^2 = x^2 - \frac{13}{4}x + \frac{169}{64}$

Ergänzung: $x^2 - \frac{13}{4}x = -\frac{3}{4} \quad \left| + \frac{169}{64}\right.$

$x^2 - \frac{13}{4}x + \frac{169}{64} = \frac{169}{64} - \frac{3}{4} \cdot \frac{16}{16}$

$\left(x - \frac{13}{8}\right)^2 = \frac{169 - 48}{64}$

$x - \frac{13}{8} = \pm\sqrt{\frac{121}{64}} = \pm\frac{11}{8}$

$x = \frac{13}{8} \pm \frac{11}{8} = \frac{13 \pm 11}{8}$

$\Rightarrow \quad x_1 = \frac{13 + 11}{8} = \frac{24}{8} = 3$ und $x_2 = \frac{13 - 11}{8} = \frac{2}{8} = \frac{1}{4}$

Lösungsmenge: $\mathbb{L} = \left\{\frac{1}{4}; 3\right\}$

(4) $x^2 + 2x - 5 = 0$. Berechnen Sie die Lösungen exakt.

Lösung:

Normalform: $x^2 + 2x - 5 = 0$

Binom: $(x+1)^2 = x^2 + 2x + 1$

Ergänzung: $x^2 + 2x = 5 \quad |+1$

$x^2 + 2x + 1 = 6$

$(x+1)^2 = 6$

$x + 1 = \pm\sqrt{6}$

$x = -1 \pm \sqrt{6}$

$\Rightarrow \quad x_1 = -1 + \sqrt{6} \approx 1.449$ und $x_2 = -1 - \sqrt{6} \approx -3.449$

Lösungsmenge: $\mathbb{L} = \{-1 - \sqrt{6}; -1 + \sqrt{6}\}$

◆ **Übungen 47 → S. 181**

10.3 Lösungsformel für quadratische Gleichungen

Nachdem wir die quadratische Ergänzung an konkreten Beispielen angewendet haben, wollen wir die allgemeine quadratische Gleichung

$$ax^2 + bx + c = 0 \tag{10}$$

mit diesem Verfahren lösen. Dazu dividieren wir die Gleichung zunächst durch den Koeffizienten a des quadratischen Gliedes und erhalten die Normalform:

$$x^2 + \frac{b}{a}x + \frac{c}{a} = 0 \tag{11}$$

Dann subtrahieren wir auf beiden Seiten die Konstante $\frac{c}{a}$:

$$x^2 + \frac{b}{a}x = -\frac{c}{a} \tag{12}$$

Nun suchen wir nach einem binomischen Term, der die Summe aus quadratischem und linearem Glied reproduziert:

$$\left(x + \frac{b}{2a}\right)^2 = x^2 + 2 \cdot x \cdot \frac{b}{2a} + \left(\frac{b}{2a}\right)^2 = \underline{x^2 + \frac{b}{a}x} + \frac{b^2}{4a^2} \tag{13}$$

Durch quadratische Ergänzung mit $\frac{b^2}{4a^2}$ vervollständigen wir auf der linken Seite von Gleichung (12) das Binom:

$$x^2 + \frac{b}{a}x + \frac{b^2}{4a^2} = \frac{b^2}{4a^2} - \frac{c}{a} \tag{14}$$

Links steht jetzt ein quadriertes Binom, rechts fassen wir die Brüche zusammen:

$$\left(x + \frac{b}{2a}\right)^2 = \frac{b^2}{4a^2} - \frac{c \cdot 4a}{a \cdot 4a} = \frac{b^2 - 4ac}{4a^2} \tag{15}$$

Durch Ziehen der Quadratwurzel erhalten wir Gleichung (16), wobei wir berücksichtigen müssen, dass auch die Gegenzahl der (stets positiven) Wurzel Lösung ist:

$$x_1 + \frac{b}{2a} = \sqrt{\frac{b^2 - 4ac}{4a^2}} \quad \text{und} \quad x_2 + \frac{b}{2a} = -\sqrt{\frac{b^2 - 4ac}{4a^2}} \tag{16}$$

Nun lösen wir nach der Unbekannten auf und fassen die Brüche zusammen:

$$x_{1,2} = -\frac{b}{2a} \pm \frac{\sqrt{b^2 - 4ac}}{2a} = \frac{-b \pm \sqrt{b^2 - 4ac}}{2a} \tag{17}$$

Dies ist die Lösung der allgemeinen quadratischen Gleichung $ax^2 + bx + c = 0$.
Kennt man also die beliebigen, aber festen Parameter a, b und c, so kann man durch Einsetzen in Gleichung (17) die Lösung berechnen.

Für die allgemeine Lösung einer quadratischen Gleichung können wir somit festhalten:

Lösungsformel für quadratische Gleichungen

Die *quadratische Gleichung* in der Grundform

$$ax^2 + bx + c = 0 \tag{18}$$

hat die Lösung:

$$x_{1,2} = \frac{-b \pm \sqrt{b^2 - 4ac}}{2a} \tag{19}$$

Der Ausdruck unter der Wurzel

$$D = b^2 - 4ac \tag{20}$$

heisst *Diskriminante* und bestimmt die *Anzahl der Lösungen*:

$D > 0$: *zwei* reelle Lösungen
$D = 0$: *eine* reelle Lösung
$D < 0$: *keine* reelle Lösung

Kommentar

- Im Fall $D = b^2 - 4ac < 0$ gibt es **keine reelle** Lösung, da die Quadratwurzel aus einer negativen Zahl innerhalb der reellen Zahlen $\mathbb{R}$ nicht definiert ist.

Beispiele

(1) $6x^2 + x - 15 = 0$

Lösung:

$a = 6$; $b = 1$ und $c = -15$

$$x_{1,2} = \frac{-b \pm \sqrt{b^2 - 4ac}}{2a} = \frac{-1 \pm \sqrt{1^2 - 4 \cdot 6 \cdot (-15)}}{2 \cdot 6} = \frac{-1 \pm \sqrt{361}}{12} = \frac{-1 \pm 19}{12}$$

$$\Rightarrow \quad x_1 = \frac{-1 + 19}{12} = \frac{3}{2} \quad \text{und} \quad x_2 = \frac{-1 - 19}{12} = -\frac{5}{3}$$

Lösungsmenge: $\mathbb{L} = \left\{-\frac{5}{3}; \frac{3}{2}\right\}$

(2) $3p^2 + 4p = (p - 5)^2$

Lösung:

$$3p^2 + 4p = p^2 - 10p + 25$$

$$2p^2 + 14p - 25 = 0$$

$a = 2$; $b = 14$ und $c = -25$

$$p_{1,2} = \frac{-b \pm \sqrt{b^2 - 4ac}}{2a} = \frac{-14 \pm \sqrt{14^2 - 4 \cdot 2 \cdot (-25)}}{2 \cdot 2} = \frac{-14 \pm \sqrt{396}}{4} = \frac{-14 \pm 6\sqrt{11}}{4}$$

$$\Rightarrow \quad p_1 = \frac{-7 + 3\sqrt{11}}{2} \approx 1.475 \quad \text{und} \quad p_2 = \frac{-7 - 3\sqrt{11}}{2} \approx -8.475$$

$$\Rightarrow \quad \mathbb{L} = \left\{\frac{-7 - 3\sqrt{11}}{2}; \frac{-7 + 3\sqrt{11}}{2}\right\}$$

(3) $(5y+2)^2+46y=146y^2+13$

Lösung:

$$25y^2+20y+4+46y=146y^2+13$$
$$121y^2-66y+9=0$$

$a=121;\quad b=-66$ und $c=9$

$$y_{1,2}=\frac{-b\pm\sqrt{b^2-4ac}}{2a}=\frac{66\pm\sqrt{66^2-4\cdot121\cdot9}}{2\cdot121}=\frac{66\pm\sqrt{0}}{242}=\frac{66}{242}=\frac{3}{11}$$

Da die Diskriminante $D=b^2-4ac$ gleich null ist, gibt es nur eine Lösung:

$$\mathbb{L}=\left\{\frac{3}{11}\right\}$$

(4) $3b^2+4=5b$

Lösung:

$$3b^2-5b+4=0$$

Um Verwechslungsmöglichkeiten bei b auszuschliessen, notieren wir die Lösungsformel in Grossbuchstaben:

$A=3;\quad B=-5$ und $C=4$

$$b_{1,2}=\frac{-B\pm\sqrt{B^2-4AC}}{2A}=\frac{5\pm\sqrt{5^2-4\cdot3\cdot4}}{2\cdot3}=\frac{5\pm\sqrt{-23}}{6}$$

Die Diskriminante $D=B^2-4AC=-23<0$ ist negativ, es gibt keine reelle Lösung:

$$\mathbb{L}=\{\,\}$$

◆ **Übungen 48 → S. 182**

10.4 Aufgaben mit Parametern

Gleichungen, mit denen Probleme allgemein beschrieben und gelöst werden können, enthalten meist zusätzliche **Parameter**. Diese werden oft als a, b oder c angegeben. Es muss strikt zwischen den Parametern der Ausgangsgleichung und den Koeffizienten der Grundform der quadratischen Gleichung $ax^2+bx+c=0$ unterschieden werden. Um den Unterschied deutlich zu machen, können in der Lösungsformel Grossbuchstaben verwendet werden.

■ **Beispiele**

(1) Lösen Sie die Gleichung $x^2-5x+\lambda=0$ nach x auf.
Machen Sie eine Fallunterscheidung für alle Parameterwerte $\lambda\in\mathbb{R}$.

Lösung:

$a=1;\quad b=-5$ und $c=\lambda$

In Abhängigkeit der Diskriminante

$$D=b^2-4ac=25-4\lambda$$

unterscheiden wir drei Fälle:

(I) $D = 25 - 4\lambda < 0$

$$25 < 4\lambda \quad \Rightarrow \quad \frac{25}{4} < \lambda \quad \Rightarrow \quad \lambda > \frac{25}{4}$$

$\lambda > \frac{25}{4}$: $\mathbb{L} = \{\,\}$ keine reelle Lösung

(II) $D = 25 - 4\lambda = 0$

$$25 = 4\lambda \quad \Rightarrow \quad \lambda = \frac{25}{4}$$

$$x = \frac{-b \pm \sqrt{0}}{2a} = -\frac{b}{2a} = -\frac{-5}{2} = \frac{5}{2}$$

$\lambda = \frac{25}{4}$: $\mathbb{L} = \left\{\frac{5}{2}\right\}$ genau eine Lösung

(III) $D = 25 - 4\lambda > 0$

$$25 > 4\lambda \quad \Rightarrow \quad \frac{25}{4} > \lambda \quad \Rightarrow \quad \lambda < \frac{25}{4}$$

$$x_{1,2} = \frac{-b \pm \sqrt{b^2 - 4ac}}{2a} = \frac{5 \pm \sqrt{25 - 4\lambda}}{2}$$

$\lambda < \frac{25}{4}$: $\mathbb{L} = \left\{\frac{5 - \sqrt{25 - 4\lambda}}{2}; \frac{5 + \sqrt{25 - 4\lambda}}{2}\right\}$ zwei Lösungen

(2) Für welche Werte des Parameters a hat die Gleichung $x^2 - 3x + a = 0$ genau eine Lösung?

Lösung:

Die quadratische Gleichung hat genau dann nur eine Lösung, wenn die Diskriminante null ist:

$$D = B^2 - 4AC = 9 - 4 \cdot 1 \cdot a = 0 \quad \Rightarrow \quad a = \frac{9}{4}$$

Die quadratische Gleichung $x^2 - 3x + \frac{9}{4} = 0$ hat nur eine Lösung, nämlich $x = \frac{3}{2}$.

(3) Ermitteln Sie die Lösungsmenge der Gleichung $35b^3 - 81b^2 + 16b + 12 = 0$, wobei die Lösung $b_1 = 2$ bereits bekannt ist.

Lösung:

Mittels *Polynomdivision* (sehen Sie dazu Kapitel 3.5) spaltet man vom gegebenen Polynom 3. Ordnung $(35b^3 - 81b^2 + 16b + 12)$ den Linearfaktor $(b - 2)$ ab:

$$(35b^3 - 81b^2 + 16b + 12) : (b - 2) = 35b^2 - 11b - 6$$

Das heisst, dass die gegebene Gleichung anders geschrieben werden kann:

$$35b^3 - 81b^2 + 16b + 12 = 0$$
$$(b - 2) \cdot (35b^2 - 11b - 6) = 0$$

Ein Produkt aus zwei Faktoren ist dann null, wenn mindestens einer der beiden Faktoren null ist. Deshalb finden wir die weiteren Lösungen, wenn wir den zweiten Faktor gleich null setzen:

$$35b^2 - 11b - 6 = 0$$
$$\Rightarrow \quad b_{2,3} = \frac{11 \pm \sqrt{(-11)^2 - 4 \cdot 35 \cdot (-6)}}{2 \cdot 35} = \frac{11 \pm \sqrt{961}}{70} = \frac{11 \pm 31}{70}$$
$$\Rightarrow \quad b_2 = \frac{11 + 31}{70} = \frac{42}{70} = \frac{3}{5} \quad \text{und} \quad b_3 = \frac{11 - 31}{70} = -\frac{20}{70} = -\frac{2}{7}$$

Die Lösungsmenge der kubischen Gleichung $35b^3 - 81b^2 + 16b + 12 = 0$ ist:

$$\mathbb{L} = \left\{-\frac{2}{7}; \frac{3}{5}; 2\right\}$$

Kommentar

- Eine quadratische Gleichung kann einen oder mehrere beliebige, aber feste Parameter enthalten. Dann wird für die Fallunterscheidung immer die Diskriminante $D = b^2 - 4ac$ betrachtet, wie oben in Beispiel (1).

◆ Übungen 49 → S. 182

10.5 Satz von Vieta

Wir addieren die beiden Lösungen x_1 und x_2 der quadratischen Gleichung $ax^2 + bx + c = 0$ und erhalten:

$$x_1 + x_2 = \frac{-b + \sqrt{b^2 - 4ac}}{2a} + \frac{-b - \sqrt{b^2 - 4ac}}{2a}$$

$$= \frac{-b + \sqrt{b^2 - 4ac} - b - \sqrt{b^2 - 4ac}}{2a} = \frac{-2b}{2a} = -\frac{b}{a}$$

Multipliziert man die beiden Lösungen, so erhält man:

$$x_1 \cdot x_2 = \frac{c}{a}$$

Diese beiden Ergebnisse werden folgendermassen zusammengefasst:

Satz von Vieta

Sind x_1 und x_2 die Lösungen der quadratischen Gleichung $ax^2 + bx + c = 0$, so gilt:

$$x_1 + x_2 = -\frac{b}{a} \quad \text{und} \quad x_1 \cdot x_2 = \frac{c}{a} \qquad (21)$$

Mithilfe der Lösungen der quadratischen Gleichung $ax^2 + bx + c = 0$ kann das quadratische Polynom $ax^2 + bx + c$ in ein Produkt von Linearfaktoren zerlegt werden:

Zerlegungssatz

Sind x_1 und x_2 die Lösungen der quadratischen Gleichung $ax^2 + bx + c = 0$, so kann das quadratische Polynom $ax^2 + bx + c$ in Linearfaktoren zerlegt werden:

$$ax^2 + bx + c = a(x - x_1)(x - x_2) \qquad (22)$$

Kommentar

- Der Term $ax^2 + bx + c$ ist also genau dann zerlegbar, wenn die Gleichung $ax^2 + bx + c = 0$ **Lösungen** hat. Falls eine Zerlegung existiert, ist sie **eindeutig**.

Beispiele

(1) Gegeben ist die Parametergleichung $x^2 - 5x + u = 0$.
Bestimmen Sie den Parameter u so, dass eine Lösung doppelt so gross ist wie die andere.

Lösung:
Wir verwenden den Satz von Vieta und setzen $x_2 = 2x_1$ ein:

$$x_1 + x_2 = -\frac{b}{a} \quad \Rightarrow \quad x_1 + 2x_1 = -\frac{-5}{1} \quad \Rightarrow \quad 3x_1 = 5 \quad \Rightarrow \quad x_1 = \frac{5}{3},\ x_2 = \frac{10}{3}$$

$$x_1 \cdot x_2 = \frac{c}{a} \quad \Rightarrow \quad \frac{5}{3} \cdot \frac{10}{3} = \frac{u}{1} \quad \Rightarrow \quad u = \frac{50}{9}$$

(2) Die Lösungen einer quadratischen Gleichung lauten $x = \frac{1 \pm \sqrt{13}}{6}$.

Bestimmen Sie die dazugehörige quadratische Gleichung mit möglichst einfachen, ganzzahligen Koeffizienten.

Lösung:
$(x - x_1) \cdot (x - x_2) = 0$

$$\left(x - \frac{1+\sqrt{13}}{6}\right) \cdot \left(x - \frac{1-\sqrt{13}}{6}\right) = 0$$

Ausmultiplizieren ergibt:

$$x^2 - \left(\frac{1+\sqrt{13}}{6} + \frac{1-\sqrt{13}}{6}\right)x + \frac{1+\sqrt{13}}{6} \cdot \frac{1-\sqrt{13}}{6} = 0$$

$$x^2 - \frac{1+\sqrt{13}+1-\sqrt{13}}{6}x + \frac{(1+\sqrt{13}) \cdot (1-\sqrt{13})}{36} = 0$$

$$x^2 - \frac{2}{6}x + \frac{1-13}{36} = 0$$

$$x^2 - \frac{1}{3}x - \frac{1}{3} = 0$$

Damit die Koeffizienten ganzzahlig werden, multipliziert man die Gleichung mit 3 und erhält die gesuchte quadratische Gleichung:

$$3x^2 - x - 1 = 0$$

◆ **Übungen 50 → S. 183**

10.6 Substitutionsaufgaben

Es gibt Gleichungen höherer Ordnung, die sich durch **geeignete Substitution** in eine quadratische Gleichung überführen lassen.

Beispiele

(1) $4x^4 - 13x^2 + 9 = 0$

Lösung:
Die gegebene Gleichung ist keine quadratische Gleichung.
Gleichungen 4. Grades der Form $ax^4 + bx^2 + c = 0$ werden als *biquadratische Gleichungen* bezeichnet.

Durch Substitution mit $u = x^2$ wird die Gleichung quadratisch:

$$4u^2 - 13u + 9 = 0$$

$a = 4; \quad b = -13$ und $c = 9$

$$u_{1,2} = \frac{-b \pm \sqrt{b^2 - 4ac}}{2a} = \frac{13 \pm \sqrt{169 - 4 \cdot 4 \cdot 9}}{2 \cdot 4} = \frac{13 \pm \sqrt{25}}{8} = \frac{13 \pm 5}{8}$$

$$u_1 = \frac{13 - 5}{8} = 1 \quad \text{und} \quad u_2 = \frac{13 + 5}{8} = \frac{9}{4}$$

Nun kennen wir die Lösung für u, gesucht ist aber eine Lösung für x. Die Unbekannte x bestimmen wir durch Rücksubstitution:

$$x^2 = u_1 = 1 \quad \Rightarrow \quad x_1 = +1 \quad \text{und} \quad x_2 = -1$$

$$x^2 = u_2 = \frac{9}{4} \quad \Rightarrow \quad x_3 = +\sqrt{\frac{9}{4}} = \frac{3}{2} \quad \text{und} \quad x_4 = -\sqrt{\frac{9}{4}} = -\frac{3}{2}$$

$$\Rightarrow \quad \mathbb{L} = \left\{-\frac{3}{2}; -1; 1; \frac{3}{2}\right\}$$

(2) Lösen Sie die Gleichung $2\left(x - \frac{11}{4x}\right)^2 = 5 - 9\left(x - \frac{11}{4x}\right)$ mithilfe einer geeigneten Substitution.

Lösung:

Wir substituieren: $u = x - \frac{11}{4x}$

$$2u^2 = 5 - 9u$$

$$2u^2 + 9u - 5 = 0$$

$$u_{1,2} = \frac{-b \pm \sqrt{b^2 - 4ac}}{2a} = \frac{-9 \pm \sqrt{81 - 4 \cdot 2 \cdot (-5)}}{2 \cdot 2} = \frac{-9 \pm \sqrt{121}}{4} = \frac{-9 \pm 11}{4}$$

$$u_1 = \frac{-9 + 11}{4} = \frac{2}{4} = \frac{1}{2} \quad \text{und} \quad u_2 = \frac{-9 - 11}{4} = -\frac{20}{4} = -5$$

Nach Rücksubstitution folgt:

$$u_1: \; u_1 = x - \frac{11}{4x} = \frac{1}{2} \quad \Rightarrow \quad 4x^2 - 2x - 11 = 0$$

$$\Rightarrow \quad a = 4; \quad b = -2 \quad \text{und} \quad c = -11$$

$$\Rightarrow \quad x_{1,2} = \frac{-b \pm \sqrt{b^2 - 4ac}}{2a} = \frac{2 \pm \sqrt{4 - 4 \cdot 4 \cdot (-11)}}{2 \cdot 4} = \frac{2 \pm \sqrt{180}}{8} = \frac{1 \pm 3\sqrt{5}}{4}$$

$$x_1 = \frac{1 + 3\sqrt{5}}{4} \quad \text{und} \quad x_2 = \frac{1 - 3\sqrt{5}}{4}$$

$$u_2: \; u_2 = x - \frac{11}{4x} = -5 \quad \Rightarrow \quad 4x^2 + 20x - 11 = 0$$

$$\Rightarrow \quad a = 4; \quad b = 20 \quad \text{und} \quad c = -11$$

$$\Rightarrow \quad x_{1,2} = \frac{-b \pm \sqrt{b^2 - 4ac}}{2a} = \frac{-20 \pm \sqrt{400 - 4 \cdot 4 \cdot (-11)}}{2 \cdot 4}$$

$$x_{1,2} = \frac{-20 \pm \sqrt{576}}{8} = \frac{-5 \pm 6}{2}$$

$$x_1 = \frac{-5 + 6}{2} = \frac{1}{2} \quad \text{und} \quad x_2 = \frac{-5 - 6}{2} = -\frac{11}{2}$$

$$\Rightarrow \quad \mathbb{L} = \left\{-\frac{11}{2}; \frac{1 - 3\sqrt{5}}{4}; \frac{1}{2}; \frac{1 + 3\sqrt{5}}{4}\right\}$$

◆ Übungen 51 → S. 184

10.7 Quadratische Ungleichungen

Wie bei den Bruchungleichungen ist auch bei den **quadratischen Ungleichungen** die **halbgrafische Methode** mit **Vorzeichenmuster** auf dem Zahlenstrahl (vgl. Kapitel 8.4) einfacher als ein rein algebraisches Verfahren, da die Fallunterscheidung wegfällt.
Eine quadratische Ungleichung ist wie folgt definiert:

Definition **Quadratische Ungleichung**

Eine Ungleichung, die äquivalent ist zu folgender Ungleichung:

$$ax^2 + bx + c > 0 \quad \text{oder} \quad ax^2 + bx + c \geq 0 \qquad (23)$$

x: Lösungsvariable
$a, b, c \in \mathbb{R}, a \neq 0$

Kommentar

- Es genügt, wenn wir in der Definition die Relationszeichen $>$ und $\geq$ verwenden. Multiplizieren wir eine Ungleichung mit den Zeichen $<$ und $\leq$ mit -1, dann hat die neue Ungleichung wieder die Zeichen $>$ und $\geq$.

■ Einführendes Beispiel

Lösen Sie die folgende quadratische Ungleichung mit der Grundmenge $\mathbb{G} = \mathbb{R}$:

$$4x^2 - 7x \geq 15$$

Lösung:

Eine Seite der Ungleichung muss null sein.

$$4x^2 - 7x - 15 \geq 0$$

Der Term auf der andern Seite der Ungleichung wird in ein Produkt aus **Linearfaktoren** zerlegt.

$$4x^2 - 7x - 15 = (x-3)(4x+5) = 0$$

Wir tragen auf dem Zahlenstrahl $x_1 = 3$ ein, weil der erste Linearfaktor $(x - 3)$ an dieser Stelle den **Wert null** annimmt. Wird der Linearfaktor für $x < 3$ausgewertet, erhalten wir einen **negativen** Wert. Wird er für $x > 3$ ausgewertet, erhalten wir einen **positiven** Wert. Diese Erkenntnisse halten wir grafisch fest:

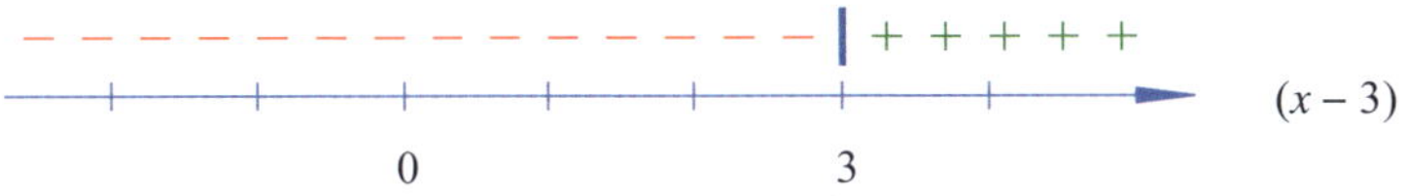

Wir tragen auf dem Zahlenstrahl $x_2 = -\frac{5}{4}$ ein, weil der zweite Linearfaktor $(4x + 5)$ an dieser Stelle den **Wert null** annimmt. Wird der Linearfaktor für $x < -\frac{5}{4}$ ausgewertet, erhalten wir einen **negativen** Wert. Wird er für $x > -\frac{5}{4}$ ausgewertet, erhalten wir einen **positiven** Wert. Diese Erkenntnisse halten wir grafisch fest:

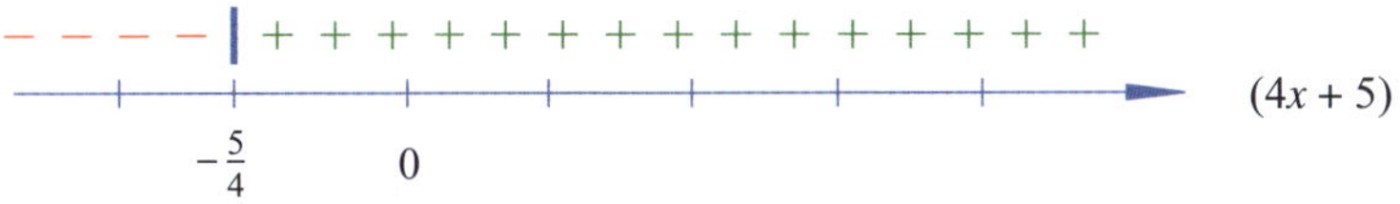

Wir wenden nun die **Vorzeichenregel** der Multiplikation an (vgl. Kapitel 8.4) und erhalten das Vorzeichenmuster des ganzen Produkts:

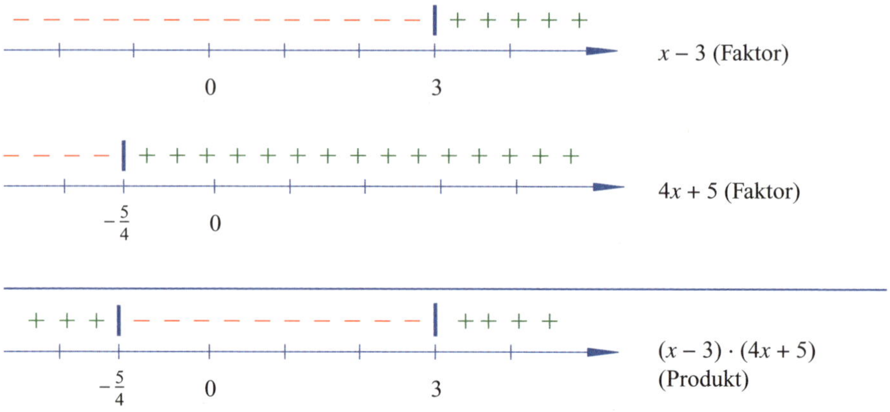

Nun können wir anhand des Vorzeichenmusters auf dem untersten Zahlenstrahl die Lösungsmenge der Ungleichung angeben:

$$\mathbb{L} = \left]-\infty; -\frac{5}{4}\right] \quad \cup \quad [3; \infty[$$

Kommentar

- Wenn das Faktorisieren mithilfe von Ausklammern, Anwenden der binomischen Formel oder der Zweiklammermethode nicht gelingt, hilft der **Zerlegungssatz** (22) weiter. Sind die Lösungen x_1 und x_2 einer quadratischen Gleichung bekannt, so lautet die Linearfaktorzerlegung:

  $$ax^2 + bx + c = a(x - x_1)(x - x_1)$$

- Die Lösungen x_1 und x_2 können wir für die zur Ungleichung gehörende quadratische Gleichung bestimmen, indem wir die **Lösungsformel** (19) anwenden. Hat die quadratische Gleichung keine Lösung, dann ist auch keine Zerlegung in Linearfaktoren möglich. In diesem Fall kann die Lösungsmenge oft bestimmt werden durch geschicktes Einsetzen oder durch Betrachten des Funktionsgraphen, der zur Ungleichung gehört.
- Ungleichungen dritten oder höheren Grades können grundsätzlich auf die gleiche Weise gelöst werden. Allerdings sind wir dann zum Bestimmen der Lösungen zunehmend auf elektronische Hilfsmittel angewiesen.

◆ Übungen 52 → S. 184

10.8 Textaufgaben

Dass mit Gleichungen Fragestellungen aus vielen Anwendungsbereichen gelöst werden können, haben wir bereits in Kapitel 8.5 gesehen. Die systematische Vorgehensweise ist bei quadratischen Gleichungen prinzipiell gleich.

Beispiele

(1) Ein Blumengarten hat die Fläche $A = 15\text{ m}^2$ und den Umfang $U = 16\text{ m}$.
Berechnen Sie die beiden Seitenlängen a und b.

Lösung:

$A = a \cdot b = 15$ und $U = 2(a + b) = 16$

Aus der ersten Gleichung folgt: $b = \frac{15}{a}$

Einsetzen in der zweiten Gleichung ergibt:

$$2(a + b) = 2 \cdot \left(a + \frac{15}{a}\right) = 16$$

Dies führt auf die quadratische Gleichung:

$$2a + \frac{30}{a} = 16$$

$$2a^2 - 16a + 30 = 0$$
$$a^2 - 8a + 15 = 0$$
$$(a - 3)(a - 5) = 0$$

Das heisst:

$$a_1 = 3\text{ m} \quad \Rightarrow \quad b_1 = \frac{15}{a_1} = 5\text{ m}$$

$$a_2 = 5\text{ m} \quad \Rightarrow \quad b_2 = \frac{15}{a_2} = 3\text{ m}$$

Da die Lösungen symmetrisch sind, gibt es nur eine Lösung, zum Beispiel $a = 3\text{ m}$ und $b = 5\text{ m}$. Da es keine Rolle spielt, ob a die kürzere oder die längere Seite ist, wäre auch $a = 5\text{ m}$ und $b = 3\text{ m}$ möglich.

(2) Eine Fluggruppe besitzt das zweisitzige Segelflugzeug ASK21 mit dem Kennzeichen HB1685. Wenn jeder Pilot mit allen anderen aus der Gruppe einen Flug auf dem Doppelsitzer machen will, braucht es 465 Flüge. Wie viele Piloten sind in dieser Fluggruppe?

Lösung:

Es seien n Piloten in der Fluggruppe.
Der erste Pilot fliegt mit $n - 1$ anderen Piloten.
Der zweite Pilot fliegt mit $n - 2$ anderen Piloten, mit dem ersten ist er ja bereits geflogen.
So können wir die Anzahl Flüge berechnen:

$$s = \sum_{k=1}^{n-1} k = 1 + 2 + 3 + \ldots + (n-3) + (n-2) + (n-1) = n \cdot \frac{n-1}{2} = 465$$

$$n^2 - n - 930 = 0$$

$$n_{1,2} = \frac{1 \pm \sqrt{1 - 4 \cdot 1 \cdot (-930)}}{2 \cdot 1} = \frac{1 \pm \sqrt{3721}}{2} = \frac{1 \pm 61}{2}$$

$$n_1 = \frac{1 + 61}{2} = 31 \quad \text{und} \quad n_2 = \frac{1 - 61}{2} = -30 \text{ (nicht möglich)}$$

Es sind 31 Piloten in der Fluggruppe.

(3) Von einem rechtwinkligen Dreieck kennt man die Kathete a und den Hypotenusenabschnitt q. Berechnen Sie den Hypotenusenabschnitt p.

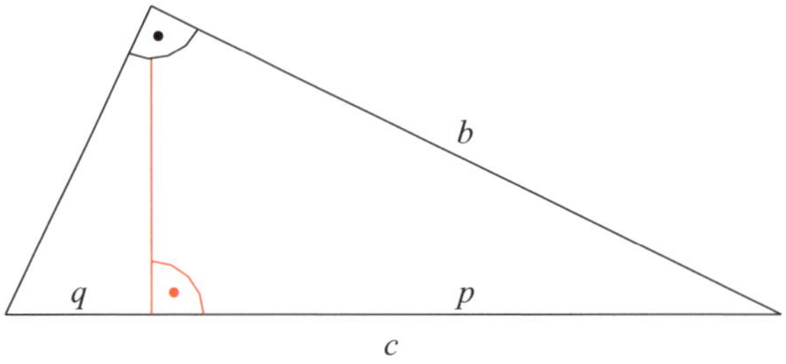

Lösung:

Nach dem Kathetensatz (= Satz von Euklid) gilt im rechtwinkligen Dreieck:

$$a^2 = p \cdot c \quad \text{mit:} \quad c = p + q$$

Dies führt auf die quadratische Gleichung

$$a^2 = p \cdot (p + q) = p^2 + pq$$

$$p^2 + q \cdot p - a^2 = 0$$

$A = 1; \quad B = q \quad$ und $\quad C = -a^2$

$$p_{1,2} = \frac{-B \pm \sqrt{B^2 - 4AC}}{2A} = \frac{-q \pm \sqrt{q^2 - 4 \cdot 1 \cdot (-a^2)}}{2 \cdot 1} = \frac{-q \pm \sqrt{q^2 + 4a^2}}{2}$$

Da die zweite Lösung $p_2 = \dfrac{-q - \sqrt{q^2 + 4a^2}}{2}$ negativ ist, hat nur die erste Lösung eine geometrische Bedeutung.

Der gesuchte Hypotenusenabschnitt hat deshalb die Länge:

$$p = \frac{\sqrt{q^2 + 4a^2} - q}{2}$$

◆ Übungen 53 → S. 185

Terminologie

äquivalent
Äquivalenzumformung
Binom
binomische Formeln
Definitionsbereich
Diskriminante
Faktor
faktorisieren
Gleichung 2. Grades
Grundform der quadratischen Gleichung
Koeffizient
kubische Gleichung
Parameter
Polynom 2. Grades
Polynom n-ter Ordnung
Polynomdivision
Potenzgesetze
quadratische Ergänzung
quadratische Gleichung
quadratisches Polynom
Quadratwurzel
Substitution
Term

10.9 Übungen

Übungen 46

1. Welche Aussagen sind richtig?

(1) Eine reinquadratische Gleichung hat die Form $ax^2 + bx = 0$.
(2) Eine quadratische Gleichung heisst auch Gleichung zweiten Grades, weil die Lösungsvariable in der zweiten Potenz vorkommt.
(3) Eine quadratische Gleichung hat maximal zwei Lösungen.
(4) Bei einer gemischtquadratischen Gleichung ohne Konstante ist eine Lösung immer gleich Null.

2. Welche der folgenden Gleichungen sind quadratisch?

a) $x(x-10) = x(1-x)$ b) $(x+2)(x-5) = (x-2)^2$
c) $\frac{1}{x+2} = x - 1$ d) $\frac{1}{x^2} = -x + 3$

3. Bestimmen Sie die Lösungsmenge der reinquadratischen Gleichungen:

a) $x^2 = 49$ b) $x^2 = 5$ c) $x^2 = -4$
d) $x^2 = \frac{81}{16}$ e) $-3x^2 = 15$ f) $-\frac{4}{3}x^2 = -\frac{32}{18}$
g) $105x^2 = 0$ h) $-8x^2 + 15 = -57$ i) $\frac{2}{5}x^2 + 10 = 14$

Übungen 47

4. Bestimmen Sie x:

a) $(x-5)^2 = 64$ b) $(x+6)^2 = 121$ c) $(x-11)^2 = 0$
d) $(x+1)^2 = -4$ e) $(x-4)^2 = 2$ f) $(x-13)^2 - 5 = 0$

5. Lösen Sie anhand einer quadratischen Ergänzung:

a) $x^2 + 6x + 8 = 0$ b) $x^2 - 8x - 9 = 0$ c) $x^2 - 14x + 70 = 0$
d) $x^2 = 56 - x$ e) $x^2 + 70 = -3x$ f) $x^2 + 9x = -8$

6. Lösen Sie anhand einer quadratischen Ergänzung:

a) $x^2 - 2x - 1 = 0$ b) $x^2 - 6x + 4 = 0$ c) $x^2 + 12x - 18 = 0$
d) $2x^2 + 5x - 3 = 0$ e) $2x^2 - x - 6 = 0$ f) $4x^2 + 21x + 5 = 0$

7. Formen Sie zuerst um und lösen Sie dann mit der quadratischen Ergänzung nach x auf:

a) $x^2 + 3 = 13x - 3x^2$ b) $5x^2 + x - 1 = \frac{1}{3}(x-2)$
c) $x(5x-8) = 2(x+1)^2 - 5$ d) $\frac{x}{4-5x} + \frac{2}{2-5x} = 1$
e) $2t(x^2 - 2x) = -\frac{3}{2}t$ f) $6x(2x-n) = 2m(n-2x)$

Übungen 48

8. Bestimmen Sie die Lösungsmenge $\mathbb{L}$ der folgenden Gleichungen mit der Lösungsformel:

a) $2x^2 - 7x - 4 = 0$ b) $4x^2 - 11x - 3 = 0$ c) $4p^2 - 8p + 3 = 0$
d) $8x + 5 = -3x^2$ e) $x^2 = 1.5 - 1.25x$ f) $10y^2 + 9y = 7$
g) $-29x + 60 = -2x^2$ h) $3x^2 + 61 = 2x$ i) $\frac{1}{2}z^2 + \frac{1}{5}z - \frac{3}{10} = 0$

9. Bestimmen Sie die Lösungsmenge $\mathbb{L}$ der folgenden Gleichungen. Die Lösungen sind exakt als Wurzelwerte anzugeben.

a) $x^2 - 4x + 2 = 0$ b) $2x^2 - 4x - 14 = 0$ c) $\varphi^2 + \varphi - 1 = 0$
d) $3x = 3x^2 + 1$ e) $4x^2 = 4x + 7$ f) $36u^2 + 36u - 1 = 0$
g) $x^2 + \frac{2}{25} = \frac{6}{5}x$ h) $x^2 + 4\sqrt{2}\,x - 10 = 0$ i) $\sqrt{3}\,m^2 - 4m + \sqrt{3} = 0$

10. Bestimmen Sie die Lösungsmenge $\mathbb{L}$ der folgenden Gleichungen. Geben Sie die Lösungen als Näherungswerte mit vier signifikanten Stellen an.

a) $3x^2 - 24x + 41 = 0$ b) $5k^2 - 11k - 10 = 0$
c) $(2 - x)(x - 5) = (x + 6)(x - 4)$ d) $y^2 + \pi y + \frac{\pi}{4} = 0$
e) $x(1 + 3x) - 6 = \sqrt{5}(3 - x)$ f) $(\sqrt{2}\,\delta - 1)((\sqrt{2} + 1)\,\delta - 2) - \sqrt{2} = -\delta^2$

11. Wie viele Elemente hat die Lösungsmenge $\mathbb{L}$ für $\mathbb{G} = \mathbb{R}$?

a) $x^2 + 3x + 2 = 0$ b) $2y^2 - 3y + 2 = 0$ c) $12u^2 + 55u + 2 = 0$
d) $4x^2 - 2x + \frac{1}{4} = 0$ e) $2z^2 + 6z + \frac{9}{2} = 0$ f) $3.5\alpha^2 + 12\alpha + 12 = 0$

12. Bestimmen Sie die Lösungsmenge $\mathbb{L}$ der folgenden Bruchgleichungen:

a) $\frac{x}{3 - 2x} - 1 = \frac{1}{2x - 1}$ b) $\frac{5}{w + 1} + \frac{6}{w + 2} = \frac{16}{w + 4}$
c) $\frac{32}{x^2 - 16} + 1 = \frac{-4}{4 - x}$ d) $\frac{7(3q - 7)}{9q - 21} = \frac{3(21q - 49)}{27q^2 - 63}$
e) $\frac{7x - 3}{6x - 4} + \frac{1}{15x - 10} = \frac{3x}{x - 10}$ f) $\frac{\gamma + \frac{4}{5}}{\gamma - \frac{4}{5}} + \frac{\gamma + \frac{2}{5}}{\frac{2}{5}\gamma} = 2$
g) $\frac{x - 4}{(x - 3)(x - 2)} + \frac{x - 3}{x^2 - 6x + 8} = \frac{2 - x}{(3 - x)(x - 4)}$

Übungen 49

13. Lösen Sie ohne Fallunterscheidung nach x auf:

a) $x^2 - 2kx + k^2 = 1$ b) $x^2 - x = m(m + 1)$ c) $x^2 + 2x - n = nx - 1$
d) $x^2 + dx - c = \frac{c}{d}x$ e) $\mu\left(\frac{x}{p} - q\right) = x\left(\frac{x}{q} - p\right)$ f) $abx + \frac{a}{x} = a^2 + b$

14. Lösen Sie ohne Fallunterscheidung nach x auf:

a) $abx^2 + (bc - ad) \cdot x = cd$

b) $ux^2 - 2vx = \frac{1}{u}(v+1)(1-v)$

c) $3s(x-r) + 6rs = x^2 + 2r(4.5s - x)$

d) $\frac{x^2}{bd} - \frac{ax}{bd} = \frac{c}{bd} \cdot \frac{x-a}{bd}$

e) $x^2 - 4mx + 3m^2 + 3n^2 = 4nx - 10mn$

f) $\left(x + \frac{3}{\psi}\right)(\psi x - 4) = x(9 - \psi x)$

15. Lösen Sie die Bruchgleichungen ohne Fallunterscheidung nach x auf:

a) $\frac{2\phi - x}{x - 4\phi} = \frac{2x}{6\phi - x}$

b) $\frac{d^2 - c^2}{2cx - cx^2} - \frac{d^2x + 2d^2}{cx - 2c} = -c$

c) $\frac{2k^2 - x^2}{x^2 + kx} - \frac{1}{kx + x^2} + \frac{x-k}{x} = \frac{2k - x}{x + k}$

d) $\frac{x}{m} + \frac{n}{m^2x - mnx} = \frac{2}{m-n} + \frac{1}{nx - mx}$

16. Für welche Werte des Parameters hat die Gleichung genau eine Lösung? Die Lösungsvariable sei x.

a) $3x^2 = x - 3a$

b) $x^2 + b + 2 = -2bx$

c) $mx^2 = 4x + 3$

d) $\lambda(x^2 + x) = 2(2x + 1)$

17. Lösen Sie die Parametergleichungen mit Fallunterscheidung nach x auf:

a) $x^2 + 2x + a = 0$

b) $tx^2 - 5x + 4 = 0$

c) $x^2 + ux + 9 = 0$

d) $x^2 - mn = m^2 + nx$

Übungen 50

18. Sind x_1 und x_2 die Lösungen der quadratischen Gleichung $ax^2 + bx + c = 0$, so gilt laut Satz von Vieta:

$$x_1 \cdot x_2 = \frac{c}{a}$$

Leiten Sie den Satz mithilfe der Lösungsformel her.

19. Wie heisst der Satz von Vieta für die Gleichung $x^2 + px + q = 0$?

20. Bestimmen Sie den Parameter und die zweite Lösung x_2, wenn eine Lösung gegeben ist:

a) $x^2 - 3x + q = 0 \qquad x_1 = 5$

b) $3x^2 + 35x + c = 0 \qquad x_1 = \frac{1}{3}$

c) $x^2 + px - 52 = 0 \qquad x_1 = -13$

d) $6x^2 + \varphi x - 2 = 0 \qquad x_1 = \frac{1}{2}$

21. Bestimmen Sie k und die Lösungen der Gleichung $25x^2 + kx - 19 = 0$ so, dass sich die beiden Lösungen um 4 unterscheiden.

22. Bestimmen Sie u und die Lösungen der Gleichung $2x^2 + ux - 8 = 0$ so, dass die Lösungen sich nur durch das Vorzeichen unterscheiden.

23. Bestimmen Sie λ und die Lösungen der Gleichung $\lambda x^2 - 6x + 1 = 0$ so, dass die eine Lösung halb so gross ist wie die andere.

24. Es seien x_1 und x_2 die Lösungen von $ax^2 + bx + c = 0$. Multiplizieren Sie den Term $a(x - x_1)(x - x_2)$ aus und vereinfachen Sie ihn mithilfe des Satzes von Vieta.

25. Welchen Schluss über die Zerlegbarkeit von quadratischen Polynomen ziehen Sie aus dem Ergebnis von Aufgabe 24?

26. Zerlegen Sie die Terme $ax^2 + bx + c$ in ein Produkt der Form $a(x - x_1)(x - x_2)$, falls möglich:

a) $x^2 + 40x - 1536$
b) $2x^2 + 3x - 135$
c) $3x^2 - 7x + 5$
d) $25x^2 + 180x + 324$

27. Ermitteln Sie die Lösungsmenge der folgenden Gleichungen, wenn eine Lösung bereits bekannt ist:

a) $x^3 - 4x^2 - 11x + 30 = 0 \qquad x_1 = 2$
b) $12y^3 - 20y^2 - 97y - 60 = 0 \qquad y_1 = 4$

Übungen 51

28. Berechnen Sie die Lösungsmenge mithilfe einer geeigneten Substitution:

a) $x^4 - 13x^2 + 36 = 0$
b) $2x^4 + 9x^2 - 5 = 0$
c) $-4x^4 + 15x^2 + 4 = 0$
d) $2x^6 - 70x^3 + 432 = 0$

29. Berechnen Sie die Lösungsmenge mithilfe einer geeigneten Substitution:

a) $3(x-6)^2 - 17(x-6) = 0$
b) $2(x^2+4)^2 - 49(x^2+4) + 300 = 0$
c) $\left(\frac{x-12}{x}\right)^2 - \left(\frac{x-12}{x}\right) = 30$
d) $\left(\frac{x+10}{x-9}\right)^2 = \frac{x+10}{x-9} + 72$

30. Berechnen Sie x mithilfe einer geeigneten Substitution:

a) $4\left(\frac{1}{5}(2x+1)\right)^2 - 27 = 12\left(\frac{1}{5}(2x+1)\right)$

b) $4\left(2x^2 + 2x - \frac{3}{8}\right)^2 = 30 - 119\left(2x^2 + 2x - \frac{3}{8}\right)$

c) $\frac{2x+a}{x+2b} - 4\frac{x+2b}{2x+a} = -3$

31. Von der Gleichung $ax^2 + bx + c = 0$ sind jeweils die Lösungen bekannt. Bestimmen Sie möglichst einfache, ganzzahlige Koeffizienten:

a) $x_1 = -2 \qquad x_2 = 9$
b) $x_1 = \frac{1}{5} \qquad x_2 = \frac{2}{3}$
c) $y_1 = 0 \qquad y_2 = -\frac{5}{6}$
d) $z_1 = \sqrt{2} \qquad z_2 = -3$
e) $m_1 = 2 + \sqrt{5} \qquad m_2 = 2 - \sqrt{5}$
f) $\psi_1 = \frac{1+\sqrt{3}}{5} \qquad \psi_2 = \frac{1-\sqrt{3}}{2}$

Übungen 52

32. Bestimmen Sie die Lösungsmenge $\mathbb{L}$ der quadratischen Ungleichung mithilfe der halbgrafischen Methode am Zahlenstrahl:

a) $(x-3)(x+2) \geq 0$
b) $x^2 + 8x + 15 < 0$
c) $x^2 < x$
d) $x^2 - 3x \leq 0$
e) $(3-x)(x+2)(x-5) \geq 0$
f) $(x-4)(x^2-x-6) \leq 0$

33. Bestimmen Sie die Lösungsmenge $\mathbb{L}$ der quadratischen Ungleichungen mithilfe der halbgrafischen Methode am Zahlenstrahl:

a) $(2x-3)(x^2-4)<0$

b) $(x^2-1)(x^2-4)>0$

c) $x^4+3x^2<4$

d) $y^2 \leq (3+y)(10-y)$

34. Ein rechteckiger Park ist 230 Meter lang und 125 Meter breit. Um den Park soll ein Fussweg angelegt werden, dessen Fläche mindestens 2900, aber höchstens 3900 Quadratmeter betragen soll. Wie breit darf der Weg sein?

Übungen 53

35. Subtrahiert man vom Produkt zweier aufeinanderfolgender, ganzer Zahlen 62, so erhält man das 30-Fache der kleineren Zahl.

36. Der Nenner eines Bruchs ist um 4 grösser als der Zähler. Addiert man zu Zähler und Nenner den Wert 2, so ist der neue Bruch um 8/35 grösser.

37. Die Summe der ersten n natürlichen Zahlen beträgt 6441. Wie gross ist n?

38. Die Summe zweier Zahlen ist 100, die Differenz ihrer Kehrwerte ist 14/429.

39. Eine Zahl ist um 2 grösser als ihr Kehrwert.

40. Die Zehnerziffer einer zweistelligen Zahl ist um 3 grösser als ihre Einerziffer und die Zahl ist um 16 grösser als das Quadrat ihrer Quersumme.

41. Die Zehnerziffer einer zweistelligen Zahl ist um 1 grösser als ihre Einerziffer. Dividiert man die Zahl durch ihre Quersumme, erhält man als Resultat die Einerziffer und Rest 10.

42. Kehrt man die Reihenfolge der Ziffern einer Zahl um, ergibt sich ihre Spiegelzahl. Die Zehnerziffer einer dreistelligen Zahl ist um 3 grösser als ihre Einerziffer und die Zahl ist gleich ihrer Spiegelzahl. Dividiert man die Zahl durch ihre Quersumme, so erhält man das 14-Fache der Hunderterziffer.

43. Bei der Jahresabschlussfeier eines kleineren Betriebs stösst jeder mit jedem an. Man hört die Gläser insgesamt 276-mal klingen. Wie viele Personen nehmen an der Feier teil?

44. Die Länge der Diagonalen d eines Rechtecks beträgt $d = 97$ cm und der Umfang $U = 274$ cm. Berechnen Sie Länge und Breite des Rechtecks.

45. Die Diagonale d eines Rechtecks ist um 32 cm länger als eine der beiden Seiten. Der Umfang beträgt $U = 178$ cm. Berechnen Sie Länge und Breite des Rechtecks.

46. Verlängert man zwei parallele Seiten eines Quadrats um je 10 cm, so entsteht ein Rechteck, dessen Diagonale d viermal so lang ist wie die Quadratdiagonale e. Berechnen Sie die ursprüngliche Quadratseite s.

47. Ein konvexes Vieleck hat 594 Diagonalen. Bestimmen Sie die Eckenzahl n des Vielecks.

48. Ein konvexes Vieleck hat 42 Diagonalen mehr als Seiten. Bestimmen Sie die Eckenzahl n des Vielecks.

49. Eine unbekannte Anzahl Geraden hat 190 Schnittpunkte. Wie viele Geraden sind es mindestens?

50. Die Schenkellänge eines gleichschenkligen Dreiecks beträgt $s = 20\ \text{cm}$, der Flächeninhalt $A = 120\ \text{cm}^2$. Berechnen Sie die Basis b des gleichschenkligen Dreiecks.

51. Bei einem Kreis wird der Radius r um $1\ \text{m}$ verlängert, sodass die Kreisfläche des neuen Kreises 4-mal grösser ist als jene des ursprünglichen Kreises. Berechnen Sie den Radius r.

52. Gegeben sind zwei konzentrische Kreise mit den Radien $r_1 = 10\ \text{cm}$ und $r_2 = 6\ \text{cm}$. Im grösseren Kreis liegt eine Sehne s, die durch den kleineren Kreis in 3 Strecken unterteilt wird. Wie lang ist s, wenn die mittlere Strecke gleich gross ist wie die beiden andern Strecken zusammen?

53. Ein Quader hat eine Gesamtoberfläche von $S = 568\ \text{cm}^2$. Die Kante a ist um $4\ \text{cm}$ länger als die Kante b und um $4\ \text{cm}$ kürzer als die Kante c. Berechnen Sie die Kante a des Quaders.

54. Die dänische Flagge besteht aus einem roten Rechteck mit Breite b und Länge $a = 1.5b$, in die ein weisses Kreuz eingezeichnet ist. Dessen Flächeninhalt A soll gerade ein Drittel der Fläche des roten Hintergrunds betragen. Berechnen Sie die Balkenbreite des weissen Kreuzes für $b = 1\ \text{m}$ und allgemein.

55. Für die quadratische Schweizer Flagge mit Breite a gilt:
Länge des weissen Kreuzbalkens: $c = \frac{2}{3}a$
Breite des weissen Kreuzbalkens: b
Die Fläche des weissen Kreuzes beträgt $\frac{17}{75}$ der ganzen Fläche.

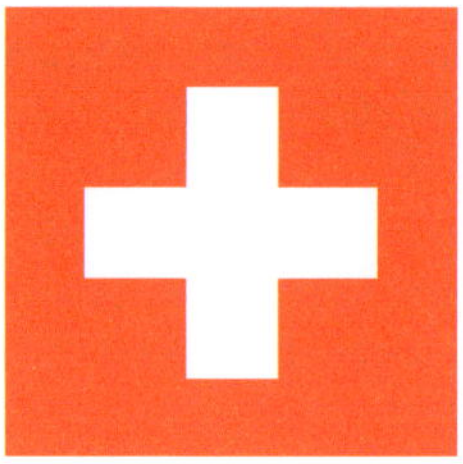

a) Eine Schweizer Fahne ist $a = 120\ \text{cm}$ breit. Berechnen Sie die Balkenlänge c des weissen Kreuzes.
b) Wie gross wird der Umfang U einer Schweizer Fahne, wenn die Balkenlänge c des weissen Kreuzes genau $3\ \text{dm}$ betragen soll?
c) Berechnen Sie die Balkenbreite b des weissen Kreuzes für $a = 120\ \text{cm}$.
d) Berechnen Sie die Balkenbreite b für a allgemein.

56. Der Goldrahmen eines rechteckigen Bildes hat einen Flächeninhalt, der 40 % der Fläche des Bildes beträgt. Das Bild ist mit Rahmen $100\ \text{cm}$ lang und $75\ \text{cm}$ breit. Wie breit ist der Rahmen?

57. Ein Künstler will für sein Bild aus einer Holzleiste, die $2\ \text{m}$ lang ist, einen rechteckigen, harmonisch wirkenden Rahmen herstellen. Nach dem goldenen Schnitt muss für den Rahmen gelten: Breite zu Länge ist gleich Länge zu halbierter Leiste. Wie lang und breit wird der Bilderrahmen?

58. Ein rechteckiges Grundstück liegt an einer rechtwinkligen Strassenkreuzung. Für einen Radweg wird ein $2.5\ \text{m}$ breiter Streifen benötigt. Die Fläche des Grundstücks verringert sich dafür um $240\ \text{m}^2$ auf $1260\ \text{m}^2$. Wie lang und breit war das Grundstück ursprünglich?

59. Aus einem rechteckigen Stück Blech mit der Länge a und der Breite b werden 50 % der Fläche so herausgestanzt, dass die Stegbreite x überall gleich gross ist.
Berechnen Sie die Stegbreite für $a = 40$ cm und $b = 30$ cm.

60. Aus einem rechteckigen Stück Blech der Länge a und der Breite b wird eine offene Schachtel geformt. Zuerst werden in den Ecken Quadrate mit der Seitenlänge 2.5 cm weggeschnitten, anschliessend die vier entstandenen äusseren Rechtecke hochgebogen. Die Breite b ist um 5 cm kleiner als a und das Volumen der Schachtel beträgt $V = 1020\ \text{cm}^3$. Berechnen Sie a und b.

61.–64. leicht abgeändert aus: Walser, Hans: **DIN A4 in Raum und Zeit.** Edition am Gutenbergplatz Leipzig 2012.

61. Einem Rechteck $ABCD$ wird ein Quadrat abgeschnitten. Es bleibt das Restrechteck $EBCF$ übrig, das ähnlich zum Ausgangsrechteck $ABCD$ ist:

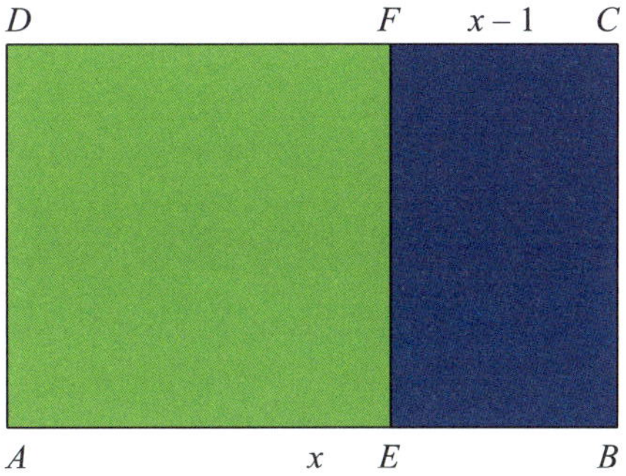

a) Bestimmen Sie $x = |\overline{AB}|$ und geben Sie vom Ausgangsrechteck $ABCD$ und vom Restrechteck $EBCF$ das Seitenverhältnis Länge : Breite an.
b) Schneiden Sie vom verbleibenden blauen Restrechteck ein Quadrat ab und wiederholen Sie das Verfahren, sodass immer kleinere Rechtecke entstehen. Geben Sie die explizite Definition der Folge von weggeschnittenen Quadratseiten $\{s_n\}$ an. Vergleichen Sie mit der Folge der Rechteckslängen $\{l_n\}$.
c) Die Quadratflächen füllen das Ausgangsrechteck aus, wenn n gegen unendlich geht. Drücken Sie das Ausgangsrechteck durch die Summe der Quadrate aus.

62. Durch Halbieren entlang der Mittelparallele zur kürzeren Seite wird das Ausgangsrechteck $ABCD$ in zwei gleich grosse Teilrechtecke zerlegt, die ähnlich sind zum Ausgangsrechteck. Dies ist die Eigenschaft der DIN-Normierung von Blattgrössen.

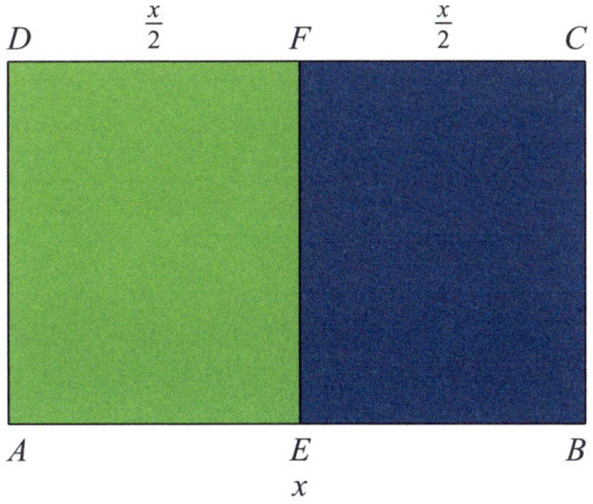

a) Bestimmen Sie $x = |\overline{AB}|$ und geben Sie vom Ausgangsrechteck $ABCD$ und vom Restrechteck $EBCF$ das Seitenverhältnis Länge : Breite an.
b) Halbieren Sie eines der Teilrechtecke und wiederholen Sie das Verfahren, sodass immer kleinere Rechtecke entstehen. Geben Sie die explizite Definition der Folge der kleiner werdenden Rechtecksflächen $\{f_n\}$ an. Vergleichen Sie mit der Folge der Rechteckslängen $\{l_n\}$.
c) Setzen Sie die Fläche des Ausgangsrechtecks $ABCD$ gleich 1 Quadratmeter. Dies ist das Format A0. Das Teilrechteck $EBCF$ hat das Format A1 und eine Fläche von 0.5 m Quadratmeter. Dann folgen A2, A3 usw. Berechnen Sie die Länge und Breite der Papierrechtecke A0 bis A6.

63. Einem DIN-Rechteck $ABCD$ wird ein Quadrat angesetzt:

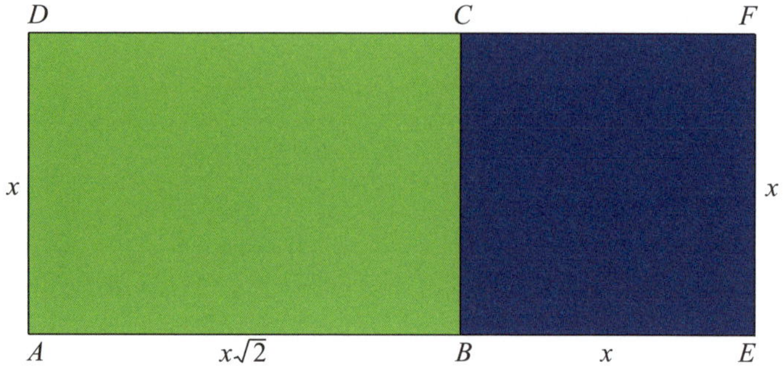

a) Berechnen Sie das Seitenverhältnis Länge : Breite des neuen Rechtecks $AEFD$.

b) Zeichnen Sie ein DIN-Rechteck $ABCD$ wie in der Zeichnung. Wenn Sie ein Quadrat wegschneiden, entsteht ein kleineres Restrechteck. Berechnen Sie das Seitenverhältnis Länge : Breite des neuen Restrechtecks und vergleichen Sie mit a).

64. Gängige Formate von Bildschirmen und Filmleinwänden sind die folgenden:

Fernsehbildschirmformate	Filmleinwandformate
• 4 : 3 (alt) • 16 : 9 (neu)	• Academy ratio 1.33 : 1 (1.37: 1) • Breitbild Europa 1.66 : 1 • Breitbild USA 1.85 : 1 • Cinemascope 2.35 : 1

Welche Seitenverhältnisse entsprechen am ehesten denen, die in den Aufgaben 61.–63. vorgekommen sind?

65. In einem Zimmer mit den Massen $10 \times 4 \times 4$ Meter befindet sich der Anschluss an die aussen montierte Satellitenschüssel bei A in der Wandmitte drei Meter über dem Boden. Von dort muss das Kabel nach F verlegt werden, wo der Fernseher fix in der Wohnwand installiert ist. F liegt einen Meter über dem Boden in der Wandmitte der gegenüberliegenden Wand.

a) Wie lang ist das in der Zeichnung verlegte Kabel?

b) Es gibt eine kürzere Verbindung, die Sie mithilfe der Abwicklung des Quaders finden. Berechnen Sie die Länge dieses kürzesten Weges.

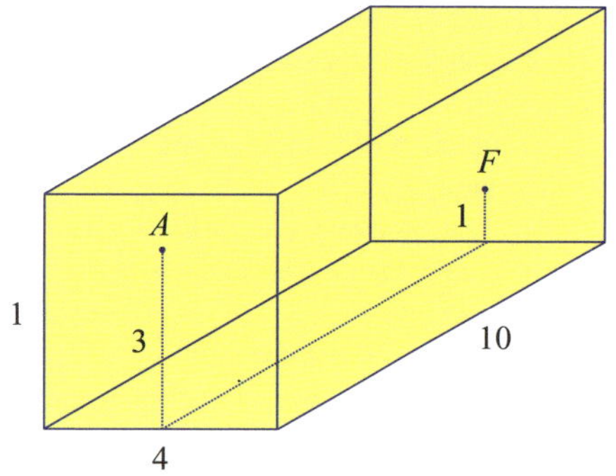

66. Auf dem Mantel eines Zylinders mit Radius r und Höhe h liegen die drei Punkte A, B und C. Der kürzeste Weg (Abstand) ist entweder ein Abschnitt auf einer Geraden oder auf einer Helix (Schraubenlinie).

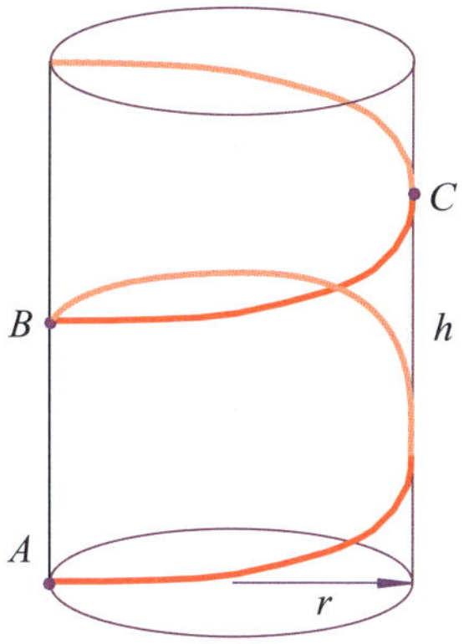

a) Welche Eigenschaften hat die gezeichnete Helix?
b) Zeichnen Sie die Abwicklung des Mantels mit den drei Punkten A, B und C und der eingezeichneten Helix. Der Mantel wird entlang der Geraden AB aufgeschnitten.
c) Berechnen Sie die Länge der Helix für $r = 2$ cm und $h = 10$ cm sowie allgemein.
d) Berechnen Sie den Abstand zwischen B und C für $r = 2$ cm und $h = 10$ cm sowie allgemein.
e) Berechnen Sie den Abstand zwischen A und C für $r = 2$ cm und $h = 10$ cm sowie allgemein.
f) Berechnen Sie die Steigung m und den Steigungswinkel α der Helix. Kann die Steigung einer Helix auch negativ sein?

67. Mit den folgenden Formeln können die Windung w, die Krümmung k und der Krümmungsradius r_k einer Helix bestimmt werden, wobei m die Steigung der Helix ist:

(1) $w = \frac{m}{r(1+m^2)}$; (2) $k = \frac{1}{r(1+m^2)}$; (3) $r_k = \frac{1}{m} + m^2 r$

a) Formen Sie (1) und (2) nach m um.
b) Berechnen Sie w, k und r_k für die in Aufgabe 66. gezeichnete Helix.
c) Welche Steigung muss eine Helix um einen Zylinder mit Radius 1 cm haben, damit w und k gleich sind?

68. Die 45 km lange Strecke zwischen Mattstetten und Rothrist wird heute dank dem neuen Zugsicherungssystem mit einer im Durchschnitt um 40 km/h höheren Geschwindigkeit durchfahren als früher. Die Fahrzeit wurde so um 3 Minuten und 23 Sekunden verringert. Wie lange braucht ein Intercity heute für die Strecke von Mattstetten nach Rothrist?

69. Der Lötschberg-Basistunnel ist 34.6 km lang. Der Unterschied der Fahrgeschwindigkeiten zwischen einem Güter- und einem Personenzug beträgt 50 km/h. Der Güterzug braucht für die Tunneldurchfahrt 3 Minuten und 28 Sekunden mehr. Mit welcher Geschwindigkeit durchfahren die Züge den Tunnel?

70. Ein Flugzeug fliegt bei Westwind von Los Angeles nach New York und wieder zurück. Wir nehmen an, dass Flug- und Windgeschwindigkeit konstant sind. Die reine Flugzeit beträgt für beide Wege 8 Stunden und 15 Minuten, bei einer durchschnittlichen Windgeschwindigkeit von 80 km/h. Die Flugdistanz beträgt 4000 km, die durchschnittliche Windgeschwindigkeit 80 km/h. Berechnen Sie die Geschwindigkeit des Flugzeugs bei Windstille.

71. Das Sportflugzeug eines Kurierdienstes im australischen Busch fliegt vom Stützpunkt aus ein 150 km entlegenes Dorf an. Bei Gegenwind der durchschnittlichen Stärke 25 km/h braucht es 5 Minuten länger als bei Windstille.
Wie gross ist die durchschnittliche Eigengeschwindigkeit des Flugzeugs?

72. Auf einer geschlossenen Radrennbahn fahren sich zwei Radrennfahrerinnen entgegen. Sie treffen sich alle 15 Sekunden. Wie lange braucht die langsamere pro Runde, wenn sie 10 Sekunden mehr braucht als die schnellere?

73. Der Anhalteweg a eines Autos (in m) ist abhängig von der Geschwindigkeit v (in km/h) und der Reaktionszeit. Bei trockener Strasse und einer angenommenen Reaktionszeit von einer Sekunde kann a mit folgender Formel näherungsweise berechnet werden:

$$a = \frac{1}{100}v^2 + \frac{3}{10}v$$

a) Wie schnell darf gefahren werden, wenn bei einer Reaktionszeit von einer Sekunde innert 55 Metern abgebremst werden soll?
b) Berechnen Sie den Anhalteweg für $v_1 = 30$ km/h.
c) Berechnen Sie den Anhalteweg für $v_2 = 50$ km/h.
d) Berechnen Sie den Anhalteweg für $v_3 = 80$ km/h.
e) Berechnen Sie den Anhalteweg für $v_4 = 120$ km/h.

74. In ebenem Gelände laufen zwei Fussgänger von derselben Stelle aus in verschiedene Richtungen los. Der erste bewegt sich mit einer konstanten Geschwindigkeit von 1 m/s nach Norden. 30 s später startet der andere mit einer konstanten Geschwindigkeit von 3 m/s nach Osten. Wie lange dauert es, bis die Fussgänger 150 m voneinander entfernt sind?

75. Für eine Sammellinse mit der Brennweite f gilt die Linsengleichung $\frac{1}{g} + \frac{1}{b} = \frac{1}{f}$.

Ist ein Gegenstand g cm von der Linse entfernt, dann entsteht das Bild b cm von der Linse entfernt. Wie weit ist ein Gegenstand von einer Linse mit Brennweite $f = 12.2$ cm entfernt, wenn b um 44 cm kleiner ist als g?

76. Für einen elektrischen Widerstand gilt das Ohmsche Gesetz $U = R \cdot I$.
Bei einer Spannung $U = 220$ V wird ein Widerstand R um 15 Ω vergrössert, gleichzeitig wird eine Stromreduktion von $I = 0.4$ A gemessen.
Wie gross ist der ursprüngliche Widerstand R?

77. Zwei Kräfte unterscheiden sich um 50 N und wirken senkrecht zueinander. Die resultierende Kraft hat den Betrag 80 N. Wie gross sind die beiden Kräfte?

78. Um 1000 Schrauben herzustellen braucht die alte Maschine 9 Minuten länger als die neue. Zusammen benötigen sie 20 Minuten. Wie lange dauert es, wenn wegen eines Defekts der neuen Maschine nur die alte eingesetzt werden kann?

79. Um einen Tank zu füllen, braucht Pumpe A 1 Stunde länger als Pumpe B. Sind beide Pumpen gleichzeitig in Betrieb, dauert die Füllung 6 Stunden.
Wie lange dauert es, wenn nur die Pumpe B zur Verfügung steht?

11 Wurzelgleichungen

11.1 Einführung

Bei den **Wurzelgleichungen** müssen zur Bestimmung der Lösungsvariablen teilweise **nicht äquivalente Umformungen** wie das Quadrieren durchgeführt werden.
Werden Gleichungen nicht äquivalent umgeformt, können **Scheinlösungen** auftreten, die die ursprüngliche Gleichung nicht erfüllen.

Definition	**Wurzelgleichung**
	Eine Gleichung, bei der die *Lösungsvariable* unter *einer Wurzel* vorkommt.

Kommentar

- Wurzelgleichungen lassen sich nicht mit einem allgemeinen Verfahren lösen. Oft führen nur nummerische Approximationsverfahren zum Ziel. Viele Wurzelgleichungen haben zudem als Lösungsmenge die leere Menge $\{\,\}$.
- In Sonderfällen gelingt es mithilfe elementarer Umformungen oder einer geeigneten Substitution, die Wurzelgleichung in eine algebraische Gleichung ersten oder zweiten Grades zu überführen, die mit den bisher behandelten Methoden gelöst werden kann.

Einführende Beispiele

(1) Lösen Sie die Wurzelgleichung $\sqrt{6x+7}-5=0$ in der Grundmenge $\mathbb{G}=\mathbb{R}$.

Lösung:

Wir separieren den Wurzelterm und quadrieren anschliessend:

$$\begin{aligned} \sqrt{6x+7}-5&=0 \quad &&|+5\\ \sqrt{6x+7}&=5 &&|^2\\ 6x+7&=25\\ 6x&=18\\ x&=3 \end{aligned}$$

Kontrolle: $\sqrt{6\cdot 3+7}-5=\sqrt{25}-5=5-5=0$

Die Lösungsmenge ist somit: $\mathbb{L}=\{3\}$

(2) Lösen Sie die Wurzelgleichung $\sqrt{6x+7}+5=0$ in der Grundmenge $\mathbb{G}=\mathbb{R}$.

Lösung:

Wir separieren den Wurzelterm und quadrieren anschliessend:

$$\begin{aligned} \sqrt{6x+7}+5&=0 \quad &&|-5\\ \sqrt{6x+7}&=-5 &&|^2\\ 6x+7&=(-5)^2=25\\ 6x&=18\\ x&=3 \end{aligned}$$

Kontrolle: $\sqrt{6\cdot 3+7}+5=\sqrt{25}+5=5+5=10\neq 0 \quad\Rightarrow$ Widerspruch!

Die Lösungsmenge ist somit: $\mathbb{L}=\{\,\}$

Kommentar

- Die Wurzelgleichungen der Beispiele (1) und (2) unterscheiden sich durch ein Vorzeichen. Deshalb haben beide Gleichungen nach dem Quadrieren trotz unterschiedlichen Vorzeichen die gleichen potenziellen Lösungselemente.
- Durch Einsetzen in der ursprünglichen Gleichung von Beispiel (2) kann die zusätzliche Lösung als **Scheinlösung** entlarvt werden.

11.2 Lösungsverfahren

Wurzelgleichungen löst man durch **Separieren der Wurzel** und anschliessendes **Quadrieren (Potenzieren)**:

Lösungsmethode

(1) *Ein* Wurzelausdruck mit der Lösungsvariablen im Radikanden: durch (Äquivalenz-)Umformungen allein auf *eine Seite* der Gleichung bringen, separieren.
Zwei oder mehr Wurzelausdrücke mit der Lösungsvariablen im Radikanden: durch (Äquivalenz-) Umformungen auf *beide Seiten* der Gleichung verteilen.

(2) *Quadrieren* (potenzieren).

(3) Falls nicht alle Wurzeln verschwunden sind: (1) und (2) wiederholen.

(4) Die wurzelfreie Gleichung *nach x auflösen*.

(5) Bestimmen der *Lösungsmenge*: Einsetzen in die ursprüngliche Gleichung, um *Scheinlösungen* auszuschliessen.

Kommentar

- Wird vor dem Quadrieren die Wurzel nicht separiert, so bleibt der Wurzelterm erhalten. Deshalb bringt das Quadrieren ohne vorgängige Separation der Wurzel nichts.
- Wird nach der **Definitionsmenge** $\mathbb{D}$ gefragt, so müssen negative Ausdrücke unter der Wurzel ausgeschlossen werden.

■ Beispiele

(1) Durch welche Umformung geht die Gleichung I: $\sqrt{x-3} = -2$ in die Gleichung II: $x - 3 = 4$ über? Ist diese Umformung eine Äquivalenzumformung?

Lösung:

Quadriert man Gleichung I beidseitig, so entsteht Gleichung II.
Wir bestimmen die Lösungsmenge von Gleichung I:

Gleichung I hat keine Lösung, da die linke Seite wegen des Wurzelausdrucks $\sqrt{x-3}$ unabhängig von x stets positiv, die rechte Seite mit -2 aber negativ ist.

$$\Rightarrow \quad \mathbb{L}_{I} = \{\ \}$$

Die Lösungsmenge von Gleichung II ist:

$$x-3=4 \quad \Rightarrow \quad x=7 \quad \Rightarrow \quad \mathbb{L}_{II}=\{7\}$$

Da die Lösungsmengen der Gleichungen I und II *nicht identisch* sind, war die Umformung *keine Äquivalenzumformung*.

(2) Sei die Grundmenge $\mathbb{G}=\mathbb{Q}$. Bestimmen Sie die Definitionsmenge $\mathbb{D}$ und die Lösungsmenge $\mathbb{L}$ der Wurzelgleichung $9\sqrt{5x+1}=20+4\sqrt{5x+1}$.

Lösung:
Der Ausdruck unter der Wurzel $\sqrt{5x+1}$ darf nicht negativ werden:

$$5x+1\geq 0 \quad \Rightarrow \quad 5x\geq -1 \quad \Rightarrow \quad x\geq -\frac{1}{5}$$

Die Definitionsmenge lautet: $\mathbb{D}=\left\{x\in\mathbb{Q}\,|\,x\geq -\frac{1}{5}\right\}$

Wir fassen die beiden Wurzelterme $\sqrt{5x+1}$ zusammen:

$$5\sqrt{5x+1}=20$$
$$\sqrt{5x+1}=4$$

Durch Quadrieren wird die Wurzel entfernt:

$$5x+1=16$$
$$5x=15$$
$$x=3$$

Kontrolle: $\sqrt{5\cdot 3+1}=4 \quad \Rightarrow \quad \sqrt{16}=4 \quad 4=4\,\checkmark \quad \Rightarrow \quad \mathbb{L}=\{3\}$

(3) $\sqrt{a-4}=1-\sqrt{a+3}$

Lösung:
Wir quadrieren ein erstes Mal:

$$a-4=1+a+3-2\sqrt{a+3}$$
$$-8=-2\sqrt{a+3}$$
$$4=\sqrt{a+3}$$

und ein zweites Mal:

$$16=a+3$$
$$a=13$$

Kontrolle: $\sqrt{13-4}=1-\sqrt{13+3} \quad \Rightarrow \quad \sqrt{9}\neq 1-\sqrt{16} \quad \Rightarrow \quad 3\neq -3$
Die Lösungsmenge lautet: $\mathbb{L}=\{\ \}$

(4) $\sqrt{y+15}-\sqrt{5y-77}=\dfrac{16}{\sqrt{y+15}}$

Lösung:
Wir bestimmen zunächst die Definitionsmenge $\mathbb{D}$:

$$y+15>0 \quad \wedge \quad 5y-77\geq 0 \quad \Rightarrow \quad y>-15 \quad \wedge \quad y\geq\frac{77}{5}$$
$$\Rightarrow \quad \mathbb{D}=\left\{y\in\mathbb{R}\,|\,y\geq\frac{77}{5}\right\}$$

Durch Multiplikation der Gleichung mit $\sqrt{y+15}$ reduzieren sich die Wurzeln:

$$\sqrt{y+15} - \sqrt{5y-77} = \frac{16}{\sqrt{y+15}} \quad \Big| \cdot \sqrt{y+15}$$

$$y + 15 - \sqrt{5y-77} \cdot \sqrt{y+15} = 16$$

$$\sqrt{5y-77} \cdot \sqrt{y+15} = y - 1$$

Durch Quadrieren können die beiden Wurzeln eliminiert werden:

$$(5y-77)(y+15) = (y-1)^2$$
$$5y^2 - 2y - 1155 = y^2 - 2y + 1$$
$$4y^2 = 1156$$
$$y^2 = 289$$
$$y = \pm 17$$

$$\Rightarrow \quad y_1 = +17 \quad \text{und} \quad y_2 = -17$$

Kontrolle:

$$y_1: \quad \sqrt{17+15} - \sqrt{5 \cdot 17 - 77} = \frac{16}{\sqrt{17+15}}$$

$$\Rightarrow \quad \sqrt{32} - \sqrt{8} = \frac{16}{\sqrt{32}} \quad \Rightarrow \quad 4\sqrt{2} - 2\sqrt{2} = \frac{16}{4\sqrt{2}}$$

$$\Rightarrow \quad 2\sqrt{2} = \frac{4 \cdot \sqrt{2}}{\sqrt{2} \cdot \sqrt{2}} \quad \Rightarrow \quad 2\sqrt{2} = \frac{4 \cdot \sqrt{2}}{2} \quad \Rightarrow \quad 2\sqrt{2} = 2\sqrt{2}$$

y_2: $y_2 \notin \mathbb{D}$, da Ausdrücke unter den Wurzeln negativ $\Rightarrow$ Scheinlösung

Die Lösungsmenge lautet: $\mathbb{L} = \{17\}$

(5) $\sqrt{x^2+5x-5} = \dfrac{4\sqrt{x^2+5x-5} - 3}{\sqrt{x^2+5x-5}}$

Lösung:

Da alle Wurzelterme identisch sind, substituieren wir $u = \sqrt{x^2+5x-5}$.

$$u = \frac{4u-3}{u}$$

$$u^2 = 4u - 3$$
$$u^2 - 4u + 3 = 0$$
$$(u-1)(u-3) = 0$$

$$\Rightarrow \quad u_1 = 1 \quad \text{und} \quad u_2 = 3$$

Die Rücksubstitution für $u_1 = \sqrt{x^2+5x-5} = 1$ liefert:

$$\sqrt{x^2+5x-5} = 1 \quad \Big| ^2$$
$$x^2 + 5x - 5 = 1$$
$$x^2 + 5x - 6 = 0$$
$$(x-1)(x+6) = 0$$

$$\Rightarrow \quad x_1 = 1 \quad \text{und} \quad x_2 = -6$$

Kontrolle:

$$x_1: \quad \sqrt{1^2 + 5 \cdot 1 - 5} = 1 \quad \Rightarrow \quad \sqrt{1} = 1 \quad \Rightarrow \quad 1 = 1 \checkmark$$

$$x_2: \quad \sqrt{(-6)^2 + 5 \cdot (-6) - 5} = 1 \quad \Rightarrow \quad \sqrt{1} = 1 \quad \Rightarrow \quad 1 = 1 \checkmark$$

Die Rücksubstitution für $u_2 = \sqrt{x^2 + 5x - 5} = 3$ liefert:

$$\begin{aligned} \sqrt{x^2 + 5x - 5} &= 3 \quad |^2 \\ x^2 + 5x - 5 &= 9 \\ x^2 + 5x - 14 &= 0 \\ (x-2)(x+7) &= 0 \end{aligned}$$

$$\Rightarrow \quad x_3 = 2 \quad \text{und} \quad x_4 = -7$$

Kontrolle:

$$x_3: \ \sqrt{1^2 + 5 \cdot 1 - 5} = 3 \quad \Rightarrow \quad \sqrt{9} = 3 \quad \Rightarrow \quad 3 = 3 \checkmark$$

$$x_4: \ \sqrt{(-7)^2 + 5 \cdot (-7) - 5} = 3 \quad \Rightarrow \quad \sqrt{9} = 3 \quad \Rightarrow \quad 3 = 3 \checkmark$$

Die Lösungsmenge ist: $\mathbb{L} = \{-7; -6; 1; 2\}$

(6) Lösen Sie die Wurzelgleichung $\sqrt{x + 16b} = 2\sqrt{x} - \sqrt{x - 8b}$ nach x auf.
Es brauchen keine Fallunterscheidungen für den Parameter $b \in \mathbb{Z}$ gemacht zu werden.

Lösung:
Durch Quadrieren reduziert sich die Zahl der Wurzeln:

$$\begin{aligned} x + 16b &= 4x + x - 8b - 4\sqrt{x}\sqrt{x - 8b} \\ 24b - 4x &= -4\sqrt{x(x - 8b)} \\ x - 6b &= \sqrt{x^2 - 8bx} \end{aligned}$$

Erneutes Quadrieren führt auf eine lineare Gleichung für die Unbekannte x:

$$\begin{aligned} x^2 - 12bx + 36b^2 &= x^2 - 8bx \\ -4bx &= -36b^2 \\ bx &= 9b^2 \\ x &= 9b \end{aligned}$$

Kontrolle:

$$\sqrt{9b + 16b} = 2\sqrt{9b} - \sqrt{b} \quad \Rightarrow \quad 5\sqrt{b} = 6\sqrt{b} - \sqrt{b} \quad \Rightarrow \quad 5\sqrt{b} = 5\sqrt{b} \checkmark$$

Die Lösungsmenge lautet: $\mathbb{L} = \{9b\}$

◆ Übungen 54 → S. 196

Terminologie

äquivalent
Äquivalenzumformung
Bruchgleichung
Definitionsmenge $\mathbb{D}$
Grundmenge $\mathbb{G}$
Kontrolle
Lösungsmenge $\mathbb{L}$
Scheinlösung
Wurzelgleichung

11.3 Übungen

Übungen 54

1. Welche Aussagen sind richtig?

   (1) Bei einer Wurzelgleichung kommt die Unbekannte als Wurzelexponent vor.
   (2) Das Quadrieren beider Seiten einer Gleichung ist eine Äquivalenzumformung.
   (3) Vor dem Quadrieren sollte die Wurzel separiert werden.
   (4) Scheinlösungen sind niemals in der Definitionsmenge der Wurzelgleichung enthalten.

2. Die unten stehenden Gleichungen $A(x)$ werden auf unterschiedliche Weise umgeformt. Notieren Sie die neu entstehenden Gleichungen $N(x)$ und bestimmen Sie die Lösungsmengen der beiden Gleichungen: Wo liegt eine Äquivalenzumformung vor, wo gehen Lösungen verloren oder kommen Scheinlösungen dazu?

   a) $A(x)$: $5x-4=3x+5$ minus $3x$, plus 4
   b) $A(x)$: $\sqrt{x}=5$ quadrieren
   c) $A(x)$: $\sqrt{x}=-5$ quadrieren
   d) $A(x)$: $5x=12$ geteilt durch 5
   e) $A(x)$: $\sqrt{4x+1}=\sqrt{2x+7}$ quadrieren
   f) $A(x)$: $(x+2)\cdot(x-2)=0$ geteilt durch $(x+2)$

3. Geben Sie die Definitions- und die Lösungsmenge der Gleichungen an:

   a) $\sqrt{x}=11$
   b) $\sqrt{x}=-11$
   c) $-\sqrt{x}=11$
   d) $-\sqrt{x}=-11$
   e) $\sqrt{-x}=11$
   f) $\sqrt{-x}=-11$
   g) $3=\sqrt{20-4w}$
   h) $\sqrt{4b+16}+5=7$
   i) $4+\sqrt{3-h}=2$

4. Berechnen Sie die Lösungsmenge der Gleichungen:

   a) $4\sqrt{2b}-11=5\sqrt{2b}-17$
   b) $\sqrt{3\lambda}+13=3\sqrt{3\lambda}+25$
   c) $\sqrt{x+100}-\sqrt{3x+58}=0$
   d) $0=\sqrt{7+\psi^2}-7-\psi$
   e) $1=\dfrac{5\sqrt{x}-7}{3\sqrt{x}+2}$
   f) $\sqrt{m-3}\cdot\sqrt{m+3}=\sqrt{5m+11+m^2}$

5. Bestimmen Sie die Lösungsmenge:

   a) $\dfrac{25}{\sqrt{k+6}}=\sqrt{k+6}+\sqrt{k-19}$
   b) $\dfrac{2\cdot\sqrt{4-3y}}{\sqrt{2-48y}}=\dfrac{5}{13}\sqrt{2}$
   c) $\sqrt{34-2\sqrt{3t+96}}=4$
   d) $\sqrt{52+4\cdot\sqrt{16x-16}}=10$
   e) $\sqrt{x-1-\sqrt{2x+4}}=1$
   f) $\sqrt{y+2-\sqrt{8y^2-2y+3}}=0$
   g) $\sqrt{x-16}=8-\sqrt{x}$
   h) $\sqrt{4n-4}+\sqrt{4n+9}=13$

6. Bestimmen Sie die Lösungsmenge:

a) $\sqrt{n-32} = 16 - \sqrt{n}$

b) $\sqrt{x+1} + \sqrt{x-1} = \sqrt{4x+1}$

c) $\sqrt{4a+29} + \sqrt{a-7} + \sqrt{a+26} = 0$

d) $\sqrt{4r-16} + \sqrt{r+23} = \sqrt{9r+27}$

e) $\sqrt{z+47} - \sqrt{z+31} = \sqrt{z+31} - \sqrt{z+17}$

f) $2 \cdot \left(\sqrt{z+8} - \sqrt{z}\right) = \sqrt{4z+12}$

g) $\sqrt{18x-9} + 3 \cdot \sqrt{x-4} = 3 \cdot \sqrt{2(x-3)} + \sqrt{9x-9}$

7. Bestimmen Sie die Lösungsmenge:

a) $\sqrt{2q+3} + \sqrt{q-2} = \dfrac{24}{\sqrt{q-2}}$

b) $\dfrac{\sqrt{2\varphi+1}}{\sqrt{\varphi+\frac{1}{2}}} = \dfrac{\sqrt{7\varphi-\frac{1}{2}}}{\sqrt{2\varphi+2}}$

c) $\dfrac{\sqrt{x+3}}{5} - \dfrac{3}{\sqrt{x+3}} = \dfrac{2 \cdot \sqrt{\frac{x}{2}-2}}{5}$

d) $\sqrt{2p^2-1} : \sqrt{\dfrac{p-4}{p+4}} = 1$

8. Bestimmen Sie die Lösungsmenge mithilfe einer Substitution:

a) $\dfrac{x+\sqrt{x}}{6} = \dfrac{x}{3} - \dfrac{\sqrt{x}}{2}$

b) $2 \cdot \sqrt{x^2+7} - 5 = \dfrac{12}{\sqrt{x^2+7}}$

c) $\dfrac{1}{5} \cdot \sqrt{x+1} + \dfrac{1}{\sqrt{x+1}} = \dfrac{21}{20}$

d) $\dfrac{2-\sqrt{3x^2-12}}{\sqrt{3(x^2-4)}+5} = \dfrac{10-\sqrt{3x^2-12}}{2 \cdot \sqrt{3x^2-12}+10}$

9. Lösen Sie die Parametergleichungen ohne Fallunterscheidungen nach x auf:

a) $\sqrt{n(x-b)} = an$

b) $2\sqrt{x-mn} + n = m$

c) $\sqrt{x+m^2+n^2} - \sqrt{x} = n$

d) $\sqrt{x-e} = \sqrt{fx-ef}$

e) $\sqrt{e-2x} + \sqrt{f-2x} = \dfrac{f}{\sqrt{f-2x}}$

f) $\sqrt{\sqrt{x}+2a} = \sqrt{a+b} + \sqrt{a-b}$

g) $\sqrt{x^2+\sqrt{a}} = \sqrt{x+a}$

h) $\sqrt{9m-9n} - 3\sqrt{x-n} = 3\sqrt{m-x}$

10. Taucht vom Ausguck in der Mastspitze von Schiff 1 aus die Mastspitze von Schiff 2 gerade über dem Horizont auf, dann gilt für die Entfernung s in Metern zwischen den beiden Schiffen näherungsweise:

$$s = \sqrt{2rh_1} + \sqrt{2rh_2}$$

h_1, h_2 Masthöhen der beiden Schiffe in Metern über Meer
r: Erdradius, $r = 6\,370\,000$ m

a) Von der Mastspitze von Schiff 1 mit $h_1 = 10$ m aus erscheint die Mastspitze von Schiff 2 in einer Entfernung von $s = 21$ km.
Wie hoch ragt die Mastspitze h_2 von Schiff 2 über den Meeresspiegel?

b) Eine Skipperin auf einer Yacht mit Augenhöhe $h_1 = 3$ m über dem Meeresspiegel sieht bei Nacht in einer Entfernung von $s = 23$ km ein Leuchtfeuer am Horizont erscheinen. Wie hoch ist der Leuchtturm ungefähr?

c) Leiten Sie die Formel für die exakte Berechnung der Entfernung s her und begründen Sie, weshalb die Näherung genügend genaue Resultate liefert.

11. Das arithmetische Mittel m_a mittelt bezogen auf Summanden:

$$m_a = \frac{x_1 + x_2 + \ldots + x_n}{n} \quad \Rightarrow \quad n \cdot m_a = x_1 + x_2 + \ldots + x_n$$

Das geometrische Mittel m_g mittelt bezogen auf Faktoren:

$$m_g = \sqrt[n]{x_1 \cdot x_2 \cdot \ldots \cdot x_n} \quad \Rightarrow \quad m_g^n = x_1 \cdot x_2 \cdot \ldots \cdot x_n$$

a) Berechnen Sie das geometrische Mittel der folgenden Zahlen und vergleichen Sie mit dem arithmetischen: $x_1 = 10; x_2 = 1; x_3 = 12$

b) Berechnen Sie das geometrische Mittel der folgenden Zahlen und vergleichen Sie mit dem arithmetischen: $x_1 = 1; x_2 = 5.5; x_3 = 6.25; x_3 = 100$

c) Vergleichen Sie geometrisches Mittel und arithmetisches Mittel für weitere Zahlen. Was vermuten Sie?

d) Zeigen Sie durch Umformen, dass die folgende Ungleichung für $n = 2$ gilt:

$$m_a \geq m_g \quad \Rightarrow \quad \frac{x_1 + x_2 + \ldots + x_n}{n} \geq \sqrt[n]{x_1 \cdot x_2 \cdot \ldots \cdot x_n}$$

Finden Sie Zahlenbeispiele, bei denen $m_a = m_g$ gilt?

e) Das geometrische Mittel zweier Zahlen beträgt 4.5, die erste Zahl ist 2. Welches ist die zweite Zahl?

f) Das geometrische Mittel dreier Zahlen beträgt 8.5 und die erste Zahl ist 2. Die dritte Zahl ist um 10 grösser als die zweite. Wie gross sind die beiden Zahlen?

g) Ein Kapital wird 10 Jahre zu unterschiedlichen Zinssätzen angelegt, die ersten 5 Jahre zu 2 %, die zweiten drei Jahre zu 1.5 %. Der Zinssatz betrug über die zehn Jahre im Mittel 2.5 %. Wie hoch war der Zinssatz in den letzten beiden Jahren?

12. Um der jurassischen Minderheit im Berner Jura einen Sitz im Berner Regierungsrat zu sichern, wird das geometrische Mittel m_g angewendet. Gewählt ist, bei wem das geometrische Mittel aus der erreichten Stimmenzahl im ganzen Kanton Bern und dem Berner Jura am grössten ist. Perrenoud lag im Kanton Bern hinter seinem Gegner zurück, wurde aber trotzdem gewählt. Wie viele Stimmen hat er im Berner Jura mindestens holen müssen, um seinen Gegner noch zu schlagen?

	Stimmen Berner Jura	Stimmen Kanton Bern	Geometrisches Mittel m_g
M. Bühler	4919	94957	
P. Perrenoud		86468	

13. Gegeben ist die folgende Zahlenfolge $\{a_n\}$:

$$\{a_n\} = 2; \frac{2}{3}; \frac{2}{9}; \frac{2}{27}; \ldots$$

a) Zeigen Sie mit Beispielen, dass jedes Glied dieser Folge das geometrische Mittel der beiden Nachbarglieder ist.

b) Geben Sie die explizite Definition von $\{a_n\}$ an. Drücken Sie die Aussage von a) algebraisch aus und zeigen Sie durch Umformen, dass die Aussage stimmt.

12 Exponential- und logarithmische Gleichungen

12.1 Exponentialgleichungen

In Natur und Technik laufen viele Prozesse weder linear noch quadratisch ab. So führen zum Beispiel Fragestellungen aus den Bereichen Radioaktivität, Zellwachstum oder Zinseszins vielfach auf Gleichungen, bei denen die Lösungsvariable im Exponent vorkommt.

Definition	Exponentialgleichung
	Eine Gleichung, bei der die Lösungsvariable in den *Exponenten von Potenzen* steht.

12.1.1 Lösungsverfahren

Ein allgemeines Lösungsverfahren für Exponentialgleichungen gibt es leider nicht. In manchen Fällen gelingt es jedoch, die Exponentialgleichung durch **elementare Umformungen** und **Logarithmieren** zu lösen.

■ Einführendes Beispiel

$2^{x-1} = 6 \cdot 3^{2x}$

Lösung:

Wir logarithmieren die Gleichung und formen sie mit den Logarithmengesetzen um:

$$\begin{aligned} \ln 2^{x-1} &= \ln(6 \cdot 3^{2x}) \\ (x-1) \cdot \ln 2 &= \ln 6 + \ln 3^{2x} \\ (x-1) \cdot \ln 2 &= \ln 6 + 2x \cdot \ln 3 \end{aligned}$$

So ist eine lineare Gleichung für die Unbekannte x entstanden. Die Lösung ist:

$$\begin{aligned} x\ln 2 - \ln 2 &= \ln 6 + 2x\ln 3 \\ x\ln 2 - 2x\ln 3 &= \ln 6 + \ln 2 \\ x(\ln 2 - 2\ln 3) &= \ln 6 + \ln 2 \\ x &= \frac{\ln 6 + \ln 2}{\ln 2 - 2\ln 3} \approx \frac{1.7918 + 0.6931}{0.6931 - 2.1972} \approx -1.652 \end{aligned}$$

Lösungsmenge: $\mathbb{L} = \left\{ \frac{\ln 6 + \ln 2}{\ln 2 - 2\ln 3} \right\}$

Manchmal kann die Lösung mithilfe der Logarithmengesetze vereinfacht werden, indem Zähler und Nenner je mit einem logarithmischen Term ausgedrückt werden:

$$x = \frac{\ln 6 + \ln 2}{\ln 2 - 2\ln 3} = \frac{\ln(6 \cdot 2)}{\ln 2 - \ln 3^2} = \frac{\ln(6 \cdot 2)}{\ln 2 - \ln 9} = \frac{\ln 12}{\ln \frac{2}{9}} = -\frac{\ln 12}{\ln \frac{9}{2}}$$

Wir fassen zusammen:

Lösen von Exponentialgleichungen

(1) Einfache Exponentialgleichungen löst man durch *Logarithmieren*.

(2) Mit dem *Logarithmusgesetz* $\log_a u^x = x \cdot \log_a u$ kann die Unbekannte von der Exponenten-Ebene heruntergeholt werden.

(3) Die anschliessende Gleichung kann mit Logarithmengesetzen und den *üblichen Äquivalenzumformungen* gelöst werden.

Kommentar

- In vielen Fällen gelingt es nicht, die Exponentialgleichung nach der oben genannten Methode exakt zu lösen. Solche Exponentialgleichung können – wenn überhaupt – nur mithilfe von **Näherungsverfahren** gelöst werden.
- Logarithmieren Sie nie, wenn auf einer Seite der Gleichung noch eine Summe (oder eine Differenz) steht. $\log_a (u^x + v)$ zum Beispiel kann nicht weiter zerlegt werden und deshalb kann die Variable x nicht isoliert werden.

Beispiele

(1) Lösen Sie die Gleichung $7^{4x-13} = 343$.

Lösung:

$$\begin{aligned} \ln 7^{4x-13} &= \ln 343 \\ (4x-13) \cdot \ln 7 &= \ln 343 \\ 4x \cdot \ln 7 - 13 \cdot \ln 7 &= \ln 343 \\ 4x \cdot \ln 7 &= \ln 343 + 13 \cdot \ln 7 \\ x &= \frac{\ln 343 + 13 \cdot \ln 7}{4 \cdot \ln 7} = 4 \end{aligned}$$

Hätten wir gemerkt, dass $7^3 = 343$, so hätten wir die Exponentialgleichung durch Gleichsetzen der Exponenten lösen können:

$$\begin{aligned} 7^{4x-13} &= 7^3 \\ 4x - 13 &= 3 \\ x &= \frac{3+13}{4} = 4 \end{aligned}$$

Lösungsmenge: $\mathbb{L} = \{4\}$

(2) Lösen Sie die Gleichung $2^x \cdot 3 = 5^{2x^2}$.

Lösung:

$$\begin{aligned} \ln (2^x \cdot 3) &= \ln 5^{2x^2} \\ x \ln 2 + \ln 3 &= 2x^2 \ln 5 \\ 2x^2 \ln 5 - x \ln 2 - \ln 3 &= 0 \end{aligned}$$

Dies ist eine quadratische Gleichung mit der Unbekannten x:

$$D = b^2 - 4ac = (-\ln 2)^2 - 4 \cdot 2 \ln 5 \cdot (-\ln 3) = \ln^2 2 + 8 \ln 5 \ln 3 > 0$$

$$x_{1,2} = \frac{-b \pm \sqrt{D}}{2a} = \frac{\ln 2 \pm \sqrt{\ln^2 2 + 8 \ln 5 \ln 3}}{4 \ln 5}$$

$$x_1 = \frac{\ln 2 + \sqrt{\ln^2 2 + 8\ln 5 \ln 3}}{4\ln 5} \approx 0.7017$$

$$x_2 = \frac{\ln 2 - \sqrt{\ln^2 2 + 8\ln 5 \ln 3}}{4\ln 5} \approx -0.4864$$

Lösungsmenge: $\mathbb{L} = \{-0.4864; 0.7017\}$

◆ **Übungen 55 → S. 206**

12.1.2 Weiterführende Beispiele

Bei komplexeren Problemen muss zunächst mithilfe der **Potenzgesetze faktorisiert werden, bevor die Gleichung logarithmiert wird.** Dies geht nur dann, wenn dieselben Basen vorkommen. Zudem führen manche Exponentialgleichungen auf quadratische Gleichungen oder müssen in zwei Schritten logarithmiert werden.

■ **Beispiele**

(1) Lösen Sie die Gleichung $4^{2k+3} - 3^{3k+2} = 4^{2k+1} - 3^{3k+1}$.

Lösung:

Hier müssen zuerst die unterschiedlichen Basen separiert und anschliessend ausgeklammert werden:

$$\begin{aligned}
4^{2k+3} - 4^{2k+1} &= 3^{3k+2} - 3^{3k+1} \\
4^{2k+1} \cdot (4^2 - 1) &= 3^{3k+1} \cdot (3 - 1) \\
4^{2k+1} \cdot 15 &= 3^{3k+1} \cdot 2 \\
4^{2k+1} \cdot 5 \cdot 3 &= 3^{3k} \cdot 3 \cdot 2 \\
4^{2k+1} \cdot 5 &= 3^{3k} \cdot 2 \\
\ln(4^{2k+1} \cdot 5) &= \ln(3^{3k} \cdot 2) \\
(2k+1) \cdot \ln 4 + \ln 5 &= 3k \cdot \ln 3 + \ln 2 \\
2k \ln 4 - 3k \ln 3 &= \ln 2 - \ln 4 - \ln 5 \\
k &= \frac{\ln 2 - \ln 4 - \ln 5}{2\ln 4 - 3\ln 3} \approx 4.401
\end{aligned}$$

Berücksichtigt man, dass $\ln 4 = \ln 2^2 = 2\ln 2$ ist, so lässt sich die Lösung vereinfachen:

$$k = \frac{\ln 2 - 2\ln 2 - \ln 5}{4\ln 2 - 3\ln 3} = \frac{\ln 2 + \ln 5}{3\ln 3 - 4\ln 2}$$

Lösungsmenge: $\mathbb{L} = \left\{ \frac{\ln 2 + \ln 5}{3\ln 3 - 4\ln 2} \right\}$

(2) Lösen Sie die Gleichung $2^{2y-6} + 5^{y+1} = 4^{y+1} - 5^{y+2}$.

Lösung:

Um ausklammern zu können, müssen wir die unterschiedlichen Basen mithilfe der Potenzgesetze angleichen:

$$\begin{aligned}
5^{y+2} + 5^{y+1} &= 4^{y+1} - 2^{2y-6}\\
5^{y+2} + 5^{y+1} &= (2^2)^{y+1} - 2^{2y-6}\\
5^{y+2} + 5^{y+1} &= 2^{2y+2} - 2^{2y-6}\\
5^{y+1} \cdot (5+1) &= 2^{2y-6} \cdot (2^8 - 1)\\
5^{y+1} \cdot 6 &= 2^{2y-6} \cdot 255\\
5^{y+1} \cdot 2 &= 2^{2y-6} \cdot 85\\
5^{y+1} \cdot 5^{-1} &= 2^{2y-6} \cdot 2^{-1} \cdot 17\\
5^y &= 2^{2y-7} \cdot 17\\
\ln 5^y &= \ln (2^{2y-7} \cdot 17)\\
y \ln 5 &= (2y-7) \cdot \ln 2 + \ln 17\\
y \ln 5 - 2y \ln 2 &= \ln 17 - 7 \ln 2\\
y &= \frac{\ln 17 - 7\ln 2}{\ln 5 - 2 \ln 2} \approx -9.047
\end{aligned}$$

Lösungsmenge: $\mathbb{L} = \left\{ \frac{\ln 17 - 7\ln 2}{\ln 5 - 2\ln 2} \right\}$

(3) Lösen Sie die Gleichung $3^{2x} + 9 = 10 \cdot 3^x$.

Lösung:

Wir substituieren in $(3^x)^2 - 10 \cdot 3^x + 9 = 0$ mit $u = 3^x$, da $3^{2x} = (3^x)^2$:

$$\begin{aligned}
u^2 - 10u + 9 &= 0\\
(u-9)(u-1) &= 0
\end{aligned}$$

$\Rightarrow \quad u_1 = 9$ und $u_2 = 1$ wobei $x = \log_3 u$

$\Rightarrow \quad x_1 = \log_3 9 = 2$ und $x_2 = \log_3 1 = 0$

Lösungsmenge: $\mathbb{L} = \{0; 2\}$

(4) Lösen Sie die Gleichung $2^{5^\tau} = 7^{2^\tau}$.

Lösung:

$$\begin{aligned}
\ln (2^{5^\tau}) &= \ln (7^{2^\tau})\\
5^\tau \cdot \ln 2 &= 2^\tau \cdot \ln 7\\
\ln (5^\tau \cdot \ln 2) &= \ln (2^\tau \cdot \ln 7)\\
\ln 5^\tau + \ln (\ln 2) &= \ln 2^\tau + \ln (\ln 7)\\
\tau \ln 5 + \ln (\ln 2) &= \tau \ln 2 + \ln (\ln 7)\\
\tau \ln 5 - \tau \ln 2 &= \ln (\ln 7) - \ln (\ln 2)\\
\tau \cdot (\ln 5 - \ln 2) &= \ln (\ln 7) - \ln (\ln 2)\\
\tau &= \frac{\ln (\ln 7) - \ln (\ln 2)}{\ln 5 - \ln 2} \approx 1.127
\end{aligned}$$

Lösungsmenge: $\mathbb{L} = \{1.127\}$

◆ Übungen 56 → S. 206

12.2 Logarithmische Gleichungen

Eine logarithmische Gleichung ist wie folgt definiert:

Definition **Logarithmische Gleichung**

Eine Gleichung, bei der die Lösungsvariable in den *Argumenten von Logarithmen* steht.

Kommentar

- Ein allgemeines Lösungsverfahren gibt es auch für logarithmische Gleichungen nicht. In manchen Fällen gelingt es jedoch, die logarithmische Gleichung durch elementare Umformungen und Entlogarithmieren zu lösen.
- Das Entlogarithmieren ist keine Äquivalenzumformung, sodass Scheinlösungen entstehen können. Deshalb ist eine Kontrolle durch Einsetzen unerlässlich.

Einführendes Beispiel

Lösen Sie die logarithmische Gleichung $\ln(x+2) = 1 + \ln 3x$.

Lösung:

Da Logarithmusterme nur für positive reelle Argumente definiert sind, bestimmen wir zunächst die Definitionsmenge:

$$x+2>0 \quad \wedge \quad 3x>0 \quad \Rightarrow \quad x>-2 \quad \wedge \quad x>0 \quad \Rightarrow \quad \mathbb{D} =]\,0;\infty\,[$$

Die logarithmische Gleichung lösen wir durch Anwenden der Logarithmengesetze und anschliessendes Entlogarithmieren:

$$\ln(x+2) - \ln 3x = 1$$

$$\ln\frac{x+2}{3x} = 1 \qquad \text{entlogarithmieren}$$

$$\frac{x+2}{3x} = e^1$$

$$x+2 = 3ex$$

$$(3e-1)\,x = 2$$

$$x = \frac{2}{3e-1} \approx 0.2795$$

Da $x \in \mathbb{D}$, ist $x = \frac{2}{3e-1}$ Lösung der logarithmischen Gleichung $\ln(x+2) = 1 + \ln 3x$.

Lösungsmenge: $\mathbb{L} = \left\{\frac{2}{3e-1}\right\}$

Wir fassen zusammen:

Lösen von logarithmischen Gleichungen

(1) Einfache *logarithmische Gleichungen* löst man durch *Entlogarithmieren* (Potenzieren) mit der passenden Basis.

(2) Vor dem Entlogarithmieren sollten beide Seiten mithilfe der Logarithmengesetze möglichst zu einem *Logarithmusterm zusammengefasst* werden.

(3) Durch das *Entlogarithmieren* entsteht eine Gleichung, die mit den üblichen *Umformungsgesetzen* gelöst werden kann.

Kommentar

- Durch Entlogarithmieren können Gleichungen entstehen, die – wenn überhaupt – nur mithilfe von **Näherungsverfahren** gelöst werden können.

Beispiele

(1) Lösen Sie die Gleichung $\ln a = b - \ln x$ ohne Fallunterscheidung nach x auf.

Lösung:

$$\ln x + \ln a = b$$
$$\ln(x \cdot a) = b \qquad \text{entlogarithmieren}$$
$$x \cdot a = e^b$$
$$x = \frac{e^b}{a}$$
$$\Rightarrow \quad \mathbb{L} = \left\{\frac{e^b}{a}\right\}$$

(2) $\lg(x-3) = 1 - \lg x$

Lösung:

$$\lg(x-3) + \lg x = 1$$
$$\lg((x-3)\cdot x) = 1 \qquad \text{entlogarithmieren}$$
$$(x-3)\cdot x = 10^1$$
$$x^2 - 3x = 10$$
$$x^2 - 3x - 10 = 0$$
$$(x-5)\cdot(x+2) = 0$$

$x_1 = 5$ und $x_2 = -2$

Kontrolle:

x_1: $\lg 2 = 1 - \lg 5$
$\lg 2 = \lg 10 - \lg 5 = \lg \frac{10}{5} = \lg 2$ ✓

x_2: $\lg(-2-5) = \lg(-7) \notin \mathbb{R}$ ist nicht definiert.

Die Lösungsmenge ist somit $\mathbb{L} = \{5\}$.
$x_2 = -2$ ist eine *Scheinlösung*.

(3) Lösen Sie die Gleichung $3 \lg x^2 + 7 = 13$.

Lösung:

$3 \lg x^2 + 7 = 13$
$3 \lg x^2 = 6$
$\lg x^2 = 2$ entlogarithmieren
$x^2 = 10^2 = 100$
$x = \pm\sqrt{100} = \pm 10$

$x_1 = 10$ und $x_2 = -10$

Kontrolle:

x_1: $3 \lg (10)^2 + 7 = 13 \Rightarrow 3 \cdot 2 + 7 = 13 \Rightarrow 13 = 13$ ✓
x_2: $3 \lg (-10)^2 + 7 = 13 \Rightarrow 3 \cdot 2 + 7 = 13 \Rightarrow 13 = 13$ ✓

Die Lösungsmenge ist somit $\mathbb{L} = \{-10; 10\}$.

Alternative Lösung:

$3 \lg x^2 + 7 = 13$
$3 \lg x^2 = 6$
$6 \lg x = 6$
$\lg x = 1$ entlogarithmieren
$x = 10^1 = 10$

Kontrolle:

$x: 3 \lg (10)^2 + 7 = 13$

Die Lösungsmenge ist somit $\mathbb{L} = \{10\}$.

Hier ist also das Lösungselement -10 verloren gegangen. Eigentlich müsste $3 \lg x^2 = 6 \lg |x|$ gesetzt werden.
$|x| = 10$ hat die Lösungsmenge $\mathbb{L} = \{-10; 10\}$.

Kommentar

- Wie Beispiel (3) zeigt, können bei ungeschickt gewähltem Lösungsweg auch Lösungen verloren gehen.

◆ Übungen 57 → S. 207

Terminologie

Äquivalenzumformung
Basis
Definitionsmenge
entlogarithmieren
Exponent
Exponentialgleichung
Logarithmengesetze
logarithmieren
logarithmische Gleichung
Logarithmus
Lösungsmenge
Näherungsverfahren
Scheinlösung

12.3 Übungen

Übungen 55

1. Welche Aussagen sind richtig?

   (1) Bei einer Exponentialgleichung kommt die Lösungsvariable im Exponent einer Potenz vor.
   (2) Vor dem Logarithmieren einer Exponentialgleichung muss auf beiden Seiten der Gleichung eine Summe oder eine Differenz stehen.
   (3) Alle Exponentialgleichungen können durch Exponentenvergleich oder Logarithmieren gelöst werden.
   (4) Folgende Lösungen einer Exponentialgleichung sind identisch: $x = \ln 2 + \ln 3 = \ln 6$

2. Lösen Sie die folgenden Gleichungen mithilfe von $a^x = a^m \quad \Rightarrow \quad x = m$ nach x auf:

   a) $2^x = 16$ b) $3^x = \frac{1}{27}$ c) $5^x = 25^{-3}$
   d) $10^x = 0.0001$ e) $10^{\frac{x+1}{2}} = \sqrt{100}$ f) $10^{5x-4} = 1$
   g) $11^{\frac{3x+1}{2}} = 11^{\frac{x-4}{6}}$ h) $12^{\frac{x-1}{4}} = \frac{1}{12^{\frac{x+6}{5}}}$ i) $\sqrt[3]{13^{2x}} \cdot 13^{\frac{x}{2}} = \sqrt{13}$

3. Lösen Sie die folgenden Gleichungen durch Logarithmieren:
   a) $3^x = 8$ b) $8^x = 3$ c) $4^{y-5} = 100$
   d) $10^{x-1} = \frac{1}{2}$ e) $e^{x-1} = 3^{e-x}$ f) $5^{2z} = 2^{5z}$

4. Lösen Sie die folgenden Gleichungen durch Logarithmieren:
   a) $\left(\frac{1}{3}\right)^{2x-1} = \left(\frac{1}{10}\right)^{3-x}$ b) $4^{\sqrt{y}} = 5^y$ c) $\sqrt[3]{3} = \sqrt[5k]{5}$
   d) $2^x = 5 \cdot 3^x$ e) $5^{2x} = 7 \cdot 3^{x-1}$ f) $10^{\frac{p}{2}} = \frac{1}{5} \cdot 8^{\frac{p}{4}}$
   g) $5^{x-1} \cdot 2^{-x} = 6^{2x}$ h) $10 \cdot 3^{4x} = 5^{1-x} \cdot 2^{4x}$ i) $3 \cdot e^{2q} = 10^q \cdot 5^{q+2}$

Übungen 56

5. Lösen Sie die folgenden Gleichungen, indem Sie die Summen zuerst in Produkte verwandeln:

   a) $3^{x+1} + 3^x = 20$ b) $5^{y+1} + 5^{y-1} = 5^y + 210$
   c) $8^{x-1} - 2^{3x+1} = 1$ d) $27^{2z+1} + 3^{6z} = 2 + 9^{3z-1}$
   e) $2^{3x+1} - 3^{x-1} = 2^{3x+2} - 3^{x+1}$ f) $4^u - 5^{u+1} = 4^{u+2} - 5^{u+3}$
   g) $8^{x-1} - 6^{x-2} = 8^{x+1} - 6^{x+2}$ h) $e^{2v+2} - 2^{3v-1} = e^{2v} + 2^{3v}$

6. Bestimmen Sie die Lösungsmenge mithilfe einer geeigneten Substitution:

   a) $4 \cdot 3^{2x} + 23 \cdot 3^x - 6 = 0$ b) $5^{2a} + 9 = 10 \cdot 5^a$
   c) $3 \cdot e^x + 5 = \frac{2}{e^x}$ d) $4^x - 7 \cdot 2^x = 8$
   e) $\frac{100^m}{4} - 3 \cdot 10^m + 5 = 0$ f) $2^{2(2x+1)} - 6 \cdot 4^x = -2$
   g) $25^u + 3 \cdot 5^{u-1} = -2 \cdot \frac{1}{25}$ h) $\frac{2^x - 2^{-x}}{3} = 4$

7. Lösen Sie die folgenden Parametergleichungen nach x auf:

a) $\sqrt[4]{m^{16-x}} = m^{x-1}$

b) $\sqrt[x-2]{a^{2x-1}} = \sqrt[x+1]{a^{x-3}}$

c) $(b^x)^{-2x+3} = \frac{b^5}{(b^{2x})^x}$

d) $\sqrt[p]{b^{x-p}} = \sqrt[x-q]{b^q}$

e) $\sqrt[-x+1]{m^{x+1}} = \sqrt[q]{m^p}$

f) $n^x = 1 - n^{x+1} - n^{x+2}$

g) $\frac{a^x}{b^{sx}} = c^d$

h) $\sqrt{p^{7-3x}} \cdot \sqrt[3]{p^{x+1}} \cdot \sqrt[4]{p^{5x-7}} \cdot \sqrt[5]{p^{7-2x}} = 1$

8. Lösen Sie nach x auf:

a) $3^x + 2^x = 0$

b) $-3^x = -2^x$

c) $3^{4^x} = 4^{3^x}$

d) $2^{5^x} = 4^{4^x}$

e) $\sqrt[3]{4^{-(3x+2)}} = \sqrt[3]{5^{x+5}}$

f) $\sqrt[5]{2^{x+1}} = \sqrt[4]{3^{2x-1}}$

g) $e^{2x} = e^{3x^2}$

h) $5 \cdot 10^x \cdot 2^{x^2} = 1$

9. Ein Kapital von CHF 22 000.– wird zu 4.5 % angelegt.

a) Auf welchen Betrag ist das Kapital nach 6 Jahren angewachsen?
b) Nach wie vielen Jahren ist das Kapital auf CHF 30 000.– angestiegen?
c) Nach wie vielen Jahren hat sich das Kapital verdoppelt?

10. Ein See ist zu 2.5 % mit Algen bedeckt. Die Algenfläche verdoppelt sich alle 4 Tage.

a) Welcher Teil des Sees ist nach 20 Tagen bedeckt?
b) Nach wie vielen Tagen ist der See zu 50 % mit Algen bedeckt?
c) Wann ist der See vollständig mit Algen bedeckt?

11. Der Neuwert eines Autos beträgt CHF 32 000.–, pro Jahr verliert das Auto 22 % an Wert.

a) Wie viel Wert hat das Auto nach 6 Jahren?
b) Nach wie vielen Jahren ist das Auto noch die Hälfte wert?
c) Nach wie vielen Jahren kann beim Verkauf zu CHF 10 000.– mit einem Gewinn von mindestens CHF 1000.– gerechnet werden?

12. Ein radioaktiver Stoff hat eine Halbwertszeit von 5 Tagen. Nach 5 Tagen ist also nur noch die Hälfte der Ausgangsmenge des Stoffs vorhanden.
Nach wie vielen Tagen ist noch ein Zehntel der Ausgangsmenge vorhanden?

Übungen 57

13. Welche Aussagen sind falsch?

(1) Eine logarithmische Gleichung liegt dann vor, wenn die Unbekannte im Numerus eines Logarithmus vorkommt.
(2) Beim Lösen logarithmischer Gleichungen ist die Kontrolle durch Einsetzen unerlässlich, da Scheinlösungen entstehen können.
(3) Die Definitionsmenge von logarithmischen Gleichungen entspricht immer der Menge der reellen Zahlen.
(4) Es gibt logarithmische Gleichungen, die nur mit Näherungsverfahren gelöst werden können.

14. Bestimmen Sie x:

a) $\lg x = 4$
b) $\ln x = -1$
c) $\log_4 (x-5) = -1$
d) $\log_x (1-x) = 1$
e) $\lg (x+3) = 2$
f) $\lg (x-1) = 3$
g) $\log_3 (x+7) = 12$
h) $\log_x (12-x) = 2$
i) $3 \log_2 x = 4$

15. Geben Sie die Lösungsmenge der folgenden Gleichungen an:

a) $5 \log_3 x = 2$
b) $\frac{1}{2} \log_3 (y+1) = 2$
c) $\ln z + \ln 2 = 3$
d) $\log_2 u + \log_2 (u-2) = 3$
e) $\log_4 (w+1) - \log_4 w = 1$
f) $\log_5 \lambda + \log_5 (\lambda - 4) = 1$

16. Berechnen Sie x:

a) $3 \lg (x-1) - 2 \lg 4 = 0$
b) $\log_2 (x-1) + \log_2 (x+2) = 2$
c) $\lg x = 2 - \lg (x-21)$
d) $\ln x + \ln \left(x - e - \frac{1}{e}\right) = 0$
e) $6 \log_5 x^4 - 11 = 13$
f) $\frac{1}{4} \ln x^2 + 5 = \frac{9}{2}$

17. Lösen Sie ohne Fallunterscheidung nach x auf:

a) $\ln x - \ln m = n$
b) $\lg x + 3 \lg a = -1$
c) $\ln (x-1) + \ln (x+1) = b$
d) $\log_c x^{c^2} + \log_c x^{-d^2} = c\,(c^2 - d^2)$

18. Bestimmen Sie die Lösungen der folgenden Gleichungen:

a) $\log_5 (\lg x) = 1$
b) $\lg (\lg (\lg p)) = 0$
c) $\ln x^2 - \ln (x-3) = 7 \ln 2 - \ln 8$
d) $x^{\lg x} = \frac{1000}{x^2}$
e) $z^{\lg z + 3.5} = 10 \cdot z^2$
f) $3^{\lg y} \cdot y^{\lg y + 2} = 300y$
g) $\log_3 27^{m^2} = 3 \log_3 81^m - 12$
h) $\log_3 x + \ln x = 2$

19. Mit der folgenden Formel kann die Höhe h in Abhängigkeit vom gemessenen Luftdruck bestimmt werden, wenn der Luftdruck p_0 des Ausgangspunktes der Messung bekannt ist:

$$h = 5500 \cdot \log_{\frac{1}{2}} \left(\frac{p}{p_0}\right) \text{ [m]}$$

Auf Meereshöhe herrscht ein Druck von $p_0 = 1013$ hPa. Berechnen Sie den ungefähren Luftdruck an folgenden Orten:

a) Totes Meer, –400 m ü. M.
b) Bern, 542 m ü. M.
c) Jungfraujoch, 3471 m ü. M.
d) Mont Blanc, 4810 m ü. M.
e) Mount Everest, 8848 m ü. M.

20. Zwischen der Magnitude M eines Erdbebens und der während des Bebens freigesetzten «äquivalenten (explosiven) Energie W (in Tonnen TNT)» lässt sich ein Zusammenhang näherungsweise zusammenfassen:

$$M = 2 + \frac{2}{3} \lg W$$

Welcher Energie in Tonnen TNT entsprechen die folgenden Magnituden?

a) $M_1 = 3.2$, Biel 2015
b) $M_2 = 6.6$, Basel 1356
c) $M_3 = 5.8$, Sierre 1945
d) $M_4 = 9.5$, Chile 1960
e) Was hat eine Erhöhung um eins bei der Magnitude M für die freigesetzte Energie zur Folge?

21. Um die Helligkeit von Sternen zu berechnen, gilt die folgende Formel:

$$m - M = 5 \cdot \log_{10}\left(\frac{r}{10}\right)$$

m ist die scheinbare und M die absolute Helligkeit eines Sterns und r der Abstand des Sterns von der Erde in Parsec (1 Parsec = 3.6 Lichtjahre = 206 265 Astronomische Einheiten).

a) Berechnen Sie den Abstand r eines Sterns, dessen scheinbare Helligkeit $m = +3$ und die absolute Helligkeit $M = +16.49$ beträgt.
b) Berechnen Sie den Abstand r des Sirius, dessen scheinbare Helligkeit $m = -1.46$ und die absolute Helligkeit $M = +1.43$ beträgt.
c) Berechnen Sie die absolute Helligkeit M der Sonne, wenn ihre scheinbare Helligkeit $m = -26.7$ beträgt. Der Abstand zwischen Sonne und Erde beträgt 1 Astronomische Einheit.
d) Berechnen Sie die absolute Helligkeit M des Polarsterns, wenn seine scheinbare Helligkeit $m = 2.02$ beträgt. Die Entfernung von der Erde beträgt 430 Lichtjahre.

Funktionen

13 Grundlagen

Funktionen spielen in der Mathematik und ihrer Anwendung in Natur, Technik und Wirtschaft eine zentrale Rolle. In vielen Fällen können Prozesse durch Funktionen quantitativ beschrieben werden. Im besten Fall können dadurch Prozessabläufe gesteuert werden oder es sind Verlaufsprognosen möglich.
Viele Funktionen können grafisch sehr anschaulich dargestellt werden. Aus diesem Grund beschäftigen wir uns zuerst mit dem **kartesischen Koordinatensystem**.

13.1 Das kartesische Koordinatensystem

So wie jedem Punkt des Zahlenstrahls eine reelle Zahl zugeordnet werden kann, kann jedem **Punkt** der **Ebene** ein **geordnetes reelles Zahlenpaar** zugewiesen werden. Die Grundlage dazu ist das **kartesische Produkt**.

Definition **Kartesisches Produkt**

Das *kartesische Produkt* oder die *Produktmenge* $\mathbb{A} \times \mathbb{B}$ zweier Mengen $\mathbb{A}$ und $\mathbb{B}$ ist die Menge *aller geordneten Paare* $(x; y)$ mit $x \in \mathbb{A}$ und $y \in \mathbb{B}$:

$$\mathbb{A} \times \mathbb{B} = \{(x; y) | x \in \mathbb{A} \wedge y \in \mathbb{B}\} \quad (1)$$

Kommentar

- Die Mengen $\mathbb{A}$ und $\mathbb{B}$ können gleiche Elemente enthalten oder gar identisch sein.
- Sprechweise: «$\mathbb{A}$ kreuz $\mathbb{B}$»

■ **Beispiele**

(1) Bilden Sie das kartesische Produkt $\mathbb{A} \times \mathbb{B}$, wenn die folgenden Mengen gegeben sind:

$$\mathbb{A} = \{-1; 4\} \quad \text{und} \quad \mathbb{B} = \{-2; 0; 2\}$$

Lösung:
Das kartesische Produkt $\mathbb{A} \times \mathbb{B}$ besteht aus sechs Zahlenpaaren:

$$\mathbb{A} \times \mathbb{B} = \{(-1; -2), (-1; 0), (-1; 2), (4; -2), (4; 0), (4; 2)\}$$

(2) Das kartesische Produkt $\mathbb{A} \times \mathbb{B}$ der Mengen $\mathbb{A} = \mathbb{R}$ und $\mathbb{B} = \mathbb{R}$ soll gebildet werden. Wie viele Zahlenpaare sind möglich? Zählen Sie einige Zahlenpaare der Produktmenge $\mathbb{R} \times \mathbb{R}$ auf.

Lösung:
In der Produktmenge $\mathbb{R} \times \mathbb{R}$ sind unendlich viele Zahlenpaare enthalten, zum Beispiel die folgenden vier:

$$(-100; 0), \left(\frac{2}{3}; -\frac{100}{11}\right), (4; \sqrt{2}), (\pi; 2.5)$$

Das in Beispiel (2) vorkommende kartesische Produkt der **reellen Zahlen** mit **sich selbst** kürzt man auch mit $\mathbb{R}^2$ ab:

$$\mathbb{R}^2 = \mathbb{R} \times \mathbb{R} = \{(x; y) | x, y \in \mathbb{R}\}$$

Das kartesische Produkt $\mathbb{R} \times \mathbb{R}$ besteht aus unendlich vielen Zahlenpaaren, die sich grafisch veranschaulichen lassen. Tragen wir auf zwei zueinander **senkrechten Zahlenstrahlen** in der Ebene je die Menge $\mathbb{R}$ ab, dann kann jedem **Punkt** der **Ebene** ein **geordnetes reelles Zahlenpaar** aus dem Produkt $\mathbb{R} \times \mathbb{R}$ zugeordnet werden.

Die zueinander senkrechten, skalierten Strahlen heissen Achsen und spannen ein Koordinatensystem auf. Sie schneiden sich im sogenannten **Ursprung** oder **Nullpunkt**. Die horizontale Achse heisst **x-Achse** oder **Abszissenachse**, die vertikale Achse heisst **y-Achse** oder **Ordinatenachse**. Die **Einheiten** e_x und e_y geben die Länge der Einheitsstrecken auf den entsprechenden Achsen an. So hat eine Einheit auf der Abszissenachse die Länge e_x und auf der Ordinatenachse die Länge e_y.

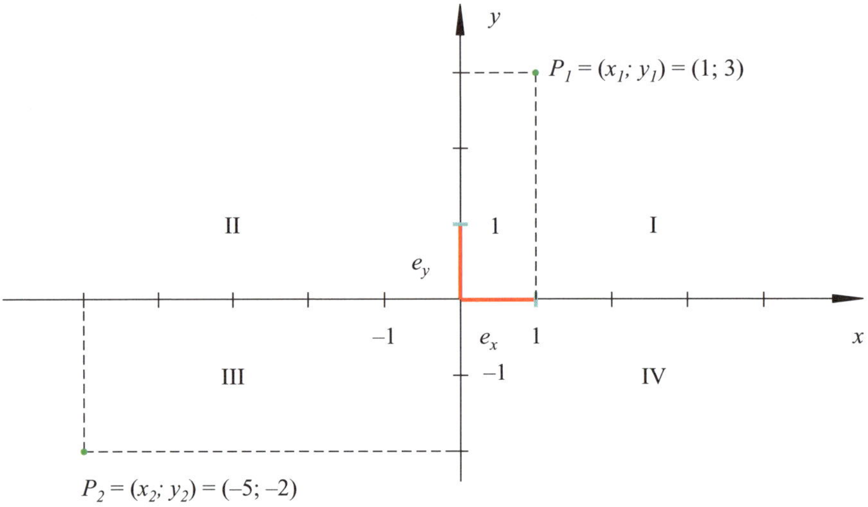

Kommentar

- Die x-Koordinate ist die **Abszisse** des Punktes P.
- Die y-Koordinate ist die **Ordinate** des Punktes P.
- Die Koordinatenachsen teilen die Ebene in vier Quadranten ein. Ein Punkt $P = (x; y)$ wird durch die folgenden Eigenschaften einem **Quadranten** zugeordnet:

Quadrant	I	II	III	IV
x-Koordinate	$x > 0$	$x < 0$	$x < 0$	$x > 0$
y-Koordinate	$y > 0$	$y > 0$	$y < 0$	$y < 0$

- Häufig verwendet man **kartesische Koordinatensysteme** (nach R. Descartes, 1596–1650). Beim kartesischen Koordinatensystem sind die Achsen rechtwinklig und die **Einheiten** auf den Achsen **gleich gross**: $e_x = e_y$.

■ **Beispiele**

(1) Zeichnen Sie die Punkte, die den folgenden Zahlenpaaren zugeordnet werden können, in ein rechtwinkliges Koordinatensystem ein: $(-3; 2)$, $(-2; 0)$, $(1; 0.5)$, $(2; 2.2)$, $(3; 3)$.

Lösung:

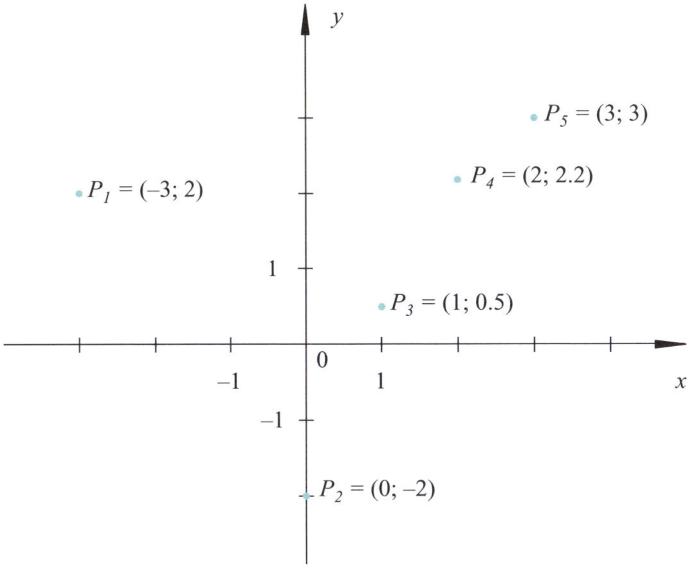

(2) Berechnen Sie die Länge der Strecke $d = \overline{P_1P_2}$, wobei $P_1 = (1; 2)$ und $P_2 = (5; 4)$.

Lösung:

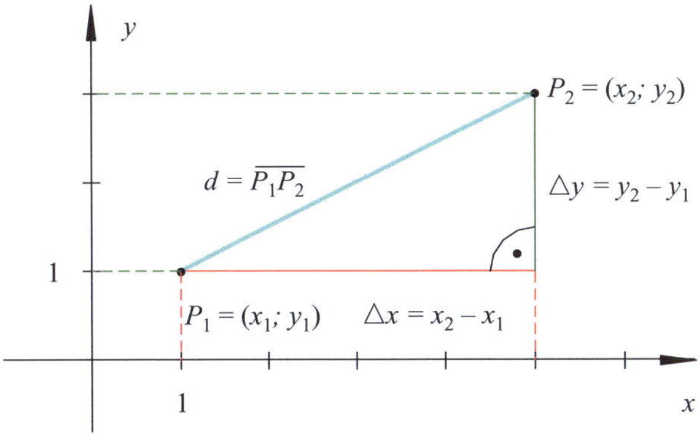

Nach dem Satz von Pythagoras ist:

$$d = \overline{P_1P_2} = \sqrt{(\triangle x)^2 + (\triangle y)^2} = \sqrt{(x_2 - x_1)^2 + (y_2 - y_1)^2}$$

$$= \sqrt{(5-1)^2 + (4-2)^2} = \sqrt{4^2 + 2^2} = \sqrt{20} = 2\sqrt{5}$$

◆ Übungen 58 → S. 228

13.2 Relationen und ihre Graphen

Die **Lösungsmenge** einer Gleichung oder Ungleichung mit den Variablen x und y ist eine **Teilmenge** des kartesischen Produkts $\mathbb{R} \times \mathbb{R}$. Man sagt dann: Die Gleichung oder Ungleichung definiert eine **Relation** zwischen x und y. Wir verzichten auf eine mathematisch exakte Definition des Relationsbegriffs. Für unsere Zwecke genügt, dass wir eine Relation als **Teilmenge** eines kartesischen Produkts anschauen, wobei die Teilmenge durch eine Gleichung oder Ungleichung bestimmt sein kann.

Relationen können im kartesischen Koordinatensystem **grafisch veranschaulicht** werden. Der **Graph** G_r einer Relation in $\mathbb{R} \times \mathbb{R}$ ist die **Menge aller Punkte** $P = (x; y)$ des rechtwinkligen Koordinatensystems, deren Koordinaten x und y die Bedingung **erfüllen**, die die Relation definiert.

In den folgenden Beispielen sind es **ausschliesslich Gleichungen**, durch die eine Relation definiert wird. Aus der Perspektive des Graphen G_r betrachtet, sprechen wir dann von einer **Koordinatengleichung**.

■ **Beispiel**

Gegeben sind alle Zahlenpaare des kartesischen Produkts $\mathbb{R} \times \mathbb{R}$. Eine Relation ist durch die Gleichung $x^2 + y^2 = 16$ gegeben. Bestimmen Sie einige Zahlenpaare der Relation und zeichnen Sie die Zahlenpaare als Punkte in ein rechtwinkliges Koordinatensystem. Zeichnen Sie anschliessend den vollständigen Graphen G_r der Relation.

Lösung:

Wir setzen $x_1 = 4$ und $x_2 = 3$ in die Gleichung ein und erhalten:

$$x_1 = 4 \quad \Rightarrow \quad y_1^2 = 16 - 4^2 = 16 - 16 = 0 \quad \Rightarrow \quad y_1 = 0$$

$$x_2 = 3 \quad \Rightarrow \quad y_1^2 = 16 - 3^2 = 16 - 9 = 7 \quad \Rightarrow \quad y_2 = +\sqrt{7} \quad \text{und} \quad y_3 = -\sqrt{7}$$

Die Zahlenpaare $(4; 0)$, $(3; \sqrt{7})$ und $(3; -\sqrt{7})$ gehören zur Relation. Durch weiteres Einsetzen erhalten wir:

$$(2; \sqrt{12}); (2; -\sqrt{12}); (0; 4); (0; -4);$$
$$(-2; \sqrt{12}); (-2; -\sqrt{12}); (-3; \sqrt{7});$$
$$(-3; -\sqrt{7}); (-4; 0)$$

Wollen wir den ganzen Graphen G_r skizieren, müssen wir die Punkte sinnvoll verbinden. Die Vermutung, dass die Punkte auf einer **Kreislinie** liegen, kann mit dem Satz von Pythagoras begründet werden. Der vollständige Graph G_r sieht also so aus:

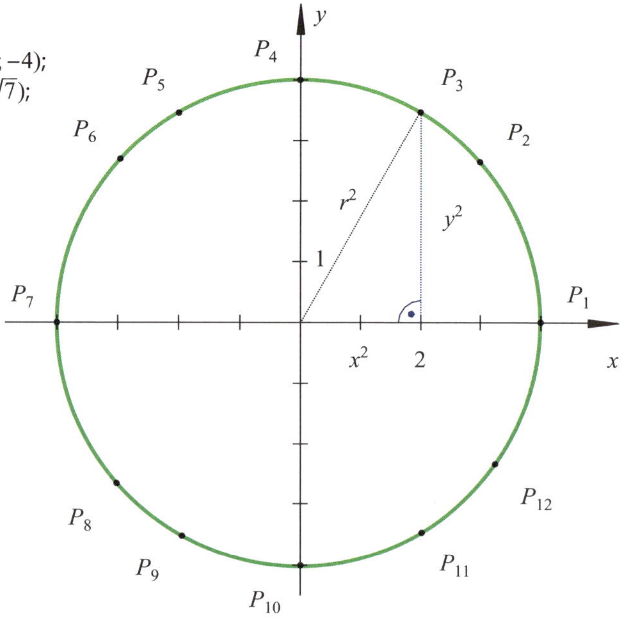

Die Koordinatengleichung $x^2 + y^2 = 16$ ist ein spezieller Fall der **Kreisgleichung**, da der Kreismittelpunkt im Zentrum des Koordinatensystems liegt. Sind k und h die Koordinaten eines Mittelpunkts in beliebiger Lage, dann gilt:

Kreisgleichung

Ein Kreis mit Mittelpunkt $M = (h; k)$ und Radius r wird durch die folgende Koordinatengleichung beschrieben:

$$(x - h)^2 + (y - k)^2 = r^2 \qquad (2)$$

Kommentar

- Setzen wir $h = 0$ und $k = 0$ in die Kreisgleichung ein, dann erhalten wir den oben betrachteten Sonderfall mit dem Kreiszentrum im Ursprung des Koordinatensystems:

  $$x^2 + y^2 = r^2$$

- Die mathematische Disziplin, geometrische Figuren mit algebraischen Gleichungen und Ungleichungen zu untersuchen, heisst analytische Geometrie.

Der oben gezeichnete Graph G_r (Kreis) weist **Symmetrien** auf. Als Symmetrieachsen kommen sowohl die x- wie die y-Achse vor. Daneben existiert auch eine Punktsymmetrie bezüglich des Ursprungs des Koordinatensystems.
Ob und welche Symmetrien im Graphen vorkommen, kann algebraisch anhand der folgenden Kriterien entschieden werden:

Definition **Symmetrien des Graphen**

Wenn ein Punkt $P = (x; y)$ auf dem Graphen G_r liegt, dann ist der Graph genau dann

(1) zur *y-Achse symmetrisch*, wenn $P' = (-x; y)$ auch auf dem Graphen liegt.
(2) zur *x-Achse symmetrisch*, wenn $P' = (x; -y)$ auch auf dem Graphen liegt.
(3) zum *Ursprung* $(0; 0)$ *symmetrisch*, wenn $P' = (-x; -y)$ auf dem Graphen liegt.

Kommentar

- Der Graph aus dem obigen Beispiel, die Kreislinie, ist **symmetrisch** zu den beiden **Koordinatenachsen** und zum **Ursprung** des Koordinatensystems. Die Kreisgleichung muss also alle drei algebraischen Symmetriekriterien erfüllen.

Beispiele

(1) Weisen Sie algebraisch für die Kreislinie mit der Gleichung $x^2 + y^2 = 16$ die vorhandenen Symmetrien nach.

Lösung:

(a) Nachweis der *Achsensymmetrie* bezüglich der *y-Achse*:

Falls $P = (x; y)$ auf der Kreislinie liegt, gilt: $x^2 + y^2 = 16$. $P' = (-x; y)$ liegt ebenfalls auf der Kreislinie, da:

$$(-x)^2 + y^2 = x^2 + y^2 = 16$$

(b) Nachweis der *Achsensymmetrie* bezüglich der x-*Achse*:

Falls $P = (x; y)$ auf der Kreislinie liegt, gilt: $x^2 + y^2 = 16$. $P' = (x; -y)$ liegt ebenfalls auf der Kreislinie, da:

$$x^2 + (-y)^2 = x^2 + y^2 = 16$$

(c) Nachweis der *Punktsymmetrie* bezüglich des *Ursprungs* $O = (0; 0)$ des Koordinatensystems:

Falls $P = (x; y)$ auf der Kreislinie liegt, gilt: $x^2 + y^2 = 16$. $P' = (-x; -y)$ liegt ebenfalls auf der Kreislinie, da:

$$(-x)^2 + (-y)^2 = x^2 + y^2 = 16$$

(2) Die Gleichung $y = x^3$ definiert für $x \in \mathbb{R}$ und $y \in \mathbb{R}$ eine Relation zwischen x und y.

(a) Geben Sie einige Zahlenpaare an, die die Gleichung erfüllen.
(b) Welche Symmetrien hat der Graph der Gleichung? Weisen Sie sie algebraisch nach.
(c) Zeichnen Sie den Graphen.

Lösung:

(a) $(-2; -8)$, $(0; 0)$, $(\frac{1}{3}; \frac{1}{27})$, $(4; 64)$, …

(b) Nachweis der *Punktsymmetrie* bezüglich des *Ursprungs* $O = (0; 0)$ des Koordinatensystems: Wenn $P = (x; y)$ auf dem Graphen liegt, gilt: $y = x^3$. $P' = (-x; -y)$ liegt ebenfalls auf dem Graphen, da:

$$-y = (-x)^3 \quad \Leftrightarrow \quad -y = -x^3 \quad \Leftrightarrow \quad y = x^3$$

(c) Graph:

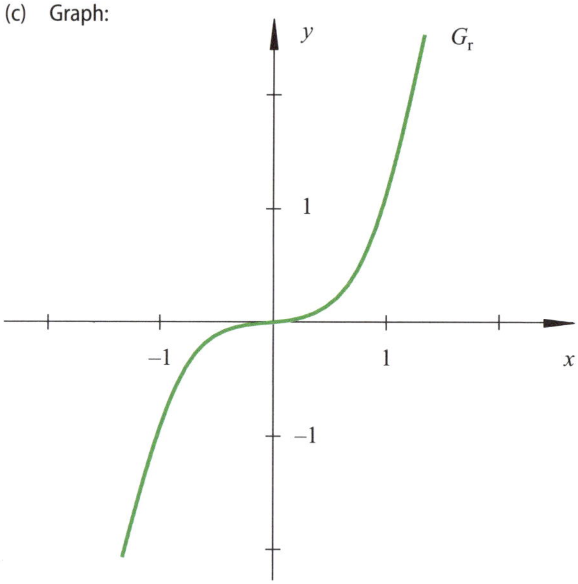

(3) Die Gleichung $y^2 = x - 1$ definiert für $x \in \mathbb{R}$ und $y \in \mathbb{R}$ eine Relation zwischen x und y.
(a) Geben Sie einige Zahlenpaare an, welche die Gleichung erfüllen.
(b) Welche Symmetrien hat der Graph der Gleichung? Weisen Sie sie algebraisch nach.
(c) Zeichnen Sie den Graphen.

Lösung:

(a) $(1; 0)$, $(2; 1)$, $(2; -1)$, $(3; \sqrt{2})$, $(3; -\sqrt{2})$, $(5; 2)$, $(5; -2)$, …

(b) Nachweis der Achsensymmetrie bezüglich der x-Achse:
Falls $P = (x; y)$ auf dem Graphen liegt, gilt: $y^2 = x - 1$. $P' = (x; -y)$ liegt ebenfalls auf dem Graphen da:

$$(-y)^2 = x - 1 \quad \Rightarrow \quad y^2 = x - 1$$

(c) Graph:

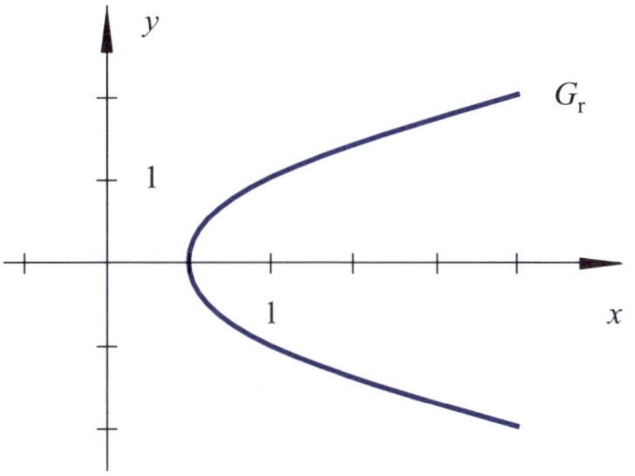

◆ Übungen 59 → S. 229

13.3 Funktionen

13.3.1 Einführung

Der **Funktionsbegriff**, wie wir in heute kennen und verwenden, ist während der letzten Jahrhunderte Schritt für Schritt von Mathematikern **entwickelt** worden. Gottfried Leibniz (1646–1716) verwendete als erster das Wort Funktion. Die Basler Mathematiker Johann Bernoulli (1667–1748) und Leonard Euler (1707–1783) verfassten weitere wichtige Beiträge. Bernoulli lieferte die **erste Definition** des Funktionsbegriffs, während Euler als Erster eine Funktion als veränderliche Grösse, die von einer anderen **veränderlichen Grösse abhängt,** beschrieben hat.

Beispiele:
- Der Ort s eines fliegenden Flugzeugs hängt vom Zeitpunkt t ab.
- Die Länge x einer Stahlfeder hängt von der Kraft F, die auf die Feder wirkt, ab.
- Der elektrische Strom I in einem Stromkreis ist abhängig von der Spannung U.
- Die Temperatur J eines Kaffees hängt von der Zeit t ab.

Einige Abhängigkeiten im Alltag können ebenfalls durch Funktionen dargestellt werden:
- Die Schulnote N ist abhängig von der erreichten Punktzahl P.
- Der Preis p für das Porto ist abhängig von der Masse m des Briefes.

Funktionen sind **spezielle Relationen**. Aus diesem Grund gelten die **Eigenschaften** der Relationen aus dem vorderen Kapitel **auch für Funktionen**.
Allgemein legen wir den Funktionsbegriff folgendermassen fest:

Definition **Funktion**

Eine *Dreiheit*, bestehend aus:

(1) *Definitionsmenge* $\mathbb{D}$
(2) *Bildmenge* $\mathbb{B}$
(3) einer Zuordnung: Jedes Element der Definitionsmenge wird auf *genau ein Element* der Bildmenge abgebildet.

Wertemenge $\mathbb{W}$ der Funktion

Alle Elemente aus der Bildmenge, die von der Abbildung tatsächlich getroffen werden.

Betrachten wir nochmals die Relation zwischen $x \in \mathbb{R}$ und $y \in \mathbb{R}$ mit der Koordinatengleichung $x^2 + y^2 = 16$ aus dem vorhergehenden Kapitel, deren Graph eine *Kreislinie* ist. In den Zahlenpaaren $(x; y)$ der Relation kommen beinahe alle x-**Werte zweimal** als erste Koordinate vor:

$x_1 = 0$: $P_4 = (0; 4)$ und $P_{10} = (0; -4)$

$x_2 = 2$: $P_3 = (2; \sqrt{12})$ und $P_{11} = (2; -\sqrt{12})$

Jedem Element $x \in \mathbb{R}$ der ersten Menge wird also **keinesfalls** genau ein Element $y \in \mathbb{R}$ der zweiten Menge zugeordnet. Die Relation mit der Koordinatengleichung $x^2 + y^2 = 16$ ist also *keine* **Funktion**.
Im Zusammenhang mit Funktionen sind die folgenden Schreibweisen und Bezeichnungen gebräuchlich:

Schreibweisen und Bezeichnungen

Für die Funktion f von $\mathbb{D}$ (Definitionsmenge) nach $\mathbb{B}$ (Bildmenge) schreibt man:

$f\colon \mathbb{D} \to \mathbb{B}$

Wird das Element $x \in \mathbb{D}$ auf $y \in \mathbb{B}$ abgebildet, schreibt man:

$x \mapsto y$

Kann man y durch einen Term aus x berechnen (er wird *Funktionsterm* $f(x)$ genannt), so schreibt man die *Zuordnungsvorschrift*:

$x \mapsto f(x)$
$y = f(x)$ (Funktionsgleichung)

Die *unabhängige* Variable $x \in \mathbb{D}$ heisst *Argument* oder *Funktionsstelle*.
Die *abhängige* Variable $y \in \mathbb{W}$ heisst *Funktionswert*.

Sprechweisen:
$f\colon \mathbb{D} \to \mathbb{B}$: «Funktion von $\mathbb{D}$ nach $\mathbb{B}$»
$f(x)$ «Das Bild von x unter der Funktion f» oder «f von x»

Kommentar

- Eine vollständige Funktionsbeschreibung der Funktion «Jeder natürlichen Zahl wird ihre Quadratzahl zugeordnet» lautet:

$f\colon \mathbb{N} \to \mathbb{N}; y = x^2$ oder
$f\colon \mathbb{N} \to \mathbb{N}; f(x) = x^2$ oder
$f\colon \mathbb{N} \to \mathbb{N}; x \mapsto x^2$

13.3.2 Darstellungsarten von Funktionen

An einem Beispiel aus der Praxis wollen wir die möglichen Darstellungsarten einer Funktion betrachten:

(1) Wertetabelle
(2) Pfeildiagramm
(3) Funktionsgleichung
(4) Graph

Einführendes Beispiel: Tageslängen in Tromsö

Für Tromsö im Norden Norwegens wurde für jeden ersten Tag des Monat die Tageslänge (Zeit zwischen Sonnenaufgang und -untergang) ermittelt und in einer **Wertetabelle** dargestellt.

x Monat	Jan	Feb	Mär	Apr	Mai	Jun	Jul	Aug	Sep	Okt	Nov	Dez
y Tageslänge in Stunden	0	5.3	9.7	14.1	18.9	24	24	21.1	15.5	11.2	6.7	0

Die **Definitionsmenge** besteht aus zwölf Elementen, nämlich aus den 12 ersten Tagen der Monate eines Jahres (Argumente, Funktionsstellen):

$$\mathbb{D} = \{1.\text{Januar};\ 1.\text{Februar};\ 1.\text{März};\ 1.\text{April};\ 1.\text{Mai};\ 1.\text{Juni};\ 1.\ \text{Juli};\ 1.\ \text{August};\ 1.\ \text{September};\ 1.\ \text{Oktober};\ 1.\ \text{November};\ 1.\ \text{Dezember}\}$$

Die **Wertemenge** besteht aus zehn Elementen, nämlich den Tageslängen in Stunden (Funktionswerte):

$$\mathbb{W} = \{0; 5.3; 9.7; 14.1; 18.9; 24; 24; 21.1; 15.5; 11.2; 6.87; 0\}$$

Die Funktion kann auch als **Pfeildiagramm** dargestellt werden.

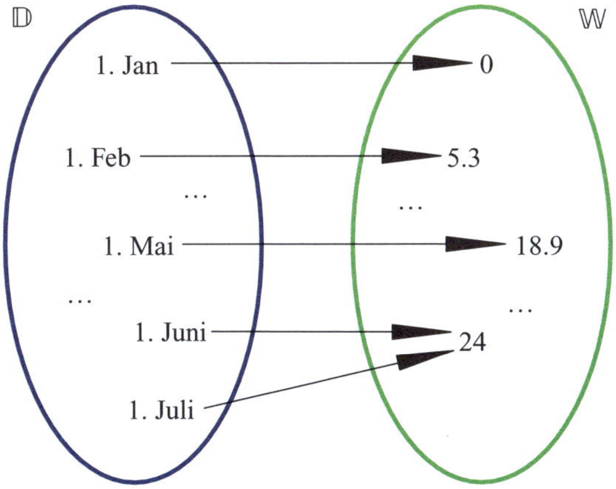

Kann die Zuordnungsvorschrift in Form einer **Funktionsgleichung** angegeben werden, spricht man von einer **analytischen Darstellung** der Funktion. Dies ist hier **nicht** der Fall.

Wie bei Relationen ist die **grafische Darstellung** von Funktionen in einem kartesischen Koordinatensystem am anschaulichsten. Bei den Relationen haben wir zum Graphen G_r jene Punkte der Ebene gezählt, deren Koordinaten $(x; y)$ die Koordinatengleichung der Relation erfüllen. Da es auch Relationen ohne Koordinatengleichungen gibt, die grafisch dargestellt werden können, greift diese Sichtweise zu kurz.
Auch zur Funktion des Einführungsbeispiels Tageslängen in Tromsö existiert keine Funktionsgleichung. Deshalb definieren wir allgemeiner und formal korrekt:

Definition **Graph einer Funktion**

Eine Funktion, bei welcher sowohl die Definitionsmenge als auch die Bildmenge *Teilmengen* von $\mathbb{R}$ sind, wird häufig als Graph in einem kartesischen Koordinatensystem dargestellt.

Der *Graph* G_f einer Funktion f ist die Darstellung der Menge $\left\{(x; f(x)) \middle| x \in \mathbb{D}_f\right\}$ im rechtwinkligen Koordinatensystem.

Der **Graph** G_f des Einführungsbeispiels ist also die Darstellung der Menge $\{(1.\text{ Januar}; 0), (1.\text{ Februar}; 5.3), (1.\text{ März}; 6.7)\ldots, (1.\text{ Dezember}; 0).\}$ im rechtwinkligen Koordinatensystem:

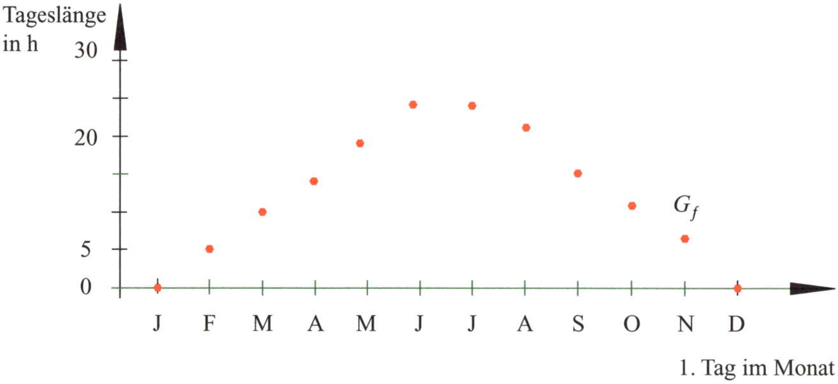

■ Beispiele

(1) Gegeben sei die Funktion f mit der Funktionsgleichung $y = f(x) = 2x - 5$.
Berechnen Sie die Funktionswerte für die Argumente $x \in \{-2; -1; 0; 2; 5\}$.

Lösung:
Wir setzen nacheinander die Zahlen aus der vorgegebenen Menge für x ein:

$$y_1 = f(-2) = 2 \cdot (-2) - 5 = -9$$

$$y_2 = f(-1) = 2 \cdot (-1) - 5 = -7$$

$$y_3 = f(0) = 2 \cdot 0 - 5 = -5$$

$$y_4 = f(2) = 2 \cdot 2 - 5 = -1$$

$$y_5 = f(5) = 2 \cdot 5 - 5 = 5$$

Die Argumente $x \in \{-2; -1; 0; 2; 5\}$ führen zu den Funktionswerten

$y \in \{-9; -7; -5; -1; 5\}$.

(2) Ein Dreieck mit der Grundlinie g und der Höhe $h = 6$ ist gegeben.
   (a) Die Fläche A des Dreiecks hängt von der Länge der Grundlinie g ab. Kann diese Abhängigkeit mit einer Funktion dargestellt werden?
   (b) Geben Sie die Funktionsgleichung an.

Lösung:
   (a) Ja.
   Die Abhängigkeit der Fläche A von der Länge der Grundlinie g ist eine Funktion, denn es gibt einen *eindeutigen* Zusammenhang zwischen der Fläche und der Grundlinie. Zu jeder Grundlinie g gibt es *genau eine* Fläche A.
   (b) Die Funktionsgleichung lautet: $A(g) = \frac{1}{2} \cdot g \cdot h = \frac{1}{2} \cdot g \cdot 6 = 3\,g$

◆ Übungen 60 → S. 230

13.3.3 Funktionen erkennen

Bei einer Funktion muss die Abbildung in einer Richtung eindeutig sein, nämlich von der Definitionsmenge in die Bildmenge. Dieser Sachverhalt lässt sich mit **Pfeildiagrammen** veranschaulichen:
Eine Funktion erkennen wir daran, dass von jedem Element der Menge $\mathbb{D}$ **nur ein Pfeil** wegführt (Pfeilanfang beachten).

Funktion
Von jedem x-Wert geht nur **ein** Pfeil aus.

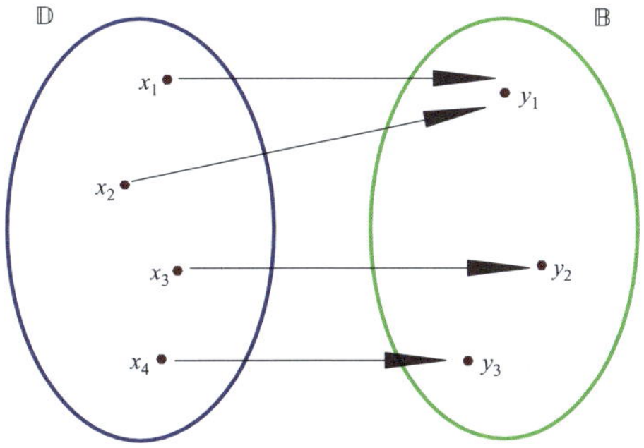

Keine Funktion, Relation
Von x_2 gehen **zwei** Pfeile weg.

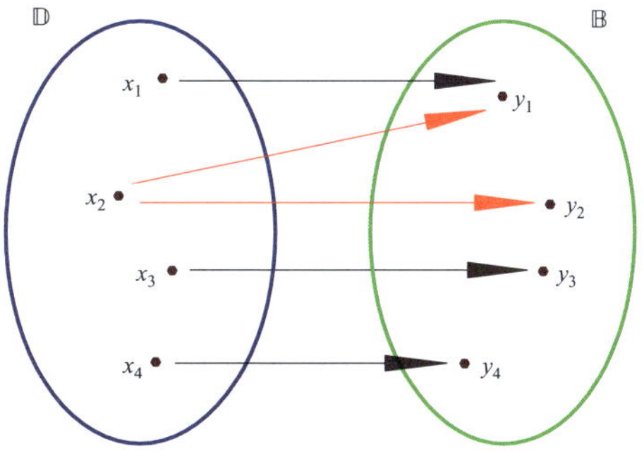

Wir erkennen eine Funktion am **Graphen**, indem wir den sogenannten Vertikalentest durchführen: Wir zeichnen dort eine vertikale Gerade ein, wo dies am meisten Schnittpunkte mit dem Graphen ergibt. Bei zwei oder mehr Schnittpunkten wäre die Zuordnung nicht mehr eindeutig und es würden mindestens einem x-Wert zwei y-Werte zugeordnet.

Funktion:
ein Schnittpunkt

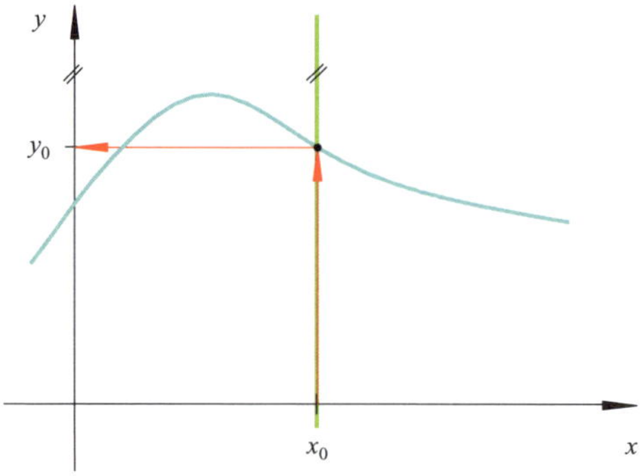

Keine Funktion, Relation:
zwei Schnittpunkte

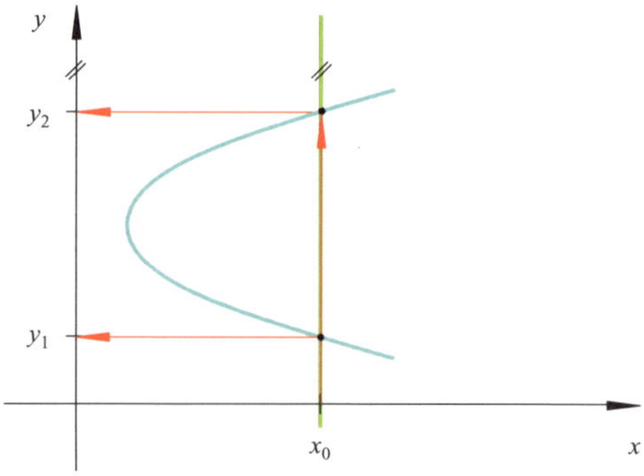

Vertikalentest

Wenn *jede mögliche Parallele* zur *y-Achse den* Graphen in höchstens *einem Punkt* schneidet, so liegt eine *Funktion* vor.

■ **Beispiel**

Welcher der unten gezeichneten Graphen gehört zu einer Funktion?

(a)

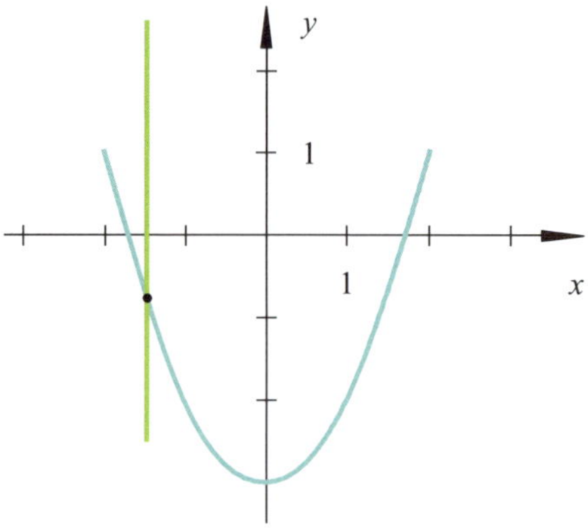

$y = x^2 - 3$

(b)

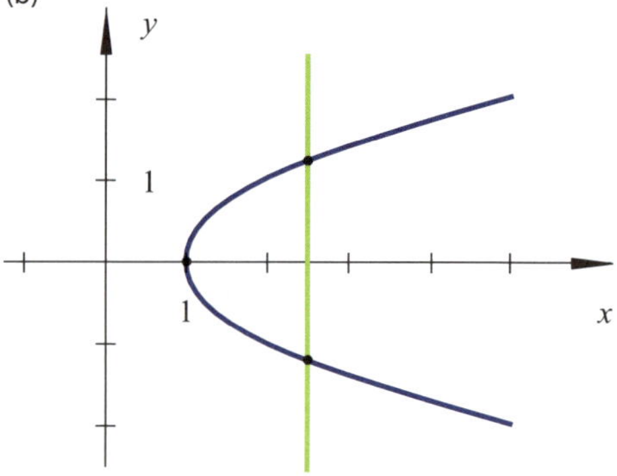

$y^2 + 1 = x$

Lösung:

(a) ist Graph einer *Funktion*, da jede mögliche Parallele zur y-Achse nur *einen Schnittpunkt* ergibt und somit jedem x genau ein y zugeordnet wird.

(b) ist kein Graph einer Funktion, da Parallelen zur y-Achse *zwei Schnittpunkte* ergeben. Somit werden einigen *x-Werten* zwei *y-Werte* zugeordnet, was auch an den Zahlenpaaren ersichtlich ist. Es gibt x-Koordinaten, die in zwei Zahlenpaaren vorkommen, zum Beispiel:

$$(2; 1),\ (2; -1),\ (5; 2),\ (5; -2).$$

Kommentar

- In Beispiel (a) ist die Funktionsgleichung nach der abhängigen Variablen y aufgelöst, es liegt die **explizite Form** vor.
- In Beispiel (b) ist die Funktionsgleichung nicht nach der abhängigen Variablen aufgelöst, es liegt die **implizite Form** vor.

◆ **Übungen 61 → S. 232**

13.3.4 Eigenschaften von Funktionen

In diesem Abschnitt lernen wir Eigenschaften kennen, die für alle in diesem Buch behandelten Funktionen gelten, aber nicht bei allen Funktionen die gleiche Bedeutung haben. Aus diesem Grund ist es sinnvoll, zwischen diesem Abschnitt und jenen Kapiteln, in denen die Funktionen einzeln behandelt werden, hin und her zu wechseln. In jenen Kapiteln befinden sich auch Beispiele und Übungen.

Punkte auf und neben dem Graphen

Wie können wir algebraisch beurteilen, ob ein **Punkt auf dem Graphen** liegt? Wenn ein Punkt auf dem Graphen liegt, erfüllt das Koordinatenzahlenpaar $(x; y)$ die Gleichung der Funktion. Ist dies nicht der Fall, so liegt der Punkt neben dem Graphen.

Der Punkt $P_0 = (x_0; y_0)$ liegt auf dem Graphen, wenn er die zum Graphen gehörende Koordinatengleichung $y = f(x)$ erfüllt:

$$y_0 = f(x_0) \tag{3}$$

■ **Beispiel (3) S. 238, Übung 62**

Schnittpunkte mit den Koordinatenachsen

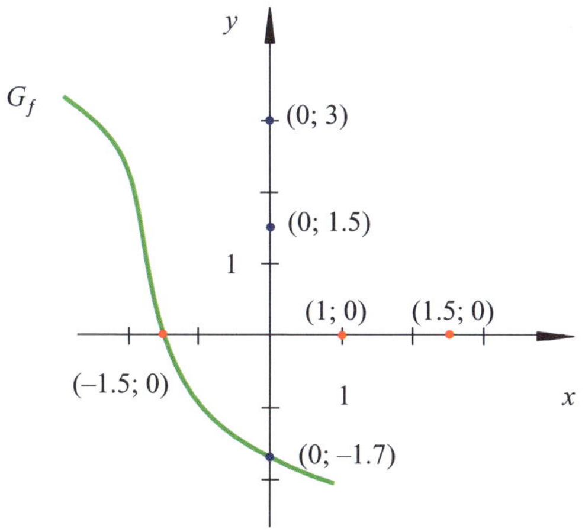

Definition **Nullstelle**

Ein Element $x_0 \in \mathbb{D}$ einer Funktion f, für das gilt:

$$f(x_0) = 0 \tag{4}$$

Ordinatenabschnitt

Ein Element $y_0 \in \mathbb{W}$ einer Funktion f an der Stelle $x_0 = 0$.

Kommentar

- Die Nullstelle x_0 ist die x-Koordinate des Schnittpunkts des Graphen G_f mit der x-Achse und wird deshalb auch x-Achsenabschnitt genannt.
- Der Ordinatenabschnitt y_0 ist die y-Koordinate des Schnittpunkts des Graphen G_f mit der y-Achse und wird auch y-Achsenabschnitt genannt.

Wir können also die Schnittpunkte des Graphen G_f mit den Koordinatenachsen algebraisch bestimmen, in dem wir in der Koordinatengleichung von f $y = 0$ oder $x = 0$ einsetzen.

■ **Beispiele (1), S. 267, 302; Beispiele (3), S. 296, 327; Übungen 63, 69, 74, 79, 81**

Schnittpunkte zweier Graphen

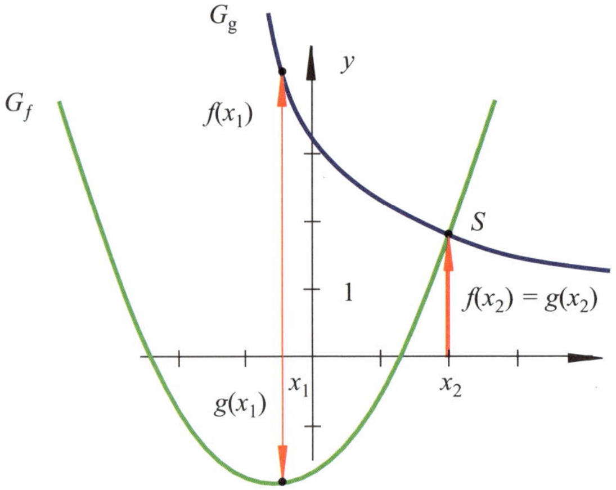

In den Schnittpunkten (oder Berührungspunkten) zweier Graphen von f und g sind bei gleichem Argument x auch die **Funktionswerte y gleich**.
In der Zeichnung ist dies für x_2 der Fall:
$f(x_2) = g(x_2)$
Die x-Komponente eines Schnittpunkts lässt sich deshalb durch Gleichsetzen der Funktionsgleichungen und Auflösen nach der Unbekannten x berechnen.

Schnittpunkt zweier Funktionsgraphen

Die Schnittpunkte $P_k = (x_k; y_k)$ mit $k = 1, 2, \ldots$ der Funktionen f und g werden folgendermassen bestimmt:

(1) *Gleichsetzen* der Funktionswerte y: $f(x_k) = g(x_k) \quad \Rightarrow \quad x_k$

(2) *Einsetzen* der x-Koordinate x_k von P_k in eine der beiden Funktionsgleichungen:
$y_k = f(x_k)$ oder $y_k = g(x_k) \quad \Rightarrow \quad y_k$

■ **Beispiele (1), S. 243, 269; Übungen 63, 70**

Gerade und ungerade Funktionen

Die im vorderen Kapitel kennengelernten *Symmetriekriterien* gelten auch für Funktionen. Bei Funktionen unterscheidet man zwischen geraden und ungeraden Funktionen:

Definition **Gerade Funktion**

$$f(-x) = f(x) \tag{5}$$

Eine Funktion f mit einem zur *y-Achse symmetrischen* Graphen.

Ungerade Funktion

$$f(-x) = -f(x) \tag{6}$$

Eine Funktion f mit einem zum *Ursprung punktsymmetrischen* Graphen.

■ **Beispiele (3), (2) S. 296, 316; Übrungen 74, 75, 77**

Abbildungen von Graphen

In diesem Abschnitt werden Graphen von Funktionen (und Relationen) durch Abbildungen verändert. **Schieben** in Richtung einer Koordinatenachse verändert die **Lage** des ursprünglichen Graphen, **Strecken** seine **Form**. Den Abbildungen entsprechen bestimmte Änderungen in der Koordinatengleichung.

■ **Einführendes Beispiel**

Wir untersuchen die Auswirkungen der Abbildungen anhand der Parabel einer quadratischen Funktion:

Verschiebung

in x-Richtung

(1) In der Funktionsgleichung $y = x^2$ wird x durch $x - d$ ersetzt:

$y = x^2$

$d = 3$: $y = (x-3)^2$

$d = -2$: $y = (x+2)^2$

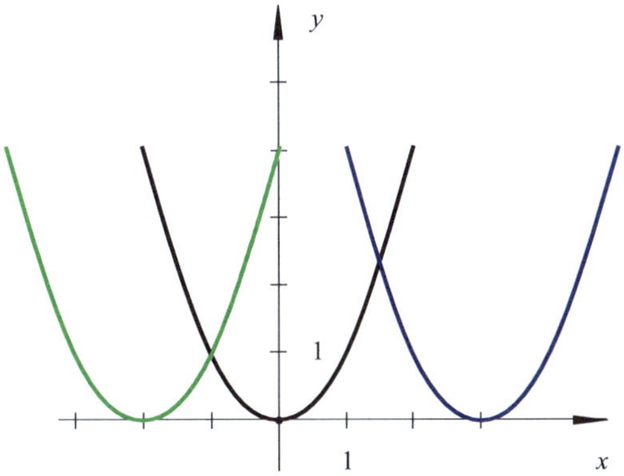

in y-Richtung

(2) In der Funktionsgleichung $y = x^2$ wird y durch $y - d$ ersetzt:

$y = x^2$

$d = 1$: $y - 1 = x^2 \Leftrightarrow y = x^2 + 1$

$d = -2$: $y + 2 = x^2 \Leftrightarrow y = x^2 - 2$

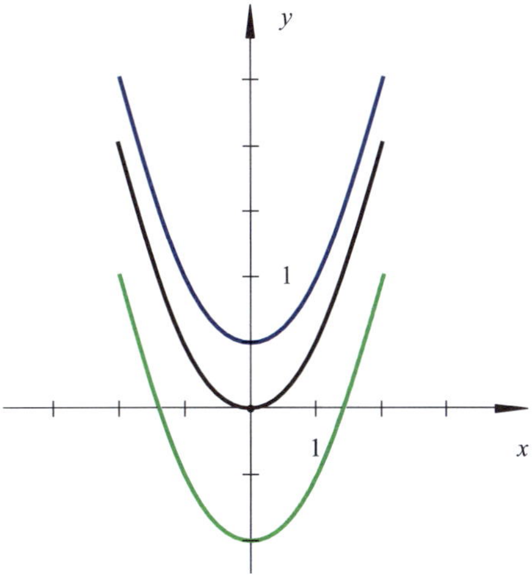

Achsenspiegelung

an der y-Achse

(3) In der Funktionsgleichung wird x durch $-x$ ersetzt:

$$y = (x-1)^2$$
$$\Rightarrow \; y = (-x-1)^2$$

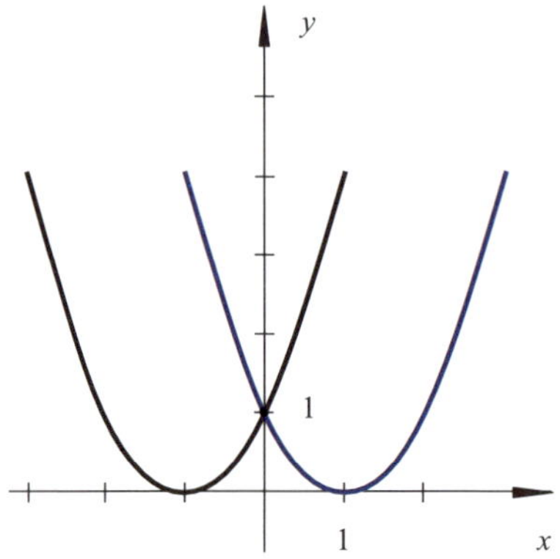

an der x-Achse

(4) In der Funktionsgleichung wird y durch $-y$ ersetzt:

$$y = x^2$$
$$\Rightarrow \; -y = x^2 \;\Leftrightarrow\; y = -x^2$$

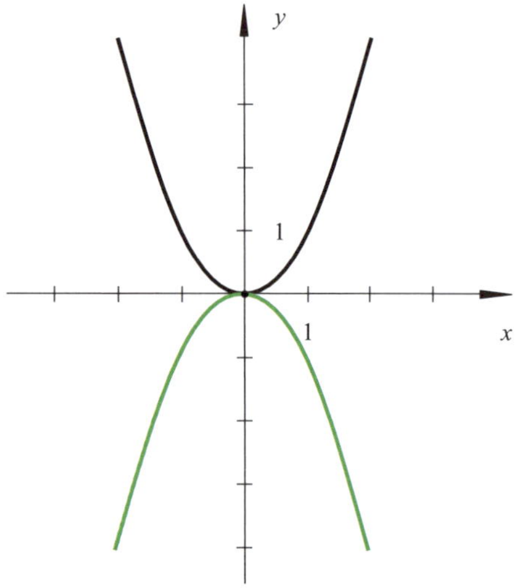

Streckung

von der y-Achse aus

(5) In der Funktionsgleichung wird x durch $k \cdot x$ mit $k > 0$ ersetzt:

$$p{:}\, y = (x-2)^2$$
$$p_1{:}\;\; k = \tfrac{1}{2}{:}\;\; y = (\tfrac{1}{2}x - 2)^2$$
$$p_2{:}\;\; k = 2{:}\;\; y = (2x-2)^2$$

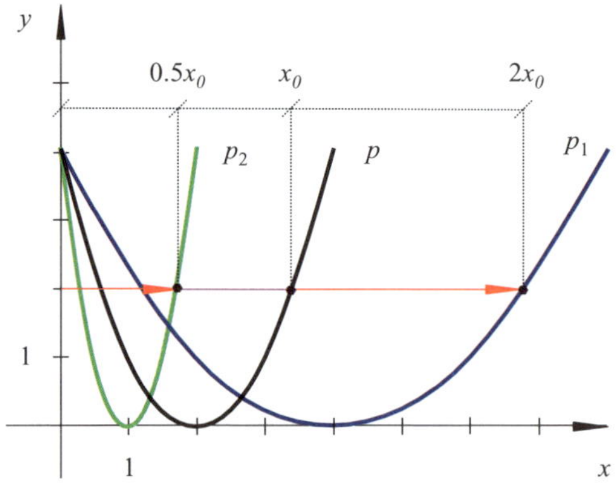

von der x-Achse aus

(6) In der Funktionsgleichung wird y durch $k \cdot y$ mit $k > 0$ ersetzt:

$$p{:}\, y = x^2$$
$$p_1{:}\;\; k = \tfrac{1}{2}{:}\;\; 0.5y = x^2 \;\Leftrightarrow\; y = 2x^2$$
$$p_2{:}\;\; k = 2{:}\;\; 2y = x^2 \;\Leftrightarrow\; y = \tfrac{1}{2}x^2$$

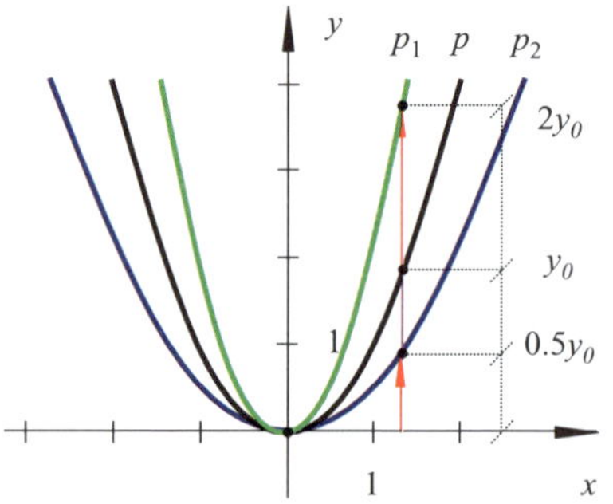

Wir fassen zusammen:

Das Abbilden von Graphen

Verschiebung (Translation)

(1) *in x-Richtung*
Ersetzt man in einer Funktionsgleichung x durch $x - d$, so wird der Graph um $+d$ Einheiten horizontal in x-Richtung verschoben ($d > 0$: nach rechts, $d < 0$: nach links).

(2) *in y-Richtung*
Ersetzt man in einer Funktionsgleichung y durch $y - d$, so wird der Graph um $+d$ Einheiten vertikal in y-Richtung verschoben ($d > 0$: nach oben, $d < 0$: nach unten).

Achsenspiegelung

(3) *an der y-Achse*
Ersetzt man in einer Funktionsgleichung x durch $-x$, so wird der Graph an der y-Achse gespiegelt.

(4) *an der x-Achse*
Ersetzt man in einer Funktionsgleichung y durch $-y$, so wird der Graph an der x-Achse gespiegelt.

Streckung

(5) *von der y-Achse aus in x-Richtung*
Ersetzt man in einer Funktionsgleichung x durch $k \cdot x$ mit $k > 0$, so wird der Graph um den Faktor $\frac{1}{k}$ gestreckt.

(6) *von der x-Achse aus in y-Richtung*
Ersetzt man in einer Funktionsgleichung y durch $k \cdot y$ mit $k > 0$, so wird der Graph um den Faktor $\frac{1}{k}$ gestreckt.

Kommentar

- Lässt man bei (5) und (6) auch negative Streckfaktoren zu, dann sind die Fälle (3) und (4) in (5) und (6) enthalten. Bei negativem Streckfaktor muss zusätzlich zum Strecken noch gespiegelt werden.

■ **Beispiele (1)–(3) S. 263; (1)–(2) S. 296; Übungen 67, 74–77, 79, 81**

Terminologie

Abbildung
Abszisse
Abszissenachse
Achsenspiegelung
Bildmenge $\mathbb{B}$
Definitionsmenge $\mathbb{D}$
Funktionsgleichung
gerade Funktion
Graph
kartesische Koordinaten
kartesisches Produkt
Koordinaten
Koordinatensystem
Kreisgleichung
Nullstelle
Ordinate
Ordinatenabschnitt
Ordinatenachse
Quadranten (I bis IV)
Pfeildiagramm
Relation
Schnittpunkt von Graphen
Streckung
Symmetrie
ungerade Funktion
Ursprung
Verschiebung
Vertikalentest
Wertemenge $\mathbb{W}$
Wertetabelle
x-Achse
y-Achse
Zuordnungsvorschrift

13.4 Übungen

Übungen 58

1. Bilden Sie das kartesische Produkt der beiden Mengen:

   a) $\mathbb{A} = \{-1; 4\}$; $\mathbb{B} = \{-2; 0; 2\}$ b) $\mathbb{A} = \{1; 2; 3\}$; $\mathbb{B} = \{-3; -2; -1; 0\}$

2. Das kartesische Produkt $\mathbb{A} \times \mathbb{B}$ der Mengen $\mathbb{A}$ und $\mathbb{B}$ soll gebildet werden. Wie viele Zahlenpaare sind jeweils möglich? Nennen Sie einige möglichst unterschiedliche Zahlenpaare der Produktmenge:

   a) $\mathbb{A} = \mathbb{N}$; $\mathbb{B} = \{0; -1\}$ b) $\mathbb{A} = \mathbb{N}$; $\mathbb{B} = \mathbb{N}$
   c) $\mathbb{A} = \mathbb{Q}^+$; $\mathbb{B} = \mathbb{R}\backslash\mathbb{Q}$ d) $\mathbb{A} = \mathbb{Q}$; $\mathbb{B} = \mathbb{Q}$

3. In einem rechtwinkligen Koordinatensystem mit $e_x = e_y = 1$ sind die folgenden Punkte gegeben:
   $A = (6;\ 0)$ $B = (2;\ 2)$ $C = (0;\ 6)$ $D = (-2;\ 2)$
   $E = (-6;\ 0)$ $F = (-2;\ -2)$ $G = (0;\ -6)$ $H = (2;\ -2)$

   a) In welchem Quadranten liegen die Punkte?
   b) Zeichnen Sie die Punkte ein und verbinden Sie die Punkte in alphabetischer Reihenfolge.
   c) Berechnen Sie die Länge der Strecken $\overline{AB}$, $\overline{BD}$, $\overline{BF}$ und $\overline{CF}$.

4. Gegeben sind ein Koordinatensystem mit $e_x = e_y = 1$ sowie die folgenden Strecken:

   a) Berechnen Sie die Streckenlängen von a, b und c.
   b) Geben Sie die Koordinaten der Mittelpunkte der Strecken an.
   c) Finden Sie eine allgemeine Formel für die Mittelpunktkoordinaten einer Strecke $\overline{PQ}$ mit $P = (p_1;\ p_2)$ und $Q = (q_1;\ q_2)$.

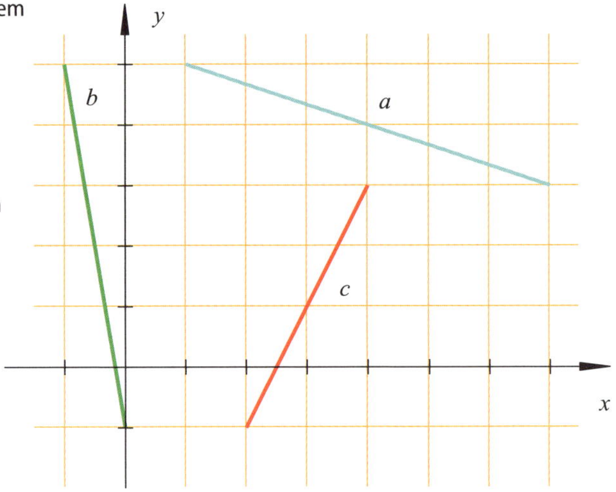

5. Gegeben ist ein rechtwinkliges Koordinatensystem mit $e_x = e_y = 1$ und den folgenden Punkten:
   $A = (3;\ 2)$ $B = (10;\ 7)$ $C = (1;\ 6)$

   a) Zeichnen Sie das Dreieck $\triangle ABC$ ins Koordinatensystem ein.
   b) Berechnen Sie die Seitenlängen des Dreiecks $\triangle ABC$.
   c) Bestimmen Sie die Koordinaten der Seitenmitten und die Längen der Seitenhalbierenden des Dreiecks $\triangle ABC$.
   d) Spiegeln Sie das Dreieck $\triangle ABC$ am Punkt $O = (0;\ 0)$ und geben Sie die Koordinaten der Bildpunkte an.
   e) Spiegeln Sie das Dreieck $\triangle ABC$ an der Geraden, die durch die Punkte $P = (3;\ 0)$ und $Q = (-1;\ 4)$ geht, und geben Sie die Koordinaten der Bildpunkte an.

6. Zwei Dörfer A und B sollen mit Trinkwasser aus einer neuen Grundwasserfassung versorgt werden. Es kommen die Standorte P, Q und R in Frage. Die Wasserleitungen können direkt in geraden Rohren zu den Reservoirs der beiden Gemeinden geführt werden. Die Gitterlinien des Koordinatensystems betragen 1 km. Vergleichen Sie die gesamte Rohrlänge der 3 Standorte.

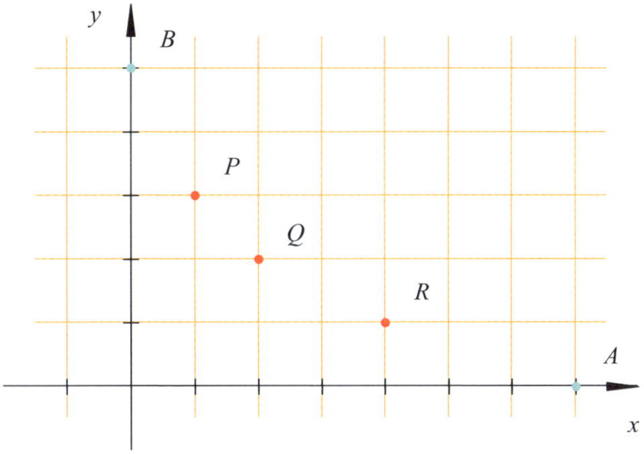

7. Der Satz von Pick lautet: «Für ein einfaches Gittervieleck S mit i inneren Gitterpunkten und b Randpunkten gilt: $A(S) = i + \frac{b}{2} - 1$».

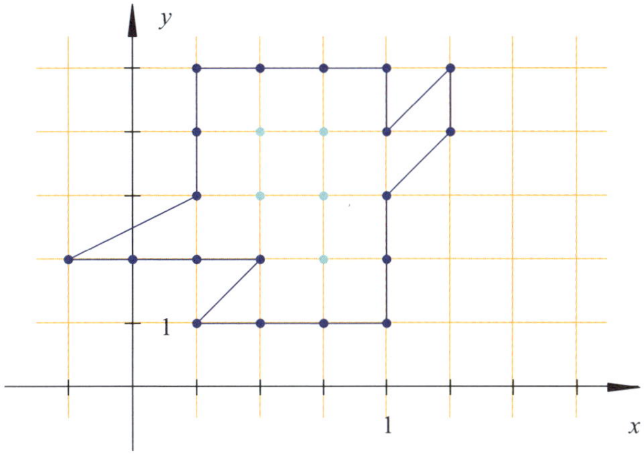

a) Geben Sie die Koordinaten der inneren Gitterpunkte i und der Randpunkte b an.
b) Überprüfen Sie den Satz von Pick am gezeichneten Vieleck.
c) Zeichnen Sie das folgende Vieleck in ein rechtwinkliges Koordinatensystem und überprüfen Sie den Satz daran:
Koordinaten innere Gitterpunkte i: (2; 3), (3; 2), (3; 3), (3; 4), (4; 2), (4; 3), (4; 4)
Koordinaten Randpunkte b: (1; 1), (1; 3), (2; 1), (2; 2), (2; 4), (3; 1), (4; 1), (5; 3), (5; 4), (5; 5)
d) Zeichnen Sie drei mögliche Gittervierecke mit einer Fläche von $A(S) = 12$.

Übungen 59

8. Die folgenden Gleichungen definieren für $x \in \mathbb{R}$ und $y \in \mathbb{R}$ eine Relation zwischen x und y. Geben Sie jeweils an, welcher der beiden Punkte A und B auf dem Graphen der Relation liegt und welcher nicht:

a) $x - 2y = 2;\ A = (8; 3),\ B = (-4; -3)$
b) $x + y^2 = 11;\ A = (2; 3),\ B = (-13; 5)$
c) $2x^3 - y = 2;\ A = (3; 55),\ B = (\sqrt[3]{5}; 8)$

9. Die Punkte $P = (4; 5)$ und $Q = (1; -3)$ liegen auf dem Graphen einer Relationen.

a) Bestimmen Sie zwei weitere Punkte P' und Q' des Graphen, wenn der Graph achsensymmetrisch zur x-Achse ist.

b) Bestimmen Sie zwei weitere Punkte P' und Q' des Graphen, wenn der Graph achsensymmetrisch zur y-Achse ist.
c) Bestimmen Sie zwei weitere Punkte P' und Q' des Graphen, wenn der Graph punktsymmetrisch zum Ursprung des Koordinatensystems ist.

10. Die Gleichung $y^2 = x + 3$ definiert für $x \in \mathbb{R}$ und $y \in \mathbb{R}$ eine Relation zwischen x und y.

a) Geben Sie ein paar Zahlenpaare an, welche die Gleichung erfüllen.
b) Weisen Sie Symmetrien bezüglich der x-Achse, der y-Achse und dem Ursprung des Koordinatensystems algebraisch nach.
c) Zeichnen Sie den Graphen.

11. Die Gleichung $x^2 + 4y^2 = 4$ definiert für $x \in \mathbb{R}$ und $y \in \mathbb{R}$ eine Relation zwischen x und y.

a) Geben Sie ein paar Zahlenpaare an, welche die Gleichung erfüllen.
b) Weisen Sie Symmetrien bezüglich der x-Achse, der y-Achse und dem Ursprung des Koordinatensystems algebraisch nach.
c) Zeichnen Sie den Graphen.

12. Die Gleichung $y = \frac{1}{4}x^4$ definiert für $x \in \mathbb{R}$ und $y \in \mathbb{R}$ eine Relation zwischen x und y.

a) Geben Sie ein paar Zahlenpaare an, welche die Gleichung erfüllen.
b) Weisen Sie Symmetrien bezüglich der x-Achse, der y-Achse und dem Ursprung des Koordinatensystems algebraisch nach.
c) Zeichnen Sie den Graphen.

13. Die Gleichung $y^3 - x = 0$ definiert für $x \in \mathbb{R}$ und $y \in \mathbb{R}$ eine Relation zwischen x und y.

a) Geben Sie ein paar Zahlenpaare an, welche die Gleichung erfüllen.
b) Weisen Sie Symmetrien bezüglich der x-Achse, der y-Achse und dem Ursprung des Koordinatensystems algebraisch nach.
c) Zeichnen Sie den Graphen.

14. Die Gleichung $x^2 - y^2 = 4$ definiert für $x \in \mathbb{R}$ und $y \in \mathbb{R}$ eine Relation zwischen x und y.

a) Geben Sie ein paar Zahlenpaare an, welche die Gleichung erfüllen.
b) Weisen Sie Symmetrien bezüglich der x-Achse, der y-Achse und dem Ursprung des Koordinatensystems algebraisch nach.
c) Zeichnen Sie den Graphen.

Übungen 60

15. Die folgenden Abhängigkeiten sind als Funktionen darstellbar. Notieren Sie falls möglich die Funktionsgleichung und geben Sie die unabhängige und die abhängige Variable an:

a) Der Kreisumfang U ist abhängig vom Radius r.
b) Der Innenwinkel α im regelmässigen Vieleck ist abhängig von der Eckenzahl n.
c) Die Länge der Diagonale d im Quadrat hängt von der Länge der Seite s ab.
d) Das Volumen der Kugel V hängt vom Kugelradius r ab.
e) Der Strom I, der durch einen Widerstand R fliesst, hängt von der Spannung U ab.
f) Die kinetische Energie W eines Körpers mit Masse m hängt von der Geschwindigkeit v des Körpers ab.

16. Geben Sie die Funktionsgleichungen an, die zu den folgenden Wertetabellen gehören:

a)

x	0	1	2	3	4	5
$f(x)$	−2	1	4	7	10	13

b)

x	0	1	2	3	4	5
$f(x)$	1	2	5	10	17	26

c)

x	−2	−0.5	0	1	2	3
$f(x)$	0.5	2		−1	−0.5	−0.33…

17. Gegeben sei die Funktion f mit $y = f(x) = -3x + 2$:

a) Berechnen Sie die Funktionswerte der Argumente für $x \in \left\{-2;\ -\frac{2}{3};\ 0;\ 1;\ 3\right\}$.
b) Berechnen Sie die Argumente der Funktionswerte für $y \in \left\{-7;\ 0;\ \frac{5}{6};\ 3;\ 32\right\}$.
c) Berechnen Sie die Funktionswerte $y_1 = f(-1)$, $y_2 = f(-4.2)$ und $y_3 = f(11)$.
d) Berechnen Sie die Argumente von $y_1 = f(x_1) = -8$ und $y_2 = f(x_2) = \frac{5}{4}$.
e) Geben Sie die Definitionsmenge und die Wertemenge an.
f) Zeichnen Sie den Graphen der Funktion in ein geeignetes Koordinatensystem.

18. Gegeben sei die Funktion f mit $y = f(x) = \frac{1}{x+3}$.

a) Berechnen Sie die Funktionswerte der Argumente für $x \in \left\{3;\ \frac{1}{3};\ 0;\ -3;\ -4\right\}$.
b) Berechnen Sie die Argumente der Funktionswerte für $y \in \left\{-5;\ -2;\ 0;\ \frac{1}{3};\ 1\right\}$.
c) Berechnen Sie die Funktionswerte $y_1 = f(-1)$, $y_2 = f\left(-\frac{5}{4}\right)$ und $y_3 = f\left(\frac{1}{2}\right)$.
d) Berechnen Sie die Argumente von $y_1 = f(x_1) = -1$ und $y_2 = f(x_2) = \frac{1}{10}$.
e) Geben Sie die Definitionsmenge und die Wertemenge an.
f) Zeichnen Sie den Graphen der Funktion in ein geeignetes Koordinatensystem.

19. Gegeben sei die Funktion f mit $y = f(x) = (x-2)^2$:

a) Berechnen Sie die Funktionswerte für die Argumente $x \in \left\{-5;\ 0;\ \frac{1}{5};\ \frac{1}{2};\ 1;\ 2\right\}$.
b) Berechnen Sie die Argumente für die Funktionswerte $y \in \left\{16;\ 1;\ \frac{1}{25};\ 0;\ -4\right\}$.
c) Berechnen Sie $y_1 = f(3)$, $y_2 = f(-1)$ und $y_3 = f\left(\frac{5}{4}\right)$.
d) Berechnen Sie x für $y_1 = f(x_1) = \frac{1}{81}$, $y_2 = f(x_2) = 2$ und $y_3 = f(x_3) = -1$.
e) Geben Sie die Definitionsmenge und die Wertemenge an.
f) Zeichnen Sie den Graphen der Funktion in ein geeignetes Koordinatensystem.

Übungen 61

20. Finden Sie heraus, welche der folgenden Zuordnungen Funktionen sind:

a)	Arbeitnehmer der Schweiz über 18 Jahre	→	AHV-Nummer
b)	Klassenbezeichnungen einer Schule	→	Schüler/-innen der Schule
c)	Fussballklubs der Challenge-Leage	→	Tabellenrang nach der Vorrunde
d)	Note in einem Test	→	erreichte Punktzahl im Test
e)	Parkzeit in einem Parking	→	zu bezahlende Parkgebühr
f)	Wohnadressen einer Gemeinde	→	Bewohner der Gemeinde mit festem Wohnsitz
g)	Namen in einem Telefonbuch	→	Telefonnummern des Telefonbuchs
h)	Datum	→	Schlusskurs des Swiss Market Index (SMI)

21. Welche der Pfeildiagramme gehören zu Funktionen, welche nicht?

a)

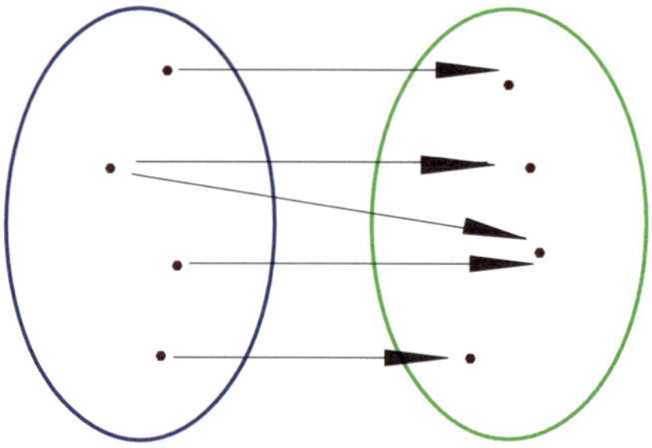

b)

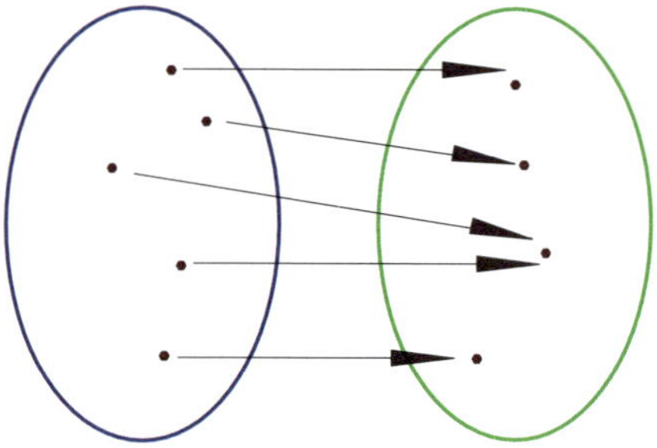

c)

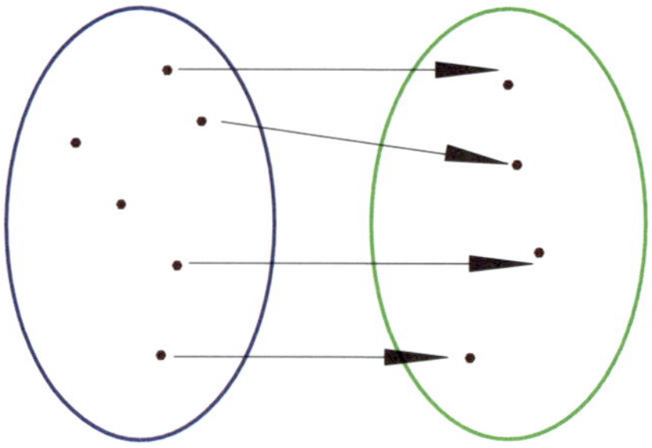

d)

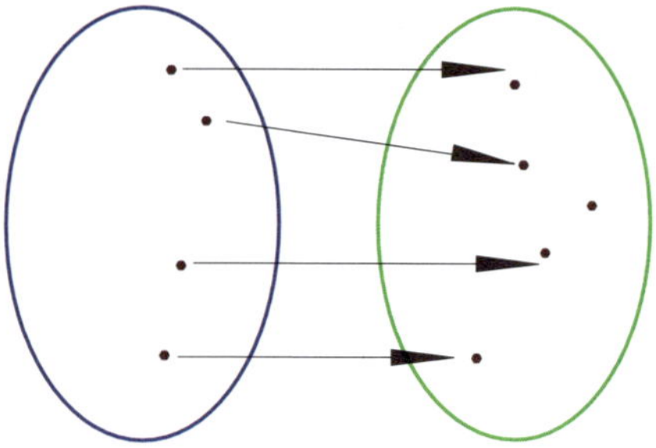

22. Welche Diagramme stellen Graphen von Funktionen dar?

a)

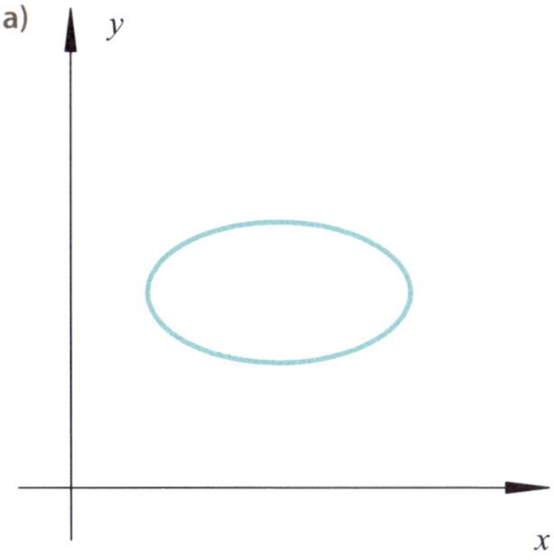

b)

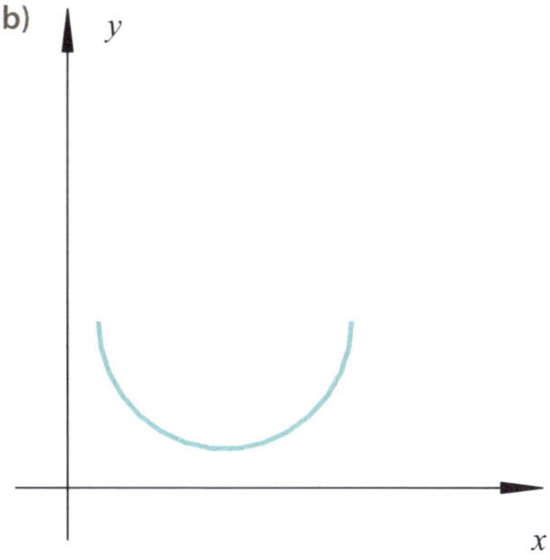

c)

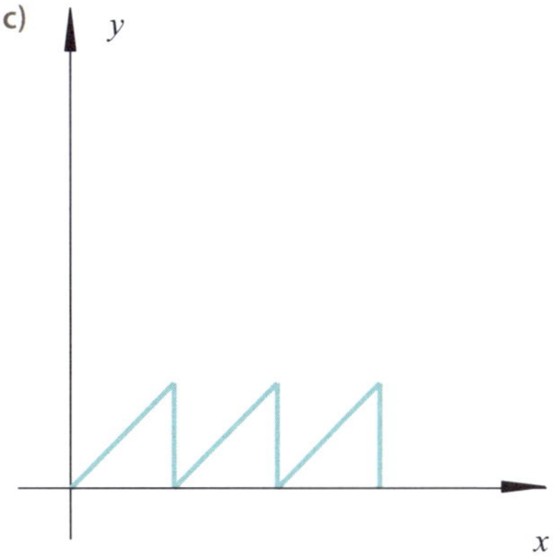

d)

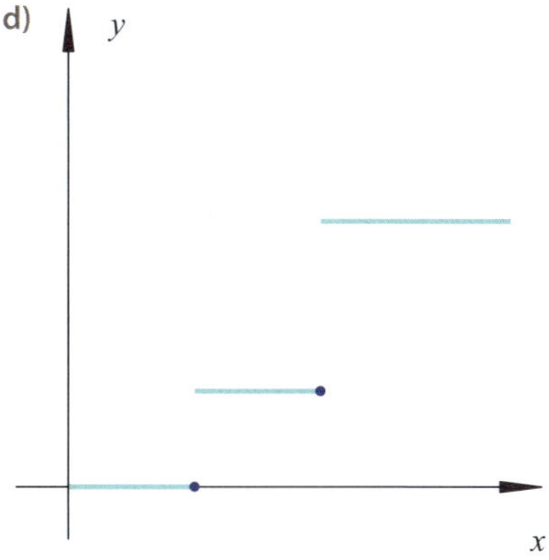

e)

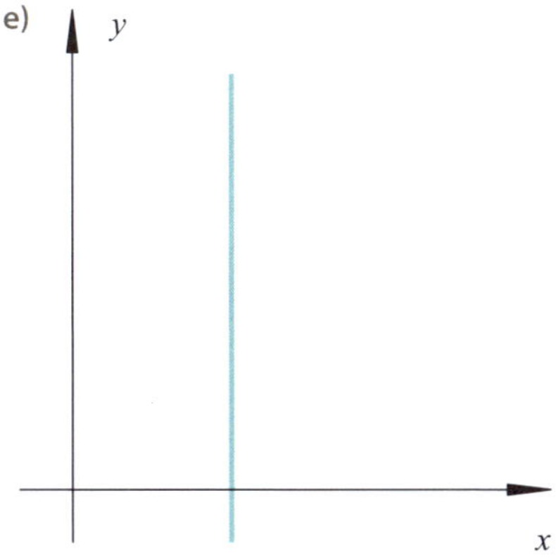

f)

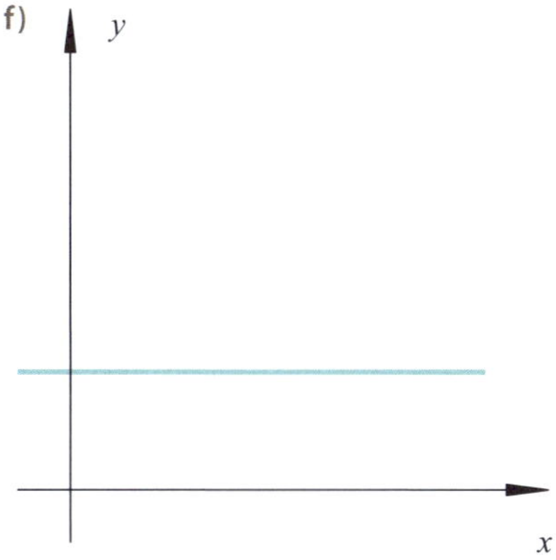

23. Wir betrachten die Funktionen f: Jahr → Arbeitslose in Tausend oder g: Jahr → Arbeitslosenquote in %.

Arbeitslose und Arbeitslosenquote in der Schweiz										
Jahr	05	06	07	08	09	10	11	12	13	14
Arbeitslose	149	132	109	102	146	152	123	126	137	137
Arbeitslosenquote	3.8	3.3	2.8	2.6	3.7	3.5	2.8	2.9	3.2	3.2

a) Geben Sie die Funktionswerte $f(2005)$, $f(2007)$ und $f(2014)$ an.
b) Geben Sie die Funktionswerte $g(2005)$, $g(2007)$ und $g(2014)$ an.
c) Für welche Jahre ist die Arbeitslosigkeit von f und g maximal, für welche minimal?
d) Wie viele Elemente haben die Definitionsmenge und die Wertemenge f und g?
e) Rechnen Sie den Mittelwert für die zehn Jahre in Tausend und in Prozent aus.
f) Zeichnen Sie die Graphen von f und g in ein geeignetes Koordinatensystem.

24. Mithilfe des Bodymassindex, abgekürzt *BMI*, kann man feststellen, wie weit man vom Idealgewicht seiner Altersgruppe entfernt ist. Es gelten folgende Richtwerte:

BMI			
Alter	Untergewicht	Normalgewicht	Übergewicht
19–24	< 19	19–24	> 24
25–34	< 20	20–25	> 25
35–44	< 21	21–26	> 26
45–54	< 22	22–27	> 27
55–64	< 23	23–28	> 28
über 64	< 24	24–29	> 29

Der BMI berechnet sich nach der Formel: $BMI(m\,;\,h) = \frac{m}{h^2}$.

Die Körpermasse m wird in Kilogramm, die Körpergrösse h in Meter angegeben.

a) Berechnen Sie den BMI für Personen mit folgenden Angaben:
$h = 1.72\text{ m}$ und $m = 70\text{ kg}$ $h = 1.85\text{ m}$ und $m = 101\text{ kg}$
b) Erstellen Sie die Funktionsgleichung, die Wertetabelle und zeichnen Sie den Graphen für den Bodymassindex für alle 75 kg schweren Personen.
c) Erstellen Sie die Funktionsgleichung, die Wertetabelle und zeichnen Sie den Graphen für den Bodymassindex für alle 1.50 m grossen Personen.

25. Wie viele Medaillen errangen die Schweizer an den alpinen Skiweltmeisterschaften zwischen 1995–2015?
Wir betrachten die Funktion f: Jahr → Anzahl Medaillen

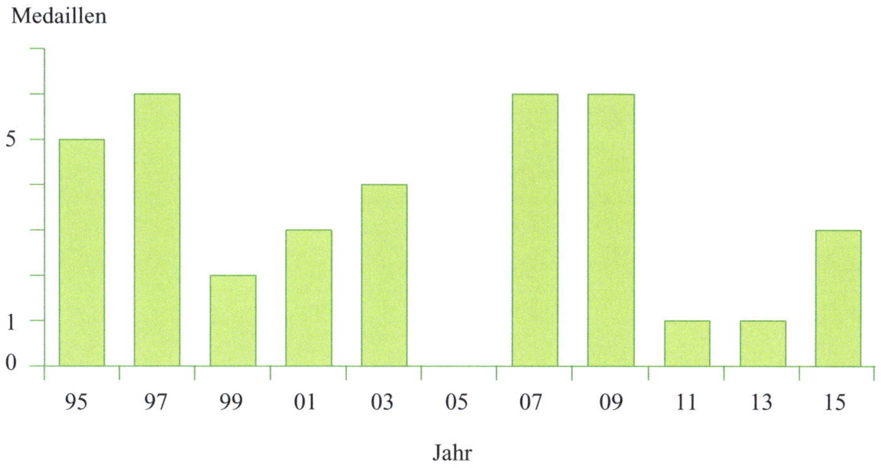

a) Geben Sie $f(1997)$, $f(2005)$, $f(2011)$ und $f(2015)$ an.
b) Für welche Jahre gilt $f(x) = 6$, $f(x) = 4$ und $f(x) = 1$?
c) Wie viele Elemente haben die Definitionsmenge und die Wertemenge?

26. Wir betrachten die Funktionen f: 1. Tag des Monat → Uhrzeit Sonnenaufgang in Bern (h, min) und g: 1. Tag des Monat → Uhrzeit Sonnenuntergang in Bern (h, min).

1. des Monats	J	F	M	A	M	J	J	A	S	O	N	D
Sonnenaufgang um	8.15	7.54	7.09	6.08	5.14	4.38	4.39	5.10	5.49	6.29	7.13	7.55
Sonnenuntergang um	16.52	17.33	18.17	18.59	19.40	20.17	20.28	20.03	19.10	18.10	17.14	16.43
Tageslänge in Stunden												

a) Geben Sie die Funktionswerte $f(Januar)$, $f(März)$, $f(Juni)$, $f(Oktober)$ und $f(Dezember)$ von f an.
b) Für welche Monate gilt $f(x) = 5.14$, $f(x) = 4.39$ und $f(x) = 7.13$?
c) Für welche Monate gilt $g(x) = 17.33$, $g(x) = 19.40$ und $g(x) = 19.10$?
d) Die Funktionen f und g werden miteinander verknüpft, sodass eine neue Funktion h entsteht: $h(x) = (g - f)x = g(x) - f(x)$.
Beschreiben Sie in Worten die neue Funktionsvorschrift von h und geben Sie die Definitionsmenge und Wertemenge an.

e) Zeichnen Sie die Graphen der drei Funktionen untereinander in ein geeignetes Koordinatensystem und vergleichen Sie die drei Kurvenverläufe.

27. Tarife der A-Post für Briefe innerhalb der Schweiz. Wir betrachten die Funktion f: Gewicht in $g \rightarrow$ Tarif in CHF:

Briefpreise A Post	
Gewicht	Tarif
Brief bis 100 g	CHF 1.–
Brief bis 250 g	CHF 1.30
Brief bis 500 g	CHF 2.–
Brief bis 1000 g	CHF 4.–

a) Geben Sie $f(70), f(240), f(400)$ und $f(950)$ an.
b) Für welche Briefe gilt $f(x) = 1, f(x) = 2$ und $f(x) = 4$?
c) Geben Sie die Definitionsmenge und die Wertemenge an.
d) Ist die Umkehrzuordnung Tarif → Gewicht eine Funktion?
e) Zeichnen Sie den Graphen der Funktion.

28. Werden die Briefe A-Post und Eingeschrieben verschickt, dann erhöhen sich die Tarife von Aufgabe 27 um CHF 5.–. Wir betrachten die Funktion f: Gewicht in $g \rightarrow$ Tarif in CHF:

a) Geben Sie $f(70), f(240), f(400)$ und $f(3000)$ an.
b) Für welche Briefe gilt $f(x) = 6$ und $f(x) = 6.3$?
c) Geben Sie die Definitionsmenge und die Wertemenge an.
d) Ist die Umkehrzuordnung Tarif → Gewicht eine Funktion?
e) Zeichnen Sie den Graphen der Funktion.

14 Lineare Funktionen

14.1 Einführung

In Anwendungen treten häufig **lineare Funktionen** auf. So ist zum Beispiel der zurückgelegte Weg s bei gleichbleibender Geschwindigkeit v linear abhängig von der Zeit t:

$$s(t) = v\,t \qquad (1)$$

Aber auch in Alltag und Freizeit sind lineare Zusammenhänge präsent, wie das folgende Beispiel aus der Welt des Sports zeigt.

Einführendes Beispiel: Punktevergabe Skispringen

Beim Skispringen im Weltcup werden die gesprungenen Weiten in Punkte umgerechnet. Auf der Titlisschanze in Engelberg ergeben sich für ausgewählte Weiten zwischen 100 und 140 Metern die folgenden Werte:

Weite in Metern	100	110	120	130	140
Punktzahl	15	33	51	69	87

Zwischen der **Definitionsmenge** $\mathbb{D}$, der gesprungenen Weite l in Metern, und der **Wertemenge** $\mathbb{W}$, der erreichten Punktzahl p, besteht ein **linearer Zusammenhang**, der durch die folgende Funktionsgleichung ausgedrückt werden kann:

$$p(l) = \frac{9}{5}l - 165 \qquad (2)$$

Der Graph dieser Funktion besteht aus Punkten, die auf einer **Geraden** liegen:

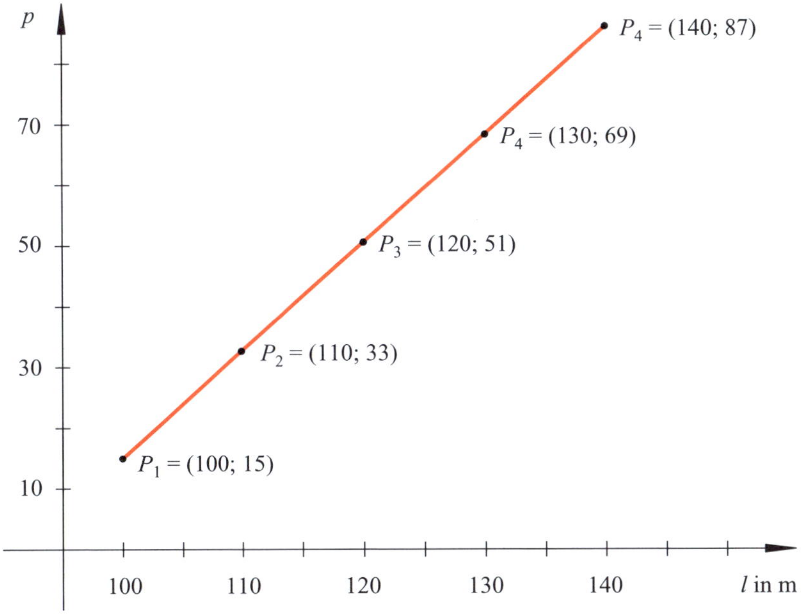

Allgemein gilt:

Definition **Lineare Funktion**

Eine Funktion $f\colon \mathbb{R} \to \mathbb{R}$ mit einer Gleichung der Form:

$$y = f(x) = m\,x + q \tag{3}$$

$m,\ q \in \mathbb{R}$

Kommentar

- Der Funktionsterm jeder linearen Funktion lässt sich in die **Grundform** $y = f(x) = mx + q$ bringen.
- Lineare Funktionen heissen auch **Funktionen ersten Grades**.

Beispiele

(1) Geben Sie an, welche der folgenden Funktionsgleichungen zu einer linearen Funktion gehören:

(a) $f(x) = 3x$ (b) $g(x) = -2 + \frac{3}{4}x$

(c) $h(x) = (x-1)(x+2)$ (d) $i(x) = \frac{1}{x-1}$

Lösung:

(a) gehört zu einer linearen Funktion mit $m = 3$ und $q = 0$: $f(x) = 3x + 0$

(b) gehört zu einer linearen Funktion mit $m = \frac{3}{4}$ und $q = -2$: $g(x) = \frac{3}{4}x - 2$

(c) gehört zu keiner linearen Funktion, da das Argument x quadratisch ist: $h(x) = x^2 + x - 2$

(d) gehört zu keiner linearen Funktion, da das Argument x im Nenner eines Bruchs steht.

(2) Geben Sie die Funktionsgleichung der linearen Funktion an, die zur folgenden Wertetabelle gehört:

x	-1	0	1	2	3	4
y	-7	-3	1	5	9	13

Lösung:

Bei $x = 0$ kann q abgelesen werden, also ist $q = -3$.

Der Funktionswert y nimmt um vier zu, wenn das Argument x um eins zunimmt, also ist $m = 4$:

$$y = 4x - 3$$

(3) Beurteilen Sie, ob die beiden Punkte $A = (12; -19)$ und $B = (-9; 32.5)$ auf der Geraden g mit der Funktionsgleichung $y = -\frac{5}{2}x + 11$ liegen.

Lösung:

Aus Kapitel 13 ist bekannt, dass die Koordinaten eines Punktes, der auf einem Graphen liegt, in die zugehörige Funktionsgleichung eingesetzt eine **wahre** Aussage ergeben:

$$x_A = 12 \quad \Rightarrow \quad y_A = -\frac{5}{2} \cdot 12 + 11 = -5 \cdot 6 + 11 = -30 + 11 = -19$$

$$y_A = -19 \quad \Rightarrow \quad A \in g$$

$$x_B = -9 \quad \Rightarrow \quad y_B = -\frac{5}{2} \cdot (-9) + 11 = -5 \cdot (-4.5) + 11 = 22.5 + 11 = 33.5$$

$$33.5 \neq 32.5 \quad \Rightarrow \quad B \notin g$$

14.2 Steigung und Ordinatenabschnitt

Der Graph einer linearen Funktion f mit der Funktionsgleichung $y = f(x) = mx + q$ ist eine Gerade. Eine Gerade ist durch **zwei verschiedene Punkte** oder durch die **Steigung** und einen Punkt eindeutig bestimmt.

Steigung und Ordinatenabschnitt

Gegeben ist die lineare Funktion f mit der Funktionsgleichung $y = f(x) = mx + q$.
Dann ist:

m *Steigung* mit $m = \frac{\triangle y}{\triangle x} = \frac{y_2 - y_1}{x_2 - x_1}$ (4)

q *y-Achsen-* oder *Ordinatenabschnitt*

Der Schnittpunkt der Geraden mit der y-Achse hat die Koordinaten $(0; q)$.

Das Dreieck $\triangle P_1HP_2$ wird als **Steigungsdreieck** bezeichnet:

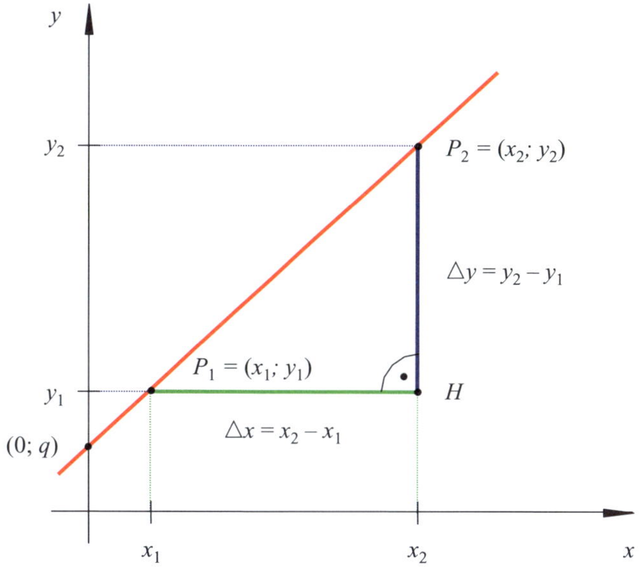

Kommentar

- Ist der Ordinatenabschnitt $q = 0$, so ist der Graph eine **Ursprungsgerade** mit $y = mx$.
- Das Zeichen $\triangle$ (sprich: Delta) bezeichnet die Differenz zweier Werte.
- Wenn $\triangle x = 1$, dann ist $\triangle y = m$.

Die unten gezeichneten Graphen zeigen den **Einfluss** der Steigung m auf den Geradenverlauf:

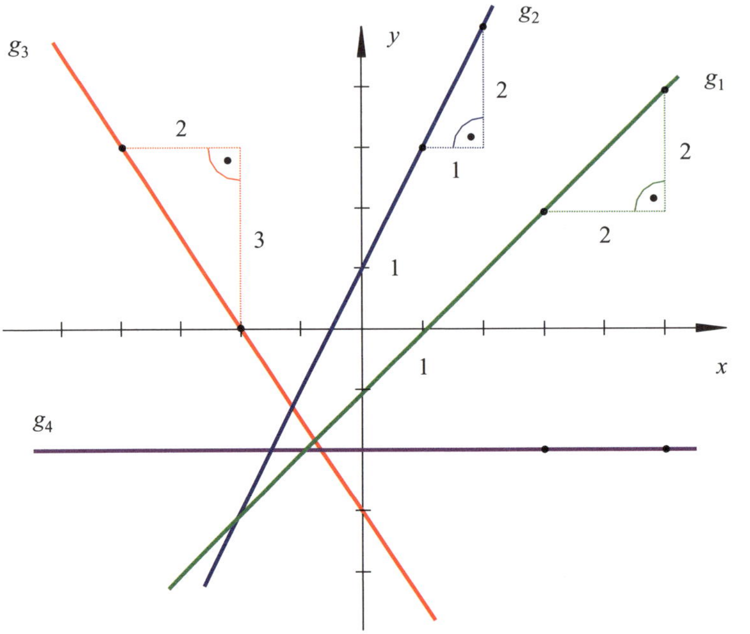

Gerade g_1: $m_1 = \frac{2}{2} = 1$, die Gerade steigt von links nach rechts mit einem Steigungswinkel von 45° zur x-Achse.

Gerade g_2: $m_2 = \frac{2}{1} = 2$, die Gerade steigt von links nach rechts.

Gerade g_3: $m_3 = \frac{-3}{2} = -\frac{3}{2}$, die Gerade fällt von links nach rechts.

Gerade g_4: $m_4 = 0$, die Gerade verläuft horizontal.

Allgemein gilt:

Steigungen von Geraden

Gegeben ist die lineare Funktion f mit der Funktionsgleichung $y = f(x) = mx + q$. Für die Steigung m gilt:

$m > 0$: die Gerade *steigt* von links nach rechts.
$m < 0$: die Gerade *fällt* von links nach rechts.
$m = 1$: die Gerade steigt mit einem Steigungswinkel von 45°.
$m = 0$: die Gerade verläuft *horizontal*.

Kommentar

- Ist $m = 0$, dann hat die horizontale Gerade die Funktionsgleichung $y = f(x) = q$. Eine Funktion mit dieser Gleichung heisst **konstante Funktion**.

■ **Beispiele**

(1) Bestimmen Sie die Funktionsgleichungen, die zu den Geraden g_1, g_2 und g_3 gehören.

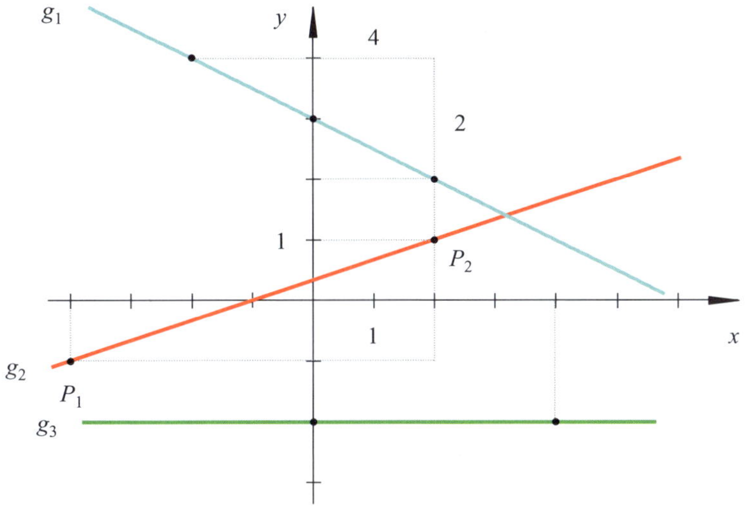

Lösung:

g_1: Der Ordinatenabschnitt lässt sich direkt ablesen: $q = 3$
Die Steigung m berechnen wir mit Gleichung (4):

Steigung: $m = \frac{\triangle y}{\triangle x} = -\frac{2}{4} = -\frac{1}{2}$

Die Funktionsgleichung lautet:

$$y = -\frac{1}{2}x + 3$$

g_2: Weil die beiden Punkte $P_1 = (-4; -1)$ und $P_2 = (2; 1)$ gegeben sind, berechnen wir die *Steigung* m mit Gleichung (4):

$$m = \frac{\triangle y}{\triangle x} = \frac{y_2 - y_1}{x_2 - x_1} = \frac{1-(-1)}{2-(-4)} = \frac{2}{6} = \frac{1}{3}$$

Der *Ordinatenabschnitt* q lässt sich durch Einsetzen der Koordinaten des Punktes $P_2 = (2; 1)$ (oder P_1) finden:

$$y = \frac{1}{3}x + q \quad \Rightarrow \quad 1 = \frac{1}{3} \cdot 2 + q \quad \Rightarrow \quad 1 = \frac{2}{3} + q \quad \Rightarrow \quad q = \frac{1}{3}$$

Die Funktionsgleichung lautet:

$$y = \frac{1}{3}x + \frac{1}{3}$$

g_3: Eine horizontal verlaufende Gerade hat die Steigung $m = 0$, es liegt eine konstante Funktion vor mit dem Ordinatenabschnitt $q = -2$.
Die Funktionsgleichung lautet:

$$y = f(x) = 0 \cdot x - 2 = -2$$

(2) Gegeben sind die beiden Punkte $P_1 = (2; 1)$ und $P_2 = (3; 2)$. Berechnen Sie die Funktionsgleichung der Geraden g, die durch P_1 und P_2 geht.

Lösung:
Die Steigung m berechnen wir mit Gleichung (4):

$$m = \frac{\triangle y}{\triangle x} = \frac{y_2 - y_1}{x_2 - x_1} = \frac{2-0}{3-1} = 1$$

Wir setzen $m = 1$ und die Koordinaten des Punktes $P_1 = (1; 0)$ (oder P_2) in der Grundform $y = mx + q$ ein und lösen die Gleichung nach q auf:

$$y = 1 \cdot x + q \quad \Rightarrow \quad 0 = 1 \cdot 1 + q \quad \Rightarrow \quad q = -1$$

Die Funktionsgleichung der Geraden heisst:

$$g\colon y = x - 1$$

◆ **Übungen 62 → S. 249**

14.3 Schnittprobleme

14.3.1 Schnittpunkte mit den Koordinatenachsen

Die x-Koordinate des Schnittpunktes eines Graphen mit der x-Achse wird als **Nullstelle** bezeichnet, die y-Koordinate des Schnittpunkts mit der y-Achse als **Ordinatenabschnitt** (vgl. Kapitel 13).
Suchen wir den **Schnittpunkt** einer Geraden mit der **x-Achse**, so setzen wir $y = 0$ in der Gleichung $y = mx + q$ ein und erhalten die gesuchte Nullstelle x_0:

$$0 = mx_0 + q \quad \Rightarrow \quad mx_0 = -q \quad \Rightarrow \quad x_0 = -\frac{q}{m} \tag{5}$$

Der Schnittpunkt mit der x-Achse hat also die Koordinaten $\left(-\frac{q}{m}; 0\right)$.

Suchen wir den **Schnittpunkt** einer Geraden mit der **y-Achse**, so setzen wir in der Gleichung $x = 0$ ein und erhalten den Ordinatenabschnitt q:

$$y = m \cdot 0 + q = q \tag{6}$$

Der Schnittpunkt mit der y-Achse hat also die Koordinaten $(0; q)$, wie wir schon zu Beginn des Kapitels festgestellt haben.

Wir halten fest:

Nullstelle der linearen Funktion
Die lineare Funktion $y = f(x) = mx + q$ hat die Nullstelle

$$x_0 = -\frac{q}{m} \tag{7}$$

■ **Beispiel**

Gegeben ist die lineare Funktion f mit $y = -\frac{3}{4}x + 3$.
Berechnen Sie die Schnittpunkte A und B des Graphen von f mit der x-Achse und der y-Achse.

Lösung:

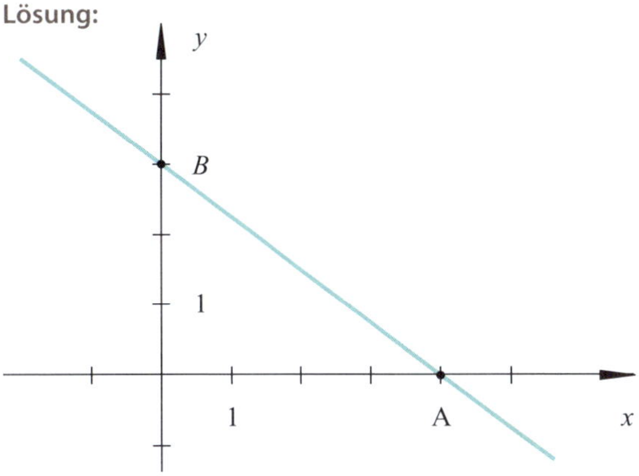

Im Punkt A ist der Funktionswert null: $y = 0$

$$0 = -\frac{3}{4}x + 3 \quad \Rightarrow \quad \frac{3}{4}x = 3 \quad \Rightarrow \quad x = 4 \quad \Rightarrow \quad A = (4; 0)$$

Im Punkt B ist das Argument null: $x = 0$

$$y = -\frac{3}{4} \cdot 0 + 3 = 3 \quad \Rightarrow \quad B = (0; 3)$$

14.3.2 Schnittpunkte zweier Geraden

Wenn sich zwei Graphen schneiden, erfüllen die Koordinaten des Schnittpunkts beide Funktionsgleichungen (vgl. Kapitel 13). Deshalb bestimmen wir die x-Koordinate x_P des Schnittpunkts $P = (x_P; y_P)$ zweier Geraden, indem wir die beiden Funktionsterme gleichsetzen. Die y-Koordinate y_P wird dann durch **Einsetzen** von x_P in eine der beiden Funktionsgleichungen bestimmt.

■ **Beispiele**

(1) Die beiden Geraden g_1 und g_2 schneiden sich. Berechnen Sie die Koordinaten des Schnittpunkts $P = (x_P; y_P)$:

$$g_1 : y = 3x + 5 \qquad\qquad g_2 : y = \frac{1}{2}x - 1$$

Wir bestimmen die x-Koordinate x_P durch Gleichsetzen:

$$\underbrace{y_P}_{g_1} = \underbrace{y_P}_{g_2} \quad \Rightarrow \quad \underbrace{3x_P + 5}_{g_1} = \underbrace{\frac{1}{2}x_P - 1}_{g_2} \quad \Rightarrow \quad 6x_P + 10 = x_P - 2$$

$$\Rightarrow \quad 5x_P = -12 \quad \Rightarrow \quad x_P = -\frac{12}{5}$$

Um die y-Koordinate y_P zu bestimmen, setzen wir x_P in die Funktionsgleichung von g_1 (oder g_2) ein:

$$y_P = 3x_P + 5 \quad \Rightarrow \quad y_P = 3 \cdot \frac{-12}{5} + 5 = \frac{-36}{5} + \frac{25}{5} = -\frac{11}{5}$$

Der Schnittpunkt $P = (x_P; y_P)$ von g_1 und g_2 hat die Koordinaten:

$$P = \left(-\frac{12}{5}; -\frac{11}{5}\right)$$

(2) Berechnen Sie den Flächeninhalt des Dreiecks $\triangle ABC$.

Es sind $g_1: y = -\frac{1}{3}x + 2$ und $g_2: y = x - 1$.

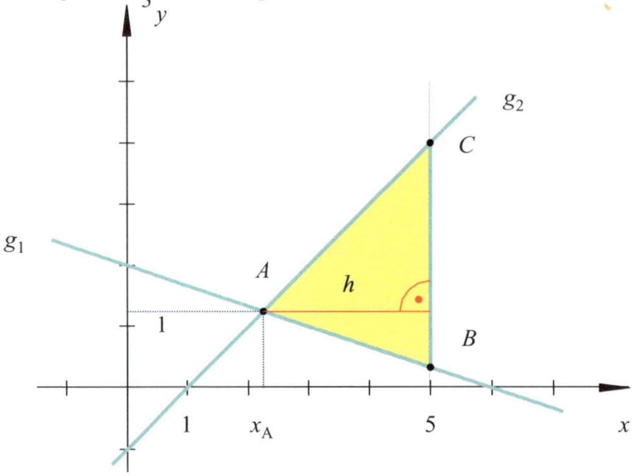

Lösung:

Wir bestimmen die Koordinaten des Punkts $A = (x_A; x_B)$.
Die x-Koordinate x_A erhalten wir durch Gleichsetzen:

$$\underbrace{y_A}_{g_1} = \underbrace{y_A}_{g_2} \quad \Rightarrow \quad \underbrace{-\frac{1}{3}x_A + 2}_{g_1} = \underbrace{x_A - 1}_{g_2} \quad \Rightarrow \quad \frac{4}{3}x_A = 3 \quad \Rightarrow \quad x_A = \frac{9}{4}$$

Die y-Koordinate y_A erhalten wir durch Einsetzen in g_2:

$$y_A = x_A - 1 \quad \Rightarrow \quad y_A = \frac{9}{4} - 1 = \frac{5}{4}$$

$$A = (x_A; y_A) = \left(\frac{9}{4}; \frac{5}{4}\right)$$

Wir berechnen die Höhe h, die senkrecht auf der Seite $\overline{BC}$ des Dreiecks steht:

$$h = 5 - x_A = 5 - \frac{9}{4} = \frac{11}{4}$$

Wir berechnen die Länge der Grundlinie $g = \overline{BC}$.
Bei den Punkten B und C sind die x-Werte gleich: $x_B = x_C = 5$
Die Werte von y_C und y_B lassen sich durch Einsetzen von $x_B = x_C = 5$ in die Funktionsgleichungen von g_1 und g_2 bestimmen:

$$g_1: y_B = -\frac{1}{3} \cdot 5 + 2 = -\frac{5}{3} + \frac{6}{3} = \frac{1}{3}$$

$$g_2: y_C = (5 - 1) = 4$$

Die Grundlinie g ist die Differenz zwischen y_B und y_C:

$$g = y_C - y_B \quad \Rightarrow \quad g = 4 - \frac{1}{3} = \frac{12}{3} - \frac{1}{3} = \frac{11}{3}$$

Die Dreiecksfläche ist somit:

$$A = \frac{1}{2}g\,h = \frac{1}{2} \cdot \frac{11}{3} \cdot \frac{11}{4} = \frac{121}{24} \approx 5.042$$

(3) Bestimmen Sie grafisch die Lösung des linearen Gleichungssystems:

$$\begin{array}{ll} \text{(I)} & \left| \begin{array}{ccccc} x & - & 2y & = & 1 \\ x & + & 3y & = & 6 \end{array} \right| \\ \text{(II)} & \end{array}$$

Lösung:

Die Gleichungen (I) und (II) werden nach y aufgelöst und als Geradengleichungen interpretiert:

$$g_1\colon 2y = x - 1 \quad \Rightarrow \quad y = \frac{1}{2}x - \frac{1}{2}$$

$$g_2\colon 3y = 6 - x \quad \Rightarrow \quad y = -\frac{1}{3}x + 2$$

Die beiden Geraden g_1 und g_2 werden im Koordinatensystem eingezeichnet:

$$y_0 = 1$$

Aus dem Koordinatensystem lesen wir die *Koordinaten* $x_0 = 3$ und $y_0 = 1$ vom Schnittpunkt P ab.

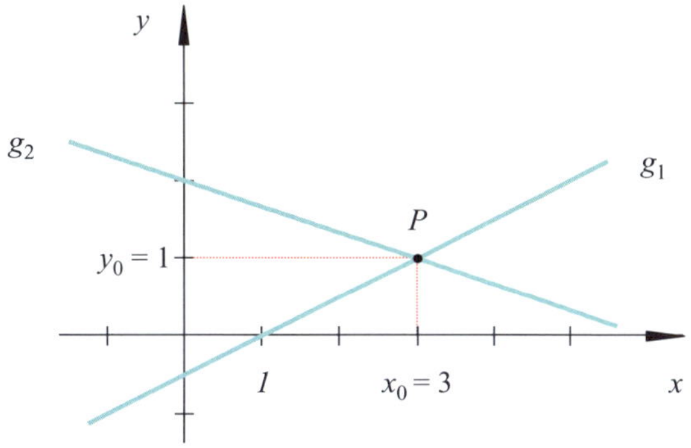

Wenn wir die gefundene Lösung in die Gleichungen (I) und (II) einsetzen, erhalten wir beide Male eine wahre Aussage.

$$\begin{array}{ll} \text{(I)} & \left| \begin{array}{ccccc} 3 & - & 2 \cdot 1 & = & 1 \\ 3 & + & 3 \cdot 1 & = & 6 \end{array} \right| \\ \text{(II)} & \end{array}$$

Somit ist das *Zahlenpaar* $(x; y) = (3; 1)$ die *Lösung* des linearen Gleichungssystems.

Die **Sonderfälle** eines linearen Gleichungssystems lassen sich mithilfe der Graphen von linearen Funktionen anschaulich darstellen. Ein Sonderfall liegt vor, wenn beiden Geraden **dieselbe Steigung** $m_1 = m_2$ haben:

- Ist $q_1 = q_2$, dann sind die Graphen der linearen Funktionen identisch. Es gibt dann **unendlich viele** gemeinsame Punkte.
- Ist $q_1 \neq q_2$, dann sind die Graphen der linearen Funktionen parallel. In diesem Fall gibt es **keinen** gemeinsamen Punkt.

◆ **Übungen 63 → S. 253**

14.4 Spezielle Lagen zweier Geraden

Wenn zwei Geraden g_1 und g_2 **parallel** sind, dann müssen sie die gleiche Steigung haben:

$$m_1 = m_2 \qquad (8)$$

Wenn zwei Geraden g_1 und g_2 sich unter einem Winkel von $90°$ schneiden, dann sind sie **senkrecht** zueinander. In der Zeichnung rechts sind die Steigungen der beiden sich senkrecht schneidenden Geraden:

$$g_1\colon m_1 = \frac{\Delta y_1}{\Delta x_1} \quad \text{und} \quad g_2\colon m_2 = \frac{\Delta y_2}{\Delta x_2} \qquad (9)$$

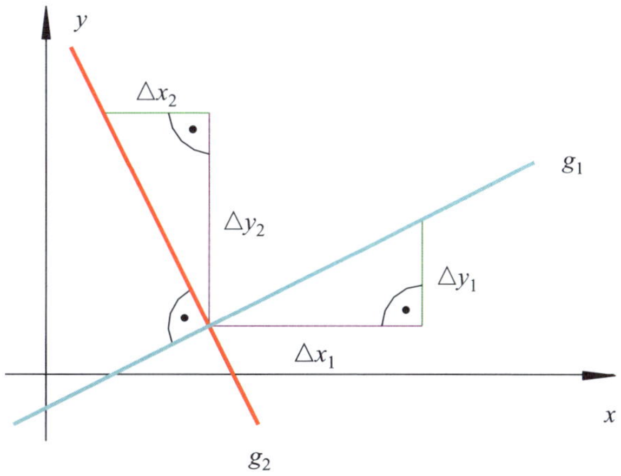

Die Steigungsdreiecke mit den Katheten $\triangle x_1$ und $\triangle y_1$ respektive $\triangle y_2$ und $\triangle x_2$ sind kongruent (Rotation um $90°$):

$$\triangle y_2 = \triangle x_1; \triangle x_2 = \triangle y_1 \quad \Rightarrow \quad m_2 = \frac{\triangle y_2}{\triangle x_2} = -\frac{\triangle x_1}{\triangle y_1} = -\frac{1}{\frac{\triangle y_1}{\triangle x_1}} = -\frac{1}{m_1} \qquad (10)$$

Das negative Vorzeichen musste eingeführt werden, weil die eine Steigung positiv, die andere Steigung negativ ist.

Zueinander senkrechte Geraden

Die Geraden g_1 und g_2 mit den Gleichungen $g_1\colon y = m_1 x + q_1$ und $g_2\colon y = m_2 x + q_2$ schneiden sich genau dann senkrecht, wenn für ihre Steigungen m_1 und m_2 gilt:

$$m_2 = -\frac{1}{m_1} \quad \text{oder} \quad m_1 \cdot m_2 = -1 \qquad (11)$$

Kommentar

- Anstelle von senkrecht sind auch die Bezeichnungen **rechtwinklig**, **orthogonal** oder **normal** gebräuchlich.

Beispiele

(1) Betrachten Sie die Geraden $g_1\colon y = 2x + 1$ und $g_2\colon y = 2x + 4$.
(a) Die Geraden g_1 und g_2 sind parallel. Begründen Sie.
(b) Bestimmen Sie die Funktionsgleichung g_3 der Mittelparallelen von g_1 und g_2.

Lösung:

(a) Die Geraden g_1 und g_2 sind parallel, weil ihre Steigungen *gleich* sind: $m_1 = m_2 = 2$
(b) Die Mittelparallele g_3 hat ebenfalls die Steigung $m_3 = 2$.

Zudem ist ihr Ordinatenabschnitt q_3 das *arithmetische Mittel* aus den Ordinatenabschnitten von g_1 und g_2:

$$q_3 = \frac{q_1 + q_2}{2} \quad \Rightarrow \quad q_3 = \frac{1+4}{2} = \frac{5}{2}$$

Die Funktionsgleichung der Mittelparallelen lautet somit:

$$g_3\colon y = 2x + \frac{5}{2}$$

(2) (a) Welcher Punkt $P = (x_P; y_P)$ auf der Geraden $g\colon y = \frac{1}{3}x - 1$ hat die kleinste Entfernung d zum Punkt $Q = (1; 4)$?
(b) Berechnen Sie den Abstand $d = \overline{PQ}$.

$$P = (x_P; y_P)$$

Lösung:

(a) Die Abstandsstrecke $\overline{PQ}$ steht senkrecht auf g. Wir berechnen deshalb zuerst die Funktionsgleichung der Geraden h, die senkrecht zu g liegt und durch Q geht:

$$m_h = -\frac{1}{m_g} = -3 \quad \Rightarrow \quad 4 = -3 \cdot 1 + q_h \quad \Rightarrow \quad q_n = 7$$
$$\Rightarrow \quad h\colon y = -3x + 7$$

Die x-Koordinate x_P des Schnittpunkts $P = (x_P; y_P)$ zwischen den Geraden g und h lässt sich durch Gleichsetzen berechnen:

$$\underbrace{y_P}_{g} = \underbrace{y_P}_{h} \quad \Rightarrow \quad \underbrace{\tfrac{1}{3}x_P - 1}_{g} = \underbrace{-3x_P + 7}_{h} \quad \Rightarrow \quad \frac{10}{3}x_P = 8 \quad \Rightarrow \quad x_P = \frac{12}{5}$$

Durch Einsetzen von x_1 in g_2 (oder g) erhalten wir die y-Komponente y_P:

$$y_P = -3 \cdot x_P + 7 = -3 \cdot \frac{12}{5} + 7 = -\frac{1}{5} \quad \Rightarrow \quad P = \left(\frac{12}{5}; -\frac{1}{5}\right)$$

(b) Den Abstand $d = \overline{PQ}$ berechnen wir mit dem Satz von Pythagoras:

$$d = \sqrt{(x_P - x_Q)^2 + (y_P - y_Q)^2} = \sqrt{\left(\frac{12}{5} - 1\right)^2 + \left(-\frac{1}{5} - 4\right)^2} = \sqrt{\frac{98}{5}} = 7\sqrt{\frac{2}{5}}$$

$$d = 7\sqrt{\frac{2}{5}} \approx 4.427$$

◆ Übungen 64 → S. 255

14.5 Verzweigte Funktionsvorschriften

Bei vielen angewandten Aufgaben braucht es **mehrere Funktionsterme,** um die gesamte Situation erfassen zu können.

Einführendes Beispiel: Parkgebühren

Für einen Kurzzeitparkplatz gelten folgende Gebühren: Bis 20 Minuten ist Parkieren gratis, zwischen 20 bis 60 Minuten kostet es 5 Rappen pro Minute und ab 60 Minuten 10 Rappen pro Minute.
Die Gebührenfunktion in Franken lässt sich im Bereich von 0 bis 100 Minuten nicht mit einem einzigen Funktionsterm ausdrücken. Man spricht dann von einer **verzweigten Funktionsvorschrift**:

$$f\colon [0; 100] \;\rightarrow\; [0; 6];\; f(x) = \begin{cases} 0 & x \in [0; 20] \\ 0.05x - 1 & x \in \,]20; 60] \\ 0.10x - 4 & x \in \,]60; 100] \end{cases} \qquad (12)$$

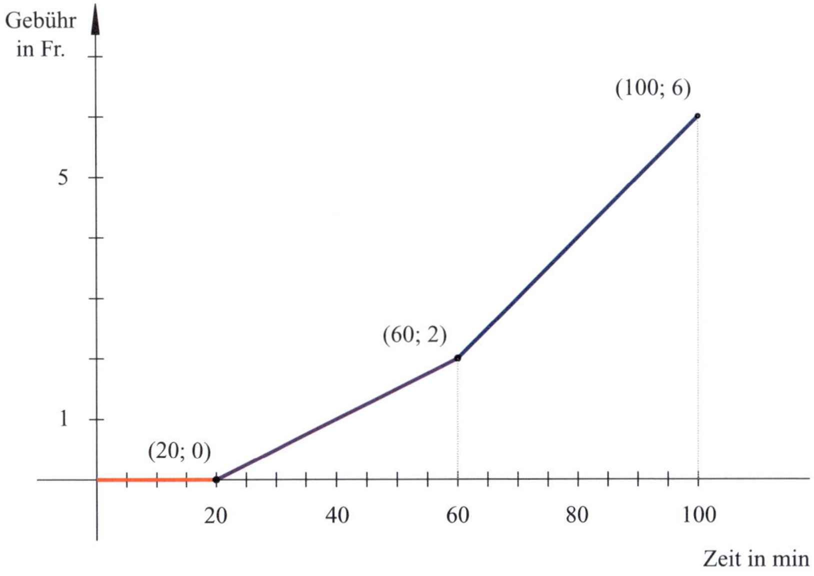

Die Gebührenfunktion ist **abschnittsweise linear**. Ein weiteres Beispiel für eine solche Funktion ist die **Betragsfunktion**.

Definition **Betragsfunktion**

Eine Funktion $f: \mathbb{R} \to \mathbb{R}_0^+$, die jedem x den Betrag von $|x|$ zuordnet. Die Funktionsgleichung hat die Form:

$$y = f(x) = |x| = \begin{cases} x & \text{falls} \quad x \geq 0 \\ -x & \text{falls} \quad x < 0 \end{cases} \tag{13}$$

Graph der Betragsfunktion:

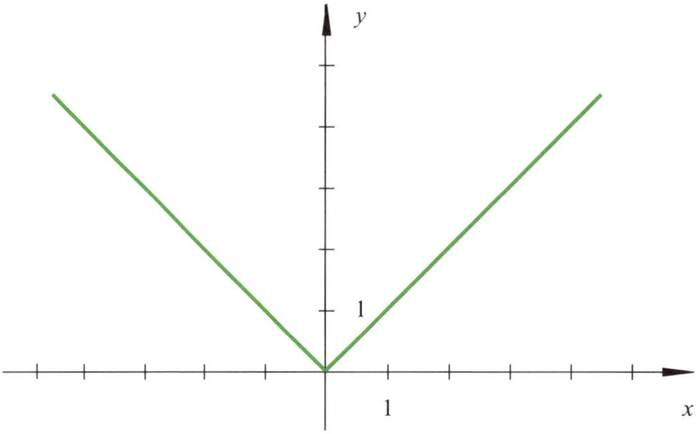

■ **Beispiel**

Gegeben ist die Betragsfunktion mit: $y = 2|x+2| - 1$

(a) Bestimmen Sie den Ordinatenabschnitt y_0.

(b) Bestimmen Sie die Nullstellen x_1 und x_2.

Lösung:

(a) Wir setzen in der Gleichung $x = 0$ ein und wenden (13) an:

$$x = 0: \quad y_0 = 2|0+2| - 1 = 2|2| - 1 = 2 \cdot 2 - 1 = 4 - 1 = 3$$

(b) Wir setzen in der Gleichung $y = 0$ ein, formen nach $|x+2|$ um und wenden (14) an:

$$0 = 2|x+2| - 1 \quad \Leftrightarrow \quad |x+2| = \frac{1}{2}$$

Fall $x_1 + 2 \geq 0$: $x_1 + 2 = \frac{1}{2} \quad \Leftrightarrow \quad x_1 = -\frac{3}{2}$

Fall $x_1 + 2 < 0$: $-(x_2 + 2) = \frac{1}{2} \quad \Leftrightarrow \quad x_2 + 2 = -\frac{1}{2} \quad \Leftrightarrow \quad x_2 = -\frac{5}{2}$

◆ Übungen 65 → S. 257

Terminologie

abschnittsweise linear
Betragsfunktion
fallende Gerade
Grundform der linearen Funktion
konstante Funktion
lineare Funktion
normal
Nullstelle
Ordinatenabschnitt q
orthogonal
parallele Gerade
rechtwinklig
Schnittpunkt
senkrecht
senkrechte Gerade
steigende Gerade
Steigung m
Ursprungsgerade
verzweigte Funktionsvorschrift
y-Achsenabschnitt q

14.6 Übungen

Übungen 62

1. Welche Aussagen sind richtig?

(1) Der Graph einer linearen Funktion ist eine Gerade.
(2) Teilt man bei einem beliebigen Steigungsdreieck die waagrechte Kathete durch die senkrechte Kathete, erhält man die Steigung m der Geraden.
(3) Eine senkrechte Gerade hat die Steigung $m = 0$.
(4) Ist $m > 0$, so steigt die Gerade von links nach rechts.

2. Geben Sie an, welche der folgenden Funktionen linear sind, indem Sie versuchen, die Funktionsterme in die Grundform zu verwandeln:

a) $f(x) = \frac{x-5}{2}$ b) $f(n) = (n-2)(n+1)$ c) $f(u) = \frac{2}{1-u}$
d) $f(x) = \sqrt{2}x - \pi x$ e) $f(x) = 2\sqrt{x} - 5x$ f) $f(x) = r^2x + 2r - 3$
g) $f(v) = (2v-a)^2 - 4v^2$ h) $f(r) = 2\pi r - s$ i) $f(t) = \frac{t^2-2t}{5}$

3. Geben Sie an, welche der folgenden Funktionsgleichungen zu linearen Funktionen gehören:

a) $K(p) = \frac{Z \cdot 100}{p}$ b) $Z(t) = \frac{K \cdot p \cdot t}{100}$ c) $\alpha(n) = \frac{(n-2) \cdot 180°}{n}$
d) $h(a) = \frac{a}{2}\sqrt{3}$ e) $A(a) = \frac{a^2}{4}\sqrt{3}$ f) $V(r) = \frac{\pi}{3}h^2(3r-h)$
g) $V(h) = \frac{\pi}{3}h^2(3r-h)$ h) $R(I) = \frac{U}{I}$ i) $U(I) = RI$

4. Geben Sie an, welche der Zuordnungen $x \to y$ lineare Zuordnungen sind:

a) Ein Kreis hat bei einem Radius x den Umfang y.
b) Ein Kreis hat bei einem Radius x den Flächeninhalt y.
c) Ein Rhombus mit Flächeninhalt $100\,\text{m}^2$ hat die Diagonalen x und y.
d) Der Umfang eines gleichschenkligen Dreiecks beträgt $80\,\text{cm}$. Die Schenkel haben die Länge x, die Basis die Länge y.
e) Ein Kapital x bringt in 145 Tagen bei einem Zinssatz von $3\,\%$ den Zins y.
f) 10 Arbeiter benötigen zum Bau eines Gerüsts 8 Stunden, x Arbeiter benötigen dafür y Stunden.
g) Bei konstanter Durchschnittsgeschwindigkeit legt man in 3 Stunden eine Strecke von 12.5 Kilometern zurück, in x Stunden eine Strecke von y Kilometern.

5. Gegeben ist die Gerade, die zur Funktion f gehört. $P_1 = (x_1\,;\ y_1)$ und $P_2 = (x_2;\ y_2)$ sind zwei Punkte auf der Geraden, welche die Endpunkte einer Strecke bilden. Berechnen Sie die fehlenden Koordinaten der Punkte und ihren Quotienten $\frac{y_2 - y_1}{x_2 - x_1}$:

a) $y = f(x) = 2x - 3$
(1) $P_1 = (1;\ y_1)$ und $P_2 = (0;\ y_2)$
(2) $P_1 = (-1;\ y_1)$ und $P_2 = (-2;\ y_2)$

b) $y = f(x) = -\frac{3}{4}x + 2$
(1) $P_1 = (x_1;\ 1)$ und $P_2 = (x_2;\ 0)$
(2) $P_1 = \left(x_1;\ -\frac{1}{4}\right)$ und $P_2 = \left(x_2;\ \frac{1}{3}\right)$

6. Zeichnen Sie die Graphen der Funktionen mit den folgenden Funktionsgleichungen in ein kartesisches Koordinatensystem ein und vergleichen Sie:

a) $y = f(x) = m\,x$ für $m \in \left\{4;\ 2;\ 1;\ \frac{1}{2};\ 0;\ -\frac{1}{2};\ -1;\ -2\right\}$

b) $y = f(x) = \frac{1}{2}x + q$ für $q \in \{-2;\ -1;\ 0;\ 1;\ 2\}$

7. Bestimmen Sie bei den folgenden Funktionsgleichungen m und q und zeichnen Sie die Graphen der Funktionen in ein kartesisches Koordinatensystem ein.

a) $2x + 3y = 12$

b) $-2x + 15 = -5y$

c) $2\,(y - x) = 4 - 2\,(x - 2y)$

d) $4\,(x - 3y) + 5\,(1 - x) = -(x + 8y)$

e) $y = \frac{4 - x}{8}$

f) $\frac{2 - x}{4} = y + \frac{x - 1}{2}$

8. Bestimmen Sie die Steigung m und die Funktionsgleichung $y = f(x)$ der Ursprungsgeraden, die durch folgende Punkte geht:

a) $P_1 = (4;\ 3)$ **b)** $P_2 = (-2;\ -2)$ **c)** $P_3 = (-5;\ 8)$
d) $P_4 = (7;\ 0)$ **e)** $P_5 = (5.5;\ 3)$ **f)** $P_6 = (0;\ 7)$
g) $P_7 = (2.75;\ -4.5)$ **h)** $P_8 = (2\sqrt{2}\,;\ -10\sqrt{2})$ **i)** $P_9 = (-4\sqrt{2}\,;\ -\sqrt{3})$

9. Gegeben ist ein Koordinatensystem mit $e_x = e_y = 1$ und den folgenden Geraden. Bestimmen Sie die Funktionsgleichungen $y = f(x)$ der Geraden:

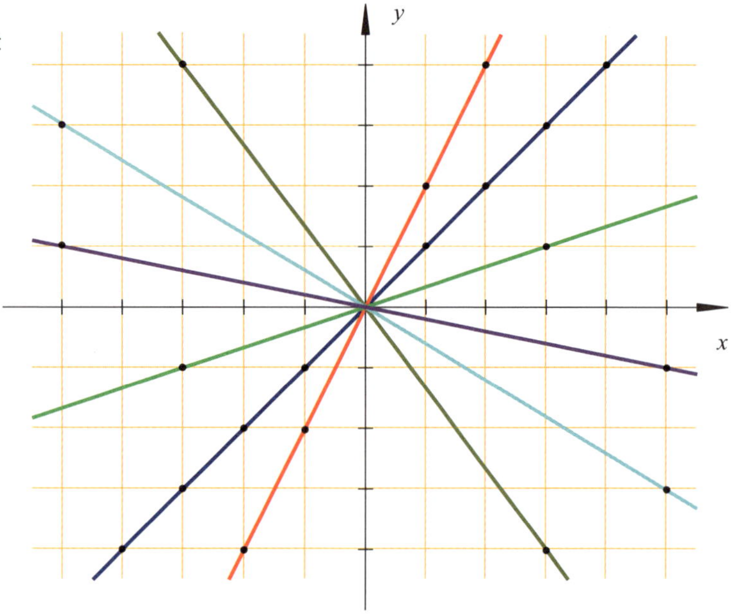

10. Gegeben ist ein Koordinatensystem mit $e_x = e_y = 1$ und den folgenden Geraden. Bestimmen Sie die Funktionsgleichungen $y = f(x)$ der Geraden:

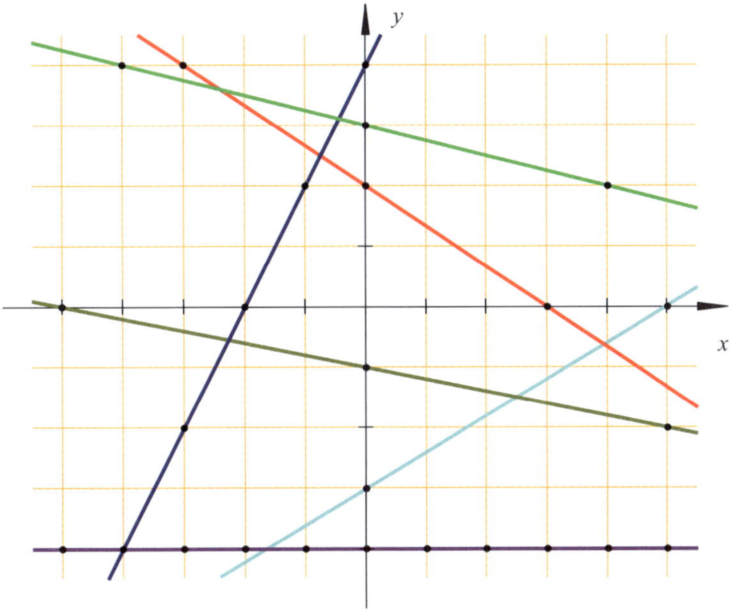

11. Gegeben ist ein Koordinatensystem mit $e_x = e_y = 1$ und den folgenden Geraden. Bestimmen Sie die Funktionsgleichungen $y = f(x)$ der Geraden:

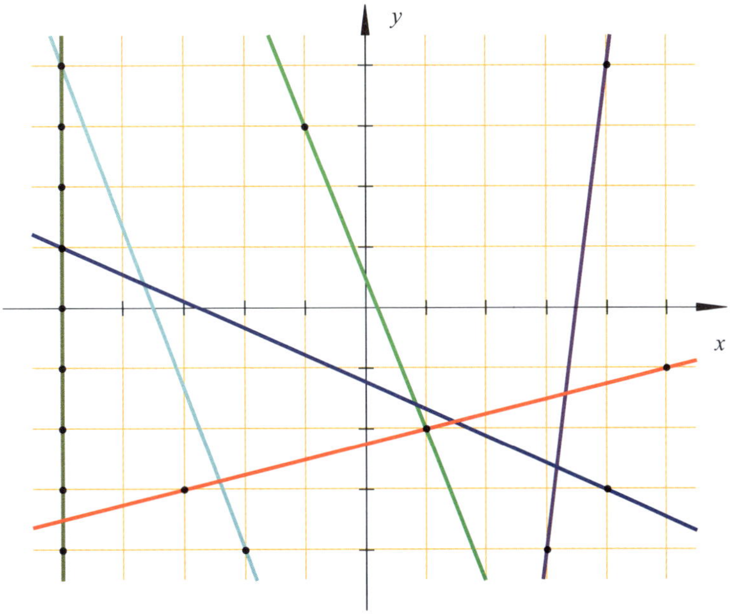

12. Geben Sie die Gleichungen der vertikalen und horizontalen Geraden an, die durch die gegebenen Punkte gehen:

a) $P = (1; -4)$

b) $Q = (-2; 3)$

c) $R = \left(0; \frac{1}{2}\right)$

d) $S = (-6.3; 0)$

13. Bestimmen Sie die Funktionsgleichung $y = f(x)$, wenn die Steigung m und ein Punkt P des Graphen gegeben sind:

a) $m_1 = -2$ und $P_1 = \left(-\frac{5}{2};\ 1\right)$ b) $m_2 = \frac{3}{10}$ und $P_2 = (-3;\ 3.6)$

c) $m_3 = \frac{7}{12}$ und $P_3 = \left(\frac{4}{7};\ -\frac{1}{2}\right)$ d) $m_4 = -0.4$ und $P_4 = (-0.6;\ -1.6)$

14. Bestimmen Sie die Funktionsgleichung $y = f(x)$, wenn der Ordinatenabschnitt q und ein Punkt P des Graphen gegeben sind:

a) $q_1 = 3$ und $P_1 = (3;\ 5)$ b) $q_2 = -4$ und $P_2 = (-5;\ 2)$

c) $q_3 = \frac{32}{3}$ und $P_3 = \left(\frac{4}{3};\ 0\right)$ d) $q_4 = -10.4$ und $P_4 = (8;\ -8)$

15. Bestimmen Sie die Steigung m und die Funktionsgleichung $y = f(x)$ der Geraden, die durch A und B geht:

a) $A = (1;\ 7)$ und $B = (-3;\ -5)$ b) $A = \left(4;\ -\frac{9}{2}\right)$ und $B = \left(-2;\ -\frac{3}{2}\right)$

c) $A = (10;\ -10)$ und $B = (-5;\ 8)$ d) $A = (-11;\ 6)$ und $B = \left(-\frac{3}{11};\ 6\right)$

16. Überprüfen Sie algebraisch, ob die Punkte A, B und C auf dem Graphen mit der Funktionsgleichung $y = g(x)$ liegen:

a) $y = g(x) = -2x + 5$ $A = (-2;\ 9)$ $B = (11;\ -15)$ $C = \left(-\frac{9}{4};\ \frac{19}{2}\right)$

b) $y = g(x) = \frac{1}{3}x - \frac{7}{3}$ $A = \left(-4;\ -\frac{11}{3}\right)$ $B = (7;\ 0)$ $C = \left(\frac{1}{2};\ -\frac{13}{5}\right)$

17. Untersuchen Sie rechnerisch, ob die drei gegebenen Punkte auf einer Geraden liegen oder ein Dreieck bilden:

a) $P_1 = (-10;\ -22)$ $P_2 = (5;\ 23)$ $P_3 = \left(-\frac{6}{5};\ \frac{22}{5}\right)$

b) $P_1 = (5;\ 3)$ $P_2 = \left(0;\ \frac{1}{2}\right)$ $P_3 = (-4;\ -2)$

18. Bestimmen Sie die fehlende Koordinaten des Punktes P so, dass $P \in AB$:

a) $A = (5;\ -53)$ $B = (-22;\ 28)$ $P = (x_p;\ 7)$

b) $A = (3;\ 97.3)$ $B = (-2;\ 101.8)$ $P = (10;\ y_p)$

c) $A = \left(\frac{11}{2};\ \frac{9}{4}\right)$ $B = (15;\ 7)$ $P = \left(x_p;\ -\frac{9}{2}\right)$

19. Eine Mathematikprüfung wird mit einer linearen Skala bewertet. Das Punktemaximum von 24 Punkten entspricht der Note 6. Für 0 Punkte gibt es die Note 1. Geben Sie die Funktionsgleichung für den Zusammenhang Punkte → Note an und zeichnen Sie den Graphen.

20. Alkohol wird im Körper sehr langsam abgebaut. Der durchschnittliche Abbauwert beträgt nur 0.15 ‰ pro Stunde. Um Mitternacht hat eine Person nach einer sehr ausgiebigen Feier 2 ‰ Alkohol im Blut.

a) Geben Sie die Funktionsgleichung an, die den Zusammenhang zwischen Zeit in Stunden und Alkoholgehalt im Blut beschreibt, wenn ab Mitternacht kein Alkohol mehr getrunken wird.

b) Wann beträgt der Alkoholgehalt im Blut 0.8 ‰, 0.5 ‰ und 0.0 ‰?

21. Drei Thermometer zeigen dieselbe Temperatur in Grad Celsius, Kelvin bzw. Grad Fahrenheit an:

	Celsius	Kelvin	Fahrenheit
Siedepunkt H_2O	$100°$	$373.16\ K$	$212°$
Gefrierpunkt H_2O	$0°$	$273.16\ K$	$32°$

Geben Sie die Funktionsgleichungen an, die zum Umrechnen verwendet werden können.

22. Die Polizei registriert einen Peugeot um 14:00 Uhr am Kontrollpunkt P bei Kilometer 100, um 14:40 Uhr am Kontrollpunkt Q bei Kilometer 200.

a) Stellen Sie die Gleichung der Funktion $s = s(t)$ auf.
b) Wo befindet sich der Wagen um 14:15 Uhr?
c) Wann passiert der Wagen den dritten Kontrollpunkt R bei Kilometer 275?

Übungen 63

23. Bestimmen Sie die Koordinaten der Schnittpunkte der Geraden g bis n mit den Koordinatenachsen:

a) $g\colon y = -5x + 3$
b) $h\colon y = -\frac{5}{8}x - \frac{15}{4}$
c) $i\colon y = -\frac{1}{12}x - \frac{5}{24}$
d) $k\colon \frac{y+55}{5} = 19x$
e) $l\colon y - x = 4(x + 0.75)$
f) $n\colon y = rx + s$

24. Bestimmen Sie die Koordinaten des Schnittpunkts S zwischen den Geraden g und h:

a) $g(x) = 5x + 4$ $\quad h(x) = 4x - 20$
b) $g(x) = 2x - 3$ $\quad h(x) = -\frac{1}{2}x + 1$
c) $g(x) = -5.25x + 10.5$ $\quad h(x) = x + 8$
d) $g(x) = -\frac{3}{5}x + 12$ $\quad h(x) = -0.6x - 6$

25. Bestimmen Sie den Schnittpunkt zwischen den beiden Geraden AB und CD:

a) $A = (1; -3)$ $\quad B = (3; -1)$ $\quad C = (0; 0)$ $\quad D = (15; -9)$
b) $A = (0; 1)$ $\quad B = \left(-11; \frac{13}{2}\right)$ $\quad C = (4; -6)$ $\quad D = \left(-5; -\frac{3}{2}\right)$
c) $A = \left(2; \frac{1}{3}\right)$ $\quad B = \left(-5; -\frac{13}{3}\right)$ $\quad C = (3; 1)$ $\quad D = \left(-4; \frac{31}{3}\right)$

26. Gegeben sind die beiden Geraden g und h, die sich im Punkt P schneiden. Berechnen Sie die Dreiecksfläche zwischen P und den Schnittpunkten der beiden Geraden mit der y-Achse. Im Koordinatensystem gilt $e_x = e_y = 1$ cm.

a) $g(x) = -\frac{5}{6}x + 6$ und $h(x) = 0$
b) $g(x) = -\frac{3}{5}x + 8$ und $h(x) = x$
c) $g(x) = -\frac{1}{4}x + 5$ und $h(x) = 2x - 1$

27. Berechnen Sie die farbige Dreiecksfläche. Im Koordinatensystem gilt $e_x = e_y = 2\text{ cm}$:

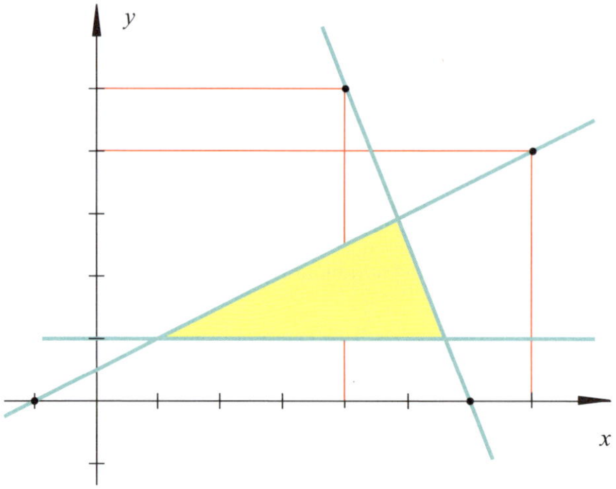

28. Von einer Geraden g, die mit den beiden Koordinatenachsen eine Dreiecksfläche A einschliesst, sind die Steigung m und die Fläche A bekannt. Bestimmen Sie rechnerisch die Funktionsgleichung der Geraden:

a) $m_1 = -1.2$ und $A_1 = 160\text{ dm}^2$

b) $m_2 = -1.8$ und $A_2 = 5.625\text{ m}^2$

29. Lösen Sie die folgenden Gleichungssysteme grafisch, indem Sie die einzelnen Gleichungen als Funktionsgleichungen auffassen:

a) $\begin{vmatrix} x & + & y & = & 3 \\ x & - & 2y & = & -12 \end{vmatrix}$

b) $\begin{vmatrix} 2x & = & 2y & - & 6 \\ 0.5y & = & 0.5x & - & 1.5 \end{vmatrix}$

c) $\begin{vmatrix} x & - & 2y & = & \frac{3}{2} \\ 4y & + & 3 & = & 2x \end{vmatrix}$

d) $\begin{vmatrix} 3x & + & 2y & = & 12 \\ 2x & - & 3y & = & -5 \end{vmatrix}$

30. In Tropfsteinhöhlen bilden sich durch kalkhaltiges Wasser hängende Tropfsteine, Stalaktiten, und vom Boden aufsteigende Tropfsteine, Stalagmiten. In 5000 Jahren wächst ein Stalagmit 20 cm, ein Stalaktit in 10 000 Jahren 60 cm.
Annahme: Das Wachstum erfolgt gleichmässig, die Höhle ist 4 m hoch und der Stalagmit liegt genau unter dem Stalaktiten.

a) Geben Sie die Funktionsgleichungen für das Wachstum der beiden Tropfsteine an und zeichnen Sie die Graphen.
b) Nach wie vielen Jahren bilden zwei Tropfsteine eine zusammenhängende Säule?
c) Wie gross ist der Abstand zwischen den beiden Tropfsteinen nach 25 000 Jahren?
d) Wie lange dauert es, bis ein Tropfstein von der Decke bis zum Boden gewachsen ist, wenn ihm kein Stalagmit entgegenwächst?

31. Ein Autofahrer verursacht bei der Auffahrt auf die Autobahn einen Unfall und begeht Fahrerflucht. Der Täter flüchtet um 00:15 Uhr mit der Geschwindigkeit $v_1 = 120$ km/h. Ein Streifenwagen, 15 km von der Autobahnauffahrt entfernt, nimmt um 00:25 Uhr mit der Geschwindigkeit $v_2 = 160$ km/h die Verfolgung auf.

a) Schreiben Sie die Funktionsgleichungen $s = s(t)$ für beide Fahrzeuge auf.
b) Zeichnen Sie die Graphen der Funktionen in ein geeignetes Koordinatensystem.
c) Wann und wo holt die Polizei den Täter ein?

32. Ein Airbus A340 fliegt mit einer Geschwindigkeit von 850 km/h von New York nach Frankfurt. Eine halbe Stunde später fliegt eine FA18 der Nato mit einer Geschwindigkeit von 1.6 Mach von Frankfurt in Richtung New York ab.
Ein Mach entspricht einer Geschwindigkeit von 332 m/s, die Flugdistanz beträgt 6400 km.

a) Stellen Sie die Funktionsgleichungen $s = s(t)$ für beide Flugzeuge auf.
b) Zeichnen Sie die Graphen der Funktionen in ein geeignetes Koordinatensystem ein.
c) Nach welcher Flugzeit und wie viele Kilometer von New York entfernt begegnen sich die beiden Flugzeuge? Überprüfen Sie die errechneten Ergebnisse grafisch.

Übungen 64

33. Zeichnen Sie jeweils die beiden Geraden g und h in ein Koordinatensystem. Notieren Sie, was Ihnen auffällt.

a) $g(x) = 2x$ und $h(x) = -\frac{1}{2}x$
b) $g(x) = \frac{1}{4}x$ und $h(x) = -4x$
c) $g(x) = \frac{3}{4}x$ und $h(x) = -\frac{4}{3}x$
d) $g(x) = -\frac{3}{5}x$ und $h(x) = \frac{5}{3}x$

34. In einem Koordinatensystem sind Geraden und Punkte eingezeichnet:

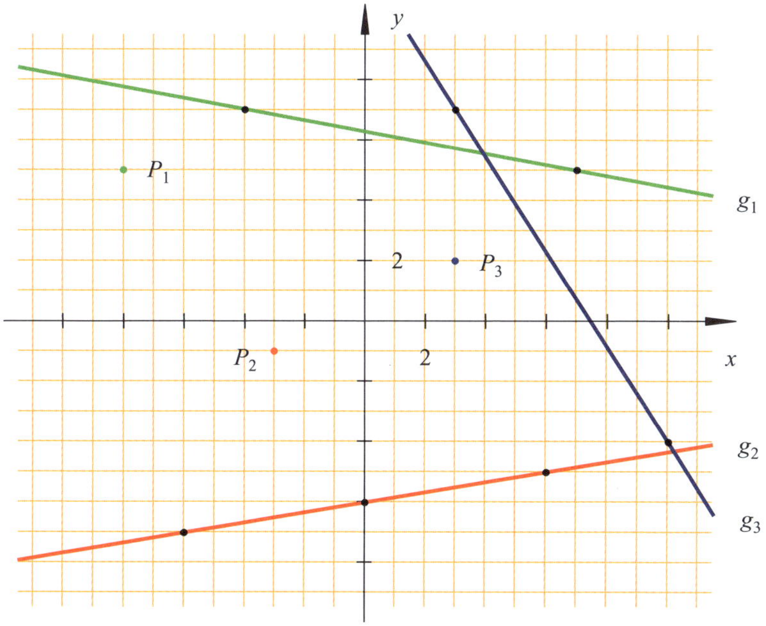

a) Geben Sie die Funktionsgleichungen $y = g(x)$ der Geraden g_1, g_2 und g_3 an.
b) Welche Funktionsgleichung $y = h(x)$ hat die Parallele h einer Geraden, die durch den gleichfarbigen Punkt geht?

$P_1 \in h_1$ und $h_1 \parallel g_1$ $\qquad$ $P_2 \in h_2$ und $h_2 \parallel g_2$ $\qquad$ $P_3 \in h_3$ und $h_3 \parallel g_3$

c) Welche Funktionsgleichung $y = k(x)$ hat die Senkrechte k einer Geraden, die durch den gleichfarbigen Punkt geht?

$P_1 \in k_1$ und $k_1 \perp g_1$ $\qquad$ $P_2 \in k_2$ und $k_2 \perp g_2$ $\qquad$ $P_3 \in k_3$ und $k_3 \perp g_3$

35. Geben Sie die Funktionsgleichung der Geraden g an, die zur gegebenen Geraden h parallel ist und folgende Nullstelle hat:

a) $h(x) = \frac{3}{2}x - \frac{1}{5} \quad x_0 = 2$
b) $h(x) = -\frac{4}{5}x + 4 \quad x_0 = -\frac{21}{5}$
c) $h(x) = -4x \quad x_0 = \sqrt{2}$

36. Geben Sie die Funktionsgleichung der Geraden h an, die senkrecht auf der Geraden g steht und durch den Punkt P geht:

a) $g(x) = 2x + 3 \qquad P = (3; 4)$
b) $g(x) = -\frac{4}{5}x - 1 \qquad P = \left(-4; \frac{3}{2}\right)$
c) $g(x) = -0.02x \qquad P = (-0.4; 8.5)$
d) $g(x) = mx + q \qquad P = (a; b)$

37. Welcher Punkt Q auf der Geraden mit $g(x) = 3x - 5$ hat den kleinsten Abstand vom gegebenen Punkt?

a) $P_1 = (0; 5)$ $\qquad$ b) $P_2 = (3, -5)$

38. Gegeben sind die Koordinaten der Eckpunkte des Dreiecks $\triangle ABC$:
$A = (4; 6) \qquad B = (-2; 0) \qquad C = (5; -1)$

a) Berechnen Sie die Koordinaten des Höhenschnittpunkts H.
b) Berechnen Sie die Koordinaten des Umkreismittelpunkts U.

39. Der Punkt P wird an der Geraden mit $g(x) = 0.25x - 5$ gespiegelt. Berechnen Sie die Koordinaten des Bildpunkts:

a) $P_1 = (0; 0)$ $\qquad$ b) $P_2 = (-4; 9)$

Übungen 65

40. Eine Arbeit im Fach Englisch wird linear so bewertet, dass es für 0 Fehler die Note 6 gibt. Bei 20 Fehlern wird die Note 1 gesetzt. Geben Sie die Funktionsgleichung für den Zusammenhang Fehlerzahl → Note an und zeichnen Sie den Graphen.

41. Zwei Taxiunternehmen haben folgende Tarife:

	Grundgebühr pro Fahrt	Preis pro Fahrminute	Wartetaxe pro Stunde
Unternehmen 1	CHF 8.–	CHF 4.–	CHF 72.–
Unternehmen 2	CHF 6.–	CHF 4.25	CHF 62.–

a) Geben Sie die Funktionsgleichungen für beide Unternehmen ohne Wartezeiten an und zeichnen Sie die Graphen.
b) Bei welcher Fahrzeit ergeben die beiden Tarife ohne Wartezeit den gleichen Fahrpreis?
c) Bei welcher Fahrzeit ergeben die beiden Tarife mit einer halbstündigen Wartezeit den gleichen Fahrpreis?

42. In einem Parkhaus beträgt die Grundtaxe CHF 2.40, die ersten 60 Parkminuten inbegriffen. Jede weitere angebrochene Viertelstunde kostet CHF 0.50.

a) Geben Sie den Zusammenhang zwischen der Parkzeit und der Parkgebühr als Funktionsgleichung an und zeichnen Sie den Graphen.
b) Für 24 Stunden zahlt man CHF 24.–. Ab wie vielen Stunden lohnt sich eine Tageskarte?
c) Am Sonntag beträgt die Grundgebühr CHF 1.50, jede weitere angebrochene Viertelstunde kostet CHF 0.30. Ab welcher Parkzeit lohnt sich eine Tageskarte für CHF 24.–?

43. Eine Telecom-Firma bietet folgende Smartphone-Abos an. Beim Abo super sind zusätzlich 30 Gesprächsminuten und 500 MB gratis.

Abo	Grundgebühr Monat	Preis pro Gesprächsminute	Preis pro MB Download
easy	CHF 100.–	–	–
super	CHF 35.–	CHF 0.25	CHF 0.10
mini	CHF 15.–	CHF 0.28	CHF 0.10

Stellen Sie jedes Abo als Funktionsgleichung dar und zeichnen Sie den dazugehörigen Graphen:

a) Gesprächsminuten → Gebührenhöhe pro Monat.
b) MB Download → Gebührenhöhe pro Monat.

44. a) Bei wie vielen Gesprächsminuten pro Monat sind zwei Abos (vgl. Aufgabe 43.) gleich teuer?
b) Bei wie vielen MB Download pro Monat sind zwei Abos gleich teuer?

45. Streckenprofil des ersten Teils einer Alpenetappe der Tour de France:

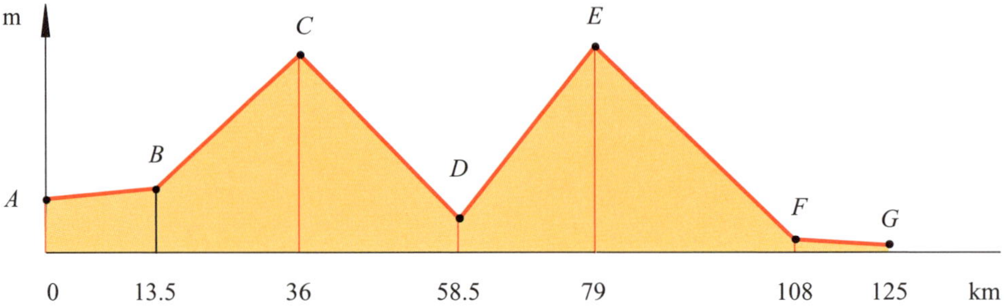

	Ort	Höhe in m über Meer
A	Bourg-d'Oisans	720
B	Carrefour	812
C	Col du Glandon	1924
D	La Chambre	458
E	Col de la Madeleine	2000
F	Rognaix	356
G	Albertville	305

Berechnen Sie die mittleren Steigungen der Teilstrecken in Prozent. Geben Sie für die Geraden, auf denen die Teilstrecken liegen, die Funktionsgleichung $y = f(x)$ an.

46. Streckenprofil des Bernina Express von St. Moritz nach Tirano:

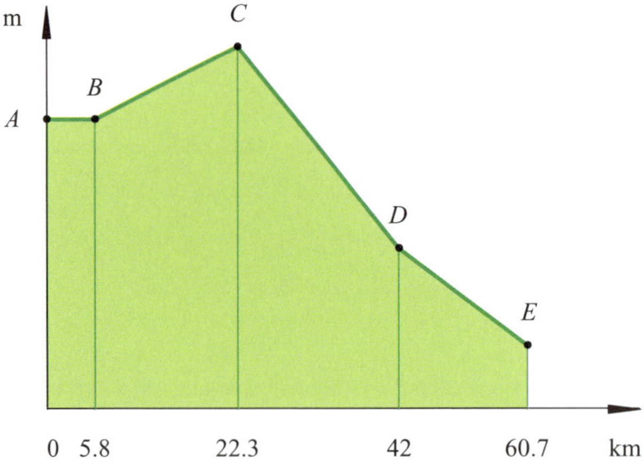

	Ort	Höhe in m über Meer
A	St. Moritz	1775
B	Pontresina	1773
C	Bernina	2253
D	Poschiavo	973
E	Tirano	429

Berechnen Sie für die einzelnen Streckenabschnitte die mittlere Steigung in Prozent. Geben Sie für die Geraden, auf denen die Teilstrecken liegen, die Funktionsgleichung $y = f(x)$ an.

47. Zeichnen Sie die Graphen der Betragsfunktionen f bis m in ein rechtwinkliges Koordinatensystem.

a) $f{:}y = |-x|$

b) $g{:}y = -|x|$

c) $h{:}y = |x+3| - 2$

d) $k{:}y = |x-2| + 3$

e) $l{:}y = 2|x| + 1$

f) $m{:}y = \left|\frac{1}{2}x\right| - 5$

48. Berechnen Sie die Nullstellen und den Ordinatenabschnitt der Betragsfunktionen f bis k:

a) $f{:}y = |2x-3| - 5$

b) $g{:}y = -|x+3|$

c) $h{:}y = 2|x-1| + 1$

d) $k{:}y = \left|\frac{1}{2}x\right| - 3$

49. Lösen Sie die folgenden Betragsgleichungen grafisch ($\mathbb{G} = \mathbb{R}$):

a) $|x-3| = 4$

b) $-|x+3| = -2$

c) $3|x| - 4 = 1$

d) $|2x-3| - 5 = -\frac{3}{5}x + 1$

50. Lösen Sie die folgenden Betragsungleichungen grafisch ($\mathbb{G} = \mathbb{R}$):

a) $|x| \leq 2$

b) $\frac{1}{3}|x| > 1$

c) $|x-1| \leq 7$

d) $|3-x| > 2$

e) $|x+4| < |x|$

f) $|x+4| < x+6$

51. Gegeben ist der Graph k der Betragsfunktion mit $\frac{1}{2}|x-1| - 3$ und die Gerade g mit $y = mx + q$. Wie muss q gewählt werden, damit die beiden Graphen keinen, einen, zwei oder unendlich viele Schnittpunkte haben? m ist gegeben mit:

a) $m = \frac{1}{3}$

b) $m = \frac{2}{3}$

c) $m = 0$

52. Gegeben ist der Graph k der Betragsfunktion mit $\frac{1}{2}|x-1| - 3$ und die Gerade g mit $y = mx + q$.

a) Wie muss m gewählt werden, damit die beiden Graphen keinen, einen, zwei oder unendlich viele Schnittpunkte haben, wenn $q = 0$?

b) Wie müssen m und q gewählt werden, damit die beiden Graphen unendlich viele Schnittpunkte haben?

15 Quadratische Funktionen

15.1 Grundform der quadratischen Funktion

Lineare Funktionen vom Typ

$$y = f(x) = mx + q \quad \text{oder} \quad y = f(x) = bx + c \qquad (1)$$

haben wir in Kapitel 14 besprochen. Zwischen zwei Grössen kann aber auch ein **quadratischer** Zusammenhang bestehen, wie das folgende Beispiel zeigt.

Einführendes Beispiel: Kugelstossen

Beim Kugelstossen verlässt die Kugel die Hand des Athleten mit einer Geschwindigkeit von 11.4 Meter pro Sekunde. Der Abwurfwinkel beträgt 45 Grad.
Die Flugbahn der Kugel kann mit der folgenden Funktionsgleichung beschrieben werden:

$$h(d) = -0.075d^2 + d + 1.85 \qquad (2)$$

Der Funktionswert $h(d)$ gibt dabei die **Höhe** der Kugel vertikal über dem ebenen Boden an. h ist abhängig von der **horizontalen Distanz** d der Kugel zur Abwurfstelle.
Zusätzlich zum linearen Glied und zum konstanten Glied der linearen Funktion (1) enthält die Funktionsgleichung ein **quadratisches Glied** ax^2.

$$y = f(x) = bx + c \quad \Rightarrow \quad y = f(x) = ax^2 + bx + c \qquad (3)$$

Hier im Beispiel mit $a = -0.075$, $b = 1$ und $c = 1.85$.

Der Graph beschreibt die Flugbahn der Kugel, die **kurvenförmig** verläuft.

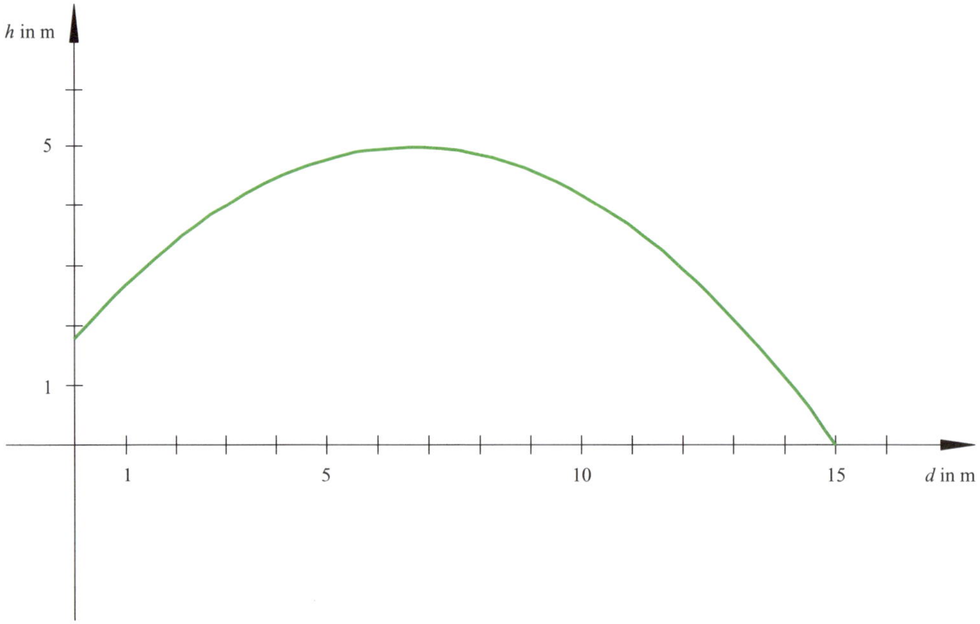

Anhand des Graphen können **Abwurfhöhe**, **maximale Flughöhe** und **Wurfweite** bereits ungefähr bestimmt werden. Im Verlauf dieses Kapitels wird dies exakt möglich sein.

Die Grundform der quadratischen Funktion ist wie folgt definiert:

Definition **Grundform der quadratischen Funktion**

Eine Funktion f: $\mathbb{R} \rightarrow \mathbb{R}$ mit einer Gleichung der Form:

$$y = f(x) = ax^2 + bx + c \tag{4}$$

$a, b, c \in \mathbb{R}, a \neq 0$

Der Graph einer quadratischen Funktion heisst *Parabel*.

Kommentar

- Der Funktionsterm $ax^2 + bx + c$ einer quadratischen Funktion ist ein Polynom 2. Grades. Man nennt deshalb quadratische Funktionen auch **Funktionen 2. Grades**.

Beispiele

(1) Welche der folgenden Funktionsgleichungen gehören zu einer quadratischen Funktion?

(a) $y = (x-1)^2 + 3$

(b) $y = 2(x-1)^2 - 0.5x(4x+1)$

(c) $y = \frac{1}{x^2}$

Lösung:

(a) Der Funktionsterm kann in die Grundform gebracht werden, also gehört die Funktionsgleichung zu einer quadratischen Funktion:

$$y = (x-1)^2 + 3 \quad = \quad x^2 - 2x + 1 + 3 = x^2 - 2x + 4$$
$$\Rightarrow \quad a = 1; b = -2; c = 4$$

(b) Beim Umwandeln in die Grundform wird der Koeffizient $a = 0$. Dies ist ein Widerspruch zur Definition (4). Die Funktionsgleichung gehört nicht zu einer quadratischen, sondern zu einer linearen Funktion.

$$y = 2(x-1)^2 - 0.5x(4x+1)$$
$$= \quad 2x^2 - 4x + 2 - 2x^2 - 0.5x = 0x^2 - 4.5x + 2 = -4.5x + 2$$

(c) Da das Argument x im Nenner vorkommt, gehört die Funktionsgleichung nicht zu einer quadratischen Funktion.

(2) Berechnen Sie die Funktionsgleichung der quadratischen Funktion f in der Grundform $y = ax^2 + bx + c$, wenn die Punkte $A = (-1; 2)$, $B = (0; 3)$ und $C = (3; 1)$ auf dem Graphen von f liegen.

Lösung:

Wir setzen die Komponenten der Punkte A, B und C in der Funktionsgleichung $ax^2 + bx + c = y$ ein.

$$\begin{array}{c|ccccccc|} A & a \cdot (-1)^2 & + & b \cdot (-1) & + & c & = & 2 \\ B & a \cdot 0^2 & + & b \cdot 0 & + & c & = & 3 \\ C & a \cdot 3^2 & + & b \cdot 3 & + & c & = & 1 \end{array}$$

oder

$$\begin{array}{l|rcrcrcr|} \text{I} & a & - & b & + & c & = & 2 \\ \text{II} & & & & & c & = & 3 \\ \text{III} & 9a & + & 3b & + & c & = & 1 \end{array}$$

In Gleichung II lesen wir $c = 3$ ab. Dies führt auf das lineare Gleichungssystem:

$$\begin{array}{l|rcrcr|} \text{IV} & a & - & b & = & -1 \\ \text{V} & 9a & + & 3b & = & -2 \end{array}$$

Durch das Lösungsverfahren der Einsetzmethode erhalten wir:

$$a = -\frac{5}{12} \quad \text{und} \quad b = \frac{7}{12}$$

$$\Rightarrow \quad y = -\frac{5}{12}x^2 + \frac{7}{12}x + 3$$

◆ Übungen 66 → S. 272

15.2 Normalparabel

Setzen wir in der Grundform von (4) $b = c = 0$ und $a = 1$ ein, so erhalten wird die einfachste mögliche quadratische Funktion, deren Graph als **Normalparabel** bezeichnet wird:

Definition **Normalparabel**

Der Graph der Funktion:

$$f\colon \mathbb{R} \to \mathbb{R}_0^+\colon y = f(x) = x^2 \tag{5}$$

Eigenschaften	$y = f(x) = x^2$
Definitionsmenge	$\mathbb{R}$
Wertemenge	$\mathbb{R}_0^+$
Scheitelpunkt	$S = (0; 0)$
Ordinatenabschnitt	$y_0 = 0$
Nullstellen	$x_0 = 0$
Symmetrien	$f(-x) = f(x)$: **Achsensymmetrie** bezüglich der y-Achse, **gerade** Funktion
Verlauf	$-\infty < x < 0$: Kurve fällt von links nach rechts. $0 < x < \infty$: Kurve steigt von links nach rechts.

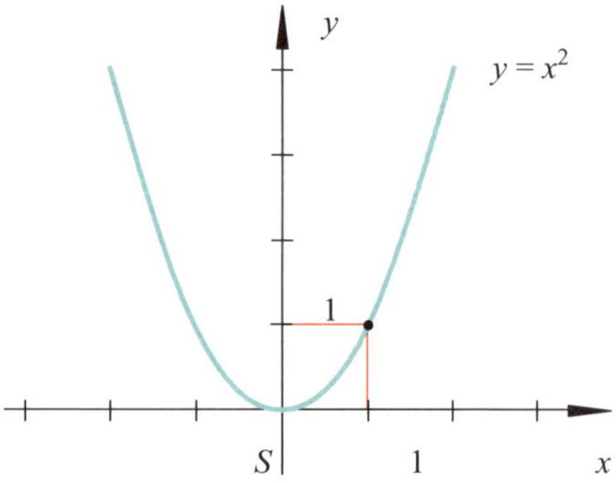

15.3 Scheitelform der quadratischen Funktion

Lage und Form der Normalparabel kann verändert werden (vgl. Abbildungen Kapitel 13). Wir bilden die Normalparabel $p\colon\ y = x^2$ in drei Schritten auf die Parabel $p_3\colon\ y = 2(x-4)^2 - 3$ ab.

(1) Streckung in y-Richtung von der x-Achse aus mit Faktor 2:

$p_1\colon\ y = 2x^2$

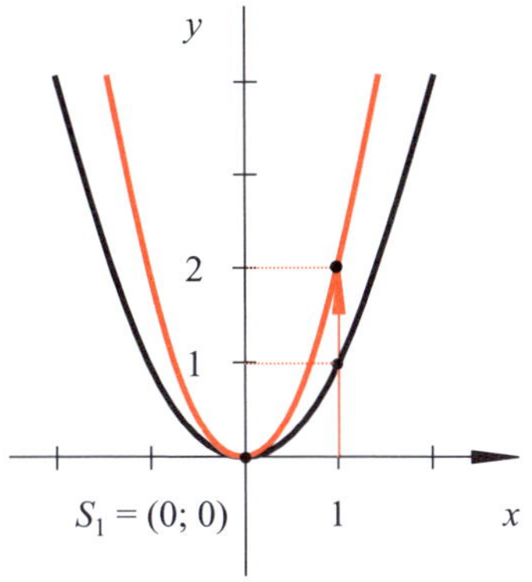

(2) Verschiebung in horizontaler Richtung um 4 Einheiten nach rechts:

$p_2\colon\ y = 2(x-4)^2$

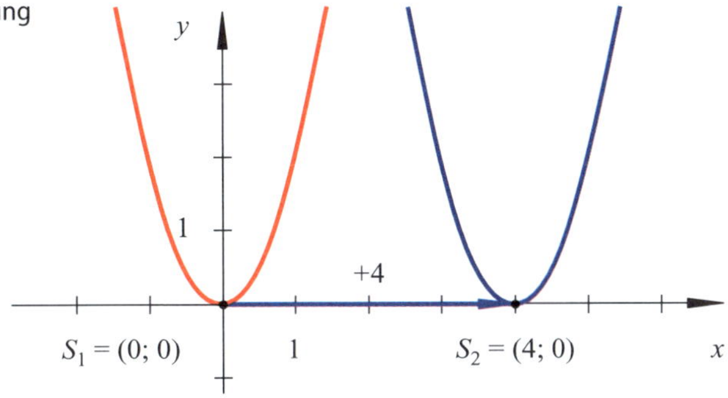

(3) Verschiebung in vertikaler Richtung um 3 Einheiten nach unten:

$p_3\colon\ y = 2(x-4)^2 - 3$

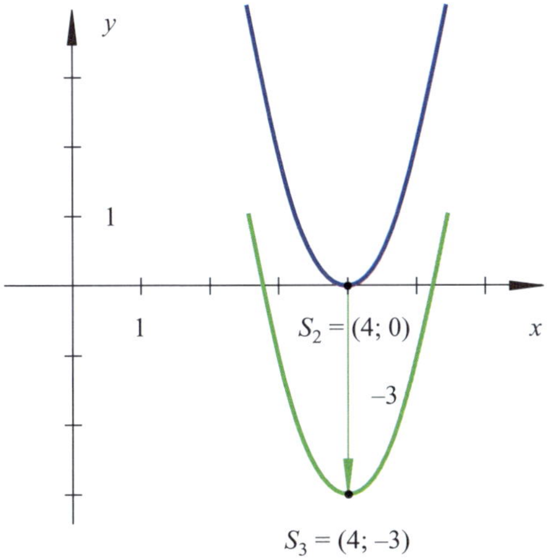

Die **Koordinaten** des **Scheitelpunkts** $S_3 = (4; -3)$ von p_3 entsprechen also genau der **Verschiebung** um 4 Einheiten nach rechts und 3 Einheiten nach unten des ursprünglichen Scheitelpunkts $S = (0; 0)$.
Die Scheitelform der quadratischen Funktion ist wie folgt definiert:

Definition **Scheitelform der quadratischen Funktion**

Eine Funktion f mit einer Gleichung der Form:

$$y = f(x) = a(x-u)^2 + v \qquad (6)$$

$a, u, v \in \mathbb{R}$ und $a \neq 0$

Der Punkt mit den Koordinaten $S = (u; v)$ heisst *Scheitelpunkt*.

Kommentar

- Für $a < 0$ ist die Parabel nach unten geöffnet und S ist ein **Hochpunkt**.
- Für $a > 0$ ist die Parabel nach oben geöffnet und S ist ein **Tiefpunkt**.
- Ist $y = f(x) = a \cdot (x-u)^2 + v$ gegeben, können die Koordinaten des Scheitelpunkts $S = (u; v)$ direkt abgelesen werden.

◆ **Übungen 67 → S. 273**

15.4 Beziehung zwischen Scheitelform und Grundform

Eine bestimmte Parabel kann sowohl durch eine Funktionsgleichung in der Scheitelform wie auch in der Grundform angegeben werden. Also muss es möglich sein, die eine Form in die andere zu verwandeln.

(1) Durch Anwenden der 2. binomischen Formel und Ausmultiplizieren wird aus der Scheitelform die **Grundform**.

$$y = f(x) = a \cdot (x-u)^2 + v \quad = \quad a \cdot (x^2 - 2ux + u^2) + v = ax^2 - 2aux + au^2 + v \qquad (7)$$

Die Parameter a, b und c der Grundform lassen sich also wie folgt aus denen der Scheitelform berechnen:

$$y = f(x) = \underbrace{a}_{a}x^2 + \underbrace{(-2au)}_{b}\,x + \underbrace{au^2 + v}_{c} \quad = \quad ax^2 + bx + c \qquad (8)$$

(2) Die folgenden Beziehungen zwischen den Parametern der Grund- und Scheitelform verwenden wir, um die Grundform in die **Scheitelform** zu verwandeln.

$$b = -2au \qquad (9)$$

$$c = au^2 + v \qquad (10)$$

Zuerst lösen wir (9) nach u auf:

$$b = -2au \quad \Rightarrow \quad u = -\frac{b}{2a} \qquad (11)$$

Dann setzen wir (11) in (10) ein und lösen nach v auf:

$$c = a \cdot \left(-\frac{b}{2a}\right)^2 + v = \frac{a \cdot b^2}{4a^2} + v = \frac{b^2}{4a} + v \quad \Rightarrow \quad 4ac = b^2 + 4av$$

$$\Rightarrow \quad 4av = 4ac - b^2 \quad \Rightarrow \quad v = \frac{4ac - b^2}{4a} = \frac{4ac}{4a} - \frac{b^2}{4a} = c - \frac{b^2}{4a} \qquad (12)$$

Die Parameter a, u und v der Scheitelform lassen sich also wie folgt aus denen der Grundform berechnen:

$$y = f(x) = \underbrace{a}_{a} \cdot \left(x - \underbrace{\left(-\frac{b}{2a}\right)}_{u}\right)^2 + \underbrace{c - \frac{b^2}{4a}}_{v} \quad = \quad a \cdot (x-u)^2 + v \qquad (13)$$

Allgemein gilt:

Scheitelkoordinaten

Die *Scheitelkoordinaten* des Scheitelpunkts $S = (u; v)$ der Parabel p lassen sich aus der Grundform $p{:}\, y = f(x) = ax^2 + bx + c$ wie folgt berechnen:

$$S = (u; v) = \left(-\frac{b}{2a}; c - \frac{b^2}{4a}\right) = \left(-\frac{b}{2a}; f\left(-\frac{b}{2a}\right)\right) \qquad (14)$$

Einführendes Beispiel: Kugelstossen (Fortsetzung)

Nun kann die Frage nach der **maximalen Flughöhe** der Kugel **algebraisch beantwortet** werden. Die maximale Flughöhe wird von der Kugel im Scheitelpunkt (Hochpunkt) $S = (u; v)$ der Parabel erreicht, sie entspricht der y-Koordinate v von S:

$$h(d) = -0.075d^2 + d + 1.85$$

$$\Rightarrow \quad v = c - \frac{b^2}{4a} \quad = \quad 1.85 - \frac{1^2}{4 \cdot (-0.075)} = 1.85 - \frac{1}{-0.3} = 1.85 + 3.333 = 5.183$$

Die maximale Flughöhe der Kugel beträgt 5.18 Meter.

Beispiele

(1) Geben Sie $y = 2x^2 - 20x + 47$ in der Scheitelform an.

Lösung:
Wir verwenden Gleichung (14):

$$u = -\frac{b}{2a} \quad = \quad -\frac{-20}{2 \cdot 2} = \frac{20}{4} = 5$$

$$v = c - \frac{b^2}{4a} \quad = \quad 47 - \frac{(-20)^2}{4 \cdot 2} = 47 - \frac{400}{8} = 47 - 50 = -3$$

Die quadratische Funktion hat den Scheitelpunkt $S = (5; -3)$. Die Funktionsgleichung in Scheitelform lautet also $y = 2(x-5)^2 - 3$.

(2) Schreiben Sie $y = 2(x-5)^2 - 3$ in der Grundform.

Lösung:

$$y = 2(x-5)^2 - 3 \quad = \quad 2(x^2 - 10x + 25) - 3 = 2x^2 - 20x + 50 - 3 = 2x^2 - 20x + 47$$

Die Grundform lautet $y = 2x^2 - 20x + 47$.

(3) Eine Parabel hat ihren Scheitelpunkt bei $S = (3; -1)$ und geht durch den Punkt $Q = (1; 2)$. Geben Sie die Grundform der Funktionsgleichung an.

Lösung:
Die Funktionsgleichung in der Scheitelform $y = a \cdot (x-u)^2 + v$ lautet:

$$y = a \cdot (x-u)^2 + v \quad \Rightarrow \quad y = a \cdot (x-3)^2 - 1$$

Zur Bestimmung von a setzen wir den Punkt $Q = (1; 2)$ ein.

$$2 = a \cdot (1-3)^2 - 1 = 4a - 1 \quad \Rightarrow \quad a = \frac{3}{4}$$

Durch Anwenden der binomischen Formel und Ausmultiplizieren erhalten wir die Grundform $y = a \cdot x^2 + b \cdot x + c$:

$$y = f(x) = \frac{3}{4} \cdot (x-3)^2 - 1 \quad = \quad \frac{3}{4} \cdot x^2 - \frac{9}{2} \cdot x + \frac{23}{4}$$

(4) Die Parabel p mit der Funktionsgleichung $y = f(x) = 2x^2$ wird derart verschoben, dass ihr Scheitelpunkt die Koordinaten $S' = (3; -1)$ hat.
Wie lautet die Funktionsgleichung $y = g(x)$ der Bildparabel p'?

Lösung:
Schieben der Parabel p um $u = 3$ Einheiten in x-Richtung und $v = -1$ Einheiten in y-Richtung ergibt die Bildparabel p'. Ihre Scheitelform $y = a \cdot (x-u)^2 + v$ lautet:

$$p': y = g(x) = 2 \cdot (x-3)^2 - 1$$

Durch Anwenden der binomischen Formel und Ausmultiplizieren erhalten wir die Grundform $y = ax^2 + bx + c$:

$$p': y = g(x) = 2 \cdot (x-3)^2 - 1 \quad = \quad 2 \cdot (x^2 - 6x + 9) - 1 = 2x^2 - 12x + 17$$

◆ **Übungen 68 → S. 274**

15.5 Schnittpunkte

15.5.1 Schnittpunkte mit den Koordinatenachsen

Einführendes Beispiel: Kugelstossen (Fortsetzung)

Die Schnittpunkte mit den Koordinatenachsen beantworten in unserem Einführungsbeispiel die folgenden Fragen:

(1) In welcher Abwurfhöhe über dem Boden verlässt die Kugel die Hand des Athleten?

(2) Wie weit fliegt die Kugel?

Die Antwort auf Frage (1) liefert der **Ordinatenabschnitt** (siehe Kapitel 13). Wir setzen in der Funktionsgleichung $d = 0$ ein und erhalten:

$$h(d) = -0.075d^2 + d + 1.85 \quad \Rightarrow \quad h(0) = -0.075 \cdot 0^2 + 0 + 1.85 = 1.85$$

Die Kugel verlässt die Hand auf einer Höhe von 1.85 Metern.

Die Antwort auf Frage (2) liefern die **Nullstellen** (siehe Kapitel 13). Wir setzen in der Funktionsgleichung $h(d) = 0$ ein und erhalten:

$$h(d) = -0.075d^2 + d + 1.85 \quad \Rightarrow \quad 0 = -0.075 \cdot d^2 + d + 1.85$$

Wir bestimmen die Nullstellen anhand der Lösungsformel für quadratische Gleichungen:

$$d_{1,2} = \frac{-b \pm \sqrt{b^2 - 4ac}}{2a} = \frac{-1 \pm \sqrt{1^2 - 4 \cdot (-0.075) \cdot 1.85}}{2(-0.075) =} = \frac{-1 \pm \sqrt{1 + 0.5556}}{-0.15}$$

$$= \frac{-1 \pm 1.247}{-0.15}$$

$$\Rightarrow \quad d_1 = \frac{-1 - 1.247}{-0.15} = 14.98 \quad \text{und} \quad d_2 = \frac{-1 + 1.247}{-0.15} = -1.65$$

Die Kugel fliegt also $d_1 = 14.98$ Meter weit. Die zweite Lösung d_2 ist nicht in der Definitionsmenge enthalten, da die Wurfweite positiv ist.

Für quadratische Funktionen gilt allgemein:

Ordinatenabschnitt und Nullstellen

Die Parabel schneidet die y-Achse im Punkt $(0; c)$. c ist also der *Ordinatenabschnitt* der Parabel.

Die Parabel schneidet die x-Achse in den Punkten $(x_1; 0)$ und $(x_2; 0)$, falls die *Nullstellen* x_1 und x_2 existieren.

Ihre Anzahl ist von der Diskriminante $D = b^2 - 4ac$ der Lösungsformel abhängig:

$D > 0$: zwei Schnittpunkte
$D = 0$: ein Schnittpunkt
$D < 0$: kein Schnittpunkt

Beispiele

(1) Gegeben ist die Funktion f mit der Funktionsgleichung $f(x) = \frac{2}{5}x^2 - x - \frac{7}{5}$.

(a) Bestimmen Sie die Schnittpunkte der zu f gehörenden Parabel p mit den Koordinatenachsen.

(b) Bestimmen Sie die Koordinaten des Scheitelpunkts S.

Lösung:

(a) Die Parabel p schneidet die x-Achse in A und B und die y-Achse in C.

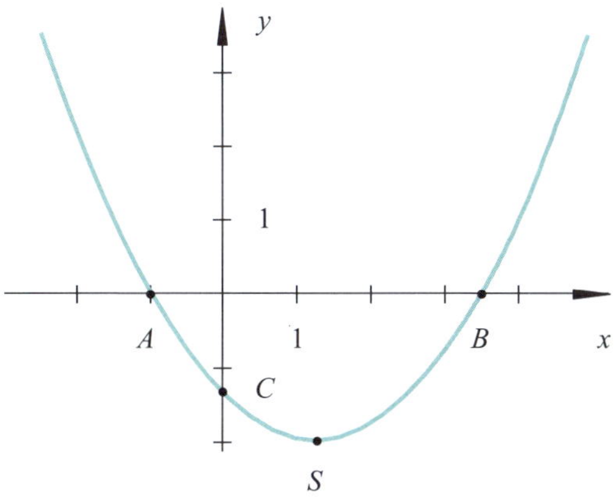

Bei den Nullstellen x_A und x_B ist der Funktionswert null: $y = f(x) = 0$:

$$\frac{2}{5} \cdot x^2 - x - \frac{7}{5} = 0$$

$$x_{A;\,B} = \frac{-b \pm \sqrt{b^2 - 4ac}}{2a} = \frac{1 \pm \sqrt{1^2 - 4 \cdot \frac{2}{5} \cdot \left(-\frac{7}{5}\right)}}{2 \cdot \frac{2}{5}} = \frac{1 \pm \sqrt{\frac{81}{25}}}{\frac{4}{5}} = \frac{5 \pm 9}{4}$$

$$x_A = \frac{5-9}{4} = -1 \quad \text{und} \quad x_B = \frac{5+9}{4} = \frac{7}{2}$$

Beim Schnittpunkt mit der y-Achse ist das Argument $x = 0$. Einsetzen in die Funktionsgleichung ergibt:

$$y = \frac{2}{5} \cdot x^2 - x - \frac{7}{5} = \frac{2}{5} \cdot 0^2 - 0 - \frac{7}{5} = -\frac{7}{5}$$

Dies entspricht dem konstanten Glied der Grundform.

Die gesuchten Punkte A, B und C haben die Koordinaten

$$A = (-1; 0); \quad B = \left(\frac{7}{2}; 0\right); \quad C = \left(0; -\frac{7}{5}\right)$$

(b) Wir wenden (14) an und erhalten:

$$-\frac{b}{2a} = -\frac{-1}{2 \cdot \frac{2}{5}} = \frac{1}{\frac{4}{5}} = \frac{5}{4}$$

$$c - \frac{b^2}{4a} = -\frac{7}{5} - \frac{(-1)^2}{4 \cdot \frac{2}{5}} = -\frac{7}{5} - \frac{1}{\frac{8}{5}} = -\frac{7}{5} - \frac{5}{8} = -\frac{56}{40} - \frac{25}{40} = -\frac{81}{40}$$

Der Scheitelpunkt hat die Koordinaten $S = \left(\frac{5}{4}; -\frac{81}{40}\right)$.

(2) Von einer quadratischen Funktion f sind die beiden Nullstellen x_1 und x_2 bekannt.
(a) Geben Sie die Funktionsgleichung von f an.
(b) Bestimmen Sie die x-Koordinate u des Scheitelpunkts.

Lösung:

(a) Die Funktionsgleichung von f kann bei gegebenen Nullstellen x_1 und x_2 in der folgenden Form angegeben werden:

$$y = a(x - x_1)(x - x_2)$$

Die Grundform erhalten wir dann durch Ausmultiplizieren:

$$y = a \cdot (x^2 - (x_1 + x_2) \cdot x + x_1\, x_2) = a \cdot x^2 - a\,(x_1 + x_2) \cdot x + a x_1 x_2$$

(b) Die x-Komponente u des Scheitelpunkts liegt aus Symmetriegründen in der Mitte zwischen den Nullstellen x_1 und x_2.

$$u = \frac{x_1 + x_2}{2}$$

Für die Grundform gilt in dem Fall:

$$-\frac{b}{2a} = \frac{x_1 + x_2}{2}$$

◆ Übungen 69 → S. 277

15.5.2 Schnittpunkte zweier Graphen

Wie in Kapitel 13 bereits besprochen, wird die x-Koordinate x_P des Schnittpunkts $P = (x_P; y_P)$ zweier Graphen durch Gleichsetzen beider Funktionsterme bestimmt. Die y-Koordinate y_P durch Einsetzen von x_P in eine der beiden Funktionsgleichungen.

Die **Schnittpunkte** der Graphen einer quadratischen mit einer linearen Funktion oder zweier quadratischen Funktionen werden analog bestimmt. Dabei erhalten wir eine quadratische Gleichung. Die Anzahl der Schnittpunkte hängt dann von der **Diskriminante** $D = b^2 - 4ac$ der Lösungsformel ab. Es sind bis zu zwei Schnittpunkte möglich.

Ist $D = 0$ so ist eine Gerade eine **Tangente** der Parabel und berührt sie in **einem Punkt**.

■ **Beispiele**

(1) Berechnen Sie die Schnittpunkte zwischen der Parabel $p\colon y = \frac{1}{2}x^2 - x + 1$

und den Geraden $g_1\colon y = \frac{1}{3}x + 2$, $g_2\colon y = \frac{1}{3}x + \frac{1}{9}$ und $g_3\colon y = \frac{1}{3}x - 1$.

Lösung:

(a) $p \cap g_1$: Funktionsterme von p und g_1 gleichsetzen:

$$\frac{1}{2}x^2 - x + 1 = \frac{1}{3}x + 2 \quad \Rightarrow \quad 3x^2 - 8x - 6 = 0$$

$$x_{1,2} = \frac{-b \pm \sqrt{b^2 - 4ac}}{2a} = \frac{8 \pm \sqrt{136}}{6} = \frac{4 \pm \sqrt{34}}{3}$$

$$x_1 = \frac{4 - \sqrt{34}}{3} \approx -0.6103 \quad \text{und} \quad x_2 = \frac{4 + \sqrt{34}}{3} \approx -3.277$$

Die y-Koordinaten der Schnittpunkte bestimmen wir durch Einsetzen der gefundenen x-Koordinaten in die Funktionsgleichung von g_1:

$$y_1 = \frac{1}{3} \cdot \frac{4 - \sqrt{34}}{3} + 2 = \frac{22 - \sqrt{34}}{9} \approx 1.797$$

$$y_2 = \frac{1}{3} \cdot \frac{4 + \sqrt{34}}{3} + 2 = \frac{22 + \sqrt{34}}{9} \approx 3.092$$

$p \cap g_1 = \{P_1; P_2\}$:

$$P_1 = (x_1; y_1) = (-0.6103; 1.797); P_2 = (x_2; y_2) = (3.277; 3.092)$$

(b) $p \cap g_2$: Funktionsterme von p und g_2 gleichsetzen:

$$\frac{1}{2}x^2 - x + 1 = \frac{1}{3}x + \frac{1}{9} \quad \Rightarrow \quad 9x^2 - 24x + 16 = 0$$

$$x_{1,2} = \frac{-b \pm \sqrt{b^2 - 4ac}}{2a} = \frac{24 \pm \sqrt{0}}{18} = \frac{4}{3}$$

$$x_1 = x_2 = \frac{4}{3} \approx 1.333$$

In g_2 einsetzen:

$$y_1 = y_2 = \frac{1}{3} \cdot \frac{4}{3} + \frac{1}{9} = \frac{5}{9} \approx 0.5556$$

$p \cap g_2 = \{Q\}$:

$$Q = (x; y) = (1.333; 0.5556)$$

Da die Parabel p und die Gerade g_2 nur einen gemeinsamen Punkt Q haben, ist die Gerade g_2 eine **Tangente** an die Parabel p. Im Punkt Q sind die Steigungen der Parabel p und der Geraden g_2 identisch, nämlich $m = 1/3$.

(c) $p \cap g_3$: Funktionsterme von p und g_3 gleichsetzen:

$$\frac{1}{2}x^2 - x + 1 = \frac{1}{3}x - 1 \quad \Rightarrow \quad 3x^2 - 8x + 12 = 0$$

$$x\ 1{,}2 = \frac{-b \pm \sqrt{b^2 - 4ac}}{2a} = \frac{8 \pm \sqrt{-80}}{6}$$

Die Diskriminante D ist negativ, deshalb gibt es keinen Schnittpunkt zwischen p und g_3:

$$p \cap g_3 = \{\ \}$$

Die drei möglichen Fälle in einer Zeichnung nochmals im Überblick:

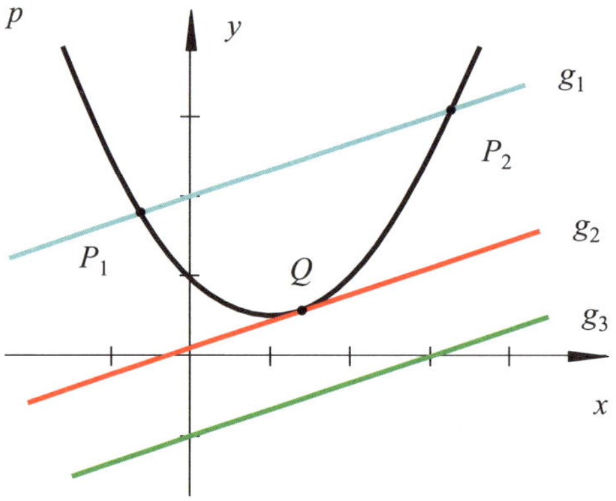

(2) Bestimmen Sie den Berührungspunkt einer Tangenten mit Steigung $m = 2$ zur Parabel p: $y = x^2 - 4x + 5$.

Lösung:
Wir setzen die Funktionsterme von $y = x^2 - 4x + 5$ und $y = 2x + \lambda$ gleich:

$$x^2 - 4x + 5 = 2x + \lambda \quad \Rightarrow \quad x^2 - 6x + (5 - \lambda) = 0$$

Da es nur einen Schnittpunkt gibt, wird die Diskriminante $D = 0$ gesetzt. Der Parameter λ kommt nur in D vor und fällt deshalb weg. Somit können wir – ohne λ zu kennen – direkt die Lösung der quadratischen Gleichung bestimmen:

$$x^2 - 6x + (5 - \lambda) = 0 \quad \Rightarrow \quad x = \frac{-b \pm \sqrt{0}}{2a} = \frac{6 \pm \sqrt{0}}{2} = 3$$

Wir setzen $x = 3$ in die Funktionsgleichung $y = x^2 - 4x + 5$ der Parabel ein und erhalten die y-Koordinate des Schnittpunkts:

$$y = 3^2 - 4 \cdot 3 + 5 = 2$$

Der Berührungspunkt hat also die Koordinaten $(3;\ 2)$.

◆ **Übungen 70 → S. 278**

15.6 Extremalaufgaben

Bei manchen Fragestellungen soll von einer vorgegebenen Funktion eine **Extremalstelle** beschrieben werden. Dies ist eine Stelle, bei welcher der Funktionswert **maximal** oder **minimal** wird.

Definition	**Minimum und Maximum**
	Ein kleinster beziehungsweise grösster Wert in der Menge aller Funktionswerte

Quadratische Funktionen haben ohne Einschränkung der Definitionsmenge entweder ein **Minimum** oder ein **Maximum**, je nachdem ob die Parabel nach oben oder nach unten geöffnet ist.

Extremalstellen der quadratischen Funktion

Sei $S = (u; v)$ der *Scheitelpunkt* einer quadratischen Funktion. Dann hat die Funktion f an der Stelle $x_0 = u$ ihren Extremalpunkt.

(1) Für $a > 0$ ist S *Tiefpunkt* und $v = y_{\min}$ das Minimum der quadratischen Funktion.
(2) Für $a < 0$ ist S *Hochpunkt* und $v = y_{\max}$ das Maximum der quadratischen Funktion.

Beispiele

(1) Gegeben ist die Funktionsgleichung $y = -\frac{1}{2}x^2 + 3x - 2$ der quadratischen Funktion f.
 (a) Ist der Extremalwert von f ein Maximum oder ein Minimum?
 (b) Bestimmen Sie die Koordinaten des Extremalpunkts S.

Lösung:
 (a) Der Extremalwert der Funktion $y = -\frac{1}{2}x^2 + 3x - 2$ ist ein Maximum, weil $a = -\frac{1}{2}$ und somit die Parabel nach unten geöffnet ist.
 (b) Das Maximum der quadratischen Funktion liegt im Scheitelpunkt S.
 Wir bestimmen seine Koordinaten:

$$u = -\frac{b}{2a} \quad \Rightarrow \quad u = -\frac{3}{2 \cdot \left(-\frac{1}{2}\right)} = -\frac{3}{-1} = 3$$

$$v = c - \frac{b^2}{4a} \quad \Rightarrow \quad v = -2 - \frac{3^2}{4 \cdot \left(-\frac{1}{2}\right)} = -2 - \frac{9}{-2} = -2 + \frac{9}{2} = -\frac{4}{2} + \frac{9}{2} = \frac{5}{2}$$

 Der Scheitelpunkt liegt bei $S = \left(3; \frac{5}{2}\right)$.

 An der Stelle $x = 3$ erreicht der Funktionswert sein Maximum von $y = \frac{5}{2}$.

(2) Aus einem Stück Holz, das die Form eines rechtwinkligen Dreiecks mit den Katheten a und b hat, soll gemäss Skizze ein möglichst grosses Rechteck geschnitten werden. Bestimmen Sie die maximale Rechtecksfläche A.

Lösung:
Die Fläche $A = l \cdot h$ soll maximal werden.
Aufgrund der Ähnlichkeit der Dreiecke ist:

$$\frac{h}{a - l} = \frac{b}{a} \quad \Rightarrow \quad h = \frac{b}{a}(a - l)$$

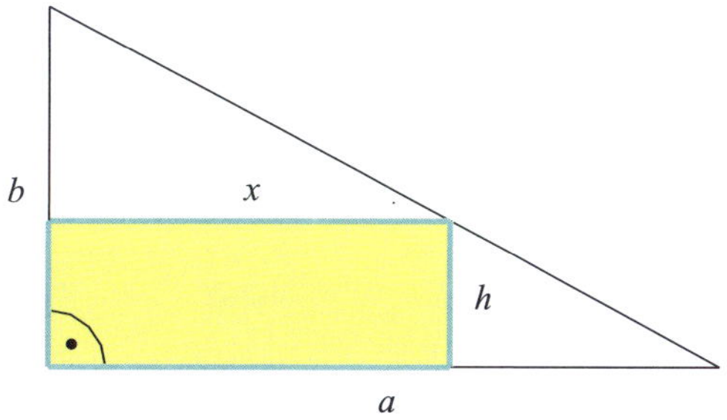

Das heisst für die Rechtecksfläche A in Abhängigkeit von l:

$$A(l) = l \cdot h = l \cdot \frac{b}{a}(a - l) = -\frac{b}{a} \cdot l^2 + b \cdot l$$

Die Koordinate des Scheitelpunkts u ist mit (14):

$$u = -\frac{b}{2 \cdot \left(-\frac{b}{a}\right)} = -\frac{b \cdot a}{-2 \cdot b} = \frac{a}{2}$$

Die Rechtecksfläche A wird deshalb bei $l_{\text{max}} = \frac{a}{2}$ maximal.

Für $l = \frac{a}{2}$ beträgt die Rechtecksfläche $A = \frac{ab}{4}$, also die Hälfte des rechtwinkligen Dreiecks.

◆ **Übungen 71 → S. 281**

Terminologie

Definitionsmenge
Extremalstelle
Grundform der quadratischen Funktion
Hochpunkt
Maximum
Minimum
Normalparabel
Nullstelle
Ordinatenabschnitt
quadratische Funktion
Scheitelform der quadratischen Funktion
Scheitelpunkt
Tiefpunkt
Translation
Ursprung
Wertemenge

15.7 Übungen

Übungen 66

1. Welche der folgenden Funktionsgleichungen gehören zu quadratischen Funktionen? Versuchen Sie, die Funktionsterme in die Grundform zu verwandeln:

a) $f(x) = (x^2 + 2)^2$

b) $f(x) = (2x + 2)(x + 5) - 2x^2$

c) $f(x) = x(x^2 + 2x - 1) - x^2(x - 1)$

d) $f(x) = \frac{1 - x}{x^2}$

e) $f(x) = (x - \sqrt{}\,\_\_\_\,3)\,2 + 2\sqrt{}\,\_5$

f) $f(x) = 2x^2 + 5\sqrt{x} - 4x$

2. Geben Sie an, welche der folgenden Formeln quadratische Funktionsgleichungen sind:

a) $A(\alpha) = \frac{\pi r^2 \alpha}{360°}$

b) $A(r) = \frac{\pi r^2 \alpha}{360°}$

c) $V(r) = \frac{\pi}{3} r^2 h$

d) $V(h) = \frac{\pi}{3} h^2 (3r - h)$

e) $F_Z(r) = \frac{m v^2}{r}$

f) $F_Z(v) = \frac{m v^2}{r}$

g) $s(t) = s_0 + v t$

h) $s(t) = s_0 + v_0 t + \frac{1}{2} a t^2$

i) $T(m) = 2\pi \sqrt{\frac{m}{k}}$

3. Geben Sie die Funktionsgleichungen der Parabel an, welche durch die Punkte P_1, P_2 und P_3 geht:

a) $P_1 = (1; -2)$ $\quad P_2 = (-5; 10)$ $\quad P_3 = (3; 26)$

b) $P_1 = (0; 3)$ $\quad P_2 = (-1.5; 0)$ $\quad P_3 = (-4; -10)$

c) $P_1 = (2; -7)$ $\quad P_2 = (4; -21)$ $\quad P_3 = (-6; -31)$

d) $P_1 = (2; -20)$ $\quad P_2 = \left(\frac{1}{2}; -5\right)$ $\quad P_3 = \left(\frac{4}{5}; -\frac{31}{5}\right)$

4. Gegeben ist ein Koordinatensystem mit $e_x = e_y = 1$. Bestimmen Sie die Parameter a, b und c der Funktionsgleichung $y = ax^2 + bx + c$ der folgenden Parabeln:

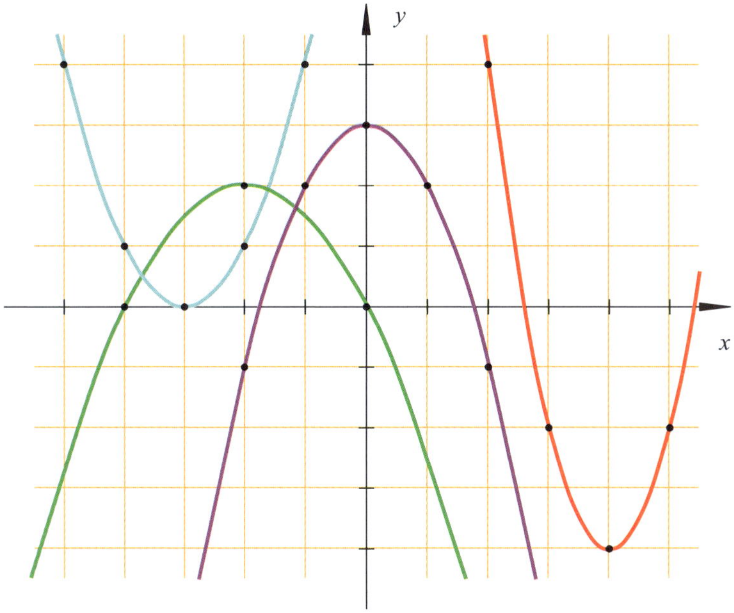

Übungen 67

5. Gegeben sind Funktionsgleichungen der Form $y = ax^2$:

- **a)** Zeichnen Sie die Parabeln für $a_1 = 1, a_2 = -1, a_3 = 2$ und $a_4 = -\frac{1}{2}$.
- **b)** Beschreiben Sie den Zusammenhang zwischen dem Parameter und der Form und der Lage der Parabel.

6. Gegeben sind Funktionsgleichungen der Form $y = x^2 + v$:

- **a)** Zeichnen Sie die Parabeln für $v_1 = 0, v_2 = -1, v_3 = 2$ und $v_4 = -3$.
- **b)** Beschreiben Sie den Zusammenhang zwischen dem Parameter und der Form und der Lage der Parabel.

7. Gegeben sind Funktionsgleichungen der Form $y = (x - u)^2$:

- **a)** Zeichnen Sie die Parabeln für $u_1 = 0, u_2 = 1, u_3 = -2f$ und $u_4 = 3$.
- **b)** Beschreiben Sie den Zusammenhang zwischen dem Parameter und der Form und der Lage der Parabel.

8. Gegeben sind Funktionsgleichungen der Form $y = (x - u)^2 + v$:

- **a)** Zeichnen Sie die Parabel für $u_1 = 3$ und $v_1 = 1$.
- **b)** Zeichnen Sie die Parabel für $u_2 = -2$ und $v_2 = -4$.

9. Gegeben sind Funktionsgleichungen der Form $y = a(x-u)^2 + v$:

a) Zeichnen Sie die Parabel für $a_1 = \frac{1}{2}$, $u_1 = -2$ und $v_1 = -5$.
b) Zeichnen Sie die Parabel für $a_2 = -2$, $u_2 = 3$ und $v_2 = 4$.

10. Geben Sie an, wie sich die Gleichung der Parabel verändert, wenn man den Scheitelpunkt der Parabel auf den Punkt A verschiebt:

a) $y = 5x^2$ $\quad A = (3; -2)$
b) $y = -10x^2$ $\quad A = (-6; 0)$
c) $y = -\frac{1}{100}x^2$ $\quad A = (0; 11)$
d) $y = \frac{1}{4}x^2$ $\quad A = (-4; 10)$

11. Welche Aussagen sind für den Graphen mit $y = (x-4)^2 - 3$ richtig?

(1) Der Graph ist eine verschobene Normalparabel.
(2) Die Parabel hat den Scheitelpunkt $S = (-4; -3)$.
(3) Die Parabel verläuft durch den Punkt $O = (0; 0)$.
(4) Die Parabel hat kein Maximum.

12. Welche Aussagen sind für den Graphen mit $y = a(x-u)^2 + v$ richtig?

(1) Die Parabel ist nach unten geöffnet für alle $a < 1$.
(2) Die Parabel hat eine kleinere Öffnung als die Normalparabel für alle $|a| < 1$.
(3) u und v heissen Scheitelkoordinaten und geben deshalb die Lage des Scheitelpunkts an.
(4) $u < 0$ bedeutet: die Parabel $y = ax^2$ wurde nach links verschoben.
(5) $v < 0$ bedeutet: die Parabel $y = ax^2$ wurde nach unten verschoben.

13. Zeigen Sie, dass sich der Verlauf des Graphen mit der Funktionsgleichung $f(x) = ax^2 + bx + c$ als Summe der Graphen von $f_1(x) = ax^2$ und $f_2(x) = bx + c$ auffassen lässt:

a) $f(x) = x^2 + 2x - 2$
b) $f(x) = -\frac{1}{2}x^2 + x + \frac{5}{2}$

Übungen 68

14. Welche Aussagen sind richtig?

(1) Die Grundform wird durch Ausmultiplizieren und Zusammenfassen in die Scheitelform verwandelt.
(2) a bleibt als einziger Parameter bei der Umformung erhalten.
(3) Es gilt: $u = -\frac{b}{2a}$ und $c = au^2 + v$.
(4) Die Parabel $y = (x-3)^2 + \frac{5}{2}$ hat den Scheitel $S = \left(-3; \frac{5}{2}\right)$.

15. Welche Aussagen über Parabeln sind richtig?

(1) Jede Parabel hat genau einen Schnittpunkt mit der y-Achse.
(2) Jede Parabel hat eine senkrechte Symmetrieachse.
(3) Jede Parabel hat mindestens einen Schnittpunkt mit der x-Achse.
(4) Jede Parabel ist durch die Angabe der Koordinaten des Scheitelpunkts genau festgelegt.
(5) Die Parabel $y = 3x^2 + 4$ ist gegenüber der Parabel $y = 3x^2 - 1$ um 5 Einheiten nach oben verschoben.

16. Grundform – Scheitelform: Geben Sie jeweils die andere Form an:

a) $f(x) = -2\left(x - \frac{3}{2}\right)^2 - \frac{7}{2}$

b) $f(x) = \frac{1}{2}(x+2)^2 - \frac{5}{4}$

c) $f(x) = 10x^2 + 20x - 2$

d) $f(x) = -\frac{3}{4}x^2 + 6x - 9$

17. Geben Sie die Koordinaten des Scheitelpunkts an und skizzieren Sie den Graphen der Funktion f:

a) $f\colon y = x^2 - 4x + 3$

b) $f\colon y = 2x^2 - 12x + 20$

c) $f\colon y = -\frac{1}{2}x^2 - x - \frac{5}{2}$

d) $f\colon y = 3x^2 + 18x + 27$

18. Geben Sie an, in welchem Bereich der Graph der Funktion f steigt oder fällt:

a) $f\colon y = 2x^2 + 24x + 63$

b) $f\colon y = -x^2 + \frac{x}{2} + \frac{11}{16}$

c) $f\colon y = 0.3x^2 - 6x + 25$

d) $f\colon y = -\frac{5}{2}x^2 + 7x - \frac{52}{5}$

19. Geben Sie an, welche Abbildungen mit der Normalparabel mit der Funktionsgleichung $y = x^2$ ausgeführt werden müssen, um den Graphen der folgenden Funktionen zu erhalten:

a) $y = -x^2$

b) $y = (x-2)^2 + 6$

c) $y = 3(x+3)^2 - 4$

d) $y = -\frac{1}{4}(x-4)^2 + \frac{15}{4}$

e) $y = 10x^2 - 40x + 48$

f) $y = -\frac{1}{5}x^2 - x + \frac{13}{4}$

20. Ausgangspunkt der folgenden Aufgaben ist die Parabel mit der Funktionsgleichung $y = f(x) = -3x^2$, die verschoben wird. Geben Sie die Funktionsgleichung der Bildparabel an, deren Scheitelpunktkoordinaten gegeben sind:

a) $S = (3; 0)$

b) $S = (-1; 4)$

c) $S = (10; -1)$

d) $S = \left(-\frac{1}{5}; \frac{4}{50}\right)$

21. Gegeben ist ein Koordinatensystem mit $e_x = e_y = 1$. Bestimmen Sie die Parameter u und v der Funktionsgleichung $y = (x-u)^2 + v$ der folgenden Parabeln:

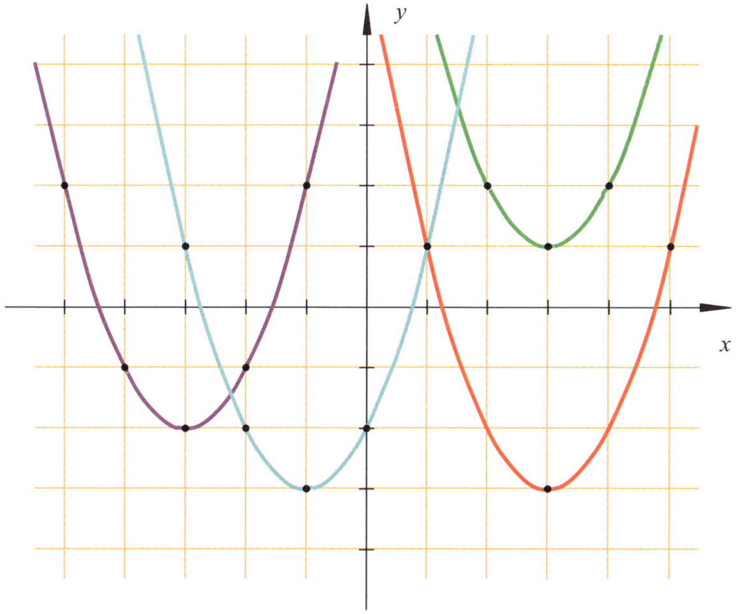

22. Gegeben ist ein Koordinatensystem mit $e_x = e_y = 1$. Geben Sie für die unten abgebildeten Parabeln die Werte der Parameter a, b und c der Funktionsgleichung $y = ax^2 + bx + c$ an. Bestimmen Sie dafür zuerst die Scheitelform.

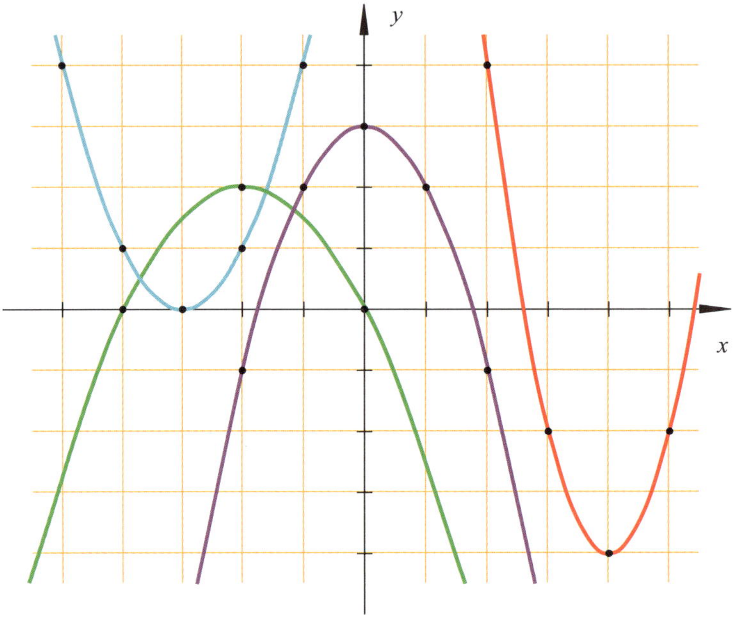

23. Geben Sie die Funktionsgleichung der Parabel an, die den Scheitelpunkt S hat und durch den Punkt P geht:

a) $S = (-2; 4)$ $P = (5; 28.5)$

b) $S = (-2; -5)$ $P = (0; 0)$

c) $S = \left(\frac{1}{2}; -\frac{5}{4}\right)$ $P = \left(1; -\frac{1}{2}\right)$

d) $S = \left(3; -\frac{7}{4}\right)$ $P = \left(2; \frac{9}{4}\right)$

24. Ausgangspunkt der folgenden Aufgaben ist die Parabel mit der Funktionsgleichung $y = \frac{1}{2}x^2$.

Geben Sie die neue Funktionsgleichung an, wenn mit der Parabel folgende Abbildungen ausgeführt werden:

a) Verschiebung um 1 Einheit nach rechts, Spiegelung an der x-Achse.

b) Streckung in y-Richtung von der x-Achse aus mit Faktor 4, Verschiebung um 2 Einheiten nach oben und 3 Einheiten nach links.

c) Streckung in y-Richtung von der Geraden $y = 2$ aus mit Faktor 2, Verschiebung um 4 Einheiten nach unten.

25. Ausgangspunkt ist diesmal die Parabel mit der Funktionsgleichung $y = -x^2 + 4x - 5$.
Geben Sie die neue Funktionsgleichung an, wenn mit der Parabel folgende Abbildungen ausgeführt werden:

a) Spiegelung an der y-Achse, Verschiebung um 1 Einheit nach links und 2 Einheiten nach unten.

b) Spiegelung am Ursprung des Koordinatensystems, Verschiebung um 3 Einheiten nach oben.

c) Spiegelung an der x-Achse, Spiegelung an der y-Achse, Spiegelung am Ursprung des Koordinatensystems.

26. Die Parabel mit $p(x) = \frac{1}{4}x^2 - 12x + 32$ wird an der Geraden g oder am Punkt P gespiegelt. Geben Sie die Funktionsgleichung der Bildparabel an:

a) $g(x) = -2$ b) $g(x) = 13$
c) $P_1 = (4; 0)$ d) $P_2 = (-6; -12)$

27. Geben Sie an, wie die Parabel p mit $y = ax^2$ verschoben werden muss, damit man die Parabel p' mit $y = ax^2 + bx + c$ erhält.

Übungen 69

28. Berechnen Sie die Nullstellen und den y-Achsenabschnitt der Parabel:

a) $f(x) = -2x^2 - 2x + 12$ b) $f(x) = -\frac{1}{3}x^2 + \frac{3}{4}x + \frac{3}{4}$
c) $f(x) = 5x^2 - 10$ d) $f(x) = \frac{1}{2}x^2 + \frac{\sqrt{3}}{2}x - 3$

29. Skizzieren Sie den Graphen, indem Sie zuerst die Koordinaten des Scheitelpunkts und die Schnittpunkte mit den Koordinatenachsen bestimmen und einzeichnen:

a) $y = x^2 - 2x - 3$ b) $y = \frac{1}{2}x^2 - x - 4$ c) $y = -3x^2 + 6x - 6$
d) $y = 2x^2 - 6x + 4$ e) $y = -\frac{1}{2}x^2 - 2x + 6$ f) $y = \frac{5}{8}x^2 - \frac{5}{2}x + \frac{7}{2}$

30. Bestimmen Sie den Wert des Parameters $\lambda \in \mathbb{R}$ so, dass die Parabel genau eine Nullstelle hat, und geben Sie diese Nullstelle an:

a) $f(x) = -x^2 + 6x + \lambda$ b) $f(x) = x^2 + \lambda x + 4$
c) $f(x) = x^2 - 10x + \lambda^2 + 9$ d) $f(x) = (x - \lambda)^2 - 1$

31. Für welche Werte von $t \in \mathbb{R}$ haben die quadratischen Funktionen keine, genau eine oder zwei Nullstellen?

a) $f(x) = 3x^2 - 4x + t$ b) $f(x) = tx^2 - 5x + 2$
c) $f(x) = x^2 + tx + t + 3$ d) $f(x) = tx^2 + tx - 4x + \frac{1}{2}$

32. Wählen Sie den Parameter $\mu \in \mathbb{R}$ so, dass der Scheitelpunkt der quadratischen Funktion auf der x-Achse liegt:

a) $f(x) = -2x^2 + 8x + 3\mu$ b) $f(x) = 0.25x^2 + \mu x + 4$
c) $f(x) = 2x^2 + 6x + \mu^2 - 0.5$ d) $f(x) = (x - \mu)^2 - 1$
e) $f(x) = \mu x^2 + \mu x + x + \frac{1}{2}$ f) $f(x) = \mu^2 x^2 + 2x - \mu x + 1$

33. Von der quadratischen Funktion $y = f(x)$ kennt man die beiden Nullstellen $x_1 = 2$ und $x_2 = -6$. Berechnen Sie die x-Komponente u des Scheitelpunkts und geben Sie die Funktionsgleichung von $y = f(x)$ an, wenn $a = -2$.

34. Von einer quadratischen Funktion $y = f(x)$ sind die beiden Nullstellen x_1 und x_2 bekannt. Vervollständigen Sie die Koordinaten des Scheitelpunkts S:

a) $x_1 = -1.5, x_2 = 1, S = (u; -3)$ b) $x_1 = \sqrt{2}, x_2 = 2\sqrt{2}, S = (u; 2)$

c) $x_1 = x_2 = -\frac{2}{5}, S = (u; v)$ d) $x_1 = \frac{1}{2}, x_2 = \frac{1}{5}, a = -1, S = (u; v)$

35. Von einer Parabel sind die Nullstellen und die Koordinaten eines Punktes P der Parabel gegeben. Berechnen Sie die x-Komponente u des Scheitelpunkts S und geben Sie die Funktionsgleichung der Parabel an:

a) $x_1 = 2, x_2 = 5, P = (0; -20)$ b) $x_1 = -1.5, x_2 = 1, P = (5; 28.5)$

Übungen 70

36. Berechnen Sie die Schnittpunkte der Parabel $y = p(x) = x^2 + 6x + 5$ mit den folgenden Geraden:

a) $y = f(x) = 4x + 4$ b) $y = g(x) = 5x + 7$

37. Berechnen Sie die Schnittpunkte der Parabel $y = p(x) = -(x+2)^2 + 5$ mit den folgenden Geraden:

a) $y = f(x) = -3x + \frac{5}{4}$ b) $y = g(x) = -\frac{19}{2}x + \frac{7}{2}$

38. Berechnen Sie die Schnittpunkte der Parabel $y = p(x) = \frac{1}{3}x^2 - \frac{2}{3}x - \frac{7}{3}$ mit den folgenden Geraden:

a) $y = f(x) = -2x + 2$ b) $y = g(x) = -\frac{1}{4}x + 1$
c) $y = h(x) = 5$ d) $y = k(x) = 3$

39. Berechnen Sie die Schnittpunkte der Parabel $y = p(x) = -\frac{1}{2}x^2 - 4x - 2$ mit den folgenden Parabeln:

a) $y = p_1(x) = x^2$ b) $y = p_2(x) = \frac{1}{2}x^2 + 4x + 14$
c) $y = p_3(x) = x^2 - \frac{11}{2}x - 5$ d) $y = p_4(x) = 3x^2 + \frac{3}{2}x + \frac{15}{4}$

40. Gegeben ist eine Parabel mit $y = p(x) = ax^2 + bx + c$. Berechnen Sie den Berührungspunkt einer Tangente mit Steigung m und der Parabel:

a) $y = p(x) = x^2 + 3x - 2$ $m_1 = 1$ $m_2 = 2$
b) $y = p(x) = -3x^2 + x + 4$ $m_1 = 0$ $m_2 = -1$
c) $y = p(x) = x^2 + 3x - 2$ $m_1 = 4$ $m_2 = \frac{1}{2}$

41. Gegeben ist eine Parabel $y = p(x)$ und die Gerade AB. Schneidet die Gerade die Parabel? Wenn ja, berechnen Sie die Sehnenlänge und den Flächeninhalt des Dreiecks, das die beiden Schnittpunkte mit dem Scheitelpunkt S bilden:

a) $y = -0.5x^2 + 2x + 3$ $A = (-1; -7)$ $B = \left(\frac{3}{2}; -3\right)$
b) $y = -0.75x^2 + 4.5x - 4.75$ $A = (8; 2)$ $B = (16; 1)$
c) $y = \frac{1}{4}x^2 - \frac{1}{2}x + \frac{13}{4}$ $A = \left(4; \frac{21}{4}\right)$ $B = (-1, 4)$

42. Bestimmen Sie den Wert des Parameters $m \in \mathbb{R}$ so, dass die Gerade g eine Tangente der Parabel wird:

a) $g(x) = mx$ $p(x) = mx^2 + x + m$
b) $g(x) = x + m$ $p(x) = mx^2 + mx + 1$

43. Bestimmen Sie den Parameter $q \in \mathbb{R}$ der horizontalen Geraden $g(x) = q$ so, dass die Gerade g zur Tangente an die Parabel p wird:

a) $p(x) = x^2 - 8x + 11$
b) $p(x) = -2x^2 - 11x - 12$
c) $p(x) = x^2 + mx + n$
d) $p(x) = ax^2 + bx + c$

44. Die Parameter m und q sind so zu bestimmen, dass die Gerade $g(x) = mx + q$ eine Tangente der Normalparabel $p(x) = x^2$ wird und durch den Punkt P geht:

a) $P_1 = (5; -11)$
b) $P_2 = (-0.25; -1.5)$
c) $P_3 = (1.5; 0)$
d) $P_4 = (3; 9)$

45. Wo liegen die Scheitelpunkte der Parabelscharen p_a und p_b?

a) $p_a(x) = ax^2 + x - 4$
b) $p_b(x) = -0.5x^2 + bx + 12$

46.–49. Fall- und Wurfbewegungen können mithilfe von quadratischen Funktionen beschrieben werden, wenn der Luftwiderstand vernachlässigt wird.

Senkrechter Wurf nach oben: $h(t) = v_0 t - \frac{1}{2} g t^2$

Horizontaler Wurf: $h(s) = h_0 - \frac{1}{2} g \frac{s^2}{v_0^2}$

g: Erdbeschleunigung $g = 9.81 \text{ m/s}^2$
h: Höhe über Boden in Metern
h_0: Abwurfhöhe in Metern
t: Zeit in Sekunden
v_0: Anfangsgeschwindigkeit in Metern pro Sekunde
s: horizontale Entfernung von der Abwurfstelle in Metern.

46. Eine Kugel wird mit einer Anfangsgeschwindigkeit von $v_0 = 15 \text{ m/s}$ senkrecht nach oben geworfen:

a) Zeichnen Sie das h-t-Diagramm vom Abwurfpunkt bis zur Rückkehr.
b) Berechnen Sie Flughöhe und Steigzeit.

47. Eine Kugel wird mit einer Anfangsgeschwindigkeit von $v_0 = 52 \text{ m/s}$ senkrecht nach oben geworfen:

a) Zeichnen Sie das h-t-Diagramm vom Abwurfpunkt bis zur Rückkehr.
b) Berechnen Sie die Höhe der Kugel nach 4 Sekunden. Wann erreicht die Kugel die gleiche Höhe beim Zurückfallen?
c) Berechnen Sie maximale Flughöhe und Steigzeit.
d) Nach wie vielen Sekunden beträgt die Höhe 50 m?

48. Ein Flugzeug fliegt mit 200 km/h horizontal in 400 m Höhe und wirft ein Versorgungspaket ab:

a) Wie weit von der Abwurfstelle entfernt, horizontal gemessen, landet das Paket auf der Erde?
b) Wie muss die Flughöhe angepasst werden, wenn die Entfernung von der Abwurfstelle weniger als 200 m (horizontal gemessen) betragen soll?

49. Bei einem Brunnen liegt die waagrechte Röhre einen Meter über dem Wasserbecken. Das Wasser tritt mit einer Geschwindigkeit von $v_0 = 4 \text{ m/s}$ aus dem Rohr. Wie lang muss das Wasserbecken mindestens sein?

50. Der Anhalteweg s ist der Weg, den ein Fahrzeug zurücklegt von dem Zeitpunkt, zu dem die Fahrerin die Gefahr erkennt, bis zum Stillstand. Er setzt sich zusammen aus dem Reaktionsweg s_R und dem Bremsweg s_B. In erster Linie ist der Anhalteweg abhängig von der Fahrgeschwindigkeit und der Reaktionszeit.

Reaktionsweg: $s_R \approx \frac{3}{10} \cdot v$ bei einer Reaktionszeit von $t_R = 1\ \mathrm{s}$

Bremsweg: $s_B \approx \frac{1}{100} \cdot v^2$

Bei schlechten Strassenverhältnissen verlängert sich der Bremsweg: bei nasser Fahrbahn um den Faktor 2, bei Schnee, Laub, Rollsplitt oder Erde um den Faktor 4 und bei Eis um den Faktor 10.

a) Berechnen Sie den Anhalteweg s für $30\ \mathrm{km/h}$, $50\ \mathrm{km/h}$, $80\ \mathrm{km/h}$ und $120\ \mathrm{km/h}$ bei unterschiedlichen Strassenverhältnissen.

b) Geben Sie den Anhalteweg s als Funktion der Fahrgeschwindigkeit für die unterschiedlichen Strassenverhältnisse an.

c) Berechnen Sie die Anhaltewege von Aufgabe a), wenn man davon ausgeht, dass durch aufmerksame Fahrweise und Bremsbereitschaft die Reaktionszeit um einen Drittel verkürzt werden kann.

51. Wir nehmen an, dass die Rotarybrücke bei Sugiez von einem parabelförmigen Bogen getragen wird. Die grösste Höhe des Bogens über Wasser beträgt $15.5\ \mathrm{m}$, die Fundamente sind auf Wasserhöhe und $61\ \mathrm{m}$ voneinander entfernt. Wählen Sie ein geeignetes Koordinatensystem und bestimmen Sie die Funktionsgleichung der Parabel.

52. Das Tragseil der Golden-Gate-Brücke bei San Francisco (Baujahr 1937) verläuft annähernd parabelförmig. Die Funktionsgleichung lautet $f(x) = \frac{143}{409\,600}x^2 + 84$.

Berechnen Sie die Höhe der Brücke und die Höhe der beiden Pfeiler, wenn der Abstand zwischen den Pfeilern $1280\ \mathrm{m}$ beträgt.

53. Die Köln-Arena ist eine Veranstaltungshalle mit einem Fassungsvermögen von 20 000 Zuschauern. Das Dach wird von einem 480 t schweren Stahlbogen getragen, der 3 m dick ist. Weisen Sie nach, dass der Stahlbogen die Form einer Parabel hat. Das Koordinatensystem wird so gelegt, dass der Scheitelpunkt der Parabel auf der y-Achse liegt:

Koordinaten in Metern:
$P_1 = (-90.51; 1.60)$
$P_2 = (-39.33; 59.54)$
$P_3 = (-9.54; 72.20)$
$P_4 = (0.00; 73.00)$
$P_5 = (19.83; 69.79)$
$P_6 = (75.95; 23.55)$
$P_7 = (88.23; 5.82)$

54. Eine frei hängende Kette beschreibt eine symmetrische Kurve, die man Kettenlinie nennt. Die Kurve verläuft durch folgende Punkte:

$P_1 = (0; 0)$ $P_2 = (1; 0.25)$ $P_3 = (2; 1.1)$ $P_4 = (3; 2.7)$

$P_5 = (4; 5.4)$ $P_6 = (5; 10)$ $P_7 = (-5; 10)$

(a) Zeichnen Sie die Kettenlinie im Bereich $-5 < x < 5$.

(b) Untersuchen Sie, ob die Kettenlinie eine Parabel ist. Stellen Sie dazu die Funktionsgleichung der Parabel durch P_1 (Scheitelpunkt), P_6 und P_7 auf. Berechnen Sie nun zu den x-Werten der Punkte jeweils die y-Koordinaten und zeichnen Sie die Parabel in das Koordinatensystem von (a) ein.

Übungen 71

55. Für welche $k \in \mathbb{G}$ wird der Wert des Terms $T(k) = -3k^2 - 22k - 32$ maximal? Bestimmen Sie den maximalen Wert des Terms:

a) $\mathbb{G} = \mathbb{R}$ b) $\mathbb{G} = \mathbb{N}$ c) $\mathbb{G} = \mathbb{Z}^-$

56. Für welche $m \in \mathbb{G}$ wird der Wert des Terms $T(m) = 5m^2 - 62m$ minimal? Bestimmen Sie den minimalen Wert des Terms:

a) $\mathbb{G} = \mathbb{R}$ b) $\mathbb{G} = \mathbb{N}$ c) $\mathbb{G} = \mathbb{Z}^-$

57. Mit einem Elektrozaun soll eine möglichst grosse rechteckige Weidefläche abgesteckt werden. Wie müssen Länge und Breite des Rechtecks gewählt werden?

a) Die Weidefläche wird von einer Mauer und $50\,\mathrm{m}$ Elektrozaun begrenzt.

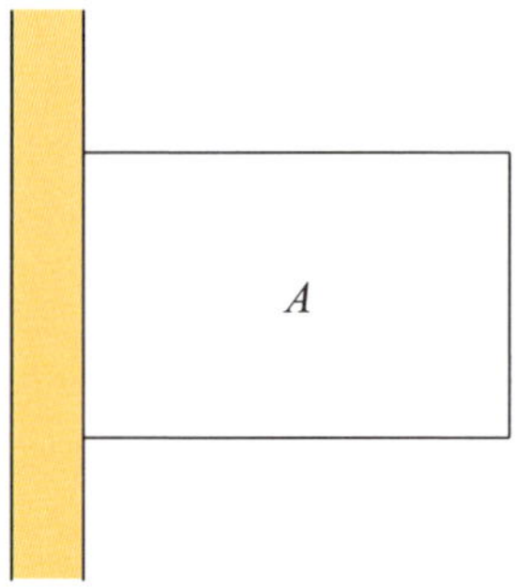

b) Die Weidefläche wird von zwei Mauern und $50\,\mathrm{m}$ Elektrozaun begrenzt.

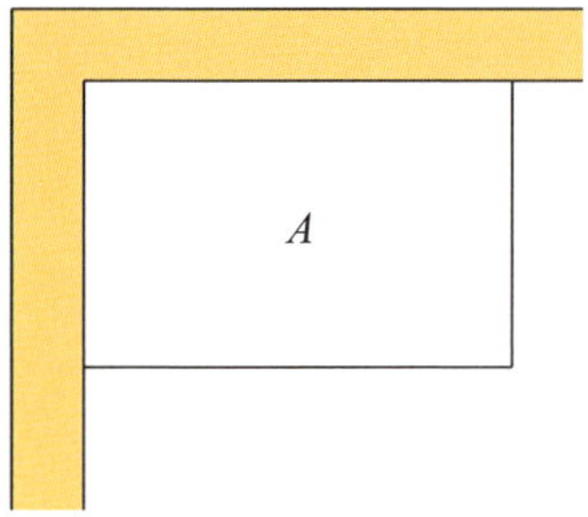

c) Die Weidefläche wird von zwei Mauern mit $a = 6\,\mathrm{m}$ und $50\,\mathrm{m}$ Elektrozaun begrenzt.

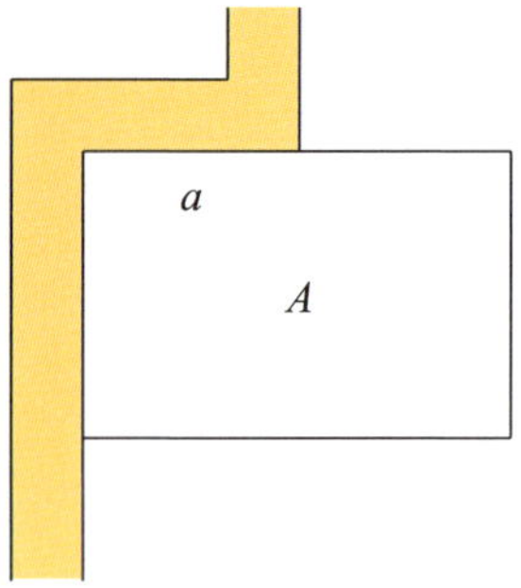

58. Ein rechteckiges Metallblech mit einer Breite von $b = 0.5\,\mathrm{m}$ soll zu einer Dachrinne mit einer rechteckigen Querschnittsfläche gebogen werden. Wie muss die Wandhöhe x gewählt werden, damit die Querschnittsfläche möglichst gross und die Wasserabflussmenge maximal wird?

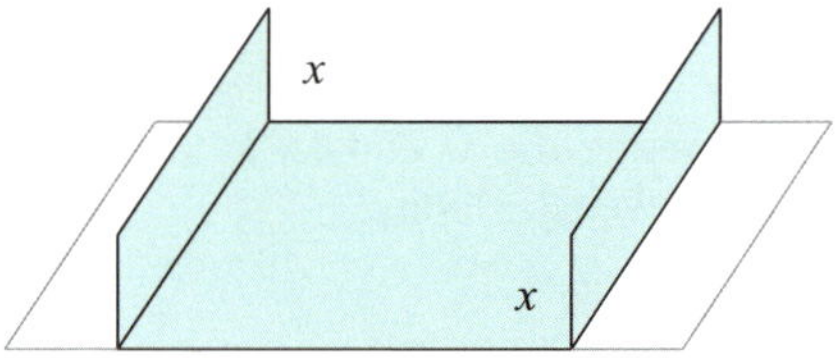

59. Ein rechteckiges Metallblech mit einer Breite von $b = 0.65\,\mathrm{m}$ soll zu einer Dachrinne mit einer halbrunden Querschnittsfläche gebogen werden. Wie muss die Breite x der Rinne gewählt werden, damit die Querschnittsfläche möglichst gross und die Wasserabflussmenge maximal wird?

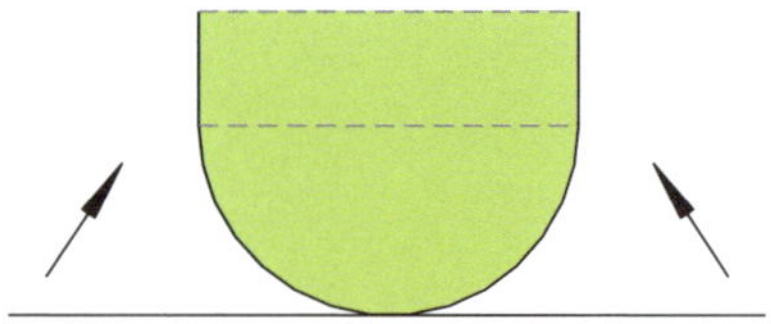

60. Aus einer dreieckigen Steinplatte mit $a = 0.4\ \mathrm{m}$ und $b = 0.6\ \mathrm{m}$ soll eine rechteckige Platte mit der Länge x herausgesägt werden. Wie muss x gewählt werden, damit die Fläche der rechteckigen Platte möglichst gross wird? Wie breit ist das Rechteck? Welcher Anteil (in Prozent) der ursprünglichen Dreiecksfläche entfällt auf die grösste Rechtecksfläche?

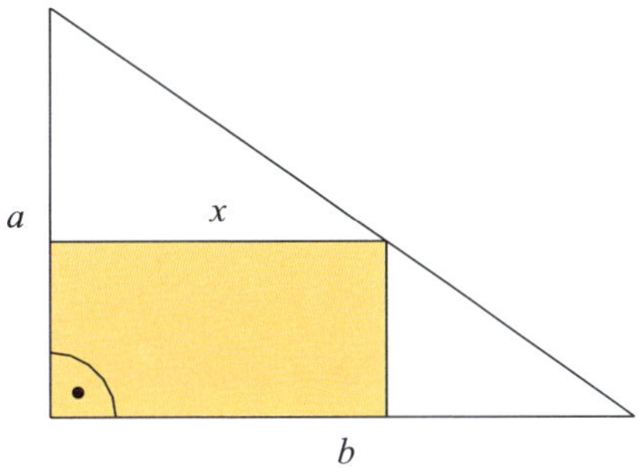

61. Aus einer trapezförmigen Tischplatte mit $a = 0.8\ \mathrm{m}$, $b = 1.2\ \mathrm{m}$ und $c = 0.7\ \mathrm{m}$ soll eine rechteckige mit der Länge x herausgesägt werden. Wie muss x gewählt werden, dass die Fläche der rechteckigen Platte möglichst gross wird? Wie breit ist das Rechteck? Welcher Anteil (in Prozent) der ursprünglichen Trapezfläche entfällt auf die grösste Rechtecksfläche?

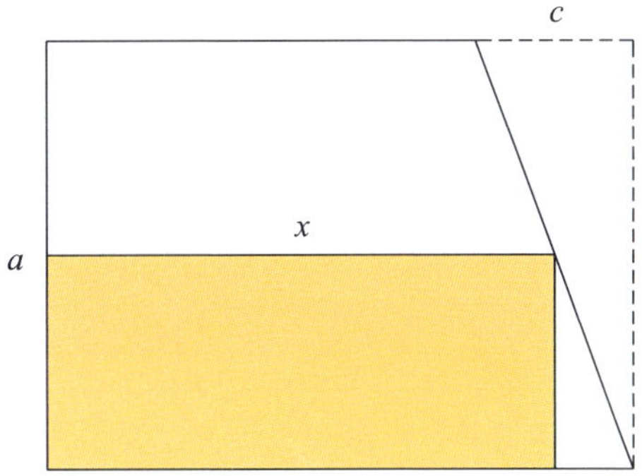

62. Im Dachgeschoss eines Hauses soll ein Atelier mit möglichst viel Tageslicht eingerichtet werden. Im Hausgiebel mit der Grundlinie $g = 8\ \mathrm{m}$ und der Höhe $h = 3.5\ \mathrm{m}$ wird eine rechteckige Glaswand eingebaut. Wie müssen Breite a und Höhe b der Glaswand gewählt werden, damit möglichst viel Licht einfällt?

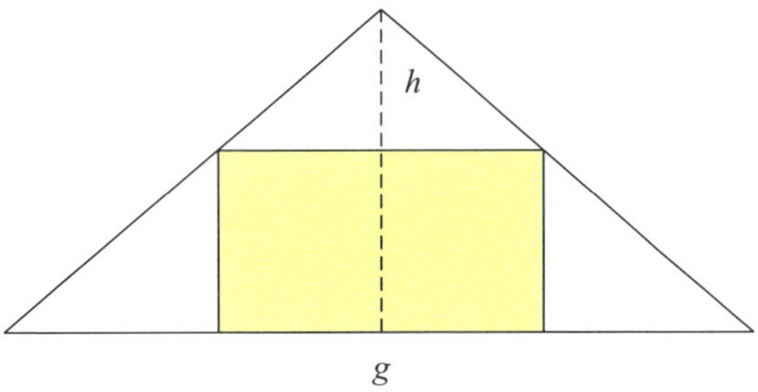

16 Umkehrfunktionen

16.1 Umkehrbarkeit von Funktionen

Wie in Kapitel 13 behandelt, ist eine Funktion $f\colon \mathbb{D} \to \mathbb{B}$ eine **eindeutige** Abbildung, die jedem Argument $x \in \mathbb{D}$ **genau einen** Funktionswert $y \in \mathbb{B}$ zuordnet:

$$x \mapsto y$$

Nun suchen wir eine sogenannte Umkehrfunktion $g\colon \mathbb{B} \to \mathbb{D}$, die umgekehrt jeden **gegebenen Funktionswert** $y \in \mathbb{B}$ auf das **dazugehörige Argument** $x \in \mathbb{D}$ abbildet:

$$y \mapsto x$$

Da nicht jede Funktion f umkehrbar ist, benötigen wir **Kriterien**, um die Umkehrbarkeit von f beurteilen zu können. Dabei betrachten wir die folgenden Funktionseigenschaften:

Definition Gegeben ist die Funktion $f\colon \mathbb{D} \to \mathbb{B}$. Die Funktion f ist
- *injektiv*, wenn jedes Element der Bildmenge $\mathbb{B}$ *höchstens* einmal getroffen wird.
- *surjektiv*, wenn jedes Element der Bildmenge $\mathbb{B}$ *mindestens* einmal getroffen wird.
- *bijektiv*, wenn jedes Element der Bildmenge $\mathbb{B}$ *genau* einmal getroffen wird.

Kommentar
- Bei surjektiven und bijektiven Funktion ist $\mathbb{B} = \mathbb{W}$.
- Eine Funktion, die injektiv und surjektiv ist, muss auch bijektiv sein.

Mit einem Pfeildiagramm lassen sich die drei Eigenschaften gut veranschaulichen:

f_1: **bijektiv**

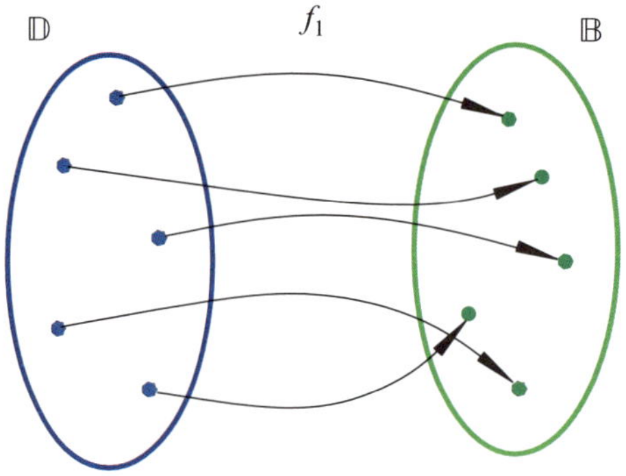

f_2: **injektiv**

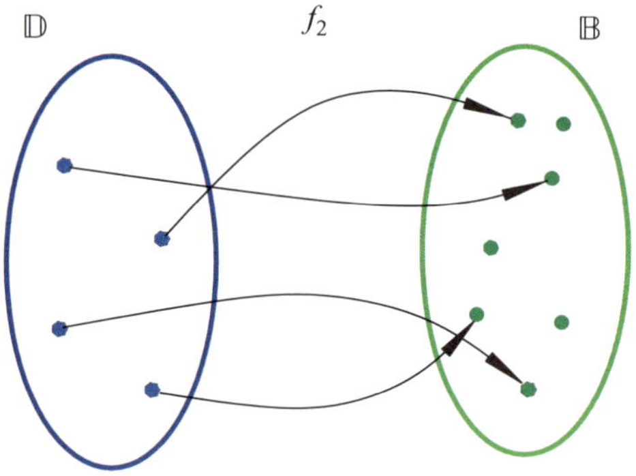

f_3: **surjektiv**

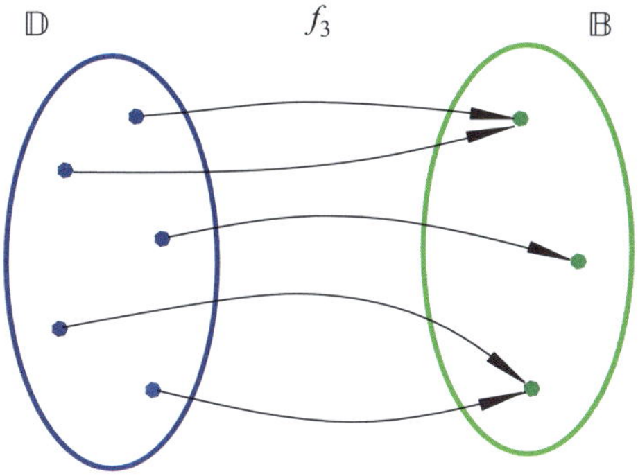

f_4: –

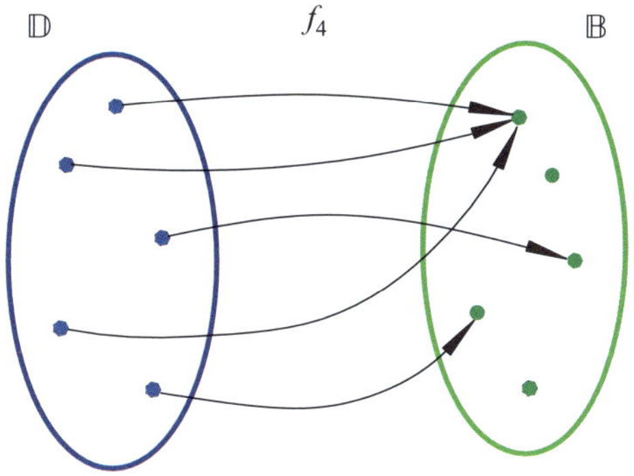

Mithilfe der Funktionseigenschaft «bijektiv» definieren wir die Umkehrfunktion wie folgt:

Definition **Umkehrfunktion**

Zu jeder bijektiven Funktion $f\colon \mathbb{D} \to \mathbb{B}$ existiert eine eindeutige Funktion f^{-1} mit der Eigenschaft:

$f^{-1}\colon \mathbb{B} \to \mathbb{D};\ f^{-1}(f(x)) = x$ für alle $x \in \mathbb{D}$ oder

$f^{-1}\colon \mathbb{B} \to \mathbb{D};\ f(f^{-1}(x)) = x$ für alle $x \in \mathbb{B}$

Die Funktion f^{-1} heisst *Umkehrfunktion* der Funktion f.

Kommentar

- Die Schreibweise f^{-1} (gesprochen «*Umkehrfunktion von f*») darf nicht mit dem Kehrwert einer Zahl $a^{-1} = \frac{1}{a}$ verwechselt werden.
- Die Umkehrfunktion von f wird auch mit $\bar{f}$ oder $\tilde{f}$ bezeichnet.

Von den oben in Pfeildiagrammen dargestellten Funktionen f_1 bis f_4 ist also nur f_1 umkehrbar:

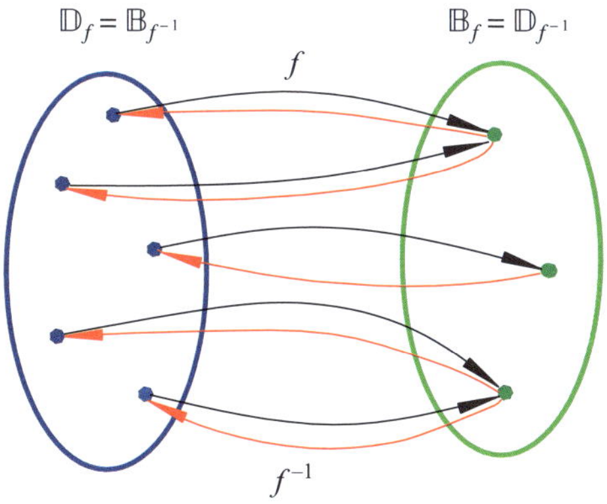

Auch am Graphen wird ersichtlich, dass die Umkehrfunktion f^{-1} die Funktion f wieder rückgängig macht.

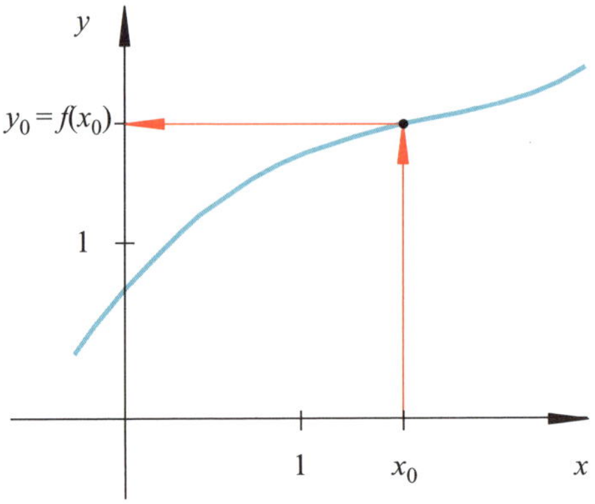

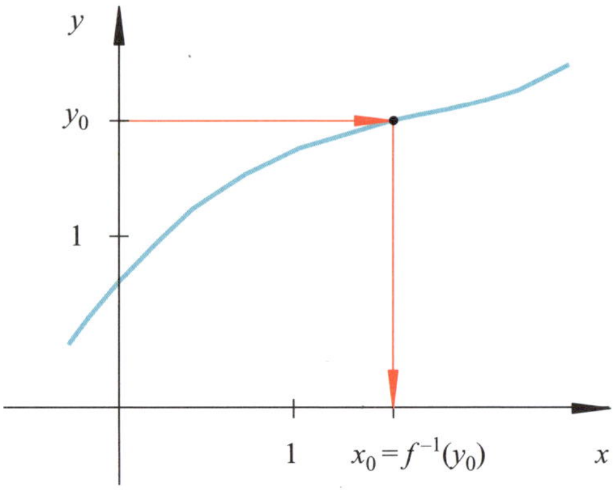

Ob der Graph G_f zu einer umkehrbaren Funktion f gehört oder nicht, können wir an der **Anzahl Schnittpunkte** beurteilen, die eine **horizontale Gerade** mit G_f hat:

umkehrbare Funktion f_1:
ein Schnittpunkt

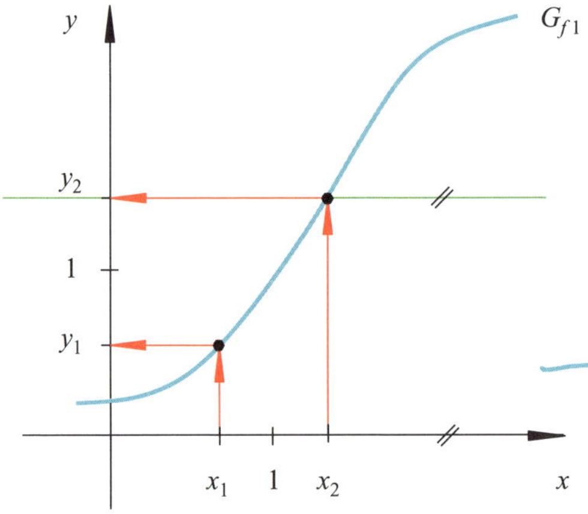

nicht umkehrbare Funktion f_2:
zwei Schnittpunkte

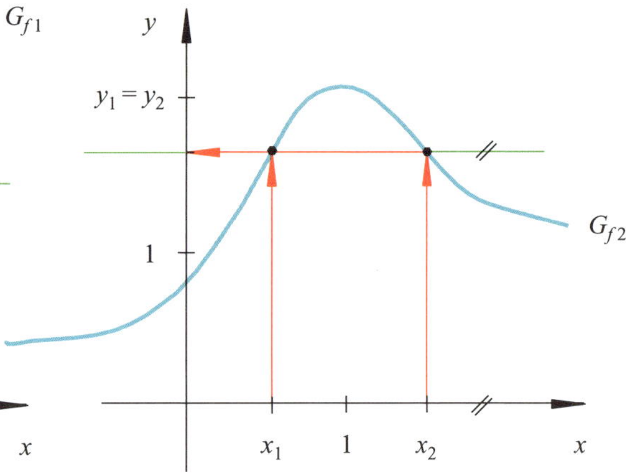

Horizontalentest

Wenn *jede* mögliche *Parallele zur x-Achse* den Graphen einer Funktion in *höchstens einem Punkt* schneidet, dann ist die Funktion *umkehrbar*.

◆ **Übungen 72 → S. 290**

16.2 Bestimmen der Umkehrfunktion

Nachdem festgestellt worden ist, dass eine Funktion f umkehrbar ist, stellt sich die Frage, wie die Umkehrfunktion bestimmt werden kann. Dies kann **algebraisch** oder **grafisch** geschehen.

Algebraisches Berechnen der Umkehrfunktion

Die *Umkehrfunktion* f^{-1} einer *umkehrbaren* Funktion f lässt sich in zwei Schritten bestimmen:

(1) Man löst die Funktionsgleichung $y = f(x)$ nach dem *Argument* x auf und erhält die Funktion $x = f^{-1}(y)$.

(2) Durch *formales Vertauschen* der beiden Variablen x und y gewinnt man die gesuchte Umkehrfunktion $y = f^{-1}(x)$.

Kommentar

- Durch den Variablentausch werden die Definitionsmenge $\mathbb{D}$ und die Wertemenge $\mathbb{W}$ vertauscht.
- Das Auflösen der Funktionsgleichung $y = f(x)$ nach der Variablen x ist nicht immer möglich und nicht immer eindeutig.

■ **Beispiel**

Gegeben ist die Funktion $f\colon \mathbb{R} \to \mathbb{R}; y = \frac{1}{3}x - \frac{1}{3}$.

Bestimmen Sie die Funktionsgleichung $y = f^{-1}(x)$ der Umkehrfunktion f^{-1} und zeichnen Sie die Graphen von G_f und $G_{f^{-1}}$ in ein Koordinatensystem.

Lösung:

Nach x auflösen:

$$y = \frac{1}{3}x + \frac{1}{3} \quad \Rightarrow \quad 3y = x + 1 \quad \Rightarrow \quad x = 3y - 1$$

Vertauschen der Variablen:

$$f^{-1}\colon y = 3x - 1$$

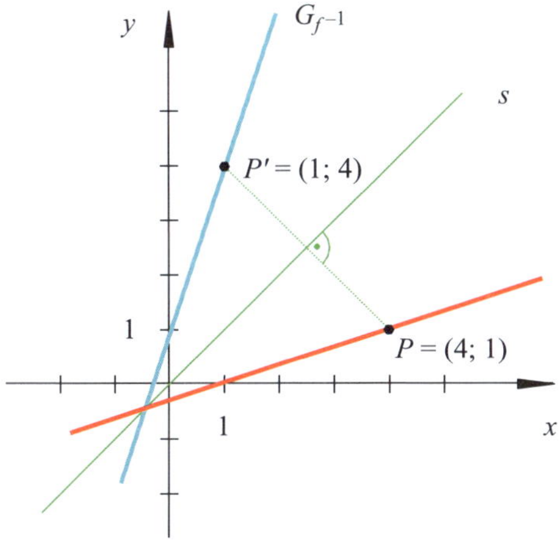

Wie das Beispiel zeigt, sind die Graphen einer Funktion f und ihrer Umkehrfunktion f^{-1} **achsensymmetrisch** zur Geraden s: $y = x$, der **Winkelhalbierenden** des I. und III. Quadranten.

Der Punkt P wird auf P' abgebildet. Dabei werden die Koordinaten 1 und 4 vertauscht:

$$P = (x_P; y_P) = (4; 1) \quad \rightarrow \quad P' = (x_{P'}; y_{P'}) = (y_P; x_P) = (1; 4))$$

Allgemein gilt:

Graph der Umkehrfunktion

Geometrisch erhält man den *Graphen der Umkehrfunktion* f^{-1} durch *Achsenspiegelung* des Graphen von f an der Geraden s: $y = x$.

Kommentar

- Die Graphen der Funktion f und ihrer Umkehrfunktion f^{-1} sind nur dann spiegelsymmetrisch zur Winkelhalbierenden s: $y = x$, wenn $e_x = e_y$.

■ Beispiele

(1) Gegeben ist die Funktion f mit der Funktionsgleichung $y = \frac{5x+6}{3-x}$.

Bestimmen Sie die Funktionsgleichung der Umkehrfunktion f^{-1}.

Lösung:

Zuerst wird $y = f(x)$ nach x aufgelöst:

$$y = \frac{5x+6}{3-x} \quad \Rightarrow \quad 3y - xy = 5x + 6 \quad \Rightarrow \quad xy + 5x = 3y - 6$$

$$\Rightarrow \quad x = \frac{3y-6}{y+5}$$

Vertauschen der Variablen ergibt die Funktionsgleichung $y = f^{-1}(x)$:

$$y = \frac{3x-6}{x+5}$$

(2) Gegeben ist die Funktion f: $\mathbb{D} \rightarrow \mathbb{W}; y = \frac{1}{2}x^2 - x - 1$.

(a) Geben Sie die grösstmögliche Definitionsmenge $\mathbb{D}$ an, für die f umkehrbar ist.

(b) Bestimmen Sie dann die Funktionsgleichung $y = f^{-1}(x)$ der Umkehrfunktion f^{-1} und zeichnen Sie die beiden Graphen G_f und $G_{f^{-1}}$.

Lösung:

(a) Die Funktionsgleichung von f ordnet unterschiedlichen x-Werten gleiche y-Werte zu, und ist somit in $\mathbb{D} = \mathbb{R}$ nicht umkehrbar:

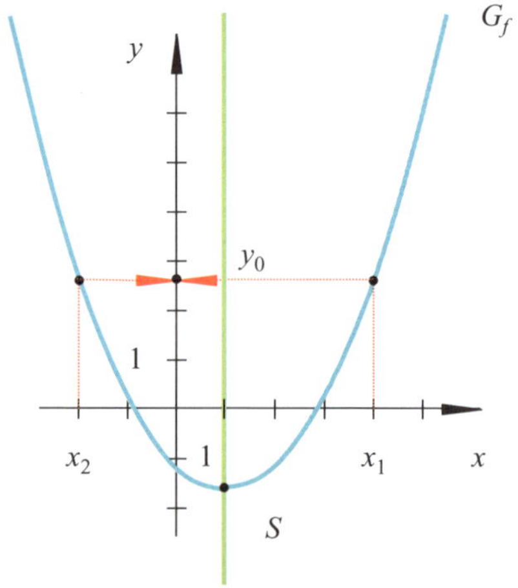

Die Definitionsmenge $\mathbb{D}$ ist so einzuschränken, dass nur noch der rechte (oder linke) Ast zum Graphen der Funktion f gehört. Dann wird f *injektiv* und somit *umkehrbar*. Dazu benötigen wir die x-Koordinate u des Scheitelpunkts S:

$$u = -\frac{b}{2a} \quad \Rightarrow \quad u = -\frac{-1}{2 \cdot \frac{1}{2}} = -\frac{-1}{1} = 1$$

Der Definitionsbereich $\mathbb{D}$ kann auf zwei Arten eingeschränkt werden, damit f umkehrbar wird. Wir wählen für $\mathbb{D}$ entweder $[1;\ \infty[$ (rechter Ast) oder $]-\infty;\ 1]$ (linker Ast).

(b) Wir lösen die Funktionsgleichung $y = f(x)$ nach x auf:

$$y = \frac{1}{2}(x-1)^2 - \frac{3}{2} \quad \Rightarrow \quad (x-1)^2 = 2\left(y + \frac{3}{2}\right) = 2y + 3$$

$$\Rightarrow \quad x - 1 = \pm\sqrt{2y+3} \quad \Rightarrow \quad x = \pm\sqrt{2y+3} + 1$$

Wir wählen den rechten Ast und verwenden:

$$x = \sqrt{2y+3} + 1$$

Somit ergibt sich nach Vertauschen der Variablen die Funktionsgleichung $y = f^{-1}(x)$ von f^{-1}:

$$y = \sqrt{2x+3} + 1$$

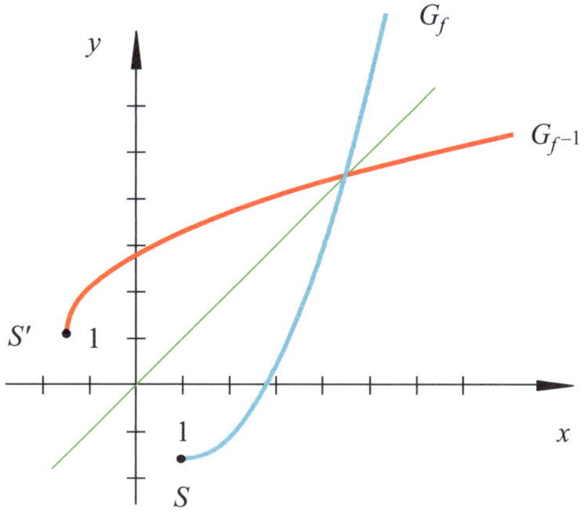

◆ Übungen 73 → S. 293

Terminologie

Achsensymmetrie
bijektiv
Horizontalentest
injektiv
surjektiv
umkehrbar
Umkehrfunktion
Winkelhalbierende

16.3 Übungen

Übungen 72

1. Welche Aussagen sind richtig?

   (1) Eine Funktion ist umkehrbar, wenn sie bijektiv ist.
   (2) Eine Funktion ist injektiv, wenn sie surjektiv und bijektiv ist.
   (3) Schneidet mindestens eine zur x-Achse parallele Gerade den Graphen einer Funktion in mindestens zwei Punkten, dann ist die Funktion nicht umkehrbar.
   (4) Lineare Funktionen sind alle umkehrbar, falls $m \neq 0$ ist.

2. Welche Eigenschaften (injektiv, surjektiv, bijektiv) haben die durch die Pfeildiagramme dargestellten Funktionen?

a)

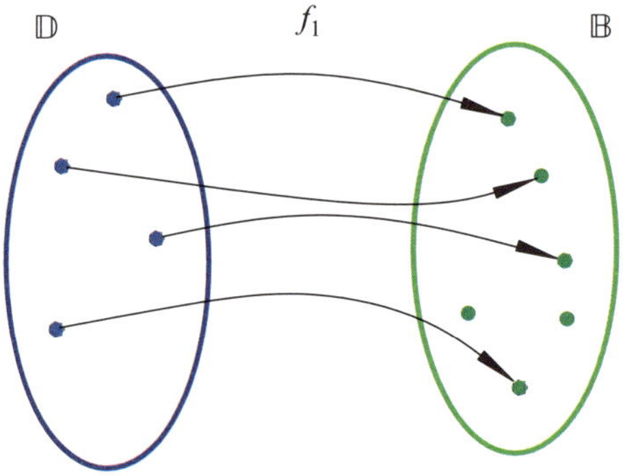

b)

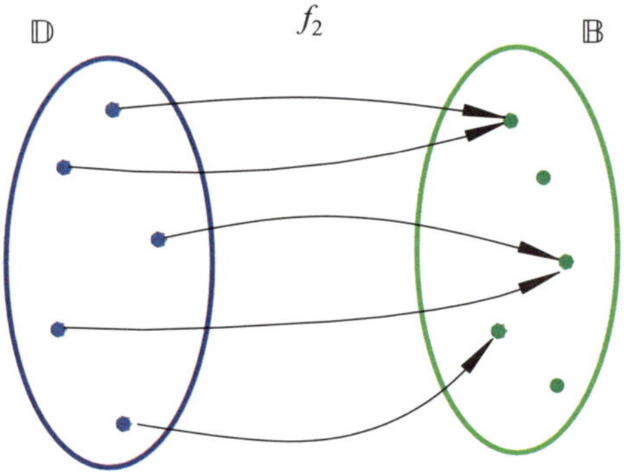

c)

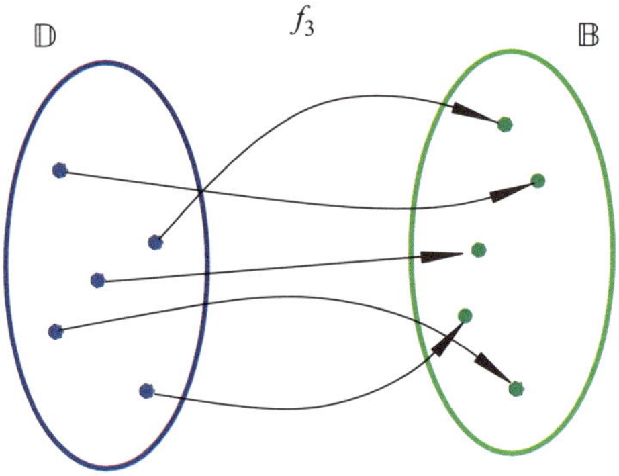

d)

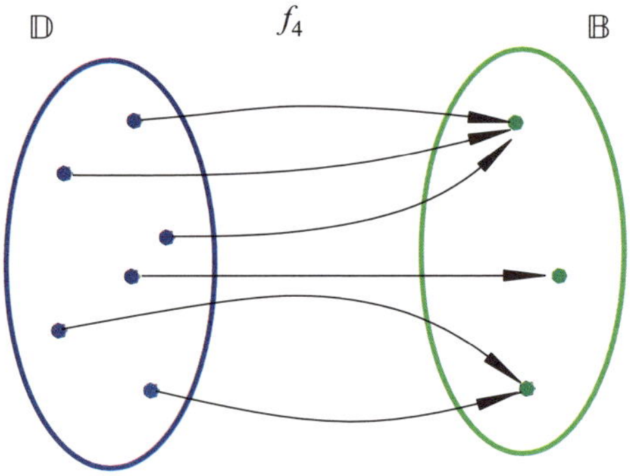

3. Welche Eigenschaften (injektiv, surjektiv, bijektiv) haben die folgenden Funktionen?

a) $f\colon \mathbb{R} \to \mathbb{R}_0^-; f(x) = x^2$
b) $f\colon \mathbb{R} \to \mathbb{R}; f(x) = x^2$
c) $f\colon \mathbb{R}_0^- \to \mathbb{R}; f(x) = x^2$
d) $f\colon \mathbb{R}_0^- \to \mathbb{R}_0^-; f(x) = x^2$
e) $f\colon \mathbb{R}^+ \to \mathbb{R}^-; f(x) = x^2$
f) $f\colon \mathbb{R}^+ \to \mathbb{R}; f(x) = \frac{1}{x}$
g) $f\colon \mathbb{R}^+ \to \mathbb{R}^+; f(x) = \frac{1}{x}$
h) $f\colon \mathbb{R}\backslash\{0\} \to \mathbb{R}^-; f(x) = \frac{1}{x}$

4. Gegeben ist die Funktion $f\colon \mathbb{R} \to \mathbb{R}; f(x) = x^2 - 3$:

a) Schränken Sie die Bildmenge so ein, dass die Funktion surjektiv wird.
b) Schränken Sie die Bildmenge so ein, dass die Funktion injektiv wird.

5. Gegeben ist die Funktion $f\colon \mathbb{R} \to \mathbb{R}; f(x) = (x - 2)^2 + 5$:

a) Schränken Sie die Bildmenge so ein, dass die Funktion surjektiv wird.
b) Schränken Sie die Bildmenge so ein, dass die Funktion injektiv wird.

6. Welche der folgenden Funktionen sind umkehrbar?

(1)	Arbeitnehmer der Schweiz über 18 Jahre	→	AHV-Nummer
(2)	Gewicht eines Pakets	→	Portokosten im Inland
(3)	erreichte Punktzahl im Test	→	Note in einem Test
(4)	Anzahl gekaufte Tafeln Schokolade	→	zu bezahlender Preis
(5)	Datum	→	Schlusskurs des Swiss Market Index (SMI)

7. Welche der folgenden Funktionen sind umkehrbar?

(1)	$x \in \mathbb{R}$	→	Betrag von x
(2)	$n \in \mathbb{N}$	→	Quersumme von n
(3)	$n \in \mathbb{N}$	→	Quadratzahl von n
(4)	$k \in \mathbb{Z}$	→	Quadratzahl von k
(5)	Kugelradius r	→	Kugelvolumen V

8. Gegeben sind die folgenden grafischen Darstellungen im Koordinatensystem:

(1)

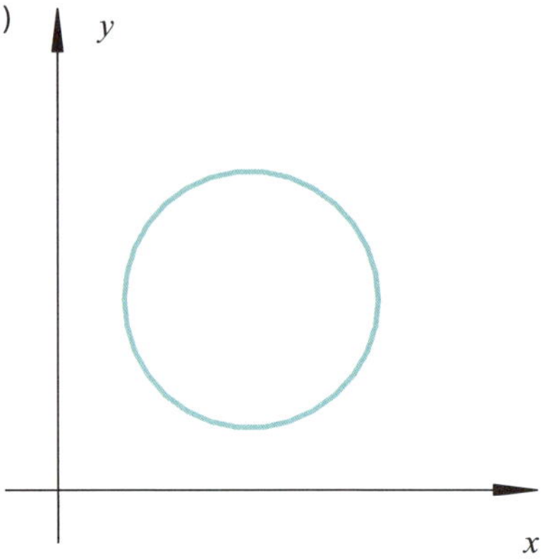

(2)

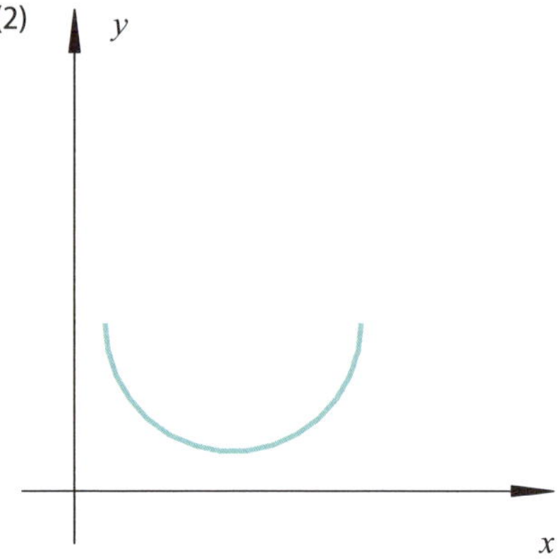

(3)

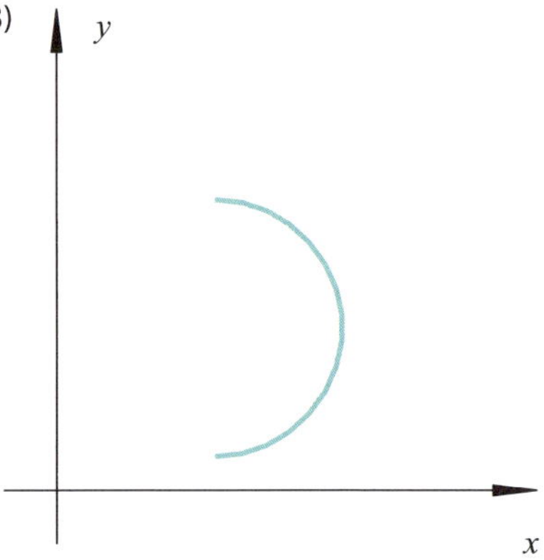

(4)

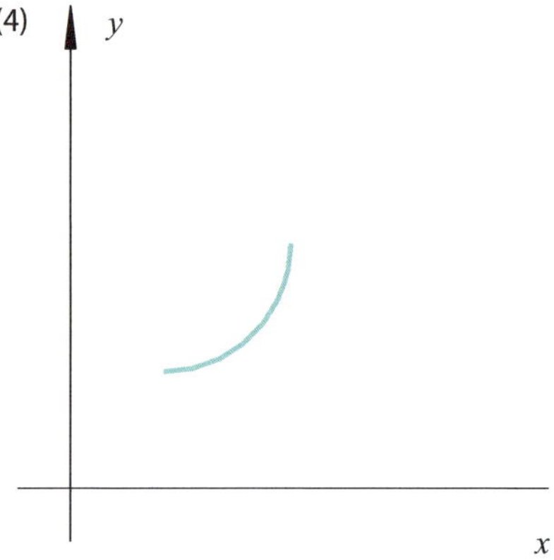

(5)

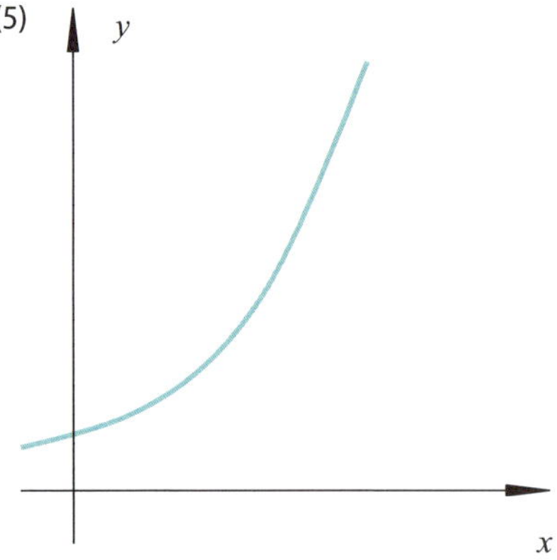

(6)

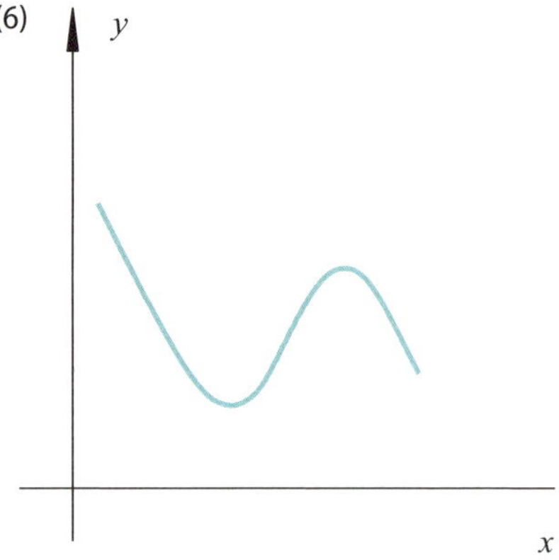

a) Welche der grafischen Darstellungen sind Graphen von Funktionen?

b) Welche grafischen Darstellungen sind Graphen von umkehrbaren Funktionen?

9. Gegeben sind die folgenden grafischen Darstellungen im Koordinatensystem:

(1)

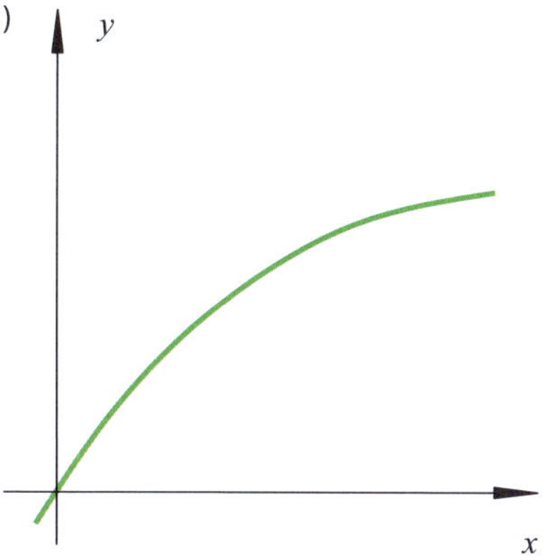

(2)

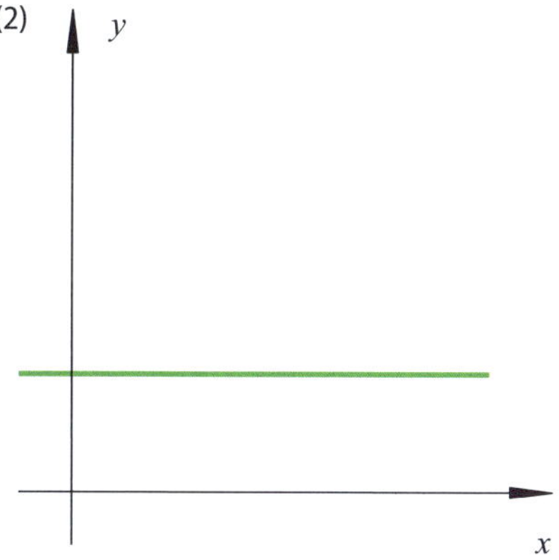

(3)

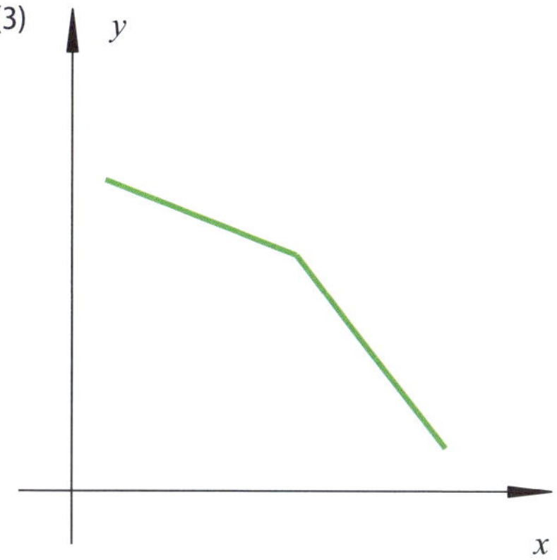

(4)

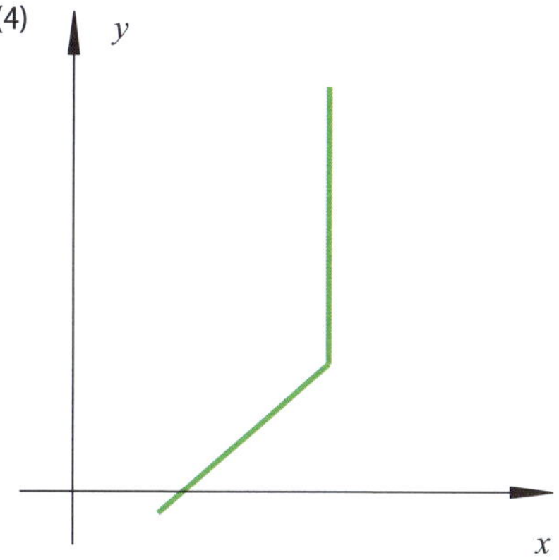

a) Welche grafischen Darstellungen sind Graphen von Funktionen?

b) Welche grafischen Darstellungen sind Graphen von umkehrbaren Funktionen?

10. Untersuchen Sie anhand des Graphen, ob die Funktionen f_1 bis f_9 eine Umkehrfunktion besitzen, wenn die Definitionsmenge grösstmöglich gewählt wird:

a) $f_1(x) = -2x + 4$ b) $f_2(x) = 4$ c) $f_3(x) = x$

d) $f_4(x) = x^2$ e) $f_5(x) = x^2 + 3x$ f) $f_6(x) = (x+3)^4$

g) $f_7(x) = x^5$ h) $f_8(x) = x^{-1}$ i) $f_5(x) = (x+1)^{-2}$

Übungen 73

11. Gegeben ist die Funktionsgleichung $y = f(x)$ einer linearen Funktion f. Geben Sie die Gleichung der Umkehrfunktionen f^{-1} in der Form $y = mx + q$ an und stellen Sie die Funktion und die dazugehörende Umkehrfunktion in einem Koordinatensystem grafisch dar:

a) $y = -2x$ b) $y = \frac{5}{4}x$ c) $y = -x + 4$

d) $y = -x - 1$ e) $y = x + 4$ f) $y = \frac{1}{2}x - 3$

g) $y = 0.2x + 0.5$ h) $y = \frac{2}{3}x + \frac{3}{2}$ i) $y = -\frac{6}{5}x + 1$

12. Der Streckenzug ABC ist der Graph einer Funktion f. Zeichnen Sie den Graphen von f zusammen mit dem seiner Umkehrfunktion f^{-1} ins gleiche Koordinatensystem.
Geben Sie auch die Definitions- und Wertemenge von f und f^{-1} an:

a) $A = (-2; 11)$ $B = (10; 3)$ $C = (12; -5)$
b) $A = (-8; 4)$ $B = (-2; 0)$ $C = (2; 7)$

13. Zeigen Sie, dass alle Funktionen f bis m umkehrbar sind und geben Sie die Funktionsgleichungen der Umkehrfunktionen f^{-1} bis m^{-1} an:

a) $f\colon y = 3x - 6$ b) $g\colon y = 2x + 5$ c) $h\colon y = x^3$
d) $k\colon y = \frac{x+3}{x-2}$ e) $l\colon y = \frac{2x-3}{x+1}$ f) $m\colon y = \sqrt{x+2}$

14. Gegeben sind Funktionsgleichungen von umkehrbaren Funktionen. Geben Sie die Definitionsmenge $\mathbb{D}$ und die Gleichungen der Umkehrfunktionen an:

a) $f(x) = \frac{1}{x} + 1$ b) $f(x) = \frac{1}{x+3}$ c) $f(x) = 5x^{-1}$
d) $f(x) = \frac{1}{2}\sqrt{x}$ e) $f(x) = -\sqrt{x}$ f) $f(x) = \sqrt{x} - 2$
g) $f(x) = \sqrt{x-2}$ h) $f(x) = \frac{x}{1-x}$ i) $f(x) = \frac{x-2}{2x-1}$

15. Stellen Sie die Funktion f mit $y = f(x)$ grafisch dar und beurteilen Sie, ob f in $\mathbb{D} = \mathbb{R}_0^+$ umkehrbar ist. Zeichnen Sie den Graphen der Umkehrfunktion f^{-1} ins gleiche Koordinatensystem, falls er existiert:

a) $y = 2x^2 + 3$ b) $y = (x+4)^2$ c) $y = \frac{1}{2}x^2 + 2x - 2$

16. Schränken Sie die Definitionsmenge der quadratischen Funktion f so ein, dass sie umkehrbar wird, und bestimmen Sie die Funktionsgleichung der Umkehrfunktion f^{-1}. Geben Sie auch die Definitionsmenge und die Wertemenge von f^{-1} an.

a) $f(x) = x^2 + 6x - 1$ b) $f(x) = -\frac{1}{2}x^2 + x + \frac{5}{2}$ c) $f(x) = \frac{1}{5}x^2 + \frac{3}{5}x + \frac{9}{20}$

17. Bestimmen Sie die Parameter λ und μ der Funktionsgleichung so, dass f eine umkehrbare Funktion ist und f^{-1} deren Umkehrfunktion mit $f(x) = f^{-1}(x)$.

a) $f(x) = \lambda x + \mu$ b) $f(x) = \frac{x-\lambda}{x-\mu}$ c) $f(x) = \frac{\lambda x}{x+\mu}$

17 Potenz- und Wurzelfunktionen

17.1 Potenzfunktionen

Eine Funktion f kann der abhängigen Variablen y eine **Potenz** der unabhängigen Variablen x zuweisen, beispielsweise durch $f: y = f(x) = x^3$.

Definition **Potenzfunktion**

Eine Funktion f: $\mathbb{R} \to \mathbb{R}$ mit einer Gleichung der Form:

$$y = f(x) = ax^n \tag{1}$$

$n \in \mathbb{Z}\backslash\{0\}$ und $a \in \mathbb{R}\backslash\{0\}$

Kommentar:

- Mit $n = 0$ als Exponent ergibt sich die konstante Funktion $y = f(x) = x^0 = 1$. Dieser Spezialfall gehört nicht zu den Potenzfunktionen.
- Mit $n = 1$ als Exponent ergibt sich die lineare Funktion $y = f(x) = x^1 = x$. Dieser Spezialfall gehört zu den Potenzfunktionen.

17.1.1 Potenzfunktionen mit natürlichen Exponenten

Die Graphen von Potenzfunktionen mit natürlichen Exponenten (ohne die Null) verlaufen parabelförmig.

Definition **Parabel n-ter Ordnung**

Der Graph einer Potenzfunktion mit $n \in \mathbb{N}^* = \{1; 2; 3; \ldots\}$

Wir setzen $a = 1$ und untersuchen den **Einfluss** des **Exponenten** n auf die Form der Parabel. Es ist zwischen Potenzfunktionen mit **ungeradem Exponenten** (links) und **geradem Exponenten** (rechts) zu unterscheiden:

$f_1: y = x^{2n-1}, n \in \mathbb{N}^*$

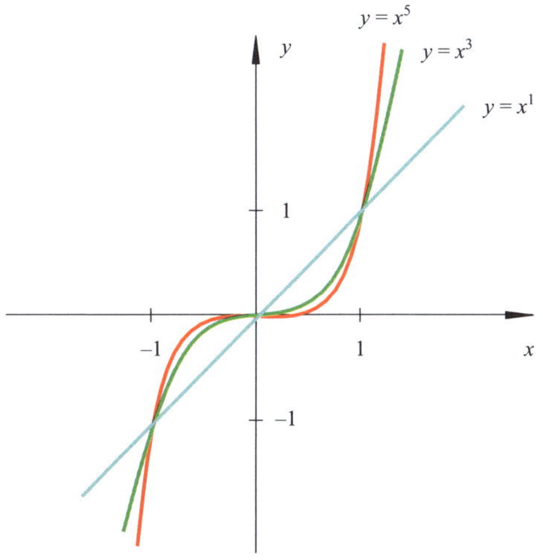

$f_2: y = x^{2n}, n \in \mathbb{N}^*$

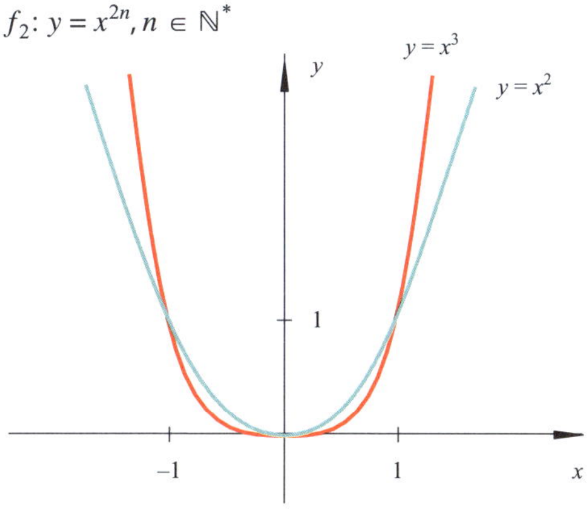

Eigenschaften	$f_1: y = x^{2n-1}, n \in \mathbb{N}^*$	$f_2: y = x^{2n}, n \in \mathbb{N}^*$
Definitionsmenge	$\mathbb{D} = \mathbb{R}$	$\mathbb{D} = \mathbb{R}$
Wertemenge	$\mathbb{W} = \mathbb{R}$	$\mathbb{W} = \mathbb{R}_0^+$
Gemeinsame Punkte	$(0; 0); (1; 1); (-1; -1)$	$(0; 0); (1; 1); (-1; 1)$
Nullstellen	$x_0 = 0$	$x_0 = 0$
Symmetrien	$f(-x) = -f(x)$: **Punktsymmetrie** bezüglich dem Ursprung $(0; 0)$, **ungerade** Funktion.	$f(-x) = f(x)$: **Achsensymmetrie** bezüglich der y-Achse, **gerade Funktion**.

Kommentar

- $S = (0; 0)$ heisst **Terrassenpunkt** bei Potenzfunktionen mit ungeraden, **Flachpunkt** bei Potenzfunktionen mit geraden Exponenten.

■ Beispiele

(1) Gegeben sei die Funktion $f_1: y = \frac{1}{4} \cdot x^5$.

Der Graph der Funktion f_2 entsteht aus dem Graphen von f_1 durch eine Verschiebung um 4 Einheiten nach rechts und um 3 Einheiten nach oben.
Geben Sie die Funktionsgleichung von f_2 an.

Lösung:
Wir wenden die Regeln aus Kapitel 13 an und erhalten:

$$f_2: y = \frac{1}{4} \cdot (x-4)^5 + 3$$

(2) Bestimmen Sie die Nullstellen der Funktion $f: y = (x-3)^4 - 16$.

Lösung:
Wir setzen $y = 0$ in die Funktionsgleichung ein und lösen nach dem Argument x auf:

$$0 = (x-3)^4 - 16 \quad \Rightarrow \quad (x-3)^4 = 16 \quad \Rightarrow \quad (x-3) = \sqrt[4]{16} = \pm 2$$

$$x_1 = 2 + 3 = 5$$

$$x_2 = -2 + 3 = 1$$

(3) Zeigen Sie, dass die Funktion $f: y = f(x) = \frac{1}{2}x^8 - 3$ gerade ist.

Lösung:
Wir verwenden die Definitionen aus Kapitel 13. Es muss $f(-x) = f(x)$ gelten. Wir ersetzen x durch $-x$:

$$f(-x) = \frac{1}{2}(-x)^8 - 3 = \frac{1}{2}x^8 - 3 = f(x)$$

(4) Lösen Sie die Gleichung $x^3 = x + 1$ grafisch.

Lösung:
Wir fassen beide Seiten der Gleichung als Funktionsterme auf und stellen f: $y = x^3$ und g: $y = x + 1$ grafisch dar.

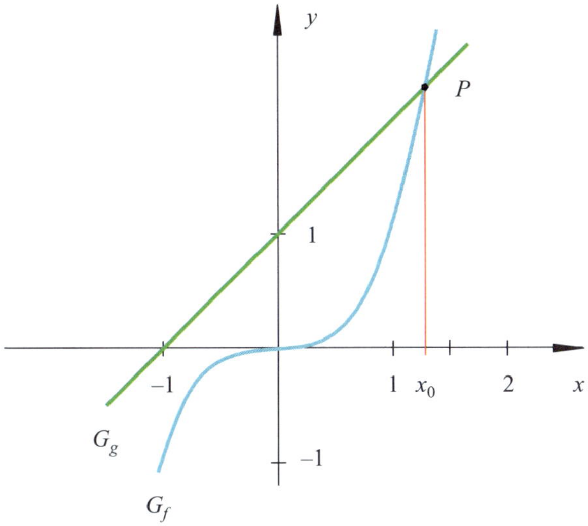

Anhand der Graphen G_f und G_g stellt man fest, dass es nur eine Lösung im Punkt P gibt.

Diese Lösung liegt im Intervall $x_0 \in [1; 1.5]$. Im Koordinatensystem lesen wir aus einer genaueren Zeichnung $x_0 \approx 1.32$ ab.

◆ Übungen 74 → S. 303

17.1.2 Potenzfunktionen mit negativen Exponenten

Die Graphen von Potenzfunktionen mit negativen Exponenten beschreiben eine Hyperbel.

Definition	**Hyperbel n-ter Ordnung**
	Der Graph einer Potenzfunktion mit $n \in \mathbb{Z}^- = \{-1; -2; -3; \dots\}$

Kommentar:

- Der Funktionsterm kann auch als Bruch mit positivem Exponenten geschrieben werden (vgl. Kapitel 4, Potenzgesetze).
- Statt $y = f(x) = x^n$ mit $n \in \mathbb{Z}^- = \{-1; -2; -3; \dots\}$ schreiben wir auch $y = f(x) = x^{-n} = \frac{1}{x^n}$ mit $n \in \mathbb{N}^* = \{1; 2; 3; \dots\}$.

Wir setzen $a = 1$ und untersuchen den Einfluss des Exponenten n auf die Form der Hyperbel. Es ist zwischen **ungeraden Exponenten** (links) und **geraden Exponenten** (rechts) zu unterscheiden.

$f_1: y = x^{-2n+1} = \frac{1}{x^{2n-1}}, n \in \mathbb{N}^*$

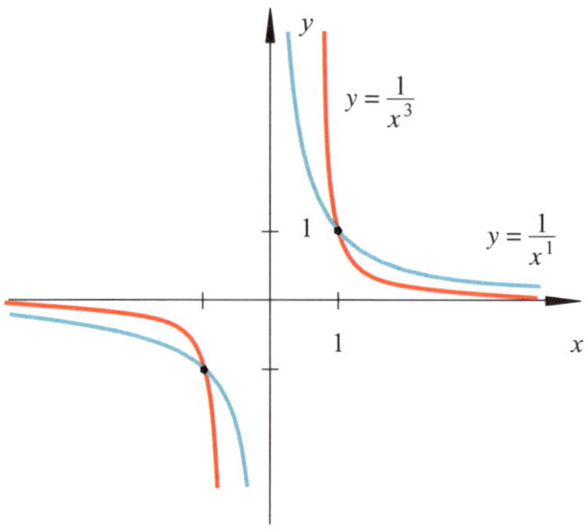

$f_2: y = x^{-2n} = \frac{1}{x^{2n}}, n \in \mathbb{N}^*$

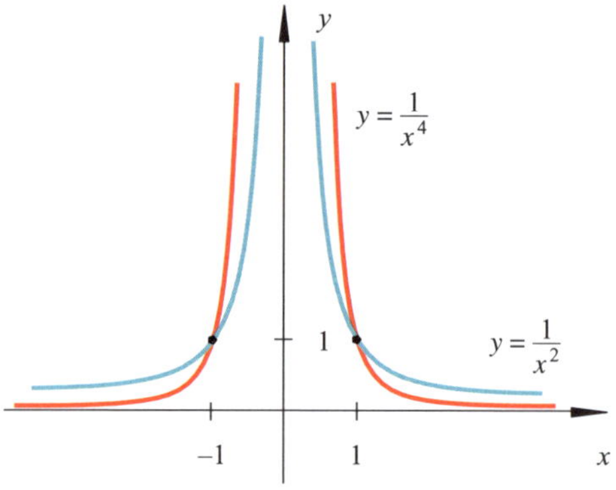

Eigenschaften	$f_1\colon y = x^{-2n+1} = \frac{1}{x^{2n-1}}, n \in \mathbb{N}^*$	$f_2\colon y = x^{-2n} = \frac{1}{x^{2n}}, n \in \mathbb{N}^*$
Definitionsmenge	$\mathbb{D} = \mathbb{R}\backslash\{0\}$	$\mathbb{D} = \mathbb{R}\backslash\{0\}$
Wertemenge	$\mathbb{W} = \mathbb{R}\backslash\{0\}$	$\mathbb{W} = \mathbb{R}^+$
Gemeinsame Punkte	$(1; 1); (-1; -1)$	$(1; 1); (-1; 1)$
Ordinatenabschnitt	–	–
Nullstellen	–	–
Symmetrien	$f(-x) = -f(x)$: **Punktsymmetrie** bezüglich dem Ursprung $(0; 0)$, **ungerade** Funktion	$f(-x) = f(x)$: **Achsensymmetrie** bezüglich der y-Achse, **gerade** Funktion
Asymptoten	$x = 0; y = 0$	$x = 0; y = 0$

Mit grösser werdender Entfernung vom Ursprung des Koordinatensystems nähern sich die Hyperbel-Äste den Achsen des Koordinatensystems an. Man bezeichnet dies als **asymptotisches Verhalten** des Graphen. Die folgenden Definitionen in Worten sind mathematisch nicht exakt, taugen aber für unsere Zwecke.

Definition **Horizontale Asymptote**

Eine Gerade, an die sich der Graph einer Funktion mit immer grösser werdender *Entfernung* vom *Ursprung* des Koordinatensystems in *x-Richtung* immer mehr an*nähert*, ohne sie zu schneiden.

Kommentar

- Die **horizontale Asymptote** einer Hyperbel mit $y = x^{-n}, n \in \mathbb{N}^*$ ist die x-**Achse** mit $y = 0$.

Eine Hyperbel besteht aus **zwei** nicht verbundenen Ästen. An der Stelle $x = 0$ hat das Argument der Funktion eine einpunktige **Definitionslücke** (Division durch null).

Definition	**Vertikale Asymptote**
	Eine Gerade, an die sich der Graph einer Funktion mit immer grösser werdender *Entfernung* vom *Ursprung* des Koordinatensystems in *y-Richtung* immer mehr an*nähert*, ohne sie zu schneiden.

Kommentar

- Die **vertikale Asymptote** der Hyperbel mit $y = x^{-n}$, $n \in \mathbb{N}^*$ ist die **y-Achse** mit $x = 0$.
- Die Definitionslücke an der Stelle x_0 wird auch als **Polstelle** oder kurz **Pol** bezeichnet, die senkrechte Gerade $x = x_0$ als **Polgerade**.

■ Beispiele

(1) Gegeben sei die Hyperbel mit der Funktionsgleichung $l_1 : y = \frac{1}{x^3}$.

(a) Wie lautet die Funktionsgleichung von l_2, die durch eine Translation um 2 Einheiten nach links und 3 Einheiten nach unten aus der Funktion l_1 hervorgeht?

(b) Bestimmen Sie die Asymptoten der Hyperbel l_2.

Lösung:

(a) $l_2 \colon y = \frac{1}{(x-u)^3} + v = \frac{1}{(x-(-2))^3} + (-3) = \frac{1}{(x+2)^3} - 3$

(b) Eine Definitionslücke besteht an der Stelle $x_0 = -2$. Die Gerade mit der Funktionsgleichung $x = -2$ ist *vertikale Asymptote* oder Polgerade der Hyperbel l_2.
Wegen der Verschiebung nach unten ist die Gerade $y = -3$ *horizontale Asymptote* der Hyperbel l_2.

(2) Das Gesetz von Boyle-Mariotte

$$pV = \text{const.}$$

beschreibt den Zusammenhang zwischen dem Druck p und dem Volumen V eines idealen Gases bei konstanter Temperatur.
Geben Sie den Druck p in Abhängigkeit des Volumens V an, wenn die Konstante $pV = 450$ J beträgt.

Lösung:

$$p = p(V) = \frac{450\ \text{J}}{V} = 450\ \text{J} \cdot \frac{1}{V}$$

Das ist die Funktionsgleichung einer Hyperbel.

Beispiel (2) zeigt, dass bei einem **konstanten Produkt** zweier Grössen der Graph dieser gegenseitigen Abhängigkeit eine Hyperbel ist. Ein weiteres Beispiel ist das Ohmsche Gesetz. Bei konstanter Spannung U gilt für den Strom I und den Widerstand R: $U = R \cdot I$.

◆ **Übungen 75 → S. 306**

17.2 Wurzelfunktionen

17.2.1 Wurzelfunktionen und Potenzfunktionen

Lassen wir bei den Potenzfunktionen auch rationale Exponenten der Form $\frac{1}{n}$ mit $n \in \mathbb{N}^*$ zu, dann erhalten wir wegen $a^{\frac{1}{n}} = \sqrt[n]{a}$ Funktionen, bei denen das Argument x unter einer Wurzel steht:

Definition **Wurzelfunktion**

Eine Funktion f: $\mathbb{R}_0^+ \to \mathbb{R}_0^+$ mit der Gleichung der Form:

$$y = f(x) = \sqrt[n]{x} = x^{\frac{1}{n}} \qquad (2)$$

$n \in \mathbb{N}^*$

Kommentar

- Die **Wurzelfunktion** ist die **Umkehrfunktion** der **Potenzfunktion** f und umgekehrt:

$$f\colon y = x^n \quad \Rightarrow \quad \sqrt[n]{y} = \sqrt[n]{x^n} \quad \Rightarrow \quad x = \sqrt[n]{y} \quad \Rightarrow \quad f^{-1}\colon y = \sqrt[n]{x} \qquad (3)$$

Wir unterscheiden zwischen Potenzfunktionen mit **geraden** und **ungeraden Exponenten.** Betrachten wir exemplarisch die **quadratische** Funktion f_1 und die **kubische** Funktion f_2:

(1) $f_1\colon y = x^2, x \in \mathbb{R}_0^+$

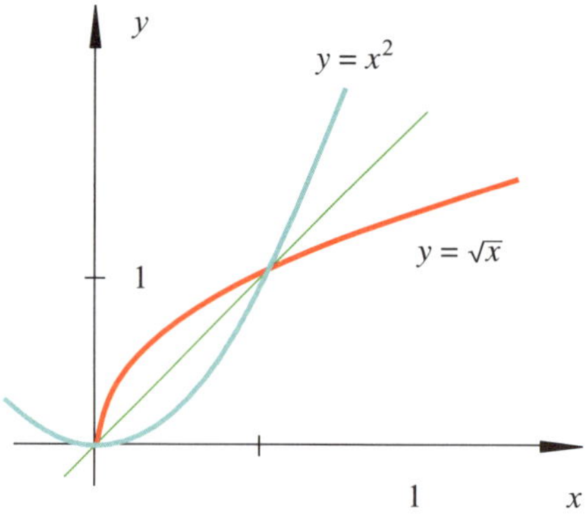

(2) $f_2\colon y = x^3, x \in \mathbb{R}$

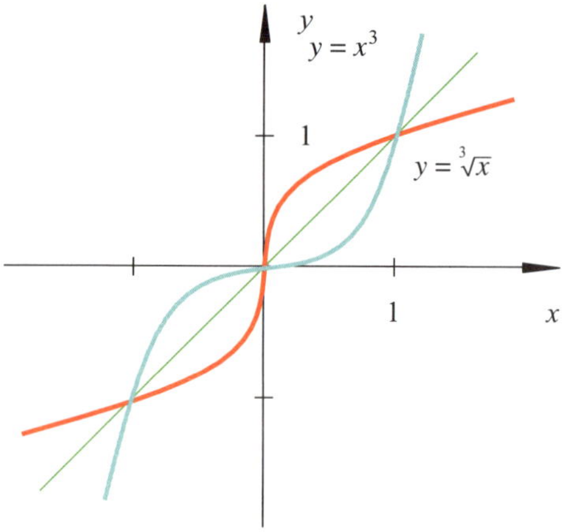

(1) Die Funktion f_1 ist in ihrem **ganzen Definitionsbereich** $\mathbb{R}$ **nicht umkehrbar**.

Beschränken wir uns jedoch auf den rechten Parabelast im 1. Quadranten, das heisst auf $x \in \mathbb{R}_0^+$, dann wird die Potenzfunktion $f_1\colon y = x^2$ umkehrbar. Ihre Umkehrfunktion ist die Wurzelfunktion f_1^{-1}:

$$f_1^{-1}\colon y = \sqrt{x} \qquad (4)$$

Allgemein ist **jede** Potenzfunktion mit einem **geraden** Exponenten für $\mathbb{D} = \mathbb{R}_0^+$ **umkehrbar**.

Ebenso wäre der linke Ast von $f_1\colon y = x^2$ mit $x \in \mathbb{R}_0^-$ umkehrbar. Die Umkehrfunktion hiesse dann:

$$f_1^{-1}\colon y = -\sqrt{x} \quad \text{mit } x \in \mathbb{R}_0^+ \tag{5}$$

(2) Die Funktion $f_2\colon y = x^3$ erfüllt in ihrem **gesamten Definitionsbereich** die Anforderung an eine umkehrbare Funktion. Ihre Umkehrfunktion ist die folgende Wurzelfunktion:

$$f_2^{-1}\colon y = \sqrt[3]{x} \quad \text{mit } x \in \mathbb{R} \tag{6}$$

Allgemein ist **jede** Potenzfunktion mit einem **ungeraden** Exponenten für $\mathbb{D} = \mathbb{R}$ **umkehrbar**.
Es ist sinnvoll, die Umkehrbarkeit aller Potenzfunktionen einheitlich auf $\mathbb{D} = \mathbb{R}_0^+$ zu beschränken.

17.2.2 Eigenschaften von Wurzelfunktionen

Der **Einfluss** des **Wurzelexponenten** auf den Graphen wird ersichtlich, wenn wir die Kurven der folgenden Wurzelfunktionen in ein Koordinatensystem zeichnen:

$k_1\colon y = \sqrt{x} \qquad k_2\colon y = \sqrt[3]{x} \qquad k_3\colon y = \sqrt[5]{x}.$

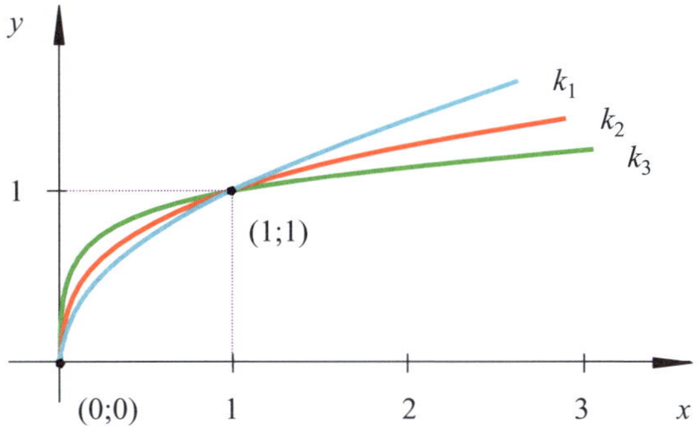

Eigenschaften	$y = f(x) = \sqrt[n]{x} = x^{\frac{1}{n}}, n \in \mathbb{N}^*$
Definitionsmenge	$\mathbb{R}_0^+$
Wertemenge	$\mathbb{R}_0^+$
Gemeinsame Punkte	(0; 0) und (1; 1)
Ordinatenabschnitt	$y_0 = 0$
Nullstellen	$x_0 = 0$
Symmetrien	–

■ **Beispiele**

(1) Bestimmen Sie den Ordinatenabschnitt und die Nullstellen der Wurzelfunktion:

$$f\colon y = \sqrt[3]{x+1} - 5$$

Lösung:

Ordinatenabschnitt: Wir setzen $x = 0$ in die Gleichung ein:

$$y_0 = 2 \cdot \sqrt[3]{0+1} - 5 \quad = \quad 2 \cdot \sqrt[3]{1} - 5 = 2 \cdot 1 - 5 = 2 - 5 = -3$$

Nullstellen: Wir setzen $y = 0$ in die Gleichung ein:

$$0 = 2 \cdot \sqrt[3]{x_0 - 1} - 5 \quad \Rightarrow \quad \frac{5}{2} = \sqrt[3]{x_0 - 1} \quad \Rightarrow \quad \frac{125}{8} = x_0 - 1$$

$$\Rightarrow \quad x_0 = \frac{125}{8} + 1 = \frac{133}{8} = 16.625$$

(2) Gegeben sind die beiden Funktionen $f_1\colon y = \sqrt[3]{x}$ und $f_2\colon y = 2 \cdot \sqrt[3]{x-1}$.

(a) Welche geometrischen Abbildungen führen den Graphen von f_1 in den von f_2 über?

(b) Bestimmen Sie den maximalen Definitionsbereich $\mathbb{D}$ und den maximalen Wertebereich $\mathbb{W}$ von f_2.

Lösung:

(a) Der Graph von f_2 geht durch Verschiebung um 1 Einheit nach rechts und eine Streckung um den Faktor 2 in y-Richtung aus dem von f_1 hervor.

(b) Nach der Definition von Wurzelfunktionen muss das Argument unter der Wurzel grösser oder gleich null sein:

$$x - 1 \ \geq \ 0 \quad \Rightarrow \quad x \ \geq \ 1 \quad \Rightarrow \quad \mathbb{D} = [1;\, \infty[$$

Die Wurzelfunktion selbst liefert positive reelle Werte oder null: $\mathbb{W} = \mathbb{R}_0^+$.

17.2.3 Grafische Lösung von Wurzelgleichungen

Manche Wurzelgleichungen lassen sich grafisch lösen. Man kann die **beiden Seiten** einer Gleichung als **Funktionsterm** auffassen. Die x-Koordinate (Abszisse) x_P des Schnittpunkts P der dazugehörigen Funktionsgraphen liefert dann näherungsweise die Lösung der Wurzelgleichung. Mit dem Grafikrechner lassen sich auch für nicht ganzzahlige Lösungen genügend genaue Näherungswerte bestimmen.

■ **Beispiel**

Lösen Sie die folgende Wurzelgleichung grafisch:

$$\sqrt[3]{x+2} = 2$$

Lösung:

Wir fassen die rechte Seite der Gleichung als Funktion auf: $f_1\colon\ y = 2$.

Wir fassen die linke Seite der Gleichung als Funktion auf: $f_2\colon\ y = \sqrt[3]{x+2}$.

Wir zeichnen die beiden Graphen und lesen die x-Koordinaten des Schnittpunkts P als Lösung ab:

$x_P = 6$

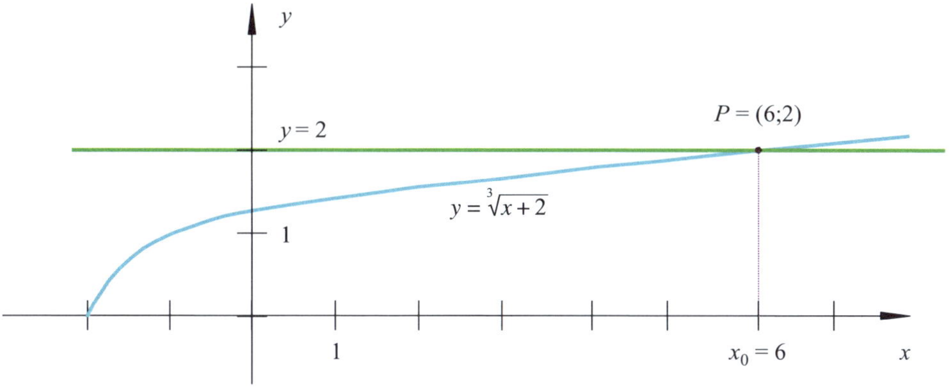

Die Gleichung hat die Lösungsmenge $\mathbb{L} = \{6\}$.

◆ **Übungen 76 → S. 309**

Terminologie

Achsensymmetrie
Asymptote
Definitionsbereich
gerade Funktion
Hyperbel
natürlicher Exponent
negativer Exponent
Parabel
Pol
Polstelle
Potenzfunktion
Punktsymmetrie
umkehrbare Funktion
Umkehrfunktion
ungerade Funktion
Winkelhalbierende
Wurzelexponent
Wurzelfunktion
Wurzelgleichung

17.3 Übungen

Übungen 74

1. Untersuchen Sie die Graphen der Potenzfunktionen mit $y = f(x) = x^n$ für ausgewählte ungerade, natürliche Exponenten, zum Beispiel für $n \in \{3; 5; 7\}$.
   Zeichnen Sie alle Graphen in ein Koordinatensystem mit $-2 \leq x \leq 2$:

   a) Bestimmen Sie die Definitionsmenge $\mathbb{D}$ und Wertemenge $\mathbb{W}$.
   b) Geben Sie die Koordinaten von gemeinsamen Punkten an.
   c) Geben Sie vorhandene Symmetrien an.

2. Untersuchen Sie die Graphen der Potenzfunktion mit $y = f(x) = x^n$ für ausgewählte gerade, natürliche Exponenten, zum Beispiel für $n \in \{2; 4; 6\}$.
Zeichnen Sie alle Graphen in ein Koordinatensystem mit $-2 \leq x \leq 2$:

   a) Bestimmen Sie die Definitionsmenge $\mathbb{D}$ und Wertemenge $\mathbb{W}$.
   b) Geben Sie die Koordinaten von gemeinsamen Punkten an.
   c) Geben Sie vorhandene Symmetrien an.

3. Vergleichen Sie die Ergebnisse der Aufgaben 1 und 2 miteinander. Geben sie Gemeinsamkeiten und Unterschiede an.

4. Welche der Aussagen treffen für Potenzfunktionen mit $y = f(x) = x^n$, $n \in \mathbb{N}^*$ zu?

   (1) Potenzfunktionen mit ungeraden Exponenten sind punktsymmetrisch zum Ursprung.
   (2) Gerade Potenzfunktionen sind symmetrisch zur x-Achse.
   (3) Allgemein gilt für ungerade Funktionen $f(-x) = -f(x)$.
   (4) Die Wertemenge der ungeraden Potenzfunktionen ist Teilmenge der Wertemenge der geraden Potenzfunktionen.
   (5) Alle Potenzfunktionen haben bei $x = 0$ eine Nullstelle.
   (6) Gerade Potenzfunktionen haben folgende gemeinsame Punkte: $(-1; 1)$, $(0; 0)$ und $(1; 1)$.

5. Gegeben ist die Parabel p_0 mit der Funktionsgleichung $y = \frac{1}{2}x^4$.

   Geben Sie die Funktionsgleichung der Bildparabel p_1 an, wenn mit p_0 die folgenden geometrischen Abbildungen durchgeführt werden:

   a) Translation um 5 Einheiten nach oben
   b) Translation um 3 Einheiten nach rechts
   c) Spiegelung an der x-Achse
   d) Spiegelung an der y-Achse
   e) Streckung von der x-Achse aus in y-Richtung mit Faktor 2

6. Gegeben ist die Parabel p_0 mit der Funktionsgleichung $y = \frac{1}{5}x^5$.

   Geben Sie die Funktionsgleichung der Bildparabel p_1 an, wenn mit p_0 die folgenden geometrischen Abbildungen durchgeführt werden:

   a) Translation um 4 Einheiten nach links und um 2 Einheiten nach unten
   b) Translation um 5 Einheiten nach oben und Spiegelung an der x-Achse
   c) Translation um 2 Einheiten nach rechts und um 1 Einheit nach oben und anschliessend Spiegelung an der y-Achse
   d) Streckung von der x-Achse aus in y-Richtung mit Faktor 3, dann eine Translation um 1 Einheit nach rechts und eine um 10 Einheiten nach unten

7. Folgende Graphen von Potenzfunktionen werden von der x-Achse aus gestreckt. Mit welchem Faktor müssten die Graphen von der y-Achse aus gestreckt werden, um den gleichen Graphen zu erhalten?

   a) $y = x^3$ mit Faktor 8
   b) $y = 2x^5$ mit Faktor $\frac{1}{32}$
   c) $y = \frac{1}{3}x^4$ mit Faktor 27
   d) $y = -4x^4$ mit Faktor $\frac{1}{4}$

8. Folgende Graphen von Potenzfunktionen werden von der y-Achse aus gestreckt. Mit welchem Faktor müssten die Graphen von der x-Achse aus gestreckt werden, um den gleichen Graphen zu erhalten?

a) $y = x^4$ mit Faktor 2 b) $y = \frac{1}{2}x^5$ mit Faktor $\frac{1}{16}$

c) $y = 3x^4$ mit Faktor 4 d) $y = -3x^3$ mit Faktor $\frac{1}{3}$

9. Gehen Sie von der Parabel p_0 mit der Funktionsgleichung $y = p_0(x) = x^n$ aus. Nennen Sie die geometrischen Abbildungen, die zu den folgenden Parabeln führen, und skizzieren Sie die Graphen:

a) $p_1\colon y = x^3 - 3$ b) $p_2\colon y = -x\,4 + 2$

c) $p_3\colon y = 0.5x^4$ d) $p_4\colon y = \frac{1}{4}x^5 - 3$

e) $p_5\colon y = -2x^3 + 6$ f) $p_6\colon y = -\frac{1}{5}x^6 + 2$

10. Gehen Sie von der Parabel p_0 mit der Funktionsgleichung $y = p_0(x) = x^n$ aus. Nennen Sie die geometrischen Abbildungen, die zu den folgenden Parabeln führen, und skizzieren Sie den Graphen:

a) $p_1\colon y = (x-5)^3$ b) $p_2\colon y = (x+4)^4$

c) $p_3\colon y = -(x+3)^4$ d) $p_4\colon y = (x-1)^5 - 4$

e) $p_5\colon y = \frac{1}{4}(x-2)^5 - 4$ f) $p_6\colon y = -\frac{1}{2}(x+5)^6 + 6$

11. Bestimmen Sie n so, dass die Potenzfunktion mit $y = x^n$ durch den folgenden Punkt geht:

a) $P_1 = (3; 27)$ b) $P_2 = (-2; -32)$

c) $P_3 = \left(-\frac{1}{2}; \frac{1}{16}\right)$ d) $P_4 = (2; 64)$

12. Bestimmen Sie die Funktionsgleichungen vom Typ $y = a\,(x-u)^n + v$ der folgenden Graphen, wobei $n = 3$ oder $n = 4$:

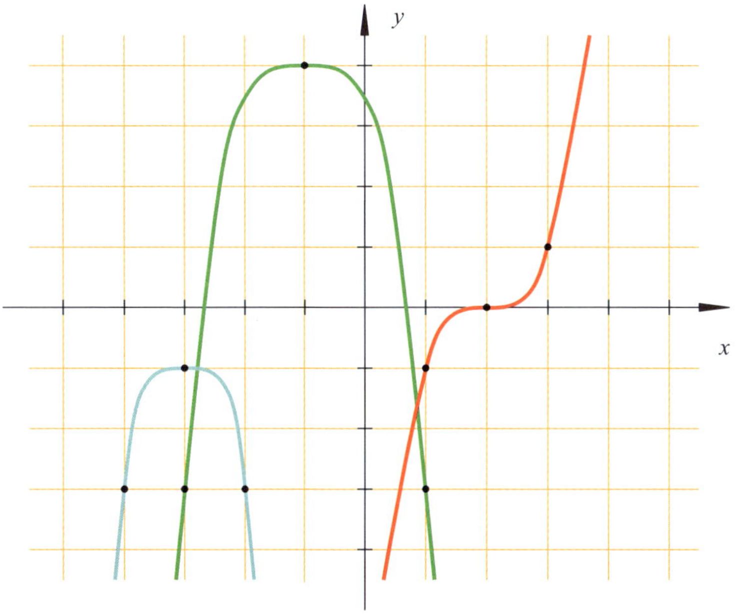

13. Bestimmen Sie a und n so, dass die Potenzfunktion mit $y = a \cdot x^n$ durch die folgenden Punkte geht:

a) $P_1 = (1; 2)$ und $Q_1 = (2; 16)$

b) $P_2 = (-2; 6)$ und $Q_2 = (4; -48)$

c) $P_3 = \left(-2; \frac{16}{3}\right)$ und $Q_3 = (6; 432)$

d) $P_4 = (3; 3)$ und $Q_4 = (6; 96)$

14. Bestimmen Sie die Nullstellen und Ordinatenabschnitte der Potenzfunktionen mit den folgenden Funktionsgleichungen:

a) $f(x) = 2(x-1)^3 - 5$

b) $g(x) = \frac{1}{4}(x+1)^5 + 3$

c) $h(x) = -\left(2x - \frac{3}{4}\right)^4 + \frac{5}{2}$

d) $k(x) = -\frac{2}{3}\left(x + \frac{1}{4}\right)^6 + \frac{3}{2}$

15. Lösen Sie die folgenden Gleichungen grafisch:

a) $x^3 = 4x$

b) $x^3 = x - 2$

c) $x^3 = x + 1$

d) $x^4 = -x + 2$

e) $x^4 = x - 2$

f) $x^4 = 2$

16. Bestimmen Sie die Lösungen der folgenden Ungleichungen grafisch:

a) $(x+2)^3 > -5$

b) $(x-3)^4 \leq 4$

c) $(x+1)^4 \geq \frac{1}{2}x + 3$

d) $(x-2)^5 < 2x - 3$

17. Ein Würfel habe die Kantenlänge $2a$:

a) Geben Sie die Funktionsgleichung an, die jedem a das Volumen V_W des entsprechenden Würfels zuordnet.

b) Zeichnen Sie den zugehörigen Graphen für $0 \leq a \leq 1$ in ein rechtwinkliges Koordinatensystem. Wählen Sie $e_x = 10\,\text{cm}$ und $e_y = 1\,\text{cm}$.

c) Geben Sie die Funktionsgleichung an, die dem Radius a einer Kugel ihr Volumen V_K zuordnet. Zeichnen Sie den zugehörigen Graphen in dasselbe Koordinatensystem.

d) Vergleichen Sie die Volumen V_W und V_K miteinander.

e) Wie gross muss der Radius r einer Kugel sein, damit ihr Volumen V_K gleich dem Volumen V_W eines Würfels mit $a = 1\,\text{m}$ ist?

18. Ein kugelförmiger Ballon wird mit Helium aus einer Gasflasche gefüllt. Dabei nimmt der Radius r des Ballons pro Sekunde um $4\,\text{cm}$ zu.

a) Geben Sie die Funktionsgleichung an, die dem Volumen V des Ballons die verstrichenen Zeit t in Sekunden zuordnet.

b) Wie gross ist das Volumen das Ballons nach 5 Sekunden?

c) Der Ballon platzt bei einem Volumen von $150\,\text{dm}^3$. Nach wie vielen Sekunden passiert dies?

Übungen 75

19. Untersuchen Sie die Graphen der Potenzfunktion mit $y = f(x) = x^{-n}$ für ausgewählte ungerade, natürliche Exponenten, zum Beispiel für $n \in \{3; 5; 7\}$.
Zeichnen Sie alle Graphen in ein Koordinatensystem mit $-2 \leq x \leq 2$:

a) Bestimmen Sie die Definitionsmenge $\mathbb{D}$ und die Wertemenge $\mathbb{W}$.

b) Geben Sie die Koordinaten von gemeinsamen Punkten an.

c) Geben Sie vorhandene Symmetrien an.

20. Untersuchen Sie die Graphen der Potenzfunktion mit $y = f(x) = x^{-n}$ für ausgewählte gerade, natürliche Exponenten, zum Beispiel für $n \in \{2; 4; 6\}$.
Zeichnen Sie alle Graphen in ein Koordinatensystem mit $-2 \leq x \leq 2$:

a) Bestimmen Sie die Definitionsmenge $\mathbb{D}$ und die Wertemenge $\mathbb{W}$.
b) Geben Sie die Koordinaten von gemeinsamen Punkten an.
c) Geben Sie vorhandene Symmetrien an.

21. Vergleichen Sie die Ergebnisse der Aufgaben 19 und 20 miteinander: Geben Sie an, welche Gemeinsamkeiten und Unterschiede bestehen.

22. Welche Aussagen treffen für Funktionen mit $y = f(x) = x^{-n}$, $n \in \mathbb{N}^*$ zu?

(1) Potenzfunktionen mit geraden Exponenten sind punksymmetrisch zum Ursprung.
(2) Der Graph ist eine Hyperbel und besteht aus zwei nicht verbundenen Ästen.
(3) Jede Hyperbel hat mindestens eine Nullstelle.
(4) Allgemein gilt für Funktionen mit geraden Exponenten $f(-x) = -f(x)$.
(5) Gerade Potenzfunktionen haben folgende gemeinsame Punkte: $(-1; 1)$, $(0; 0)$ und $(1; 1)$.

23. Gegeben ist die Hyperbel h_0 mit der Funktionsgleichung $y = h_0(x) = \frac{2}{x^3}$.

Geben Sie die Funktionsgleichung der Bildhyperbel h_1 an, wenn mit h_0 die folgenden geometrischen Abbildungen durchgeführt werden:

a) Translation um eine Einheit nach oben
b) Translation um 3 Einheiten nach links
c) Spiegelung an der x-Achse
d) Spiegelung an der y-Achse
e) Streckung von der x-Achse aus mit Faktor 3

24. Gegeben ist die Hyperbel h_0 mit der Funktionsgleichung $y = h_0(x) = \frac{1}{x}$.
Geben Sie die Funktionsgleichung der Bildhyperbel h_1 an, wenn mit h_0 die folgenden geometrischen Abbildungen durchgeführt werden:

a) Translation um 2 Einheiten nach rechts und um 3 Einheiten nach unten
b) Translation um 1 Einheit nach links und 5 Einheiten nach oben
c) Translation um 5 Einheiten nach unten und Spiegelung an der x-Achse
d) Translation um 2 Einheiten nach links und um eine Einheit nach unten, dann Spiegelung an der y-Achse
e) Spiegelung an der x-Achse und anschliessend Streckung von der x-Achse aus mit Faktor 1.5
f) Translation um 5 Einheiten nach links und um 2 Einheiten nach oben, dann Streckung von der x-Achse aus mit Faktor 2

25. Bestimmen Sie den Parameter $u \in \mathbb{R}$ so, dass der Punkt P auf der Hyperbel liegt:

a) $y = 15(x-u)^{-1}$ $\quad P = (-2; 10)$

b) $y = \frac{1}{(x-u)^2}$ $\quad P = \left(2; \frac{1}{16}\right)$

c) $y = (x+u)^{-3}$ $\quad P = (5; 27)$

d) $y = \frac{84}{(x+u)^4}$ $\quad P = \left(\frac{1}{2}; 1344\right)$

26. Bestimmen Sie die Parameter $p \in \mathbb{R}$ und $q \in \mathbb{R}$ so, dass die Hyperbel durch die Punkte P und Q geht:

a) $f(x) = \frac{p}{x-q}$ $\quad P = (2.5; -4)$ $\quad Q = \left(-3; -\frac{1}{3}\right)$

b) $f(x) = \frac{p}{(x-q)^2}$ $\quad P = (1; 4)$ $\quad Q = (-3; 1)$

c) $f(x) = \frac{p}{x^q} + 1$ $\quad P = (1; 6)$ $\quad Q = \left(2; \frac{3}{8}\right)$

27. Bestimmen Sie die Nullstellen der folgenden Hyperbeln:

a) $\frac{1}{x-1} + 4 = 0$

b) $y = (x+2)^{-1} - 3$

c) $\frac{4}{(x+3)^2} - 2 = 0$

d) $\frac{4}{(x+3)^3} - 2 = 0$

e) $\frac{4}{(x+3)^4} + 2 = 0$

f) $\frac{4}{x^8} - 256 = 0$

28. Bestimmen Sie die vertikalen und die horizontalen Asymptoten der folgenden Funktionen:

a) $y = -\frac{1}{x}$

b) $y = \frac{1}{x} + 2$

c) $y = 3 - \frac{1}{x}$

d) $y = 15 + \frac{1}{x}$

e) $y = -\frac{1}{x+2}$

f) $y = \frac{3}{5-x}$

29. Bestimmen Sie die vertikalen und die horizontalen Asymptoten der folgenden Funktionen:

a) $y = 4 + \frac{1}{x+1}$

b) $y = -1 - \frac{3}{x-2}$

c) $y = \frac{3x-1}{x+2}$

d) $y = \frac{8x+6}{2x-4}$

e) $y = \frac{x-3}{2x+5}$

f) $y = \frac{x-1}{x+4}$

30. Bestimmen Sie die Lösungen der folgenden Ungleichungen grafisch:

a) $\frac{1}{(x+2)^3} > -5$

b) $(x-3)^{-4} \leq 4$

c) $(x+1)^{-4} \geq \frac{1}{2}x + 3$

d) $-\frac{2}{(x-2)^5} < 2x - 3$

31. Ein Rechteck soll eine Fläche von $A = 500\ \text{dm}^2$ haben. Wie hängt dann die horizontale Seite a von der vertikalen Seite b ab? Geben Sie die Funktionsgleichung der Abhängigkeit an und zeichnen Sie den Graphen.

32. Ein Quader mit quadratischer Grundfläche mit Seitenlänge a und Höhe h soll ein Volumen von $V = 1000\ \text{dm}^3$ haben. Wie hängt die Höhe h des Quaders von der gewählten Seite a der quadratischen Grundfläche ab? Geben Sie die Funktionsgleichung der Abhängigkeit an und zeichnen Sie den Graphen.

33. Eine zylinderförmige Colabüchse hat den Radius r und die Höhe h und fasst exakt $355\ \text{ml}$, wenn sie ganz voll ist. Aus Kostengründen sucht der Hersteller die Dimensionen der Büchse, welche die Oberfläche S und damit den Blechverbrauch minimal werden lässt.

a) Geben Sie die Funktionsgleichung der Funktion f an, welche die Abhängigkeit $r \rightarrow S$ beschreibt.

b) Welche Restriktionen gelten für r in dieser Situation? Zeichnen Sie den Graphen.

c) Die Funktion f kann als Summe zweier Funktionen aufgefasst werden: $(f+g)(x) = g(x) + h(x)$. Um welche Funktionstypen handelt sich bei g und h? Zeigen Sie anhand der Graphen von f, g und h, dass gilt: $(f+g)(x) = g(x) + h(x)$

d) Bestimmen Sie r und h so, dass die Oberfläche S minimal wird, und berechnen Sie diese Fläche.

34. Der Gesamtwiderstand R in einem Stromkreis mit zwei parallel geschalteten Widerständen R_1 und R_2 ist gegeben durch die Gleichung:

$$R = \frac{R_1 \cdot R_2}{R_1 + R_2}$$

a) Stellen Sie die Funktionsgleichung für $R = R(R_1)$ der Funktion f auf, wenn $R_2 = 2.2\,\mathrm{k\Omega}$ ist und skizzieren Sie den Graphen.

b) Die Funktion f kann als Produkt zweier Funktionen aufgefasst werden: $(f \cdot g)(x) = g(x) \cdot h(x)$. Geben Sie die Funktionsgleichungen von g und h an.

c) Berechnen Sie R_1, wenn der Totalwiderstand im Stromkreis $1.5\,\mathrm{k\Omega}$ beträgt.

d) Was ändert sich, wenn $R_1 = 2.2\,k\Omega$ und die Funktion $R = R(R_2)$ betrachtet wird?

Übungen 76

35. Zeichnen Sie die Graphen der Potenzfunktionen f bis h und ihrer Umkehrfunktionen in ein Koordinatensystem:

a) $f\colon y = x^2$ b) $g\colon y = x^3$ c) $h\colon y = x^4$

36. Zeichnen Sie die Graphen der Wurzelfunktionen f bis h mit geraden Wurzelexponenten in ein Koordinatensystem und vergleichen Sie:

a) $f\colon y = \sqrt{x}$ b) $g\colon y = \sqrt[4]{x}$ c) $h\colon y = \sqrt[6]{x}$

37. Zeichnen Sie die Graphen der Wurzelfunktionen f bis h mit ungeraden Wurzelexponenten in ein Koordinatensystem und vergleichen Sie:

a) $f\colon y = \sqrt[3]{x}$ b) $g\colon y = \sqrt[5]{x}$ c) $h\colon y = \sqrt[7]{x}$

38. Gehen Sie von der Kurve $k\colon y = \sqrt{x}$ aus. Geben Sie die geometrischen Abbildungen an, die man mit k ausführen muss, um den Graphen der folgenden Funktionen zu erhalten, und bestimmen Sie die Nullstellen. Skizzieren Sie anschliessend die Kurven:

a) $y = f(x) = -2\sqrt{x+3}$ b) $y = f(x) = -3 + \sqrt{x-5}$

c) $y = f(x) = (x+2)^{\frac{1}{2}} + 4$ d) $y = f(x) = -\frac{1}{2}(2x-4)^{\frac{1}{2}}$

39. Gehen Sie von der Kurve $k\colon y = \sqrt[3]{x}$ aus. Geben Sie die geometrischen Abbildungen an, die man mit k ausführen muss, um den Graphen der folgenden Funktionen zu erhalten, und bestimmen Sie die Nullstellen. Skizzieren Sie anschliessend die Kurven:

a) $y = f(x) = 3 - 2\sqrt[3]{x-3}$ b) $y = f(x) = 2\sqrt[3]{3x-5}$

c) $y = f(x) = 3(2-5x)^{\frac{1}{3}} - 2$ d) $y = f(x) = -(2x-2)^{\frac{1}{3}} + 2$

40. Gegeben sind die Graphen von vier Funktionen vom Typ $y = f(x) = a \cdot \sqrt{x-u} + v$. Geben Sie die vier Funktionsgleichungen an:

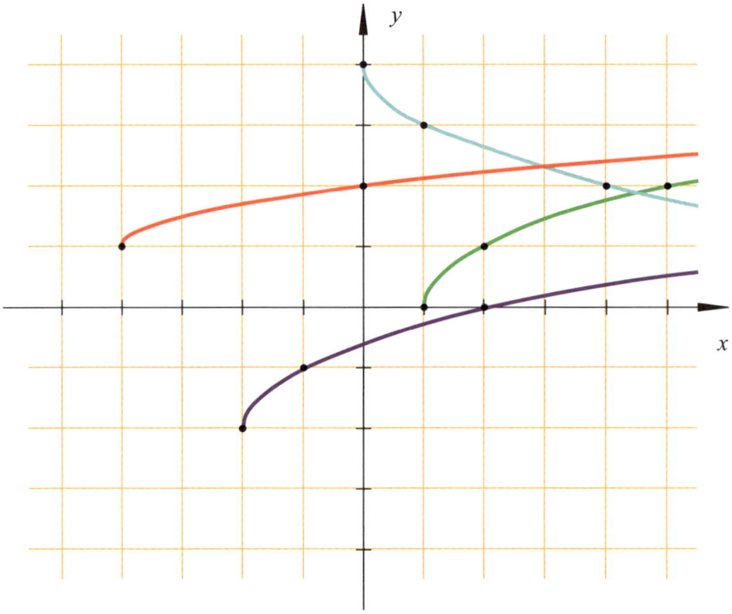

41. Skizzieren Sie jeweils den Graphen der Funktionsgleichung und geben Sie die Definitions- und die Wertemenge an:

a) $y = f(x) = 3\sqrt{x-2}$

b) $y = f(x) = (x+5)^{\frac{1}{2}} - 1$

c) $y = f(x) = -1 + \sqrt{x+2}$

d) $y = f(x) = 3 - 2(x+1)^{\frac{1}{3}}$

e) $y = f(x) = 2\sqrt[3]{x+3}$

f) $y = f(x) = 2 - 3(1+2x)^{\frac{1}{3}}$

g) $y = f(x) = 1 - \sqrt[4]{2-4x}$

h) $y = f(x) = 2 + 3\sqrt[4]{2x+8}$

42. Die Punkte P und Q liegen auf dem Graphen von f, wobei $f(x) = a\sqrt[n]{x}$ ist. Bestimmen Sie a und n:

a) $P = (1; 2)$ $Q = (8; 4)$

b) $P = \left(100; -\frac{5}{2}\right)$ $Q = \left(\frac{1}{4}; -\frac{1}{8}\right)$

c) $P = (32; 6)$ $Q = (1; 3)$

d) $P = \left(16; -\frac{1}{5}\right)$ $Q = \left(625; -\frac{1}{2}\right)$

43. Lösen Sie die folgenden Wurzelgleichungen grafisch. Überprüfen Sie falls möglich algebraisch:

a) $\sqrt{x+2} = 6$

b) $(2x-1)^{\frac{1}{2}} = 2$

c) $2\sqrt{3-x} = -1$

d) $(2x-1)^{\frac{1}{3}} = 2$

e) $\sqrt[3]{x^2-1} = 3$

f) $x - \sqrt{x} = 1$

g) $\sqrt{x-1} = \frac{x}{5} + 1$

h) $\sqrt{x-3} - 3\sqrt{x+12} = -11$

44. Lösen Sie die folgenden Wurzelungleichungen grafisch:

a) $\sqrt{x+3} > 6$ b) $\sqrt{x^2 - 4x - 5} > x + 2$

c) $\sqrt{9 - x^2} > x^2 + 1$ d) $2x + 5 < 10 + 4\sqrt{3x - 4}$

45. Für welche Werte des Parameters hat die folgende Gleichung mindestens eine Lösung?

a) $\sqrt{x} - u = x$ b) $\sqrt[3]{x - v} = 5$ c) $\sqrt[4]{x - w} = x^2 - 5$

46. Die Höhe eines Kreiskegels mit Radius r beträgt $h = 21$ cm.

a) Geben Sie die Funktionsgleichung der Mantelfläche $M = M(r)$ an und zeichnen Sie den Graphen.

b) Bei welchem Radius hat der Kegel eine Mantelfläche von $155\,\mathrm{m}^2$?

47. Das Volumen eines Kreiskegels mit Radius r und Höhe h beträgt $V = 380\,\mathrm{m}^3$. Geben Sie die Funktionsgleichung $r = r(h)$ an und zeichnen Sie den Graphen.

48. Die Fallhöhe s ist proportional zum Quadrat der Fallzeit t: $s(t) = \frac{1}{2} \cdot g \cdot t^2$ mit der Erdbeschleunigung $g = 9.81\,\mathrm{m/s}^2$ und der Schallgeschwindigkeit $v = 340\,\mathrm{m/s}$.

a) Einen frei fallenden Stein in einem Brunnenschacht hört man nach 1.8 s auf der Wasserfläche aufprallen. Berechnen Sie die Tiefe s des Brunnens unter Berücksichtigung der Laufzeit des Schalls.

b) Wie lange dauert es, bis man einen Stein, der in einen 100 m tiefen Sodbrunnen fällt, auf dem Wasser aufschlagen hört?

49. Eine Strassenlampe soll auf einer Stange montiert werden, um beim Punkt P einen Fussgängerstreifen besser zu beleuchten.

Wie muss die Länge x der Stange gewählt werden, wenn $a = 8$ m und die Lichtintensität I im Punkt P möglichst gross sein soll?

Die Formel für die Lichtintensität ist: $I = \frac{kx}{d^3}$. Wir setzen $k = 1$.

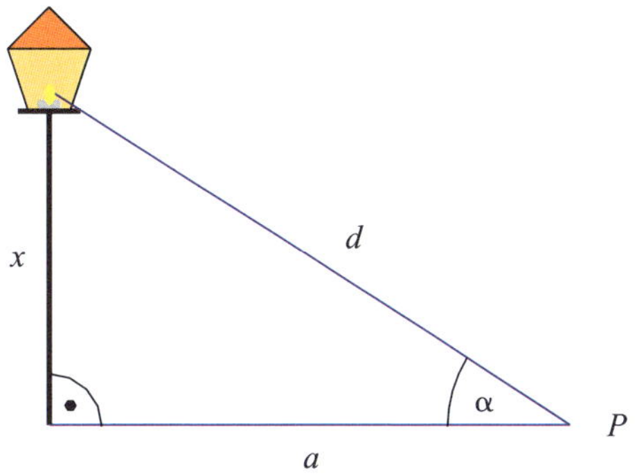

50. Die Schwingungsdauer T eines Fadenpendels berechnet sich aus der Fadenlänge l und der Erdbeschleunigung g gemäss der Formel: $T = 2\pi\sqrt{\frac{l}{g}}$.

a) Zeigen Sie, dass auf der Erde wegen $g = 9.81\,\mathrm{m/s}^2$ ungefähr gilt: $T \approx 2\sqrt{l}$. Stellen Sie die Funktion grafisch dar.

b) Geben Sie die Schwingungsdauer für Fadenlängen von 10 cm, 1 m und 10 m an.

c) Bestimmen Sie die Umkehrfunktion $l(T)$ und geben Sie an, welche Länge das Pendel haben muss, wenn die Schwingungsdauer 0.2 s, 0.5 s, 1 s, 2 s und 5 s betragen soll.

d) Welche Schwingungsdauer hätte ein Fadenpendel von einem Meter Länge auf den folgenden Himmelskörpern?

Himmelskörper	Mond	Mars	Jupiter	Saturn
Fallbeschleunigung	$1.6\,\text{m/s}^2$	$3.76\,\text{m/s}^2$	$26\,\text{m/s}^2$	$11.2\,\text{m/s}^2$

e) Welche der folgenden Aussagen trifft bei gleicher Fallbeschleunigung zu?
Wird die Pendellänge verdoppelt, so wird die Schwingungsdauer …

(1) … verdoppelt.
(2) … halbiert.
(3) … mehr als verdoppelt.
(4) … weniger als verdoppelt.
(5) … mehr als halbiert.
(6) … weniger als halbiert.

51. Die Geschwindigkeit v [m/s] von Wasserwellen auf der Meeresoberfläche hängt von der Wellenlänge x [m], aber nicht von der Wellenhöhe ab. Die empirische Geschwindigkeit ist:

$v = k \cdot \sqrt{x}$ wobei $k = 1.25\,\text{m}^{1/2}/\text{s}$

Wellenlänge nennt man den Abstand von Wellenberg zu Wellenberg. Diese Formel gilt nur, wenn die Wellenlänge x nicht grösser als die sechsfache Wassertiefe h wird.

a) Berechnen Sie die Geschwindigkeit von Wasserwellen der Wellenlängen 5 m, 20 m, 50 m, 100 m und 500 m in einem Ozean der Tiefe 4000 m.

b) Berechnen Sie die maximale Geschwindigkeit von Wasserwellen im Ozeanbereich mit einer Wassertiefe von 4000 m. Wie lange würde eine Welle bei dieser Geschwindigkeit zum Umlaufen der Erde brauchen? Der Erdumfang beträgt 40 000 km.

c) In einem Flachmeer beträgt die Wassertiefe 60 m. Zeichnen Sie den Graphen der Funktion f: Wellenlänge → Wellengeschwindigkeit für $0\,\text{m} \leq x \leq 300\,\text{m}$.

52. Ein kreisförmiges Stück Blech mit Radius m soll nach dem Herausschneiden eines Sektors zu einem kegelförmigen Trichter zusammengebogen werden.

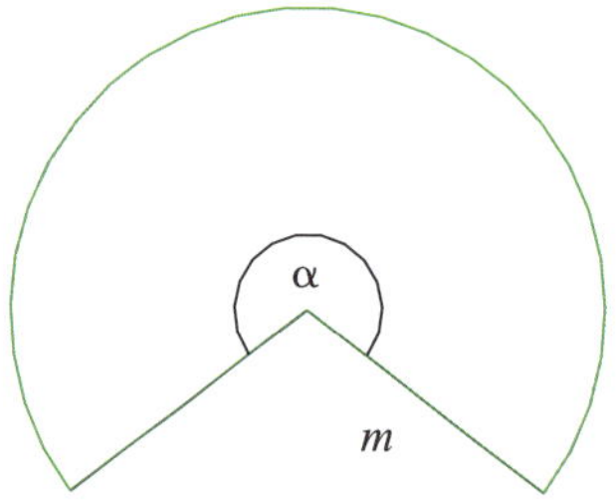

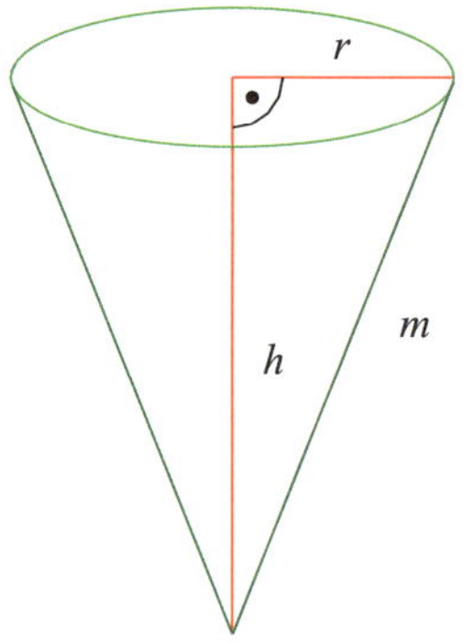

a) Geben Sie die Funktionsgleichung für die Abhängigkeit Zentriwinkel α → Fassungsvermögen V an.

b) Für welchen Zentriwinkel α ist das Fassungsvermögen V des Trichters am grössten?

53. Die Punkte für den Zehnkampf in der Leichtathletik werden gemäss den Regeln des Internationalen Leichtathletikverbands nach bestimmten Formeln vergeben.

Für Laufwettbewerbe (100 m, 400 m, 110 m Hürden, 1500 m) gilt:

$$P(l) = a(b - l)^c$$

Für Wurf- und Sprungwettbewerbe (Weit, Hoch, Stab, Kugel, Diskus, Speer) gilt:

$$P(l) = a(l - b)^c$$

P: *erreichte Punktzahl* l: *erzielte Leistung* in Sekunden (Läufe), Zentimetern (Weit, Hoch, Stab) oder Metern (Kugel, Diskus, Speer) a, b, c: disziplinspezifische Konstanten

Disziplin	A-Wert	B-Wert	C-Wert
100 m	25.4347	18	1.81
1500 m	0.03768	480	1.85
Weit	0.14354	220	1.40
Kugel	51.39	1.5	1.05

a) Begründen Sie, weshalb sich die Basis der Potenzen in den Formeln für die Laufdisziplinen von denen der anderen Disziplinen unterscheiden.

b) Geben Sie die Formeln für die Punkte der Disziplinen 100 m, 1500 m, Weit und Kugel an. Schreiben Sie die Exponenten auch als gemeine Brüche auf. Zeichnen Sie die Graphen in ein Koordinatensystem: Wie beeinflussen die Exponenten den Kurvenverlauf?

c) Welche Leistung in Sekunden und Metern muss pro Disziplin für 1000 Punkte erbracht werden? Bestimmen Sie zuerst die Umkehrzuordnung «erzielte Punkte $P \rightarrow$ erbrachte Leistung l» und zeichnen Sie deren Graphen.

54. Swiss Athletics verwendet für nationale Wettbewerbe zum Beispiel bei den Junioren die gleichen Formeln, aber andere Konstanten. 750 und 500 Punkte erhält man für die folgenden Leistungen:

Disziplin	Leistung	Punkte
100 m	13.91 s	500
1500 m	305.71 s	500
Weit	6.019 m	750
	4.564 m	500
Kugel	13.399 m	750
	9.185 m	500

a) Vervollständigen Sie die Tabelle mit den Konstanten:

Disziplin	A-Wert	B-Wert	C-Wert
100 m	7.080303		2.1
1500 m		509.65	2.3
Weit		1.30	
Kugel			0.9

b) Wie gross ist die Leistungsdifferenz $\triangle l$, wenn der Internationalen Leichtathletikverband und Swiss Athletics jeweils 1000 Punkte vergeben?

18 Polynomfunktionen

18.1 Einführung

Funktionen, deren Funktionsterme als Polynom dargestellt sind, heissen **Polynomfunktionen** oder **ganzrationale Funktionen**.

Definition **Polynomfunktion n-ten Grades**

Eine Funktion $f: \mathbb{R} \to \mathbb{R}$ mit der Gleichung der Form:

$$y = f(x) = a_n x^n + a_{n-1} x^{n-1} + \ldots + a_1 x + a_0 \qquad (1)$$

mit $n \in \mathbb{N} = \{0; 1; 2; 3; \ldots\}$

Für die Koeffizienten a_k mit $k = 0; 1; 2; \ldots, n$ gilt:

$a_k \in \mathbb{R}$ und $a_n \neq 0$

Kommentar

- Eine Polynomfunktion ist eine **Linearkombination** von Potenzfunktionen.
- Lineare Funktionen sind Polynomfunktionen ersten Grades (vgl. Kapitel 14): $f(x) = a_1 x + a_0$
- Quadratische Funktionen sind Polynomfunktionen zweiten Grades (vgl. Kapitel 15):
  $f(x) = a_2 x^2 + a_1 x + a_0$
- Potenzfunktionen sind spezielle Polynomfunktionen mit $a_k = 0$ für $k < n$.
  $f(x) = a_n x^n$

Typische Graphen von Polynomfunktionen n-ten Grades:

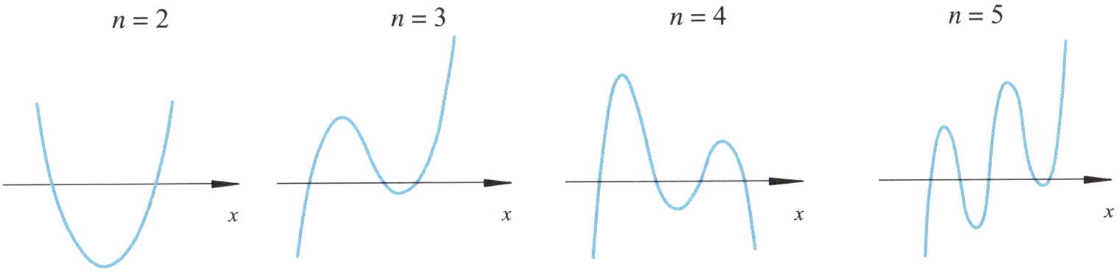

■ Beispiele

(1) Berechnen Sie die Funktionsgleichung der Polynomfunktion f, deren Graph durch die Punkte $P_1 = (2; 1)$, $P_2 = (-1; 1)$, $P_3 = (0; -2)$ und $P_4 = (3; -1)$ geht. Die Funktionsgleichung $y = f(x)$ soll dabei den kleinstmöglichen Grad aufweisen.

Lösung:

Mit vier Punkten kann ein Gleichungssystem aus vier Gleichungen aufgestellt und die vier gesuchten Parameter a_3, a_2, a_1, a_0 können eindeutig bestimmt werden.
Beachtet man, dass der Punkt $P_3 = (0; -2)$ ein Schnittpunkt des Graphen mit der y-Achse ist, kann a_0 direkt bestimmt werden:

$$P_3 = (0; -2) \quad \Rightarrow \quad a_3 \cdot 0^3 + a_2 \cdot 0^2 + a_1 \cdot 0 + a_0 = -2 \quad \Rightarrow \quad a_0 = -2$$

Durch Einsetzen der Koordinaten der übrigen Punkte entsteht ein Gleichungssystem, das nur noch aus 3 Gleichungen und 3 Unbekannten besteht:

$$P_1 = (2; 1): \quad a_3 \cdot 2^3 + a_2 \cdot 2^2 + a_1 \cdot 2 - 2 = 1$$
$$P_2 = (-1; 1): \quad a_3 \cdot (-1)^3 + a_2 \cdot (-1)^2 + a_1 \cdot (-1) - 2 = 1$$
$$P_4 = (3; -1): \quad a_3 \cdot 3^3 + a_2 \cdot 3^2 + a_1 \cdot 3 - 2 = -1$$

oder:

$$\left| \begin{array}{ccccccc} 8a_3 & + & 4a_2 & + & 2a_1 & = & 3 \\ -a_3 & + & a_2 & - & a_1 & = & 3 \\ 27a_3 & + & 9a_2 & + & 3a_1 & = & 1 \end{array} \right|$$

Die Koeffizienten bestimmen wir mit einer bekannten Lösungsmethode oder einem elektronischen Hilfsmittel:

$$a_3 = -\frac{2}{3}; \quad a_2 = \frac{13}{6} \quad \text{und} \quad a_1 = -\frac{1}{6}$$

Die gesuchte Funktionsgleichung von f lautet somit:

$$y = f(x) = -\frac{2}{3}x^3 + \frac{13}{6}x^2 - \frac{1}{6}x - 2$$

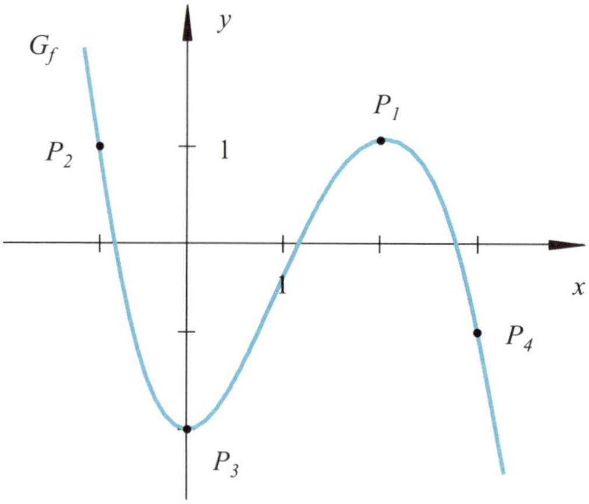

(2) Untersuchen Sie die Graphen der Polynomfunktion f mit der Funktionsgleichung $f(x) = x^3 - 4x$ auf Symmetrien.

Lösung:
Für einen zum Ursprung $(0; 0)$ punktsymmetrischen Graphen gilt gemäss Kapitel 13:

$$f(-x) = -f(x)$$

Der Graph von $y = f(x) = x^3 - 4x$ erfüllt dieses Kriterium:

$$f(-x) = (-x)^3 - 4(-x) = -x\,3 + 4x = -f(x)$$

$\Rightarrow$ Der Graph von f ist *punktsymmetrisch* und die Funktion somit *ungerade.*

18.2 Extremalstellen und Nullstellen

Unten ist der Graph G_f der Polynomfunktion f mit der Funktionsgleichung $y = f(x) = x^3 - x^2 - 2x + 1$ gezeichnet.

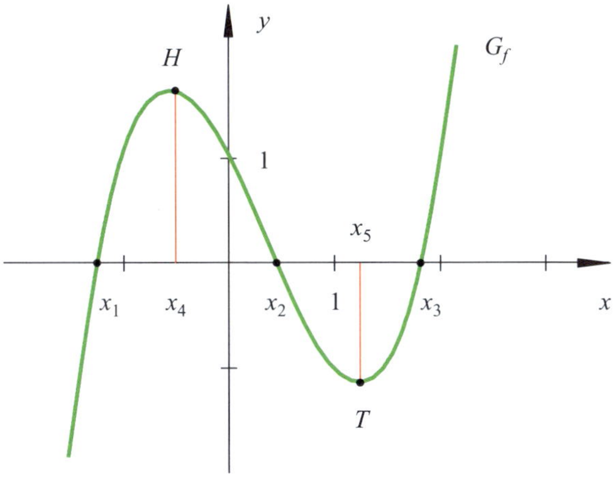

Der Graph G_f schneidet die x-Achse an drei Stellen, hat also drei **Nullstellen**:

$$x_1 \approx -1.247, x_2 \approx 0.445 \text{ und } x_3 \approx 1.802$$

Weiter hat G_f bei $x_4 \approx -0.549$ einen **Hochpunkt** H. Die y-Koordinate von H ist ein **lokales** oder **relatives** Maximum, denn für grosse, positive Werte von x nimmt die Polynomfunktion beliebig grosse Werte an. Deshalb hat die oben dargestellte Polynomfunktion kein **absolutes Maximum**. Die y-Koordinate des lokal höchsten Punkts, des **Hochpunkts** H, kann mit x_4 berechnet werden:

$$H = (x_4; y_4 = f(x_4))$$

Zudem hat der Graph der Polynomfunktion bei $x_5 \approx 1.215$ ein **lokales** oder **relatives Minimum**. Ein absolutes Minimum hat die Funktion keines. Die y-Koordinate des lokal tiefsten Punkts, des **Tiefpunkts** T, lassen sich mit x_5 berechnen:

$$T = (x_5; y_5 = f(x_5))$$

◆ **Übungen 77 → S. 318**

Terminologie

absolutes Maximum
absolutes Minimum
Extremalstelle
Grundform eines Polynoms
Hochpunkt
lokales, relatives Maximum
lokales, relatives Minimum
Nullstelle
Polynomfunktion
punktsymmetrisch
Tiefpunkt
ungerade Funktion

18.3 Übungen

Übungen 77

1. Welche Aussagen treffen auf Polynomfunktionen zu?

   (1) Polynomfunktionen sind Linearkombinationen von Potenzfunktionen.
   (2) Jede Polynomfunktion von Grad 3 oder höher besitzt ein absolutes Maximum.
   (3) Eine Polynomfunktion, bei der x nur gerade Exponenten besitzt, ist symmetrisch zur y-Achse.
   (4) Die Polynomfunktion $f(x) = x^5 - x^3 - x + 1$ ist eine ungerade Funktion und ist somit symmetrisch zum Ursprung des Koordinatensystems.

2. Beurteilen Sie, welche der gegebenen Funktionsgleichungen Polynomfunktionen sind. Geben Sie von den Polynomfunktionen die Koeffizienten a_k an:

   a) $f(x) = -0.5x + 10$ b) $f(x) = x^8$ c) $f(x) = 2x^4 - \frac{1}{x^2}$
   d) $f(x) = 10^x - x^3$ e) $f(x) = \frac{-4x^3 + x^2 - x}{10}$ f) $f(x) = 4x^{1.25} - x^4 + 1$
   g) $f(x) = x^7 - \ln x$ h) $f(x) = 5$ i) $f(x) = x^{-4} + x^3 - 2$

3. Untersuchen Sie die folgenden Polynomfunktionen f bis p auf Symmetrien und geben Sie die geraden oder ungeraden Funktionen an:

   a) $f\colon y = -x$ b) $g\colon y = 5x$ c) $h\colon y = 5x - 2$
   d) $k\colon y = x^2$ e) $l\colon y = 0.5x^2 + 6$ f) $m\colon y = (x-3)^2 + 1$
   g) $n\colon y = x^3$ h) $o\colon y = 2x^3 - 5x$ i) $p\colon y = x^3 + 2x^2 - x$

4. Untersuchen Sie die folgenden Polynomfunktionen f bis p auf Symmetrien und geben Sie die geraden oder ungeraden Funktionen an:

   a) $f\colon y = x^4$ b) $g\colon y = x^4 - x + 2$ c) $h\colon y = -x4 + 3x^2 + 2$
   d) $k\colon y = x^5 - 3x^3 + x + 1$ e) $l\colon y = x^5 - 3x^3 + x$ f) $m\colon y = x^5 - 3x^3$
   g) $n\colon y = x^6 - 3x^4 + x^2 + 1$ h) $o\colon y = x^6 - 3x^4 + x^2$ i) $p\colon y = x^6 - 3x^4 + x$

5. Gegeben ist der Graph G_{f_0} mit der Funktionsgleichung $y = x^3 + 5x^2 - 2$.
   Geben Sie die Funktionsgleichung des Graphen G_{f_1} an, der entsteht, wenn mit G_{f_0} folgende geometrische Abbildungen durchgeführt werden:

   a) Translation um 4 Einheiten nach unten
   b) Translation um 5 Einheiten nach links
   c) Translation um 1 Einheit nach rechts
   d) Spiegelung an der x-Achse
   e) Spiegelung an der y-Achse
   f) Streckung von der x-Achse aus in y-Richtung mit Faktor 4
   g) Streckung von der y-Achse aus in x-Richtung mit Faktor 0.5

6. Gegeben ist der Graph G_{f_0} mit der Funktionsgleichung $y = -x^4 + 2x^2 + 4$.
   Geben Sie die Funktionsgleichung des Graphen G_{f_1} an, der entsteht, wenn mit G_{f_0} folgende geometrische Abbildungen durchgeführt werden:

a) Translation um 3 Einheiten nach rechts und um 2 Einheiten nach oben
b) Translation um 1 Einheit nach links und 4 Einheiten nach unten
c) Translation um 6 Einheiten nach unten und anschliessende Spiegelung an der x-Achse
d) Translation um 2 Einheiten nach links und um 1 Einheit nach unten und dann Spiegelung an der y-Achse
e) Spiegelung an der x-Achse und anschliessende Streckung von der x-Achse aus in y-Richtung mit Faktor 2
f) Translation um 2 Einheiten nach links und um 5 Einheiten nach oben, dann Streckung von der x-Achse aus in y-Richtung mit Faktor 0.5

7. Berechnen Sie die Funktionsgleichungen der Polynomfunktionen, deren Graph durch die gegebenen Punkte geht und die einen möglichst kleinen Grad aufweisen:

a) $A = (-10; 24)$ $B = (5; 6)$
b) $A = \left(-3; -\frac{5}{2}\right)$ $B = \left(1; -\frac{1}{2}\right)$ $C = \left(4; -\frac{11}{10}\right)$
c) $A = (2; 1)$ $B = (1; -1)$ $C = (0; -1)$ $D = (-1; -5)$
d) $A = (2; -5)$ $B = \left(1; -\frac{7}{2}\right)$ $C = (0; -5)$ $D = (-2; -29)$
e) $A = (2; -17)$ $B = (1; -1)$ $C = (0; 3)$ $D = (-1; -7)$ $E = (-2; -1)$

8. Berechnen Sie die Funktionsgleichungen der Polynomfunktionen, von denen Folgendes bekannt ist:

a) Der Grad ist $n = 2$, die Nullstellen sind 3 und -4 und der y-Achsenabschnitt ist -24.
b) Die Funktion hat den Grad $n = 2$, die einzige Nullstelle 2 und den y-Achsenabschnitt 8.
c) Der Grad der Funktion ist $n = 3$, die Nullstellen sind -2, 1 und 4 und der y-Achsenabschnitt ist 40.
d) Die gerade Funktion mit den Nullstellen 1 und -1 hat den y-Achsenabschnitt -1.
e) Die Nullstellen der Funktion sind 2, -1, -2, 0 und es gilt $f(-3) = 30$.

9. Bestimmen Sie die Nullstellen der folgenden Polynomfunktionen, falls vorhanden. Skizzieren Sie anschliessend die Graphen der Funktionen:

a) $y = x^2 - 5x + 6$
b) $y = 6x^2 + 8x - 8$
c) $y = x^3 - 9x$
d) $y = x^3 - 1$
e) $y = 2x^4 + x^2 - 15$
f) $y = 3x^4 - 12x^2 + 24$

10. Bestimmen Sie die Nullstellen und die Extremalstellen der folgenden Polynomfunktionen, falls vorhanden:

a) $y = x^3 - x^2 - 2x + 2$
b) $y = x^3 - 2x^2 - 3x + 6$
c) $y = x^3 - 11x^2 + x - 11$
d) $y = x^3 + 3x^2 - 10x - 1$
e) $y = x^4 - 2x^3 - 11x^2 + 12x + 36$
f) $y = x^5 - 2x^4 + 3x^2 - 20x + 3$

11. Bestimmen Sie die Anzahl Lösungen in Abhängigkeit des Parameters p:

a) $x^3 - 4x^2 = p$
b) $p - x^3 + 8x^2 = 0$
c) $-3x^5 + 3x^3 + 3x = 3p$
d) $2p - 2x^4 + 2x^3 + 24x = 0$

12. Zur Herstellung einer Schachtel wird ein rechteckiges Stück Karton von $15\,\mathrm{cm}$ auf $20\,\mathrm{cm}$ verwendet. In den vier Ecken wird je ein Quadrat mit Seitenlänge x ausgeschnitten, anschliessend wird die Schachtel gefaltet und die Kanten werden mit Klebeband verklebt.

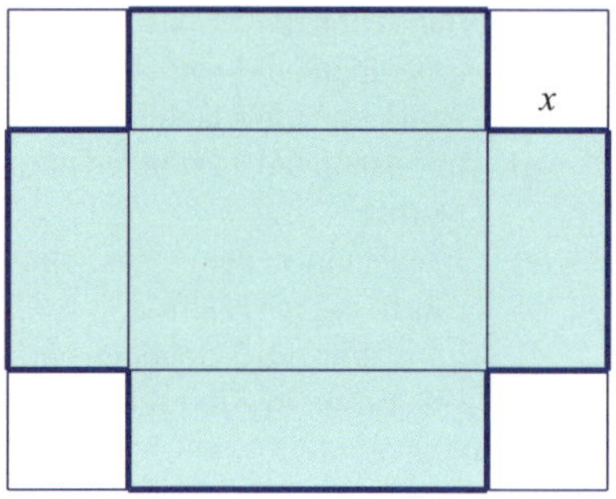

a) Geben Sie die Funktionsgleichung der Abhängigkeit $x \rightarrow$ Schachtelvolumen V an.
b) Wie muss x gewählt werden, damit das Volumen der Schachtel möglichst gross wird?
c) Geben Sie die Grösse dieses maximalen Volumens an.

13. In eine Kugel mit Radius $r_1 = 2\,\mathrm{dm}$ wird ein gerader Kegel mit dem Radius r_2 und der Höhe h einbeschrieben.

a) Geben Sie die Funktionsgleichung der Abhängigkeit Höhe $h \rightarrow$ Kegelvolumen V_K an.
b) Wie gross werden h und r_2 wenn V maximal ist?

14. Eine Gruppe wilder Truthähne wird auf einer Insel ohne natürliche Feinde ausgesetzt. Biologen haben herausgefunden, dass die Anzahl der Truthähne zum Zeitpunkt t mit einer Polynomfunktion angenähert werden kann mit folgender Funktion $h(t) = -0.00001t^3 + 0.002t^2 + 1.5t + 100$.

t: Zeit, seit der die Truthähne auf der Insel freigelassen wurden in Tagen.

a) Wann wird die Population ihr Maximum erreicht haben und wie gross ist die Population zu diesem Zeitpunkt?
b) Wie entwickelt sich die Population ohne äussere Einflüsse weiter und was könnte die Erklärung sein für diese Entwicklung?

15. Die Temperatur T in °C einer Stadt kann für eine Periode von 24 Stunden mit der folgenden Funktion angenähert werden:

$T(t) = 0.01t(t-24)(t-18) + 10$ $\qquad t = 0$ um 8 Uhr morgens

a) Zeichnen Sie den Graphen der Funktion.
b) Geben Sie die Definitionsmenge $\mathbb{D}$ und die Wertemenge $\mathbb{W}$ der Funktion an.
c) Bestimmen Sie höchste und tiefste Temperatur und ihre Uhrzeit.
d) Wann beträgt die Temperatur $20\,°\mathrm{C}$?

16. Ein Lastwagen hat einen Flüssigkeitsbehälter, dessen Form sich aus einem Zylinder und zwei Halbkugeln zusammensetzt. Der Zylinder und die Halbkugeln haben den gleichen Radius x. Die Länge des Behälters beträgt $4.2\,\mathrm{m}$.

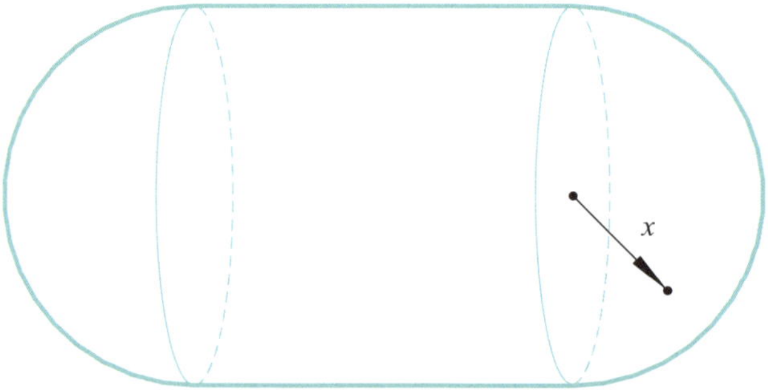

a) Geben Sie die Funktionsgleichung der Abhängigkeit $x \rightarrow$ Behältervolumen V an.
b) Zeichnen Sie den Graphen der Funktion.
c) Zwischen welchen Werten muss der Radius x liegen?
d) Wie muss x gewählt werden, damit der Behälter genau $25\ \mathrm{m}^3$ fasst?
e) Mit welchem Radius x wird das Volumen V am grössten?

17. Aus der Fläche zwischen x-Achse und der Parabel mit $y = 4 - x^2$ wird ein Rechteck herausgeschnitten:

a) Geben Sie die Funktionsgleichung an, welche die Abhängigkeit der Rechtecksfläche A von der waagrechten Rechteckseite beschreibt.
b) Wie gross muss die waagrechte Seite des Rechtecks gewählt werden, damit die Rechtecksfläche möglichst gross wird?
c) Wie gross ist die maximale Rechtecksfläche?

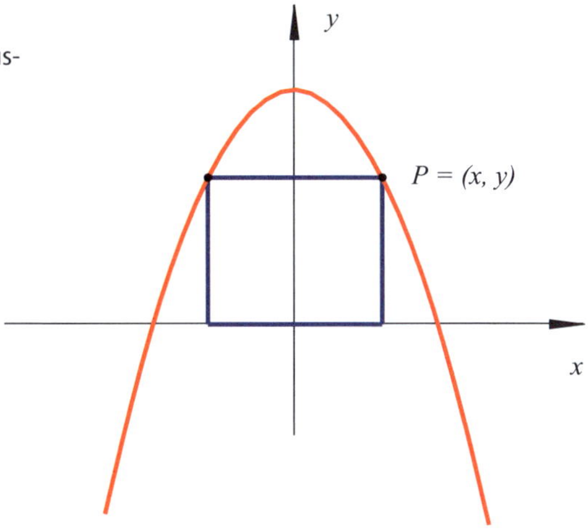

18. Eine Marmorplatte ist bei der Bearbeitung zerbrochen. Die Bruchkante lässt sich durch die Funktionsgleichung $y = x^2 - 4.6x + 4.93$ einigermassen annähern.
Der Produzent will aus diesem Bruchstück einen kleinen rechteckigen Tisch mit möglichst grosser Fläche A herstellen.

a) Geben Sie die Funktion an, welche die Abhängigkeit der Rechtecksfläche A von der Seite $a = x$ beschreibt.
b) Wie gross muss a gewählt werden, damit die Rechtecksfläche A möglichst gross wird?
c) Geben Sie die maximale Rechtecksfläche an.

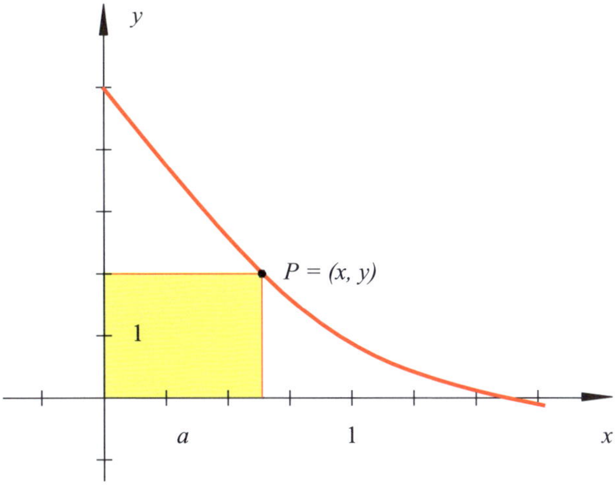

19 Exponential- und Logarithmusfunktionen

19.1 Exponentialfunktionen

19.1.1 Einführung

Exponentialfunktionen eignen sich zum **Modellieren** von **Wachstums-** und **Zerfallsprozessen** in der Biologie (Populationen, Zellkulturen, …), in der Physik (radioaktiver Zerfall, C-14-Methode zur Altersbestimmung, …) und in der Finanzmathematik (Zinseszins, degressive Abschreibung, Rentenrechnung, …). In diesem Kapitel beschränken wir uns auf einige wenige Anwendungen, da in Kapitel 20 konkrete Wachstums- und Zerfallsprozesse vertieft untersucht werden.

Einführendes Beispiel: Bakterienkultur

Eine Bakterienkultur, die aus 1000 Bakterien besteht, wird in eine Petrischale mit Nährlösung gegeben. Die Bakterienzahl verdoppelt sich unter diesen Bedingungen jede Stunde. Die Bakterienzahl hängt von der vergangenen Zeit in Stunden ab.

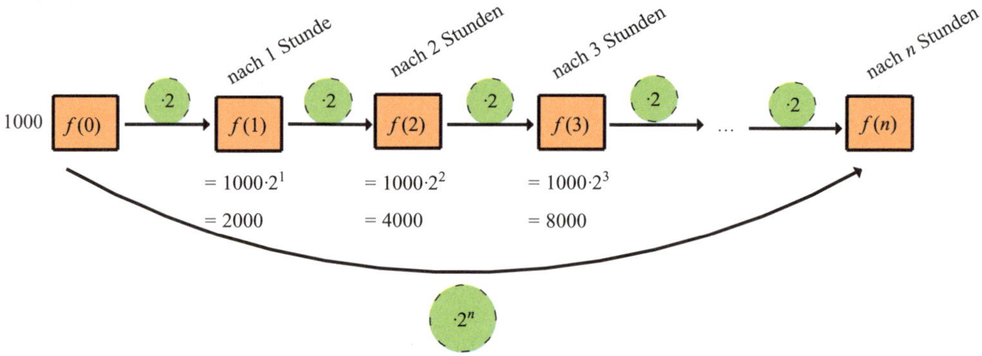

Die fortlaufende Multiplikation mit dem Faktor 2 können wir als Potenz schreiben. Nach n Stunden beträgt die Anzahl Bakterien somit $1000 \cdot 2^n$.
Die Funktion f mit der Bakterienzahl in Tausend und der Zeit in Stunden lautet:

$$f\colon y = f(x) = 1 \cdot 2^x = 2^x \qquad (1)$$

Als Graph erhalten wir eine von links nach rechts immer steiler werdende Kurve:

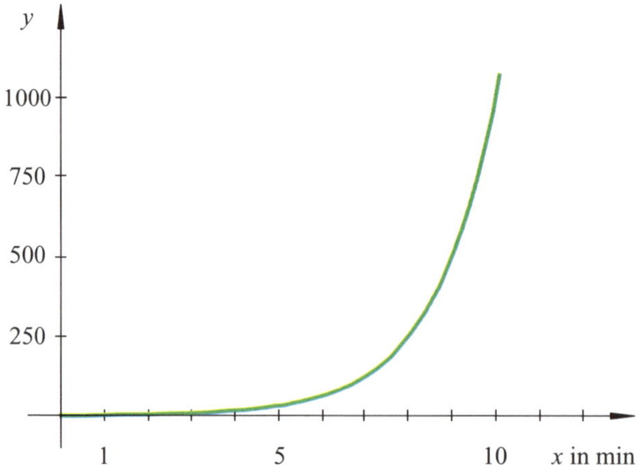

In der Funktionsgleichung (1) kommt die **unabhängige Variable** im **Exponenten** vor, deshalb ist dies eine Exponentialfunktion.

Allgemein gilt:

Definition **Exponentialfunktion**

Eine Funktion f: $\mathbb{R} \rightarrow \mathbb{R}^+$ mit einer Gleichung der Form:

$$y = f(x) = a^x \qquad (2)$$

$a \in \mathbb{R}^+, a \neq 1$

Kommentar

- Ist die Basis a eins, handelt es sich nicht um eine Exponentialfunktion, sondern um die konstante Funktion $y = f(x) = 1^x = 1$.
- Für den Umgang mit Exponentialfunktionen sind die **Potenzgesetze** wichtig.

19.1.2 Eigenschaften von Exponentialfunktionen

Der Graph des Einführungsbeispiels ist eine von links nach rechts **steigende** Kurve mit der Koordinatengleichung $y = 2^x$, die einen Wachstumsprozess darstellt.

Aus einer steigenden Kurve wird durch eine **Achsenspiegelung** an der **y-Achse** eine fallende Kurve und umgekehrt. Algebraisch entspricht die Spiegelung der Ersetzung von x durch $-x$:

$$k: y = 2^x \quad \Rightarrow \quad k': y = 2^{-x} \qquad (3)$$

Der neue Funktionsterm mit negativem Exponenten k' lässt sich als Bruch schreiben:

$$y = 2^{-x} \quad \Rightarrow \quad y = \frac{1}{2^x} = \left(\frac{1}{2}\right)^x \qquad (4)$$

Wir erhalten so eine nach rechts **fallende** Exponentialkurve, die einen Abnahmeprozess darstellt.

Allgemein: Wird die Kurve k: $y = a^x$ an der y-Achse gespiegelt, entsteht die Kurve k': $y = a^{-x} = \left(\frac{1}{a}\right)^x$.

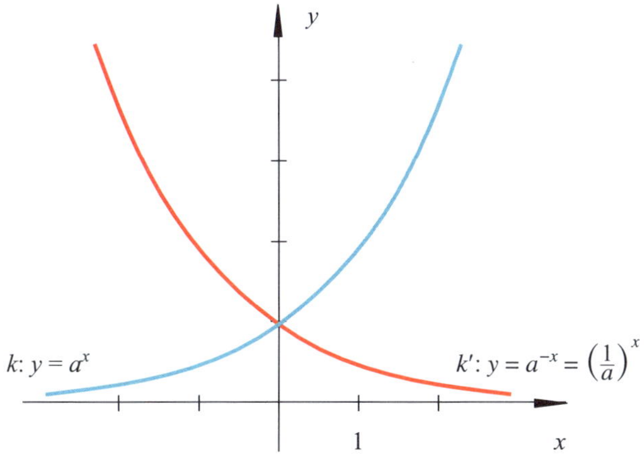

Der **Verlauf** des Graphen k mit k: $y = a^x$ ist von der **Basis** a abhängig. Die unten gezeichneten Kurven gehören zu den folgenden Funktionsgleichungen:

k_1: $y = 2^x$
k_2: $y = 2^{-x}$
k_3: $y = 3^x$
k_4: $y = 5^x$

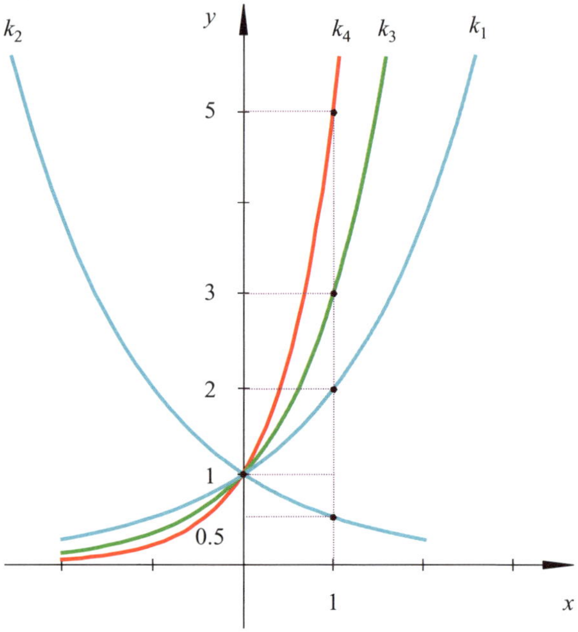

Exponentialfunktion haben die folgenden Eigenschaften:

Eigenschaften	$y = f(x) = a^x$, $a > 0$ und $a \neq 1$
Definitionsmenge	$\mathbb{R}$
Wertemenge	$\mathbb{R}^+$
Gemeinsame Punkte	(0; 1)
Ordinatenabschnitt	$y_0 = 1$
Nullstellen	–
Symmetrien	–
Verlauf	Basis $a > 1$: Kurve steigt von links nach rechts. Basis $a < 1$: Kurve fällt von links nach rechts.
Asymptoten	x-Achse

■ **Beispiele**

(1) Gegeben sei die Exponentialfunktion $f\colon \mathbb{R} \to \mathbb{R}^+; y = f(x) = \left(\frac{2}{5}\right)^x$.
Wie lautet die Funktionsgleichung $y = g(x)$, deren Graph g aus dem Graphen von f durch Spiegelung an der y-Achse hervorgeht?

Lösung:
Gemäss Kapitel 13 ist $g(x) = f(-x)$:

$$g(x) = f(-x) = \left(\frac{2}{5}\right)^{-x} = \left(\frac{5}{2}\right)^x \quad \Rightarrow \quad y = g(x) = \left(\frac{5}{2}\right)^x$$

(2) Bestimmen Sie die Basis a der Exponentialfunktion f mit $y = a^x$ so, dass der Graph von f durch den Punkt $P = \left(\frac{3}{2}; 8\right)$ geht.

Lösung:

$$P = \left(\frac{3}{2}; 8\right) \quad \Rightarrow \quad x = \frac{3}{2} \text{ und } y = 8$$

$$y = a^x \quad \Rightarrow \quad a^{\frac{3}{2}} = 8 \quad \Leftrightarrow \quad a = 8^{\frac{2}{3}} = \sqrt[3]{8}^{\,2} = 2^2 = 4$$

Der Graph von f mit $y = 4^x$ geht durch den Punkt $P = \left(\frac{3}{2}; 8\right)$, denn $4^{\frac{3}{2}} = 8$.

◆ Übungen 78 → S. 333

19.1.3 Schieben und Strecken von Exponentialfunktionen

Dem **Schieben** und **Strecken** von Funktionen sind wir bereits mehrfach begegnet, so zum Beispiel bei quadratischen Funktionen (Kapitel 15) oder im Einführungskapitel 13. Diese Erkenntnisse lassen sich direkt auf Exponentialfunktionen übertragen. So wirkt sich zum Beispiel eine Verschiebung des Graphen der Funktion f mit $f(x) = a^x$ um v Einheiten in vertikaler Richtung, eine Streckung mit Faktor k in y-Richtung und eine Streckung mit Faktor $1/b$ in x-Richtung folgendermassen auf die Funktionsgleichung aus:

$$g(x) = k \cdot f(b \cdot x) + v = k \cdot a^{b \cdot x} + v \tag{5}$$

Bei den Exponentialfunktionen sind folgende Besonderheiten zu beachten:

(1) Eine Streckung des Graphen von $f(x) = a^x$ um $1/b$ in x-Richtung kann auch mit einem **Basiswechsel** erreicht werden:

$$h(x) = f(b \cdot x) = a^{b \cdot x} = \left(\underbrace{a^b}_{c}\right)^x = c^x \quad \text{mit} \quad c = a^b \tag{6}$$

(2) Eine **Streckung in y-Richtung** kann durch eine **Verschiebung in x-Richtung** ersetzt werden, und umgekehrt. Dies folgt direkt aus den Potenzgesetzen. Wir verschieben den Graphen der Funktion f um u Einheiten horizontal und formen um:

$$l(x) = f(x-u) = a^{x-u} = a^{-u} \cdot a^x = \underbrace{\frac{1}{a^u}}_{k} \cdot a^x = k \cdot f(x) \tag{7}$$

Der Graph von l kann sowohl durch die Koordinatengleichung $l(x) = a^{x-u}$ als auch durch $l(x) = k \cdot a^x$ angegeben werden, wenn gilt:

$$k = \frac{1}{a^u} \quad \Rightarrow \quad k \cdot a^u = 1 \qquad (8)$$

Es spielt also keine Rolle, ob wir den Graphen einer Exponentialfunktion mit dem Faktor k in y-Richtung strecken oder um u Einheiten horizontal verschieben. Durch Logarithmieren finden wir u bei gegebenem k:

$$k \cdot a^u = 1 \quad \Rightarrow \quad a^u = \frac{1}{k} \quad \Rightarrow \quad u = -\log_a k \qquad (9)$$

Beispiele

(1) Gegeben sei die Exponentialfunktion $f\colon \mathbb{R} \to \mathbb{R}^+; y = f(x) = 2^x$ mit dem Graph G_f.

(a) Der Graph G_g geht durch Streckung mit $k = \frac{1}{8}$ in y-Richtung von der x-Achse aus dem Graphen G_f hervor. Berechnen Sie die Koordinatengleichung $y = g(x)$, die zu G_g gehört.

(b) Welche Verschiebung führt G_f in G_g über?

Lösung:

(a) Die neue Funktionsgleichung lautet $g(x) = k \cdot 2^x = \frac{1}{8} \cdot 2^x$

(b) Die Graphen der Funktionen g und h mit $g(x) = k \cdot a^x$ und $h(x) = a^{x-u}$ sind genau dann identisch, wenn $k \cdot a^u = 1$. Mit $k = \frac{1}{8}$ und $a = 2$ folgt aus Gleichung (9):

$$u = -\log_a k \quad \Rightarrow \quad u = -\log_2 \frac{1}{8} = -\log_2 2^{-3} = -(-3) = 3$$

Der Graph von g ist identisch mit dem von h. Den Graph um $\frac{1}{8}$ strecken hat somit dieselbe Wirkung auf den Graphen G_f, wie ihn um 3 Einheiten nach rechts zu schieben:

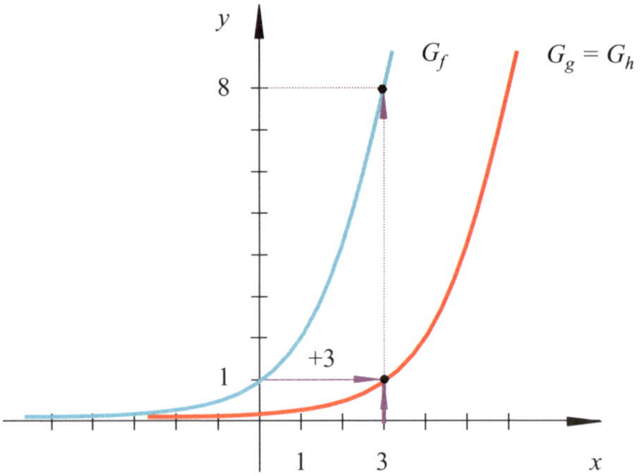

(2) Bestimmen Sie die Basis a und den Parameter k der Funktionsgleichung $y = f(x) = k \cdot a^x$ von f so, dass der Graph durch die Punkte $P = (2; 24)$ und $Q = \left(\frac{5}{2}; 48\right)$ geht.

Lösung:

Wir setzen die Koordinaten von P und Q in die Funktionsgleichung $y = f(x) = k \cdot a^x$ ein und lösen das entstandene Gleichungssystem mit der Einsetzmethode:

$$\begin{array}{l|l|} \text{(I)} & 24 = k \cdot a^2 \\ \text{(II)} & 48 = k \cdot a^{\frac{5}{2}} \end{array} \quad \Rightarrow \quad \begin{array}{l|l|} \text{(I)} & k = \frac{24}{a^2} \\ \text{(II)} & k \cdot a^{\frac{5}{2}} = 48 \end{array}$$

Wir setzen (I) in (II) ein und lösen nach a auf:

$$\text{(I) in (II)} = \text{(III)} \quad \frac{24}{a^2} \cdot a^{\frac{5}{2}} = 48 \quad \Rightarrow \quad \frac{a^{\frac{5}{2}}}{a^2} = \frac{48}{24} \quad \Rightarrow \quad a^{\frac{5}{2}-2} = 2$$

$$\Rightarrow \quad a^{\frac{1}{2}} = 2 \quad \Rightarrow \quad a = 4$$

Wir setzen (III) in (I) ein und lösen nach k auf:

$$\text{(III) in (I)} = \text{(IV)} \quad k = \frac{24}{4^2} = \frac{24}{16} \quad \Rightarrow \quad k = \frac{3}{2}$$

Die gesuchte Funktionsgleichung lautet:

$$y = f(x) = \frac{3}{2} \cdot 4^x$$

(3) Gegeben sei die Exponentialfunktion f mit $y = 3^x - 6$. Berechnen Sie den Ordinatenabschnitt und die Nullstellen.

Lösung:

Ordinatenabschnitt: Wir setzen $x = 0$.

$$y = 3^0 - 6 = 1 - 6 = 5$$

Nullstellen: Wir setzen $y = 0$.

$$0 = 3^x - 6 \quad \Rightarrow \quad 3^x = 6 \quad \Rightarrow \quad \log_3 3^x = \log_3 6 \quad \Rightarrow \quad x = \log_3 6 \approx 1.631$$

19.1.4 Die natürliche Exponentialfunktion

Setzt man $a = \mathrm{e}^b$, wobei e ≈ 2.71828 die **Eulersche Zahl** ist, so lässt sich jede Exponentialfunktion $f(x) = a^x$ schreiben als:

$$y = f(x) = a^x = (\mathrm{e}^b)^x = \mathrm{e}^{b \cdot x} \tag{10}$$

Alle Exponentialfunktionen haben die gleichen Eigenschaften wie die natürliche Exponentialfunktion mit Basis e, die sogenannte e-Funktion. Deshalb beschränkt man sich bei Anwendungen häufig auf die e-Funktion:

Definition **Natürliche Exponentialfunktion**

Exponentialfunktion mit der irrationalen Basis e ≈ 2.71828:

$$y = f(x) = e^x \tag{11}$$

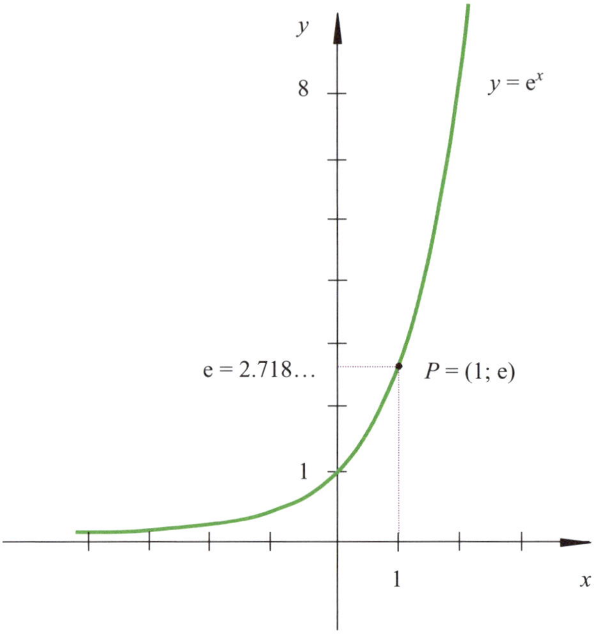

■ **Beispiel**

Schreiben Sie $f(x) = 2^x$ als Funktionsgleichung einer natürlichen Exponentialfunktion:

Lösung:

$2 = e^b \Rightarrow \ln 2 = \ln e^b \Rightarrow b \ln e = \ln 2 \Rightarrow b = \ln 2$

$f(x) = e^{\ln(2)\cdot x}$

◆ Übungen 79 → S. 335

19.2 Logarithmusfunktionen

19.2.1 Einführung

Im einführenden Beispiel beschreibt die Exponentialfunktion die Abhängigkeit der Anzahl Bakterien $y = f(x)$ von den vergangenen Stunden x.
Nun kann man aber auch fragen, **wie viele Stunden** x vergehen müssen, bis eine **vorgegebene Bakterienzahl** y erreicht wird. Diese Frage lässt sich mit der **Umkehrfunktion** f^{-1} der Exponentialfunktion $f\colon \mathbb{R} \to \mathbb{R}^+;\ y = a^x$ beantworten, bei der der Exponent x von y abhängig ist.
Die Funktionsgleichung der Umkehrfunktion bestimmen wir nach der Vorgehensweise in Kapitel 16. Wir lösen die Funktionsgleichung $y = a^x$ von f durch **Logarithmieren** nach x auf:

$$y = a^x \quad \Rightarrow \quad \log_a y = \log_a a^x \quad \Rightarrow \quad x = \log_a y \tag{12}$$

Anschliessend vertauschen wir die Variablen:

$$f^{-1}\colon y = \log_a x \tag{13}$$

Die Umkehrfunktion der Exponentialfunktion f ist die **Logarithmusfunktion**:

$$f^{-1}\colon \mathbb{R}^+ \to \mathbb{R};\ y = \log_a x \tag{14}$$

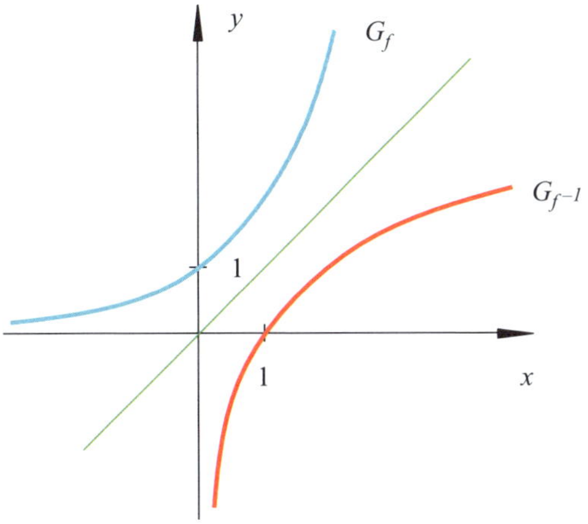

Definition **Logarithmusfunktion**

Eine Funktion $f\colon \mathbb{R}^+ \to \mathbb{R}$ mit einer Gleichung der Form:

$$y = f(x) = \log_a x \tag{15}$$

$a \in \mathbb{R}^+, a \neq 1$

Kommentar

- Für den Umgang mit Logarithmusfunktionen sind die **Logarithmengesetze** wichtig.

19.2.2 Eigenschaften von Logarithmusfunktionen

Der **Verlauf** des Graphen von $y = f(x) = \log_a x$ ist von der **Wahl der Basis** a abhängig. Zu den unten gezeichneten Kurven gehören die folgenden Funktionsgleichungen:

$k_1: y = \log_{\frac{1}{2}} x$; $k_2: y = \log_2 x$; $k_3: y = \log_5 x$

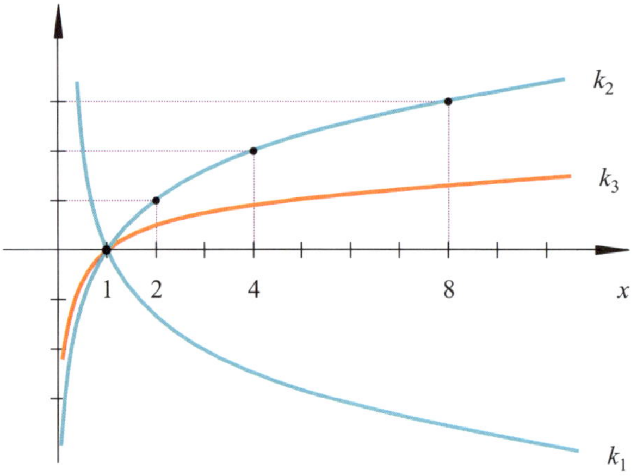

Eigenschaften	$y = f(x) = \log_a x$
Definitionsmenge	$\mathbb{R}+$
Wertemenge	$\mathbb{R}$
Gemeinsame Punkte	$(1; 0)$
Ordinatenabschnitt	–
Nullstellen	$x_0 = 1$
Symmetrien	keine
Verlauf	Basis $a > 1$: Kurve steigt von links nach rechts. Basis $a < 1$: Kurve fällt von links nach rechts.
Asymptote	y-Achse

Kommentar

- Der Graph der Logarithmusfunktion ist der an der Winkelhalbierenden $y = x$ gespiegelte Graph der Exponentialfunktion. Deshalb können seine Eigenschaften direkt aus dem der Exponentialfunktion abgeleitet werden.

◆ Übungen 80 → S. 338

19.2.3 Schieben und Strecken von Logarithmusfunktionen

Das Schieben und Strecken der Logarithmusfunktion erfolgt analog zur Exponentialfunktion. So wirkt sich zum Beispiel eine Verschiebung des Graphen von f: $f(x) = \log_a x$ um v Einheiten in vertikaler Richtung, eine Streckung mit Faktor k in y-Richtung und eine Streckung mit Faktor $1/b$ in x-Richtung folgendermassen auf die Funktionsgleichung aus:

$$g(x) = k \cdot f(b \cdot x) + v = k \cdot \log_a (b \cdot x) + v \tag{16}$$

Bei den Logarithmusfunktionen sind folgende Besonderheiten zu beachten:

(1) Eine **Streckung** des Graphen von $f(x) = \log_a x$ in **y-Richtung** kann auch mit einem **Basiswechsel** erreicht werden:

$$h(x) = k \cdot f(x) = \underbrace{k}_{\frac{1}{\log_a c}} \cdot \log_a x = \frac{1}{\log_a c} \cdot \log_a x = \frac{\log_a x}{\log_a c} = \log_c x \tag{17}$$

Die Graphen von $f(x)$ und $h(x)$ sind **identisch**, wenn gilt:

$$k = \frac{1}{\log_a c} \quad \Rightarrow \quad k \cdot \log_a c = 1 \tag{18}$$

(2) Eine **Verschiebung** in **y-Richtung** kann durch eine **Streckung** in **x-Richtung** ersetzt werden und umgekehrt. Dies folgt direkt aus den Potenzgesetzen:

$$h(x) = f(b \cdot x) = \log_a (b \cdot x) = \log_a x + \underbrace{\log_a b}_{v} = \log_a x + v \tag{19}$$

Eine Verschiebung um v kann durch eine Streckung um $1/b$ ersetzt werden und umgekehrt, wenn gilt:

$$v = \log_a b \quad \Rightarrow \quad v - \log_a b = 0 \tag{20}$$

■ **Beispiele**

(1) Gegeben sei die Exponentialfunktion f mit $y = 5^x - 4$.
   (a) Berechnen Sie die Funktionsgleichung $y = f^{-1}(x)$ der Umkehrfunktion f^{-1}.
   (b) Wo liegen die Nullstellen von f^{-1}?

Lösung:

(a) Wir lösen die Funktionsgleichung $y = 5^x - 4$ nach x auf:

$$y = 5^x - 4 \quad \Rightarrow \quad 5^x = y + 4 \quad \Rightarrow \quad x = \log_5 (y + 4)$$

Somit lautet die Funktionsgleichung der Umkehrfunktion f^{-1}:

$$y = \log_5 (x + 4)$$

(b) Wir setzen $y = 0$ ein:

$$0 = \log_5 (x + 4) \quad \Rightarrow \quad 5^0 = 1 = x + 4 \quad \Rightarrow \quad x = -3$$

Die Funktion f^{-1} hat bei $x = -3$ eine Nullstelle.

(2) Gegeben sind die Funktionsgleichungen der Funktionen f_1, f_2, f_3 und f_4. Welche sind identisch?

$$f_1(x) = \frac{3}{4} \log_5 x \qquad f_2(x) = 3 \log_{125} x$$

$$f_3(x) = \frac{2}{3} \log_{10} x \qquad f_4(x) = 3 \log_{625} x$$

Lösung:

Wir vollziehen mit f_2, f_3 und f_4 einen Basiswechsel auf die Basis 5:

$$f_1(x) = \frac{3}{4}\log_5 x$$

$$f_2(x) = 3\log_{125} x = 3\frac{\log_5 x}{\log_5 125} = 3\frac{\log_5 x}{3} = \log_5 x$$

$$f_3(x) = \frac{2}{3}\log_{10} x = \frac{2}{3}\frac{\log_5 x}{\log_5 10} = \frac{2}{3\log_5 10}\log_5 x$$

$$f_4(x) = 3\log_{625} x = 3\frac{\log_5 x}{\log_5 625} = 3\frac{\log_5 x}{4} = \frac{3}{4}\log_5 x$$

Durch den Basiswechsel wird sichtbar, dass $f_1 = f_4$ gilt.

19.2.4 Die natürliche Logarithmusfunktion

Setzt man die Basis des Logarithmus gleich $e \approx 2.71828$, erhält man $\ln x = \log_e x$, den **natürlichen Logarithmus**. Mit der Beziehung für den **Basiswechsel** lässt sich $y = f(x) = a^x$ schreiben als:

$$y = f(x) = \log_a x = \frac{\ln x}{\ln a} = \frac{1}{\ln a}\ln x = k \ln x \tag{21}$$

mit $k = \frac{1}{\ln a}$

Alle Logarithmusfunktionen haben die gleichen Eigenschaften wie die natürliche Logarithmusfunktion mit Basis e, die sogenannte ln-Funktion. Deshalb beschränkt man sich bei Anwendungen häufig auf die ln-Funktion:

Definition **Natürliche Logarithmusfunktion**

Die Logarithmusfunktion mit der irrationalen Basis $e \approx 2.71828$:

$$y = f(x) = \log_e x = \ln x \tag{22}$$

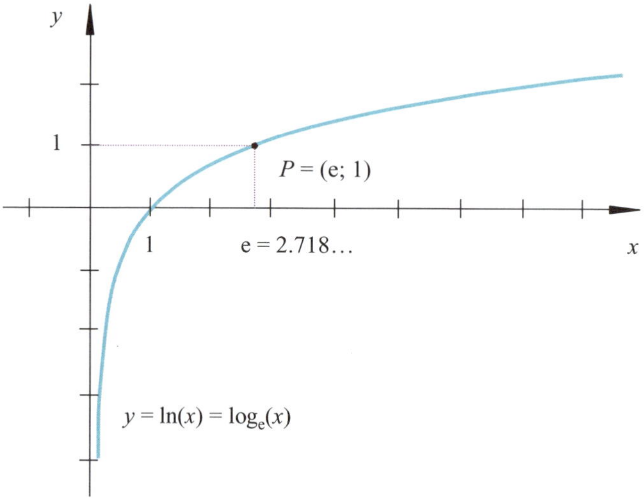

■ **Beispiel**

Bestimmen Sie die Umkehrfunktion f^{-1} der Logarithmusfunktion f mit $y = 2\ln(x+5) - 3$.

Lösung:

Auflösen nach x:

$$y + 3 = 2\ln(x+5) \quad \Rightarrow \quad \ln(x+5) = \frac{y+3}{2} \quad \Rightarrow \quad x + 5 = \mathrm{e}^{\frac{y+3}{2}} \quad \Rightarrow \quad x = \mathrm{e}^{\frac{y+3}{2}} - 5$$

Durch Variablentausch erhalten wir die Funktionsgleichung der Exponentialfunktion f^{-1}:

$$y = \mathrm{e}^{\frac{x+3}{2}} - 5$$

◆ Übungen 81 → S. 340

Terminologie

Achsenspiegelung
Asymptote
Basis
Basiswechsel
Eulersche Zahl e
(natürliche) Exponentialfunktion
exponentielles Wachstum
(natürliche) Logarithmusfunktion
Logarithmusgesetze
Potenzgesetze
Ordinatenabschnitt
Streckung
Translation
Umkehrfunktion
Verschiebung
y-Achsen-Symmetrie

19.3 Übungen

Übungen 78

1. Welche Aussagen treffen für Exponentialfunktionen mit $f(x) = a^x$ zu?

(1) Bei einer Exponentialfunktion kommt das Argument x im Exponenten vor.
(2) Die Wertemenge ist $\mathbb{R}$.
(3) Graphen von Exponentialfunktionen gehen alle durch den Punkt $P = (0; 1)$.
(4) Die x-Achse ist horizontale Asymptote der Graphen der Exponentialfunktionen.
(5) $a > 1$ bedeutet exponentielle Abnahme oder exponentiellen Zerfall.

2. Für welche Basen $a \in \mathbb{R}^+\backslash\{1\}$ gilt für den Graphen von $f(x) = a^x$ folgende Eigenschaft?

(1) Die Exponentialkurve geht durch den Punkt $P = (0; 1)$.
(2) Die Exponentialkurve geht durch den Punkt $Q = (1; 0.25)$.
(3) Die Exponentialkurve geht durch den Punkt $R = (-1; 5)$.
(4) Die Exponentialkurve hat für $x \to -\infty$ die x-Achse als Asymptote.

3. Welche der gegebenen Funktionsgleichungen gehören zu Exponentialfunktionen?

a) $f_1(x) = x^3$
b) $f_2(x) = 3^x$
c) $f_3(x) = 3^{4-x}$
d) $f_4(n) = (n-1) \cdot 10^n$
e) $f_5(n) = 2^{n-1} \cdot (2^n - 1)$
f) $f_6(t) = (\sqrt{2})^{5-2t}$
g) $A(n) = A_0 \cdot \left(1 - \frac{p}{100}\right)^n$
h) $A(p) = A_0 \cdot \left(1 - \frac{p}{100}\right)^n$
i) $N(t) = N_0 \cdot \mathrm{e}^{-\lambda t}$

4. Zeichnen Sie die Graphen von f mit $y = a^x$ für ausgewählte Basen a in ein Koordinatensystem. Notieren Sie Feststellungen betreffend gemeinsame Punkte, Symmetrien, Asymptoten, Nullstellen, Definitionsbereich, Wertebereich und Kurvenverlauf:

a) $a \in \{2; 3; 4\}$
b) $a \in \left\{2; \frac{1}{2}\right\}$
c) $a \in \left\{3; \frac{1}{3}\right\}$
d) $a \in \left\{\frac{1}{2}; \frac{1}{3}; \frac{1}{4}\right\}$

5. Gegeben sind die Exponentialfunktionen f bis k mit ihren Funktionsgleichungen:

$f\colon y = 2^x \qquad g\colon y = 2^{-x} \qquad h\colon y = \left(\frac{1}{2}\right)^x = \frac{1}{2^x} \qquad k\colon y = -2^{-x}$

Zeichnen Sie die Graphen von f bis k ins gleiche Koordinatensystem. Durch welche Kongruenzabbildungen geht der Graph von f in die anderen Graphen über?

6. Gegeben sind die Exponentialfunktionen f bis k mit ihren Funktionsgleichungen:

$f\colon y = \left(\frac{2}{3}\right)^x \qquad g\colon y = \left(\frac{3}{2}\right)^x \qquad h\colon y = \left(\frac{2}{3}\right)^{-x} \qquad k\colon y = -\left(\frac{2}{3}\right)^{-x}$

Zeichnen Sie die Graphen von f bis k in ein Koordinatensystem. Durch welche Kongruenzabbildungen geht der Graph von f in die anderen Graphen über?

7. Gegeben sind die Funktionen f bis h und ihre Funktionsgleichungen:

$f\colon y = 2x \qquad g\colon y = x^2 \qquad h\colon y = 2^x$

a) Skizzieren Sie die Graphen von f bis h in einem Koordinatensystem und vergleichen Sie.
b) Wie ändert sich der Funktionswert der drei Funktionen, wenn man ein beliebiges Argument x:
(1) um 1 erhöht? (2) um 3 erhöht? (3) verdoppelt? (4) halbiert?

8. Gegeben ist die Exponentialfunktion f mit $f(x) = 10^x$. Ersetzen Sie das Argument x wie vorgegeben und geben Sie die neu entstehenden Funktionsgleichungen in der Form $g(x) = k \cdot 10^x$ an. Vergleichen Sie die Funktionswerte $f(x)$ und $g(x)$.

a) $g_1(x) = f(x+1)$
b) $g_2(x) = f(x-1)$
c) $g_3(x) = f(x+2)$
d) $g_4(x) = f(x-3)$

9. Gegeben ist die Exponentialfunktion f mit $f(x) = 5^x$. Ersetzen Sie das Argument x wie vorgegeben und geben Sie die neu entstehenden Funktionsgleichungen in der Form $g(x) = a^x$ an. Zeigen Sie mithilfe der Potenzgesetze, wie sich der Funktionswert von $f(x)$ zu $g(x)$ verändert hat:

a) $g_1(x) = f(2x)$
b) $g_2(x) = f\left(\frac{x}{2}\right)$
c) $g_3(x) = f(3x)$
d) $g_4(x) = f\left(\frac{x}{4}\right)$

10. Berechnen Sie den Parameter a so, dass der Punkt P auf dem Graphen von f mit $y = a^x$ liegt:

a) $P_1 = \left(\frac{5}{2}; \frac{1}{32}\right)$
b) $P_2 = (-2; 0.0625)$
c) $P_3 = \left(-3; \frac{125}{8}\right)$
d) $P_4 = (4; 25)$
e) $P_4 = \left(\frac{1}{2}; \sqrt{\pi}\right)$
f) $P_6 = (3; e^6)$

11. Bestimmen Sie die Funktionsgleichung $f(x) = a^x$ der Funktion f mit der folgenden Eigenschaft:

a) Wenn x um 1 erhöht wird, nimmt der Funktionswert um einen Zehntel ab.
b) Wenn x um 1 vermindert wird, nimmt der Funktionswert um einen Zehntel zu.
c) Wenn x um 1 erhöht wird, nimmt der Funktionswert um einen Fünftel ab.
d) Wenn x um 1 vermindert wird, nimmt der Funktionswert um einen Fünftel ab.
e) Wenn man x um 4 erhöht, verdreifacht sich der Funktionswert.
f) Wenn man x um 3 vermindert, verdoppelt sich der Funktionswert.

12. Betrachten Sie die Funktion f mit $f(x) = \left(1 + \frac{1}{x}\right)^x$ für $x > 0$.

a) Berechnen Sie die Funktionswerte für folgende Argumente und vergleichen Sie:
$x_1 = 10^0$ $\quad x_2 = 10^1$ $\quad x_3 = 10^2$ $\quad x_4 = 10^3$ $\quad x_5 = 10^6$ $\quad x_6 = 10^9$
b) Untersuchen Sie das Verhalten von f für $x \to \infty$. Formulieren Sie eine Vermutung.

13. Zeichnen Sie die Kurven, die zu den folgenden Funktionsgleichungen gehören, in ein Koordinatensystem:

a) $f(x) = \mathrm{e}^x$ **b)** $g(x) = \mathrm{e}^{2x}$ **c)** $h(x) = \mathrm{e}^{0.5x}$ **d)** $k(x) = \mathrm{e}^{-x}$

Übungen 79

14. Betrachten Sie den Graphen G_f der Exponentialfunktion f mit $f(x) = 2^x$. Wie verändert sich die Funktionsgleichung des Graphen, wenn G_f

a) um 4.5 Einheiten nach links verschoben wird?
b) um 10.7 Einheiten nach unten verschoben wird?
c) an der x-Achse gespiegelt und dann um 4.8 Einheiten nach oben verschoben wird?
d) an der y-Achse und danach an der x-Achse gespiegelt wird?
e) am Ursprung gespiegelt und dann um 1.5 Einheiten nach rechts verschoben wird?
f) in Richtung y-Achse mit Faktor 0.6 gestreckt wird?
g) in Richtung x-Achse mit Faktor 2.8 gestreckt und dann um 5 Einheiten nach unten verschoben wird?
h) in Richtung y-Achse mit Faktor 2 gestreckt, anschliessend am Ursprung gespiegelt und dann um 5 Einheiten nach oben und um 3 Einheiten nach links verschoben wird?

15. Zeichnen Sie die Graphen von f bis k ins gleiche Koordinatensystem. Durch welche Abbildungen geht der Graph G_f in die Graphen G_g bis G_k über?

a) $f(x) = 2^x$ $\quad g(x) = 2 \cdot 2^x$ $\quad h(x) = \frac{1}{2} \cdot 2^x$ $\quad k(x) = -\frac{1}{3} \cdot 2^x$
b) $f(x) = 3^x$ $\quad g(x) = 3^{x-1}$ $\quad h(x) = 3^{x+2}$ $\quad k(x) = 3^{2x}$
c) $f(x) = 2^{-x}$ $\quad g(x) = 2^{-x} - 1.5$ $\quad h(x) = \frac{1}{3} \cdot 2^{-x}$ $\quad k(x) = -4 \cdot 2^x$

16. Welche Abbildungen führen den Graphen von f mit $y = 2^x$ in die Graphen der folgenden Exponentialfunktionen über?

a) $g\colon y = 2^x - 3$ **b)** $h\colon y = 3 \cdot 2^x$ **c)** $k\colon y = 2^{x-3}$
d) $l\colon y = -2^{-x}$ **e)** $m\colon y = 2^{x+1} + 5$ **f)** $n\colon y = -2 \cdot 2^{x+2} - 1$

17. Schreiben Sie die gegebenen Funktionsgleichungen in der Form $f(x) = a^x$:

a) $f_1(x) = 3^{2x}$ b) $f_2(x) = 2^{-3x}$ c) $f_3(x) = 625^{0.25x}$

d) $f_4(x) = 32^{-\frac{1}{5}x}$ e) $f_5(x) = 8^{\frac{2x}{3}}$ f) $f_6(x) = 16^{-\frac{3}{4}x}$

18. Berechnen Sie die Funktionsgleichung $y = h(x)$ der Exponentialfunktion h, deren Graph durch Schieben in x-Richtung aus dem Graphen von f mit $y = f(x)$ entsteht und zum Graphen von g mit $y = g(x)$ identisch ist:

a) $f(x) = 4^x;\ g(x) = \frac{1}{16} \cdot 4^x$ b) $f(x) = 3^x;\ g(x) = 27 \cdot 3^x$

c) $f(x) = 9^x;\ g(x) = \frac{1}{3} \cdot 9^x$ d) $f(x) = \mathrm{e}^x;\ g(x) = \frac{3}{5} \cdot \mathrm{e}^x$

19. Berechnen Sie die Funktionsgleichung $y = h(x)$ der Exponentialfunktion h, deren Graph durch Strecken in y-Richtung aus dem Graphen von f mit $y = f(x)$ entsteht und zum Graphen von g mit $y = g(x)$ identisch ist:

a) $f(x) = 3^x;\ g(x) = 3^{x+2}$ b) $f(x) = 2^x;\ g(x) = 2^{x-3}$

c) $f(x) = 10^x;\ g(x) = 10^{x-\frac{1}{2}}$ d) $f(x) = 10^x;\ g(x) = 10^{x-2\pi}$

20. Welche der Funktionsgleichungen sind paarweise gleich?

a) $f(x) = 3^{2x+4}$ $g(x) = 3^{2x} + 4$ $h(x) = 9^{x+2}$

b) $f(x) = 2^{3x-1}$ $g(x) = 8^{x-\frac{1}{3}}$ $h(x) = 9^{3x-\frac{3}{2}}$

c) $f(x) = 4^{3x-2}$ $g(x) = 2 \cdot 2^{3x-3}$ $h(x) = 2^{3x-2}$

d) $f(x) = 2^{-(x-4)}$ $g(x) = 0.5^{x-4}$ $h(x) = 0.25^{2x-8}$

21. Skizzieren Sie die Graphen der folgenden Funktionsgleichungen in ein rechtwinkliges Koordinatensystem, indem Sie vom Graphen von $f(x) = a^x$ ausgehen:

a) $f_1(x) = 1 + 2^x$ b) $f_2(x) = 1 - 3^x$ c) $f_3(x) = 2^{x-3}$

d) $f_1(x) = 3 \cdot 2^{x+2}$ e) $f_2(x) = -2 - 2^{x+3}$ f) $f_3(x) = -2 + \left(\frac{1}{2}\right)^{x+1}$

22. Gegeben sind die Funktionen f, g und h mit $f(x) = 3^{x+3}$, $g(x) = 3^{3x}$ und $h(x) = 3 \cdot 3^x$:

a) Schreiben Sie die Funktionsterme von f und g in der Form $k \cdot a^x$.
b) Bestimmen Sie den Schnittpunkt zwischen den Graphen von f und g.
c) Bestimmen Sie den Schnittpunkt zwischen den Graphen von g und h.

23. Bestimmen Sie a und k so, dass die Kurve mit $y = k \cdot a^x$ durch die folgenden Punkte geht:

a) $P_1 = (1; 2)$ und $Q_1 = (2; 16)$ b) $P_2 = (1; 6)$ und $Q_2 = (4; 48)$

c) $P_3 = \left(5; -\frac{1}{8}\right)$ und $Q_3 = (-6; -256)$ d) $P_4 = \left(2; -\frac{2}{5}\right)$ und $Q_4 = \left(-4; -\frac{1}{20}\right)$

24. Gegeben ist ein Koordinatensystem mit $e_x = e_y = 1$. Bestimmen Sie die Funktionsgleichungen der folgenden Graphen mit Basis 3:

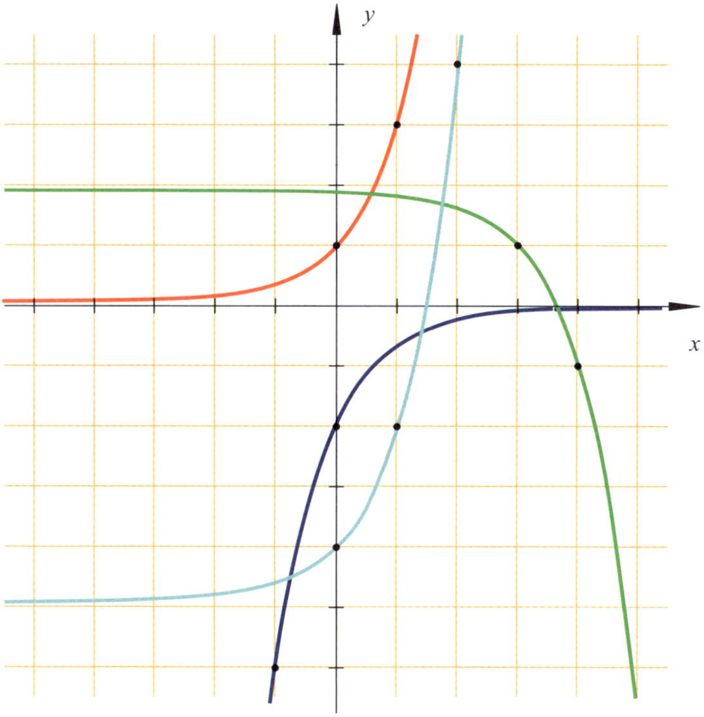

25. Berechnen Sie Nullstellen und Ordinatenabschnitt der Funktionen f bis k:

a) $f\colon y = \mathrm{e}^x - 5$

b) $g\colon y = -2 \cdot 3^{x-1} + 2$

c) $h\colon y = \frac{1}{4}\mathrm{e}^{3x} - 6$

d) $k\colon y = -\left(\frac{1}{2}\right)^{x+3} - \frac{3}{2}$

26. Lösen Sie die folgenden Gleichungen grafisch mit einem Grafikrechner oder geeigneter Software:

a) $4x = 3^x$

b) $3^x - x^2 = 0$

c) $\frac{1}{x-1} = \left(\frac{3}{2}\right)^x + 2$

d) $0.25^x = 2 \cdot \sqrt{x+2}$

27. Zeichnen Sie die Graphen der Funktionen f bis m. Geben Sie die Definitionsmenge $\mathbb{D}$, die Wertemenge $\mathbb{W}$ und lokale Extremalstellen an. Verwenden Sie einen Grafikrechner oder geeignete Software.

a) $f\colon y = \mathrm{e}^{2x-1}$

b) $g\colon y = 2^{x^2-1}$

c) $h\colon y = x \cdot 3^x$

d) $k\colon y = x \cdot \mathrm{e}^{-x}$

e) $l\colon y = x \cdot 2^{-x^2}$

f) $m\colon y = -x \cdot 10^{\frac{x^2}{25}}$

28. Ein Bakterienstamm, der aus $G_0 = 3000$ Bakterien besteht, wird in eine Petrischale mit Nährlösung gegeben. Die Bakterienzahl verdoppelt sich alle drei Stunden.

a) Berechnen Sie die Zahl der Bakterien für $t_1 = 1\text{ h}$, $t_2 = 2\text{ h}$, $t_3 = 3\text{ h}$, $t_4 = 24\text{ h}$ und $t_5 = 1$ Woche.
b) Geben Sie die Funktionsgleichung an, die den Zusammenhang zwischen der Bakterienzahl $G(t)$ und der Zeit t in Stunden beschreibt.
c) Geben Sie an, nach wie vielen Stunden die Bakterienzahl 1 Milliarde überschreitet.

29. Bierschaum zerfällt im Laufe der Zeit exponentiell. Diese Eigenschaft kann für Qualitätstests verwendet werden. Bei einer Biersorte nimmt die Höhe des Bierschaumkranzes pro Minute um 30 Prozent ab. Die Höhe des Bierschaumkranzes beträgt zu Beginn 50 mm.

a) Berechnen Sie die Höhe des Bierschaumkranzes für $t_1 = 1\text{ min}$, $t_2 = 2\text{ min}$, $t_3 = 3\text{ min}$, $t_4 = 5\text{ min}$, und $t_5 = 10\text{ min}$.
b) Geben Sie die Funktionsgleichung an, welche die Höhe des Schaums $h(t)$ zum Zeitpunkt t beschreibt.
c) Zeichnen Sie den Graphen der Funktion $h(t)$.
d) Wie hoch ist der Bierschaumkranz nach 15 Minuten?
e) Nach wie vielen Minuten beträgt die Bierschaumhöhe genau 2.5 cm?

Übungen 80

30. Welche der Aussagen treffen für Logarithmusfunktion mit $f(x) = \log_a x$ zu?

(1) Die Logarithmusfunktion ist die Umkehrfunktion der Exponentialfunktion, wenn wir nach der Basis fragen.
(2) Jede Logarithmusfunktion lässt sich mit Basis e darstellen.
(3) Definiert sind alle Basen a, die grösser als 0 sind, wobei $a \neq 1$.
(4) Die Definitionsmenge ist gleich $\mathbb{R}$.
(5) Die Graphen gehen alle durch den Punkt $P = (1; 0)$.

31. Zeichnen Sie die Graphen von f und g in ein Koordinatensystem und vergleichen Sie:

a) $f\colon y = 3^x$ und $g\colon y = \log_3 x$
b) $f\colon y = 2^{-x}$ und $g\colon y = -\log_2 x$
c) $f\colon y = 10^x$ und $g\colon y = \lg x$
d) $f\colon y = e^x$ und $g\colon y = \ln x$

32. Zeichnen Sie die Graphen von f mit $y = \log_a x$ für ausgewählte Basen a in ein Koordinatensystem. Notieren Sie Ihre Feststellungen betreffend gemeinsame Punkte, Symmetrien, Asymptoten, Nullstellen, Definitionsbereich, Wertebereich und Kurvenverlauf:

a) $a \in \{2; 3; 4\}$
b) $a \in \left\{2; \frac{1}{2}\right\}$
c) $a \in \left\{3; \frac{1}{3}\right\}$
d) $a \in \left\{\frac{1}{2}; \frac{1}{3}; \frac{1}{4}\right\}$

33. Bestimmen Sie die Umkehrfunktionen der Exponentialfunktionen f bis k:

a) $f\colon y = 2^x$
b) $g\colon y = \left(\frac{1}{2}\right)^x$
c) $h\colon y = \left(\frac{3}{2}\right)^x$
d) $k\colon y = \left(\frac{2}{5}\right)^x$

34. Bestimmen Sie die Umkehrfunktionen der Exponentialfunktionen f bis m:

a) $f\colon y = \frac{1}{3} \cdot 4^x$ b) $g\colon y = 10^{x-5}$

c) $h\colon y = \mathrm{e}^{4x}$ d) $k\colon y = 2 \cdot 3^{\frac{x+1}{2}}$

e) $l\colon y = 10^{(x+1)^2}$ f) $m\colon y = \frac{1}{2} \cdot \mathrm{e}^{3(x+2)}$

35. Bestimmen Sie die Umkehrfunktionen der Logarithmusfunktionen f bis m:

a) $f\colon y = \lg(x+3)$ b) $g\colon y = \frac{4}{3} \ln x$

c) $h\colon y = \frac{\lg(2x)}{\lg 3}$ d) $k\colon y = \frac{1}{2} \cdot \frac{\ln x}{\ln 3}$

e) $l\colon y = \frac{1}{4} \cdot \lg(1-x)$ f) $m\colon y = 5 \cdot \ln(x+4)$

36. Zeigen Sie: Jede Funktionsgleichung einer Logarithmusfunktion kann auf die Form $y = \lg x$ gebracht werden.

37. Bringen Sie die folgenden Funktionsgleichungen in die Form $y = k \cdot \lg x$, mit $k \in \mathbb{R}$:

a) $y = 3 \cdot \log_2 x$ b) $y = -\frac{1}{2} \cdot \log_3 x$

c) $y = 5 \cdot \log_4 x$ d) $y = -3 \cdot \log_5(x^2)$

38. Zeichnen Sie im gleichen Koordinatensystem die Graphen von f bis h und der zugehörigen Umkehrfunktionen f^{-1} bis h^{-1}. Wie lauten die Gleichungen der Umkehrfunktionen?

a) $f\colon y = 2^x - 1$ b) $g\colon y = -2 \cdot 3^x$ c) $h\colon y = \log_4(0.5x)$

39. Die Funktionen f und g haben mit ihren Umkehrfunktionen zwei Punkte gemeinsam. Berechnen Sie die Koordinaten dieser beiden Punkte.

a) $f\colon y = 2^x - 2$ b) $g\colon y = 3^x - 3$

40. Bestimmen Sie die Lösungsmenge der folgenden Gleichungen grafisch:

a) $2 \ln x = 2x - 4$ b) $1 = \frac{1}{x} - \ln(x+3)$

c) $3 - x^2 = 1 + \lg(x+4)$ d) $10^{0.5x-1} = 1 + \lg(x^2)$

41. Bestimmen Sie die Parameter der folgenden Funktionsgleichungen so, dass die zugehörigen Kurven durch die vorgegebenen Punkte gehen:

a) $y = k \cdot \log_4 x$ $P = \left(\sqrt{2}; \frac{3}{4}\right)$

b) $y = \log_3\left(\frac{1}{b} \cdot x\right)$ $P = (20; 2)$

c) $y = \log_a\left(\frac{1}{b} \cdot x\right)$ $P = \left(\frac{1}{5}; 2\right)$ und $Q = (625; 5)$

Übungen 81

42. Betrachten Sie den Graphen G_f der Logarithmusfunktion mit $f(x) = \ln x$. Wie verändert sich die Funktionsgleichung, wenn G_f

a) um $2\ e_y$ nach oben verschoben wird?
b) um $3\ e_x$ nach rechts verschoben wird?
c) an der x-Achse gespiegelt wird?
d) an der y-Achse gespiegelt wird?
e) am Ursprung des Koordinatensystems gespiegelt wird?
f) in Richtung y-Achse mit Faktor 3 gestreckt wird?

43. Betrachten Sie den Graphen G_f der Logarithmusfunktion f mit $f(x) = \ln x$. Wie verändert sich die Funktionsgleichung, wenn G_f

a) in Richtung x-Achse mit Faktor 0.4 gestreckt wird?
b) an der x-Achse gespiegelt und um $2.5\ e_x$ nach links verschoben wird?
c) an der y-Achse und an der x-Achse gespiegelt wird?
d) am Ursprung gespiegelt und um $10\,e_y$ nach oben verschoben wird?
e) in Richtung y-Achse mit Faktor 1.5 gestreckt und um $3\,e_y$ nach unten verschoben wird?
f) in Richtung x-Achse mit Faktor 0.8 gestreckt, am Ursprung gespiegelt und um $3\,e_x$ nach rechts und um $2\,e_y$ nach unten verschoben wird?

44. Gehen Sie vom Graphen G_f der Funktion f mit $f(x) = \ln x$ aus. Skizzieren Sie die Graphen G_g bis G_r, die zu den Funktionsgleichungen unten gehören. Durch welche Abbildungen können Sie G_f in G_g bis G_r überführen?

a) $g(x) = \ln x + 1$ b) $h(x) = \ln(x+1)$ c) $k(x) = \ln(x-2)$
d) $l(x) = \ln(-x)$ e) $m(x) = \ln(x^2)$ f) $n(x) = \ln\frac{1}{x^2}$
g) $p(x) = \ln\sqrt{x+3}$ h) $q(x) = \ln(2-x)$ i) $r(x) = \ln(2x)$

45. Gehen Sie vom Graphen G_f der Funktion f mit $f(x) = \lg x$ aus. Skizzieren Sie die Graphen G_g bis G_r, die zu den Funktionsgleichungen unten gehören. Durch welche Abbildungen können Sie G_f in G_g bis G_r überführen?

a) $g(x) = \lg x - 2$ b) $h(x) = \lg(x+1)$ c) $k(x) = -\lg x$
d) $l(x) = \lg\frac{1}{x}$ e) $m(x) = \lg(x^3)f$ f) $n(x) = \lg\sqrt[3]{(x-2)}$
g) $p(x) = \lg(4-x)$ h) $q(x) = \lg(0.5x)$ i) $r(x) = \lg(2x+3)$

46. Gegeben sind die Graphen von f mit $y = \lg x$ und g mit $y = \lg(ax)$:

a) Zeigen Sie, dass der Graph G_f durch eine vertikale Verschiebung um v Einheiten auf den Graphen G_g abgebildet werden kann.
b) Gibt es eine andere Möglichkeit, G_f auf G_g abzubilden? Wenn ja, welche?

47. Gehen Sie von der Funktion f mit $y = \lg x$ aus. Bestimmen Sie den Parameter v der Verschiebung, wenn der Graph von f auf den Graphen von g abgebildet werden soll:

a) $g\colon y = \lg(10x)$ b) $g\colon y = \lg(0.0001x)$
c) $g\colon y = \lg(200x)$ d) $g\colon y = \lg\frac{x}{3}$

48. Die Kurve mit $y = a^x$ kann durch eine Streckung von der y-Achse aus auf die Kurve mit $y = a^{x-v}$ abgebildet werden. Berechnen Sie den Streckfaktor λ.

49. Die Kurve mit $y = a^x$ kann durch eine Translation auf die Kurve mit $y = k \cdot a^x$ mit $k > 0$ abgebildet werden. Berechnen Sie den Betrag, um den die Kurve verschoben werden muss.

50. Berechnen Sie die Nullstellen und den Ordinatenabschnitt der Funktionen f bis k:

a) $f\colon y = \ln(x) - 1$ b) $g\colon y = -\frac{5}{2}\lg(x+3) + 5$

c) $h\colon y = -\ln(x-5) + 3$ d) $k\colon y = \log_5\left(2x - \frac{7}{5}\right) + 1$

51. Das menschliche Lautstärkeempfinden L wird in Phon gemessen. Mit zunehmender Schallstärke wächst das menschliche Lautstärkeempfinden nicht proportional, sondern logarithmisch zur Schallintensität J. Nach dem Weber-Fechnerschen Gesetz ist die Sinnesempfindung proportional zum Logarithmus des physikalischen Reizes:

$$L = 10 \lg \frac{J}{J_0} \qquad \text{[phon]} \qquad J_0\text{: Hörschwelle}$$

J_0 ist also die Intensität, die vom menschlichen Ohr gerade noch wahrgenommen werden kann. Beim Einwirken mehrerer Schallquellen werden deren Intensitäten addiert.

a) Welche Lautstärken L gehören zu den folgenden Schallintensitäten J?
$J = J_0$ $J = 10 \cdot J_0$ $J = 100 \cdot J_0$ $J = 10^n \cdot J_0$

b) Welche Schallintensitäten, ausgedrückt als Vielfaches von J_0, gehören zu den folgenden Lautstärken?

Hörschwelle:	0 phon	Flüstern:	20 phon
Unterhaltungssprache:	40 phon	Motorrad:	80 phon
Disco:	100 phon	Schmerzgrenze:	130 phon

c) Das Ticken einer Armbanduhr beträgt 20 phon. In verschiedenen Räumen befinden sich unterschiedlich viele Uhren:
Raum 1: eine Uhr Raum 2: zehn Uhren
Raum 3: hundert Uhren Raum 4: n Uhren
Um wie viele phon erhöht sich jeweils die Lautstärke, wenn man in allen Räumen eine Armbanduhr dazulegt?

20 Wachstum und Zerfall

20.1 Exponentielle Prozesse

Exponentielle Prozesse sind in Natur, Technik und Wirtschaft oft anzutreffen. Grundsätzlich trifft man exponentielle Prozesse immer dort an, wo die **Änderungsrate einer Grösse proportional zu der Grösse selbst** ist. Im Einführungsbeispiel mit den Bakterien im vorhergehenden Kapitel nimmt die Anzahl Bakterien exponentiell zu.

Es gelten die folgenden Definitionen:

Definition **Exponentielle Prozesse** werden beschrieben durch eine Funktionsgleichung der Form:

$$f(t) = f_0 \cdot a^t \qquad a \in \mathbb{R}^+ \setminus \{1\} \qquad (1)$$

Begriffe:

f_0: Anfangswert zum Zeitpunkt $t = 0$

t: (Zeit-)Variable

a: Wachstums- oder Abnahmefaktor

Definition **Exponentielles Wachstum** wird beschrieben durch eine Funktionsgleichung der Form:

$$f(t) = f_0 \cdot a^t \qquad a > 1 \qquad (2)$$

Zur *Wachstumsrate* $p\,\%$ gehören der Wachstumsfaktor $a = 1 + \frac{p}{100}$ und die Wachstumsfunktion $f(t) = f_0 \cdot \left(1 + \frac{p}{100}\right)^t$. (3)

Definition **Exponentielle Abnahme** wird beschrieben durch eine Funktionsgleichung der Form:

$$f(t) = f_0 \cdot a^t \qquad 0 < a < 1 \qquad (4)$$

Zur *Abnahmerate* $p\,\%$ gehören der Abnahmefaktor $a = 1 - \frac{p}{100}$ und die Abnahmefunktion $f(t) = f_0 \cdot \left(1 - \frac{p}{100}\right)^t$. (5)

Die *Halbwertszeit* ist die Zeit, nach welcher sich der Funktionswert $f(t)$ halbiert.

Kommentar

- Beispiele für **exponentielles Wachstum** sind:
  - Wachstum von Bakterienkulturen
  - Kapital auf dem Bankkonto
  - Rechenaufwand beim Sortieren von Datensätzen auf dem PC
- Beispiele für **exponentielle Abnahme** sind:
  - Kondensatoren entladen
  - radioaktiver Zerfall
  - Abkühlen von Materialien
  - statischer Luftdruck in Abhängigkeit der Höhe
  - Lichtintensität in Wasser oder Glas
  - Abschreibung von Autos
- Die exponentielle Abnahmefunktion wird auch **Zerfall- oder Abklingfunktion** genannt.

Beispiele

(1) Auf einer Insel wurden 5 Hasenpaare, also insgesamt $f_0 = 10$ Hasen ausgesetzt. Die Hasenpopulation verdoppelt sich alle zwei Monate.

(a) Geben Sie die Funktionsgleichung für die Hasenpopulation in Abhängigkeit der Zeit t an. Wählen Sie als Einheit für t zuerst Monate, dann Jahre.
(b) Berechnen Sie die Anzahl Hasen nach einem Jahr.
(c) Berechnen Sie, wie lange es dauert, bis sich die Hasenpopulation verzehnfacht hat (t in Monaten).

Lösung:

(a) Zeiteinheit *Monate*:
Die Population hat sich erst nach *zwei* Monaten verdoppelt, deshalb wählen wir als Exponent $t/2$ und somit lautet die Funktionsgleichung:

$$f(t) = 10 \cdot 2^{\frac{t}{2}}$$

Zeiteinheit *Jahre*:
Die Population hat sich nach einem Jahr bereits *sechsmal* verdoppelt, deshalb wählen wir als Exponent $6t$ und somit lautet die Funktionsgleichung:

$$f(t) = 10 \cdot 2^{6t}$$

(b) $f(12) = 10 \cdot 2^{\frac{12}{2}} = 640$ oder $f(1) = 10 \cdot 2^{6 \cdot 1} = 640$
Nach einem Jahr sind 640 Hasen auf der Insel.

(c) $10f_0 = f_0 \cdot 2^{\frac{t}{2}} \quad \Rightarrow \quad 10 = 2^{\frac{t}{2}} \quad \Rightarrow \quad \ln 10 = \ln (2^{\frac{t}{2}}) \quad \Rightarrow \quad \ln 10 = \frac{t}{2} \cdot \ln 2$

$$\Rightarrow \quad t = \frac{2 \cdot \ln 10}{\ln 2} \approx 6.6$$

Nach ungefähr 6.6 Monaten hat sich die Hasenpopulation verzehnfacht.

(2) Beim Zerfall von radioaktivem Bismut nimmt die Masse m des Isotops Bi-210 pro Tag um $12.91\,\%$ ab. Im Zeitpunkt $t = 0$ liegt eine Masse von $m_0 = 72.8$ g vor.

(a) Bestimmen Sie die Funktionsgleichung $m(t)$.
(b) Wie gross ist die Halbwertszeit $T_{1/2}$?

Lösung:

(a) Wir suchen eine Funktionsgleichung der Form $m(t) = m_0 \cdot a^t$ (t = Zeit in Tagen):

$$m_0 = 72.8\text{ g}; \quad a = 1 - 0.1291 = 0.8709 \quad \Rightarrow \quad m(t) = 72.8\text{ g} \cdot 0.8709^{\,t}$$

(b) $36.4 = 72.8 \cdot 0.8709^{-t} \quad \Rightarrow \quad 0.5 = 0.8709^{-t} \quad \Rightarrow \quad \ln 0.5 = -t \ln 0.8709$

$$\Rightarrow \quad t = \frac{\ln 0.5}{\ln 0.8709} \approx 5.015$$

Nach ungefähr 5.015 Tagen (= 5 Tage 20 Minuten 54 Sekunden) ist noch die Hälfte des radioaktiven Isotops Bi-210 vorhanden, also 36.4 g.

(3) Ein Kapital K_0 von CHF 5250.– wird zu $p = 4\,\%$ angelegt und jährlich verzinst:

(a) Wie lautet die Funktionsgleichung, welche die Höhe des Kapitals $K(n)$ nach n Jahren beschreibt?
(b) Wie gross ist das Kapital nach 10 Jahren?
(c) Nach wie vielen Jahren hat sich das Kapital verdoppelt?

Lösung:

(a) Wir suchen eine Funktionsgleichung der Form $K(n) = K_0 \cdot (1 + \frac{p}{100})^n$ (n = Zeit in Jahren):
$p = 4\,\% = 0.04,\ K_0 = 5250 \quad \Rightarrow \quad K(n) = 5250 \cdot 1.04^n$

(b) $K(10) = K_0 \cdot (1 + \frac{p}{100})^{10} = \text{CHF } 5250.\text{–} \cdot 1.04^{10} = \text{CHF } 7771.30$

Nach 10 Jahren ist das Kapital auf CHF 7771.30 angewachsen.

(c) $2 \cdot K_0 = K_0 \cdot (1 + \frac{p}{100})^n \quad \Rightarrow \quad 2 = 1.04^n \quad \Rightarrow \quad \ln 2 = n \cdot \ln 1.04$

$\Rightarrow \quad n = \frac{\ln 2}{\ln 1.04} \approx 17.67$

Das Kapital verdoppelt sich in ungefähr 17.67 Jahren.

(4) Eine CNC-Anlage zum Fräsen von Metallteilen wird zu einem Anschaffungswert von B_0 = CHF 450 000.– beschafft und degressiv abgeschrieben.

(a) Wie gross muss der Abschreibungssatz p gewählt werden, wenn der Buchungswert der Anlage nach 5 Jahren nur noch B_5 = CHF 150 000.– betragen soll?
(b) Geben Sie die Funktionsgleichung an, welche den Buchungswert B_n der Anlage beschreibt.
(c) Wie gross wäre die Abschreibung im letzten Jahr, wenn die Anlage unvorhergesehen bereits nach 3 Jahren ersetzt werden müsste?
(d) Nach welcher Zeitspanne würde der Wert der Anlage bei gleichbleibendem Abschreibungssatz nur noch 5 % des Anschaffungswerts betragen?

Lösung:

(a) $\frac{B_n}{B_0} = (1 - \frac{p}{100})^n \quad \Rightarrow \quad \frac{150\,000}{450\,000} = \frac{1}{3} = (1 - \frac{p}{100})^5$

$\Rightarrow \quad 1 - \frac{p}{100} = \sqrt[5]{\frac{1}{3}} \quad \Rightarrow \quad p = 100 - \frac{1}{\sqrt[5]{3}} \approx 19.73\,\%$

(b) $B_n = B_0 \cdot (1 - p)^n \approx 450\,000 \cdot 0.8027^n$

(c) Nach 2 Jahren hat die Anlage einen Wert von:

$$B_2 = B_0 \cdot (1 - \frac{p}{100})^2 \approx \text{CHF } 450\,000 \cdot 0.8027^2 \approx \text{CHF } 289\,977.30$$

Diesen Betrag müsste man demnach im 3. Jahr voll abschreiben.

(d) $B_n = 5\,\% \cdot B_0 = B_0 \cdot (1 - \frac{p}{100})^n$

$\Rightarrow \quad 0.05 = 0.8027^n \quad \Rightarrow \quad n = \frac{\ln 0.05}{\ln 0.8027} = 13.63$

Nach ungefähr 13.63 Jahren beträgt der Buchungswert der Anlage noch 5 % des Anschaffungswerts.

◆ Übungen 82 → S. 352

20.2 Wachstumsmodelle

Wie wir gesehen haben, spielen Wachstums- und Abnahmeprozesse in Technik, Natur und Wirtschaft eine wesentliche Rolle.
Eine **mathematische Beschreibung** gelingt mit der Bildung eines **mathematischen Modells**, das den ablaufenden Prozess möglichst genau beschreibt. Viele Prozesse lassen sich mithilfe von linearen Funktionen und Exponentialfunktionen modellieren.

1. Lineares Wachstum

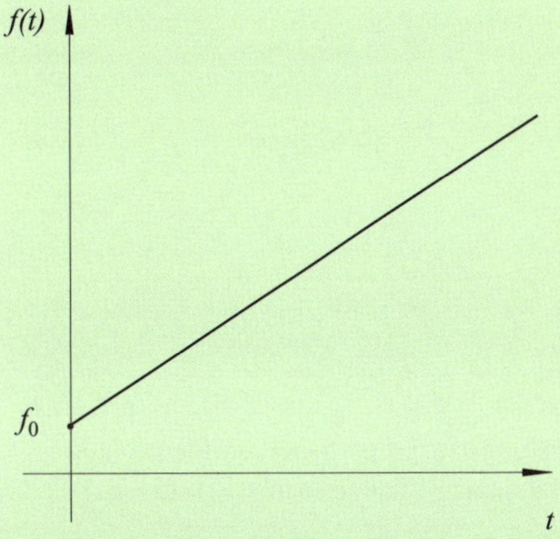

$$f(t) = a \cdot t + f_0 \tag{6}$$

Änderungsrate konstant:

$$f_{t+1} = f_t + m$$

2. Exponentielles Wachstum

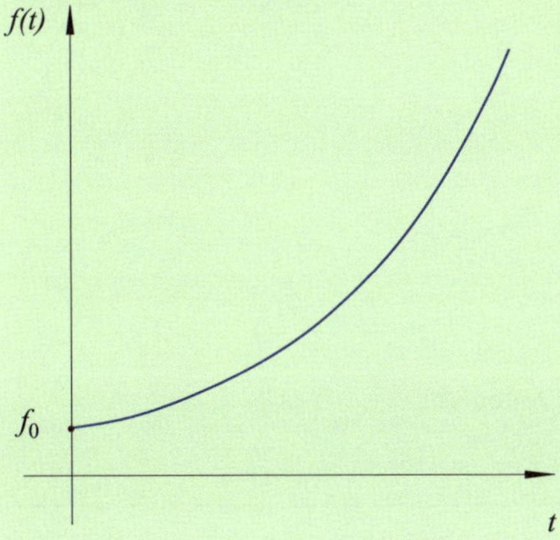

$$f(t) = f_0 \cdot e^{\frac{t}{\tau}} \tag{7}$$

Änderungsrate proportional zum Bestand:

$$f_{t+1} = a \cdot f_t$$

3. Begrenztes Wachstum

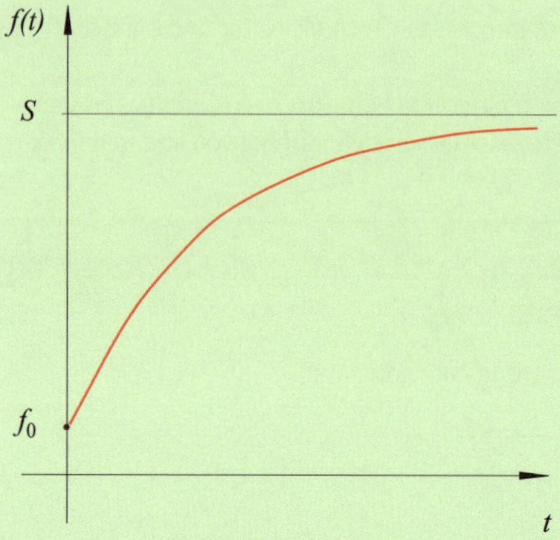

$$f(t) = S \cdot (1 - c \cdot e^{\frac{t}{\tau}}) \qquad (8)$$

Änderungsrate proportional zum Sättigungsmanko $S - f(t)$.

$y = S$ ist Asymptote

4. Logistisches Wachstum

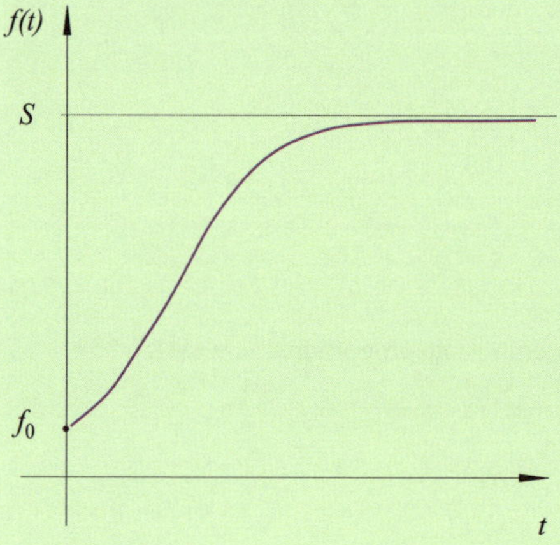

$$f(t) = \frac{S}{1 + c \cdot e^{\frac{t}{\tau}}} \qquad (9)$$

Änderungsrate proportional zum Produkt aus Bestand und Sättigungsmanko $f(t) \cdot (S - f(t))$.

$y = S$ ist Asymptote

Bezeichnungen:

t: Zeit
f_0: Anfangswert ($t = 0$)
a: Wachstums-, Abnahmefaktor
c: Konstante
τ: Zeitkonstante
$f(t)$: Wert zum Zeitpunkt t
S: Kapazitätsgrenze

Kommentar

- Als Basis für Wachstumsprozesse, die auf Exponentialfunktionen beruhen, kann stets die **natürliche Exponentialfunktion** mit $e \approx 2.71828$ gewählt werden, da jede beliebige Basis a umgewandelt werden kann:

$$a = e^b \Rightarrow b = \ln a$$
$$\Rightarrow f(t) = f_0 \cdot a^t = f_0 \cdot e^{bt} = f_0 \cdot e^{\ln(a) \cdot t} \qquad (10)$$

- Die **Zeitkonstante** τ gibt das **Zeitintervall** an, auf das sich der **Wachstumsfaktor** e bezieht.

- Die Abhängigkeit ist nicht auf die Zeit beschränkt. Die Zeit t kann durch eine andere Grösse ersetzt werden.
- Die **Konstante** c kann aus den Angaben der Fragestellung **berechnet** werden.
- Das logistische Wachstum setzt sich im Prinzip aus **exponentiellem** und **beschränktem Wachstum** zusammen.
- Die Herleitung der Funktionsgleichungen des beschränkten und logistischen Wachstums ist mit unseren Mitteln nicht möglich, da Kenntnisse aus der Differential- und Integralrechnung nötig sind.

Beispiele zu den ersten beiden Wachstumsmodellen haben wir bereits in den vorderen Kapiteln kennengelernt.

■ Beispiele

(1) **Exponentielles Wachstum**

Ein Teich mit der Fläche $A = 560\,\mathrm{m}^2$ leidet unter einer Algenplage.
Als man nach einem Tag den Algenteppich entdeckte, war er $3.8\,\mathrm{m}^2$ gross, nach 3 Tagen $5.7\,\mathrm{m}^2$.

(a) Wie lautet die Funktionsgleichung, welche die bedeckte Algenfläche in Abhängigkeit der Zeit in Tagen beschreibt?
(b) In wie vielen Tagen verdoppelt sich die Fläche des Teppichs?
(c) Nach wie vielen Tagen ist der ganze Teich mit Algen bedeckt?

Lösung:

(a) Wir suchen eine Funktionsgleichung der Form von Gleichung (7):

$$A(t) = A_0 \cdot e^{\frac{t}{\tau}} \quad (t = \text{Zeit in Tagen})$$

Aus $A(3) = 5.7$ und $A(1) = 3.8$ folgt:

$$\begin{array}{ll} \text{(I)} & \left| 5.7 = A_0 \cdot e^{\frac{3}{\tau}} \right| \\ \text{(II)} & \left| 3.8 = A_0 \cdot e^{\frac{1}{\tau}} \right| \end{array}$$

$$\frac{\text{(I)}}{\text{(II)}} = \text{(III)} \quad \frac{5.7}{3.8} = \frac{A_0 \cdot e^{\frac{3}{\tau}}}{A_0 \cdot e^{\frac{1}{\tau}}} \quad \Rightarrow \quad 1.5 = e^{\frac{3}{\tau} - \frac{1}{\tau}} \quad \Rightarrow \quad 1.5 = e^{\frac{2}{\tau}}$$

$$\Rightarrow \quad \frac{2}{\tau} = \ln 1.5 \quad \Rightarrow \quad \tau = \frac{2}{\ln 1.5} \approx 4.933$$

$$\text{(III) in (I)} = \text{(IV)} \quad 5.7 = A_0 \cdot e^{\frac{3}{4.933}} \quad \Rightarrow \quad A_0 \approx \frac{5.7}{e^{\frac{3}{4.933}}} \approx 3.103$$

Die Funktionsgleichung lautet:

$$A(t) = 3.103 \cdot e^{\frac{t}{4.933}}$$

(b) $2 \cdot A_0 = A_0 \cdot e^{\frac{t}{4.933}} \quad \Rightarrow \quad 2 = e^{\frac{t}{4.933}} \quad \Rightarrow \quad \frac{t}{4.933} = \ln 2$

$\Rightarrow \quad t = 4.933 \cdot \ln 2 \approx 3.419$

Die von Algen bedeckte Fläche verdoppelt sich innerhalb von ungefähr 3.42 Tagen.

(c) $560 = 3.103 \cdot e^{\frac{t}{4.933}} \quad \Rightarrow \quad 180.471 = e^{\frac{t}{4.933}}$

$\Rightarrow \quad \frac{t}{4.933} = \ln 180.471 \quad \Rightarrow \quad t = 4.933 \cdot \ln 180.471 \approx 25.63$

Der ganze Teich ist nach ungefähr 25.63 Tagen vollständig mit Algen bedeckt.

(2) **Beschränktes Wachstum**

Zum Zeitpunkt $t = 0$ kommt der Kaffee auf den Frühstückstisch und ist 70 °C warm. Die Zimmertemperatur beträgt 20 °C. Nach $t = 5$ Minuten ist der Kaffee noch 38 °C warm.

(a) Stellen Sie die Funktionsgleichung für den Abkühlprozess auf, der nach Gleichung (8) verläuft.
(b) Zeichnen Sie den Graphen.
(c) Wie warm ist der Kaffee nach 3 Minuten?
(d) Nach wie vielen Minuten ist der Kaffee auf 25 °C abgekühlt?

Lösung:

(a) Da es sich um einen Abnahmeprozess handelt, ersetzen wir in (8) t durch $-t$:

$$f(t) = S \cdot (1 - c \cdot e^{-\frac{t}{\tau}}) \quad (t = \text{Zeit in Minuten})$$

Aus $t = 0$, $S = 20$ und $f(0) = 70$ bestimmen wir die Konstante c:

$$70 = 20 \cdot (1 - c \cdot e^{-\frac{0}{\tau}}) \quad \Rightarrow \quad 70 = 20 \cdot (1 - c) \quad \Rightarrow \quad 3.5 = 1 - c$$
$$\Rightarrow \quad c = -2.5$$

Wir setzen $t = 5$ und $f(5) = 38$ ein und bestimmen τ:

$$38 = 20 \cdot (1 + 2.5 \cdot e^{-\frac{5}{\tau}}) \quad \Rightarrow \quad 1.9 = 1 + 2.5 \cdot e^{-\frac{5}{\tau}} \quad \Rightarrow \quad \frac{0.9}{2.5} = e^{-\frac{5}{\tau}}$$
$$\Rightarrow \quad 0.36 = e^{-\frac{5}{\tau}} \quad \Rightarrow \quad \ln 0.36 = -\frac{5}{\tau} \quad \Rightarrow \quad \tau = -\frac{5}{\ln 0.36} \approx 4.894$$

Die Funktionsgleichung lautet:

$$f(t) = 20 \cdot (1 + 2.5 \cdot e^{-\frac{t}{4.894}})$$

(b) Graph:

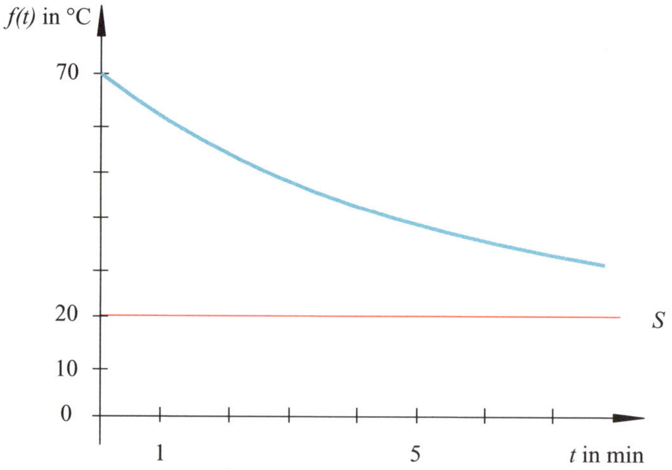

(c) $f(3) = 20 \cdot (1 + 2.5 \cdot e^{-\frac{t}{4.894}}) \approx 47.1$

Nach drei Minuten ist der Kaffee noch ungefähr 47.1 °C warm.

(d) $25 = 20 \cdot (1 + 2.5 \cdot e^{-\frac{t}{4.894}}) \quad \Rightarrow \quad 1.25 = 1 + 2.5 \cdot e^{-\frac{t}{4.894}} \quad \Rightarrow \quad \frac{0.25}{2.5} = e^{-\frac{t}{4.894}}$

$$\Rightarrow \quad 0.01 = e^{-\frac{t}{4.894}} \quad \Rightarrow \quad \ln 0.01 = -\frac{t}{4.894} \quad \Rightarrow \quad t = -4.894 \cdot \ln 0.01 \approx 22.5$$

Der Kaffee ist nach ungefähr 22.5 Minuten auf 25 °C abgekühlt.

(3) **Logistisches Wachstum**

Auf einer entlegenen Insel im Ozean leben 4800 Menschen. Bei einem seltenen Besuch auf dem Festland steckt sich ein Ehepaar mit einem Virus an, das sich epidemieartig ausbreitet. Nach 8 Tagen sind bereits 20 Personen infiziert.

Die Ausbreitung des Virus kann mit dem logistischen Wachstumsmodell modelliert werden:

(a) Geben Sie die Funktionsgleichung an.
(b) Wie viele Personen sind nach 14 Tagen infiziert?
(c) Wann ist die Hälfte der Inselbevölkerung infiziert?
(d) Wann ist die gesamte Bevölkerung infiziert?

Lösung:

(a) Wir suchen eine Funktionsgleichung der Form von Gleichung (9):

$$f(t) = \frac{S}{1 + c \cdot e^{\frac{t}{\tau}}} \quad (t = \text{Zeit in Tagen})$$

Aus $S = 4800$ und $f(0) = 2$ folgt für c:

$$2 = \frac{4800}{1 + c \cdot e^{-\frac{0}{\tau}}} \quad \Rightarrow \quad 2 = \frac{4800}{1 + c} \quad \Rightarrow \quad 2 + 2c = 4800$$

$$\Rightarrow \quad c = \frac{4798}{2} = 2399$$

Aus $f(8) = 24$ folgt für die Zeitkonstante τ:

$$20 = \frac{4800}{1 + 2399 \cdot e^{\frac{8}{\tau}}} \quad \Rightarrow \quad \tau \approx -3.4687$$

$$\Rightarrow \quad f(t) = \frac{4800}{1 + 2399 \cdot e^{-\frac{t}{3.4687}}}$$

(b) $$f(14) = \frac{4800}{1 + 2399 \cdot e^{-\frac{14}{3.4687}}} \approx 111$$

Nach 14 Tagen sind ungefähr 111 Personen infiziert.

(c) $$2400 = \frac{4800}{1 + 2399 \cdot e^{-\frac{t}{3.4687}}} \quad \Rightarrow \quad \frac{1}{2} = \frac{1}{1 + 2399 \cdot e^{-\frac{t}{3.4687}}} \quad \Rightarrow \quad 1 + 2399 \cdot e^{-\frac{t}{3.4687}} = 2$$

$$\Rightarrow \quad e^{-\frac{t}{3.4687}} = \frac{1}{2399} \quad \Rightarrow \quad \frac{t}{3.4687} = -\ln \frac{1}{2399} \quad \Rightarrow \quad t = -3.4687 \cdot \ln \frac{1}{2399}$$

$$\Rightarrow \quad t \approx 27$$

Nach ungefähr 27 Tagen ist die Hälfte der Bevölkerung infiziert.

(d) Da die Sättigungsgrenze nie ganz erreicht wird, setzen wir $S = 4799$ ein:

$$4799 = \frac{4800}{1 + 2399 \cdot e^{-\frac{t}{3.4687}}} \quad \Rightarrow \quad 4799 \cdot \left(1 + 2399 \cdot e^{-\frac{t}{3.4687}}\right) = 4800$$

$$\Rightarrow \quad 2399 \cdot e^{-\frac{t}{3.4687}} = \frac{4800}{4799} - \frac{4799}{4799} \quad \Rightarrow \quad e^{-\frac{t}{3.4687}} = \frac{1}{2399 \cdot 4799}$$

$$\Rightarrow \quad \frac{t}{3.4687} = -\ln \frac{1}{2399 \cdot 4799} \quad \Rightarrow \quad t = -3.4687 \cdot \ln \frac{1}{2399 \cdot 4799} \approx 56$$

Nach ungefähr 56 Tagen ist die gesamte Bevölkerung infiziert.

(4) Zum Schluss noch ein Praxisbeispiel aus der Elektronik: *Kondensatoren* sind wichtige Bauteile in der Elektronik. Ihr Computer oder Ihre Stereoanlage sind voll davon. Kondensatoren sind kleine elektrische Batterien, die im Gegensatz zu Akkumulatoren sehr schnell geladen und wieder entladen werden können. Die nachfolgenden Bilder zeigen die Spannung $U(t)$ über einem Kondensator beim Laden und Entladen im Verlauf der Zeit t (blaue Linie). Solche *Ladekurven* und *Entladekurven* können mit einem Oszilloskop aufgenommen werden. Auf der Abszissenachse ist die Zeit t aufgetragen, auf der Ordinatenachse die von der Zeit t abhängige Spannung U.
Das Bild zeigt den Lade- und Entladezyklus eines Kondensators.

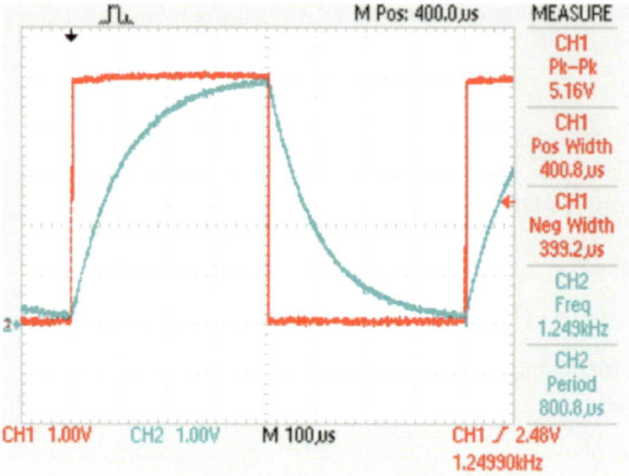

blau: kontinuierlicher Lade- und Entladevorgang eines Kondensators

Widerstand $R = 10\ \text{k}\Omega$;
Kondensator $C = 10\ \text{nF}$;
Zeitkonstante:
$\tau = RC = 0.0001\ \text{s} = 100\ \mu\text{s}$

Die nächste Abbildung zeigt nur die Ladekurve. Es wurde eine horizontale Einheit von $\triangle t = 50\ \mu\text{s}$ und eine vertikale Einheit von $\triangle U = 1.0\ \text{V}$ eingestellt. Die Ladekurve beschreibt einen *begrenzten Wachstumsvorgang*. Die Grösse U nähert sich im Verlauf von $400\ \mu\text{s} = 0.0004\ \text{s}$ von $U_1 = 0.0\ \text{V}$ dem Sättigungswert $U_0 = 5.0\ \text{V}$ an.

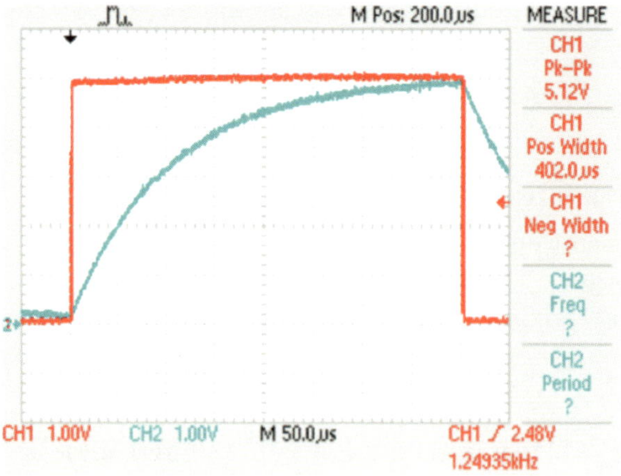

Ladekurve eines Kondensators: blaue Linie

$\tau = 100\ \mu\text{s} = 0.0001\ \text{s}$

Die Funktionsgleichung der Ladekurve ist durch Gleichung (8) gegeben:

$$U(t) = 5 \cdot (1 - e^{\frac{t}{0.0001}})\text{V}$$

Betrachtet man die Ladekurve im Bild oben etwas genauer, so fällt auf, dass die Spannung bei 0 V startet und nach einer horizontalen Einheit auf ungefähr 40 % des Endwerts, also auf etwa 2.0 V angestiegen ist. Nach einer weiteren horizontalen Einheit steigt die Spannung erneut um 40 % der Differenz zum Endwert $3.0\text{ V} \cdot 40\,\% = 1.2\text{ V}$, also auf 3.2 V. Dies geht immer so weiter.

Bei der *Entladekurve* in der folgenden Abbildung handelt es sich um eine *exponentielle Abnahme*. Es wurde eine horizontale Einheit von $\triangle t = 50\ \mu\text{s}$ und eine vertikale Einheit von $\triangle U = 5.0\text{ V}$ eingestellt. Die Grösse U fällt nun im Verlauf von $400\ \mu\text{s} = 0.0004\text{ s}$ von $U_1 = 1.0\text{ V}$ exponentiell auf $U_1 = 0.0\text{ V}$ ab.

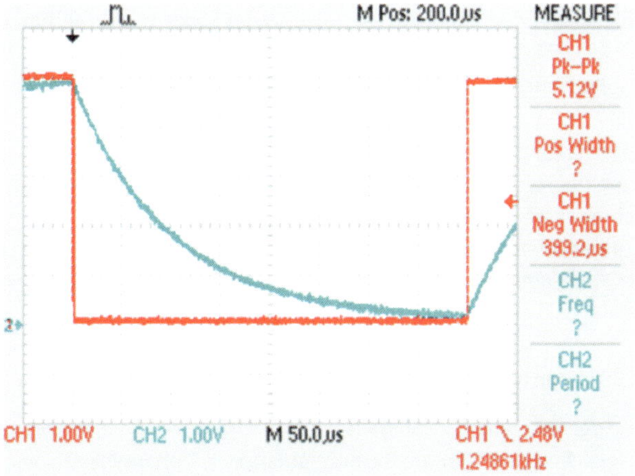

Entladekurve eines Kondensators: blaue Linie

$\tau = 100\ \mu\text{s} = 0.0001\text{ s}$

Die Funktionsgleichung der Entladekurve ist nach Gleichung (7):

$$U(t) = U_0 \cdot \mathrm{e}^{-\frac{t}{\tau}} = 1.0 \cdot \mathrm{e}^{-\frac{t}{0.0001}}\ \text{V}$$

Während der ersten Einheit nimmt die Grösse U um ungefähr 40 % von 5.0 V auf 3.0 V ab. Während der zweiten Einheit nimmt die Grösse U erneut um 40 % von ihrem neuen Wert ausgehend von 3.0 V auf 1.8 V ab. Dies geht immer so weiter.

◆ Übungen 83 → S. 358

Terminologie

Abklingfunktion
Abnahmefaktor
Abnahmerate
begrenztes Wachstum
Entladekurve
(natürliche) Exponentialfunktion
exponentieller Prozess
exponentieller Zerfall
exponentielles Wachstum
Halbwertszeit
Kapazitätsgrenze
Kondensator
Ladekurve
lineares Wachstum
logistisches Wachstum
mathematisches Modell
Wachstumsfaktor
Wachstumsrate
Zeitkonstante
Zerfallsfunktion

20.3 Übungen

Übungen 82

1. Eine indische Legende erzählt, dass der Erfinder des Schachspiels sich vom König eine Belohnung aussuchen durfte. Sein Wunsch war ausgefallen und schien sehr bescheiden: Er verlangte für das erste Feld des Schachspiels ein Reiskorn, für das zweite Feld 2 Körner, für das dritte 4 und für jedes folgende der total vierundsechzig Felder des Schachbrettes jeweils die doppelte Anzahl Körner des vorangehenden Feldes. Die Forderung sorgte beim König Iadava und seinen Beratern für Irritation: Was war das für eine Dummheit, ein so mickriges Geschenk zu verlangen …

   a) Schreiben Sie die Anzahl Reiskörner auf den Feldern 1 bis 10 des Schachbretts als Potenz mit Basis 2 auf.
   b) Geben Sie die Funktionsgleichung für die Anzahl Reiskörner $G(n)$ in Abhängigkeit von der Feldnummer n an.
   c) Wie viele Körner würden sich auf dem 64. Feld befinden?
   d) Zeichnen Sie den Graphen der Funktion $G(n)$.
   e) Für welches Feld überschreitet die Körnerzahl die Milliardengrenze?
   f) Geben Sie die Gesamtsumme aller Körner der 64 Felder des Schachbretts an.
   g) Geben Sie die Masse der Körner des 64. Feldes an. Nehmen Sie für 1000 Körner ein Gewicht von $50\,\text{g}$ an.

2. Auf einer Insel werden $G_0 = 20$ Hasen ausgesetzt. Die Population verdoppelt sich alle zwei Monate.

   a) Bestimmen Sie die Grösse der Hasenpopulation nach 1 Jahr, 2 Jahren, 3 Jahren, 4 Jahren, n Jahren.
   b) Geben Sie die Funktionsgleichung $G(t)$ für die Hasenpopulation in Abhängigkeit von der Zeit t an. Wählen Sie als Einheit zuerst Monate, dann Jahre.
   c) Berechnen Sie, wann die Zahl der Hasen auf ein Vielfaches von G_0 angestiegen sein wird, und zwar auf $2 \cdot G_0$, $10^3 \cdot G_0$, $10^6 \cdot G_0$, $10^9 \cdot G_0$, $10^n \cdot G_0$.

3. Eine Taucherin will in einem See Unterwasseraufnahmen machen und misst deshalb den Abfall der relativen Lichtstärke $L(x)$ in Abhängigkeit der Tauchtiefe x. Sie stellt fest, dass die Abnahme pro Meter Wassertiefe $10\,\%$ beträgt.

   a) Berechnen Sie die relative Lichtstärke in 1 Meter, 2 Meter, 3 Meter, 4 Meter, x Meter Tiefe.
   b) Geben Sie die Funktionsgleichung an, welche die relative Lichtstärke $L(x)$ in Abhängigkeit der Wassertiefe x beschreibt.
   c) Zeichnen Sie den Graphen der Funktion.
   d) Wie gross ist $L(x)$ in $20\,\text{m}$ Tiefe?
   e) In welcher Tiefe beträgt $L(x)$ gerade die Hälfte der Lichtstärke an der Wasseroberfläche?

4. In einem Glasfaserkabel nimmt die ursprüngliche Lichtintensität von $I_0 = 5 \cdot 10^7\,\text{W/m}^2$ mit zunehmender Länge exponentiell ab. Der Hersteller der Faser gibt an, dass die Lichtintensität nach $16\,\text{km}$ verstärkt werden muss, da sie nur noch $20\,\%$ des Anfangswerts beträgt.

   a) Geben Sie die Funktionsgleichung $I(x)$ an, welche die Lichtintensität I in Abhängigkeit der Faserlänge x angibt.
   b) Geben Sie die Funktionsgleichung $I(x)$ mithilfe der Eulerschen Zahl an und berechnen Sie die Eindringtiefe δ.
   c) Wie gross ist die Abnahme der Lichtintensität I auf einer Strecke von $100\,\text{m}$?
   d) In welcher Distanz d fällt die Lichtintensität I auf die Hälfte?

5. Beim radioaktiven Zerfall wandelt sich der Ausgangsstoff unter Aussendung von radioaktiver Strahlung in einen andern Stoff um. Die ursprüngliche Masse m_0 nimmt mit der Zeit t exponentiell ab.

m_0: Masse des radioaktiven Stoffs zum Zeitpunkt $t = 0$
$m(t)$: Masse des radioaktiven Stoffs zum Zeitpunkt t
$T_{1/2}$: Halbwertszeit: Zeit, in der die Hälfte der radioaktiven Atome zerfallen ist

Geben Sie für die folgenden radioaktiven Substanzen die Funktionsgleichung $m = m(t)$ und m_0, $m(t)$, und $T_{1/2}$ an.

a) Von einer bestimmten Menge Radon Rn-222 zerfällt pro Tag $16.6\,\%$. Zum Zeitpunkt $t = 0$ sind $50\,\text{g}$ Radon vorhanden.
b) Von anfänglich $10\,\text{mg}$ Iod I-128 sind nach 5 Minuten noch $8.706\,\text{mg}$ vorhanden.
c) Von einer bestimmten Menge radioaktivem Plutonium Pu-239 sind nach 1000 Jahren noch $121.456\,\text{g}$ vorhanden, nach 10 000 Jahren noch $93.756\,\text{g}$.

6. Mit der C-14-Methode kann das Alter von Fossilien bestimmt werden.
Durch die kosmische Strahlung entstehen in der Lufthülle der Erde ständig geringe Mengen Kohlenstoff C-14. Alle lebenden Pflanzen assimilieren neben dem gewöhnlichen Kohlenstoff C-12 auch radioaktiven Kohlenstoff C-14. Jedes Gramm Kohlenstoff, das aus lebenden Pflanzen gewonnen wird, enthält $6.0 \cdot 10^{10}$ C-14-Atome.
Nach dem Tod der Pflanze werden keine C-14-Atome mehr aufgenommen. Von diesem Zeitpunkt an nimmt die Anzahl der radioaktiven C-14-Kerne exponentiell ab. Deshalb kann von einem Anfangsbestand $A_0 = 6.0 \cdot 10^{10}$ ausgegangen werden. Nach 10 000 Jahren sind nur noch $1.8 \cdot 10^{10}$ C-14-Atome pro Gramm enthalten.

a) Bestimmen Sie die Halbwertszeit $T_{1/2}$ des Kohlenstoffisotops C-14.
b) Geben Sie die Funktionsgleichung in der Form $A(t) = A_0 \cdot \mathrm{e}^{-\frac{t}{\tau}}$ an.
c) Im Vierwaldstättersee wurden bei Kehrsiten unter Wasser Pfahlbauten entdeckt. In den Holzpfählen wurden $2.9 \cdot 10^{10}$ C-14-Atome pro Gramm gemessen. Wie alt sind die Bauten?
d) Pfahlbauten im Bielersee konnten auf das Jahr 3000 v. Chr. datiert werden. Wie viele C-14-Atome wurden pro Gramm im Jahr 2000 gemessen?
e) 1991 wurde im Schnalstaler Gletscher «Ötzi» gefunden, der mitsamt seiner Kleidung und Ausrüstung mumifiziert und gefroren war. In einer Pflanzenfaser seiner Kleidung konnte der Anteil der C-14-Atome bestimmt werden. Er betrug $3.16 \cdot 10^{10}$ pro Gramm. Wann starb «Ötzi»?
f) In der Planke des Totenschiffs des ägyptischen Pharaos Sesostris wurden $3.8 \cdot 10^{10}$ C-14-Atome pro Gramm gemessen. Wie alt ist das Schiff?
g) Nach dem Rückzug der Gletscher fanden in den Schweizer Alpen viele Bergrutsche statt. Anhand der fossilen Holzstämme, die in die Rutschmasse eingelagert worden waren, konnte der Zeitpunkt der Bergrutsche bestimmt werden. Bei der ältesten datierten Rutschung von Hohberg betrug der Anteil an gemessenen C-14-Atomen $1.292 \cdot 10^{10}$ pro Gramm. Wann fand sie statt?

7. Eine Kellerwand wird zu einem Fünftel von einem Pilz bedeckt. Innerhalb von 5 Tagen vergrössert sich die befallene Fläche um $15\,\%$.

a) In wie vielen Tagen wird das ganze Kellergewölbe mit dem Pilz überwachsen sein?
b) Vor wie vielen Tagen war nur $1\,\%$ der Wand mit dem Pilz bedeckt?

8. Im Rahmen einer Projektarbeit soll unter anderem untersucht werden, ob die Vermehrung von Obstfliegen exponentiell oder linear verläuft. Nach 6 Tagen werden 137 Fliegen gezählt, nach 16 Tagen 274 Stück. Bestimmen Sie den Anfangsbestand der Fliegen, die tägliche Zuwachsrate in Prozent und die Fliegenanzahl nach einem Monat (31 Tagen) bei linearem und bei exponentiellem Wachstum.

9. Für einen Funktionstest der Bauchspeicheldrüse wird gemessen, wie ein injizierter Farbstoff ausgeschieden wird. Normalerweise wird pro Minute $4\,\%$ der noch vorhandenen Farbstoffmenge ausgeschieden. Bei einer Untersuchung werden bei einem Patienten folgende Werte gemessen: Zu Beginn der Untersuchung injizierte Farbstoffmenge: 0.3 g. Vorhandene Farbstoffmenge nach 30 Minuten: 0.12 g.

a) Beurteilen Sie, ob die Bauchspeicheldrüse normal funktioniert.
b) Falls nein: Welchen Anteil (in Prozent) scheidet die untersuchte Bauchspeicheldrüse pro Minute aus?

10. Das private Waldstück eines Bauernhofs hatte Ende 1999 vor dem Sturm Lothar einen Holzbestand von $25\,000\text{ m}^3$. Vor dem Jahreswechsel ist der Bestand durch den Sturm Lothar um einen Fünftel reduziert worden.

a) Wie gross ist der Waldbestand am Ende des Jahres 2020, wenn der Holzzuwachs exponentiell erfolgt, die jährliche Zuwachsrate $2\,\%$ beträgt und kein Holz geschlagen wird?
b) Wie viele Jahre nach dem Sturm Lothar erreichte der Holzbestand wieder die ursprünglichen $25\,000\text{ m}^3$, wenn der Holzzuwachs exponentiell erfolgt, die jährliche Zuwachsrate $2\,\%$ beträgt und kein Holz geschlagen wird ?
c) Wie gross darf die jährliche Nutzungsrate in Prozent höchstens sein, damit der Waldbestand 40 Jahre nach dem Sturm Lothar wieder die ursprünglichen $25\,000\text{ m}^3$ erreicht hat? Der exponentielle Holzzuwachs beträgt jährlich $2\,\%$.

11. Auf einer Bank wird mit dem Kapital von CHF 10 000.– ein Sparkonto eröffnet und zu $p = 3\,\%$ angelegt. Ende Jahr wird der Zins zum Kapital geschlagen.

a) Berechnen Sie die Höhe des Kapitals nach einem Jahr, 2 Jahren, 3 Jahren, 4 Jahren, 5 Jahren, n Jahren.
b) Geben Sie die Funktionsgleichung an, welche die Höhe des Kapitals $K(n)$ nach n Jahren beschreibt.
c) Wie gross ist $K(n)$ nach 20 Jahren?
d) Zeichnen Sie den Graphen der Funktion $K(n)$.
e) Nach welcher Zeit ist das Kapital auf CHF 15 000.– angestiegen?
f) In welcher Zeitspanne würde sich das Kapital $K(n)$ verdoppeln?

12. Ein Kapital von CHF 100 000.– soll n Jahre zu $p = 6\,\%$ angelegt werden. Ende Jahr wird der Zins zum Kapital dazugeschlagen.

a) Geben Sie die Funktionsgleichung Höhe des Kapitals $K(n)$ in Abhängigkeit der Anlagejahre n an.
b) Berechnen Sie das Endkapital $K(n)$ nach 10 Jahren.
c) In welcher Zeit verdoppelt sich das Kapital?
d) Zeigen Sie, dass die Verdoppelungszeit nicht von der Höhe des Startkapitals abhängig ist.

13. Ein Betrag von CHF 2500.– wird auf 8 Jahre fest angelegt und mit $p = 4\,\%$ jährlich verzinst. Wie hoch ist das Guthaben nach 8 Jahren?

14. Welchen Betrag muss man heute anlegen, wenn man bei einem Zinssatz von $p = 5\,\%$ pro Jahr nach 10 Jahren eine Summe von CHF 20 000.– abheben will?

15. Wie hoch war der Zinssatz, wenn aus CHF 1000.– nach 5 Jahren ein Guthaben von CHF 1400.– geworden ist?

16. Nach welcher Zeit ist ein Kapital von CHF 25 000.– auf CHF 50 000.– angestiegen, wenn der Zinssatz $p = 5\,\%$ beträgt?

17. Berechnen Sie die fehlende Grösse:

Anfangskapital in CHF	Zinssatz in %	Anlagedauer	Endkapital in CHF
50 500	3.75	8 Jahre	
	5	4 Jahre	25 000
12 500		16 Jahre	23 412.27
34 000	8.25		81 317.85

18. Berechnen Sie, in welcher Zeit sich ein Kapital bei vorgegebenem Zins verdoppelt:

a) $2\,\%$ b) $5\,\%$ c) $p\,\%$

19. Ein Kapital wird zu $p = 10\,\%$ angelegt:

a) Zeigen Sie, dass sich das Kapital in ungefähr 7 Jahren verdoppelt.
b) Wie hoch müsste der Zinssatz p exakt gewählt werden, damit sich das Kapital genau nach 7 Jahren verdoppelt?

20. Ein Kapital wird zu $p = 7\,\%$ angelegt:

a) Zeigen Sie, dass sich das Kapital in ungefähr 10 Jahren verdoppelt.
b) Wie hoch müsste der Zinssatz p exakt gewählt werden, damit sich das Kapital genau nach 10 Jahren verdoppelt?

21. Zeigen Sie allgemein, bei welchem Zinssatz p sich ein Kapital in n Jahren verdoppelt.

22. Ein Kapital von CHF 10 000.– soll zu p % so angelegt werden, dass es nach 8 Jahren auf CHF 15 058.33.– angewachsen ist und nach weiteren n Jahren CHF 20 469.61.– beträgt.

a) Berechnen Sie n und p.
b) Wie hoch ist die Zinsgutschrift im 8. und im $(n + 8)$. Jahr?

23. Zwei Zahlungen sind wie folgt fällig: am 1. 1. 2017 CHF 14 000.– und am 1. 1. 2020 CHF 20 000.–.

a) Welche Zahlung hat den höheren Wert, wenn der Zinssatz $p = 8\,\%$ beträgt?
b) Welche Zahlung hat den höheren Wert, wenn der Zinssatz $p = 20\,\%$ beträgt?

24. Auf dem Konto von Sonja haben folgende Kapitalbewegungen stattgefunden:

Einzahlung von CHF 20 000.– bei der Kontoeröffnung
Einzahlung von CHF 4000.– nach 4 Jahren
Rückzug von CHF 6000.– nach 6 Jahren

Auf welchen Betrag ist das Kapital nach 10 Jahren angestiegen, wenn der Zinssatz immer $p = 5.5\,\%$ betrug?

25. Urs hat im Lotto gewonnen. Sein Gewinn beträgt nach Abzug aller Steuern CHF 920 000.–. Diesen Betrag hat er zu einem festen Zinssatz von $p = 4.5\,\%$ angelegt. Nach wie vielen Jahren kann er allein von den Zinsen seines Kapitals leben, ohne das Vermögen zu verkleinern, wenn er pro Jahr CHF 65 000.– für den Lebensunterhalt benötigt?

26. Eine Erbschaft von CHF 420 000.– soll so auf die zwei Enkelkinder aufgeteilt werden, dass beide beim Erreichen der Volljährigkeit über den gleichen Betrag verfügen. Die beiden Teile der Erbschaft können zu $p = 3\,\%$ angelegt werden. Wie muss die Erbschaft aufgeteilt werden, wenn die Enkelkinder 2 und 8 Jahre alt sind?

27. Ein Kapital von CHF 15 000.– ist nach 12 Jahren auf CHF 24 696.16 angestiegen. Während der zweiten Hälfte der Anlagedauer war der Zinssatz um $2.5\,\%$ höher als in der ersten Hälfte. Berechnen Sie die beiden Zinssätze.

28. Eine Computeranlage mit dem Anschaffungswert B_0 von 2 Millionen Franken wird mit einem jährlichen Abschreibungssatz von $40\,\%$ des Buchwerts degressiv abgeschrieben.

a) Berechnen Sie die Höhe des Buchwerts nach einem Jahr, 2 Jahren, 3 Jahren, 4 Jahren, 5 Jahren, n Jahren.
b) Geben Sie die Funktionsgleichung an, welche die Höhe des Buchwertes $B(n)$ nach n Jahren beschreibt.
c) Zeichnen Sie den Graphen der Funktion $B(n)$.
d) Wie gross ist der Buchwert $B(n)$ nach 10 Jahren?
e) Nach welcher Zeitspanne ist die Computeranlage nur noch die Hälfte wert?
f) Nach welcher Zeitspanne ist der Buchwert $B(n)$ auf CHF 200 000.– gesunken?

29. Die folgenden Aufgaben beziehen sich auf die degressive Abschreibung, das heisst, am Ende jedes Jahres wird ein fester Prozentsatz p vom Buchwert abgezogen und der neue Buchwert in der Schlussbilanz aufgeführt.

a) Ein Auto wird mit einem Anschaffungspreis von CHF 50 000.– um $p = 25\,\%$ pro Jahr degressiv abgeschrieben. Wie gross ist sein Wert nach 5 Jahren?
b) Ein Auto hat heute den Wert von CHF 7340.–. Wie hoch war der Anschaffungspreis vor 8 Jahren bei einer jährlichen Abschreibung von $p = 20\,\%$?

c) Ein Industrieroboter hatte vor 2 Jahren noch einen Wert von CHF 4129.05. Wie hoch war bei einer jährlichen Abschreibung von $p = 35\,\%$ sein Anschaffungspreis vor 6 Jahren und wie gross ist sein heutiger Wert?

d) Büromobiliar wird jährlich um $p = 15\,\%$ degressiv abgeschrieben. Nach wie vielen Jahren fällt sein Wert erstmals unter einen Viertel des Anschaffungspreises?

e) Während wie vieler Jahre wurde ein Traktor, der neu CHF 65 000.– gekostet hat, jährlich um $p = 25\,\%$ abgeschrieben, wenn er heute CHF 6507.– wert ist?

30. Die Glasi in Hergiswil produziert Glaswaren. Das Kernstück der Produktion ist der neu gebaute Wannenofen, wo das Normalglas bei hohen Temperaturen geschmolzen wird. Der neue Ofen kostete 3 Millionen Franken. Die Lebensdauer des Ofens beträgt im Durchschnitt 6 Jahre.

a) Wie gross muss der Abschreibungssatz p in % gewählt werden, wenn der Buchwert des Ofens nach 6 Jahren nur noch CHF 200 000.– betragen soll?

b) Die Geschäftsleitung hegt die berechtigte Hoffnung, dass der Ofen wegen neuer Materialien vielleicht sogar 10 Jahre gebraucht werden kann.
Wie muss der Abschreibungssatz p gewählt werden, wenn der Buchwert des Ofens nach 10 Jahren weniger als CHF 50 000.– betragen soll? Wie gross wäre die Abschreibung in CHF im letzten Jahr, wenn der Ofen doch schon nach 6 Jahren ersetzt werden müsste?

c) Nach wie vielen Jahren ist der Ofen nur noch die Hälfte wert, wenn der Buchwert des Ofens nach 6 Jahren CHF 100 000.– beträgt?

31. 2010 zählte die Schweiz 7 857 000 Einwohnerinnen und Einwohner. Gemäss dem Bundesamt für Statistik sind für den Zeitraum 2010 bis 2060 drei Szenarien der Bevölkerungsentwicklung möglich. Berechnen Sie für jedes Szenario die jährliche Zu- oder Abnahme in Prozent anhand der Prognose für das Jahr 2060:

a) Szenario «tief»: 6 758 000 Einwohner

b) Szenario «mittel»: 8 992 000 Einwohner

c) Szenario «hoch»: 11 315 000 Einwohner

32. Im Jahr 2015 betrug die Bevölkerung der Stadt Bern 139 089 Einwohnerinnen und Einwohner. Folgend einige Zahlen aus der Vergangenheit:

1970	162 405 Einwohner	1980	145 254 Einwohner
1990	136 338 Einwohner	2000	128 634 Einwohner

a) Berechnen Sie die durchschnittliche Abnahme zwischen 1970 und 1980 und zwischen 1990 und 2000 in Prozent, wenn die Abnahme exponentiell erfolgte.

b) Berechnen Sie die durchschnittliche Zunahme zwischen 2000 und 2015 in Prozent, wenn die Zunahme exponentiell erfolgte.

c) In welchem Jahr würde die Bevölkerung der Stadt Bern bei gleichbleibendem Wachstum wieder den Wert von 1970 erreicht haben?

33. Die folgende Tabelle enthält für einige Regionen und Länder die Bevölkerungsanzahl im Jahr 2014 sowie eine Prognose für das Jahr 2050.

	Bevölkerung in Mio.	Prognose 2050 in Mio.
Welt	7238	9683
Entwicklungsländer	5989	8375
Industrieländer	1249	1309
Asien	4351	5252
Afrika	1136	2428
Europa	741	726
Lateinamerika	618	778
Niger	18.2	64
Bolivien	10.3	15.8
Schweden	9.7	11.4

a) Die Weltbevölkerung verdoppelte sich zwischen ungefähr 1960 und 2000 von 3 auf 6 Milliarden Menschen. Wie hoch würde die Prognose für 2050 ausfallen, wenn das durchschnittliche Bevölkerungswachstum gleich weitergehen würde?

b) Berechnen Sie das den Prognosen von 2050 zugrundeliegende durchschnittliche jährliche Wachstum zwischen 2014 und 2050 in Prozent und vergleichen Sie.

c) Berechnen Sie die Verdoppelungszeiten der Bevölkerung für die Welt und die Entwicklungsländer.

d) Berechnen Sie die Verdoppelungszeiten der Bevölkerung für Afrika und Niger.

e) Berechnen Sie, in wie vielen Jahren Europa nur noch 95 % der Bevölkerung von 2014 haben wird.

f) In welchem Jahr wird die Bevölkerung Südamerikas grösser sein als die Europas?

Übungen 83

34. Eistee wird zum Zeitpunkt t_0 mit einer Temperatur von $T_0 = 4\,°C$ aus dem Kühlschrank genommen. Die Aussentemperatur beträgt konstant $30\,°C$. Nach zwei Minuten hat sich der Eistee auf $10\,°C$ erwärmt.

a) Geben Sie eine Funktionsgleichung an, die den Aufwärmprozess beschreibt. Zeichnen Sie den Graphen der Funktion.

b) Wie warm ist der Eistee nach 5 Minuten?

35. Ein frisch gebackener Kuchen wird zum Abkühlen auf den Balkon gestellt. Die Aussentemperatur beträgt $5\ °C$, die Anfangstemperatur $T_0 = 95\ °C$ und nach einer Minute ist der Kuchen $82\ °C$ warm.

a) Geben Sie eine Funktionsgleichung an, die den Abkühlungsprozess beschreibt.
b) Zeichnen Sie den Graphen der Funktion.
c) Wie warm ist der Kuchen nach 15 Minuten?
d) Berechnen Sie, nach welcher Zeit der Kuchen noch eine Temperatur von $30\ °C$ hat.

36. In einer Tasse wird Ovomaltine mit $85\ °C$ heisser Milch angerührt. Die Umgebungstemperatur beträgt $20\ °C$ und nach zwei Minuten ist die Ovomaltine noch $73.2\ °C$ heiss.

a) Geben Sie eine Funktionsgleichung an, die den Abkühlungsprozess beschreibt.
b) Wie warm ist die Ovomaltine nach 10 Minuten?
c) Nach wie vielen Minuten muss man zur Tasse greifen, wenn einem Ovomaltine bei $40\ °C$ am besten schmeckt?

37. Old Shatterhand trifft auf eine verlassene Feuerstelle der von ihm verfolgten Bösewichte und stellt fest, dass die Steine etwa handwarm sind, das heisst ungefähr $37\ °C$ warm. Er weiss, dass die Steintemperatur T_0 bei brennendem Feuer etwa $400\ °C$ erreicht hat und die Umgebungstemperatur $18\ °C$ beträgt.

a) Geben Sie die Funktionsgleichung an, die den Abkühlungsprozess beschreibt.
b) Wie gross ist der Vorsprung der Bösewichte?

38. Von drei Kondensatoren sind die Kurven mit einem Oszilloskop aufgezeichnet worden. Für alle Kurven gilt $U_0 = 4\ V$, zudem sind folgende Eckwerte bekannt:

(1)	grüne Kurve:	$C = 100\ nF$	$R = 47\ k\Omega$
(2)	blaue Kurve:	$C = 2.2\ nF$	$R = 220\ k\Omega$
(3)	violette Kurve:	$C = 22\ nF$	$R = 100\ k\Omega$

a) Geben Sie die Funktionsgleichungen der Ladekurven der 3 Kondensatoren an.
b) In welcher Zeitspanne beträgt die Spannung U mindestens $95\ \%$ der maximalen Spannung U_{max}?

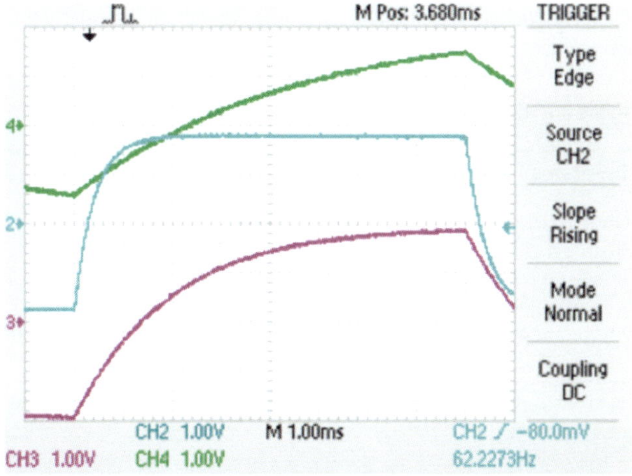

c) Geben Sie die Funktionsgleichungen der Entladekurven der 3 Kondensatoren an.
d) Geben Sie an, nach welcher Zeit die Spannung U unter $10\,\%$ der maximalen Spannung $U_{\max}$ fällt.

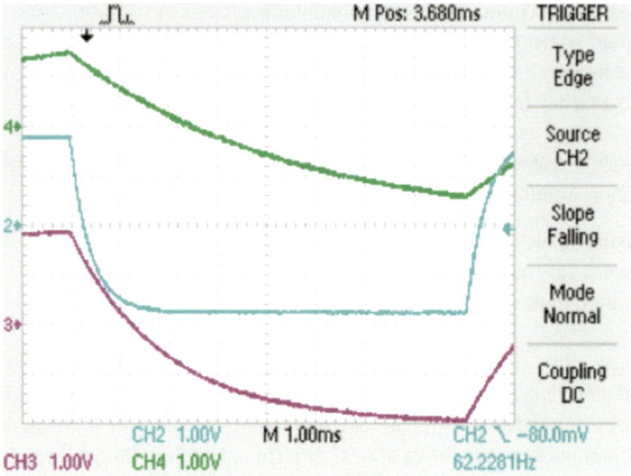

39. Der radioaktive Zerfall lässt sich durch $m(t) = m_0 \cdot e^{-\frac{t}{\tau}}$ beschreiben, mit der Zeitkonstanten τ. Für Radium beträgt die Halbwertszeit $T_{1/2} = 1620$ Jahre.

a) Berechnen Sie die die Zeitkonstante τ für Radium.
b) Wie viel ist im Jahr 2000 noch übrig vom ersten Gramm Radium, das Marie Curie 1898 isolierte?
c) In welchem Jahr wird noch ein Hundertstel vom ersten Gramm von 1898 übrig sein?

40. Kohlenstoff C-14 hat eine Halbwertszeit von ungefähr 5730 Jahren.

a) Berechnen Sie die Zeitkonstante τ.
b) Bestimmen Sie das Alter eines Fossils, wenn es noch $12.5\,\%$ der ursprünglichen Menge C-14 enthält.
c) Geben Sie an, bis zu welchem Alter die C-14-Methode verwendet werden kann, wenn die Probe mindestens $1\,\%$ des ursprünglichen Gehalts aufweisen muss, damit mit genügender Genauigkeit gemessen werden kann.

41. Füllen Sie die folgende Tabelle aus. Es gilt $\tau = \frac{\ln 2}{T_{1/2}}$:

Element	Halbwertszeit $T_{1/2}$	Zeitkonstante τ	Abnahme pro Zeiteinheit	Zeit, bis noch $1\,\%$ übrig ist
Uran U-235		$9.9 \cdot 10^{-10}\ \text{a}^{-1}$		
Caesium Cs-137		$0.02297\ \text{a}^{-1}$		
Phosphor P-32			$4.73\,\%\ \text{d}^{-1}$	
Iod I-131				53 d
Radon Rn-220	55.6 s			

42. Auf einer einsamen Insel im Mittelmeer werden 12 Ziegen ausgesetzt. Nach vier Jahren sind es bereits 22 Ziegen. Biologen schätzen, dass die Insel Nahrung für maximal 2000 Ziegen bietet.

a) Geben Sie eine Funktionsgleichung für die Entwicklung der Ziegenpopulation unter der Annahme eines logistischen Wachstums an.
b) Nach wie vielen Jahren hat sich die Ziegenpopulation verzehnfacht?
c) Nach wie vielen Jahren wäre die maximale mögliche Grösse der Ziegenpopulation erreicht?

43. Ein Gerücht breitet sich in einem Dorf mit 4500 Einwohnerinnen und Einwohnern aus. Nach 5 Tagen wissen bereits 12 Personen vom Gerücht, nach 10 Tagen sind es 40.

a) Geben Sie eine Funktionsgleichung für die Verbreitung des Gerüchts an unter der Annahme logistischen Wachstums.
b) Wie viele Personen haben nach 30 Tagen vom Gerücht gehört?
c) Nach wie vielen Tagen haben $50\,\%$ der Dorfbevölkerung vom Gerücht gehört?
d) Nach wie vielen Tagen wird das ganze Dorf vom Gerücht gehört haben?

44. Eine Krankheit breitet sich in einer Kleinstadt mit 9000 Einwohnern aus. Zu Beobachtungsbeginn sind bereits 12 Menschen infiziert, nach einer Woche sind es 20.

a) Geben Sie eine Funktionsgleichung für die Verbreitung der Krankheit an unter der Annahme eines logistischen Wachstums.
b) Wie viele Menschen sind nach vier Wochen infiziert?
c) Nach wie vielen Tagen sind $75\,\%$ der Bevölkerung infiziert?
d) Nach wie vielen Tagen sind alle Einwohner infiziert?

45. Ein Habichtskraut ist zu Beobachtungsbeginn 2 cm hoch. Nach zwei Wochen misst es 9 cm.

a) Wie hoch wäre das Habichtskraut nach vier bzw. nach acht Wochen bei exponentiellem Wachstum?
b) Das Habichtskraut wird unter den gegebenen Umweltbedingungen maximal 1.20 Meter hoch. Berücksichtigen Sie diese Tatsache, indem Sie von einem logistischen Wachstum ausgehen. Wie hoch ist das Kraut nach vier bzw. nach acht Wochen und wann hat das Habichtskraut $99\,\%$ seiner maximalen Grösse erreicht?

46. Ein Start-up-Unternehmen bringt ein neues Produkt auf den Markt. In Bezug auf die Absatzentwicklung im ersten Jahr bestehen in der Geschäftsleitung unterschiedliche Vorstellungen. Alle sind sich einig, dass im ersten Monat dank einer Werbekampagne ungefähr 2000 Stück verkauft werden.

Szenario 1: lineares Wachstum, es können jeden Monat 2000 Stück verkauft werden.

Szenario 2: exponentielles Wachstum, im zweiten Monat können 3300 Stück verkauft werden.

Szenario 3: beschränktes Wachstum, im zweiten Monat können 3800 Stück verkauft werden.

Szenario 4: logistisches Wachstum, im zweiten Monat können 3000 Stück verkauft werden.

a) Leiten Sie die Funktionsgleichungen für die vier Szenarien her, wenn die Marktsättigung bei den Szenarien 3 und 4 20 000 Stück beträgt.
b) Zeichnen Sie die vier Graphen in ein Koordinatensystem und vergleichen Sie die vier Szenarien. Was stellen Sie fest?
c) Welches Szenario erscheint ihnen am wahrscheinlichsten? Begründen Sie.

Datenanalyse

Täglich werden wir über verschiedene Kanäle mit Tabellen voller Daten konfrontiert, mit dazu angefertigten Grafiken und mit daraus gefolgerten Aussagen. In der Mathematik wird der Umgang mit solchen Daten der Disziplin **Statistik** zugeordnet. Dieses Kapitel behandelt die **deskriptive Statistik**. Dieses Teilgebiet der Statistik befasst sich damit, wie Daten aufbereitet, neu organisiert, grafisch dargestellt und mit sogenannten Kennzahlen beschrieben werden können.
Die induktive Statistik zieht mithilfe der Wahrscheinlichkeitsrechnung «statistische Schlüsse» aus den Daten, sie wird in diesem Buch nicht behandelt.

21 Einführende Beispiele

Eine Sammlung von Beispielen soll für das Thema sensibilisieren sowie Sinn und Zweck der Datenanalyse zeigen. Einige Beispiele stammen aus tatsächlich durchgeführten Studien und wurden ganz oder in leicht angepasster Form übernommen. Andere Beispiele sind frei erfunden. In den Kapiteln 22 bis 25 dienen die hier aufgelisteten Beispiele als Anschauungsmaterial.
Sämtliche Datensätze stehen zur Verfügung unter www.hep-verlag.ch/mathematik-bm-1.

21.1 Smartphone

An einer Berufsmaturitätsschule wurden 21 zufällig ausgewählte Lernende befragt, wie viel Zeit sie pro Woche mit ihrem Smartphone telefonieren, Mitteilungen schreiben, chatten oder anderswie den Bildschirm ihres Smartphones aktiv betätigen. Musikhören ab Smartphone sollte nicht eingerechnet werden.
Nebenstehend sind die erfassten Zeiten in der Einheit Stunden völlig ungeordnet im Display abgebildet.

21.2 Kniearthrose

Bei 47 Patientinnen und Patienten mit Kniearthrose wurde der Einfluss einer transkutanen Elektrostimulation auf den Arthroseschmerz untersucht. Bei der transkutanen Elektrostimulation werden über flexible Hautelektroden schwache elektrische Ströme über die Haut in das unterliegende Kniegelenk abgegeben. Die Therapie dauerte drei Wochen und bestand aus insgesamt neun Behandlungen. Die 47 Probanden mussten vor der Therapie, eine Woche nach Abschluss der Therapie und drei Monate nach Abschluss der Therapie jeweils denselben Fragebogen ausfüllen. Eine Frage in diesem Fragebogen war die folgende:

Wie stark sind Ihre Knieschmerzen insgesamt in Ruhe?

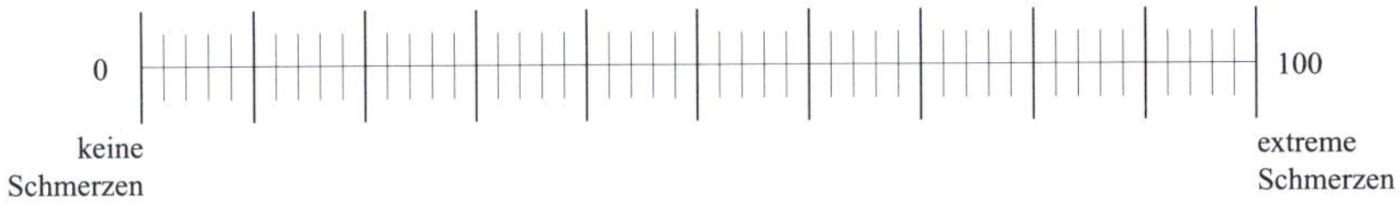

21.3 Warenhaus

Beim Eingang eines Warenhauses macht eine Mitarbeiterin der Abteilung für Qualitätsmanagement bei den Warenhauskunden eine Umfrage. Sie geht mit den Kundinnen und Kunden einen Fragenkatalog durch und hält die Antworten in einer Strichliste fest. Zwei Fragen mit den erfassten Antworten sind hier aufgeführt:

	sehr gut						sehr schlecht
	7	6	5	4	3	2	1
Wie stufen Sie die Qualität von Früchten und vom Gemüse ein?	III	~~IIII~~ IIII	II	IIII	I		I
Wie wirkt die Präsentation der Fleisch- und Charcute-riewaren auf Sie?		I	IIII	~~IIII~~	~~IIII~~ I	III	I

21.4 Kaffee

In einem Grossbetrieb wurde an einem Tag der Kaffeekonsum beobachtet. Wann immer ein Kaffee heraus-gelassen wurde, wurde die Tageszeit erfasst. Insgesamt wurden 629 Tassen Kaffee konsumiert. Stellt man die Tageszeiten in einem Diagramm dar, zeigt sich Folgendes:

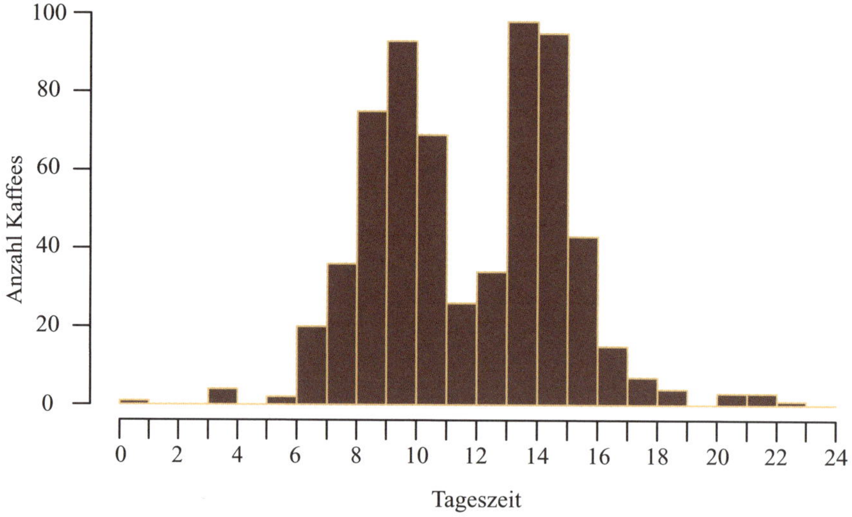

21.5 Weitsprung

Europa-, Weltmeisterschaften oder Olympische Spiele sind für jeden Leichtathleten und jede Leichtathletin angestrebte Grossanlässe. Um sich für einen Leichtathletikgrossanlass zu qualifizieren, müssen sie vorgängig gewisse Leistungslimiten erfüllen, die vom nationalen Verband festgelegt werden. Um die Weitsprunglimite der Männer für die nächsten Grossanlässe zu bestimmen, hat der Verband die gesprungenen Weiten der Männer in der Qualifikationsrunde der letzten Olympischen Spiele studiert. Einen Überblick über die Sprungweiten bietet folgende Grafik:

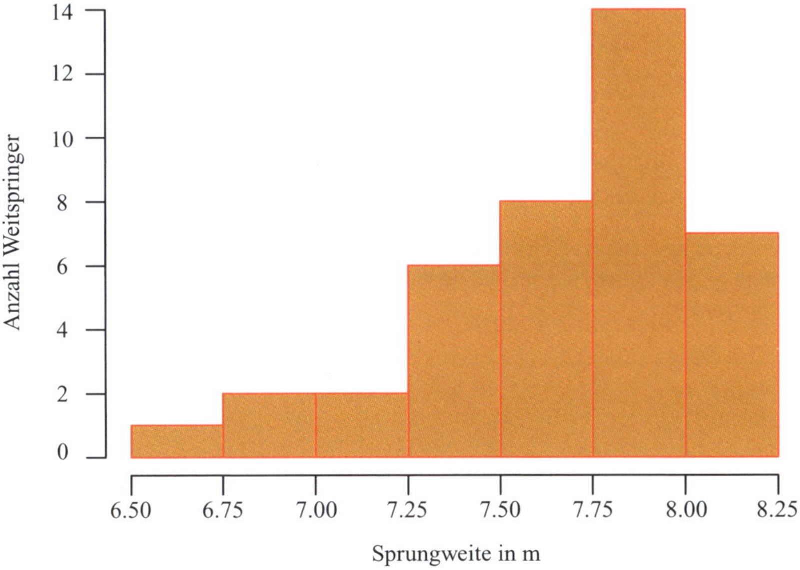

21.6 Übergewicht und Bluthochdruck

In einer Studie wurde ein möglicher Zusammenhang zwischen Übergewicht und Bluthochdruck untersucht. Obwohl die Verwendung vom Body-Mass-Index (BMI) zur Diagnose von Unter- oder Übergewicht stark umstritten ist, wird er noch immer in diversen Studien miteinbezogen. Der BMI dient als Masszahl, um das Körpergewicht eines Menschen in Bezug auf seine Körpergrösse zu bewerten. Der BMI errechnet sich mit der folgenden Formel:

$$BMI = \frac{m}{l^2}$$

m: Körpermasse in Kilogramm
l: Körpergrösse in Meter

Der Blutdruck ist der Druck des Blutes in den Blutgefässen. Der Blutdruck wird üblicherweise in der Einheit Millimeter Quecksilbersäule (mmHg) angegeben. Der höchste Druckwert wird als systolischer, der tiefste Wert als diastolischer Blutdruck bezeichnet. Ein systolischer Wert über 140 mmHg oder ein diastolischer Wert über 90 mmHg wird als Bluthochdruck bezeichnet und mit gesundheitlichen Risiken in Verbindung gebracht.

Für die Studie wurden bei 175 Studenten und Studentinnen BMI, Taillenumfang, Hüftumfang sowie der Blutdruck gemessen.
Die ersten Zeilen der erfassten Datentabelle:

	Alter	BMI in $\frac{kg}{m^2}$	Taillenumfang in cm	Hüftumfang in cm	systolischer Blutdruck in mmHg	diastolischer Blutdruck in mmHg
1	20	27.94	95	112	120	80
2	19	18.65	69	85	100	63
3	31	27.62	102	107	107	70
4	22	24.96	86	107	120	80
5	19	25.15	82	99	127	80
…	…	…	…	…	…	…

Um Vermutungen über Zusammenhänge zwischen verschiedenen Variablen aufzustellen, werden häufig sogenannte Streudiagramme gezeichnet. Folgend sind die Wertepaare aus den Merkmalen BMI und systolischer Blutdruck dargestellt:

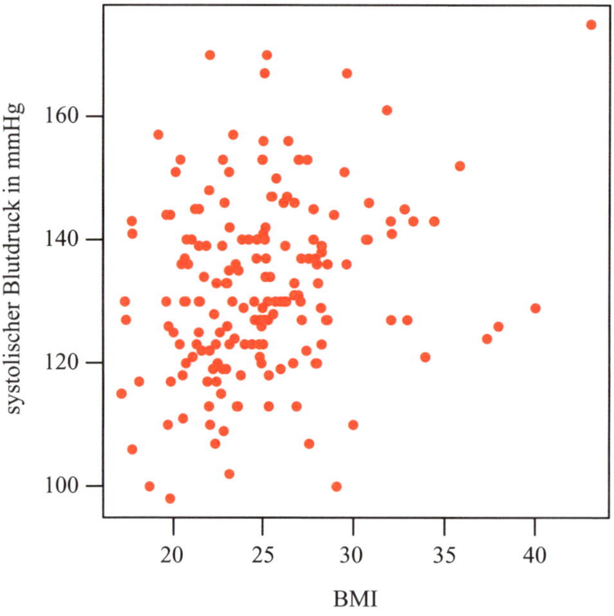

21.7 Freiwurf-Contest

An einem Sporttag findet in der Mittagspause ein freiwilliger Freiwurf-Contest statt. Die Schüler und Schülerinnen messen sich im Basketballfreiwurf. Ein Teilnehmer oder eine Teilnehmerin darf so lange in Folge Freiwürfe werfen, bis der Basketball zum zweiten Mal den Korb verfehlt. Es wird die Anzahl Treffer bis zum zweiten Fehlwurf gezählt.
Die Siegerin erzielte 18 Treffer.
Die Trefferzahlen aller 56 teilnehmenden Personen wurden im Anschluss an den Contest wie folgt auf der Website der Schule publiziert:

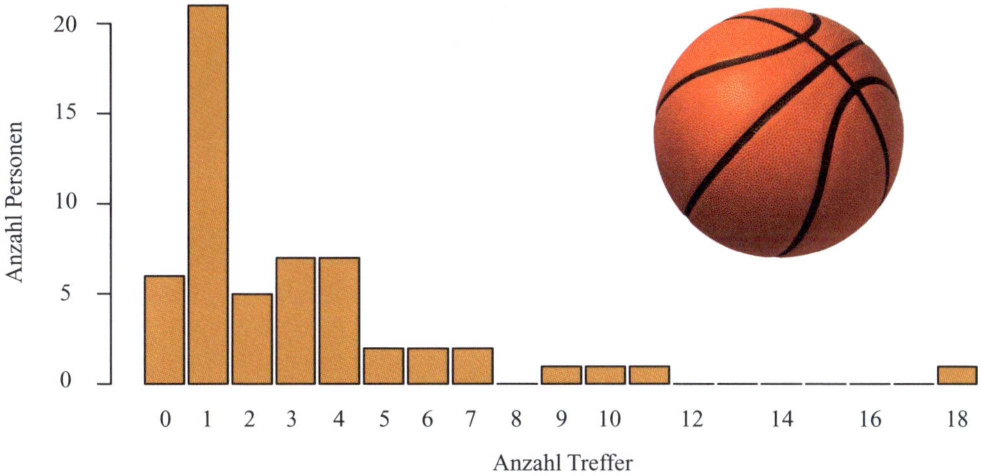

21.8 Blut

Die wichtigsten Blutgruppensysteme sind das AB0- und das Rhesus-System. Im AB0-System wird zwischen den Blutgruppen A, AB, B und 0 unterschieden, im Rhesus-System zwischen Rhesusfaktor positiv (Rh+) und Rhesusfaktor negativ (Rh–). Aufgrund ihrer grossen Bedeutung werden die Blutgruppenverteilungen im AB0- als auch im Rhesus-System regelmässig weltweit erhoben.
Bei 5000 Schweizern und Schweizerinnen wurden die Blutgruppen erfasst. Es zeigen sich die folgenden Verteilungen:

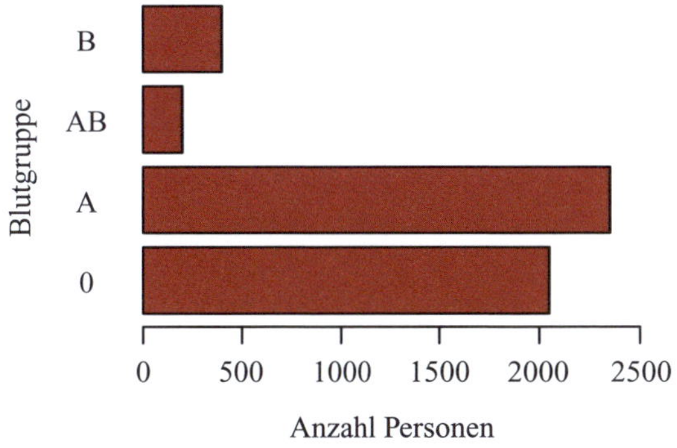

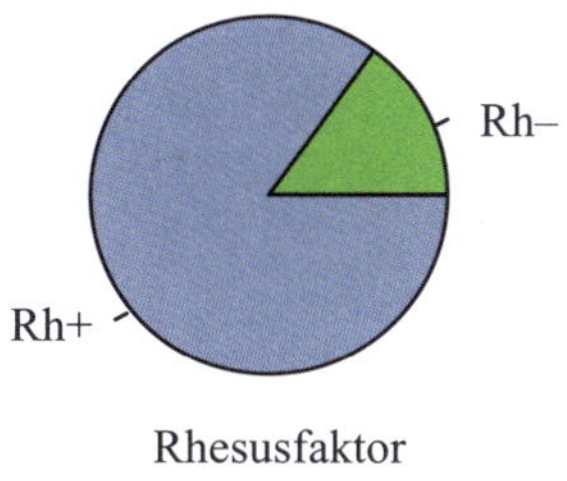

21.9 Schwertlilien

Der Datensatz über drei Arten von Schwertlilien (Iris) ist der wohl berühmteste Datensatz der Statistik. In vielen Statistiklehrbüchern wird er als Beispieldatensatz verwendet. Der Datensatz enthält Daten zu je 50 Exemplaren der drei Schwertlilienarten *Iris setosa* (Bild rechts), *Iris versicolor* und *Iris virginica*. Von jeder der 150 Schwertlilien sind die Merkmale Kelchblattlänge, Kelchblattbreite, Kronblattlänge und Kronblattbreite in der Einheit Zentimeter angegeben.

Folgend sind die Kelchblattlängen der drei Arten in je einem sogenannten Boxplot dargestellt:

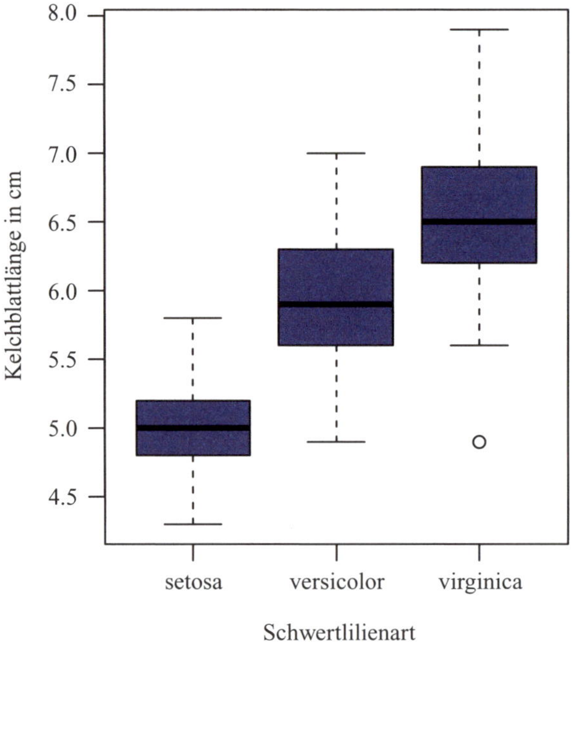

21.10 E-Bike

Ein Velovermieter führt zwei verschiedene E-Bike-Modelle im Sortiment. Er möchte seine Kundinnen und Kunden über die Reichweite der beiden Modelle aufklären. Dazu hat er in einer Tabelle und einer Grafik die mit einem vollen Akku gefahrene Strecke (Einheit: km) von je zehn Ausfahrten festgehalten:

Modell A	Modell B
54.8	45.2
57.4	70.1
55.3	52.3
53.4	58.1
52.6	69.5
55.5	37.5
52.4	55.4
55.7	49.7
57.0	46.6
54.6	90.2

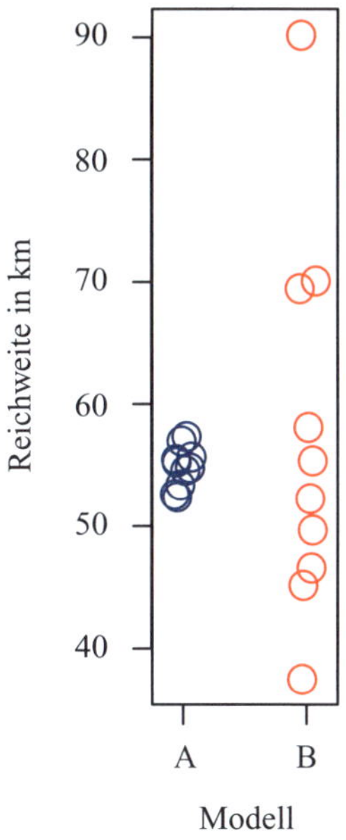

21.11 1-€-Münze

Gemäss der Europäischen Zentralbank ist die Masse von einer 1-€-Münze 7.5 Gramm. In einer Untersuchung wurde von insgesamt 2000 1-€-Münzen die Masse überprüft.
Dafür wurden von einer Bank acht Packungen zu 250 Münzen zur Verfügung gestellt.
Die Darstellung visualisiert das Ergebnis der Messung:

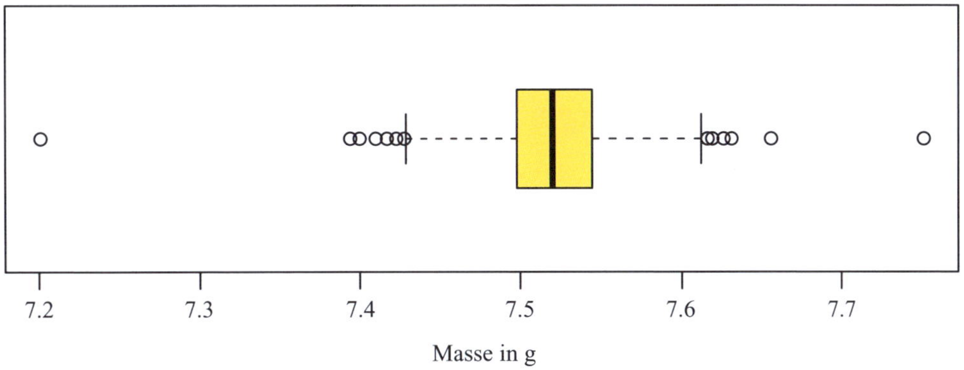

21.12 Bierfest

An einem Bierfest wurde zu später Stunde eine nicht ganz ernst zu nehmende Studie gemacht. Bei 46 Festbesuchern und Festbesucherinnen wurde die getrunkene Biermenge erfasst und die Haarlänge grob geschätzt. Die daraus entstandenen Wertepaare ergeben nebenstehendes Bild:

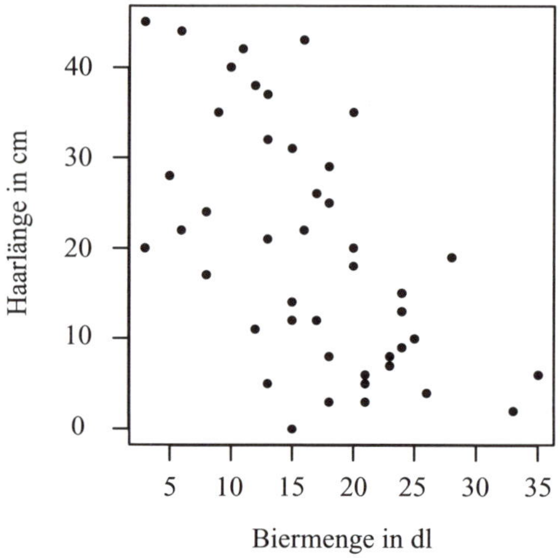

21.13 Lohn

Das Leitungsteam einer Universitätsmensa hat basierend auf einer kleinen Umfrage die Preise ihrer Mittagsmenüs angepasst. Bei 11 Studierenden wurde der Stundenlohn (in CHF) in ihrem Nebenjob erfasst. Die erfassten Zahlen ergaben einen **durchschnittlichen Stundenlohn von CHF 38.–**. Dieser Durchschnittslohn war für das Mensateam ein genügend starkes Argument, die Menüpreise kräftig zu erhöhen.

Die Preiserhöhung bei den Mittagsmenüs führte bei den Studierenden prompt zu Protesten. In einem Artikel der Studentenzeitung wurde die Argumentation anhand des Durchschnittslohns kritisiert. Im Artikel wurden die Umfrageergebnisse grafisch dargestellt:

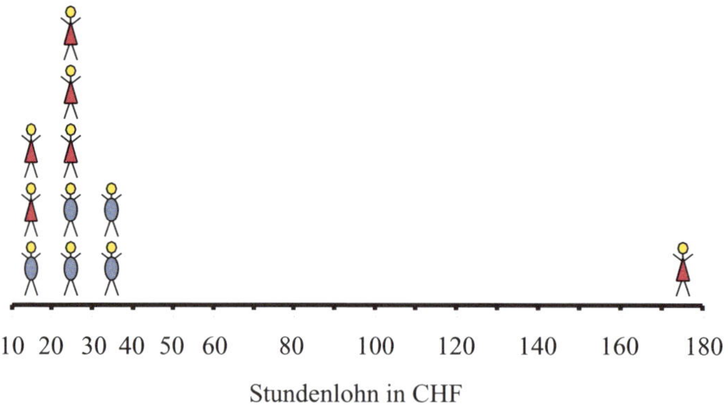

◆ Übungen 84 → S. 398

22 Datengewinnung

Um Fragestellungen in Studien zu beantworten, sind Daten notwendig. Die einführenden Beispiele zeigen, dass es verschiedene Möglichkeiten zur **Datengewinnung** gibt. Grundsätzlich unterscheidet man zwischen dem Erfassen von im Prinzip vorhandenen Daten und dem Erfassen von Daten, welche zuerst erzeugt werden müssen. Werden im Prinzip vorhandene Daten erfasst, spricht man von einer **Erhebung**. Bei einer Erhebung werden mit den statistischen Objekten keine zusätzlichen Aktionen durchgeführt. Um Daten zu erzeugen, werden Experimente durchgeführt.

22.1 Methoden der Datengewinnung

Experimente

In **geplanten Experimenten** werden geeignete Daten erzeugt. Zu jedem Experiment gehört eine **Versuchsanordnung**. Diese beschreibt, was genau untersucht wird und welche Daten wann, wie oft, wo und wie erfasst werden. Sind an einem Experiment Versuchspersonen oder andere Lebewesen beteiligt, spricht man anstatt von der Versuchsanordnung häufig von einem **Forschungsdesign**.
In Experimenten können **kausale Zusammenhänge** bewiesen werden, weil es möglich ist, an einem System nur einen Faktor zu verändern. Tritt ein Ereignis nur dann auf, ist dieser Faktor kausal relevant. Experimente werden häufig in den Natur- und Ingenieurwissenschaften, aber auch in der Medizin, der Psychologie und der Soziologie durchgeführt.
Ein typisches Experiment ist Beispiel 21.2, Kniearthrose, hier wird die Wirksamkeit einer Therapie untersucht.

Befragungen

Befragungen sind ein klassisches Instrument, mit welchem Daten erhoben werden. Im Gegensatz zum Experiment werden dabei keine zusätzlichen Aktionen vorgenommen, um die Daten zu erzeugen. Befragungen werden vor allem in den Geistes- und Sozialwissenschaften, der Psychologie und den Wirtschaftswissenschaften, aber auch in der Markt- und Meinungsforschung häufig durchgeführt. Es gibt verschiedene Formen: persönlich (Face-to-Face) oder telefonisch durchgeführte **Interviews** oder **standardisierte Fragebogen**, die online oder in Papierform ausgefüllt werden.
Die Umfrage im Beispiel 21.3, Warenhaus, ist ein typisches Beispiel für eine Befragung.

Beobachtungsstudien

Gleich wie bei Befragungen werden bei **Beobachtungsstudien** grundsätzlich vorhandene Daten erhoben. Die Daten werden jedoch nicht durch Befragen, sondern durch Beobachten oder Messen erfasst.
Das Erfassen der Kaffeezeiten im Beispiel 21.4, Kaffee, ist typisch für die Datenerfassung mittels Beobachtung.

Sekundärstatistische Erhebung

Bei einer **sekundärstatistischen Erhebung** werden Daten einer bereits bestehenden **Datensammlung** verwendet. Die für eine Fragestellung relevanten Daten werden aus der Datensammlung herausgefiltert. Im Beispiel 21.5, Weitsprung, greift der nationale Leichtathletikverband auf eine bestehende Datensammlung zurück.

22.2 Fehler bei der Datengewinnung

Bei der Datengewinnung können **Fehler** passieren, deshalb ist davon auszugehen, dass eine Datensammlung in vielen Fällen fehlerhaft ist. Oft ist es schwierig, zu entscheiden, wo die Fehler liegen und wie mit ihnen umzugehen ist.
Fehler entstehen auf verschiedene Arten. Einige häufige **Fehlertypen** werden hier kurz beschrieben:

Zufällige Fehler	... sind nicht zu verhindern. Im Beispiel 21.6, Übergewicht und Bluthochdruck, wurde der Taillenumfang als Variable erfasst. Stellen wir uns vor, dass bei ein und derselben Person von zehn verschiedenen Ärztinnen der Taillenumfang gemessen wird. Sicher sind wir nicht überrascht, wenn nicht jede Ärztin denselben Umfang misst. Einerseits wird die vermessene Person ihren Bauch kaum zehnmal genau gleich anspannen, andererseits lässt sich die Messung grundsätzlich nicht äusserst präzise durchführen.
Systematische Fehler	... haben ihre Ursache im Messsystem. Die Messwerte sind dann grundsätzlich zu gross oder grundsätzlich zu klein. Beim Beispiel 21.4, Kaffee, kann man sich gut vorstellen, dass die Uhr einer Kaffeemaschine nicht korrekt eingestellt ist, sodass die gemessenen Zeiten systematisch falsch sind.
Übertragungsfehler	... können beim Auf- und Abschreiben oder Übertragen von Werten passieren. Schnell kann es geschehen, dass die Körpertemperatur von $39.6\,°C$ als $36.9\,°C$ notiert wird oder dass beim Aufbereiten und Abschreiben von Strichlisten Zeilen oder Spalten verwechselt werden.
Mutwillige Fehler	... liegen vor, wenn einzelne Daten oder gar ganze Datensätze absichtlich gefälscht werden. Es kommt vor, dass einzelne Messwerte mutwillig angepasst oder gelöscht werden, weil Messfehler vermutet werden. Ganze Datensätze werden manipuliert, um bestimmte Versuchsergebnisse überhaupt oder zumindest klarer und besser zu erreichen.

◆ Übungen 85 → S. 398

23 Grundbegriffe

Im Abschnitt mit den einführenden Beispielen als auch im Abschnitt zur Datengewinnung wurden bereits etliche Begriffe aus der Statistik verwendet. Wichtige statistische **Grundbegriffe** sollen nun exakter beschrieben und definiert werden.

23.1 Grundgesamtheit und Stichprobe

Die einführenden Beispiele haben gezeigt, wie unterschiedlich Datensätze oder die Fragestellungen sein können. Allen Studien gemeinsam ist aber das Ziel, Aussagen zu gewinnen, die für möglichst viele Objekte gültig sind. So hofft man beispielweise, Erkenntnisse über alle Kniearthrosepatienten oder über die gesamte Warenhauskundschaft zu gewinnen. Jedoch können kaum alle Kniearthrosepatienten untersucht oder alle Kundinnen und Kunden befragt werden. Meist kann von der für eine bestimmte Fragestellung bedeutenden Menge von Personen oder Objekten nur ein Teil untersucht oder befragt werden. Man unterscheidet zwischen der **Grundgesamtheit** und der **Stichprobe**.

Definitionen

Grundgesamtheit

Die Menge der für eine Untersuchung relevanten Personen oder Objekte.

Stichprobe

Eine Teilmenge der Grundgesamtheit.

Stichprobenumfang

Die Anzahl der in der Stichprobe untersuchten Personen oder Objekte.

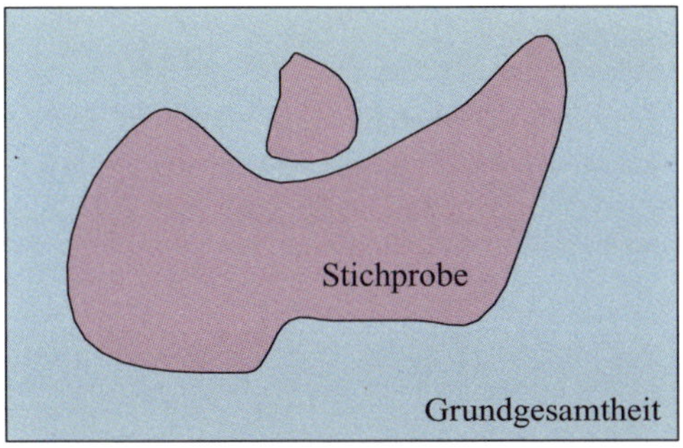

Wird die Grundgesamtheit befragt, spricht man von einer *Vollerhebung*.
Da meist aus organisatorischen oder finanziellen Gründen keine Vollerhebung durchgeführt werden kann, muss man mit einer oder mehreren Stichproben arbeiten.
Für eine Stichprobe werden einzelne Personen oder Objekte aus der Grundgesamtheit ausgewählt. Die Auswahl der Stichprobe kann das Ergebnis einer Studie wesentlich beeinflussen und ist deshalb oft ein Kritikpunkt.

Werden die einzelnen Personen oder Objekte zufällig ausgewählt, spricht man von einer **Zufallsstichprobe** oder einer **randomisierten Stichprobe**. Unter dem zufälligen Auswählen von Personen oder Objekten aus der Grundgesamtheit darf man sich Folgendes vorstellen: Die Grundgesamtheit wird

durchnummeriert. Entsprechend viele nummerierte Kugeln werden in einen Sack gelegt und gut durchmischt. Dann kann man, wie bei den Lottozahlen, eine Stichprobe ziehen.
Auf die verschiedenen Typen von Zufallsstichproben und wie sie bestimmt werden können, wird hier nicht weiter eingegangen.
Bei vielen Studien ist es nicht möglich, eine Zufallsstichprobe zu ziehen, beispielsweise wenn Probandinnen und Probanden freiwillig teilnehmen. Es bleibt dann häufig nichts anderes übrig, als nach dem Motto «man nimmt, was man kriegt» zu arbeiten. Umso kritischer müssen dann die Studienergebnisse hinterfragt werden.
Immer wenn eine Stichprobe, an der man interessiert ist, nicht zufällig aus der Grundgesamtheit gezogen wird, können systematische Abweichungen auftreten. Die systematischen Abweichungen werden **Sampling-Bias** oder kurz **Bias** genannt.

Definition	**Bias**
	Systematische Abweichung, welche bei einer nicht zufällig gezogenen Stichprobe auftritt.

Im Beispiel 21.6, Übergewicht und Blutdruck, wäre ein Bias zu erwarten, falls die Studentinnen und Studenten vor der Hamburgerbude im Universitätsareal ausgewählt wurden. Beim Beispiel 21.3, Warenhaus, wird mit Sicherheit ein Bias vorhanden sein: Diejenige Kundschaft, welche das Warenhaus mangels Qualität schon gar nicht mehr berücksichtigt, fehlt in der Stichprobe am Warenhauseingang.
Jede Stichprobe sollte die Grundgesamtheit hinsichtlich der Fragestellung möglichst gut repräsentieren. Wenn dies gelingt, wird umgangssprachlich häufig von einer **repräsentativen Stichprobe** gesprochen.

Definition	**Repräsentativität**
	Eine Stichprobe ist dann *repräsentativ*, wenn sie ein unverzerrtes Abbild der Grundgesamtheit ist. Das heisst, für alle Merkmale entspricht die Verteilung der Häufigkeiten in der Stichprobe jener in der Grundgesamtheit.

Da man aber genau dann mit einer Stichprobe arbeitet, wenn eine Vollerhebung nicht möglich ist, können die Ergebnisse aus einer Stichprobe nicht mit den (unbekannten) Ergebnissen aus der Grundgesamtheit verglichen werden. Deshalb kann nicht bestimmt werden, wie repräsentativ eine Stichprobe ist. Der Begriff Repräsentativität ist deswegen kein Fachbegriff der Statistik.

23.2 Datensatz

Das unmittelbare Ergebnis einer Datengewinnung ist die **Urliste**. In ihr sind die ursprünglich erhaltenen Werte aufgelistet, ohne dass diese Werte bereits weiter bearbeitet oder neu sortiert wurden. Die Strichliste im Beispiel 21.3, Warenhaus, und die Tabelle aus der Studie 21.6, Übergewicht und Blutdruck, sind Urlisten. Die Werte der Urliste werden je nach Fragestellung für die Studie neu geordnet und bearbeitet. Allgemein bezeichnet man die zusammengefassten Daten einer Studie als **Datensatz**, egal ob die Daten in Form der Urliste vorhanden sind oder bereits neu geordnet wurden.

Bei jeder Datengewinnung werden einzelne **Untersuchungseinheiten** beobachtet, befragt oder vermessen. Untersuchungseinheiten können Personen oder Objekte sein. Häufig erhält die Untersuchungseinheit in der Datentabelle eine (anonymisierende) Nummer, welche in der ersten Spalte der Tabelle steht.

An jeder einzelnen Untersuchungseinheit wird dann mindestens ein **Merkmal** beziehungsweise eine **Variable** erhoben, also beobachtet, erfragt oder gemessen. Die Begriffe «Merkmal» und «Variable» werden synonym verwendet. Wird bei jeder Untersuchungseinheit nur ein Merkmal erhoben, entstehen sogenannt **univariate** Daten. Der Datensatz im Beispiel 21.4, Kaffee, ist univariat. Wird pro Untersuchungseinheit mehr als ein Merkmal erhoben, entstehen sogenannt **multivariate** Daten, so etwa im Beispiel 21.6, Übergewicht und Blutdruck. Werden genau zwei Merkmale untersucht, spricht man von **bivariaten** Daten.

Der einzelne **Wert**, den eine Untersuchungseinheit in einem Merkmal annimmt, nennt man **Ausprägung**. Eine **Beobachtung** ist eine einzelne Untersuchungseinheit inklusive den Ausprägungen in sämtlichen Merkmalen.

Folgend sind die beschriebenen Begriffe in der Tabelle aus Beispiel 21.6, Übergewicht und Blutdruck, gekennzeichnet:

Merkmale/Variablen

	Alter	BMI	Taillenumfang	Hüftumfang	systolischer Blutdruck	diastolischer Blutdruck
1	20	27.94	95	112	120	80
2	19	18.65	69	85	100	63
3	31	27.62	102	107	107	70
4	22	24.96	86	107	120	80
5	19	25.15	82	99	127	80
...	...	...	...	...	...	...

Untersuchungseinheiten — Beobachtung — Wert/Ausprägung

23.3 Variablentypen

In den einführenden Beispielen kommen Variablen unterschiedlicher Art vor. Man unterscheidet zwischen mehreren **Variablen**- beziehungsweise **Merkmalstypen**. Auf einer ersten Stufe wird generell zwischen qualitativen und quantitativen Merkmalen unterschieden.

Qualitative Merkmale werden auch **kategorielle Merkmale** genannt, ihre Ausprägung kann nicht als Zahlenwert erfasst werden. Die qualitativen Merkmale werden auf zweiter Stufe in nominale und ordinale Merkmale unterteilt. Können die Ausprägungen einer qualitativen Variable sinnvoll geordnet werden, so spricht man von einem **ordinalen Merkmal**. Die beiden Fragen im Beispiel 21.3, Warenhaus, sind zwei ordinale Variablen. Indem die Antworten von «sehr gut» bis «sehr schlecht» geordnet werden, werden die Antwortstufen mit den Zahlen 7 bis 1 kodiert. Mit dieser Kodierung kann aber nicht sinnvoll gerechnet werden. Können die Ausprägungen eines qualitativen Merkmals nicht geordnet werden, spricht man von einem **nominalen Merkmal**. Beispiele dafür sind Geschlecht, Augenfarbe oder Nationalität.

Quantitative Merkmale werden auch **numerische** oder **metrische Merkmale** genannt. Mit ihnen kann gerechnet werden, da ihre Ausprägungen als Zahlen angegeben werden können. Die quantitativen Merkmale werden auf zweiter Stufe in diskrete und stetige Merkmale eingeteilt. **Stetige Merkmale** (auch als **kontinuierliche Merkmale** bezeichnet) können jeden beliebigen Wert in einem Zahlenintervall annehmen. Der Hüftumfang ist ein Beispiel für ein stetiges Merkmal, für eine stetige Variable, weil in einem Intervall grundsätzlich jede Ausprägung möglich ist. Im Unterschied dazu nehmen **diskrete Merkmale** nur bestimmte Werte an, zum Beispiel ganze Zahlen. Mathematisch formuliert: Der Wertebereich einer diskreten Variablen ist eine endliche oder eine abzählbar unendliche Menge. Die Anzahl Treffer aus Beispiel 21.7, Freiwurf-Contest, ist ein diskretes Merkmal. Es gibt nun mal keine halben Treffer.

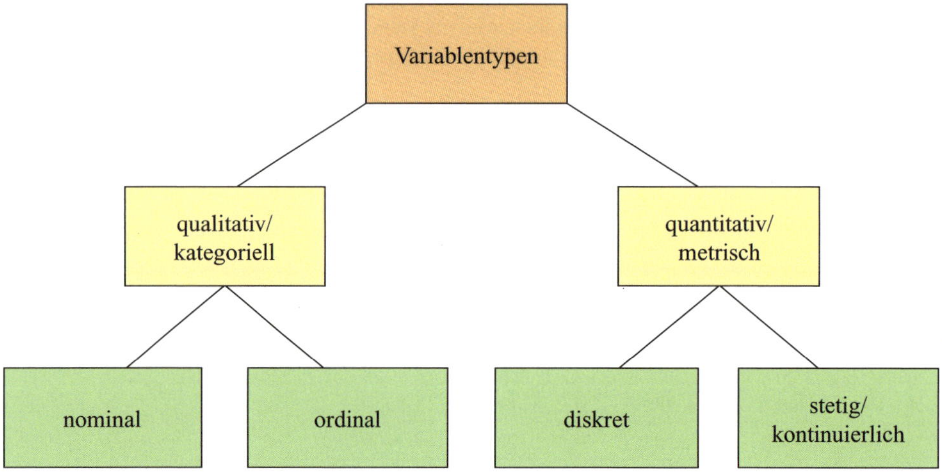

Beispiele

Variable	Geschlecht	Medaillenfarbe	Freiwurf	Hüftumfang
Ausprägungen	weiblich männlich	gold silber bronze	Anzahl Treffer	Hüftumfang in cm
Variablentyp	nominal	ordinal	diskret	stetig/ kontinuierlich

23.4 Geordnete Stichprobe und Rang

Nach der Datengewinnung wird die Urliste häufig neu organisiert. Nicht selten werden die Beobachtungen nach der Ausprägung in einer Variablen geordnet. Man spricht dann von einer **geordneten Stichprobe**.

■ **Beispiele**

(1) Wird eine Stichprobe nach einem **nominalen Merkmal** geordnet, werden die Beobachtungen mit gleicher Ausprägung hintereinander aufgelistet.

Urliste	
	Geschlecht
Alice	w
Bob	m
Marla	w
Paula	w
Felix	m

⇒

Geordnete Stichprobe	
	Geschlecht
Alice	w
Marla	w
Paula	w
Bob	m
Felix	m

(2) Wird eine Stichprobe nach einem **ordinalen Merkmal** geordnet, können die Beobachtungen entsprechend der Ordnung der Merkmalsausprägungen aufgelistet werden.

Urliste	
	Fitness
Alice	schlecht
Bob	mittel
Marla	gut
Paula	gut
Felix	schlecht

⇒

Geordnete Stichprobe	
	Fitness
Alice	schlecht
Felix	schlecht
Bob	mittel
Marla	gut
Paula	gut

(3) Wird eine Stichprobe nach einem **quantitativen Merkmal** geordnet, werden die Beobachtungen nach der Grösse der Ausprägungen aufgelistet.

Urliste	
	Alter in J.
Alice	4
Bob	27
Marla	5
Paula	3
Felix	8

⇒

Geordnete Stichprobe	
	Alter in J.
Paula	3
Alice	4
Marla	5
Felix	8
Bob	27

Werden die Beobachtungen nach einem quantitativen Merkmal geordnet, entspricht die geordnete Stichprobe einer Rangliste. Üblicherweise wird aufsteigend sortiert. Jeder Beobachtung kann nun ein **Rang** beziehungsweise eine **Ordnungszahl** zugeordnet werden.

Definition **Rang, Ordnungszahl**

Der *Rang* beziehungsweise die *Ordnungszahl* einer Beobachtung gibt an, welchen Platz die Beobachtung in der geordneten Stichprobe hat. Bei gleichen Ausprägungen werden die entsprechenden Plätze gemittelt.

Werden die Stichprobenwerte $x_1, x_2, \ldots, x_n$ geordnet, erhält man die geordneten Stichprobenwerte $x_{[1]}, x_{[2]}, \ldots, x_{[n]}$, wobei $x_{[1]} \leq x_{[2]} \leq \ldots \leq x_{[n]}$. Der Stichprobenwert $x_{[1]}$ ist somit der kleinste beobachtete Wert und $x_{[n]}$ der grösste beobachtete Wert. Der Rang $[k]$ der Beobachtung $x_{[k]}$ gibt an, wie viele Beobachtungen kleiner oder gleich dieser Beobachtung sind.

In einigen Teilgebieten der Statistik wird bei gleichen Ausprägungen ein anderes Verfahren angewendet, um den Rang zu bestimmen. So basiert die Definition der Quantile (siehe Abschnitt 25.1.2) auf durchlaufenden Ordnungszahlen.

Beispiele

(1) Stichprobe ohne gleiche Ausprägungen:

$$\begin{array}{lcl} x_1 = 8 & & x_{[1]} = 5 \\ x_2 = 27 & \Longrightarrow & x_{[2]} = 8 \\ x_3 = 5 & & x_{[3]} = 27 \end{array}$$

(2) Kommen in der Stichprobe Beobachtungen mit gleicher Ausprägung vor, werden die entsprechenden Plätze gemittelt.

$$\begin{array}{lcl} x_1 = 9 & & x_{[1]} = 2 \\ x_2 = 34 & & x_{[2.5]} = 5 \\ x_3 = 5 & & x_{[2.5]} = 5 \\ x_4 = 9 & \Longrightarrow & x_{[5]} = 9 \\ x_5 = 9 & & x_{[5]} = 9 \\ x_6 = 2 & & x_{[5]} = 9 \\ x_7 = 5 & & x_{[7]} = 11 \\ x_8 = 11 & & x_{[8]} = 34 \end{array}$$

Je nach Einsatzgebiet werden bei gleichen Ausprägungen durchlaufende Ordnungszahlen verwendet.

$$\begin{array}{lcl} x_1 = 9 & & x_1 = 2 \\ x_2 = 34 & & x_2 = 5 \\ x_3 = 5 & & x_3 = 5 \\ x_4 = 9 & & x_4 = 9 \\ x_5 = 9 & \Longrightarrow & x_5 = 9 \\ x_6 = 2 & & x_6 = 9 \\ x_7 = 5 & & x_7 = 11 \\ x_8 = 11 & & x_8 = 34 \end{array}$$

◆ Übungen 86 → S. 400

24 Grafische Darstellungen

Sind die Daten erfasst, beginnt deren Analyse. Dafür werden die Daten häufig in verschiedenen Formen dargestellt. **Grafische Darstellungen** geben einen ersten Einblick in die Struktur des Datenmaterials und können so den weiteren Verlauf der Datenanalyse beeinflussen. Mitunter werden Grafiken auch genutzt, um Erkenntnisse und Ergebnisse einer Studie möglichst einfach darzustellen. Sie erlauben es, auf einen Blick einen klaren Eindruck der Datenverteilung zu erhalten.
In vielen Grafiken werden **Häufigkeiten** dargestellt. Man unterscheidet zwischen **absoluten** und **relativen Häufigkeiten**:

Definitionen

Absolute Häufigkeit

Die *absolute Häufigkeit* h_i einer Merkmalsausprägung i ist die Anzahl Beobachtungen mit dieser Ausprägung.

Relative Häufigkeit

Die *relative Häufigkeit* f_i einer Merkmalsausprägung i ist das Verhältnis aus absoluter Häufigkeit h_i dieser Ausprägung und Stichprobenumfang n.

$$f_i = \frac{h_i}{n} \quad (1)$$

Nicht selten wird eine bestimmte Darstellungsart gewählt, um einen ganz bestimmten Eindruck zu vermitteln. Grafische Darstellungen können so zu manipulativen Zwecken missbraucht werden. Mit geeigneter Software können Daten einfach und schnell grafisch dargestellt werden.

Die folgenden Darstellungsformen und ihre Einsatzmöglichkeiten werden weiter unten ausführlicher beschrieben:

Säulen- und Balkendiagramm	In Säulen- und Balkendiagrammen werden qualitative, univariate Daten dargestellt. Es können absolute oder relative Häufigkeiten visualisiert werden.
Kreisdiagramm	Das Kreisdiagramm ist eine Darstellungsform für qualitative, univariate Daten. Im Kreisdiagramm können nur relative Häufigkeiten dargestellt werden.
Streifenplot	Der Streifenplot dient zur Darstellung von quantitativen, univariaten Daten. Der Stichprobenumfang sollte nicht allzu gross sein.
Histogramm	Bei einem grösseren Stichprobenumfang bietet das Histogramm eine Möglichkeit, quantitative, univariate Daten darzustellen. Die Daten werden in Klassen eingeteilt.
Boxplot	Der Boxplot ist eine Darstellungsform für quantitative, univariate Daten. Der Stichprobenumfang sollte nicht allzu klein sein.
Streudiagramm	In einem Streudiagramm werden quantitative, bivariate Daten dargestellt.

24.1 Säulen- und Balkendiagramm

Qualitative Merkmale werden meistens im **Säulen- oder im Balkendiagramm** dargestellt. In Säulen- und Balkendiagrammen werden stets absolute oder relative Häufigkeiten dargestellt.

In einem **Säulendiagramm** werden auf der horizontalen Achse die einzelnen Merkmalsausprägungen/Kategorien abgetragen und dann für jede Kategorie ein Rechteck gleicher Breite eingezeichnet. Die Höhe des Rechtecks entspricht der absoluten oder relativen Häufigkeit auf der vertikalen Achse. Die Säulen in einem Säulendiagramm werden durch Zwischenräume voneinander abgetrennt.

■ **Beispiel**

Die Häufigkeiten der Blutgruppen im AB0-System (s. Beispiel 21.8, Blut) der 5000 Personen lassen sich wie folgt in Säulendiagrammen darstellen:

Ausprägung	absolute Häufigkeit	relative Häufigkeit
0	2050	0.41
A	2350	0.47
AB	200	0.04
B	400	0.08

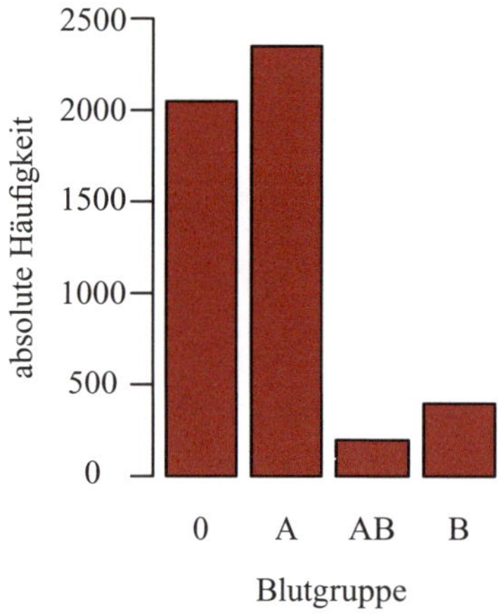

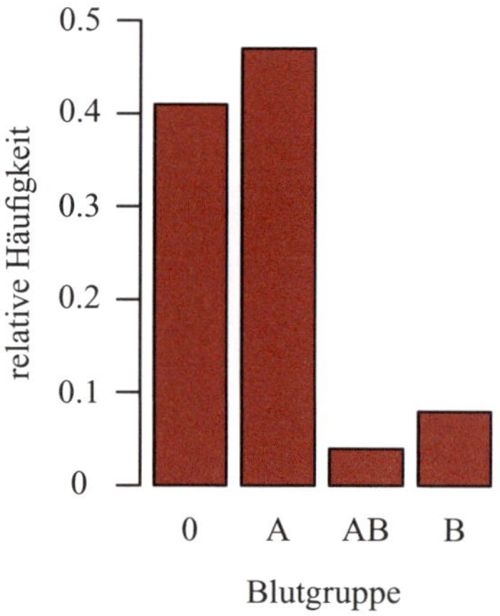

In einem **Balkendiagramm** werden analog zum Säulendiagramm die absoluten oder relativen Häufigkeiten der Merkmalsausprägungen dargestellt. Im Unterschied zum Säulendiagramm werden bei einem Balkendiagramm die Häufigkeiten auf der horizontalen und die Merkmalsausprägungen auf der vertikalen Achse abgetragen. Die Balken in einem Balkendiagramm werden durch kleine Zwischenräume voneinander abgetrennt.
Beim Beispiel 21.8, Blut, ist ein Balkendiagramm abgebildet.

24.2 Kreisdiagramm

Ein **Kreisdiagramm** eignet sich dazu, relative Häufigkeiten der Merkmalsausprägungen einer Stichprobe darzustellen. Im Kreisdiagramm wird jeder Merkmalsausprägung/Kategorie ein Kreissektor zugeordnet, dessen Flächeninhalt (und entsprechend der Zentriwinkel) proportional zur (relativen) Häufigkeit der jeweiligen Ausprägung ist. Für eine Merkmalsausprägung i und deren Kreissektor gilt bezüglich Proportionalität:

Zentriwinkel φ_i	$\sim$	Flächeninhalt A_i	$\sim$	relative Häufigkeit f_i	$\sim$	absolute Häufigkeit h_i

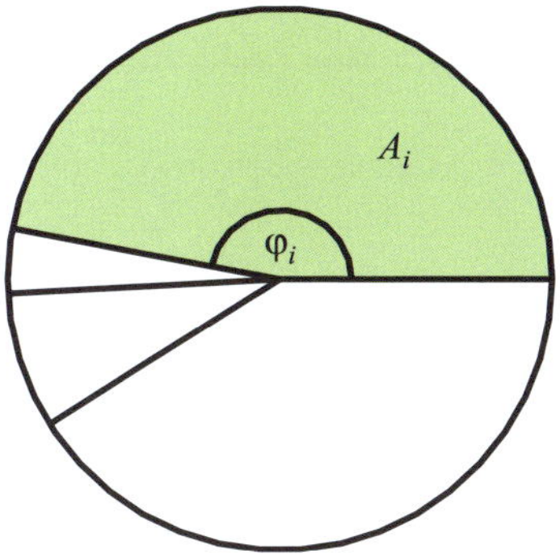

Oft werden die relativen Häufigkeiten (in Prozent) bei den Sektoren eines Kreisdiagramms ergänzt. Kreisdiagramme sind in den Alltagsmedien sehr verbreitet, obwohl sich die Häufigkeiten in einem Säulen- oder Balkendiagramm besser vergleichen lassen als in einem Kreisdiagramm.

■ **Beispiel**

Für die Verteilung der Blutgruppen im AB0-System der 5000 Schweizer und Schweizerinnen erhalten wir folgendes Kreisdiagramm (mit und ohne Prozentangaben):

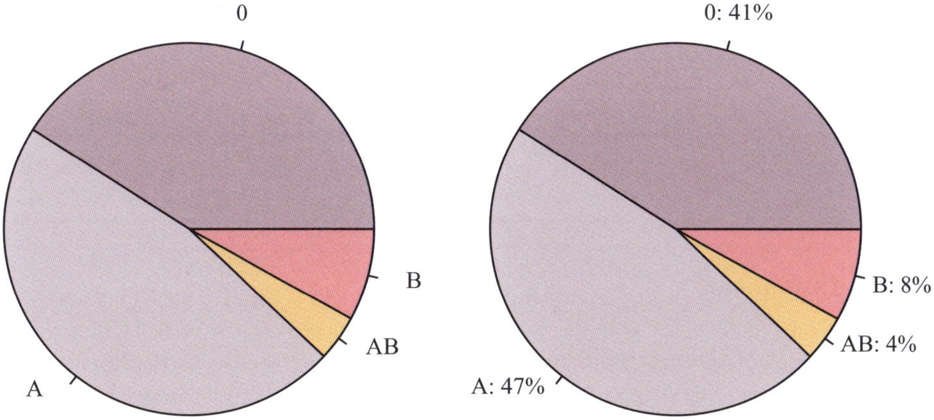

24.3 Streifenplot

Ein **Streifenplot** (auch **Stripchart**) ist eine Darstellungsform für quantitative Merkmale. Die Ausprägungen werden auf einem horizontal oder vertikal ausgerichteten Streifen eingezeichnet. Streifenplots geben einen ersten Ein- und Überblick über die Verteilung der Ausprägungen. Häufig werden mehrere Streifenplots unter- oder nebeneinander abgebildet, um verschiedene Verteilungen zu vergleichen.

Streifenplots sind nur bei nicht allzu grossem Stichprobenumfang sinnvoll.

Man unterscheidet drei Arten von Streifenplots: Werden sämtliche Werte exakt auf einer Linie abgetragen, überdecken sich gleiche Werte, man spricht von **überplotten**. Um das Überplotten zu umgehen, können gleiche Werte auch **gestapelt** werden. Als dritte Variante werden die Werte leicht **verwackelt** abgetragen, wodurch die Häufigkeiten sichtbar werden.

Beispiel

Die Daten aus dem Beispiel 21.5, Weitsprung, in den drei Varianten des horizontalen Streifenplots dargestellt:

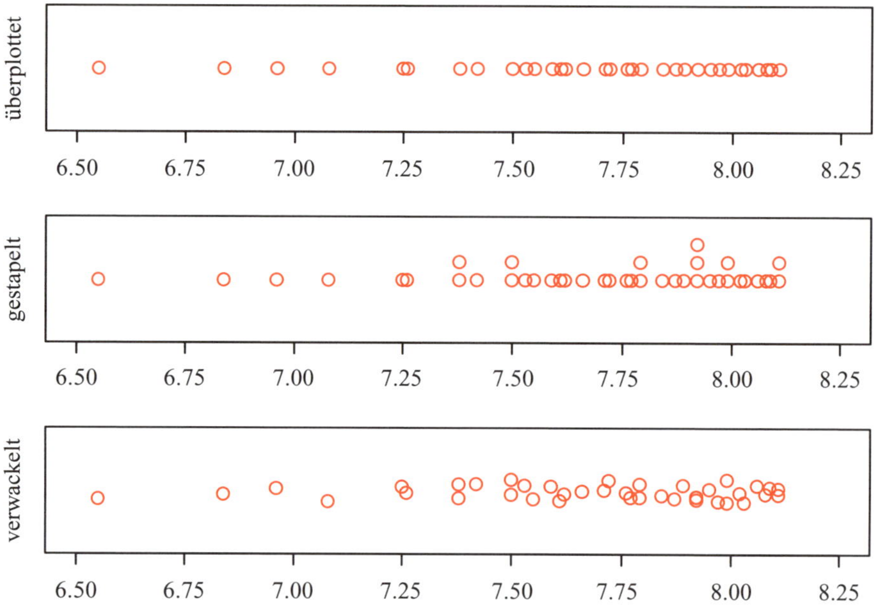

24.4 Histogramm

Das **Histogramm** ist die wohl wichtigste Darstellungsform quantitativer Merkmale. Beim Histogramm werden die Ausprägungen in **Klassen** eingeteilt. Visualisiert werden schliesslich die Häufigkeiten in den einzelnen Klassen: Für jede Klasse wird ein Rechteck gezeichnet, dessen Höhe der Anzahl Beobachtungen in dieser Klasse entspricht.
Die Rechtecke eines Histogramms werden üblicherweise lediglich durch die Seitenlinien, nicht aber durch einen Zwischenraum wie beim Säulendiagramm (für qualitative Merkmale), getrennt.

Erstellen eines Histogramms

- Die Anzahl k von Klassen festlegen, idealerweise zwischen 5 und 20. Als Grössenordnung für die Klassenanzahl kann die Formel $k \approx \sqrt{n}$ berücksichtigt werden, wobei n für den Stichprobenumfang steht.
- Die Klassen müssen durch die Klassengrenzen exakt definiert sein. Die Klassengrenzen sollten möglichst «einfach lesbar» sein. Normalerweise haben alle Klassen eines Histogramms die gleiche Breite.
- Die absoluten Häufigkeiten (= die Anzahl Beobachtungen in jeder Klasse) bestimmen.
- Die absolute Häufigkeit jeder Klasse wird als Rechteck dargestellt, dessen Höhe proportional zur Häufigkeit ist.
- Die Grafik wird dem Inhalt und Kontext entsprechend beschriftet und bezeichnet.

Beispiele

(1) Der Datensatz vom Beispiel 21.5, Weitsprung, soll nochmals visualisiert werden. Dazu werden die Daten zuerst neu organisiert:

Klasse	Klassenmitte	absolute Häufigkeit in der Klasse	relative Häufigkeit in der Klasse
]6.50; 6.75]	6.625	1	0.025
]6.75; 7.00]	6.875	2	0.050
]7.00; 7.25]	7.125	2	0.050
]7.25; 7.50]	7.375	6	0.150
]7.50; 7.75]	7.625	8	0.200
]7.75; 8.00]	7.875	14	0.350
]8.00; 8.25]	8.125	7	0.175

Die absoluten Häufigkeiten werden im Histogramm dargestellt:

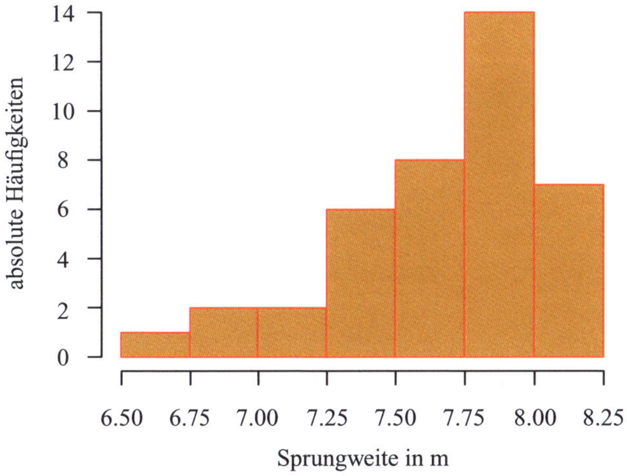

(2) Die Daten im Beispiel 21.4, Kaffee, sind bereits als Histogramm mit 24 Klassen dargestellt. Die Anzahl Klassen von 24 ist zwar ziemlich gross, jedoch in diesem Fall vertretbar, da sie die Lesbarkeit der Klassengrenzen erleichtert.

Mithilfe von Histogrammen können Verteilungen charakterisiert werden. Es wird einerseits zwischen **symmetrischen**, **rechtsschiefen** und **linksschiefen** andererseits zwischen **unimodalen**, **bimodalen** und **multimodalen** Verteilungen unterschieden.
Rechtsschiefe Verteilungen haben einen Ausläufer nach rechts, linksschiefe Verteilungen haben den Ausläufer nach links.
Mit den Begriffen uni-, bi- und multimodal wird die Anzahl Gipfel/Häufungspunkte im Histogramm beschrieben. Das Histogramm einer unimodalen Verteilung hat nur einen Gipfel. Bei einer bimodalen Verteilung sind es zwei Gipfel und das Histogramm einer multimodalen Verteilung hat mehrere Gipfel.

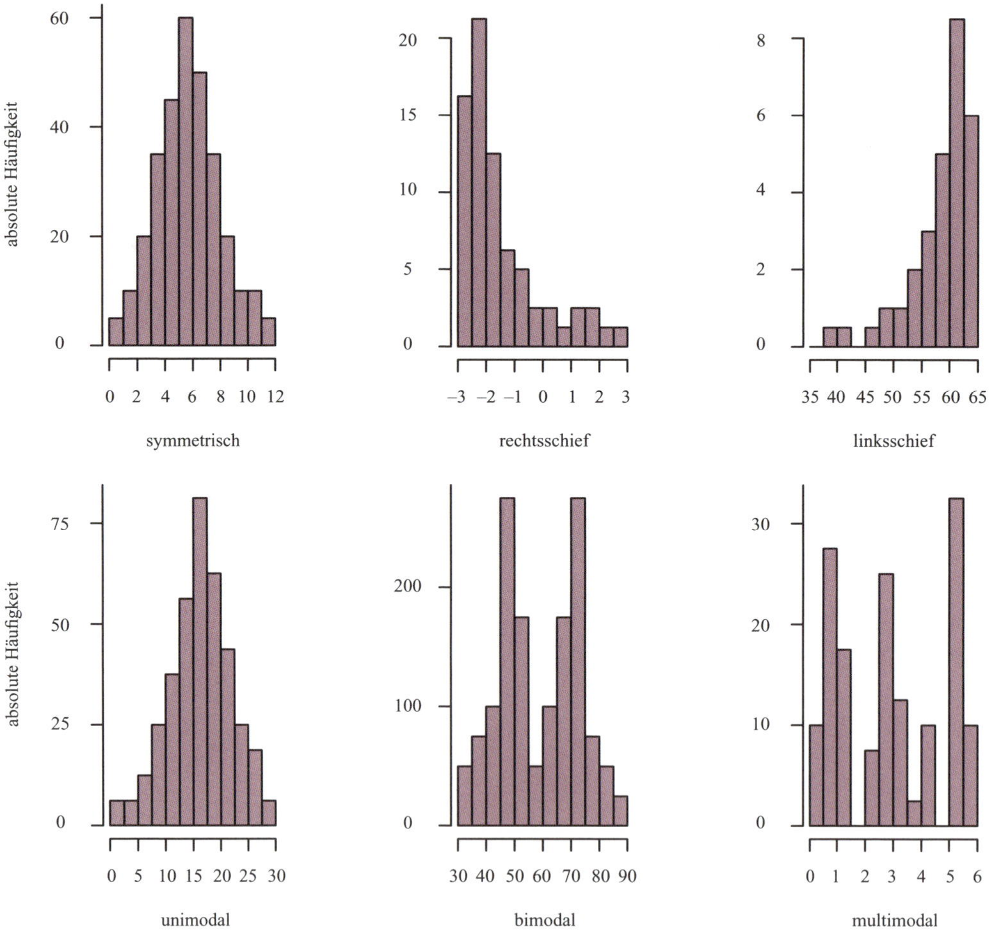

24.5 Boxplot

Um den Aufbau eines **Boxplots** zu verstehen, sind Kenntnisse aus Kapitel 25, Kennzahlen, unumgänglich. Es ist deshalb sinnvoll, zuerst dieses Kapitel zu studieren und sich erst danach dem Boxplot zu widmen.

Der **Boxplot** ist eine sehr kompakte und übersichtliche Darstellungsform. Die Lage und die Streuung eines quantitativen Merkmals sind gut erkennbar. Grundsätzlich werden bei einem Boxplot die folgenden fünf Kennzahlen auf einer horizontalen oder vertikalen Achse abgetragen: **kleinste Ausprägung, erstes Quartil, Median, drittes Quartil, grösste Ausprägung**.
Der Bereich zwischen dem ersten Quartil Q_1 und dritten Quartil Q_3 wird als **Box** eingefärbt. In dieser Box liegen 50 % aller Werte. Die Markierungen für die kleinste beziehungsweise grösste Ausprägung werden **Antennen** (Whiskern) genannt. Für das Einzeichnen der Antennen werden zusätzlich folgende Regeln berücksichtigt:

- Die untere Antenne stellt nur dann die kleinste Ausprägung (x_{min}) dar, wenn gilt:

  $$x_{\text{min}} \geq Q_1 - 1.5 \cdot IQR$$

  Andernfalls wird die untere Antenne beim Wert $Q_1 - 1.5 \cdot IQR$ eingezeichnet und alle kleineren Ausprägungen werden als Extremwerte einzeln aufgeführt.

- Die obere Antenne stellt nur dann die grösste Ausprägung (x_{max}) dar, wenn gilt:

  $$x_{\text{max}} \leq Q_3 + 1.5 \cdot IQR$$

  Andernfalls wird die obere Antenne beim Wert $Q_3 + 1.5 \cdot IQR$ eingezeichnet und alle grösseren Ausprägungen werden als Extremwerte einzeln aufgeführt.

Die Entfernung zwischen Antenne und Box misst folglich höchstens das 1.5-Fache vom Interquartilsabstand (IQR).
Durch die zwei Regeln eignet sich der Boxplot, um sogenannte **Ausreisser** zu identifizieren. Je weiter eine Ausprägung ausserhalb der Antennen liegt, desto deutlicher handelt es sich um einen Ausreisser.
In einem Boxplot kann die **Schiefe** einer Verteilung mit den bekannten Begriffen symmetrisch, rechtsschief und linksschief charakterisiert werden. Im Vergleich zu einem Histogramm ist der Boxplot hingegen nicht geeignet, um Häufungspunkte/Gipfel zu erkennen.
Sollen die Verteilungen eines quantitativen Merkmals für mehrere Untergruppen verglichen werden, stellt man mehrere Boxplots nebeneinander dar. Genau in solchen Vergleichen zeigt sich die Stärke von Boxplots.

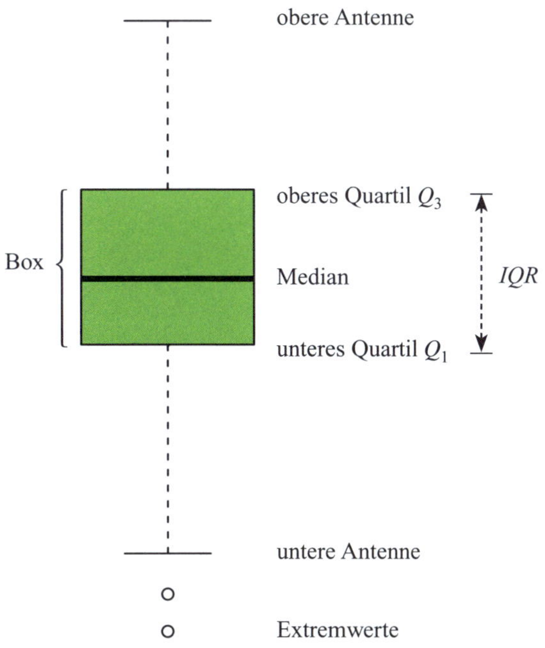

■ **Beispiel**

Im Beispiel 21.11, 1-€-Münze, ist ein einziger horizontaler Boxplot abgebildet, welcher die Massen aller 2000 Münzen darstellt. Wird für jede der acht Packungen ein eigener Boxplot erstellt, lassen sich die Verteilungen vergleichen:

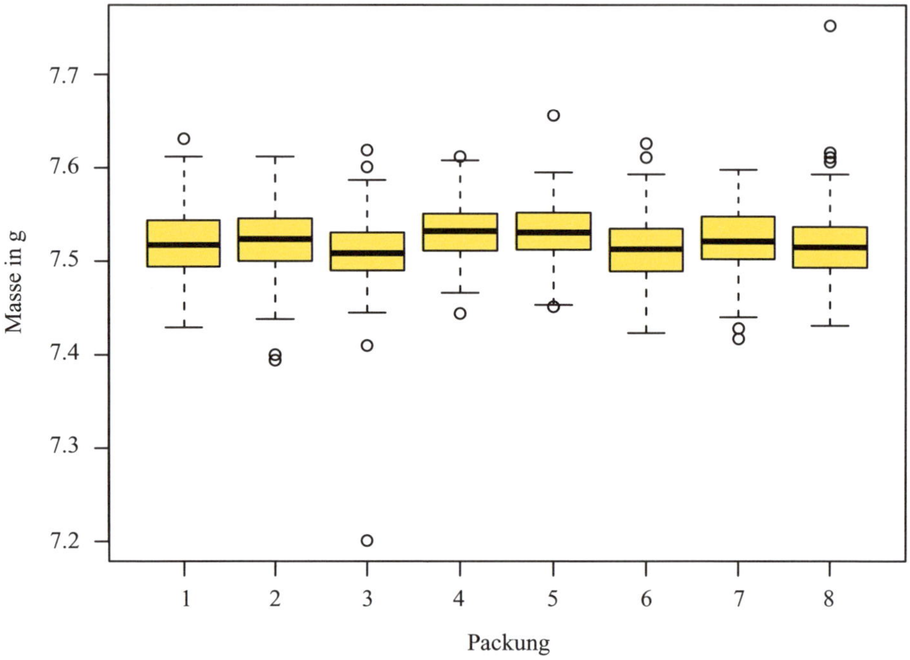

24.6 Streudiagramm

In einem **Streudiagramm** können zwei quantitative Merkmale dargestellt werden. Für jede Beobachtung wird ein **Punkt** in ein zweidimensionales Koordinatensystem gezeichnet.
Die x-Koordinate des Punktes steht für die Ausprägung im einen Merkmal, die y-Koordinate für die Ausprägung im anderen Merkmal. Ein **Wertepaar** muss nicht immer als Punkt dargestellt werden. Andere Symbole wie Kreis, Kreuz, Stern, Quadrat, Dreieck usw. sind ebenfalls gebräuchlich.

In Streudiagrammen können **lineare Zusammenhänge**, sogenannte **Korrelationen**, aufgezeigt werden. Obwohl Korrelationen auch quantifiziert werden können, beschränken wir uns auf eine rein grafische Beschreibung: Ist in einem Streudiagramm erkennbar, dass sich die Punkte um eine Gerade streuen, wird von einer Korrelation gesprochen. Die Korrelation ist umso grösser, je enger die Punkte um eine gedachte Gerade gestreut sind.
Man spricht von einer **positiven Korrelation** zwischen den Merkmalen A und B, wenn gilt: Je grösser die Ausprägung im Merkmal A ist, desto grösser ist tendenziell die Ausprägung im Merkmal B.
Man spricht von einer **negativen Korrelation** zwischen den Merkmalen A und B, falls gilt: Je grösser die Ausprägung im Merkmal A ist, desto kleiner ist tendenziell die Ausprägung im Merkmal B.

Wird zwischen zwei quantitativen Merkmalen eine Korrelation festgestellt, bedeutet das nicht, dass eine Änderung in der einen Variablen eine Änderung in der anderen Variablen verursacht. Aus einer Korrelation darf also nicht auf einen **kausalen Zusammenhang** geschlossen werden. Ausser in einem geplanten Experiment kann nie ausgeschlossen werden, dass die Korrelation zwischen den Merkmalen A und B durch ein drittes Merkmal, einen sogenannten **Störfaktor**, verursacht wird, der sowohl Merkmal A als auch Merkmal B beeinflusst.

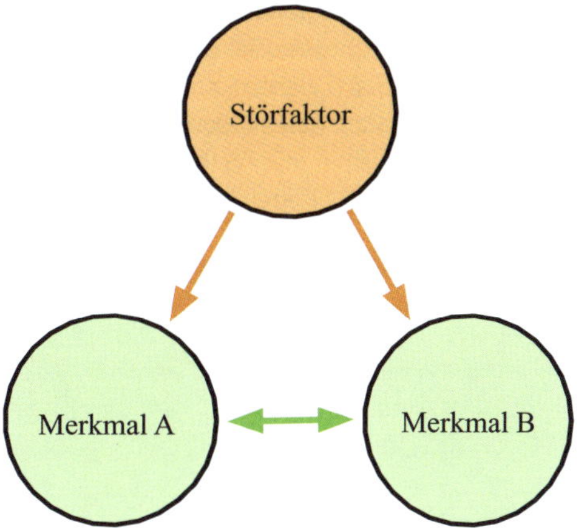

Beispiele

(1) Im Beispiel 21.6, Übergewicht und Blutdruck, ist ein Streudiagramm mit den Variablen BMI und systolischer Blutdruck abgebildet. In diesem Diagramm lässt sich keine Korrelation erkennen. Im folgenden Streudiagramm mit den Variablen diastolischer und systolischer Blutdruck ist eine positive Korrelation erkennbar. Mit grüner Farbe ist diejenige Gerade eingezeichnet, um welche sich die Punkte nach bestimmten mathematischen Kriterien am besten streuen.

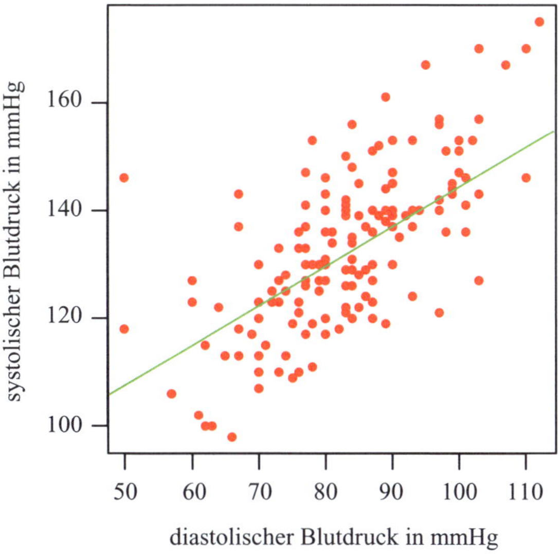

(2) Das Streudiagramm, welches im Beispiel 21.12, Bierfest, abgebildet ist, lässt eine negative Korrelation zwischen getrunkener Biermenge und Haarlänge vermuten. Es darf nun nicht geschlossen werden, dass ein hoher Bierkonsum die Ursache für kurzes Haar ist oder gar dass langes Haar den Bierkonsum reduziert. Beim unten stehenden Streudiagramm wurden für Festbesucher und Festbesucherinnen unterschiedliche Symbole gewählt. Offensichtlich wird die negative Korrelation durch den Störfaktor Geschlecht verursacht.

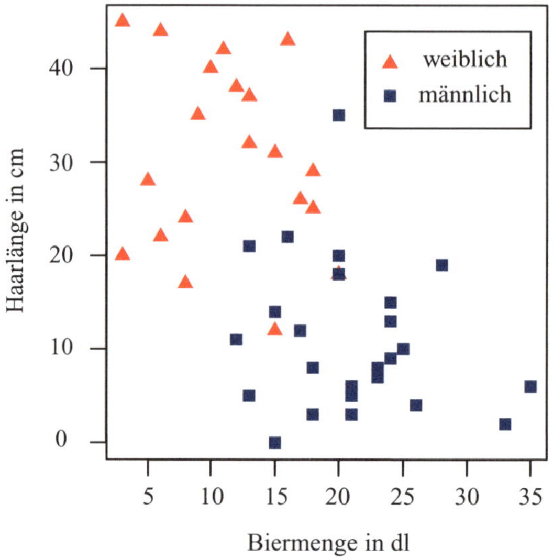

◆ Übungen 87 → S. 402

25 Kennzahlen

Im vorherigen Abschnitt wurde behandelt, wie Daten in Grafiken dargestellt werden können. Mit diversen Darstellungsformen können Verteilungen analysiert und charakterisiert werden. Durch sogenannte Kennzahlen können die Eigenschaften von Verteilungen quantifiziert werden. Solche **Kennzahlen** oder **Masszahlen** fassen eine bestimmte Eigenschaft von einem Datensatz zusammen. Mit Kennzahlen werden fast ausschliesslich **quantitative Merkmale** beschrieben.
Es gibt Kennzahlen für verschiedene Eigenschaften, zum Beispiel für Lage, Streuung, Schiefe, Wölbung. Wir beschränken uns auf die beiden wichtigsten Typen von Kennzahlen, auf die **Lagekennzahlen** und auf die **Streuungskennzahlen**.
Die folgende Grafik soll einen ersten Eindruck vermitteln, welche Idee hinter einer Lage- beziehungsweise einer Streuungskennzahl steckt:

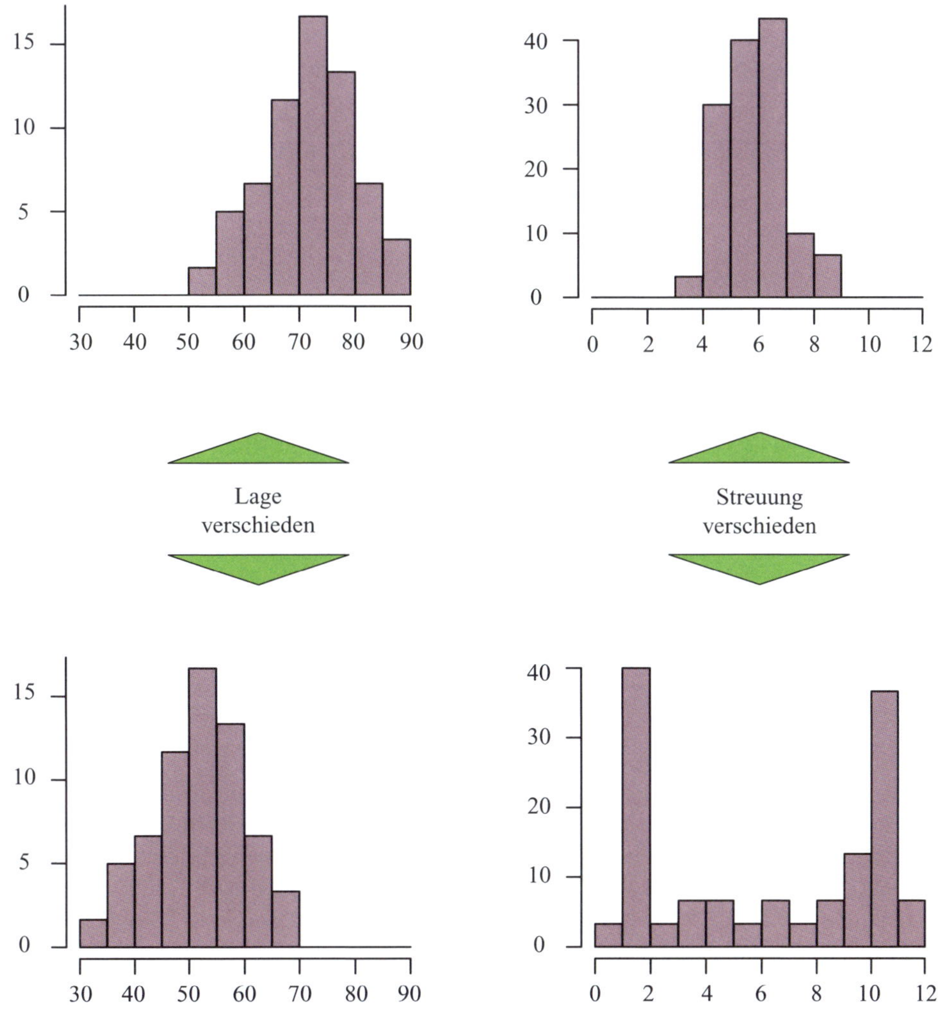

Jede Kennzahl hat in ihrer Anwendung Vor- und Nachteile. Im Zusammenhang mit Kennzahlen ist der Begriff der **Robustheit** von Bedeutung.

Definition **Robustheit**

Eine Kennzahl wird als *robust* bezeichnet, wenn das Verändern, Hinzufügen oder Weglassen einer einzelnen (extremen) Beobachtung ihren Wert nicht stark beeinflusst.

25.1 Lagekennzahlen

25.1.1 Kennzahlen für die zentrale Lage

Mit einer sogenannten **Lagekennzahl** kann die Lage einer Verteilung durch eine einzige Zahl beschrieben werden. Kennzahlen, welche versuchen die **zentrale Lage** einer Verteilung zu vertreten, spielen unter den Lagekennzahlen die herausragende Rolle. Von diesen sind der **Mittelwert** und der **Median** die zwei bedeutendsten. Beide drücken die zentrale Lage einer Verteilung aus.

Formal lassen sich Mittelwert und Median wie folgt exakt definieren:

Definitionen **Mittelwert**

Der *Mittelwert* $\overline{x}$ der Stichprobe $x_1, x_2, \ldots, x_n$ ist wie folgt definiert:

$$\overline{x} = \frac{x_1 + x_2 + \ldots + x_n}{n} = \frac{1}{n}\sum_{i=1}^{n} x_i \qquad (1)$$

Median

Der *Median* $\tilde{x}$ der Stichprobe $x_1, x_2, \ldots, x_n$ mit der dazugehörigen geordneten Stichprobe $x_{[1]}, x_{[2]}, \ldots, x_{[n]}$ ist wie folgt definiert:

$$\tilde{x} = \begin{cases} \frac{1}{2}\left(x_{[0.5n]} + x_{[0.5n+1]}\right) & \text{falls } 0.5n \text{ ganzzahlig} \\ x_{[\lceil 0.5n \rceil]} & \text{falls } 0.5n \text{ nicht ganzzahlig} \end{cases} \qquad (2)$$

Wobei für eine reelle Zahl r der Wert $\lceil r \rceil$ die kleinste ganze Zahl ist, welche grösser oder gleich r ist.

Der **Mittelwert** einer Stichprobe ist nichts anderes als der Durchschnitt beziehungsweise das arithmetische Mittel sämtlicher Ausprägungen im untersuchten Merkmal, seine Berechnung ist trivial. Der Mittelwert ist vielfach nicht in der Menge der Ausprägungen enthalten. In den folgenden Beispielen zeigt sich, dass der Mittelwert nicht immer die geeignete Lagekennzahl ist, um die zentrale Lage zu charakterisieren, da er sehr anfällig auf Ausreisser ist. Der Mittelwert ist eine **nicht robuste** Kennzahl.

Gerade bei schiefen Verteilungen ist der sogenannte **Median** besser geeignet, um die zentrale Lage zu beschreiben. Im Gegensatz zum Mittelwert ist der Median **robust**. Er zeigt im wahrsten Sinne des Wortes auf die «Mitte» sämtlicher Ausprägungen. Aus der Definition des Medians folgt seine wichtige Eigenschaft:

Median

Der *Median* $\tilde{x}$ hat die Eigenschaft, dass 50 % der Ausprägungen kleiner oder gleich und 50 % der Ausprägungen grösser oder gleich $\tilde{x}$ sind.

Um den Median eines Merkmals zu bestimmen, müssen die Ausprägungen ihrer Grösse nach geordnet werden. Aus der Stichprobe $x_1, x_2, \ldots, x_n$ wird die geordnete Stichprobe $x_{[1]}, x_{[2]}, \ldots, x_{[n]}$ gebildet. Ist der Stichprobenumfang n eine ungerade Zahl, ist der Median derjenige Wert, welcher genau in der mittleren Position der Stichprobe sitzt. Ist der Stichprobenumfang n eine gerade Zahl, ist der Median der Durchschnitt der beiden in der Mitte liegenden Werte.
Bei einem geraden ($0.5n$ ganzzahlig) Stichprobenumfang wurde der Median in der oben stehenden Definition als Mittelwert der beiden in der Mitte liegenden Werte festgelegt. Der Mittelwert stellt dabei die einfachste **Interpolation** dar. Es gibt jedoch auch die Möglichkeit einer gewichteten Interpolation. Statistikprogramme bieten mehrere Möglichkeiten an. Egal welche Interpolation gewählt wird, der Median liegt (bei geradem Stichprobenumfang) immer zwischen den beiden mittleren Ausprägungen.

Beispiele

Wir gehen zurück zum Beispiel 21.13, Lohn. Bevor die in der Studentenzeitung abgebildete Darstellung sinnvoll ergänzt wird, sollen Mittelwert und Median in den beiden nach dem Merkmal Geschlecht unterschiedenen Untergruppen bestimmt werden.

(1) Die Stundenlöhne (Einheit: CHF) der 5 Studenten sind:

$$x_1 = 27, \quad x_2 = 18, \quad x_3 = 23, \quad x_4 = 34, \quad x_5 = 32$$

Mittelwert: $\bar{x} = \dfrac{27 + 18 + 23 + 32 + 34}{5} = 26.8$

Median: Wir bilden zuerst die geordnete Stichprobe:

$$x_{[1]} = 18, \quad x_{[2]} = 23, \quad x_{[3]} = 27, \quad x_{[4]} = 32, \quad x_{[5]} = 34$$

$$\tilde{x} = x_{[\lceil 0.5 \cdot 5 \rceil]} = x_{[\lceil 2.5 \rceil]} = x_{[3]} = 27$$

Mittelwert und Median liegen sehr nahe beieinander.

(2) Die Stundenlöhne (Einheit: CHF) der 6 Studentinnen sind:

$$x_1 = 23, \quad x_2 = 171, \quad x_3 = 26, \quad x_4 = 17, \quad x_5 = 29, \quad x_6 = 19$$

Mittelwert: $\bar{x} = \dfrac{23 + 171 + 26 + 17 + 29 + 19}{6} = 47.5$

Median: Wir bilden zuerst die geordnete Stichprobe:

$$x_{[1]} = 17, \quad x_{[2]} = 19, \quad x_{[3]} = 23, \quad x_{[4]} = 26, \quad x_{[5]} = 29, \quad x_{[6]} = 171$$

$$\tilde{x} = \frac{1}{2}\left(x_{[0.5 \cdot 6]} + x_{[0.5 \cdot 6 + 1]}\right) = \frac{1}{2}\left(x_{[3]} + x_{[4]}\right) = 24.5$$

Der Mittelwert und der Median zeigen eine ziemlich grosse Differenz. Je nach Fragestellung müsste man sich also genau überlegen, welche Lagekennzahl als Argumentationshilfe beigezogen wird.

(3) Analog zu den vorherigen Beispielen lassen sich der Mittelwert und der Median der gesamten Stichprobe bestimmen:

Mittelwert: $\bar{x} = \ldots = 38.1$

Median: $\tilde{x} = \ldots = 26$

Die Mensaleitung hätte sich sicher einige Umtriebe ersparen können, wenn sie von Beginn weg mehr als nur eine Lagekennzahl betrachtet hätte. Die Darstellung aus der Studentenzeitung ergänzt um Median und Mittelwert hätte das Leitungsteam wohl kaum zu einer so starken Preiserhöhung verleitet.

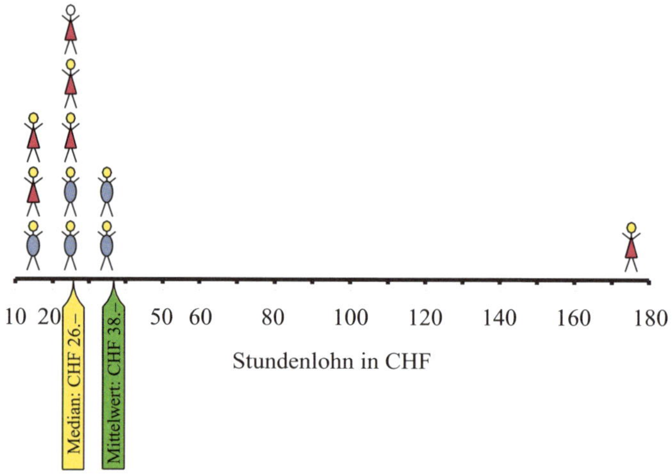

Bei quantitativen Merkmalen können Mittelwert und Median stets berechnet werden. Der Median lässt sich zudem auch bei ordinalen Variablen bestimmen. Von einem nominalen Merkmal können weder Mittelwert noch Median gebildet werden.
Der **Modus** ist eine weitere Lagekennzahl, er kann die zentrale Lage kennzeichnen, je nach Verteilung ist dies jedoch nicht immer der Fall. Sicher aber ist er ein typischer Wert, welcher sich auch bei nominalen Daten bestimmen lässt. Der Modus, auch **Modalwert** genannt, ist **robust**, hat jedoch den Nachteil, dass er nicht eindeutig bestimmt werden kann, wenn mehrere Ausprägungen die grösste Häufigkeit haben.

Definition **Modus**

Der *Modus* x_{mod} ist diejenige Ausprägung, welche in der Stichprobe am häufigsten vorkommt.

Quantitative Merkmale werden vielfach in Klassen mit gleicher Klassenbreite eingeteilt. Diejenige Klasse mit den meisten Ausprägungen wird dann **Modalklasse** genannt. So wird bei quantitativen Merkmalen oft ihre **Klassenmitte** als **Näherung** für den Modus verwendet.

25.1.2 Extremwerte und Quantile

Abgesehen von den Kennzahlen für die zentrale Lage gibt es weitere, die häufig verwendet werden. Im Rahmen einer Datenanalyse werden häufig das **Minimum** und das **Maximum** aller Ausprägungen eines Merkmals genannt. Minimum und Maximum lassen sich bei ordinalen und bei quantitativen Variablen bestimmen. Da die beiden Extremwerte per Definition Ausreisser sein können, stellen sie alles andere als robuste Kennzahlen dar.

Definitionen

Minimum

Das *Minimum* x_{min} eines Merkmals einer Stichprobe ist die kleinste auftretende Ausprägung.

Maximum

Das *Maximum* x_{max} eines Merkmals einer Stichprobe ist die grösste auftretende Ausprägung.

Während Minimum und Maximum wegen ihrer Anfälligkeit auf Ausreisser eher ungeeignete Lagekennzahlen sind, stellen die sogenannten **Quantile** wichtige Kennzahlen dar. Ein bestimmtes Quantil ist durch einen festen Prozentsatz festgelegt. Ein Quantil ist aus dem vorherigen Abschnitt bereits bekannt: Der **Median** ist das **50 %-Quantil**, 50 Prozent der Ausprägungen sind kleiner oder gleich und 50 Prozent der Ausprägungen sind grösser oder gleich diesem Wert. Analog dem 50 %-Quantil können nun zu jedem Prozentsatz weitere Quantile definiert werden. Das **25 %-Quantil** und das **75 %-Quantil** sind neben dem Median die wichtigsten Quantile. 25 %-Quantil, 50 %-Quantil (Median) und 75 %-Quantil werden als **Quartile** (Q_1, Q_2, Q_3) bezeichnet. Das 25%-Quantil wird unteres oder erstes Quartil (Q_1) genannt, das 75 %-Quantil oberes oder drittes Quartil (Q_3).
Um die Definition der Quartile besser zu verstehen, betrachten wir zuerst deren Eigenschaften:

Unteres Quartil

Das *untere Quartil* Q_1 hat die Eigenschaft, dass 25 % der Ausprägungen kleiner oder gleich und 75 % der Ausprägungen grösser oder gleich Q_1 sind.

Oberes Quartil

Das *obere Quartil* Q_3 hat die Eigenschaft, dass 75 % der Ausprägungen kleiner oder gleich und 25 % der Ausprägungen grösser oder gleich Q_3 sind.

Daraus lassen sich folgende Definitionen aufstellen:

Definitionen **Unteres Quartil**

Das *untere Quartil* Q_1 der Stichprobe $x_1, x_2, \ldots, x_n$ mit der dazugehörigen geordneten Stichprobe $x_{[1]}, x_{[2]}, \ldots, x_{[n]}$ ist wie folgt definiert:

$$Q_1 = \begin{cases} \frac{1}{2}\left(x_{[0.25n]} + x_{[0.25n+1]}\right) & \text{falls } 0.25n \text{ ganzzahlig} \\ x_{[\lceil 0.25n \rceil]} & \text{falls } 0.25n \text{ nicht ganzzahlig} \end{cases} \quad (3)$$

Oberes Quartil

Das *obere Quartil* Q_3 der Stichprobe $x_1, x_2, \ldots, x_n$ mit der dazugehörigen geordneten Stichprobe $x_{[1]}, x_{[2]}, \ldots, x_{[n]}$ ist wie folgt definiert:

$$Q_3 = \begin{cases} \frac{1}{2}\left(x_{[0.75n]} + x_{[0.75n+1]}\right) & \text{falls } 0.75n \text{ ganzzahlig} \\ x_{[\lceil 0.75n \rceil]} & \text{falls } 0.75n \text{ nicht ganzzahlig} \end{cases} \quad (4)$$

Wobei für eine reelle Zahl r der Wert $\lceil r \rceil$ die kleinste ganze Zahl ist, welche grösser oder gleich r ist.

Synonyme und Abkürzungen

unteres Quartil: erstes Quartil, 25 %-Quantil, Q_1, $Q_{0.25}$, $x_{0.25}$

Median: zweites Quartil, 50 %-Quantil, Q_2, $Q_{0.5}$, $x_{0.5}$, $\tilde{x}$

oberes Quartil: drittes Quartil, 75 %-Quantil, Q_3, $Q_{0.75}$, $x_{0.75}$

Wie bei der Berechnung des Medians muss auch beim Bestimmen des unteren und oberen Quartils häufig interpoliert werden. In den oben stehenden Definitionen wurde wiederum der Mittelwert als einfachste Interpolationsmöglichkeit gewählt. Quantile können aber auch durch gewichtete Interpolationen definiert und bestimmt werden. Beim Verwenden von verschiedenen Statistikprogrammen ist dieser Sachverhalt zu beachten.

Beispiel

Von den Sprungweiten aus Beispiel 21.5, Weitsprung, sollen diverse Lagekennzahlen berechnet werden.

Urliste (Einheit: m):

$x_1 = 8.11$	$x_2 = 8.09$	$x_3 = 8.08$	$x_4 = 8.03$	$x_5 = 8.02$
$x_6 = 7.99$	$x_7 = 7.97$	$x_8 = 7.95$	$x_9 = 7.92$	$x_{10} = 7.92$
$x_{11} = 7.84$	$x_{12} = 7.79$	$x_{13} = 7.72$	$x_{14} = 7.71$	$x_{15} = 7.53$
$x_{16} = 7.50$	$x_{17} = 7.38$	$x_{18} = 7.38$	$x_{19} = 7.26$	$x_{20} = 7.25$
$x_{21} = 6.55$	$x_{22} = 8.11$	$x_{23} = 8.06$	$x_{24} = 7.99$	$x_{25} = 7.92$
$x_{26} = 7.89$	$x_{27} = 7.87$	$x_{28} = 7.79$	$x_{29} = 7.77$	$x_{30} = 7.76$
$x_{31} = 7.66$	$x_{32} = 7.62$	$x_{33} = 7.61$	$x_{34} = 7.59$	$x_{35} = 7.55$
$x_{36} = 7.50$	$x_{37} = 7.42$	$x_{38} = 7.08$	$x_{39} = 6.96$	$x_{40} = 6.84$

Geordnete Stichprobenwerte (Einheit: m):

$x_{[1]} = 6.55$	$x_{[2]} = 6.84$	$x_{[3]} = 6.96$	$x_{[4]} = 7.08$	$x_{[5]} = 7.25$
$x_{[6]} = 7.26$	$x_{[7]} = 7.38$	$x_{[8]} = 7.38$	$x_{[9]} = 7.42$	$x_{[10]} = 7.50$
$x_{[11]} = 7.50$	$x_{[12]} = 7.53$	$x_{[13]} = 7.55$	$x_{[14]} = 7.59$	$x_{[15]} = 7.61$
$x_{[16]} = 7.62$	$x_{[17]} = 7.66$	$x_{[18]} = 7.71$	$x_{[19]} = 7.72$	$x_{[20]} = 7.76$
$x_{[21]} = 7.77$	$x_{[22]} = 7.79$	$x_{[23]} = 7.79$	$x_{[24]} = 7.84$	$x_{[25]} = 7.87$
$x_{[26]} = 7.89$	$x_{[27]} = 7.92$	$x_{[28]} = 7.92$	$x_{[29]} = 7.92$	$x_{[30]} = 7.95$
$x_{[31]} = 7.97$	$x_{[32]} = 7.99$	$x_{[33]} = 7.99$	$x_{[34]} = 8.02$	$x_{[35]} = 8.03$
$x_{[36]} = 8.06$	$x_{[37]} = 8.08$	$x_{[38]} = 8.09$	$x_{[39]} = 8.11$	$x_{[40]} = 8.11$

Lagekennzahlen (Einheit: m):

Mittelwert: $\bar{x} = 7.6745$

Median: $\tilde{x} = \frac{1}{2}\left(x_{[0.5 \cdot 40]} + x_{[0.5 \cdot 40+1]}\right) = \frac{1}{2}\left(x_{[20]} + x_{[21]}\right) = \frac{1}{2}(7.76 + 7.77) = 7.765$

Modus: $x_{\text{mod}} = 7.92$

Minimum: $x_{\min} = 6.55$

Maximum: $x_{\max} = 8.11$

Unteres Quartil: $Q_1 = \frac{1}{2}\left(x_{[0.25 \cdot 40]} + x_{[0.25 \cdot 40+1]}\right) = \frac{1}{2}\left(x_{[10]} + x_{[11]}\right) = \frac{1}{2}(7.50 + 7.50) = 7.50$

Oberes Quartil: $Q_3 = \frac{1}{2}\left(x_{[0.75 \cdot 40]} + x_{[0.75 \cdot 40+1]}\right) = \frac{1}{2}\left(x_{[30]} + x_{[31]}\right) = \frac{1}{2}(7.95 + 7.97) = 7.96$

Bis auf Mittelwert und Modus können die oben bestimmten Kennzahlen in einem Boxplot abgelesen werden:

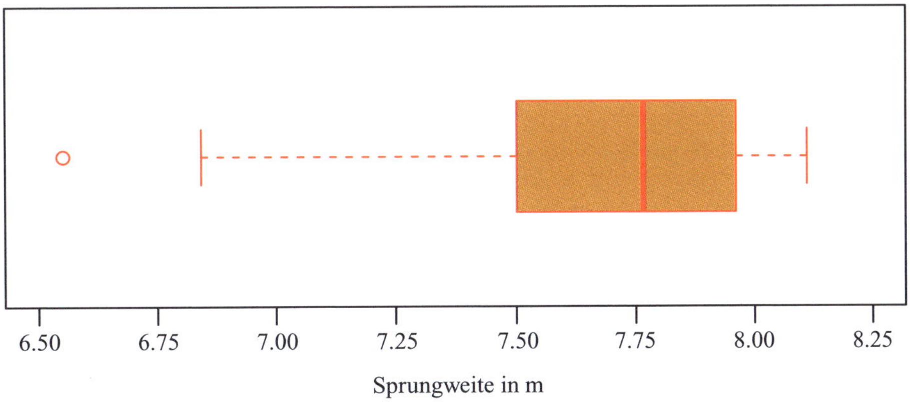

25.2 Streuungskennzahlen

Neben der (zentralen) Lage ist häufig auch die Streuung der Daten von Interesse. Mit **Streuungskennzahlen** quantifiziert man die Streuung der Ausprägungen in einer Variablen. Wir wollen drei Streuungskennzahlen betrachten:

Definitionen

Standardabweichung (englisch: standard deviation)

Die *Standardabweichung SD* der Stichprobe $x_1, x_2, \ldots, x_n$ ist wie folgt definiert:

$$SD = \sqrt{\frac{(x_1 - \bar{x})^2 + (x_2 - \bar{x})^2 + \ldots + (x_n - \bar{x})^2}{n-1}} = \sqrt{\frac{1}{n-1}\sum_{i=1}^{n}(x_i - \bar{x})^2} \qquad (5)$$

Interquartilsabstand (englisch: interquartile range)

Der *Interquartilsabstand* IQR einer Stichprobe ist der Abstand zwischen dem unteren und oberen Quartil:

$$IQR = Q_3 - Q_1 \qquad (6)$$

Spannweite

Die *Spannweite* SW einer Stichprobe ist die Differenz zwischen Maximum und Minimum:

$$SW = x_{\max} - x_{\min} \qquad (7)$$

Kommentare

- Das Quadrat der Standardabweichung wird **Varianz** genannt.
- Die **Standardabweichung** ist die meistverwendete Streuungskennzahl. Sie ist ein Mass für die mittlere Abweichung vom Mittelwert. Weshalb man beim Berechnen der Standardabweichung einer Stichprobe durch $n-1$ statt durch n dividiert, kann im Rahmen dieses Kapitels nicht begründet werden, da eine Überlegung aus der Wahrscheinlichkeitsrechnung zugrunde liegt.
  Die Standardabweichung ist einfach zu berechnen, jedoch wenig robust.
- Deutlich **robuster** ist der **Interquartilsabstand**.
- Gar nicht robust ist die **Spannweite**. Sie ist äusserst **anfällig auf Ausreisser** und ist zudem abhängig vom Stichprobenumfang: Mit steigendem Stichprobenumfang wächst die Spannweite normalerweise systematisch an.

Beispiel

Wir gehen nochmals zurück zum Beispiel 21.5, Weitsprung. Diverse Lagekennzahlen (Einheit: m) wurden bereits bestimmt:

Mittelwert: $\bar{x} = 7.6745$
Unteres Quartil: $Q_1 = 7.50$
Oberes Quartil: $Q_3 = 7.96$
Minimum: $x_{\min} = 6.55$
Maximum: $x_{\max} = 8.11$

Daraus lassen sich mithilfe der Stichprobenwerte $x_1, x_2, \ldots, x_{40}$ die Streuungskennzahlen (Einheit: m) berechnen:

Standardabweichung: $SD = \sqrt{\dfrac{(8.11 - 7.6745)^2 + (8.09 - 7.6745)^2 + \ldots + (6.84 - 7.6745)^2}{40 - 1}}$

$= \sqrt{\dfrac{(0.4355)^2 + (0.4155)^2 + \ldots + (-0.8345)^2}{39}} = \ldots = 0.37$

Interquartilsabstand: $IQR = 7.96 - 7.50 = 0.46$

Spannweite: $SW = 8.11 - 6.55 = 1.56$

◆ Übungen 88 → S. 408

26 Übungen

Übungen 84

1. Zu den erfassten Zeiten aus Beispiel 21.1, Smartphone, sollen einige Überlegungen und Berechnungen angestellt werden.

   a) Wie viele Lernende wurden befragt?
   b) Welches ist die kleinste, welches die grösste erfasste Zeit?
   c) Wie gross ist der Durchschnitt aller erfassten Zeiten?
   d) Welche Zeit liegt so, dass es gleich viele kleinere wie grössere Zeiten gibt?
   e) Wie viele Zeiten liegen im Bereich von 15 bis 20 Stunden?
   f) Wie viel Prozent der Zeiten liegen im Bereich von 15 bis 20 Stunden?

Übungen 85

2. Erfassen Sie selbst einen Datensatz. Befragen oder vermessen Sie von mehreren Personen die folgenden Merkmale:

   Alter: Alter in Jahren
   Geschlecht: männlich/weiblich (m/w)
   UHlinks: Umfang des linken Handgelenks in cm
   UHrechts: Umfang des rechten Handgelenks in cm
   Händigkeit: links/rechts (L/R)
   Mund: Wie viele Zentiliter Wasser haben im geschlossenen Mund der befragten Person Platz?
   Portemonnaie: Gewicht des Portemonnaies in Gramm
   Einkommen: monatliches Bruttoeinkommen in CHF
   Wetter: Wetterempfindlichkeit schwach/mittel/stark

   Beispiel:

	Alter	Geschlecht	UHlinks	UHrechts	Händigkeit	Mund	Portemonnaie	Einkommen	Wetter
Meret Muster	19	w	16.9	16.2	L	8	89	840	stark
...	...	...	...	...	...	...	...	...	...

3. Im Kapitel 22 wurden vier Möglichkeiten zur Datengewinnung beschrieben. Wie wurden in den einführenden Beispielen die Daten gewonnen? Kreuzen Sie an:

		Experiment	Befragung	Beobachtungs-studie	Daten-sammlung
21.1	Smartphone	☐	☒	☐	☐
21.2	Kniearthrose	☒	☐	☐	☐
21.3	Warenhaus	☐	☒	☐	☐
21.4	Kaffee	☐	☐	☐	☒
21.5	Weitsprung	☐	☐	☐	☒
21.6	Übergewicht	☐	☐	☒	☐
21.7	Freiwurf-Contest	☒	☐	☐	☐
21.8	Blut	☐	☐	☐	☐
21.9	Schwertlilien	☐	☐	☐	☐
21.10	E-Bike	☐	☐	☐	☐
21.11	1-€-Münze	☐	☐	☐	☐
21.12	Bierfest	☐	☐	☐	☐
21.13	Lohn	☐	☐	☐	☐

4. Folgend sind Fälle aus der Datengewinnung beschrieben, bei welchen Fehler passiert sind. Um welchen Fehlertyp handelt es sich?

Fall A:
An der Leichtathletik-WM 1987 in Rom sprang der Italiener Giovanni Evangelisti bei seinem letzten Sprung im Weitsprungwettbewerb nur rund 7.80 m. Offenbar wollte der Kampfrichter seinem Landsmann die Bronzemedaille sichern und mass eine Weite von 8.38 m.

Fall B:
Obwohl längst widerlegt, hält sich die Mär vom äusserst eisenreichen Spinat hartnäckig. Der Mythos beruht der Legende nach auf einem Kommafehler eines Lebensmittelanalytikers.

Fall C:
Der niederländische Sozialpsychologe und ehemalige Professor Diederik Stapel hat während seinen Forschungsarbeiten zusätzliche Daten erfunden.

Fall D:
Ein Arzt misst bei der Skifahrerin Lara Gut die Körpergrösse von 1.60 m. Ein Ausrüster hat Guts Körpergrösse als 1.61 m gemessen.

Fall E:
Die Lehrerin gibt in ihrem Tabellenkalkulationsprogramm eine falsche Formel zur Berechnung der Probennoten ein, weshalb jede Arbeit mit 0.5 Notenpunkten zu hoch bewertet wird.

Fall F:
Im selbst erfassten Datensatz aus Aufgabe 2 hat Meret Muster dreimal das Wasservolumen gemessen, welches in ihrem geschlossenen Mund Platz findet: 7.9 cl, 8.0 cl und 8.3 cl waren die drei Messergebnisse.

Kreuzen Sie an:

	zufälliger Fehler	systematischer Fehler	Übertragungs-fehler	mutwilliger Fehler
Fall A	☐	☐	☐	☐
Fall B	☐	☐	☐	☐
Fall C	☐	☐	☐	☐
Fall D	☐	☐	☐	☐
Fall E	☐	☐	☐	☐
Fall F	☐	☐	☐	☐

Übungen 86

5. Überlegen Sie sich, warum bei den folgenden Beispielen die gewählte Stichprobe für das Beantworten der Fragestellung nicht geeignet ist.

Beispiel A:
Fragestellung: «Wie hoch ist die mittlere Kinderzahl pro Familie in der Schweiz?»
Stichprobe: Befragung in Ihrer Klasse

Beispiel B:
Fragestellung: «Braucht es in der Stadt Bern mehr Autoparkplätze?»
Stichprobe: Befragung von 200 zufällig ausgewählten Passanten am Bahnhof Bern

Beispiel C:
Fragestellung: «Welche Körpergrösse haben Schweizer Frauen im Durchschnitt?»
Stichprobe: Befragung von 150 Zuschauerinnen eines Volleyballspiels.

Beispiel D:
Fragestellung: «Welche Stellen eines Kampfjets müssen mit einer extra Panzerung verstärkt werden?»
Stichprobe: Erfassen der Einschusslöcher an den aus einem Krieg zurückgekehrten Kampfjets. Die Einschusslöcher lassen sich wie folgt schematisch festhalten:

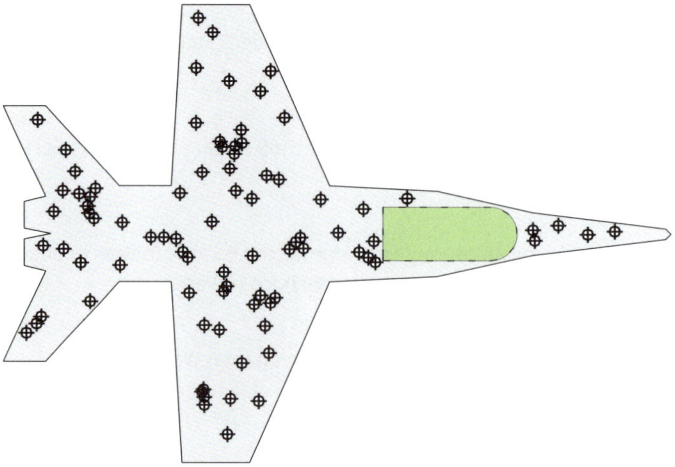

6. Bestimmen Sie bei den einführenden Beispielen den Typ jeder Variable. Beachten Sie nötigenfalls die unter www.hep-verlag.ch/algebra zur Verfügung stehenden Datensätze.
Kreuzen Sie an:

			nominal	ordinal	diskret	stetig
21.1	Smartphone	Zeit	☐	☐	☐	☐
		Geschlecht	☐	☐	☐	☐
		BMS-Richtung	☐	☐	☐	☐
		BMS-Lehrgang	☐	☐	☐	☐
21.2	Kniearthrose	vor	☐	☐	☐	☐
		nach_1_Woche	☐	☐	☐	☐
		nach_3_Monaten	☐	☐	☐	☐
21.3	Warenhaus	Früchte & Gemüse	☐	☐	☐	☐
		Fleisch & Charcuterie	☐	☐	☐	☐
21.4	Kaffee	Uhrzeit	☐	☐	☐	☐
		Minuten	☐	☐	☐	☐
		Stunden	☐	☐	☐	☐
21.5	Weitsprung	Gruppe	☐	☐	☐	☐
		Gruppenrang	☐	☐	☐	☐
		Weite	☐	☐	☐	☐
21.6	Übergewicht	Alter	☐	☐	☐	☐
		BMI	☐	☐	☐	☐
		Taillenumfang	☐	☐	☐	☐
		Hüftumfang	☐	☐	☐	☐
		Blutdruck_syst	☐	☐	☐	☐
		Blutdruck_diast	☐	☐	☐	☐
21.7	Freiwurf-Contest	Trefferanzahl	☐	☐	☐	☐
21.8	Blut	Blutgruppe	☐	☐	☐	☐
		Rhesusfaktor	☐	☐	☐	☐
		Land	☐	☐	☐	☐
21.9	Schwertlilien	Kelchblattlänge	☐	☐	☐	☐
		Kelchblattbreite	☐	☐	☐	☐
		Kronblattlänge	☐	☐	☐	☐
		Kronblattbreite	☐	☐	☐	☐
		Art	☐	☐	☐	☐
21.10	E-Bike	Reichweite	☐	☐	☐	☐
		Modell	☐	☐	☐	☐
21.11	1-€-Münze	Masse	☐	☐	☐	☐
		Packung	☐	☐	☐	☐
21.12	Bierfest	Haarlänge	☐	☐	☐	☐
		Biermenge	☐	☐	☐	☐
		Geschlecht	☐	☐	☐	☐
21.13	Lohn	Lohn	☐	☐	☐	☐
		Geschlecht	☐	☐	☐	☐

7. Bilden Sie die geordnete Stichprobe:

$$\begin{aligned} x_1 &= 36.9 \\ x_2 &= 37.4 \\ x_3 &= 39.1 \\ x_4 &= 40.5 \\ x_5 &= 39.1 \\ x_6 &= 36.2 \end{aligned} \quad \Longrightarrow \quad \begin{aligned} x_{[\dots]} &= \dots \\ x_{[\dots]} &= \dots \\ x_{[\dots]} &= \dots \\ x_{[\dots]} &= \dots \\ x_{[\dots]} &= \dots \\ x_{[\dots]} &= \dots \end{aligned}$$

Übungen 87

8. Im Beispiel 21.3, Warenhaus, wurden Daten in einer Strichliste erfasst. Visualisieren Sie ohne Hilfe eines Computers die absoluten Häufigkeiten beider Merkmale in je einem Säulendiagramm.

9. In Aufgabe 2 haben Sie einen eigenen Datensatz erfasst.

a) Stellen Sie die relativen Häufigkeiten im Merkmal Wetter in den Untergruppen Frauen und Männer je in einem Säulendiagramm dar.

b) Erkennen Sie in Ihrer Stichprobe Unterschiede zwischen der Wetterempfindlichkeit von Frauen und Männern?

10. Im Jahr 2012 hat das Schweizer Bundesamt für Statistik (BFS) die Konfessionszugehörigkeit der ständigen Wohnbevölkerung ab 15 Jahren erfasst. Folgend sind die relativen Häufigkeiten in einem Kreisdiagramm dargestellt. Im Sektor «übrige» sind islamische, jüdische, andere christliche und andere Glaubensgemeinschaften zusammengefasst.

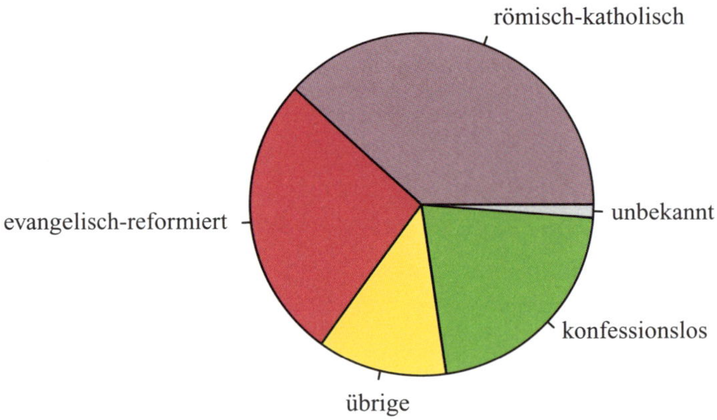

In der folgenden Tabelle sind die Zentriwinkel der vier Sektoren gegeben.

a) Berechnen Sie daraus die relativen Häufigkeiten.
b) Berechnen Sie die absoluten Häufigkeiten. Das BFS gibt für das Jahr 2012 die ständige Wohnbevölkerung ab 15 Jahren mit 6 662 333 Einwohnern an.

	absolute Häufigkeit h_i	relative Häufigkeit f_i	Zentriwinkel φ_i
römisch-katholisch			137.5°
evangelisch-reformiert			96.8°
übrige			43.9°
konfessionslos			77.2°
unbekannt			4.6°

11. In Aufgabe 10 wurden die relativen Häufigkeiten der Konfessionszugehörigkeit in einem Kreisdiagramm dargestellt. Im Folgenden sind die gleichen relativen Häufigkeiten in dreidimensionalen Kuchendiagrammen (ohne Beschriftung) nochmals visualisiert. Die drei Kuchendiagramme unterscheiden sich lediglich durch den Startwinkel.
Was zeigt dieses Beispiel in Bezug auf die Güte und Seriosität von dreidimensionalen Kuchendiagrammen?

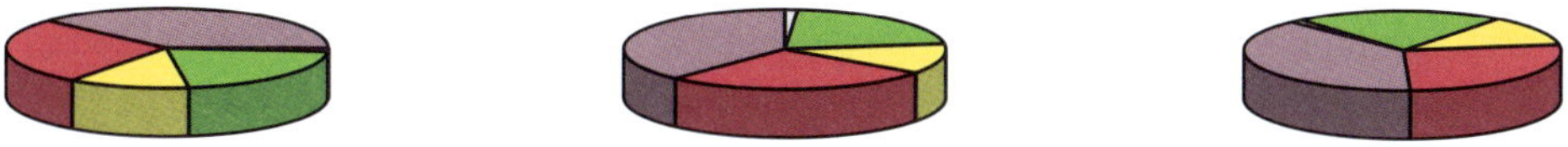

12. Im Beispiel 21.8, Blut, wurde von 5000 Schweizern und Schweizerinnen der Rhesusfaktor erfasst.
Die relativen Häufigkeiten sind im Kreisdiagramm rechts dargestellt und angefügt.
Berechnen Sie die Zentriwinkel φ_{Rh+} und φ_{Rh-} der Kreissektoren.

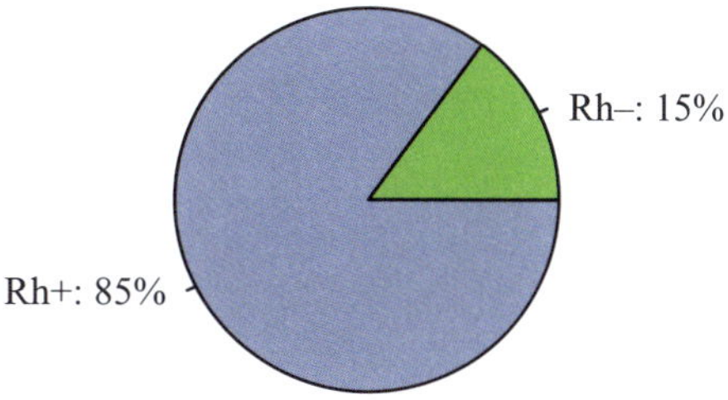

13. Im Datensatz von Beispiel 21.8, Blut, sind nicht nur die Blutgruppen von 5000 Schweizern und Schweizerinnen, sondern auch von 5000 Peruanern und Peruanerinnen erfasst. Für die Blutgruppenverteilung in der Schweiz sind in diesem Buch bereits Säulendiagramme und Kreisdiagramme abgebildet. Erstellen Sie analog dazu mit einer geeigneten Software Diagramme für die Blutgruppenverteilung in Peru, sodass Sie die Verteilungen in den beiden Ländern vergleichen können.

14. An einem Volleyballspiel wird während eines Time-outs die Pulsfrequenz (Einheit: Schläge pro Minute) jeder Spielerin gemessen. Es wird unterschieden zwischen den Spielerinnen, die eben auf dem Feld spielten, und denjenigen, welche auf der Ersatzbank sassen.
Feld: 144, 156, 128, 132, 116, 140
Bank: 64, 104, 88, 120, 96
Vergleichen Sie die Pulsfrequenzen der beiden Gruppen mithilfe von zwei Streifenplots.

15. Stellen Sie mit einer geeigneten Software die Ausprägungen im Beispiel 21.1, Smartphone, in einem Streifenplot dar.

16. Im Beispiel 21.2, Kniearthrose, wurden bei 47 Probanden zu je drei Zeitpunkten die Knieschmerzen erfasst.

a) Erstellen Sie mit einer geeigneten Software für jeden Zeitpunkt einen Streifenplot.
b) Wie würden Sie die Wirksamkeit der Therapie beurteilen?

17. Charakterisieren Sie die Verteilungen der Histogramme A, B und C mit den Begriffen symmetrisch, rechtsschief, linksschief.

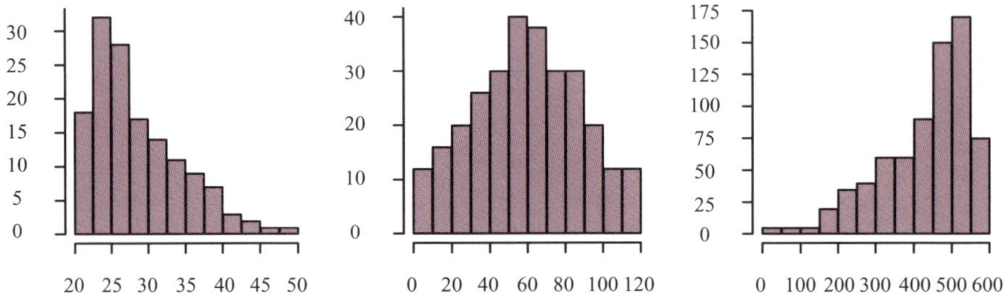

A B C

18. Charakterisieren Sie die Verteilungen der Histogramme A, B und C mit den Begriffen unimodal, bimodal, multimodal.

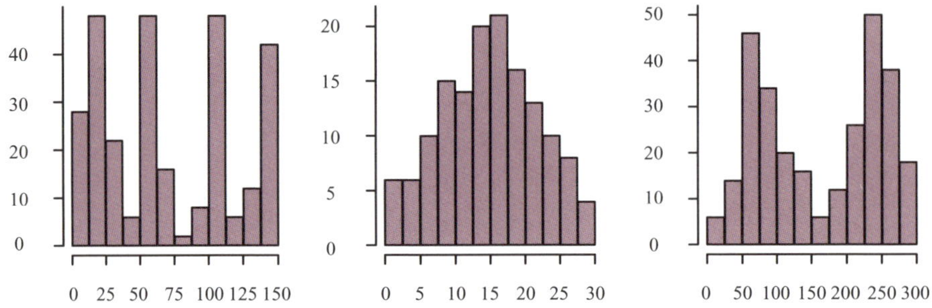

A B C

19. Charakterisieren Sie die Verteilungen der folgenden einführenden Beispiele mit den Begriffen symmetrisch, rechtsschief, linksschief, unimodal, bimodal, multimodal.

Beispiel:		Variable:
21.4	Kaffee	Stunden
21.5	Weitsprung	Weite
21.7	Freiwurf-Contest	Trefferanzahl
21.13	Lohn	Lohn

20. Stellen Sie die Ausprägungen aus Beispiel 21.1, Smartphone, ohne Einsatz einer Statistiksoftware in einem Histogramm dar.

21. Die Wahl der Klassenzahl und/oder der Klassengrenzen in einem Histogramm kann zu manipulativen Zwecken missbraucht werden.
Die Ausprägungen aus Beispiel 21.1, Smartphone, sollen ohne Einsatz einer Software in zwei verschiedenen Histogrammen dargestellt werden, die sich in der Wahl der Klassenzahl und/oder der Klassengrenzen unterscheiden. Versuchen Sie einen möglichst grossen visuellen Unterschied zwischen den beiden Histogrammen herauszukitzeln, ohne jedoch die gängigen Regeln für die Produktion eines Histogramms zu verletzen.

22. Die Sprungweiten aus Beispiel 21.5, Weitsprung, werden in vier Histogrammen nochmals visualisiert. Kritisieren Sie die Histogramme A, B, C und D.

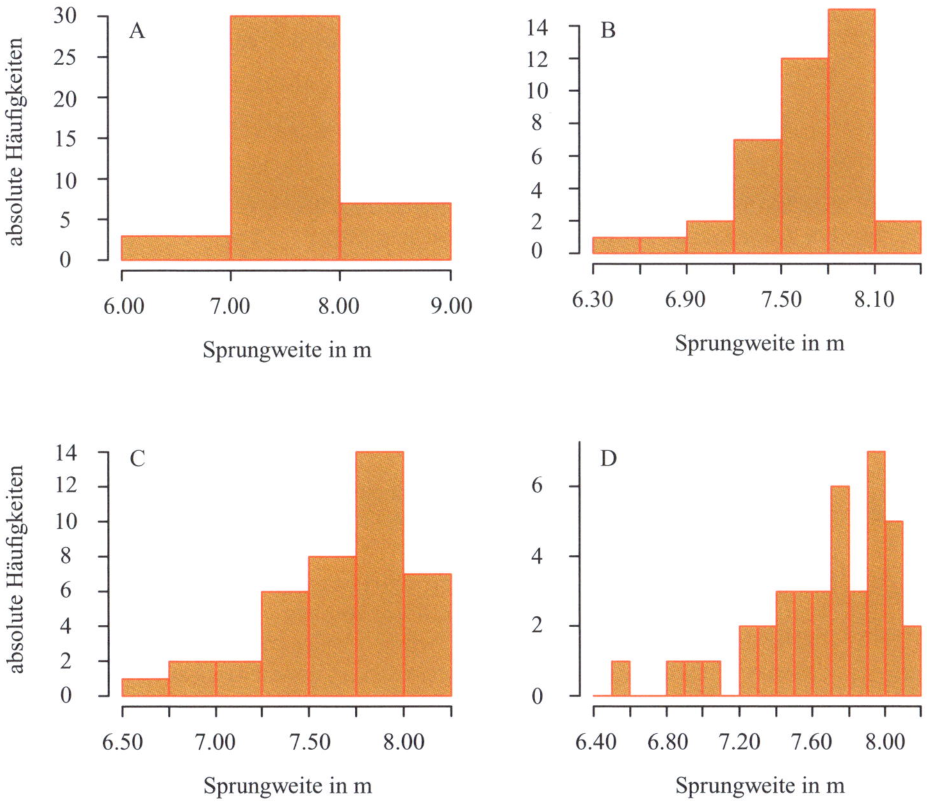

23. Im Beispiel 21.6, Übergewicht und Bluthochdruck, wurden die Merkmale Taillen- und Hüftumfang erfasst. Stellen Sie mithilfe einer geeigneten Software die Ausprägungen in diesen beiden Merkmalen in je einem Histogramm dar.

24. In Aufgabe 2 haben Sie einen eigenen Datensatz erfasst. Machen Sie sich mithilfe von Histogrammen ein Bild über die Verteilungen der Ausprägungen in einzelnen Variablen.

25. Im Datensatz zum Beispiel 21.9, Schwertlilien, wurden die Merkmale Kelchblattlänge, Kelchblattbreite, Kronblattlänge, Kronblattbreite in der Einheit Zentimeter erfasst.

a) Stellen Sie mithilfe einer geeigneten Software die Ausprägungen der vier Merkmale in je einem Histogramm dar.
b) Versuchen Sie die Verteilungen in den einzelnen Merkmalen zu charakterisieren.
c) Sind die Schwertlilienarten in den vier Histogrammen erkennbar?

26. Im Beispiel 21.9, Schwertlilien, sind die Kelchblattlängen der drei Arten in je einem Boxplot dargestellt.

a) Fertigen Sie mithilfe einer geeigneten Software analoge Boxplots für die Merkmale Kelchblattbreite, Kronblattlänge und Kronblattbreite an.
b) Können Sie mithilfe der angefertigten Boxplots den einen oder anderen Gipfel in den Histogrammen aus Aufgabe 25 erklären?

27. Im Beispiel 21.2, Kniearthrose, wurden bei 47 Probanden zu je drei Zeitpunkten die Knieschmerzen erfasst.

a) Erstellen Sie mit einer geeigneten Software für jeden Zeitpunkt einen Boxplot.
b) Wie würden Sie die Wirksamkeit der Therapie beurteilen?

28. Im Beispiel 21.6, Übergewicht und Bluthochdruck, wurde bei 175 Probanden der systolische und diastolische Blutdruck gemessen.
Erstellen Sie mit einer geeigneten Software für jeden Blutdruck einen Boxplot.

29. In Aufgabe 2 haben Sie einen eigenen Datensatz erfasst. Verwenden Sie für die folgenden Aufgaben eine geeignete Software.

a) Erstellen Sie für den Umfang vom linken und rechten Handgelenk je einen Boxplot.
b) Im Allgemeinen ist bei Linkshändern das linke Handgelenk das stärkere und bei Rechtshändern das rechte Handgelenk. Vergleichen Sie mithilfe von zwei Boxplots die Umfänge der stärkeren Handgelenke mit den Umfängen der schwächeren Handgelenke.
c) Untersuchen Sie die folgenden Fragen mithilfe von Boxplots:
   - Kann ein Unterschied im Mundvolumen zwischen Frauen und Männern vermutet werden?
   - Kann ein Unterschied im Gewicht des Portemonnaies zwischen Frauen und Männern vermutet werden?
   - Kann ein Unterschied im Einkommen zwischen Frauen und Männern vermutet werden?

30. Bei welchen Streudiagrammen vermuten Sie eine Korrelation?

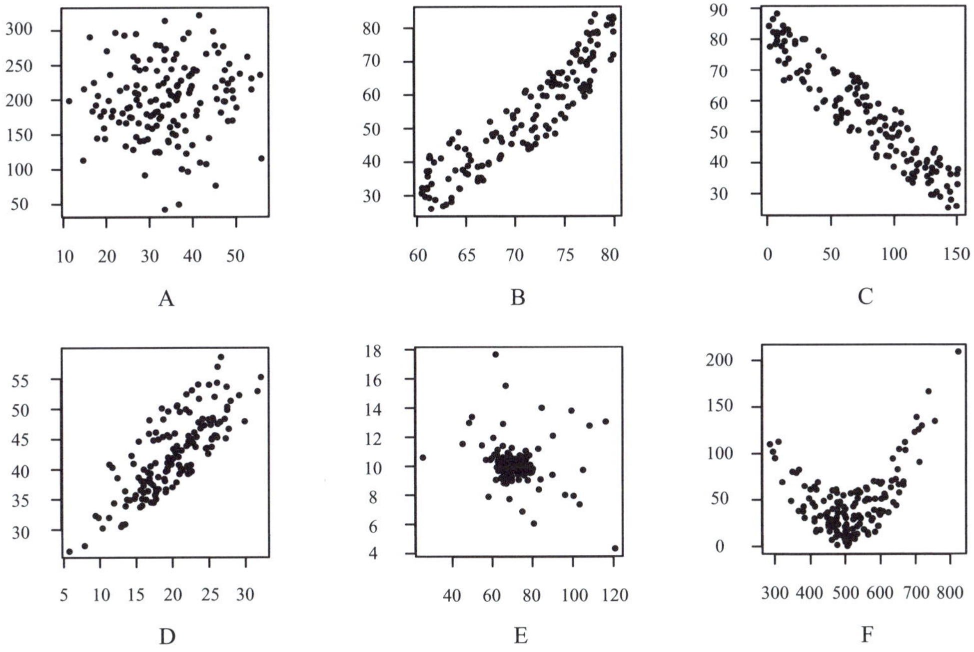

31. Im Beispiel 21.6, Übergewicht und Bluthochdruck, wurden die Merkmale BMI, Taillen- und Hüftumfang erfasst. Untersuchen Sie diese Variablen auf Korrelationen, indem Sie mithilfe einer geeigneten Software paarweise Streudiagramme erstellen.

32. Im Beispiel 21.9, Schwertlilien, wurden die Merkmale Kelchblattlänge, Kelchblattbreite, Kronblattlänge und Kronblattbreite erfasst. Untersuchen Sie diese Variablen auf Korrelationen, indem Sie mithilfe einer geeigneten Software paarweise Streudiagramme erstellen.

a) Führen Sie die Untersuchung auf Korrelationen ohne Unterscheidung der drei Schwertlilienarten durch.

b) Führen Sie die Untersuchung auf Korrelationen mit Unterscheidung der drei Schwertlilienarten durch.

33. In Aufgabe 2 haben Sie einen eigenen Datensatz erfasst. Verwenden Sie für die folgenden Aufgaben eine geeignete Software.

a) Untersuchen Sie die Merkmale auf Korrelationen.

b) Falls Sie bei Aufgabe a) Korrelationen entdeckt haben: Sind unter Umständen Störfaktoren im Spiel?

34. In den Alltagsmedien findet man immer wieder Darstellungen und Grafiken, die fehlerhaft sind oder zu manipulativen Zwecken missbraucht werden. Warum sind die folgenden Grafiken zu kritisieren?

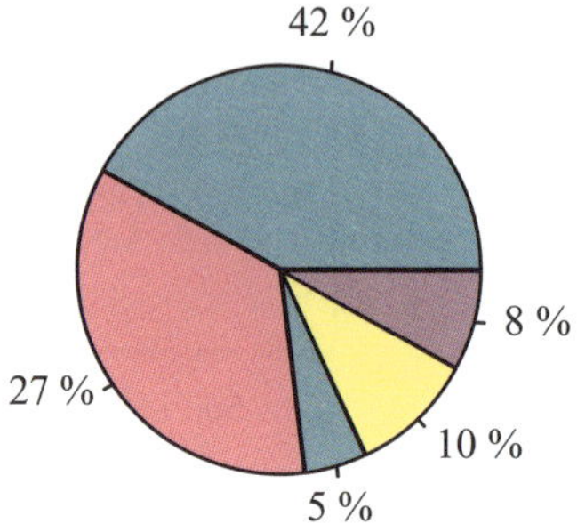

A

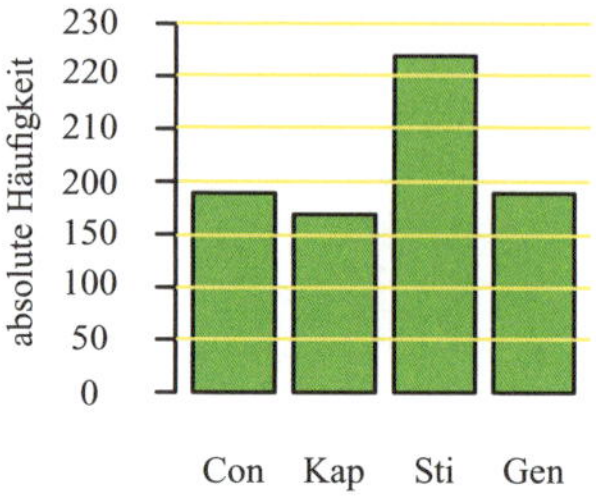

B

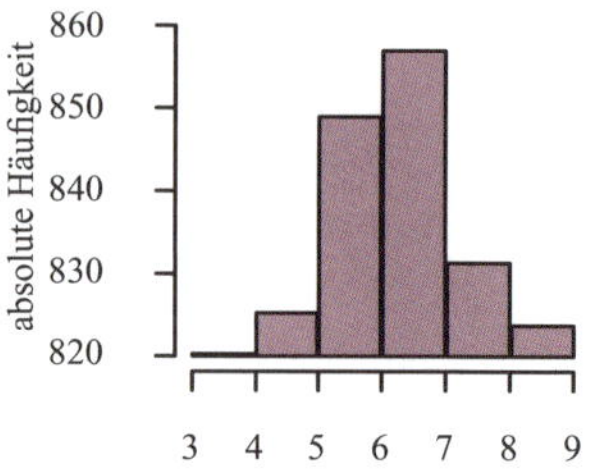

C

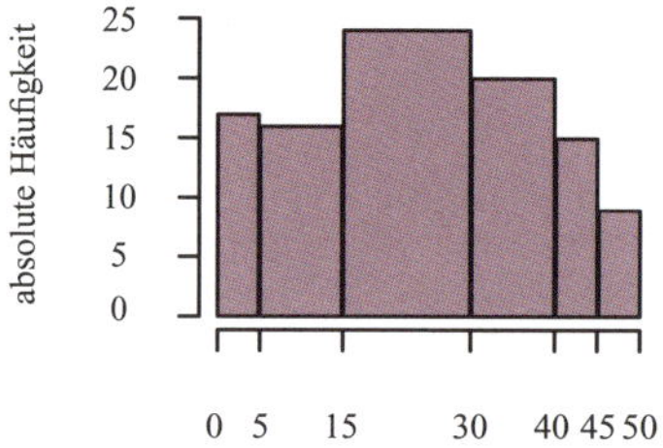

D

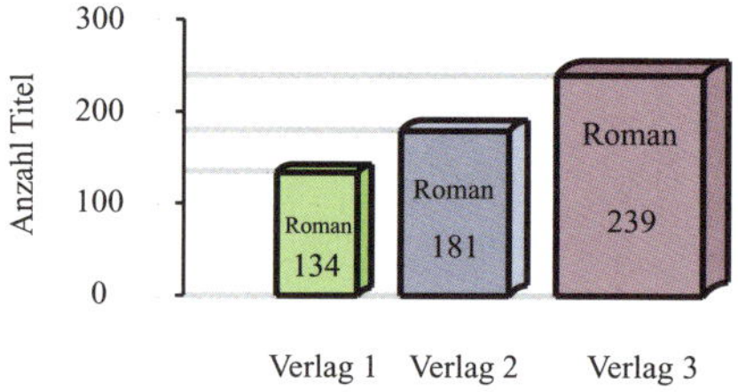

E

Übungen 88

35. In Aufgabe 1 haben Sie einige Fragen zum Beispiel 21.1, Smartphone, beantwortet. Welche statistischen Grössen oder statistischen Kennzahlen wurden in den Aufgaben 1a) bis 1f) bestimmt?

36. In Aufgabe 14 haben Sie die Pulsfrequenzen (Einheit: Schläge pro Minute) von Feld- und Ersatzspielerinnen eines Volleyballspiels in je einem Streifenplot dargestellt. Bestimmen Sie für beide Gruppen ohne Hilfe einer Statistiksoftware je den Mittelwert, den Median und die Standardabweichung.

Hier nochmals die Daten:
Feld: 144, 156, 128, 132, 116, 140
Bank: 64, 104, 88, 120, 96

37. Lösen Sie die folgenden beiden Aufgaben zu Beispiel 21.1, Smartphone, ohne Hilfe einer Statistiksoftware.

a) Bestimmen Sie von den erfassten Zeiten Minimum, Maximum, Median, unteres und oberes Quartil.

b) Skizzieren Sie mit den in Aufgabe a) bestimmten Kennzahlen den Boxplot.

38. Eine grüne, eine blaue und eine rote Stichprobe vom Umfang 3 sind gegeben. Tragen Sie die Daten auf dem entsprechenden Zahlenstrahl ein und berechnen Sie den Mittelwert und die Standardabweichung.

grüne Stichprobe	0	1	2
blaue Stichprobe	3	4	5
rote Stichprobe	1	4	7

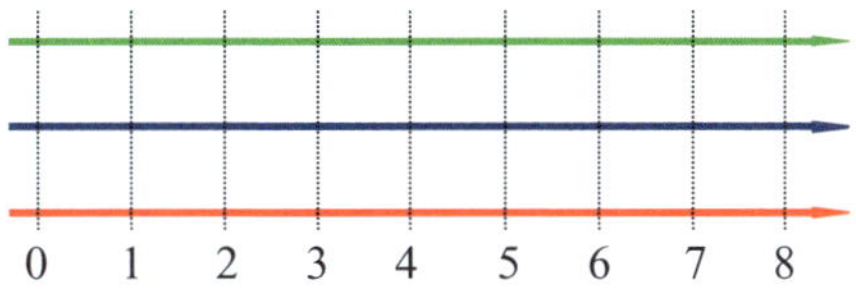

39. Einer bestimmten Spitalpatientin wird regelmässig die Körpertemperatur gemessen. Sobald der Mittelwert der letzten fünf Messungen unter $37.5\,°\mathrm{C}$ fällt, darf das fiebersenkende Medikament abgesetzt werden. Bei der vorletzten Messung machte der Pflegefachmann einen Fehler und schrieb eine Temperatur von $39.6\,°\mathrm{C}$ anstatt $36.9\,°\mathrm{C}$ ins Pflegeprotokoll.

a) Bestimmen Sie bei beiden Stichproben den Mittelwert und den Median.

b) Was zeigt dieses Beispiel?

Mit Messfehler:	38.4	37.2	36.8	39.6	37.2
Ohne Messfehler:	38.4	37.2	36.8	36.9	37.2

40. Folgend sind eine blaue und eine rote Stichprobe auf je einem Zahlenstrahl dargestellt.

a) Bestimmen Sie bei beiden Stichproben den Mittelwert und den Median. Zeichnen Sie diese Kennzahlen auf dem jeweiligen Zahlenstrahl ein.

b) Was zeigt dieses Beispiel?

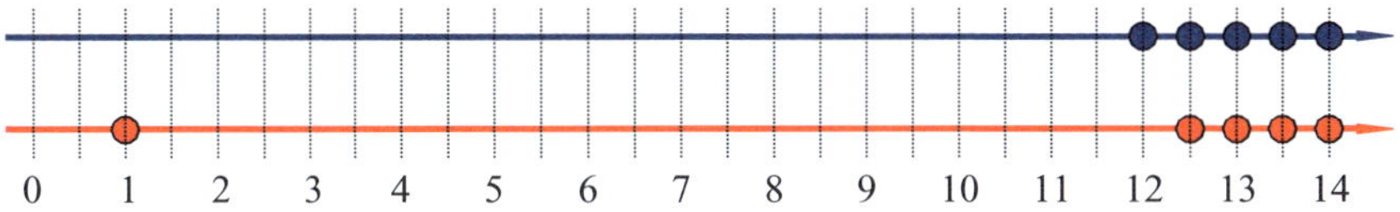

41. Geben Sie ein Beispiel einer Stichprobe vom Umfang n mit der angegebenen Beziehung zwischen Mittelwert und Median an:

a) $n = 3, \bar{x} > \tilde{x}$

b) $n = 3, \bar{x} < \tilde{x}$

c) $n = 4, \bar{x} > \tilde{x}$

d) $n = 4, \bar{x} < \tilde{x}$

42. Bestimmen Sie mit einer geeigneten Software für die Merkmale Taillen- und Hüftumfang aus Beispiel 21.6, Übergewicht und Bluthochdruck, die folgenden Kennzahlen: Mittelwert, Median, Minimum, Maximum, unteres Quartil, oberes Quartil, Standardabweichung, Interquartilsabstand, Spannweite.

43. Im Beispiel 21.11, 1-€-Münze, wurde die Masse von 2000 1-€-Münzen erfasst. Bearbeiten Sie die folgenden Teilaufgaben mit einer geeigneten Software:

a) Bestimmen Sie von der ganzen Stichprobe folgende Kennzahlen: Mittelwert, Median, Minimum, Maximum, unteres Quartil, oberes Quartil, Standardabweichung, Interquartilsabstand, Spannweite.
b) Bestimmen Sie von den Packungen 4 und 5 je den Mittelwert und den Median. Was stellen Sie fest?
c) Bestimmen Sie von den Packungen 7 und 8 je die Standardabweichung und den Interquartilsabstand. Was stellen Sie fest?

44. Im Beispiel 21.2, Kniearthrose, wurden bei 47 Probanden in je drei Zeitpunkten die Knieschmerzen erfasst. Bearbeiten Sie die folgenden Teilaufgaben mit einer geeigneten Software:

a) Bestimmen Sie für jeden Zeitpunkt die folgenden Kennzahlen: Mittelwert, Median, Standardabweichung, Interquartilsabstand.
b) Wie würden Sie die Wirksamkeit der Therapie beurteilen?
c) Warum macht es Sinn, dass zur Beurteilung der Wirksamkeit der Therapie neben den Lagekennzahlen auch Streuungskennzahlen berechnet wurden?

45. Sie wollen mit einem E-Bike auf einer Veloroute von Bern nach Neuenburg fahren. Die Streckenlänge beträgt $54\ \mathrm{km}$. Welches der beiden im Beispiel 21.10, E-Bike, beschriebenen Modelle wählen Sie für Ihre Velofahrt aus? Argumentieren Sie mithilfe von Kennzahlen.

46. In Aufgabe 2 haben Sie einen eigenen Datensatz erfasst. Verwenden Sie für die folgenden Aufgaben eine geeignete Software. In Aufgabe 29 c) sind Sie den folgenden Fragen mithilfe von Boxplots nachgegangen. Untersuchen Sie die gleichen Fragen nochmals mithilfe von Kennzahlen:
- Kann ein Unterschied im Mundvolumen zwischen Frauen und Männern vermutet werden?
- Kann ein Unterschied im Gewicht des Portemonnaies zwischen Frauen und Männern vermutet werden?
- Kann ein Unterschied im Einkommen zwischen Frauen und Männern vermutet werden?

47. Statistische Kennzahlen werden häufig mithilfe des Begriffs Robustheit charakterisiert.
Kreuzen Sie an:

	robust	nicht robust
Mittelwert	☐	☐
Median, Quantile	☐	☐
Modus	☐	☐
Minimum, Maximum	☐	☐
Standardabweichung	☐	☐
Interquartilsabstand	☐	☐
Spannweite	☐	☐

48. Bilden Sie zusammenpassende Tripel aus je einem Histogramm, einem Boxplot und einer Aussage.

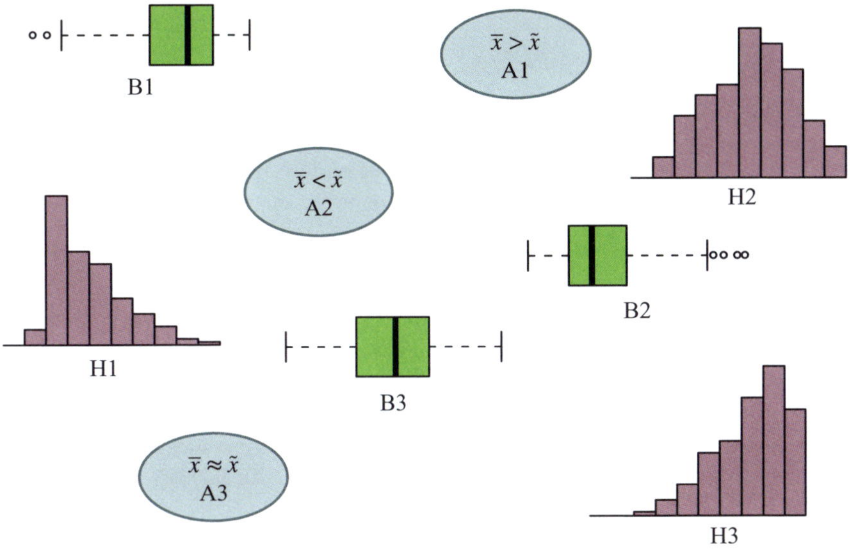

49. Bei 61 Mittelschülern und Mittelschülerinnen wurde die Körpergrösse in der Einheit Zentimeter in einer Strichliste erfasst.

Klassen	Klassenmitte	Anzahl
]140; 150]	145	|
]150; 160]	155	||
]160; 170]	165	𝍸 𝍸
]170; 180]	175	𝍸 𝍸 𝍸 𝍸 |||
]180; 190]	185	𝍸 𝍸 𝍸 ||||
]190; 200]	195	𝍸 |

Da beim Erfassen der Daten nur eine Strichliste erstellt wurde, sind die exakten Körpergrössen nicht bekannt. Dennoch können Kennzahlen, wie zum Beispiel der Mittelwert, näherungsweise rekonstruiert werden.

a) Versuchen Sie, den Mittelwert näherungsweise zu bestimmen.
b) Versuchen Sie, Ihre Überlegungen aus Aufgabe a) in einer Formel zu verallgemeinern.

Register

Bildnachweis

S. 280 (unten): iStockphoto, © ChrisMR
S. 367 (oben): Thinkstock, © Francesco Santalucia
S. 368 (oben): Wikimedia commons, Dlanglois